普通高等教育“十二五”规划教材（高职高专教育）

普通高等教育“十一五”国家级规划教材（高职高专教育）

供用电网络继电保护

（第二版）

主编 马丽英

编写 李凤荣 程建平 李晋民

主审 邵玉槐 杜铁生 高 亮

中国电力出版社
CHINA ELECTRIC POWER PRESS

内 容 提 要

本书为普通高等教育“十二五”规划教材（高职高专教育），普通高等教育“十一五”国家级规划教材（高职高专教育）。

本书主要介绍电力系统继电保护的基本原理及实现技术。全书共分十三章，内容包括电网相间短路的电流保护、电网接地短路的零序电流保护、电网的距离保护、线路的纵联保护、自动重合闸、电力变压器及母线保护、低压电气设备保护、微机继电保护、变电站自动装置，电网继电保护配置原则及案例、电网继电保护故障案例分析和电力系统继电保护新技术。书中带“*”章节是课堂教学的非基本部分，可供教师教学时参考或供学生课后阅读。

本书可作为高职高专院校电力技术类专业教材，也可作为电力行业职工培训教材，还可供有关从事继电保护专业的工程技术人员参考。

图书在版编目(CIP)数据

供用电网络继电保护/马丽英主编．—2版．—北京：中国电力出版社，2013.9（2019.11重印）

普通高等教育“十二五”规划教材．高职高专教育

普通高等教育“十一五”国家级规划教材．高职高专教育

ISBN 978-7-5123-3730-5

Ⅰ.①供… Ⅱ.①马… Ⅲ.①电力网络分析-高等职业教育-教材 ②电力系统-继电保护-高等职业教育-教材 Ⅳ.①TM727 ②TM77

中国版本图书馆CIP数据核字(2012)第270599号

中国电力出版社出版、发行

（北京市东城区北京站西街19号 100005 http://www.cepp.sgcc.com.cn）

北京雁林吉兆印刷有限公司印刷

各地新华书店经售

*

2008年6月第一版

2013年9月第二版 2019年11月北京第十次印刷

787毫米×1092毫米 16开本 23.75印张 580千字

定价**42.00**元

前　言

本书是在普通高等教育"十一五"国家级规划教材（高职高专教育）《供用电网络继电保护》第一版的基础上，结合高职高专教育教学改革的要求和特点以及现代电网继电保护技术的发展改编的。

本书包括了第一版教材中介绍的继电保护的基本原理、整定计算及构成电网继电保护的基本元件和电路、典型故障、继电保护新技术等经典内容，修改了变电站自动装置、继电保护配置特点等内容，特别增加了目前在电网中广泛应用的成套微机线路保护柜的结构、原理及运行特点分析实例，使全书内容更丰富、更现代化，可以更进一步满足高职高专院校以培养高等技术应用型专门人才为目的的需要。

本书共十三章，其中第一、二、八、十章由李凤荣老师编写；第三、四、七章，第八章的第一节由程建平老师编写；第五章，第九章的第四、五节，第十一章的第六节由李晋民老师编写；其余章节由马丽英老师编写。马丽英老师任本书的主编。

本书由山西太原理工大学邵玉槐教授、杜铁生教授和上海电力学院高亮教授主审，各兄弟院校的老师对本书的修改也提出了许多好的建议，在此一并表示衷心的感谢。

编写适合教学改革要求的教材是一种探索，而编者水平有限，书中难免有不足之处，诚恳希望广大读者提出批评和指正。

编　者

2013 年 6 月

第一版前言

随着现代电网的发展，电力系统继电保护技术发生了根本的变化。在继电保护的设计、制造和运行方面都出现了一些新的理论、概念和方法。本书是在高职高专“十五”规划教材《供用电网络继电保护》的基础上，结合高职高专教学改革的特点和要求新编。

本书着重介绍继电保护的基本原理、整定计算及构成电网继电保护的基本元件和电路，还介绍了一些变电站自动装置，对继电保护的配置特点、继电保护的典型故障及继电保护新技术等作了简单介绍。全书在内容取材上力求理论联系实际，并反映近年来继电保护的新成就。

本书共十二章，其中第一、二、七章，第八章第四节，第九章由李凤荣老师编写；第三、四章第五章的第六节、第六章由程建平老师编写；其余章节由马丽英老师编写。马丽英老师任本书的主编。

本书由太原理工大学邵玉槐教授、杜铁生老师和上海电力学院高亮教授主审。各兄弟院校的老师对本书的修改也提出了很多好的建议，在此表示衷心的感谢。

诚恳地希望广大读者对本书的不足之处提出批评和指正。

编　者

2007 年 9 月

常 用 符 号 说 明

一、设备和器件符号

符号	说明	符号	说明
A	集成运算放大器、与门	KAC	加速继电器
A、B、C、N	相别	KHO	手动合闸继电器
AAR	自动重合闸装置	KVN	负序电压继电器
AAT	备用电源自动投入装置	KLM	阻抗中间继电器
E	禁止门	KPR	分相跳闸固定继电器
FU	熔断器	KCO	出口中间继电器
HL	信号灯	KBO	自动闭锁开放继电器
K	继电器	KCT	跳闸位置继电器
KA	电流继电器	KST	跳闸信号继电器
KV	电压继电器	KWZ	零序功率方向继电器
KT	时间继电器	KWN	负序功率方向继电器
KM	中间继电器	L	输电线路
KS	信号继电器	LT	脱扣器
KI	阻抗继电器	N	非门
KD	差动继电器	O	或门
KO	合闸继电器	QF	断路器
KW	功率方向继电器	SR	复归按钮
KF	频率测量继电器	TV	电压互感(变换)器
KG	气体继电器	TA	电流互感(变换)器、中间变流器
KL	总闭锁继电器		
KCE	重动继电器	TL	电抗变换器
KCF	防跳继电器	TP	极化变压器
KVZ	零序电压继电器	UE	整流桥
KCA	故障闭锁继电器	VD	二极管
KAZ	零序电流继电器	VT	三极管
KAN	负序电流继电器	VS	稳压管
KBL	断线闭锁继电器	XB	连接片
KCH	切换继电器	YC	合闸线圈
KST	起动继电器	YT	跳闸线圈
KOF	跳闸继电器	ZVN	负序电压过滤器

二、下 标 符 号

aop	精工	r	返回、恢复
ast	自起动	rel	可靠
A、B、C	相别	res	制动
br	分支	re	剩余
con	接线	ru	电容器波纹、周期
em	电磁	s	系统
fr	摩擦	sen	灵敏
fu	负荷	set	整定
k	短路	sp	弹簧、特殊
m	测量	tr	过渡
op	动作	unb	不平衡
osc	振荡	up	非周期

目录

前言
第一版前言
常用符号说明
绪论 …… 1
思考题与习题 …… 6
第一章 电网相间短路的电流保护 …… 7
第一节 反应单一电气量的继电器 …… 7
第二节 三段式电流保护 …… 15
第三节 相间短路电流保护的接线方式 …… 28
第四节 阶段式电流保护 …… 32
第五节 电流电压联锁保护 …… 35
第六节 方向电流保护 …… 38
思考题与习题 …… 58
第二章 电网接地短路的零序电流保护 …… 61
第一节 中性点直接接地电网接地故障分析 …… 61
第二节 中性点直接接地电网的零序电流保护 …… 62
第三节 对零序电流保护的评价 …… 73
第四节 中性点非直接接地电网接地故障分析 …… 76
第五节 中性点非直接接地电网的接地保护 …… 81
*第六节 MLN98 型微机小电流系统接地选线装置 …… 83
思考题与习题 …… 86
第三章 电网的距离保护 …… 88
第一节 距离保护的工作原理 …… 88
第二节 阻抗继电器 …… 90
第三节 整流型方向阻抗继电器的接线和特性分析 …… 98
第四节 阻抗继电器的接线方式 …… 105
第五节 工频变化量和交叉极化阻抗继电器 …… 111
第六节 电力系统运行对距离保护的影响及措施 …… 117
第七节 距离保护的整定计算 …… 136
思考题与习题 …… 142
第四章 线路的纵联保护 …… 143
第一节 纵联保护的基本原理 …… 143
第二节 线路的导引线保护 …… 143
第三节 线路的高频保护 …… 148

第四节　光纤保护…… 162
第五节　微波保护…… 166
思考题与习题…… 169
第五章　自动重合闸…… 170
第一节　自动重合闸的作用及对它的基本要求…… 170
第二节　输电线路的三相一次自动重合闸…… 172
第三节　高压输电线路的单相自动重合闸…… 179
第四节　高压输电线路的综合重合闸简介…… 183
思考题与习题…… 183
第六章　电力变压器保护…… 185
第一节　电力变压器的故障类型、不正常工作状态及保护配置原则…… 185
第二节　变压器瓦斯保护和电流速断保护…… 186
第三节　变压器纵差动保护…… 189
第四节　变压器相间短路的后备保护…… 199
第五节　变压器接地短路的后备保护…… 203
思考题与习题…… 206
第七章　母线保护…… 207
第一节　母线故障和装设母线保护的基本原则…… 207
第二节　母线保护基本原理…… 207
第三节　母线保护的特殊问题及措施…… 214
*第四节　微机型母线保护举例 …… 216
思考题与习题…… 222
第八章　低压电气设备保护…… 223
第一节　6～10kV 变压器保护 …… 223
第二节　电动机的电流和电压保护…… 230
第三节　电动机的过热保护和温度电流保护…… 247
第四节　同步电动机的失步保护和失磁保护…… 249
第五节　电力电容器保护…… 251
第六节　电抗器保护…… 257
思考题与习题…… 260
第九章　微机继电保护…… 262
第一节　微机继电保护的构成和特点…… 262
第二节　微机继电保护的硬件系统…… 265
第三节　微机继电保护的软件系统…… 270
*第四节　PSL 603 系列超高压线路成套保护装置 …… 279
*第五节　各种系列超高压线路成套保护装置简介 …… 295
第六节　变压器微机纵差保护…… 303
思考题与习题…… 307

第十章　变电站自动装置…… 308
第一节　备用电源自动投入装置…… 308
第二节　自动按频率减负荷装置…… 313
思考题与习题…… 324
第十一章　电网继电保护配置原则及案例…… 326
第一节　电网继电保护选择原则…… 326
第二节　3～10kV 电网保护的配置 …… 327
第三节　35～66kV 线路保护 …… 329
第四节　110～220kV 线路保护 …… 330
第五节　330～500kV 线路保护 …… 332
第六节　500kV 变电站继电保护配置 …… 333
*第十二章　电网继电保护故障案例分析 …… 340
第一节　综合性故障…… 340
第二节　变压器继电保护故障…… 350
第三节　母线继电保护故障…… 353
第四节　线路继电保护故障…… 356
第五节　继电保护整定与配合故障…… 357
*第十三章　电力系统继电保护新技术 …… 360
第一节　电力系统继电保护技术的发展…… 360
第二节　继电保护新技术简介…… 363
参考文献…… 368

绪　　论

一、电力系统继电保护的作用

输电线路、变压器、供电网络和用电设备组成了供用电系统。在运行过程中，供用电系统可能出现故障和不正常运行状态，最常见的故障是各种类型的短路，如三相短路、两相短路、两相接地短路、单相接地短路以及变压器、电机绕组的匝间短路等。

发生故障的原因多种多样，主要有雷击、倒塔、鸟兽跨接电气设备；设备设计、制造缺陷；安装、调试、运行维护不当，误操作等。

故障发生后，电流突然增大，电压大幅度降低，会造成以下后果：

（1）故障点通过很大的短路电流，引发电弧，使故障电气设备烧坏。通过短路电流的无故障设备，在发热和电动力作用下损坏或降低使用寿命。

（2）系统电压大幅度下降，用户的正常工作遭到破坏，甚至损坏用电设备，影响产品质量。

（3）破坏电力系统运行的稳定性，引起系统振荡甚至使整个电力系统瓦解，导致大面积停电。

电力系统正常运行状态遭到破坏，但未形成故障，称作不正常运行状态。常见的有过负荷、过电压、电力系统振荡等。电气设备运行过负荷会引起过热，加速绝缘老化，降低使用寿命，且容易引发短路。过电压将直接威胁电气设备绝缘，严重的会导致绝缘击穿，引发短路故障。电力系统振荡时，电流、电压周期性摆动，严重影响系统的正常运行。

为避免故障和不正常运行状态给系统和用户带来的危害，除了采取各种措施尽可能消除和减少发展性故障的可能性外，故障一旦发生，必须迅速、准确地切除故障元件，这是保证系统安全运行最有效的方法之一。电力系统的暂态过程非常短暂，切除故障的时间常常要求小到十分之几甚至百分之几秒，为完成这项任务，只有依靠电力系统继电保护装置。

电力系统继电保护装置是指能反应电力系统中电气元件发生故障或不正常运行状态而动作于断路器跳闸或发出信号的一种自动装置。继电保护装置的基本任务是：

（1）当系统出现故障时，能自动、快速、有选择地将故障设备从系统中切除，保证系统非故障部分继续运行，使停电范围最小。

（2）当系统处于不正常运行状态时，根据运行维护的要求能自动、及时、有选择地发出信号，由值班人员进行处理，或切除继续运行会引起故障的设备。

继电保护装置是电力系统自动化的重要组成部分，是保证电力系统安全稳定运行必不可少的主要技术措施之一。在现代电力系统中，继电保护装置对保证系统安全运行和电能质量、防止事故发生和故障扩大起着极其重要的作用，是电力系统必不可少的组成部分。

二、继电保护的基本原理

被保护设备的电气量在故障前后的突变信息，是构成继电保护装置的基本原理。为实现上述基本任务，继电保护应能区分电力系统正常运行与发生故障或不正常运行状态。

故障的明显特征是电流剧增、电压大幅下降、线路测量阻抗减小、功率方向变化、负序或零序分量出现等，此外，还有其他物理量如气体、温度的变化等。根据不同电气量或物理量的变化，可构成不同原理的继电保护装置。不论反应哪种电气量，当其测量值超过一定数值（整定值）时，继电保护将有选择地切除故障或显示电气设备的异常情况。

1. 根据基本电气参数的变化构成保护

发生短路后，利用电流、电压、线路测量阻抗值的变化，可以构成如下最基本的保护。

（1）过电流保护。反应电流的增大而动作，如图 0-1 所示，若在 YZ 段上发生三相短路，则从电源到短路点 k 之间均将流过很大的短路电流 I_k，保护 2 应反应于这个电流而动作跳闸。

（2）低电压保护。反应于电压的降低而动作，如图 0-1 所示，三相短路点 k 的电压 U_k 降低到零，各变电站母线 X、Y 等的电压都有所下降，保护 2 可以反应于这个下降的电压而动作。

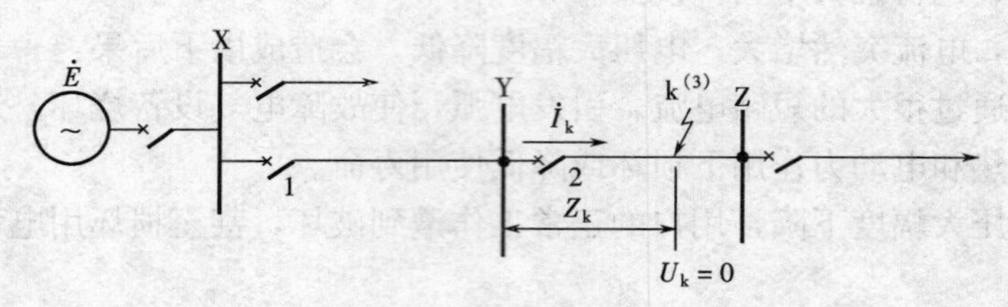

图 0-1　单侧电源线路

（3）距离保护。反应于短路点到保护安装处之间的距离的下降（或测量阻抗的减小）而动作。在图 0-1 中，设以 Z_k 表示短路点到保护 2（变电站 Y 母线）之间的线路阻抗，则母线上的残余电压 $U_Y=I_kZ_k$，$Z_k=U_Y/I_k$ 就是在线路始端的测量阻抗，显然，此测量阻抗小于正常运行时的负荷阻抗，其值正比于短路点到保护 2 之间的距离。

2. 根据内部和外部故障时被保护元件两侧电流相位（或功率方向）的差别构成保护

如图 0-2（a）所示双侧电源网络，规定电流的正方向是从母线流向线路。

正常运行时，在某一瞬间，线路 XY 的负荷电流总是从一侧流入从另一侧流出，按照规定的正方向，XY 两侧电流的大小相等，相位相差 180。在线路 XY 范围以外 k1 短路时，如图 0-2（b）所示，由电源 E_{I} 供给的短路电流 I'_{k1} 将流过线路 XY，此时 XY 两侧的电流仍然是大小相等相位相反，其特征与正常运行时一样。如果短路发生在线路 XY 的范围以内，如图 0-2（c）所示，由于两侧电源分别向短路点 k2 供给短路电流 I'_{k2} 和 I''_{k2}，线路 XY 两侧的电流都是由母线流向线路，此时两电流的大小相位一般都不相等，在理想情况下（两侧电动势同相位且全系统的阻抗角相等），两电流同相位。

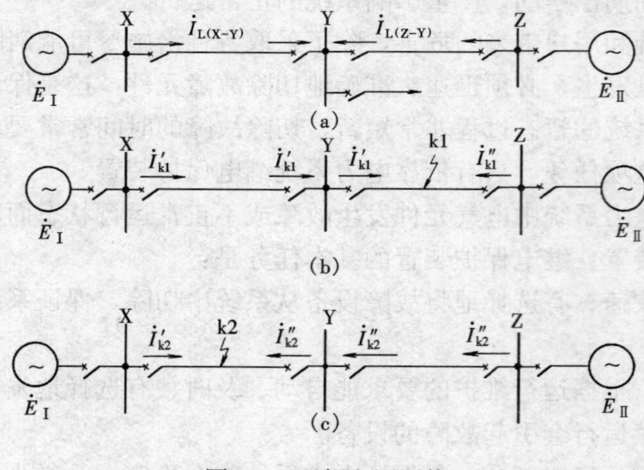

图 0-2　双侧电源网络

（a）双侧电源网络；（b）线路 XY 外短路；（c）线路 XY 内短路

利用电气元件在内部故障与外部故障（包括正常运行情况）时，两侧电流相位或功率方向的差别，就可以构成各种差动原理的保护，如差动保护、高频保护等。差动原理的保护只反应被保护元件的内部故障，不反应外部故障，因而被认为具有绝对的选择性。

3. 根据对称分量是否出现构成保护

电气元件在正常运行（或发生对称短路）时，负序分量和零序分量为零；在发生不对称接地短路时，它们都具有较大的数值，在发生不接地的不对称短路时，虽然没有零序分量，但负序分量却很大，利用这些分量构成的零序保护和负序保护，一般都具有良好的选择性和灵敏性。

4. 根据其他物理量的变化构成保护

还可根据电气设备的特点，实现反应于非电气量的保护。例如，当变压器油箱内部的绕组短路时，反应油被分解所产生的气体而构成瓦斯保护；反应于电动机绕组的温度升高而构成的过负荷或过热保护等。

三、继电保护装置的组成

无论按上述什么原因构成继电保护，其装置结构都由三部分组成，即测量比较部分、逻辑判断部分和执行部分，其原理框图如图 0-3 所示。

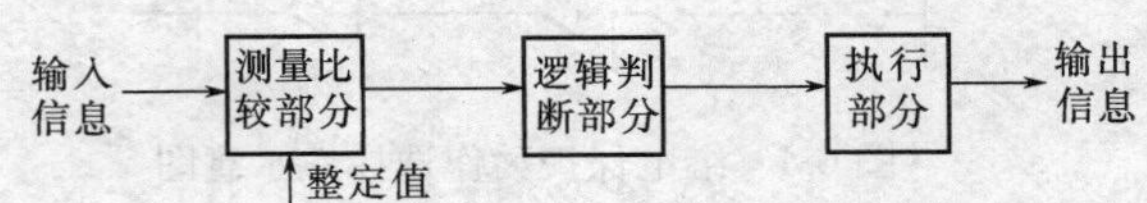

图 0-3 继电保护装置组成原理框图

1. 测量比较部分

测量比较部分是测量被保护元件工作状态（正常工作、非正常工作或故障状态）的一个或几个电气量，并与已给定的整定值进行比较，根据比较结果，判断被保护元件有无故障或异常情况，并输出相应的“是”、“非”；“大于”、“不大于”；等于“0”或者“1”等性质的逻辑信号。

2. 逻辑判断部分

逻辑判断部分的作用是根据测量比较部分输出的信息，包括各输出量的大小、性质、出现的顺序或它们的组合等，作出逻辑判断。使保护装置按一定的逻辑程序工作，以确定是否需要输出瞬时或延时跳闸、报警信号的相应信息到执行部分。

3. 执行部分

执行部分的作用是根据逻辑判断部分送来的信号，最后完成保护装置所担负的任务，如将跳闸命令送至断路器的控制回路、将报警信号送至报警信号回路等。

四、对继电保护的基本要求

根据继电保护的任务，对动作于跳闸的继电保护要求其具有选择性、速动性、灵敏性和可靠性。这些要求是相辅相成、相互制约的，需要根据具体的使用环境进行协调保证。

1. 选择性

继电保护动作的选择性是指保护装置动作时，仅将故障元件从电力系统中切除，使停电范围尽量缩小，以保证系统中的非故障部分仍能继续安全运行。

如图 0-4 所示的网络中，当 k1 点短路时，保护 1～4 均流过短路电流，为尽量缩小停电范围，应由距短路点最近的保护 1 和 2 动作跳闸，将故障线路切除，变电站 Y 则仍可由另一条无故障的线路继续供电。而当 k2 点短路时，保护 7 动作跳闸，切除故障，此时只有用户 1 停电。由此可见，继电保护有选择性的动作可将停电范围限制到最小，甚至可以做到不中断向用户供电。

在要求继电保护动作有选择性的同时，还必须考虑继电保护或断路器有可能拒绝动作。如图 k2 点短路时，距短路点最近的保护 7 应动作切除故障，但由于某种原因，该处的继电保护或断路器拒绝动作，使故障不能消除，此时要求其上一级电气元件（靠近电源侧）的保护 5 动作切除故障。此时保护 5 起到了对相邻线路后备保护的作用，所以称其为相邻元件的后备保护。同理，保护 1 和 3 又可以作为保护 5 和 6 的后备保护。按上述方式构成的后备保护是在远处实现的，称为远后备保护。远后备保护对相邻元件的保护装置、断路器、二次回路和直流电源所引起的拒动均能起到后备作用。

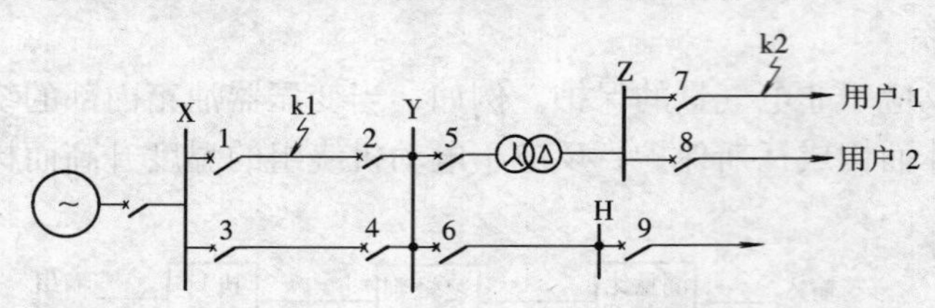

图 0-4 继电保护动作选择性示意图

当然，并不是所有情况都可以实现远后备保护的。在某些复杂的高压电网中，由于技术上的原因，实现远后备保护有困难，如图 0-4 中主变压器内部故障时，流经线路的短路电流不大，此时线路保护 1 不起动，对主变压器就不能起到远后备作用。这时候可以采用近后备保护方式。即在主变压器上同时装设两套保护，如果一套保护（主保护）不动作，则由另一套保护（后备保护）动作于跳闸。这种后备保护是在主保护安装处实现的，称之为近后备保护。另外，如果断路器 5 存有缺陷而拒绝动作，则需通过装在断路器上的失灵保护，将变电站 Y 的有源线路上的断路器 2 和 4 跳开。只有当远后备不能满足要求时，才考虑采用近后备的方式。

2. 速动性

速动性是指保护装置应能尽快切除短路故障。切除故障的时间包括继电保护的动作时间和断路器的跳闸时间。快速切除短路故障可以缩小故障范围，减轻短路引起的破坏程度，减小对用户影响，提高电力系统的稳定性。因此，在发生故障时，应力求保护装置能迅速动作切除故障。

保护的速动性与选择性在一般情况下是矛盾的。因为具有速动而又能保证选择性的保护装置一般都较复杂，价格较高，所以不能片面追求保护的速动性，而是要根据不同的保护对象及其在电力系统中的地位和作用，来确定对保护速动性的要求。为兼顾两者，一般允许保护带有一定的延时切除故障。

目前，快速保护的动作时间为 0.06～0.12s，最快的可达 0.01～0.04s，断路器的动作时间一般为 0.06～0.15s，最快的可达 0.02～0.06s。对于不同的电压等级和不同结构的网络，故障切除的最短时间有不同的要求。

对 220kV 以上的网络，要求保护的动作时间约为 0.02～0.04s；对 220kV 的网络为 0.04～0.1s；对 110kV 的网络为 0.1～0.7s；对配电网络一般为 0.5～1.0s。

有些故障不仅要满足选择性的要求，还必须满足速动性要求，例如：

（1）为满足系统稳定性的要求，必须快速切除高压输电线路上的故障。

（2）使发电厂或重要用户的母线电压低于允许值（一般为 0.7 倍额定电压）的故障。

（3）大容量发电机、变压器及电动机内部发生的故障。

（4）1～10kV 线路导线截面过小，为防止过热不允许延时切除的故障。

（5）可能危及人身安全、对通信系统或其他重要系统有强烈干扰的故障等。

3. 灵敏性

灵敏性是指继电保护对于其保护范围内发生故障或不正常运行状态的反应能力。在保护范围内部故障时，不论短路点的位置、短路的类型如何，以及短路点是否有过渡电阻，保护装置都应该能敏锐感觉、正确反应。保护装置的灵敏性通常用灵敏系数来衡量，它主要取决于被保护元件和电力系统的参数和运行方式。对各类保护灵敏系数的要求应满足 GB 14285—2006《继电保护和安全自动装置技术规程》的规定。

在进行继电保护整定计算时，常用到最大运行方式和最小运行方式。最大运行方式是指流过保护装置的短路电流为最大时的运行方式；最小运行方式是指流过保护装置的短路电流为最小时的运行方式。

一般过量保护，即反应故障电气量增加而动作的保护装置，其灵敏系数为保护区末端金属性短路时电气量的最小值与动作整定值之比，如电流保护的灵敏系数为

$$K_{sen}=I_{k\cdot min}/I_{set}$$

式中　$I_{k\cdot min}$——保护区末端金属性短路时短路电流的最小计算值；

I_{set}——保护装置的动作电流整定值。

而欠量保护，即反应故障电气量降低而动作的保护装置，其灵敏系数为动作整定值与保护区末端金属性短路时电气量的最大值之比，如低电压保护的灵敏系数为

$$K_{sen}=U_{set}/U_{k\cdot max}$$

式中　$U_{k\cdot max}$——保护区末端金属性短路时故障电压的最大计算值；

U_{set}——保护装置的动作电压整定值。

各种保护灵敏系数的校验方法，将在以后有关章节中具体讨论。

4. 可靠性

保护装置的可靠性是指在规定的保护范围内发生故障时，它应该可靠动作，即不拒动；而在正常运行或保护范围以外故障时，它不应该动作，即不误动。

保护装置的可靠性与其本身的制造、安装调试质量、运行维护水平有关。一般保护装置组成元件的质量越高、接线越简单、元器件的数量和触点越少并有必要的抗干扰措施，保护装置的可靠性就越高。精细的制造工艺、正确的调整试验、良好的运行维护、丰富的运行经验以及严谨的工作作风对提高保护可靠性都起着重要作用。

继电保护装置的拒动或误动都将给电力系统造成严重后果，但在提高不误动或不拒动的可靠性措施上往往是相互矛盾的，需要权衡利弊。例如采用两套保护以“或”方式作用于同一出口跳闸回路，有利于防止保护拒动，但增加了误动的可能性；若以“与”方式，则有利于防止误动，却不利于防止拒动。又如在系统旋转备用容量充足、输电线路多、各元件之间联系又十分紧密的情况下，由于继电保护装置误动作，切除输电线路或发电机、变压器给系统带来的影响可能不大，但若保护装置拒动则造成设备损坏或系统稳定破坏，影响巨大。在这种情况下，应着重强调不拒动的可靠性；反之则应强调不误动的可靠性。

以上对继电保护装置的四个基本要求是分析、研究继电保护性能的基础，也是贯穿本课程的基线。它们之间紧密联系，相互之间既有矛盾，又可以在一定条件下统一。例如，为保证选择性，有时就要求保护动作带延时；为保证灵敏性，有时允许保护非选择性动作，再由自动重合闸装置来纠正；为保证速动性和选择性，有时需采用较复杂的保护装置，却降低了可靠性。故在选用、设计保护装置时，必须从系统的实际情况出发，从全局出发，分清主

次，统一考虑，以求得最优情况下的统一。

五、继电保护技术发展概述

随着电力系统的飞速发展和电子技术、计算机技术、通信技术的进步，继电保护技术有了长足的发展。当前，国内外继电保护技术发展的趋势为计算机化，网络化，保护、控制、测量、数据通信一体化和人工智能化。

20世纪50年代，阿城继电器厂建立了我国自己的继电器制造业。60年代中期，我国已建成了继电保护研究、设计、制造、运行和教学的完整体系。这是机电式继电保护繁荣的时代。50年代末，60年代中期到80年代中期是晶体管型继电保护蓬勃发展和广泛采用的时代。天津大学与南京电力自动化设备厂合作研究的500kV晶体管型方向高频保护和南京电力自动化研究院研制的晶体管型高频闭锁距离保护，运行于葛洲坝500kV线路上。

20世纪70年代，基于集成运算放大器的集成电路保护已开始研究，到80年代末集成电路保护已形成完整系列，逐渐取代晶体管保护。90年代初，集成电路保护的研制、生产、应用仍处于主导地位，天津大学与南京电力自动化设备厂合作研制的集成电路相电压补偿式方向高频保护在多条220kV和500kV线路上运行。

我国从20世纪70年代末开始微机继电保护的研究，1984年华北电力学院研制的输电线路微机保护装置首先通过鉴定，并在系统中获得应用。东南大学和华中理工大学研制的发电机失磁保护、发电机保护和发电机变压器组保护于1989、1994年投入运行。南京电力自动化研究院研制的微机线路保护装置于1991年通过鉴定。天津大学与南京电力自动化设备厂合作研制的微机相电压补偿式方向高频保护、西安交通大学与许昌继电器厂合作研制的正序故障分量方向高频保护相继于1993、1996年通过鉴定。随着微机保护装置的研究，在微机保护软件、算法等方面也取得了很多理论成果。从90年代开始我国继电保护技术已进入了微机保护的时代。

进入21世纪，随着微型计算机和计算技术的迅猛发展，加之微机保护装置的巨大优越性和潜力，可以预见，微机保护将成为电力系统保护、监控、通信、调度综合自动化系统的重要组成部分。继电保护技术未来趋势是向计算机化，网络化，智能化，保护、控制、测量和数据通信一体化发展。

思考题与习题

1. 电力系统继电保护的任务是什么?
2. 说明继电保护装置的结构。
3. 简述对继电保护装置的基本要求及相互关系。
4. 过量保护和欠量保护的灵敏系数如何求取?

第一章　电网相间短路的电流保护

第一节　反应单一电气量的继电器

继电器是组成继电保护装置的基本元件，按工作原理，继电器可分为电磁型、感应型、整流型和静态型。

电磁型、感应型和整流型继电器具有机械可动部分和触点，是机电型继电器。

静态型继电器是由晶体三极管、二极管或集成电路和电阻、电容等固态器件组成，即由静止的电子元件组成，没有机械的可动部分，所以称这类继电器为静态型继电器。

下面分别介绍几种电磁型和静态型反应单一电气量的继电器。

一、电磁型继电器

（一）电磁型电流继电器

电流继电器是实现电流保护的基本元件之一，也是反应一个电气量而动作的典型简单继电器。因此，将通过对它的分析来说明一般继电器的工作原理和主要特性。

电磁型电流继电器的原理结构如图1-1所示。

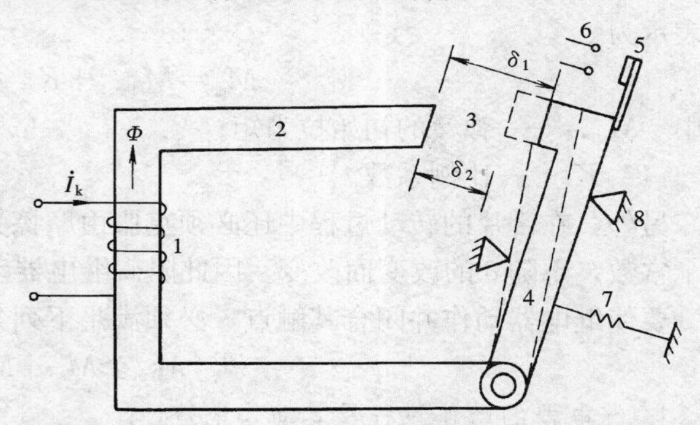

图1-1　电磁型电流继电器的原理结构图

1—线圈；2—铁芯；3—空气隙；4—被吸引的可动舌片；5—可动触点；6—固定触点；7—弹簧；8—止挡

当线圈1中输入电流$\dot{I}_k$时，便在铁芯中产生一磁通Φ，此磁通经铁芯2、空气隙3和可动舌片4形成闭合回路。可动舌片在磁场中被磁化，即与铁芯的磁极产生电磁吸力F_{em}，使可动舌片上产生一方向向左的电磁转矩M_{em}。当M_{em}足够大时，可动舌片转动并带动可动触点5一起转动，使可动触点与固定触点6接通，称为继电器"动作"。由于止挡的作用，可动舌片只能在预定的范围内转动。

根据电磁学原理可知，电磁吸力F_{em}与磁通Φ的平方成正比，即

$$F_{em}=k_1\Phi^2$$

式中　k_1——反应电磁力与磁通之间的关系的比例系数。

因磁通Φ与磁动势$W_K I_K$成正比而与磁阻R成反比，即

$$\Phi=\frac{W_K}{R}I_K$$

式中　W_K——继电器线圈的匝数；

I_K——继电器电流；

R——磁通闭合回路的磁阻。

于是可知电磁吸力与电流 I_K、磁阻 R 的关系如下

$$F_{em}=K_1W_K^2\frac{I_K^2}{R^2}$$

假定磁路的磁阻全部集中在空气隙中，设 δ 表示气隙的长度，则电磁吸力就与电流 I_K 的平方成正比，而与 δ 的平方成反比，即

$$F_{em}=K_2\frac{I_K^2}{\delta^2}$$

式中 K_2——反应电磁吸力与 I_K、δ 的关系的比例系数。

这样，由电磁吸力作用到可动舌片上的电磁转矩即可表示为

$$M_{em}=F_{em}L_K=K_3\frac{I_K^2}{\delta^2} \tag{1-1}$$

式中 L_K——可动舌片的力臂；

K_3——反应 M_{em} 与 I_K、δ 的关系的比例系数。

在可动舌片上，除了有电磁吸力产生的电磁转矩外，还有弹簧 7 产生的力矩 M_{sp}，用以控制继电器在正常运行时不动作，即保持可动舌片在原始位置。由于弹簧的张力与其伸长成正比，因此当舌片向左移动而使 δ 减小时，例如由 δ_1 减小到 δ，则由弹簧产生的反抗力矩即可表示为

$$M_{sp}=M_{sp.1}+K_4(\delta_1-\delta) \tag{1-2}$$

式中 $M_{sp.1}$——弹簧的初始拉力矩；

K_4——比例系数。

另外，在舌片的转动过程中还必须克服由摩擦力所产生的摩擦转矩 M_{fr}，其值可认为是一个常数，不随 δ 的改变而改变。因此阻碍继电器动作的全部反抗转矩就是 $M_{sp}+M_{fr}$。

要使继电器动作并闭合其触点，必须满足下列条件

$$M_{em}\geqslant M_{sp}+M_{fr} \tag{1-3}$$

1. 继电器的动作过程及其动作电流

由式（1-3）可知，要使继电器起动，就必须增大电流 I_K，以增大电磁转矩 M_{em}。当电磁转矩达到与反抗力矩相等的一瞬间，即 $M_{em}=M_{sp}+M_{fr}$ 时，继电器刚好能够起动。此时的电流 I_K，即能使继电器动作的最小电流值，称为继电器的动作电流（习惯上又称为起动电流），用 $I_{op.K}$ 表示。

将式（1-1）代入式（1-3）得

$$I_{op.K}=\delta\sqrt{\frac{M_{sp}+M_{fr}}{K_3}} \tag{1-4}$$

由式（1-4）可以看出，要改变继电器的动作电流，可以采取如下几种方法：

（1）改变继电器线圈的匝数 W_K，即改变 K_3。

（2）改变弹簧的反作用力矩 M_{sp}。

（3）改变空气隙的长度 δ。

当舌片开始转动之后，δ 逐渐减小。若 $I_{op.K}$ 不变，则 M_{em} 随 δ 的减小成平方倍增加，而反抗转矩只是成正比例地增加，它们随 δ 变化的关系如图 1-2 中的曲线 1 和斜线 2 所示。因此在继电器动作之后将出现一个剩余转矩 M_{re}，它有利于保证继电器触点的可靠接触。

2. 继电器的返回过程及其返回电流

在继电器动作之后，要使它重新返回原位，就必须减小电磁转矩 M_{em}，然后由弹簧的反作用力把舌片拉回来。在这个过程中，摩擦力矩又起着阻碍返回的作用。因此继电器的返回条件是

$$M_{em} \leqslant M_{sp} - M_{fr} \tag{1-5}$$

为减小电磁转矩，就要减小电流 I_K，当电磁转矩减小到与 $M_{sp}-M_{fr}$ 相等的一瞬间，即

$$M_{em} = M_{sp} - M_{fr}$$

时，继电器刚好能够返回。此时的电流 I_K，即能使继电器返回的最大电流值称为电流继电器的返回电流，用 $I_{r \cdot K}$ 表示。

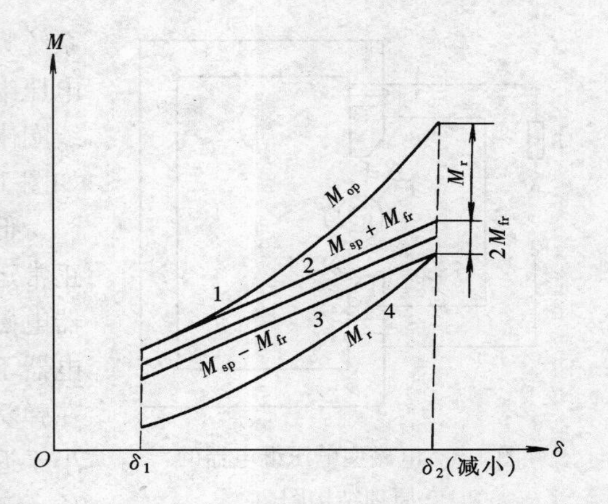

图 1-2　电磁型电流继电器的转矩曲线

将式（1-1）代入式（1-5）可得

$$I_{r \cdot K} = \delta \sqrt{\frac{M_{sp} - M_{fr}}{K_3}} \tag{1-6}$$

在舌片回转的过程中，δ 会由 δ_2 逐渐增大，电磁转矩会随 δ 成平方倍减小，而机械力矩只是随 δ 成比例地减小，它们随 δ 的变化关系如图 1-2 中曲线 4 和斜线 3 所示。

继电器的返回电流与动作电流之比，称为继电器的返回系数，用 K_r 表示，即

$$K_r = \frac{I_{r \cdot K}}{I_{op \cdot K}} \tag{1-7}$$

反应电流增大而动作的继电器，其 $I_{op \cdot K} > I_{r \cdot K}$，因此，返回系数恒小于 1。返回系数是继电器的重要参数之一，在实际应用中常要求电流继电器有较高的返回系数，如 0.85～0.9。

由以上分析可见，当 $I_K < I_{op \cdot K}$ 时，继电器根本不动作，而当 $I_K \geqslant I_{op \cdot K}$ 时，继电器则能够突然迅速地动作，闭合其触点；在继电器动作之后，只有当电流减小到 $I_K \leqslant I_{r \cdot K}$ 时，继电器才能立即迅速地返回原位，触点重新打开。无论动作还是返回，继电器都是干脆明确的，它不可能停留在某一个中间位置，这种特性我们称之为继电器的“继电特性”。

（二）电磁型电压继电器

电压继电器有过电压继电器和低电压继电器两种。

过电压继电器的结构及工作原理与前述的过电流继电器相似，即当 $U_K \geqslant U_{op \cdot K}$ 时继电器动作。当线圈两端输入电压 U_K 时，在线圈中产生的电流 I_K 为

$$I_K = \frac{U_K}{Z_K}$$

式中　U_K——继电器的输入电压；

Z_K——继电器线圈的阻抗。

代入式（1-1）可得电压继电器的电磁转矩为

$$M_{em} = K_3 \frac{U_K^2}{Z_K^2 \delta^2} \tag{1-8}$$

式（1-8）表明，继电器动作与否取决于电压 U_K 的大小。电压继电器线圈的电压一般取自电网母线电压互感器，所以电压继电器线圈的匝数多而导线细。为改善返回系数，减少

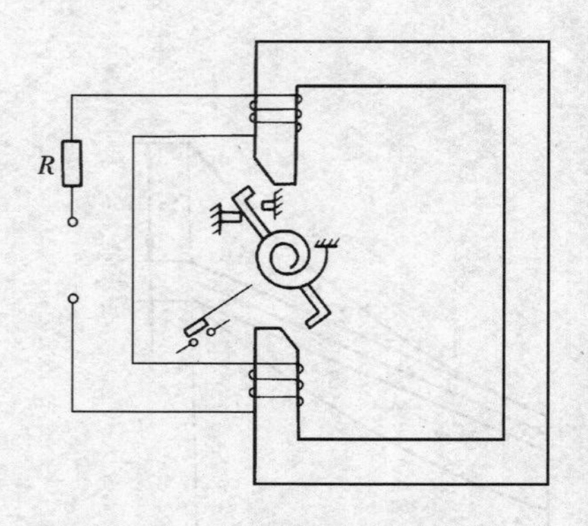

图 1-3 电磁型电压继电器的原理结构图

系统频率变化和环境温度变化对继电器工作的影响，电压继电器线圈一般采用电阻值大的导线绕制，或在线圈中串联一个温度系数很小而阻值大的附加电阻 R，如图 1-3 所示。

低电压继电器的工作特点与过电压继电器不同。正常运行时，母线电压为额定电压，所以低电压继电器电磁转矩大于弹簧反作用力矩与摩擦转矩之和，继电器不动作，触点打开；电压下降时，电磁转矩减小，在弹簧力矩作用下，继电器动作，其动作电压 $U_{op\cdot K}$ 小于返回电压 $U_{r\cdot K}$，所以低电压继电器的返回系数 K_r 大于 1，一般为 1.25。

（三）电磁型辅助继电器

在继电保护装置中，常常用到一些辅助继电器，如中间继电器、时间继电器、信号继电器等，其作用、功能各不相同。下面分别介绍这三种继电器。

1. 中间继电器

在继电保护装置中，常常需要同时闭合或者同时断开几个独立回路，或者用来增大主继电器的触点容量，去动作于断路器跳闸及实现必要的延时，这时就要采用中间继电器。常用中间继电器的接线方式有两种，如图 1-4 所示。图 1-4（a）中，中间继电器 KM 的线圈与电流继电器 KA 触点串联；图 1-4（b）中，中间继电器的线圈输入端与其中一对触点并联后与电流继电器的触点串联起自保持作用。

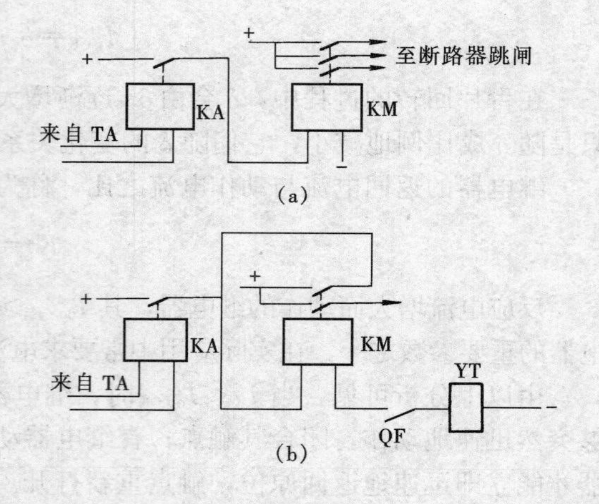

图 1-4 中间继电器的接线方式

（a）串联接入；（b）并联接入

2. 时间继电器

在继电保护装置中，时间继电器主要用来实现保护所需要的延时。对时间继电器的基本要求是动作要准确，而且动作时间不应随操作电压的波动而变化。

电磁型时间继电器由一个电磁起动机构带动一个钟表延时机构而组成。电磁起动机构采用螺管线圈式结构，其线圈可由直流供电，也可由交流供电。在继电保护和自动装置中，一般采用直流供电的时间继电器，即操作电源为直流。

时间继电器一般有一对瞬动转换触点和一对延时主触点（终止触点），根据不同的要求，有的时间继电器还可以装设一对滑动延时触点。对时间继电器的电磁系统不要求有很高的返回系数，因为继电器的返回是由保护装置中起动元件的触点将其电压全部撤除来实现的。

为了缩小电磁型时间继电器的尺寸，它的线圈一般不按长期通过电流来设计。因此，当需要长期（大于 30s）加电压时，应在线圈回路中串联一个附加电阻 R，如图 1-5 所示。正常情况下，电阻 R 被继电器的瞬时动断触点所短接，继电器起动后，该触点立即断开，将电阻 R 串入线圈回路，以限制电流，提高继电器的热稳定。

3. 信号继电器

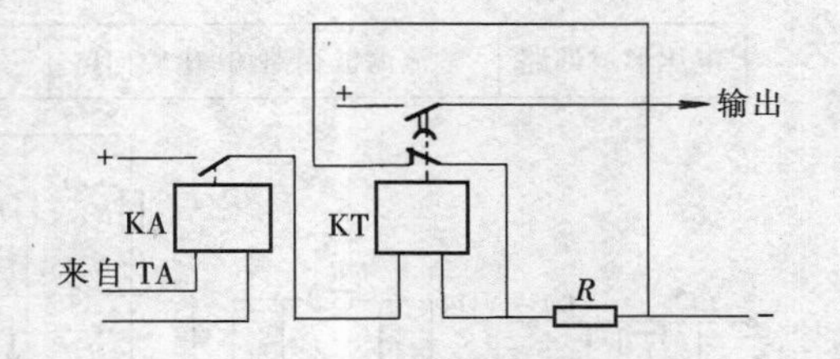

图 1-5　时间继电器的接线方式

在继电保护和自动装置中，信号继电器广泛用来作为装置整组或个别元件动作的信号指示器。根据信号继电器所发出的信号，运行维护人员就能很方便地分析事故和统计保护装置正确动作的次数。电磁型信号继电器的动作原理是，当线圈中通过电流时，舌片被吸引，于是锁扣立即释放信号牌。信号牌由于本身的重量而落下，并停留在水平位置（通过继电器外壳上的窗口可以看到信号牌），与此同时触点也闭合，接通声、光信号回路。继电器动作后失去电源，由运行人员转动舌片复归。另外，还有一类信号继电器，动作后具有灯光信号，手动按钮复归。

信号继电器的接线方式通常有两种：

（1）电流起动的串联信号继电器，如图 1-6（a）所示。

（2）电压起动的并联信号继电器，如图 1-6（b）所示。

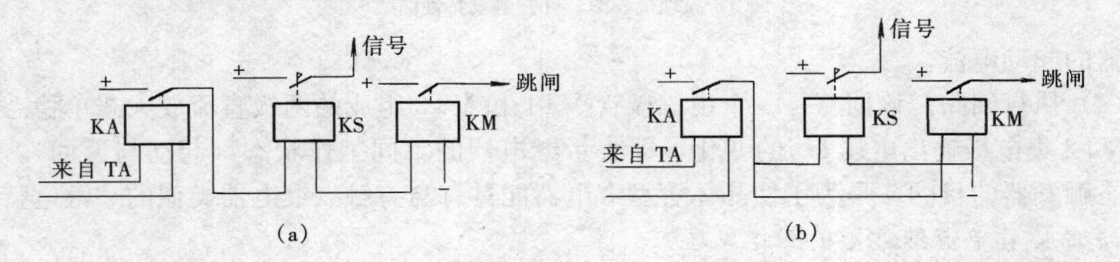

图 1-6　信号继电器的接线方式
（a）串联接入方式；（b）并联接入方式

二、静态型继电器

静态型继电器包括晶体管型和集成电路型，下面介绍常用的晶体管型电流继电器和晶体管电压继电器的构成原理。

（一）晶体管型电流继电器

晶体管型电流继电器一般由输入回路、比较回路和执行回路三部分组成，输入回路包括电压形成回路和整流滤波回路，其原理接线如图 1-7（a）所示。

1. 晶体管型电流继电器的组成

（1）电压形成回路。该回路的作用是用中间变流器 TA 将加入继电器的电流转换成一个在电阻 R_1 上的电压降 u_{R1}，以便与电流互感器的二次回路相隔离，并取得晶体管回路所需要的信号电压。当整流滤波回路以后的负载电阻远大于 R_1 时，可认为$\dot{U}_{R1}\approx\dot{I}_2R_1$。

（2）整流滤波回路。此回路由二极管 VD1～VD4 和 π 形滤波器仍用 C_1、C_2、R_2 组成。它将交流电压 u_{R1}变成一平滑的直流电压加于电位器 RP 上，从 RP 的活动触头取出的电压以 U_{RP}表示，它与加入继电器的电流 I_k 成正比，比例系数可调节。

（3）比较回路。此回路由 R_4 和稳压管 VS 组成。在 VS 两端给出一个稳定的电压 U_b（一般取 3V 左右），称为比较电压或门槛电压。继电器能否动作，主要取决于上述 U_{RP}与 U_b 的比较结果，当 $U_{RP}\geqslant U_b$ 时，由以下分析可看到，继电器动作。因此，调节 U_{RP}就可以调整

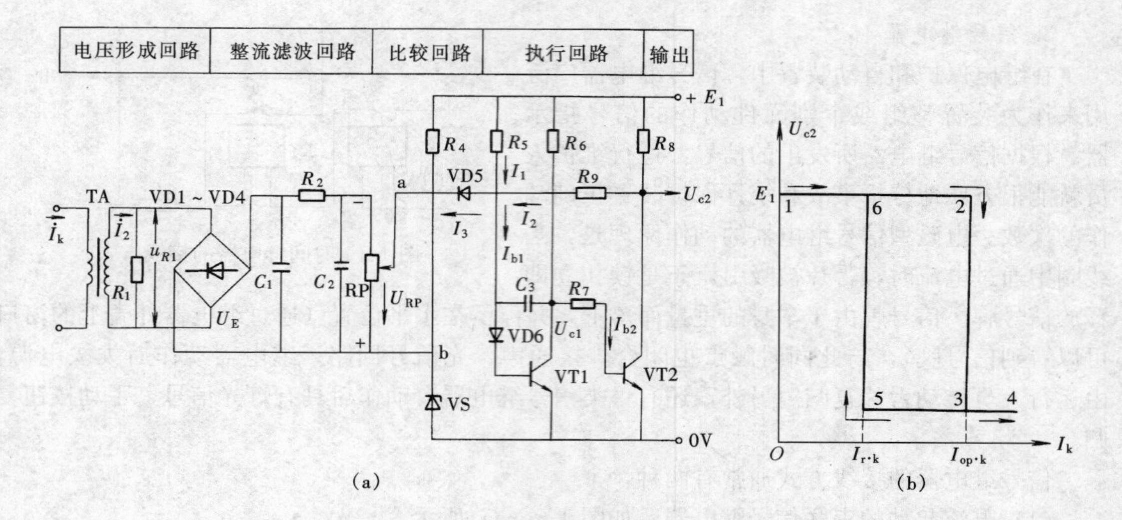

图 1-7　晶体管型过电流继电器

(a) 原理接线图；(b) 触发特性曲线

继电器的起动电流。

(4) 执行回路。该回路是一个由三极管 VT1 和 VT2 组成的两级直流放大式单稳态触发器，VT2 集电极输出电压 U_{c2} 的变化，即表示继电器的不同工作状态（起动与返回）。采用单稳态触发器的目的，是为了使晶体管型继电器能具有与有触点继电器类似的“继电特性”。

2. 晶体管电流继电器的工作原理

(1) 正常情况下。$I_K < I_{op\cdot K}$，调节电位器 RP 使 $U_{RP} < U_b$，因此，触发器输入端的 a 点具有正电位，VD5 承受反向电压，$I_3=0$，输入信号回路对触发器的工作不产生影响。在这种情况下，VT1 的基极电流 I_{b1} 由两部分组成，即

$$I_{b1} = I_1 + I_2 \tag{1-9}$$

式中　I_1——经偏流电阻仍用 R_5 供给，约等于$\dfrac{E_1}{R_5}$；

　　　I_2——经反馈电阻仍用 R_9 供给，约等于$\dfrac{E_1}{R_8+R_9}$。

在 I_{b1} 的作用下，VT1 处于饱和导通状态，其集电极电压 $U_{b1}=0.1\sim0.2$V，此电压不足以使 VT2 导通，因此 VT2 处于截止状态，由 VT2 集电极输出的电压 $U_{c2}\approx E_1$，对应于继电器的不动作状态。

(2) 当 I_k 增大到 $I_{op\cdot K}$ 时。U_{RP} 开始大于门槛电压 U_b，a 点电位由正变负，VD5 导通，VT1 的基极电流 I_b 被输入信号回路分流而开始减小，VT1 开始由饱和导通状态经放大区而向截止状态过渡。由于反馈电阻 R_9 的存在，使这一过程进行得十分迅速，因而具有触发器的特性。对应于此时加入继电器的电流值，就是继电器的起动电流。

触发器的翻转过程如下：当 I_{b1} 减小后，VT1 进入放大区，U_{c1} 开始升高，这使得 VT2 的基极电流 I_{b2} 开始增大，VT2 随之由截止状态向放大区过渡，U_{c2} 随之下降。当 U_{c2} 降低之后，反馈电流 I_2 随之减小，这又将引起 I_{b1} 的进一步减小，其关系示意如下：

$$[I_K \geqslant I_{op\cdot K}] \rightarrow I_{b1}\downarrow \rightarrow U_{c1}\uparrow \rightarrow I_{b2}\uparrow \rightarrow U_{c2}\downarrow \rightarrow I_2\downarrow$$

如此循环往复，最后使 VT1 截止，VT2 导通，输出电压 $U_{c2} \approx 0$V，这对应于继电器的动作状态。

(3) 在继电器动作之后再减小电流 I_K，则 U_{RP} 随之成正比例地减小，a 点电位回升，I_3 减小，I_{b1} 增大，VT1 开始由截止区进入放大区，由于此时 VT2 仍然是导通的，反馈电流 $I_2 \approx 0$，因此 I_{b1} 只能由 I_1 供给，此时继电器仍处于动作状态。当继续减小 I_K 时，使 I_3 不断减小，U_{c1} 逐渐下降。在 U_{c1} 降低到一定值后，I_{b2} 开始减小，VT2 开始由饱和区进入放大区，U_{c2} 上升，I_2 也随之增大，于是 I_{b1} 增大，VT1 更趋于饱和。如此循环往复，最后使 VT1、VT2 恢复原状，继电器返回。对应于此时加入继电器的电流，就是继电器的返回电流。

(4) 继电器的触发特性曲线。如图 1-7 (b) 所示，图中 1～2 对应于正常工作情况；2～3 对应于触发器的翻转过程；3～4 对应于起动之后电流继续增大的过程；3～5 对应于起动之后电流继续减小的过程；5～6 对应于触发器的返回过程。

由上述分析可知，晶体管型电流继电器的返回系数与电磁型电流继电器相同，也小于 1。改变偏流电阻 R_5 的大小可改变触发器的动作电流。改变反馈电阻 R_9 的大小可改变返回系数 K_r，R_9 越小，正反馈越强，返回系数越小。

(5) 回路中其他元件的作用。二极管 VD5 的作用是当 a 点呈现正电位时，承受反向电压，其反向电阻值约为∞，可以避免在继电器动作之前执行回路对整流滤波回路的负载产生影响。VD6 为当 a 点出现很大的负电位时，对 VT1 起保护作用，以免 b-e 极间在很大的反向电压作用下被击穿。为了更有效地保护 VT1，常常在其 b-e 间再并联一个二极管，其方向与 VD6 相反，以限制 b-e 极上的反向电压。C_3 为抗干扰电容，用以防止来自输入端的负干扰脉冲引起继电器误动作。

(二) 晶体管型电压继电器

晶体管型电压继电器有过电压继电器和低电压继电器两种。过电压继电器和上述过电流继电器是类似的，只是电压形成回路采用的是电压变换器 TV。下面介绍一种晶体管型低电压继电器，其原理接线如图 1-8 所示。

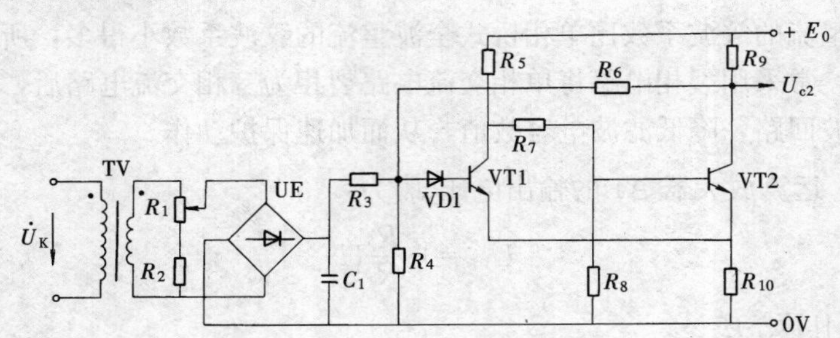

图 1-8　晶体管型低电压继电器原理接线图

晶体管型低电压继电器是反应电压的降低而动作的继电器。电压形成回路采用电压变换器 TV，其二次侧接调整电阻 R_1、R_2 和整流桥 UE，C_1 和 R_3 组成滤波回路，执行回路采用的是由 VT1 和 VT2 组成的射极耦合触发器。

其工作原理是，正常情况下，VT1 饱和导通，VT2 截止，输出端为高电位；当系统发生故障时，输入电压降低到继电器的动作电压、触发器翻转，输出端变为低电位；当故障切除后，电压恢复到继电器的返回电压时，触发器恢复到原来的状态。

使 VT2 由截止变为导通的最高电压称为继电器的起动电压，用 $U_{op\cdot K}$ 表示；而使 VT2 由导通变为截止的最低电压称为继电器的返回电压，用 $U_{r\cdot K}$ 表示。继电器的返回系数为

$$K_r=\frac{U_{r\cdot K}}{U_{op\cdot K}}>1$$

由射极耦合触发器构成的低电压继电器的发射极耦合电阻R_{10}上的电压就是继电器动作与返回的比较电压，因此这种继电器不需要专门的分压回路来建立门槛电压。另一个特点就是继电器动作后的输出电压不是近似为0V，而是高于射极耦合电阻R_{10}上的电压降。

（三）集成电路型电流继电器

图1-9所示为一集成电路型电流继电器，它由裂相回路、整流滤波回路、定值调整回路和电平检测器四部分组成。

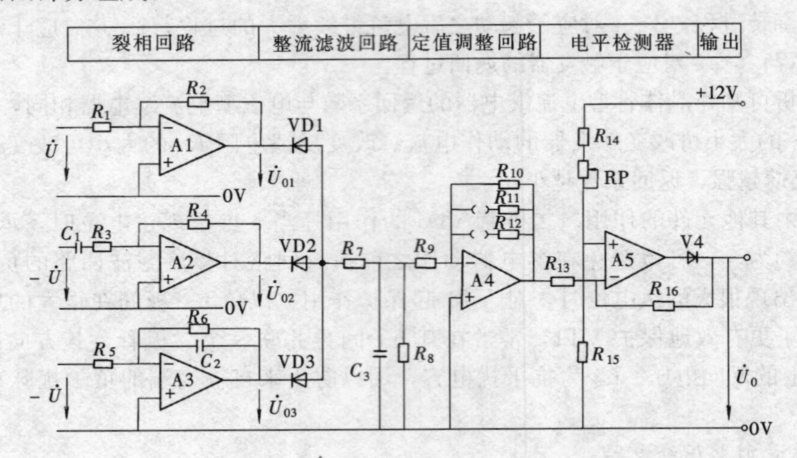

图1-9　集成电路型电流继电器

裂相回路和电平检测器的工作原理如下（其他回路的工作原理从略）。

1. 裂相回路

因三相全波整流的纹波系数比单相桥式全波整流的纹波系数小得多，所以在对单相交流电路进行整流前，常采用裂相电路将单相交流电路裂相为三相交流电路后，再进行三相全波整流，以简化滤波回路，降低滤波电容数值，从而加速保护动作。

在图1-9中，运算放大器A1的输出电压$\dot{U}_{01}$为

$$\dot{U}_{01}=-\frac{R_2}{R_1}\dot{U}$$

A2的输出电压$\dot{U}_{02}$为

$$\dot{U}_{02}=-\frac{R_4}{R_3-\mathrm{j}X_{C1}}\ (-\dot{U})\ =\frac{R_4}{R_3-\mathrm{j}X_{C1}}\dot{U}$$

式中　X_{C1}——电容C_1的容抗。

当改变电阻R_3时，$\dot{U}_{02}$与$\dot{U}$间相位可在0°～90°范围内变化。

A3的输出电压$\dot{U}_{03}$为

$$\dot{U}_{03}=-\frac{R_6\ (-\mathrm{j}X_{C2})}{(R_6-\mathrm{j}X_{C2})\ R_5}\ (-\dot{U})\ =\frac{-\mathrm{j}R_6X_{C2}}{(R_6-\mathrm{j}X_{C2})\ R_5}\dot{U}$$

式中　X_{C2}——电容C_2的容抗。

当改变电阻R_6时，$\dot{U}_{03}$与$\dot{U}$间相位可在0°～90°范围内变化。

由此可见，通过选择电阻 R_2、R_3 和 R_6 的阻值，便可在 A1～A3 的输出端得到大小相等、相位相差 120°的对称的三相电压 $\dot{U}_{01}$、$\dot{U}_{02}$ 和 $\dot{U}_{03}$，从而将单相电压 $\dot{U}$ 裂相为三相电压。

2. 电平检测器

由图 1-9 可见，运算放大器 A5 的同相输入端所加门槛电压为

$$U_m=\left(\frac{R_{15}}{R_{15}+R_{14}+RP}\right)E_c$$

式中　E_c——电源电压。

如图 1-9 所示，$E_c=12V$。A5 的反相输入端所加电压用 U_i 表示。当 $U_i>U_m$ 时，A5 输出为“0”态，表示继电器动作；当 $U_i<U_m$ 时，A5 输出为“1”态，表示继电器不动作。

第二节　三段式电流保护

一、无时限电流速断保护

根据对继电保护速动性的要求，保护装置动作切除故障的时间，必须满足系统的稳定性和保证重要用户供电的可靠性，在保证简单、可靠和具有选择性的前提下，原则上应越快越好。因此，在各种电气设备上，应尽量装设快速动作的继电保护。对于仅反应电流的增大而瞬时动作的电流保护，称为无时限电流速断保护，又称为电流Ⅰ段保护。

（一）无时限电流速断保护的工作原理

图 1-10 为一单侧电源辐射形电网，可用来说明无时限电流速断保护的工作原理。设保护 1、2 分别为线路 L1 和 L2 的无时限电流速断保护，用以切除 XY 间和 YZ 间线路的故障，当线路 L1 上故障时，保护 1 应能瞬时动作切除故障，而当线路 L2 上故障时，保护 2 能瞬时动作切除，它们的保护范围最好能达到本线路全长的 100%。电流速断保护能否满足这一要求，需要作具体的分析。

当线路上任意一点发生三相短路时，通过电源与短路点之间的短路电流 $I_k^{(3)}$ 可用下式求得

$$I_k^{(3)}=\frac{E_s}{Z_s+Z_1l} \tag{1-10}$$

式中　E_s——系统等效电源的相电动势；

Z_s——归算到保护安装处的系统等值阻抗；

Z_1——线路单位长度的正序阻抗；

l——短路点到保护安装处的距离。

在式（1-10）中，可忽略各元件的电阻。

当系统运行方式一定时，E_s 和 Z_s 为常数，此时 I_k 将随 l 的增长而减小，$I_k=f\ (l)$ 的变化曲线如图 1-10 所示。当系统运行方式及故障类型改变时，I_k 都将随之变化。对于一套保护装置来说，通过该保护装置的短路电流最大的运行方式，称为系统最大运行方式；而通过该保护装置的短路电流最小的运行方式，称为系统最小运行方式。

在最大运行方式下三相短路时，通过保护装置的短路电流最大；而在最小运行方式下两相短路时，通过保护装置的短路电流最小。这两种情况下的短路电流变化曲线如图 1-10 中的曲线 1 和 2 所示。

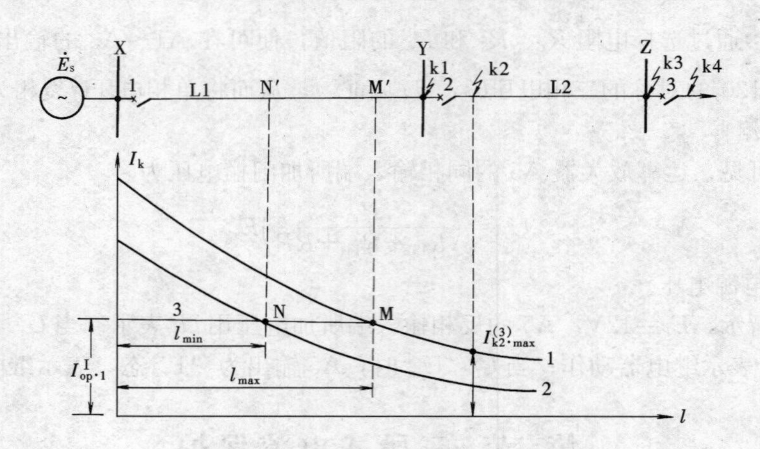

图 1-10 无时限电流速断保护的工作原理

曲线 1—最大短路电流；曲线 2—最小短路电流

从图 1-10 的曲线 1 上，可以找到线路任意一点在最大运行方式下三相短路电流的大小。例如线路 L2 的出口 k2 点短路时，其最大短路电流为 $I^{(3)}_{k2\cdot max}$。按照选择性的要求，k2 点短路时，应由保护 2 动作，保护 1 不应动作，为防止保护 1 误动，则要求保护 1 的动作电流大于 $I^{(3)}_{k2\cdot max}$，即

$$I^{I}_{op\cdot 1}>I^{(3)}_{k2\cdot max}$$

按上式选择了保护 1 的动作电流之后，保证了在线路 L2 上任意一点短路时，流过保护 1 的短路电流均小于其动作电流，保护 1 不会误动作。但当线路 L1 的末端 k1 点短路时，流过保护 1 的短路电流值与 k2 点短路时几乎相等，保护 1 也不动作，即保护 1 不能保护线路 L1 的全长。同样，保护 2 也无法区别 k3 点和 k4 点的短路电流，因此保护 2 也不能保护线路 L2 的全长。

（二）无时限电流速断保护的整定计算

1. 动作电流的整定

由上述分析可见，为保证相邻线路 L2 故障时，保护 1 不会误动作，电流速断保护 1 的动作电流应大于 k2 点短路时流过保护 1 的最大短路电流 $I_{k2\cdot max}$，而 $I_{k2\cdot max}$ 与本线路末端 k1 点短路时流过保护 1 的最大短路电流基本相同，所以保护 1 的动作电流可按躲过本线路末端 k1 点短路时流过保护 1 的最大短路电流 $I_{k1\cdot max}$ 来整定，即

$$I^{I}_{op\cdot 1}=K^{I}_{rel}I_{k1\cdot max} \tag{1-11}$$

式中 $I^{I}_{op\cdot 1}$——保护装置的动作电流，是用电力系统一次侧的参数表示的，它所代表的意义是：当被保护线路的一次电流达到这个数值时，安装在该处的这套保护装置就能起动；

K^{I}_{rel}——可靠系数，取 1.2～1.3；

$I_{k1\cdot max}$——系统在最大运行方式下，线路末端三相短路时，流过该保护的短路电流。

与保护 1 的动作电流整定相似，保护 2 的速断动作电流应躲过 L2 末端短路时流过保护 2 的最大短路电流 $I_{k3\cdot max}$，即

$$I^{I}_{op\cdot 2}=K_{rel}I_{k3\cdot max}$$

2. 保护范围的确定

按式（1-11）计算得到速断保护的动作电流如图 1-10 中直线 3 所示，它与曲线 1 和 2 分

别交于M点和N点，对应线路L1上的M′和N′点，由图1-10可见，当M′点在最大运行方式下发生三相短路时，流过保护1的短路电流正好与其动作电流相等，保护刚好能够起动；即最大运行方式下M′左侧任意一点三相短路时，短路电流均大于保护的动作电流，保护能起动；而当其他运行方式下M′右侧任一点短路时，短路电流均小于保护1的动作电流，保护不能起动。由此可见，在最大运行方式下三相短路时保护1的保护范围最大，用l_{max}表示。同理可知，系统最小运行方式下两相短路时保护1的保护范围最小，用l_{min}表示，如图1-10所示。

设系统在最大运行方式下归算到保护安装处母线的系统等值阻抗为$Z_{s \cdot min}$，按式（1-10）可得M′点在最大运行方式下的三相短路电流，它与保护1的速断动作电流相等，即

$$\frac{E_s}{Z_{s \cdot min}+Z_1 l_{max}}=I_{op \cdot 1}^{I}$$

由上式变换可得电流速断保护的最大保护范围l_{max}为

$$l_{max}=\frac{1}{Z_1}\left(\frac{E_s}{I_{op \cdot 1}^{I}}-Z_{s \cdot min}\right) \tag{1-12}$$

同样，设系统在最小运行方式下归算到保护安装处母线的系统等值阻抗为$Z_{s \cdot max}$，N′点在最小运行方式下两相短路时的短路电流与保护1的动作电流相等，即

$$\frac{\sqrt{3}}{2}\times\frac{E_s}{Z_{s \cdot max}+Z_1 l_{min}}=I_{op \cdot 1}^{I}$$

由上式变换可得电流速断保护的最小保护范围l_{min}为

$$l_{min}=\frac{1}{Z_1}\left(\frac{\sqrt{3}}{2}\times\frac{E_s}{I_{op \cdot 1}^{I}}-Z_{s \cdot max}\right) \tag{1-13}$$

根据系统要求，无时限电流速断保护的最大保护范围不应小于线路全长的50%，其最小保护范围不应小于线路全长的15%～20%。

（三）无时限电流速断保护的单相原理接线

无时限电流速断保护的单相原理接线如图1-11所示。电流继电器KA接于电流互感器TA的二次侧，KA动作之后起动中间继电器KM，其触点闭合后，经串联信号继电器KS的线圈接通断路器的跳闸线圈YT，使断路器跳闸。

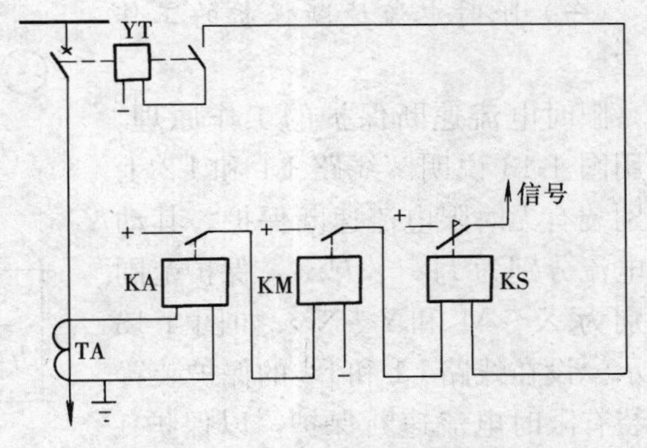

图1-11　无时限电流速断保护单相原理接线图

接线图中所用中间继电器KM的作用如下：

（1）利用KM的触点接通断路器的跳闸回路，即起增加电流继电器触点容量的作用。

（2）当线路上装有管型避雷器时，利用KM来增加保护装置的固有动作时间，以避免当避雷器放电动作时，引起电流速断保护的误动作。因为避雷器放电相当于瞬时发生接地短路，但当放电结束时，线路立即恢复正常工作，因此电流速断保护不应误动作。为此，必须

使保护的动作时间躲过避雷器的放电时间。一般放电时间约为10ms，也可能延长到20～30ms，因此，利用延时0.06～0.08s动作的中间继电器即可满足这一要求。

（四）对无时限电流速断保护的评价

（1）优点：简单可靠，动作迅速。在一些双侧电源的线路上，也能有选择性地动作。

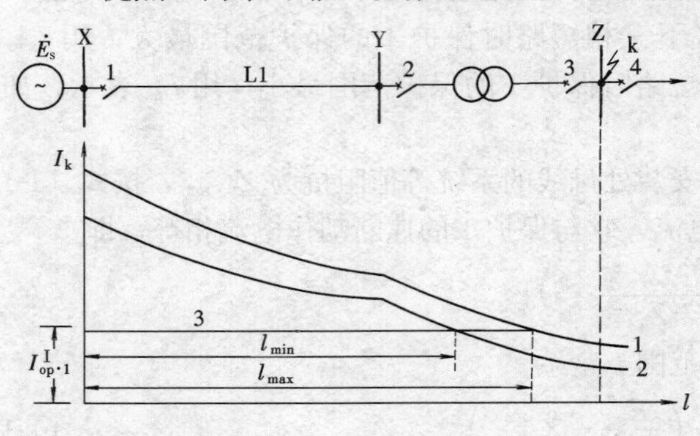

图1-12　用于线路—变压器组的无时限电流速断保护原理

（2）缺点：不能保护线路的全长，保护范围受系统运行方式变化的影响。尤其对于短距离的输电线路，由于线路首端和末端短路时，短路电流数值差别不大，致使它的保护范围可能很小，因而不能采用。

在某些特殊情况下，无时限电流速断保护也可以保护线路的全长。例如电网的终端线路上采用线路—变压器组的接线方式时，如图1-12所示，此时可以把线路—变压器组看成一个整体，因此速断保护的动作电流可以按躲过变压器低压侧线路出口短路的条件来整定，从而使无时限电流速断保护可以保护线路的全长。

二、限时电流速断保护

由于无时限电流速断保护不能保护线路的全长，当被保护线路末端附近短路时，必须由其他的保护来切除。为了满足速动性的要求，保护的动作时间应尽可能短。为此，可增加一套带时限的电流速断保护，用以切除无时限电流速断保护范围以外的短路故障，并作为无时限电流速断保护的后备保护。这种带时限的电流速断保护，称为限时电流速断保护，又称为电流Ⅱ段保护。

（一）限时电流速断保护的工作原理

限时电流速断保护的工作原理，可用图1-13说明。线路L1和L2上分别装有无时限电流速断保护，其动作电流分别为$I^{I}_{op\cdot1}$、$I^{I}_{op\cdot2}$，保护范围分别为X～M′和Y～N′，如图1-13所示。设在线路L1和L2的保护装置还装有限时电流速断保护，以保护1的限时电流速断保护为例，要使其能保护L1的全长，即线路L1末端短路时应该可靠地动作，则其动作电流$I^{II}_{op\cdot1}$，必须小于线路末端的短路电流I_{k1}，这样当相邻线路L2出口短路时，保护1也会起动，这种情况称为保护范围延伸到相邻线路。

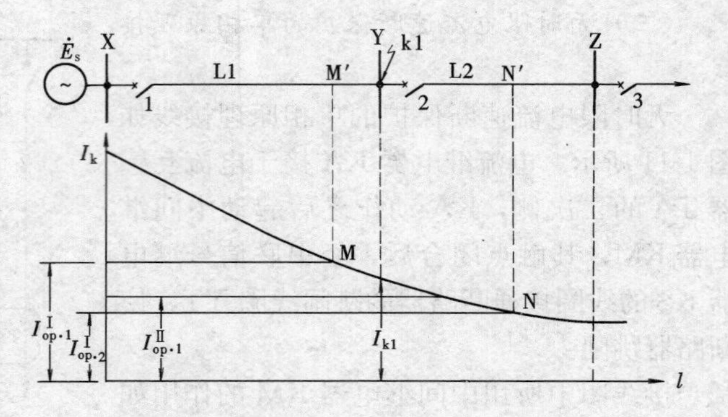

图1-13　限时电流速断保护的工作原理

由上述分析可知，若要限时电流速断保护能够保护线路全长，其保护范围必然要延伸到相邻线路，为保证选择性，必须给限时电流速断保护增加一定的时限，此时限既能保证选择性又能满足速动性的要求，即尽可能短。鉴于此，可首先考虑使它的保护范围不超出下一条线路速断的保护范围，而动作时限则比下一条线路的速断保护高出一个时间段，此时间段以 Δt 表示。

（二）限时电流速断保护的整定计算

1. 动作电流的整定

现以图 1-13 的保护 1 为例，说明限时电流速断保护动作电流的整定计算方法。

N′点为线路 L2 电流速断保护范围末端，当该点短路时，短路电流等于保护 2 电流速断的动作电流 $I_{op\cdot 2}^{\mathrm{I}}$，保护 2 的电流速断刚好能动作。根据以上分析，保护 1 限时电流速断的保护范围不应超过 N′点，因此在单侧电源供电的情况下，它的动作电流应大于该点的短路电流，即

$$I_{op\cdot 1}^{\mathrm{II}} > I_{op\cdot 2}^{\mathrm{I}}$$

引入可靠系数 K_{rel}^{II}，则得

$$I_{op\cdot 1}^{\mathrm{II}} = K_{rel}^{\mathrm{II}} I_{op\cdot 2}^{\mathrm{I}} \tag{1-14}$$

式中，K_{rel}^{II}是考虑到短路电流中的非周期分量已经衰减，故可选取比速断保护的 K_{rel}^{I}小一些，一般取为 1.1～1.2。

2. 动作时限的选择

由以上分析可知，限时电流速断保护的动作时限 t_1^{II} 应比下一条线路无时限电流速断保护的动作时间 t_2^{I} 延长一个时间段 Δt，即

$$t_1^{\mathrm{II}} = t_2^{\mathrm{I}} + \Delta t \tag{1-15}$$

时间段 Δt 大小的确定原则是：在保证保护装置之间动作的选择性的前提下应尽量小，以降低整个电网保护的时限水平。Δt 的大小，取决于所装设断路器及其传动机构的类型，以及保护装置的动作时间的误差。

现以图 1-14 中线路 L2 短路时，保护 1 和保护 2 动作时间的配合关系为例，来说明 Δt 的确定。

（1）Δt 应包括故障线路 L2 断路器的跳闸时间 $t_{QF\cdot 2}$，即从操作电流送入跳闸线圈 YT 的瞬间算起，直到电弧熄灭为止的时间。

（2）Δt 应包括保护 2 的中间继电器的实际动作时间比整定值 t_2^{I} 增大的正误差时间 $t_{t\cdot 2}$。

（3）Δt 应包括保护 1 中时间继电器可能提前动作闭合其触点的时间 $t_{t\cdot 1}$，即动作的负误差时间。

（4）Δt 应包括一个裕度时间 t_y。

因此保护 1 限时电流速断保护的动作时间为

$$t_1^{\mathrm{II}} = t_2^{\mathrm{I}} + t_{QF\cdot 2} + t_{t\cdot 2} + t_{t\cdot 1} + t_y$$

则

$$\Delta t = t_{QF\cdot 2} + t_{t\cdot 2} + t_{t\cdot 1} + t_y \tag{1-16}$$

根据所采用的断路器和继电器型式不同，Δt 在 0.35～0.6s 之间，所以一般取 Δt = 0.5s。

按照上述原则整定的时限特性如图 1-14（a）所示，由图可见，在保护 2 瞬时速断的保护范围内故障时，保护 2 将以 t_2^{I} 的时间动作，这时保护 1 的限时电流速断保护可能起动，但由于 t_1^{II} 比 t_2^{I} 大一个 Δt 时间段，所以保证了动作的选择性。又如当故障发生在保护 1 的速断保护范围内时，保护 1 以 t_1^{I} 的时间动作切除故障，而当故障发生在 L1 速断保护范围以

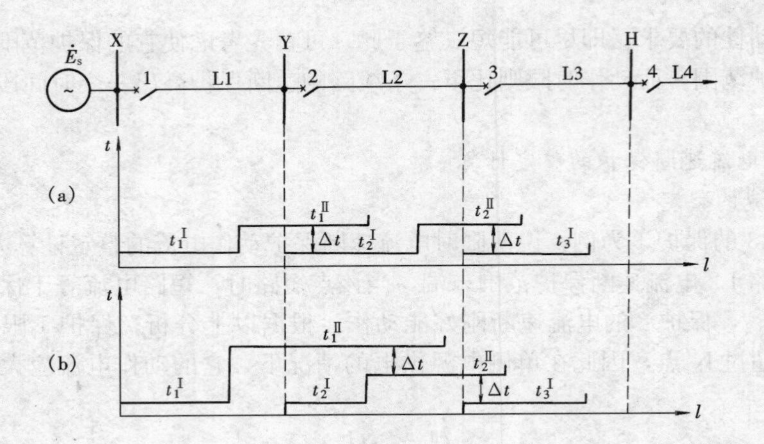

图 1-14 限时电流速断保护动作时限的配合关系

(a) 和下一条线路速断保护相配合；(b) 和下一条线路的时限速断保护相配合

外时，则保护 1 以 t_1^{II} 的时间动作切除故障。由此可见，无时限电流速断保护和限时电流速断保护配合使用，可以使全线路范围内的短路故障都能在 0.5s 内动作于跳闸，切除故障。所以这两种保护可组合构成线路的主保护。

3. 灵敏系数的校验

为了达到保护线路全长的目的，限时电流速断保护必须在最不利的情况下，即系统在最小运行方式下线路末端两相短路时（此时流过保护的短路电流最小），具有足够的反应能力，这个能力通常用灵敏系数 K_{sen} 来衡量。对于图 1-13 中线路 L1 的限时电流速断保护，其灵敏系数可按下式校验

$$K_{\mathrm{sen}}=\frac{I_{\mathrm{k\cdot min}}}{I_{\mathrm{op}}^{\mathrm{II}}}\geqslant 1.3\sim 1.5 \tag{1-17}$$

式中 $I_{\mathrm{k\cdot min}}$——系统在最小运行方式时，被保护线路末端两相短路时，通过保护的最小短路电流；

$I_{\mathrm{op}}^{\mathrm{II}}$——限时电流速断保护的动作电流。

灵敏系数的数值之所以要满足以上要求，是考虑到当线路末端短路时，可能会出现一些不利于保护起动的因素，如短路点存在过渡电阻、实际的短路电流可能小于计算值、保护所用电流互感器具有一定的负误差、继电器的实际起动电流值可能具有正误差等。当实际上存在这些因素时，为使保护仍能可靠地动作，就必须留有一定的裕度。

如果灵敏系数不能满足要求时，一般可用降低起动电流延长保护范围的方法来解决，即本线路限时电流速断保护的起动电流与下一条线路的限时速断相配合。为保证选择性，其动作时限也必须比下一条线路的限时速断大 Δt，如图 1-14（b）所示，即

$$t_1^{\mathrm{II}}=t_2^{\mathrm{II}}+\Delta t \tag{1-18}$$

式中，t_1^{II} 一般取 1～1.2s。

（三）限时电流速断保护的单相原理接线

限时电流速断保护的单相原理接线如图1-15所示。它与无时限电流速断保护相似，只是时间继电器 KT 代替了图 1-11 中的中间继电器 KM。这样当电流继电器 KA 动作后，必须经时间继电器的延时 t^{II}，才能去动作于断路器跳闸。

限时电流速断保护可以作为本线路无时限电流速断保护的后备保护。但由于其动作范围只能包含相邻线路的一部分，所以不能作为相邻线路的后备保护，为此还必须装设过电流保护来作为本线路的近后备保护和相邻线路的远后备保护。

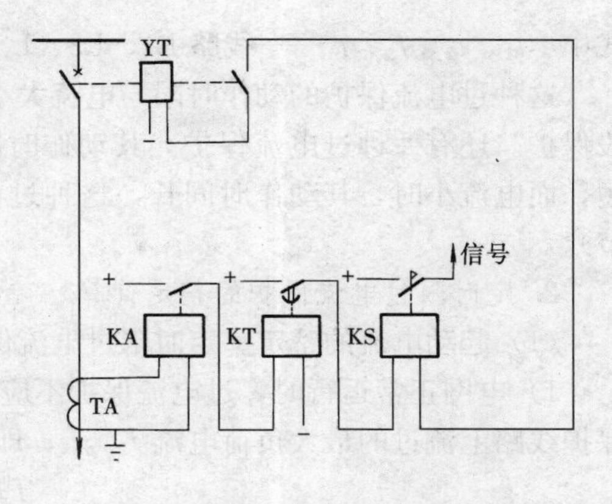

图 1-15　限时电流速断保护单相原理接线

三、过电流保护

(一) 定时限过电流保护

定时限过电流保护是指按躲开最大负荷电流整定其起动电流，并以时限保证其选择性的一种保护。电网正常运行时它不起动，发生短路且短路电流大于其起动电流时，保护起动。过电流保护不仅能保护本线路的全长，也能保护相邻线路的全长，起后备保护的作用。

1. 定时限过电流保护的工作原理

图 1-16 为一单侧电源辐射形电网，图中线路 L1～L4 上均装有定时限过电流保护，其起动电流均按躲过各线路上的最大负荷电流整定。

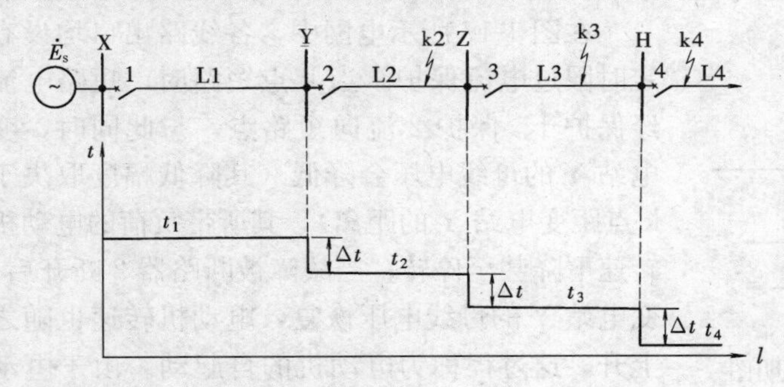

图 1-16　过电流保护的工作原理说明及其时限特性

当线路 L4 上 k4 点发生短路时，短路电流 I_{k4} 由电源依次经过 L1、L2、L3、L4 流向 k4 点，若 I_{k4} 大于各保护的起动电流，则 1～4过电流保护会同时起动。但根据选择性的要求，此时应由线路 L4 的保护动作跳开断路器 4，其他保护在故障切除后立即返回。为满足此要求，各线路的过电流保护必须满足以下两点要求。

(1) 各保护在动作时限上应相互配合，离故障点最近的保护应有最短的动作时限，即 $t_4<t_3$、$t_4<t_2$、$t_4<t_1$。

(2) 故障切除后流过各线路的电流必须小于它们各自的返回电流，即

$$I'_{L1\cdot max} < I_{r\cdot 1}$$
$$I'_{L2\cdot max} < I_{r\cdot 2}$$
$$I'_{L3\cdot max} < I_{r\cdot 3}$$

式中　$I'_{L1\cdot max}$、$I'_{L2\cdot max}$、$I'_{L3\cdot max}$——故障切除后流过线路 L1、L2、L3 的最大负荷电流；

$I_{r\cdot 1}$、$I_{r\cdot 2}$、$I_{r\cdot 3}$——线路 L1、L2、L3 过电流保护的返回电流。

如果短路故障发生在线路 L3 上的 k3 点，为满足选择性，应使 $t_3<t_2$，$t_3<t_1$；依此类推，当线路 L2 上的 k2 点短路时，又应使 $t_2<t_1$。由此可见，在图 1-16 中，若在任一线路故障时，保护均能按选择性的原则动作，各保护的动作时间必须满足 $t_1>t_2>t_3>t_4$，即

$$t_3 = t_4 + \Delta t$$
$$t_2 = t_3 + \Delta t$$
$$t_1 = t_2 + \Delta t$$

式中 t_1、t_2、t_3、t_4——线路 L1、L2、L3、L4 的过电流保护的动作时限。

这种过电流保护的动作时限与电流大小无关，所以称为定时限过电流保护，又称电流Ⅲ段保护。还有一种过电流保护，其动作时限与电流的大小成反比，电流大时，其动作时间短，而电流小时，其动作时间长，这种过电流保护称为反时限过电流保护（详见本章第八节）。

2. 定时限过电流保护的整定计算

（1）起动电流的整定。定时限过电流保护的起动电流需按以下两个原则整定。

1）电网正常运行时，过电流保护不应该动作。所以其起动电流必须大于正常运行时被保护线路上流过的最大负荷电流 $I_{L\cdot max}$，即

$$I_{op}^{Ⅲ} > I_{L\cdot max}$$

式中 $I_{op}^{Ⅲ}$——定时限过电流保护的动作电流。

2）外部故障切除后，保护必须可靠地返回。所以其返回电流 I_r 必须大于外部故障切除后被保护线路上可能出现的最大电流 $I'_{L\cdot max}$，即

$$I_r > I'_{L\cdot max}$$

在计算 $I'_{L\cdot max}$时，应考虑到电动机自起动对其产生的影响，如图 1-17 所示。

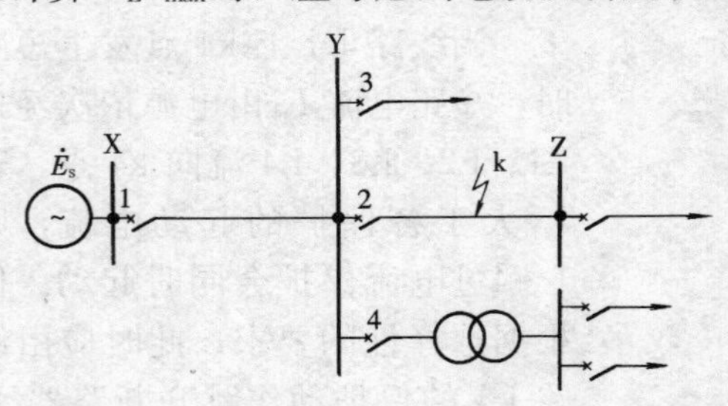

图 1-17 过电流保护起动电流选择说明图

在图 1-17 所示电网中，各线路出口均设有定时限过电流保护。当 k 点短路时，短路电流经保护 1、保护 2 流向短路点，与此同时，变电站 Y 的母线电压会降低（其降低幅度取决于 k 点距变电站 Y 的距离），其所带负荷的电动机转速下降甚至停转；当故障被断路器 2 断开后，变电站 Y 的母线电压恢复，电动机转速也随之上升，这过程称为电动机的自起动。由于电动机的自起动，使得切除故障后的最初瞬间流过保护 1 的负荷电流 $I'_{L\cdot max}$大于正常运行时的负荷电流 $I_{L\cdot max}$，为此可引入电动机自起动系数 K_{ast}，则 $I'_{L\cdot max}=K_{ast}I_{L\cdot max}$。在断路器 2 跳闸后，保护 1 必须可靠地返回，即其返回电流 I_r 必须大于 $I'_{L\cdot max}$，引入可靠系数 $K_{rel}^{Ⅲ}$，则有

$$I_r = K_{rel}^{Ⅲ} I'_{L\cdot max} = K_{rel}^{Ⅲ} K_{ast} I_{L\cdot max}$$

由起动电流与返回电流之间的关系可得保护的动作电流为

$$I_{op}^{Ⅲ} = \frac{1}{K_r} I_r = \frac{K_{rel}^{Ⅲ} K_{ast}}{K_r} I_{L\cdot max} \tag{1-19}$$

式中 $I_{L\cdot max}$——正常运行时被保护线路上流过的最大负荷电流；

$K_{rel}^{Ⅲ}$——可靠系数，一般取为 1.15～1.25；

K_{ast}——电动机的自起动系数，其值由电网的接线和负荷的性质决定，一般取 1.5～3；

K_r——返回系数，一般取 0.85～0.95。

（2）动作时间的选择。由前面分析可知，为保证选择性，过电流保护的动作时限应比相邻下一线路的过电流保护动作时限长出一个 Δt，如图 1-16 的时限特性所示，即

$$t_1^{Ⅲ} = t_2^{Ⅲ} + \Delta t \tag{1-20}$$

式中　$t_1^{\text{Ⅲ}}$——本线路定时限过电流保护的动作时间；

$t_2^{\text{Ⅲ}}$——相邻线路的过电流保护的动作时间；

Δt——阶梯时限，取 0.5s。

若本线路的下一级有多条线路时，见图 1-17，保护 1 的下一级有三个保护，则保护 1 的过电流保护的动作时间应比保护 2、保护 3、保护 4 中最长的动作时间长出一个 Δt，即

$$t_1^{\text{Ⅲ}} = (t_2^{\text{Ⅲ}}, t_3^{\text{Ⅲ}}, t_4^{\text{Ⅲ}})_{\max} + \Delta t$$

（3）灵敏系数的校验。定时限过电流保护的灵敏系数的校验分两种情况：

1）定时限过电流保护作为本线路的后备保护，即近后备时，灵敏系数计算式为

$$K_{\text{sen}} = \frac{I_{\text{k}\cdot\min}}{I_{\text{op}}^{\text{Ⅲ}}} \geqslant 1.3 \sim 1.5 \tag{1-21}$$

式中　$I_{\text{k}\cdot\min}$——系统在最小运行方式下，本线路末端两相短路时，流过保护的最小短路电流。

2）定时限过电流保护作为相邻线路的后备保护，即远后备时，灵敏系数计算式为

$$K_{\text{sen}} = \frac{I_{\text{k}\cdot\min}}{I_{\text{op}}^{\text{Ⅲ}}} \geqslant 1.2$$

式中　$I_{\text{k}\cdot\min}$——系统在最小运行方式下，相邻线路末端两相短路时，流过保护的最小短路电流。

此外，在各过电流保护之间，还必须要求灵敏系数相互配合，即对同一故障点而言，要求越靠近故障点的保护应具有越高的灵敏系数。例如在图 1-16 所示系统中，当 k4 点短路时，各过电流保护的灵敏系数之间应满足下列关系

$$K_{\text{sen}\cdot1} < K_{\text{sen}\cdot2} < K_{\text{sen}\cdot3} < K_{\text{sen}\cdot4} < \cdots \tag{1-22}$$

其实，在单侧电源的网络接线中，越靠近电源的保护，其定值越大。而发生故障后，流过各保护的短路电流为同一个，所以式（1-22）自然能够满足。

在后备保护之间，只有当灵敏系数和动作时限都相互配合时，才能切实保证动作的选择性，尤其在复杂电网中，更应该注意这一点。以上要求同样适用于第三章中的零序Ⅲ段保护及第四章中的距离Ⅲ段保护。

3. 定时限过电流保护的单相原理接线

定时限过电流保护的单相原理接线图与图 1-15 相同。当保护范围内发生故障时，电流继电器 KA 起动之后，经时间继电器 KT 的预定延时 $t^{\text{Ⅲ}}$，起动断路器的跳闸回路。

由定时限过电流保护的时限特性也可以看出，处于电网终端附近的保护装置，如图1-16 中的保护 4 和保护 3，其过电流保护的动作时限并不长。因此在这种情况下，它可以作为主保护兼后备保护，而无需再装设电流速断保护或限时电流速断保护。

【例 1-1】　如图 1-18 所示为一 35kV 单侧电源辐射形电网，试确定线路 XY 的保护方案。已知变电站 Y、Z 中变压器连接组别为 Yd11，且在变压器上装设差动保护，线路 XY 的最大传输功率 $P_{\max}=9\text{MW}$，功率因数 $\cos\varphi=0.9$，系统中的发电机均装设了自动励磁调节器。自起动系数取 1.3。图中阻抗为归算至 37kV 电压级的有名值，各线路正

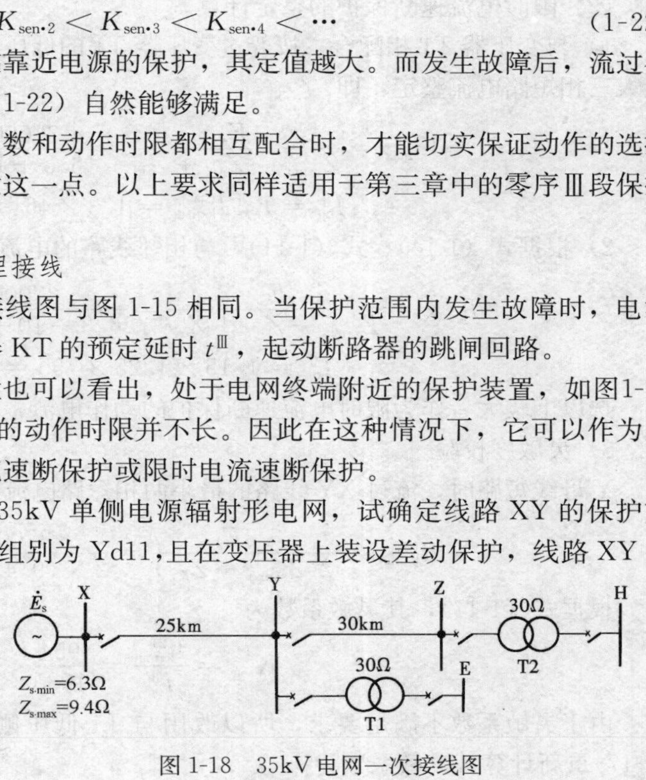

图 1-18　35kV 电网一次接线图

序阻抗为0.4Ω/km。

解 暂选三段式电流保护作为线路XY的保护方案。

(1) 无时限电流速断保护的整定计算。Y母线短路时流过线路XY的最大三相短路电流为

$$I_{k\cdot max}^{(3)}=\frac{E_s}{Z_{s\cdot min}+Z_{XY}}=\frac{37\times 1000/\sqrt{3}}{6.3+0.4\times 25}=1310(A)$$

根据式(1-11),线路XY的无时限电流速断保护的动作电流为

$$I_{op}^{I}=K_{rel}^{I}I_{kmax}^{(3)}=1.25\times 1310=1638(A)$$

根据式(1-12),其最大保护范围为

$$l_{max}=\frac{1}{Z_1}\left(\frac{E_s}{I_{op}^{I}}-Z_{s\cdot min}\right)=\frac{1}{0.4}\times\left(\frac{37000/\sqrt{3}}{1638}-6.3\right)=16.85(km)$$

$$\frac{l_{max}}{l_{XY}}\times 100\%=\frac{16.85}{25}\times 100\%=67.4\%>50\%$$

可见,最大保护范围满足要求。

根据式(1-13),线路XY的无时限电流速断保护的最小保护范围为

$$l_{min}=\frac{1}{Z_1}\left(\frac{\sqrt{3}E_s}{2I_{op}^{I}}-Z_{s\cdot max}\right)=\frac{1}{0.4}\times\left(\frac{37000}{2\times 1638}-9.4\right)=4.74(km)$$

$$\frac{l_{min}}{l_{XY}}\times 100\%=\frac{4.74}{25}\times 100\%=18.94\%$$

可见,最小保护范围也满足要求。

(2) 限时电流速断保护的整定计算。

1) 与变压器T1相配合,按躲过变压器T1的低压侧母线三相短路时,流过线路XY的最大三相短路电流整定,即

$$I_{k\cdot max}^{(3)}=\frac{E_s}{Z_{s\cdot min}+Z_{XY}+Z_{T1}}=\frac{37000/\sqrt{3}}{6.3+10+30}=461(A)$$

$$I_{op}^{II}=K_{rel}^{II}I_{k\cdot max}^{(3)}=1.3\times 461=600(A)$$

2) 根据式(1-14)、式(1-11),与相邻线路的电流速断保护相配合,则

$$I_{k\cdot max}^{(3)}=\frac{E_s}{Z_{s\cdot min}+Z_{XY}+Z_{YZ}}=\frac{37000/\sqrt{3}}{6.3+10+0.4\times 30}=755(A)$$

$$I_{op}^{II}=1.15\times 1.25\times 755=1085(A)$$

选以上较大者作为限时电流速断保护的动作电流,则 $I_{op}^{II}=1085$ (A)。

3) 灵敏度校验。

Y母线短路时,流过XY线路的最小两相短路电流为

$$I_{k\cdot min}^{(2)}=\frac{\sqrt{3}E_s}{2(Z_{s\cdot max}+Z_{XY})}=\frac{37000}{2\times(9.4+10)}=954(A)$$

根据式(1-17),其灵敏系数为

$$K_{sen}=\frac{I_{k\cdot min}^{(2)}}{I_{op}^{II}}=\frac{954}{1085}<1.3$$

由于灵敏系数不满足要求,所以改用与T1低压侧母线配合,取 $I_{op}^{II}=600$ (A),按式(1-17)重新计算其灵敏系数为

$$K_{sen}=\frac{954}{600}=1.59>1.3$$

根据式（1-18），其动作时间为

$$t^{\mathrm{II}}=1\mathrm{s}$$

（3）定时限过电流保护的整定计算。根据已知条件，流过线路 XY 的最大负荷电流为

$$I_{L\cdot max}=\frac{9\times10^3}{\sqrt{3}\times0.95\times35\times0.9}=174(\mathrm{A})$$

其中　0.95 系数为考虑电压下降 5%时，输出最大功率。

根据式（1-19），定时限过电流保护的动作电流为

$$I_{op}^{\mathrm{III}}=\frac{K_{rel}^{\mathrm{III}}K_{ast}}{K_r}I_{L\cdot max}=\frac{1.2\times1.3}{0.85}\times174=319(\mathrm{A})$$

灵敏系数校验：

1）过电流保护作为本线路的近后备时，其灵敏系数为

$$K_{sen}=\frac{I_{k\cdot min}^{(2)}}{I_{op}^{\mathrm{III}}}=\frac{954}{319}=2.99>1.5$$

2）过电流保护作为相邻元件的远后备时，其灵敏系数按相邻线路 YZ 末端两相短路时流过线路 XY 的最小两相短路电流校验，计算如下

$$I_{k\cdot min}^{(2)}=\frac{\sqrt{3}E_s}{2(Z_{s\cdot max}+Z_{XY}+Z_{YZ})}=\frac{37000}{2\times(9.4+10+12)}=589(\mathrm{A})$$

$$K_{sen}=\frac{I_{k\cdot min}^{(2)}}{I_{op}^{\mathrm{III}}}=\frac{589}{319}=1.85>1.2$$

按变压器 T1 低压侧两相短路时流过 XY 的最小两相短路电流校验，计算如下

$$I_{k\cdot min}^{(2)}=\frac{\sqrt{3}E_s}{2(Z_{s\cdot max}+Z_{XY}+X_{T1})}=\frac{37000}{2\times(9.4+10+30)}=432(\mathrm{A})$$

$$K_{sen}=\frac{I_{k\cdot min}^{(2)}}{I_{op}^{\mathrm{III}}}=\frac{432}{319}=1.35>1.2$$

由上述计算可见，定时限过电流保护的灵敏系数均满足要求。

其动作时间按阶梯原则确定，即比相邻元件中最大的过电流保护动作时间大一个时间阶段 Δt。

*(二)反时限过电流保护

反时限过电流保护是动作时限与被保护线路中电流大小有关的一种保护。当电流大时，保护的动作时限短，电流小时动作时限长，其原理接线及时限特性如图 1-19 所示。为了获得这一特性，在保护装置中广泛应用了带有转动圆盘的感应型继电器或由静态电路构成的反时限继电器。此时，电流元件和时间元件的职能由同一个继电器来完成，在一定程度上它具有三段式电流保护的功能，即近处故障时动作时限短，稍远处故障时动作时限较短，而远处故障时动作时限自动加长，可同时满足速动性和选择性的要求。

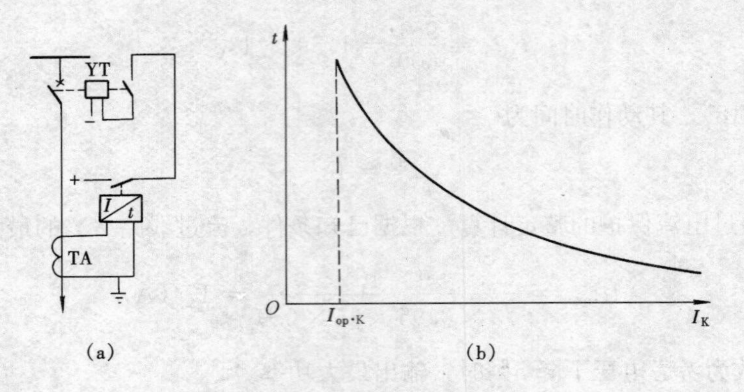

图 1-19　反时限过电流继电器

(a) 原理接线图；(b) 时限特性

1. 构成反时限特性的基本方法

现以 R、C 充电回路构成的晶体管型时间元件为例，说明构成反时限特性的基本方法。

图 1-20（a）为定时限特性时间元件的原理接线图。正常情况下，起动元件不动作，由它输出的高电平信号使 VT1 导通，电容器 C 被短接，VT2 截止，时间元件输出为高电平。

当电流继电器动作后，VT1 截止，电容 C 通过（R_2+R_3）的电阻充电，其两端电压为

$$U_C=E\left[1-e^{-\frac{t}{(R_2+R_3)C}}\right]$$

当电压 U_C 达到稳压管 VS 的击穿电压（固定的门槛电压 U_s）时，VT2 由截止变为导通，输出低电平，即表示时间元件动作。其时间为

$$t=-(R_2+R_3)C\times\ln\frac{E-U_s}{E}$$

当电源电压 E、门槛电压 U_s 和电容 C 确定之后，延时 t 只与（R_2+R_3）成正比，通过改变 R_2，可整定所需要的延时时间，从而获得定时限的特性。

如果要求动作时限随着输入继电器的电流 I_K 的大小成反比变化，则必须使 R、C 充电回路的电源电压 E_1 随外加电流 I_K 成正比例变化。为此需将电流量变换成电压量，经整流滤波后提供充电的电源，其接线如图 1-20（b）所示。这样接线之后，当 $\dot{I}_K$ 越大时，E_1 越高，C 两端充电到稳压管击穿电压 U_s 的时间就越短；反之，则动作时限就增大。从而获得反时限特性。

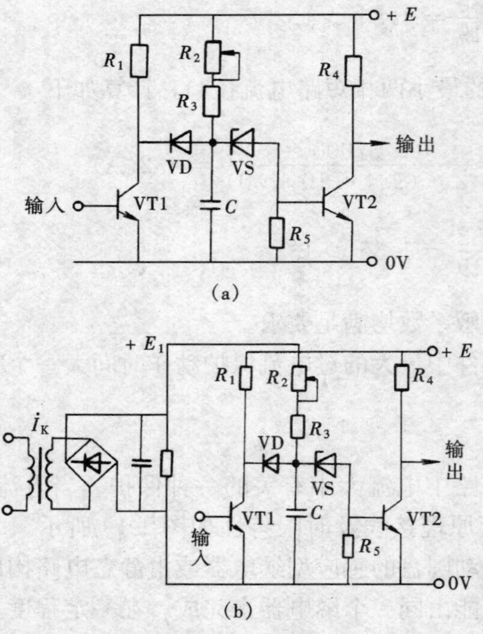

图 1-20　晶体管型时间元件的原理接线图

(a) 定时限特性；(b) 反时限特性

2. 反时限过电流保护的整定计算

反时限过电流保护的动作电流仍应按式（1-19）的原则进行整定，同时为了

保证各保护之间动作的选择性，其动作时限也应按阶梯形的原则确定。但由于保护装置的动作时间与电流有关，因此其时限特性的整定和配合要比定时限保护复杂。现以图 1-21（a）所示的网络接线为例分析说明如下。

图 1-21（b）为最大运行方式下短路电流随故障点位置的变化曲线，假设在每条线路的始端（k2、k3、k4 点）短路时的最大短路电流分别为 $I_{k2\cdot max}$，$I_{k3\cdot max}$和 $I_{k4\cdot max}$，则在此电流的作用下，各线路保护 2、3、4 的动作时限均为最小。为了保证保护装置动作的选择性，各保护的整定计算步骤如下：

（1）首先从距离电源最远的保护 4 开始。其动作电流按式（1-19）整定为 $I_{op\cdot 4}$；当 k4 点短路时，在 $I_{k4\cdot max}$的作用下，保护 4 可整定为瞬时动作，其动作时限即为继电器的固有动作时间，这样保护 4 的时限特性曲线即可根据以上两个条件确定，在继电器的特性曲线组中选取一条适当的曲线，使之通过 a4 和 b 两点，如图1-21（d）中的曲线 3。此特性曲线的选择，可根据继电器厂家提供的曲线组或通过实验来进行。图 1-22 所示为常规反时限过电流继电器的电流—时间特性曲线，其动作方程为

$$t=\frac{0.14K}{\left(\frac{I}{I_{op\cdot K}}\right)^{0.02}-1}$$

式中　$I_{op\cdot K}$——继电器的动作电流；

I——流入继电器的电流；

K——时间整定系数；

t——动作时间。

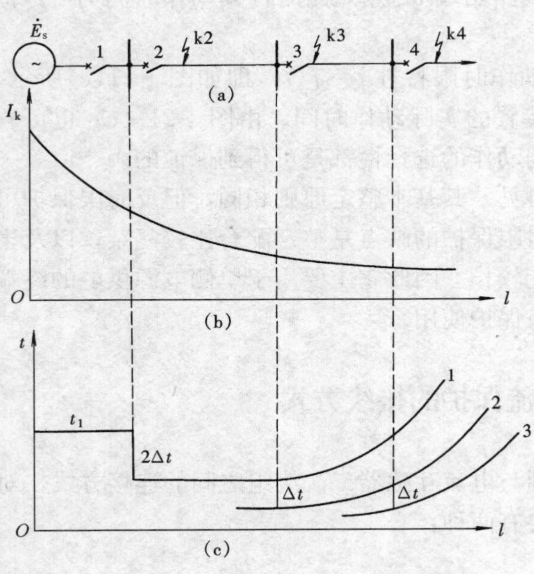

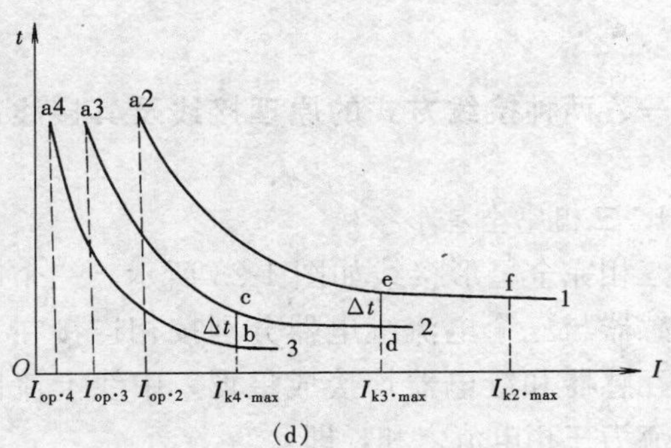

图 1-21　反时限过电流保护的整定与配合

（a）网络接线；（b）短路电流分布曲线；（c）各保护动作的时限特性；（d）整定值的选择与配合关系

曲线 1—保护 2 的时限特性曲线；曲线 2—保护 3 的时限特性曲线；曲线 3—保护 4 的时限特性曲线

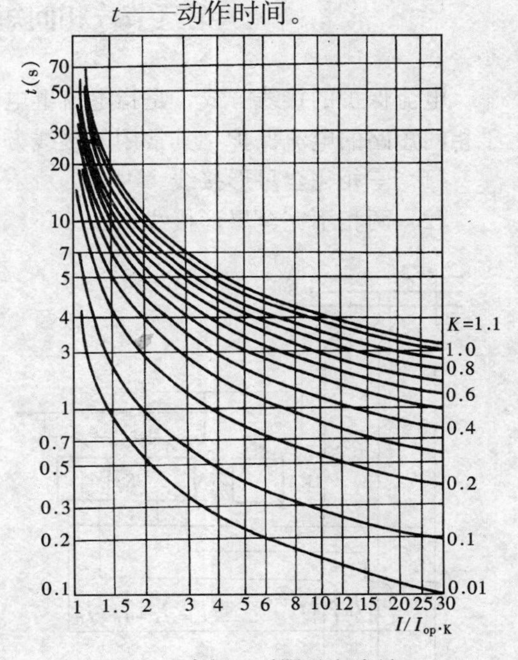

图 1-22　常规反时限过电流继电器的电流—时间特性曲线

(2) 保护 3 的整定。其动作电流仍按式(1-19)整定为 $I_{op\cdot3}$，根据 a3 点的坐标即可确定特性曲线的一个点。当 k4 点短路时，为保证动作的选择性，必须选择当电流为 $I_{k4\cdot max}$时，保护 3 的动作时限比保护 4 的动作时限高出一个时间段 Δt，即 $t_c=t_b+\Delta t$，因此保护 3 的时限特性曲线应通过 c 点。在继电器的特性曲线组中选取一条适当的曲线，使之通过 a3 和 c 两点，如图1-21(d)中的曲线 2，该曲线即为保护 3 的特性曲线。这样选择之后，当被保护线路始端 k3 点短路时，在短路电流 $I_{k3\cdot max}$的作用下，其动作时间为 t_d，此时间小于 t_c，因此能较快地切除近处的故障。这是反时限保护的最大优点。

(3) 保护 2 的整定。与保护 4、保护 3 的整定原则相似，首先按式(1-19)计算出其动作电流 $I_{op\cdot2}$，确定特性曲线上的 a2 点，然后按照在 k3 点短路时与保护 3 相配合的原则，选取当电流为 $I_{k3\cdot max}$时的动作时间 $t_e=t_d+\Delta t$，即确定了特性曲线的第二个点——e 点。在继电器特性曲线组中选取一条通过 a2 和 e 两点的曲线，即为保护 2 的动作特性曲线，如图 1-21(d)中曲线 1。根据这一曲线，当被保护线路始端 k2 点短路时，其动作时间为 t_f，仍小于 t_e。

将以上整定计算结果转化为各保护装置的动作时限特性 $t=f(l)$，即如图 1-21(c)所示，它明显地表示出，当不同地点短路时，各保护装置的实际动作时间。由图 1-21(c)也可看出，在保护范围内任何地点短路时，各保护之间动作的选择性都是可得到保证的。

对比定时限和反时限两种保护的时限特性可见，其基本整定原则相同，但反时限保护可使靠近电源端的故障具有较小的切除时间。反时限保护的缺点是整定配合比较复杂，以及当系统在最小运行方式下短路时，其动作时限可能较长。因此它主要用于单侧电源供电的终端线路和较小容量的电动机上，作为主保护和后备保护使用。

第三节 相间短路电流保护的接线方式

电流保护的接线方式，是指电流继电器线圈与电流互感器二次绕组之间的连接方式，对于相间短路的电流保护，其常用的接线方式主要有两种：

(1) 三相完全星形接线。

(2) 两相不完全星形接线。

一、两种接线方式的原理接线及其接线系数

1. 三相完全星形接线

三相完全星形接线如图 1-23 所示。三个电流互感器与三个电流继电器分别按相连接在一起，互感器和继电器均接成星形，中线上流回的电流为三相电流之和，即

$$\dot{I}_n=\dot{I}_A+\dot{I}_B+\dot{I}_C$$

正常运行及不伴随有接地的相间短路情况下，$\dot{I}_n=0$；发生接地短路时，$\dot{I}_n=3\dot{I}_0$。

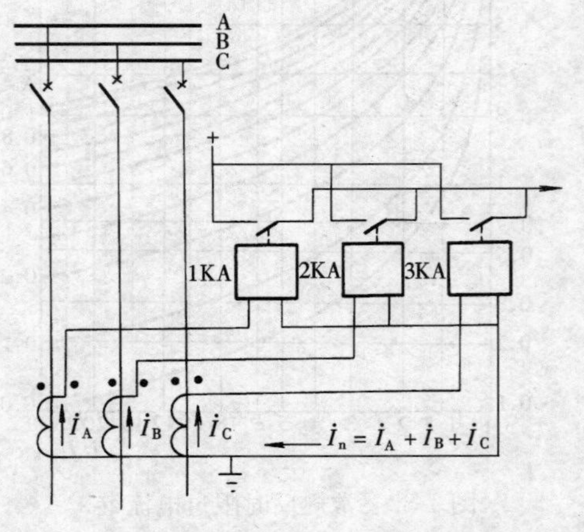

图 1-23 三相完全星形接线方式原理接线图

图 1-23 中，三个继电器的触点并联连接，

组成“或”门输出回路，当任意一个电流继电器的触点闭合后，均可起动时间继电器或中间继电器。这种接线方式除可反应各种相间短路外，还可反应单相接地短路。

在三相完全星形接线方式中，流入每个继电器线圈中的电流就是其所对应相电流互感器的二次电流，即 $\dot{I}_K=\dot{I}_2$。若用接线系数 K_{con} 表示 $\dot{I}_K$ 与 I_2 的比值，则三相完全星形接线方式的接线系数 $K_{con}=1$。

2. 两相不完全星形接线

两相不完全星形接线如图 1-24 所示。两个电流继电器和装设在 A、C 两相上的两个电流互感器分别按相连接，它和三相完全星形接线方式的主要区别是在 B 相上没有电流互感器和相应的电流继电器。因此其中线上流回的电流为 A、C 两相电流之和，即

$$\dot{I}_n=\dot{I}_A+\dot{I}_C$$

在正常运行及不伴随有接地的相间短路情况下，$\dot{I}_n=-\dot{I}_B$。

与图 1-23 相似，图 1-24 中的两个电流继电器的触点组成“或”门回路输出，任一继电器的触点闭合均可起动时间继电器或中间继电器。此接线方式也可反应各种相间短路，但不能反应 B 相上发生的单相接地短路。

在两相不完全星形接线中，其接线系数与三相完全星形接线方式相同，即 $K_{con}=1$。

图 1-24　两相不完全星形接线方式原理接线图

二、两种接线方式在各种故障时的性能分析比较

1. 对中性点直接接地电网和非直接接地电网中的各种相间短路

两种接线方式均能正确反应这些故障，不同之处仅在于动作的继电器的数量不同而已。在各种类型的两相短路时，三相完全星形接线均有两个继电器动作，而两相不完全星形接线在 AB 和 BC 相间短路时只有一个继电器动作。

2. 对中性点非直接接地电网中的两点接地短路

在中性点非直接接地电网中，允许电网在单相接地时继续短时运行，对于发生在不同线路上的两点接地短路，要求只切除一个故障点，以提高供电的可靠性。例如，在图 1-25 所示中性点不直接接地电网中，当线路 L1 和 L2 上发生两点接地短路时，只切除离电源较远的线路 L2，而不切除 L1，这样可以保证对变电站 Y 的正常供电。

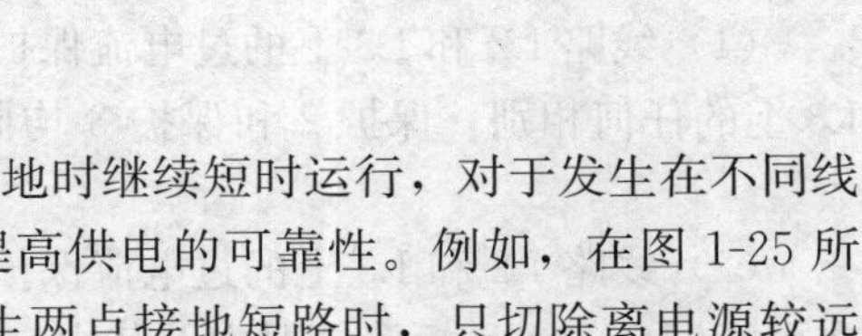

(1) 线路 L1 和 L2 上的过电流保护均采用三相完全星形接线。由于两条线路的保护在定值和动作时限上都是按照选择性原则配合整定的，即保护 1 的动作时限 t_1^{III} 大于保护 2 的动作时限 t_2^{III}，因此，无论两点接地短路发

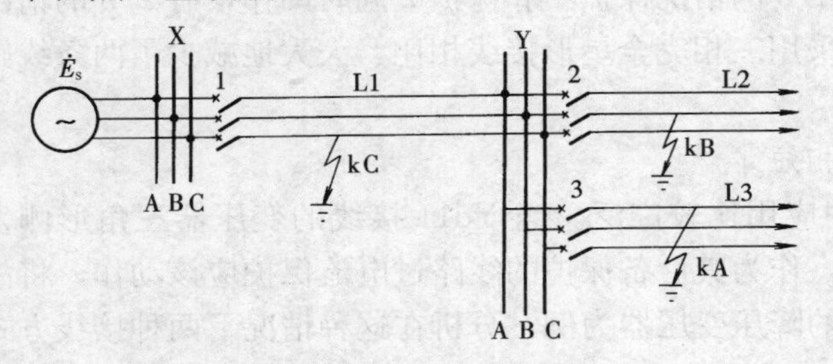

图 1-25　中性点非直接接地电网两点接地短路示意图

生在 L1 和 L2 的任何相，都能保证 100%地只切除线路 L2。例如，两点接地短路如图1-25中所示发生在 L1 的 C 相和 L2 的 B 相，短路电流经过保护 1 的 B、C 相和保护 2 的 B 相，在两个接地点之间形成回路。当短路电流大于各保护的动作电流时，保护 1 的 B、C 相电流继电器及保护 2 的 B 相电流继电器的触点同时闭合，起动各自的时间继电器，因 $t_1^{\mathrm{III}} > t_2^{\mathrm{III}}$，所以保护 2 首先动作跳闸，保护 1 随后返回。同理可分析在各种类型两点接地短路时，保护只切除 L2，刚好和系统要求一致。

（2）线路 L1 和 L2 上的过电流保护均采用两相不完全星形接线。当其中一个接地故障点发生在 L2 的不同相别上时，保护动作跳闸的情况也不相同。例如，当线路 L1 的接地点在 B 相，L2 上的接地点在 A 相或 C 相时，保护 2 首先动作，有选择地切除了 L2 上的故障，能满足系统要求；但是，当 L2 上的接地点在 B 相时，由于 B 相没有互感器和继电器。保护 2 便不能动作，这时必须由保护 1 动作切除故障，使 L1、L2 被同时切除，扩大了停电范围。

如上所述，线路上发生两点接地短路的相别组合共有六种，在采用不完全星形接线方式中，保护的动作情况如表 1-1 所示。

表 1-1　串联线路发生两点接地短路时，采用不完全星形接线方式时保护的动作情况

线路 L1 的接地相别	A	A	B	B	C	C
线路 L2 的接地相别	B	C	A	C	A	B
保护 1 的动作情况	+	−	−	−	−	+
保护 2 的动作情况	−	+	+	+	+	−
停电线路数	2	1	1	1	1	2

注　“+”表示动作；“−”表示不动作。

由表 1-1 可见，在各种类型的两点接地短路中，采用不完全星形接线方式时，有 1/3 的情况会造成停电范围扩大，其余 2/3 时保护仍能按选择性的原则动作。

又如，对于图 1-25 中变电站 B 引出的放射形线路 L2 和 L3，假如其过电流保护的动作时间相同，即 $t_2^{\mathrm{III}} = t_3^{\mathrm{III}}$，当两点接地故障发生在这两条线路上时，同样保护应只切除一条线路。

（1）线路 L2 和 L3 上的过电流保护均采用三相完全星形接线。无论接地故障点在 L2 和 L3 上的任何相别，保护 2 和保护 3 均同时动作，100%地切除两条线路，导致停电范围扩大。

（2）线路 L2 和 L3 上的过电流保护均采用两相不完全星形接线。与表 1-1 的分析相似，在可能发生的六种短路情况中，其中有 1/3 的情况保护 1 和保护 2 同时动作，有 2/3 的情况只有一个保护动作，切除一条线路。与采用三相完全星形接线相比，大大地减少了两条线路停电的机会。

3. 对 Yd11 接线的变压器以后的两相短路

Yd11 接线的变压器，在电力系统中应用比较广泛。当 Yd11 接线的变压器三角形侧发生两相短路而变压器本身的保护拒动时，作为其后备保护的线路过电流保护应该动作，将故障切除。如图 1-26 所示，以 Yd11 接线的降压变压器为例，分析在这种情况下两种接线方式的过电流保护的动作情况。

（1）变压器三角形侧两相短路时电流的分布情况。在图 1-26（a）中变压器三角形侧 A、

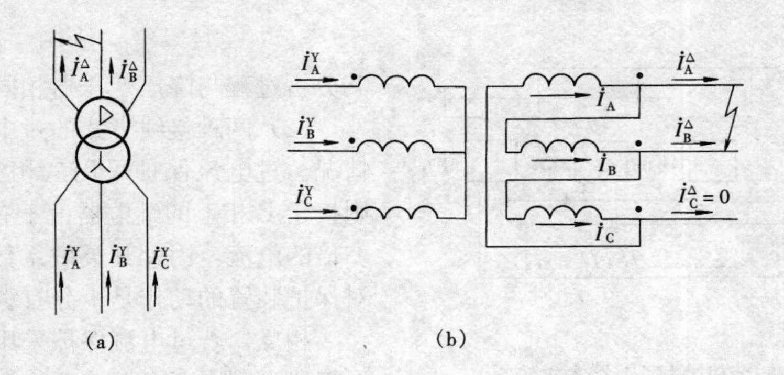

图 1-26 Yd11 接线的降压变压器系统接线图及两相短路电流分布
(a) 系统接线图；(b) 两侧电流分布图

B 两相短路时，两侧电流的分布如图 1-26（b）所示。为了简化分析，假定变压器和互感器的变比 $n=1$，且故障前空载，则短路点的边界条件为

$$\left.\begin{aligned}\dot{I}_A^{\triangle} &= -\dot{I}_B^{\triangle} = \dot{I}_k^{(2)}\\ \dot{I}_C^{\triangle} &= 0\end{aligned}\right\} \tag{1-23}$$

由于 A、B 两相短路为不对称短路，可将式（1-23）转化为对称的正、负序分量表示，则

$$\left.\begin{aligned}\dot{I}_{C1}^{\triangle} &= -\dot{I}_{C2}^{\triangle}\\ \dot{I}_{C0}^{\triangle} &= 0\end{aligned}\right\} \tag{1-24}$$

根据上述边界条件，可作出变压器两侧的各序电流相量，如图 1-27 所示。从相量图可以得到保护安装处 Y 侧三相电流的关系为

$$\dot{I}_A^{Y} = \dot{I}_C^{Y};\ \dot{I}_B^{Y} = -2\dot{I}_A^{Y} \tag{1-25}$$

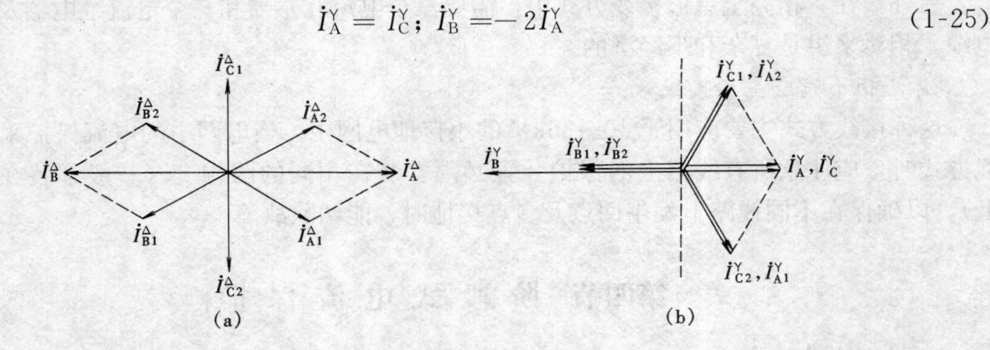

图 1-27 变压器后两相短路时两侧电流相量图
(a) 变压器△侧电流相量图；(b) 变压器 Y 侧电流相量图

图 1-27 中，$\dot{I}_{A1}^{\triangle}$、$\dot{I}_{A2}^{\triangle}$、$\dot{I}_{B1}^{\triangle}$、$\dot{I}_{B2}^{\triangle}$、$\dot{I}_{C1}^{\triangle}$、$I_{C2}^{\triangle}$为△侧线路 A 相、B 相及 C 相的正序和负序电流；$\dot{I}_{A1}^{Y}$、$\dot{I}_{A2}^{Y}$、$\dot{I}_{B1}^{Y}$、$\dot{I}_{B2}^{Y}$、$\dot{I}_{C1}^{Y}$、$\dot{I}_{C2}^{Y}$为 Y 侧线路 A 相、B 相及 C 相的正序和负序电流；$\dot{I}_A^{\triangle}$、$\dot{I}_B^{\triangle}$、$\dot{I}_C^{\triangle}$为△侧线路三相电流；$\dot{I}_A^{Y}$、$\dot{I}_B^{Y}$、$\dot{I}_C^{Y}$为 Y 侧线路三相电流。

对于 Yd11 接线的升压变压器，当其高压侧（Y 侧）B、C 两相短路时，在低压侧（△侧）的各相电流也具有同样的关系，即

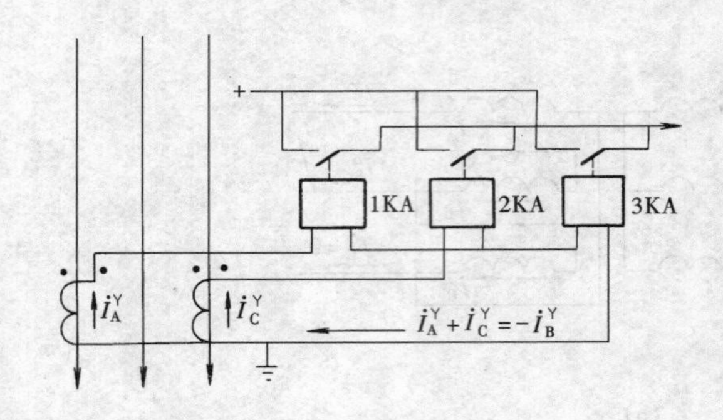

图 1-28 在中性线上接入电流继电器的两相不完全星形接线

$$\dot{I}_A^{\Delta}=\dot{I}_C^{\Delta};\dot{I}_B^{\Delta}=-2\dot{I}_A^{\Delta} \quad (1\text{-}26)$$

其分析过程与降压变压器相同。

（2）两种接线方式的过电流保护的动作情况。过电流保护采用三相完全星形接线，则接于B相上的继电器由于有较其他两相大一倍的电流，因此其灵敏系数增大一倍，这对保护装置的动作是十分有利的。

相反，若过电流保护采用两相不完全星形接线，则由于B相上没有装设继电器，其灵敏系数只能由A相和C相的电流决定，在同样情况下，其数值要比采用三相完全星形接线时降低一半。为了克服这个缺点，可以在两相不完全星形接线的中线上再接入一个继电器，如图 1-28 所示。流入此继电器的电流为（$\dot{I}_A^Y+\dot{I}_C^Y$），其数值即为 $\dot{I}_B^Y$，因此加入此继电器后保护便具有和三相完全星形接线同样高的灵敏系数。

三、两种接线方式的应用范围

1. 三相完全星形接线

这种接线方式不仅能反应各种类型的相间短路，也可作为中性点直接接地电网的单相接地短路保护。但实际上，由于单相接地短路大多采用专门的零序电流保护，因此为了上述目的而采用三相完全星形接线方式不多。

在发电机、变压器等大型贵重电气设备的保护中，为提高保护动作的灵敏性和可靠性，多采用三相完全星形接线方式。

另外，在三相完全星形接线方式中，需要三个电流互感器和三个电流继电器及四根二次电缆，相对来讲是复杂和不经济的。

2. 两相不完全星形接线

这种接线方式主要应用于10～35kV的小接地电网中。当电网中的电流保护采用此种接线方式时，应注意所有线路上的保护装置必须安装在相同的两相上（一般都装在A、C相上），以确保在不同线路上发生两点及多点接地时，能切除故障。

第四节 阶段式电流保护

一、阶段式电流保护的应用

电流速断保护、限时电流速断保护和过电流保护都是反应电流的升高而动作的保护装置。它们的区别主要在于按照不同的原则来选择起动电流，具有不同的保护范围和动作时限。

电流速断保护动作时间短，速动性好，但其动作电流较大，不能保护线路全长；限时电流速断保护有较短的动作时限，而且能保护线路全长，却不能作为相邻元件的后备保护；定时限过电流保护的动作电流较前两段小，保护范围大，既能保护本线路的全长又能作为相邻线路的后备保护，但其动作时间较长，速动性差。因此，为保证迅速而有选择性地切除故障，常常将电流速断、限时电流速断和过电流保护组合在一起，构成阶段式电流保护。具体应用时，可只采用速断加过电流保护或限时速断加过电流保护，也可三者同时使用。现以图1-29所示的网络接线为例加以说明。

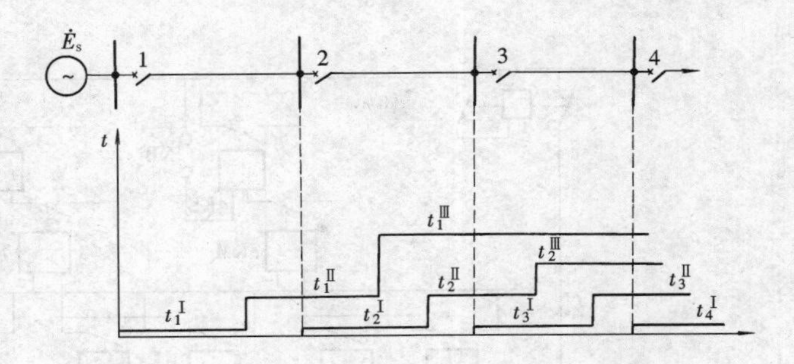

图 1-29　阶段式电流保护的配合及动作时间示意图

(1) 电网最末端的保护 4。其保护对象为用户电动机或其他用电设备。由于在电网的最末端，所以其定值和动作时限不必与其他保护配合，其起动电流按躲开电动机起动时的最大负荷电流整定，动作时限为装置本身的动作时间，即瞬时动作，这样保护既有较好的速动性又有较高的灵敏系数，在电动机上装设这样一种瞬时动作的过电流保护便能满足要求，不必再装设其他保护。

(2) 线路保护 3。在电网的倒数第二级上，首先考虑装设一过电流保护，其动作时限与保护 4 配合，即 $t_3^{III}=t_4^{III}+\Delta t$，约为 0.5s。如果电网中对线路 L3 上的故障没有提出瞬时切除要求，则保护 3 只装设一个动作时限为 0.5s 的过电流保护，是完全允许的；如果要求线路 L3 上的故障必须尽快切除，则可增设一个电流速断，此时保护 3 为速断加过电流的两段式保护。

(3) 线路保护 2。其过电流保护应与保护 3 配合，动作时限为 1～1.2s，在这种情况下，应考虑增设电流速断或同时增设电流速断和限时电流速断，此时保护 2 可能是两段式也可能是三段式保护。

(4) 线路保护 1。越靠近电源，其过电流保护的动作时限就越长，而且系统对其保护性能的要求也越高，所以一般都需要装设三段式电流保护。

由上述分析可见，在电网保护配置时，总是从最末端的设备开始，逐级往前推，直到电源本身。在图 1-29 中，按上述分析配置了各元件的保护后，当电网任何地点发生短路时，只要不发生保护和断路器拒动的情况，故障都可以在 0.5s 以内的时间予以切除。

二、三段式电流保护的原理接线

具有电流速断，限时电流速断和过电流保护的三相原理接线，如图 1-30 所示。

在图 1-30 中保护采用的是两相不完全星形接线。电流速断部分由继电器 1KA、2KA、3KM 和 4KS 组成，限时电流速断部分由 5KA、6KA、7KT 和 8KS 组成，过电流部分则由 9KA、10KA、11KA、12KT 和 13KS 组成。由于三段电流保护的动作电流和动作时限整定均不相同，必须分别使用不同的电流继电器和时间继电器，而信号继电器 4KS、8KS 和 13KS 则分别用以发出Ⅰ、Ⅱ、Ⅲ段保护动作的信号。

使用Ⅰ段、Ⅱ段或Ⅲ段组成的阶段式电流保护的主要优点是简单、可靠，并且在一般情况下能够满足快速切除故障的要求，因此在 35kV 及以下的中、低压网络中得到了广泛应用。其缺点是它直接受电网的接线及电力系统运行方式变化的影响，例如整定值必须按电网最大运行方式整定，而灵敏性必须用电网最小运行方式来校验，这就难以满足灵敏系数和保护范围的要求。

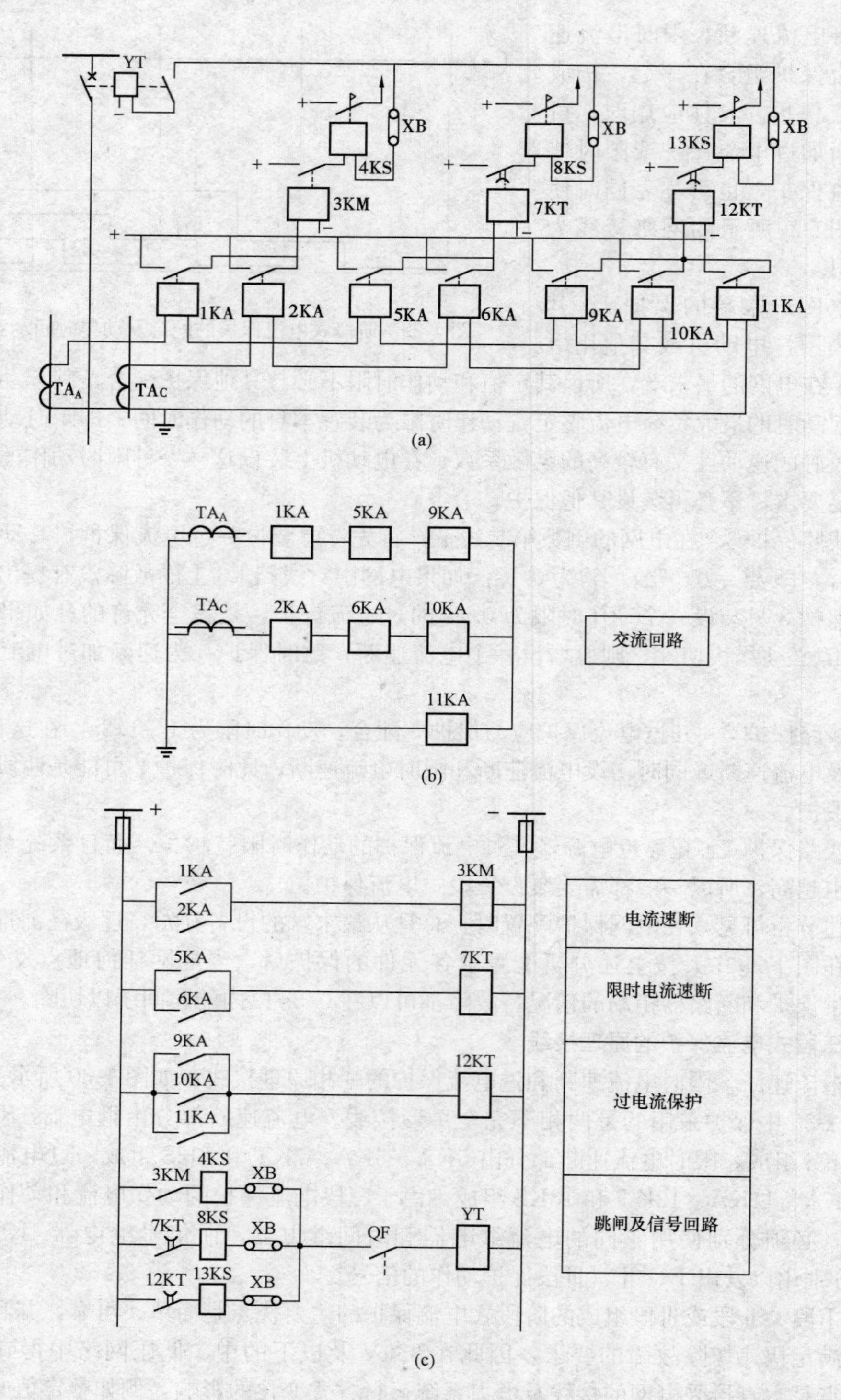

图 1-30　三段式电流保护电路

（a）原理接线图；（b）交流回路展开图；（c）直流回路展开图

第五节　电流电压联锁保护

当系统运行方式变化较大时，线路无时限电流速断保护可能没有保护区，限时电流速断保护的灵敏系数难以满足要求。为了在不延长保护动作时限的前提下提高保护的灵敏性，可以采用电流电压联锁速断保护。其测量元件由电流继电器和电压继电器组成，它们的触点构成“与”门回路输出，即只有当电流继电器和电压继电器的触点同时闭合时，保护才能起动跳闸。保护装置动作的选择性是由电压元件和电流元件相互配合整定得到。

与三段式电流保护相似，电流电压联锁保护可分为：

(1) 无时限电流电压联锁速断保护。

(2) 限时电流电压联锁速断保护。

(3) 低电压（复合电压）闭锁的过电流保护。

三段式电流保护动作逻辑图如图 1-31 所示。

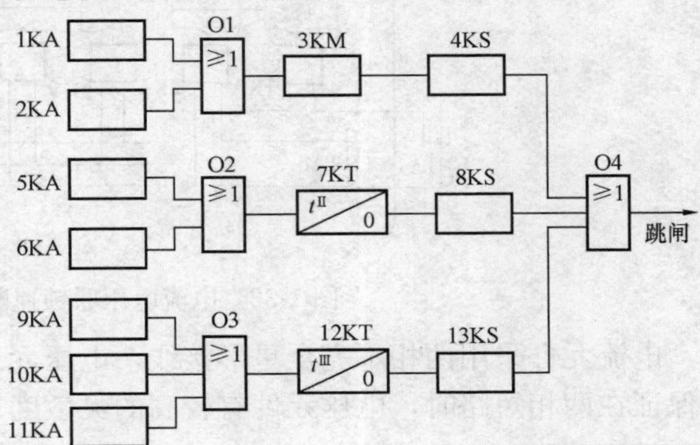

图 1-31　三段式电流保护动作逻辑图

一、无时限电流电压联锁速断保护

由于使用了电压元件，所以在电流电压联锁速断保护中，电流元件的起动电流不需要按照最大运行方式整定，通常按照系统经常出现的主要运行方式来整定。

根据上述原则，电流元件的动作电流可整定为

$$I_{op}^{I} = I_{k}^{(3)} = \frac{E_s}{Z_s + \frac{Z_L}{K_{rel}}} \tag{1-27}$$

式中　I_{op}^{I}——电流元件的动作电流；

$I_{k}^{(3)}$——在主要运行方式下本线路 Z_L/K_{rel} 处的三相短路电流；

E_s——系统等值相电动势；

Z_s——主要运行方式下系统的等值阻抗；

Z_L——被保护线路阻抗；

K_{rel}——可靠系数，取 $K_{rel} \geqslant 1.3$。

电压元件的动作电压应等于在主要运行方式下，电流保护范围末端三相短路时，保护安装处的残余电压，即

$$U_{op}^{I} = \sqrt{3} I_{op}^{I} \frac{Z_L}{K_{rel}} \tag{1-28}$$

式中　U_{op}^{I}——电压元件的动作电压。

这样整定后，当系统出现大的运行方式时，电压元件的动作范围将缩小，而电流元件的动作范围将伸长；当出现小的运行方式时，电流元件的动作范围将缩小，而电压元件的动作范围将伸长。在这两种情况下整个保护装置的动作范围由动作范围小的元件决定。因此保护装置不会误动作，而且在主要运行方式下，联锁速断的保护范围比单独的电流速断或电压速

断的保护范围大。

对于系统运行方式变化较大的线路，在各种可能的运行方式下，电流电压联锁速断的最小保护范围不应小于线路全长的 15%。

电流电压联锁速断保护的原理接线，如图 1-32 所示。

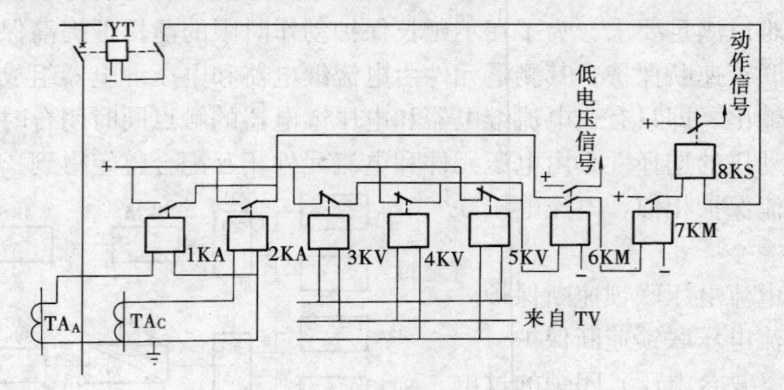

图 1-32　电流电压联锁速断保护的原理接线图

电流元件采用两相不完全星形接线，电压元件为三个低电压继电器，且分别接在相间，以保证在两相短路时，电压元件有较高的灵敏度。

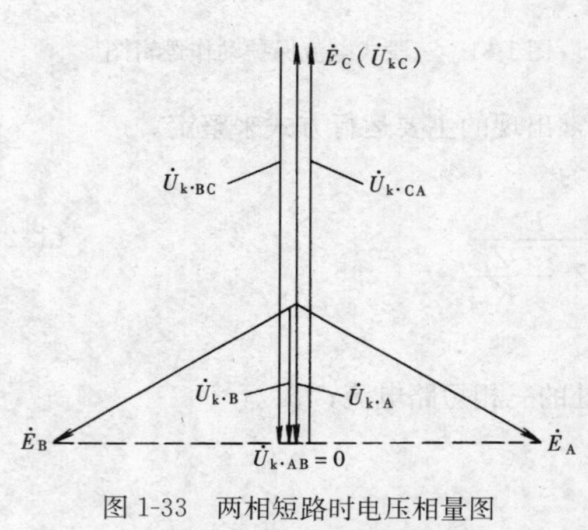

图 1-33　两相短路时电压相量图
（假设故障前线路是空载）

输电线路上任何一点发生两相短路时，例如 A、B 两相短路，其电压相量图如图1-33所示，从图中可以看出，$\dot{U}_{k\cdot A}=\dot{U}_{k\cdot B}=-\frac{1}{2}\dot{E}_C$，$\dot{U}_{k\cdot C}=\dot{E}_C$，则

$$\dot{U}_{k\cdot AB}=0$$

$$\dot{U}_{k\cdot BC}=-1.5\dot{E}_C$$

$$\dot{U}_{k\cdot CA}=1.5\dot{E}_C$$

保护安装处的母线电压 $\dot{U}_{AB}\approx 0$，而 $\dot{U}_{BC}$ 和 $\dot{U}_{CA}$均很高。这样只有接在 AB 相间的低电压继电器动作，而且很灵敏，而接在 BC 相间和 CA 相间的低电压继电器不动作。因此，在电流电压联锁速断保护中，必须装设三个低电压继电器，以保证不同相间短路时保护动作的灵敏度。

二、限时电流电压联锁速断保护

起动电流应与相邻元件的速断起动电流相配合，即

$$I_{op\cdot 1}^{\mathrm{II}}=K_{rel}I_{op\cdot 2}^{\mathrm{I}} \tag{1-29}$$

式中　$I_{op\cdot 1}^{\mathrm{II}}$——限时电流电压联锁速断保护的动作电流；

$I_{op\cdot 2}^{\mathrm{I}}$——相邻元件的速断保护的动作电流；

K_{rel}——可靠系数，取 $K_{rel}\geqslant 1.1$。

起动电压应与相邻元件的速断动作电压相配合，即

$$U_{op\cdot1}^{\mathrm{II}}=\frac{\frac{\sqrt{3}E_s-U_{op\cdot2}^{\mathrm{I}}}{Z_{s\cdot\max}+Z_L}Z_L+U_{op\cdot2}^{\mathrm{I}}}{K_{rel}} \tag{1-30}$$

式中　$U_{op\cdot1}^{\mathrm{II}}$——限时电流电压联锁速断保护的动作电压；

$U_{op\cdot2}^{\mathrm{I}}$——相邻元件速断的动作电压；

Z_L——被保护线路的阻抗；

K_{rel}——可靠系数，取 $K_{rel}\geqslant1.3$。

保护的动作时间 $t_1^{\mathrm{II}}=t_2^{\mathrm{I}}+\Delta t$。

三、低电压闭锁的过电流保护

在系统正常运行时，不管负荷电流多大，母线上的电压都很高，低电压继电器不会动作。因此，在整定电流元件的动作电流时，只需躲过正常的工作电流即可。即使在最大负荷电流时，电流元件起动，而电压元件不动作，所以，保护装置不会误动作。

通常，按照躲过被保护设备的额定电流 I_N 来整定电流元件的动作电流，即

$$I_{op}^{\mathrm{III}}=\frac{K_{rel}}{K_r}I_N \tag{1-31}$$

式中　I_{op}^{III}——低电压闭锁过电流保护的动作电流；

K_{rel}——可靠系数，一般取1.15～1.25；

K_r——返回系数，取0.85～0.95。

低电压继电器接在母线电压互感器TV二次相间，其动作电压按躲过最小工作电压来整定，即

$$U_{op}^{\mathrm{III}}=\frac{K_{rel}}{K_r}U_{C\cdot\min} \tag{1-32}$$

式中　K_{rel}——可靠系数，取0.9；

K_r——返回系数，取1.15；

$U_{C\cdot\min}$——最小工作电压，取 $0.9U_N$。

将上述数据代入式（1-32）中，得

$$U_{op}^{\mathrm{III}}\approx0.7U_N$$

电流元件的灵敏系数仍按式（1-21）计算。低电压元件的灵敏系数按系统在最大运行方式下，保护区末端相间短路时进行校验，这时保护安装处母线残余电压最高。即

$$K_{sen}=\frac{U_{op}^{\mathrm{III}}}{U_{k\cdot\max}}\geqslant1.5 \tag{1-33}$$

式中　$U_{k\cdot\max}$——系统最大运行方式下，保护区末端相间短路时，保护安装处母线的最高相间电压。

低电压起动的过电流保护的原理接线如图1-34所示。电流元件采用三相完全星形接线，其触点连接成“或”门形式，三个低电压继电器分别接在相间，触点连接成“或”门后与电流继电器的触点形成“与”门回路出口跳闸。另外，当电压互感器回路发生断线时，低电压继电器将误动作，因此在低电压保护中一般应装设电压回路断线的信号装置，以便及时发出信号，由运行人员加以处理。在图1-34中，当任一低电压继电器动作后，即起动中间继电器7KM，它闭合两对动合触点，一对用于与电流继电器配合形成“与”门回路，另一对去中央信号装置，经延时发出电压回路断线信号。

与电流保护相比，电流电压联锁保护较为复杂，所用元件较多，所以只有当电流保护灵

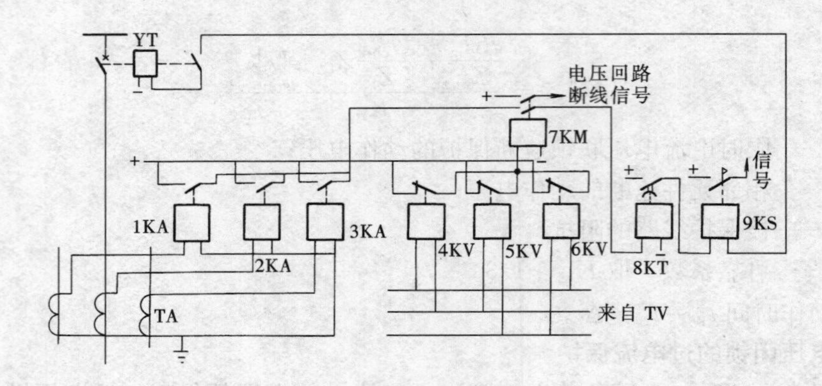

图 1-34 低电压起动过电流保护的原理接线

敏性不能满足要求时，才采用电流电压联锁保护。

第六节 方向电流保护

一、方向电流保护的工作原理

（一）概述

前面所述电流电压保护均是以单侧电源辐射形网络为基础进行分析的，各保护均安装在被保护线路靠近电源的一侧。当网络中任一线路发生短路故障时，短路功率（一般指短路时某点电压与电流相乘所得到的感性功率，在无串联电容，同时也不考虑线路分布电容时，认为短路功率从电源指向短路点）只有一个方向，即从母线指向被保护线路，各保护按照选择性的条件协调配合工作，总能保证离故障点最近的保护优先动作跳闸，使停电范围尽量缩小。

随着电力工业的发展和用户对供电可靠性要求的提高，现代电力系统大部分是由很多电源组成的复杂网络，如图 1-35 所示的双电源供电网络。这种网络的优点是当任一线路故障而被保护断开后，不会造成负荷停电。例如，在图 1-35（a）中 k1 点短路时，按照选择性的原则，保护 3 和保护 4 动作，将线路 L2 断开，这时母线 X、Y 仍可由电源 E_{I} 供电，而母线 Z、H 也可由电源 E_{II} 供电，从而大大地提高了供电的可靠性。但在这种网络中，采用简单的电流电压保护方式已不能满足系统运行的要求。

在图 1-35 中，由于网络两侧均有电源，所以在每条线路两侧均装设断路器及保护装置。下面分析当故障发生在不同的线路上时，各保护的动作情况。

（1）k1 点短路时。短路电流 $\dot{I}'_{k1}$ 和 $\dot{I}''_{k1}$ 分别从 L2 的两侧流向短路点。当 $\dot{I}'_{k1}$ 大于保护 2 及保护 3 的过电流保护的起动电流时，保护 2、保护 3 的电流继电器的触点同时闭合，接通各自时间继电器的线圈回路。但根据选择性原则，应由距故障点最近的保护 3 跳闸，保护 2 不应误动，所以应使保护 3 的动作时间小于保护 2 的动作时间，即 $t_3<t_2$。同理，对于 $\dot{I}''_{k1}$ 经过的保护 4、5、6，其动作时间应满足：$t_4<t_5$，$t_4<t_6$。

（2）k2 点短路时。短路电流 $\dot{I}'_{k2}$ 和 $\dot{I}''_{k2}$ 分别从 L1 的两侧流向短路点。对于 k2 点右侧的保护 2 和保护 3，当短路电流 $\dot{I}''_{k2}$ 大于它们的起动电流时，为保证选择性，应使保护 2 首先

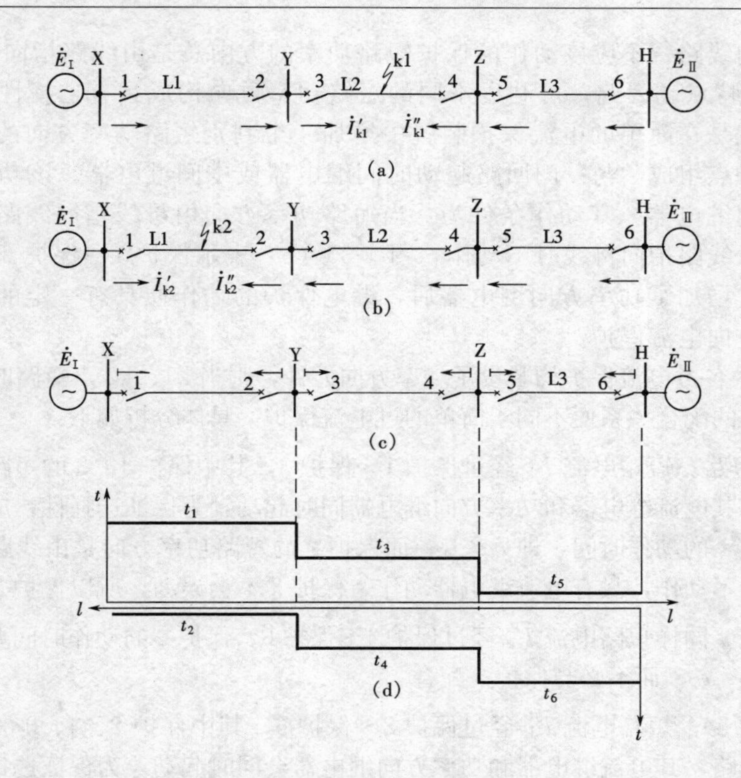

图 1-35　双侧电源网络接线及保护动作方向的规定

(a) k1 点短路时的电流分布；(b) k2 点短路时的电流分布；(c) 各保护动作方向的规定；(d) 方向过电流保护的阶梯时限特性

跳闸，其动作时间应满足 $t_2<t_3$。

同理还可分析，若故障发生在线路 L3 上，对于保护 4 和保护 5，其动作时间应满足 $t_5<t_4$。

由上述分析可见，在 k1 点短路时，要求保护 3 的动作时间应小于保护 2 的动作时间，保护 4 的动作时间应小于保护 5 的动作时间，即 $t_3<t_2$，$t_4<t_5$；而在 k2 点短路和 L3 上短路时，又要求 $t_2<t_3$，$t_5<t_4$。显然这两者的要求是相互矛盾的，无论如何选择，都只能保证在某一点（如 k1 点）故障时具有选择性，而在另外一点（如 k2 点）故障时保护就会失去选择性，不能做到在任一点故障时保护都具有选择性。这也说明在图 1-35 所示的双电源供电网络中，采用简单的过电流保护方式时，在选择性方面无法满足系统的要求。

为了解决上述矛盾，必须进一步分析在双侧电源供电线路上，当 k1、k2 点发生短路时电气量变化的特点，由此来提出新的保护方式。

(1) k1 点短路时。由图 1-35 (a) 电流分布可见，通过保护 3、保护 4 的短路功率方向是由母线指向线路的，而通过保护 2、保护 5 的短路功率方向是由线路指向母线的。

(2) k2 点短路时。由图 1-35 (b) 可见，通过保护 2 短路功率的方向是由母线指向线路，而通过保护 3 短路功率的方向是由线路指向母线。

无论是 k1 点还是 k2 点短路，对于保护 2 和 3 来说，应该动作的保护短路功率的方向总是由母线指向线路，不应该动作的保护短路功率的方向总是由线路指向母线。保护 4、5 亦具有同样的特点。因此，可利用不同的短路功率方向构成具有选择性动作的保护方式。具体地说就是在简单的电流保护装置中增加一个判别短路功率方向的元件，其触点与电流继电器触点组成“与”门回路起动时间继电器或中间继电器。该功率方向判别元件称为功率方向继电器，其动作条件为：当短路功率方向由母线指向线路时动作，而当短路功率方向由线路指向母线时不动作。图 1-35（c）表示保护 1～保护 6 功率方向继电器的动作方向。增加了功率方向继电器后，继电保护的动作便具有一定的方向性，这种保护装置称为方向电流保护。

若图 1-35 中各过电流保护均装设了功率方向元件，则当 k1、k2 点短路时各保护的动作情况及动作时间的配合关系便不同于简单的过电流保护，具体分析如下：

（1）k1 点短路。短路电流 $\dot{I}'_{k1}$ 经过保护 1～保护 3，其中保护 1、3 的短路功率方向是由母线指向线路，其电流继电器和功率方向继电器同时起动，为保证选择性，应使保护 3 的动作时间小于保护 1 的动作时间，即 $t_3 < t_1$；而保护 2 的短路功率方向是由线路指向母线，其功率方向继电器不动作，只有电流继电器动作，保护 2 不会误动，所以保护 3 的动作时间不必与保护 2 配合。同样短路电流 $\dot{I}''_{k1}$ 经过保护 4～保护 6，保护 4 的动作时间要小于保护 6 的动作时间，即 $t_4 < t_6$，而不必与保护 5 配合。

（2）k2 点短路。短路电流 $\dot{I}''_{k2}$ 经过保护 2～保护 6，其中保护 2、4、6 的短路功率方向是由母线指向线路，其电流继电器和功率方向继电器会同时起动。为保证选择性，其动作时间应满足 $t_2 < t_4 < t_6$；而保护 3 和保护 5 的短路功率方向是由线路指向母线，它们的功率方向继电器不动作，所以保护 2 的动作时间不必与保护 3、保护 5 的动作时间配合。

由此可见，对于图 1-35 电网中的六个方向过电流保护，在整定动作时间时，只要使 $t_5 < t_3 < t_1$、$t_2 < t_4 < t_6$，则无论哪一条线路发生短路故障，保护均可按照选择性的原则动作，不再出现动作时间无法整定的矛盾。两组保护即保护 1、3、5 与保护 2、4、6 之间不要求有配合关系，这样就可以把图 1-35 拆开看成两个单侧电源网络，其中保护 1、3、5 反应于电源 E_{I} 供给的短路电流而动作，而保护 2、4、6 反应于电源 E_{II} 供给的短路电流而动作，这样前面所述三段式电流保护的工作原理和整定计算原则仍然适用。图 1-35（d）示出了方向性过电流保护的阶梯时限特性，它与前面所述的选择性原则是相同的。

（二）方向电流保护的原理接线

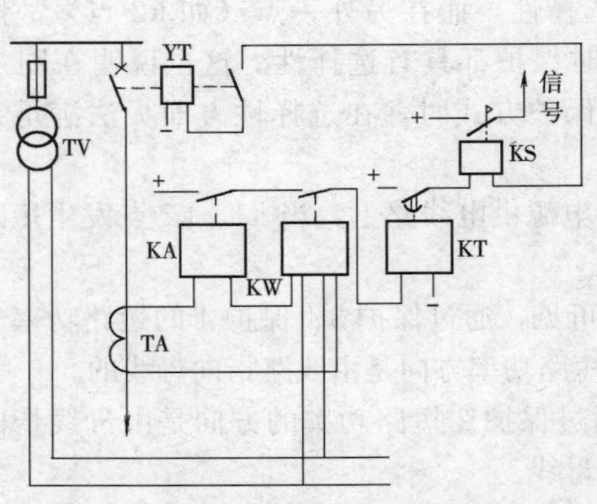

图 1-36　方向过电流保护的原理接线图

图 1-36 为方向过电流保护的原理接线，主要由电流继电器 KA、功率方向继电器 KW 和时间继电器 KT、信号继电器 KS 等组成。其中，功率方向继电器的电流取自被保护线路电流互感器，电压取自母线电压互感器。

在正常运行时，通过保护的负荷功率也可能从母线指向线路，保护中的功率方向元件也能动作，所以在实际应用中，必须把电流继电器和功率方向继电器的触点串联后，再接入时间继电器的线圈回路。电流继电器是保护装置的起动元件，用以判别线路是否发生了短路故障；功率方向继电器作为方向元件，用以判别通过被保护线路的短路功率的方向，只有两者同时动作，才能使保护装置起动。时间继电器的作用与过电流保护相同，用以实现保护所需要的延时，以保证选择性。

应该指出，在双侧电源网络中，并不是所有的过电流保护都必须装设功率方向元件，只有在时限不能保证动作的选择性的情况下，才需要装设功率方向元件。例如，在图 1-35 所示网络中，如果 $t_3 \geqslant t_2 + \Delta t$，则当线路 L1 上发生短路时，保护 3 没有功率方向元件也不会误动作。一般而言，凡接于同一母线上的双侧电源线路，其保护动作时限较短者必须装设功率方向元件，动作时限较长者可以不必装设功率方向元件；如果两个保护的动作时限相等或差值小于 Δt 时，都应该装设功率方向元件。

（三）方向电流保护的整定计算

1. 方向电流速断保护

无时限电流速断保护用于双侧电源线路时，其动作电流的整定计算类似于图 1-10 的分析，先画出被保护线路上各点短路时短路电流的分布曲线，然后选择保护的动作电流，如图 1-37 所示。其中曲线 1 为电源 E_{I} 供给的短路电流，曲线 2 为电源 E_{II} 供给的短路电流，因为两端电源的容量不同，所以电流的大小也不相同。

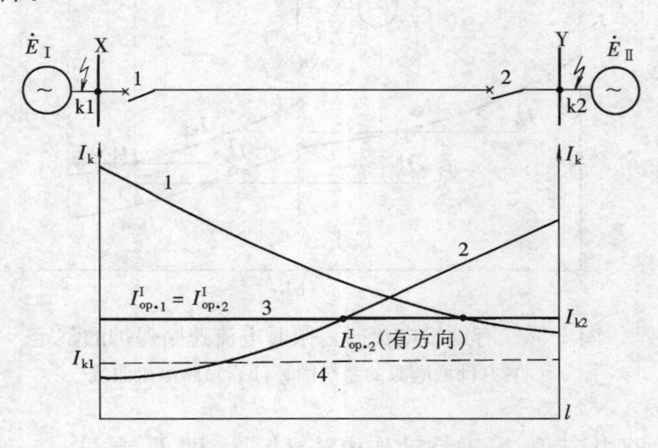

图 1-37　双侧电源线路上电流速断保护的整定

当线路 XY 左侧相邻线路出口处短路时，如图中的 k1 点，短路电流 I_{k1} 由电源 E_{II} 经保护 2 和 1 流向短路点，按照选择性的要求，保护 1 和 2 均不应该动作，所以保护 1 和 2 无方向性电流速断保护的动作电流均应大于 I_{k1}；同理，当线路 XY 右侧相邻线路出口短路时，如图中的 k2 点，短路电流 I_{k2} 由电源 E_{I} 经保护 1 和 2 流向 k2 点，此时保护 1 和 2 也不应该动作，所以保护 1 和 2 的无方向电流速断保护的动作电流又应大于 I_{k2}。由此可见，若要在 k1 点和 k2 点短路时，保护 1 和 2 不误动作，则它们的动作电流应按照 I_{k1} 和 I_{k2} 中较大的一个进行整定。例如，当 $I_{k2\cdot max} > I_{k1\cdot max}$ 时，则应选择

$$I^{\mathrm{I}}_{op\cdot1} = I^{\mathrm{I}}_{op\cdot2} = K^{\mathrm{I}}_{rel} I_{k2\cdot max} \tag{1-34}$$

式中　K^{I}_{rel}——可靠系数，取 1.2～1.3；

$I_{k2\cdot max}$——最大运行方式下，k2 点三相短路时，流过保护 1 和保护 2 的最大短路电流。

按式（1-34）整定的动作电流如图 1-37 中直线 3 所示，将使位于小电源侧的保护 2 的保护范围缩小。两端电源的容量差别越大，对保护 2 的影响就越大。

为解决上述问题，就需要在保护 2 处装设方向元件，这样保护 2 的动作电流可按躲开 k1 点短路整定，即

$$I^{\mathrm{I}}_{op\cdot2} = K^{\mathrm{I}}_{rel} I_{k1\cdot max} \tag{1-35}$$

如图 1-37 中的虚线 4 所示，其保护范围较按式（1-34）整定增加了很多。必须指出，在上述情况下，保护 1 处无需装设方向元件，因为它从定值上已经可靠地躲开了反方向短路时流

过保护的最大短路电流 $I_{k1\cdot max}$。

由上述分析可见，采用方向电流速断保护可以增大保护范围，提高保护装置的灵敏度。

2. 限时电流速断保护

双侧电源网络中的限时电流速断保护，其基本的整定原则与图 1-13 的分析相同，仍应与下一级的电流速断保护相配合，但需考虑保护安装地点与短路点之间有电源或平行输电线路（统称为分支电路）的影响，现分析如下。

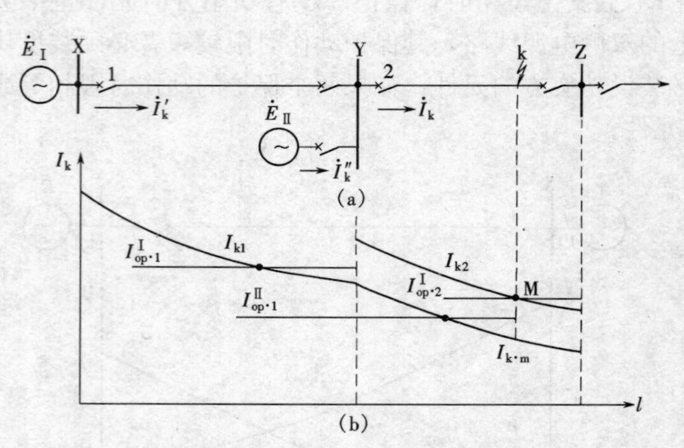

图 1-38 有助增电流时，限时电流速断保护的整定
（a）有助增电源的系统图；（b）短路电流曲线

（1）助增电流的影响。如图 1-38 所示，在保护 1 和 2 之间存在一分支电源 $E_{Ⅱ}$，当线路 YZ 上 k 点短路时，流过保护 2 的短路电流 $\dot{I}_k$ 将大于流过保护 1 的短路电流 $\dot{I}'_k$，其值 $\dot{I}_k=\dot{I}'_k+\dot{I}''_k$。这种使故障线路电流增大的现象，称为助增。有助增的短路电流曲线如图1-38所示。

保护 2 电流速断的动作电流仍按躲开相邻线路出口的最大短路电流整定为 $I^{Ⅰ}_{op\cdot2}$，其保护范围末端为 M 点。当 M 点短路时，流过保护 2 的短路电流 I_{k2} 等于其动作电流 $I^{Ⅰ}_{op\cdot2}$，即 $I_{k2}=I^{Ⅰ}_{op\cdot2}$，流过保护 1 的电流为 $I_{k\cdot m}$，因此保护 1 限时电流速断保护的动作电流应整定为

$$I^{Ⅱ}_{op\cdot1}=K^{Ⅱ}_{rel}I_{k\cdot m}$$

引入分支系数 K_{br}，其定义为

$$K_{br}=\frac{\text{故障线路上流过的短路电流}}{\text{前一级保护所在线路上流过的短路电流}} \tag{1-36}$$

则在图 1-38 中，整定配合点 M 处的分支系数为

$$K_{br}=\frac{I_{k2}}{I_{k\cdot m}}=\frac{I^{Ⅰ}_{op\cdot2}}{I_{k\cdot m}}$$

保护 1 的限时电流速断的动作电流可按下式整定

$$I^{Ⅱ}_{op\cdot1}=\frac{K^{Ⅱ}_{rel}}{K_{br}}I^{Ⅰ}_{op\cdot2} \tag{1-37}$$

与单侧电源线路的整定计算公式（1-14）相比，在分母上多了一个大于 1 的分支系数 K_{br}。

（2）外汲电流的影响。如图 1-39 所示，保护 1 的下一级为两条平行线路，当线路 YZ 的速断保护范围末端 M 点短路时，流过保护 2 的短路电流 $\dot{I}_{k2}$ 小于流过保护 1 的短路电流 $\dot{I}_{k1}$，其值 $\dot{I}_{k2}=\dot{I}_{k1}-\dot{I}'_{k2}$，这种使故障线路电流减小的现象，称为外汲。显然，与助增电流的情况相反，有外汲电流时，分支系数 $K_{br}<1$，此时短路电流的分布曲线如图 1-39 所示。

有外汲电流时，限时电流速断保护的起动电流仍应按式（1-37）整定。

（3）当变电站 Y 母线上既有电源又有并联的线路时，其分支系数可能大于 1 也可能小于 1，此时应根据实际可能的运行方式，选取分支系数的最小值进行整定计算。而单侧电源供电的线路，实际是 $K_{br}=1$ 的一种特殊情况。

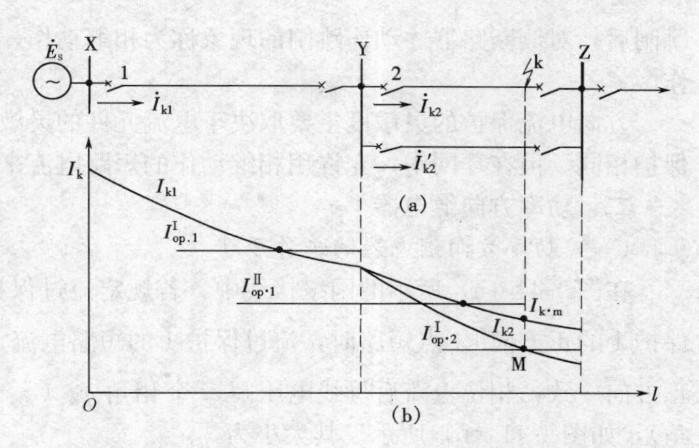

图 1-39　有外汲电流时，限时电流速断保护的整定

（a）系统图；（b）短路电流

3. 方向过电流保护

方向过电流保护的动作电流整定计算原则与简单过电流保护相同，即

（1）正常运行时，保护不应误动作；外部故障切除后，应能可靠地返回。

（2）当电网发生不对称短路时，在非故障相中仍有电流流过，这个电流称为非故障相电流，保护的动作电流还应躲过此非故障相电流。

（3）同方向的保护，其灵敏度应相互配合。在图 1-35 中，各保护的灵敏系数应满足

$$\left.\begin{aligned}K_{sen\cdot5}>K_{sen\cdot3}>K_{sen\cdot1}\\K_{sen\cdot2}>K_{sen\cdot4}>K_{sen\cdot6}\end{aligned}\right\}\tag{1-38}$$

方向过电流保护动作时间的整定，如前所述，应使同方向的保护相配合，如在图 1-35 中，各保护的动作时间配合关系为

$$\left.\begin{aligned}t_3=t_5+\Delta t;\quad t_1=t_3+\Delta t\\t_4=t_2+\Delta t;\quad t_6=t_4+\Delta t\end{aligned}\right\}\tag{1-39}$$

4. 保护的相继动作和灵敏度校验

图 1-40 所示为一单电源环网，其保护的配合原则与双电源供电网络相同，即保护 1、3、5 为同一方向保护，保护 2、4、6 为另一方向的保护，同一方向的保护应相互配合，不是同一方向的保护之间不需要配合。

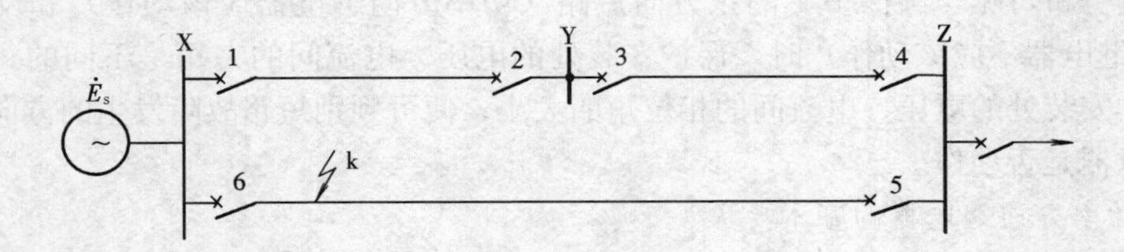

图 1-40　单电源环形网络中，保护相继动作说明图

当保护 6 的出口附近 k 点短路时，几乎全部短路电流经保护 6 流向短路点，而经过保护 1～5 的短路电流近于零，其值小于保护 5 电流继电器的动作电流，故保护动作于断路器 6 瞬时跳闸而保护 5 拒动。当断路器 6 跳闸后，短路电流重新分配，所有短路电流经保护 1～保护 5 流向短路点，此时保护 5 才起动动作，将断路器 5 跳开，这种被保护线路一侧断路器

跳闸后，对侧断路器才动作跳闸的现象称为相继动作，能产生相继动作的区域，称为相继动作区。

方向电流保护的灵敏度主要取决于电流元件的灵敏度，其校验的方法与不带方向的电流保护相同。但在环网中，允许用相继动作的短路电流来校验灵敏度。

二、功率方向继电器

（一）功率方向继电器的工作原理

在图 1-41（a）所示的网络接线中，若规定流过保护的电流由母线指向线路为正，则当保护 1 的正方向 k1 点短路时，流过保护 1 的短路电流 $\dot{I}_{k1}$ 由电源 $\dot{E}_{\mathrm{I}}$ 供给，其方向与规定的正方向一致，相位上滞后母线电压 $\dot{U}$ 一个相角 φ_k（φ_k 为从母线 X 到 k1 点之间线路的阻抗角），如图 1-41（b）所示。其大小为

$$0° < \varphi_k < 90°$$

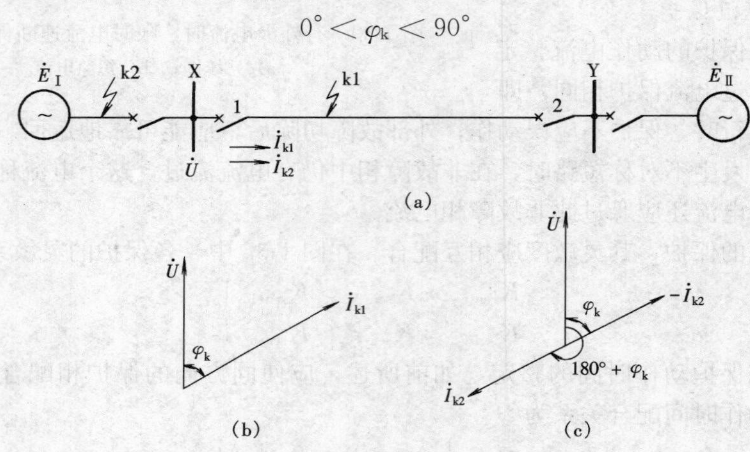

图 1-41　功率方向继电器工作原理的分析

（a）网络接线；（b）k1 点短路相量图；（c）k2 点短路相量图

当保护 1 的反方向 k2 点短路时，流过保护 1 的短路电流 $\dot{I}_{k2}$ 由 $\dot{E}_{\mathrm{II}}$ 供给，其实际方向与规定的正方向相反，$\dot{I}_{k2}$ 滞后于母线电压 $\dot{U}$ 的相角为 $180°+\varphi_k$，如图 1-41（c）所示。其大小为

$$180° < 180° + \varphi_k < 270°$$

由上述分析可见，当保护 1 的正方向短路（功率方向继电器应该动作）和反方向短路（功率方向继电器不应该动作）时，保护安装处的电压、电流间的夹角是不同的。因此，通过测量保护安装处的电压、电流间的相位角的大小，便可判别短路故障发生的方向，决定功率方向继电器是否动作。

1. 对功率方向继电器的基本要求

（1）功率方向继电器应具有明确的方向性，即在正方向发生各种故障（包括故障点有过渡电阻的情况）时，都能可靠动作；而在反方向故障时，可靠地不动作。

（2）正方向短路时功率方向继电器的动作有足够的灵敏度。

如果按电工技术中测量功率的概念，对 A 相的功率方向继电器，若电压线圈中的电压为 $\dot{U}_m$（$=\dot{U}_A$），电流线圈的电流为 $\dot{I}_m$（$=\dot{I}_A$），则当正方向短路时，继电器中电压、电流之间的相角如图 1-41（b）所示。其计算式为

$$\varphi_m = \arg\frac{U_m}{I_m} = \arg\frac{\dot{U}_A}{\dot{I}_{k1}} = \varphi_k$$

式中　φ_m——功率方向继电器的电压、电流之夹角；

φ_k——A 相 k1 点故障时线路阻抗角。

反方向短路时，如图 1-41（c）所示相角为

$$\varphi_m = \arg\frac{U_m}{I_m} = \arg\frac{\dot{U}_A}{\dot{I}_{k2}} = 180° + \varphi_k$$

式中，符号 arg 表示相量 $\dot{U}_A/\dot{I}_{k2}$ 的幅角，亦即分子的相量超前于分母的相量的角度；若取 $\varphi_k = 60°$，其相量关系如图 1-42（a）所示。

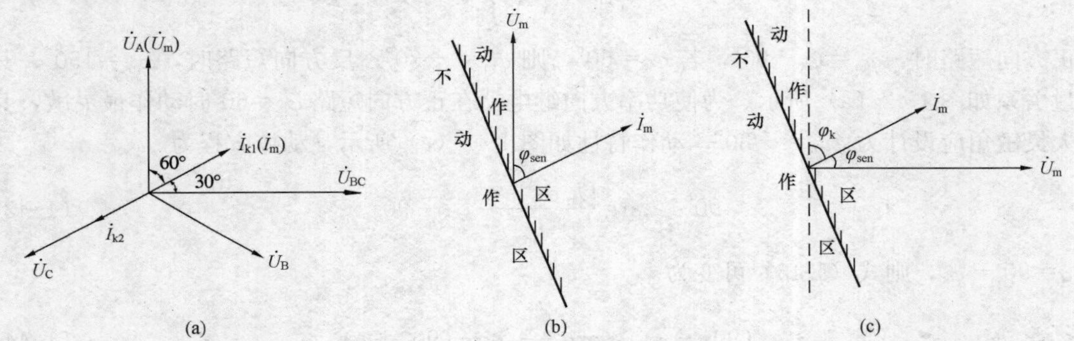

图 1-42　功率方向继电器的动作特性

（a）三相短路 $\varphi_k = 60°$时的相量图；（b）按式（1-40）构成的动作特性；（c）按式（1-43）构成的动作特性

一般情况下，当功率方向继电器的输入电压和电流的幅值不变时，其输出（转矩或电压）值随两者之间的相位差的大小而改变，其中输出为最大时 $\dot{U}_m$、$\dot{I}_m$ 之相位差称为继电器的最大灵敏角，用 φ_{sen} 表示。为了在最常见的正方向短路情况下功率方向继电器动作最灵敏，采用上述接线方式的功率方向继电器的最大灵敏角应选择与保护正方向短路时的 φ_m 相等，即

$$\varphi_{sen} = \varphi_m$$

当 $\varphi_m = 60°$时，$\varphi_{sen} = 60°$。又为了保证正方向短路，而 φ_m 在 0°～90°范围内变化时，继电器都能可靠动作，其动作的角度范围通常取为 $\varphi_{sen} \pm 90°$。此动作特性表示为一条直线，如图 1-42（b）所示，阴影部分为动作区。其动作方程可表示为

$$90° \geqslant \arg\frac{\dot{U}_m e^{-j\varphi_{sen}}}{\dot{I}_m} \geqslant -90° \tag{1-40}$$

或表示为

$$(\varphi_{sen} + 90°) \geqslant \arg\frac{\dot{U}_m}{\dot{I}_m} \geqslant (\varphi_{sen} - 90°) \tag{1-41}$$

式（1-41）表明，当取 $\varphi_{sen} = \varphi_m = 60°$时，以 $\dot{U}_m$ 为参考相量，在 $\dot{I}_m$ 超前其 30°到 $\dot{I}_m$ 滞后其 150°的范围内，继电器均能动作。式（1-40）可用功率的形式表示为

$$U_m I_m \cos(\varphi_m - \varphi_{sen}) > 0 \tag{1-42}$$

式（1-42）表明当余弦项和 U_m、I_m 越大，其值也越大，功率方向继电器动作的灵敏度越高，而任一项等于零或余弦项为负时，功率方向继电器将不能动作。

2. 功率方向继电器的“死区”

具有上述特性和接线的功率方向继电器，在其正方向出口附近发生三相短路、AB或CA两相接地短路，以及A相接地短路时，由于$U_A \approx 0$或数值很小，根据式（1-42），这时A相继电器不能动作，使得功率方向继电器不能正确动作的区域，称为功率方向继电器的“死区”。当上述故障发生在死区范围内时，整套保护将要拒动。

为了减小和消除死区，在实际装置中广泛采用非故障的相间电压作为参考相量去判别电流的相位。例如，对于A相的功率方向继电器，其加入电流仍为$\dot{I}_A$，而加入电压为$\dot{U}_{BC}$（详见本节内容三的分析），此时，A相功率方向继电器中电压、电流之间的相角为

$$\varphi_m = \arg\frac{\dot{U}_{BC}}{\dot{I}_A}$$

当正方向短路时，$\varphi_m = \varphi_k - 90°$，若$\varphi_k = 60°$，则$\varphi_m = -30°$；反方向短路时，$\varphi_m = 150°$，其相量关系如图1-42（a）所示。为使功率方向继电器在正方向短路$\varphi_k = 60°$时动作最灵敏，其最大灵敏角应设计为$\varphi_{sen} = -30°$，动作特性如图1-42（c）所示，动作方程为

$$90° \geqslant \arg\frac{\dot{U}_m e^{j(90°-\varphi_k)}}{\dot{I}_m} \geqslant -90° \tag{1-43}$$

令$\alpha = 90° - \varphi_k$，则式（1-43）可变为

$$(90° - \alpha) \geqslant \arg\frac{\dot{U}_m}{\dot{I}_m} \geqslant -(90° + \alpha) \tag{1-44}$$

式中，α称为功率方向继电器的内角。用功率的形式表示式（1-44），则为

$$U_m I_m \cos(\varphi_m + \alpha) > 0 \tag{1-45}$$

对于A相的功率方向继电器，可具体表示为

$$U_{BC} I_A \cos(\varphi_{m\cdot A} + \alpha) > 0 \tag{1-46}$$

继电器的电压采用相间电压后，除保护正方向出口三相短路时，$U_{BC} \approx 0$，A相继电器仍有很小的死区外，在其他任何包含A相的不对称短路时，I_A的值很大，U_{BC}的电压很高，因此A相继电器不仅没有死区，而且有很高的动作灵敏度。以上分析，同样适用于B相和C相的功率方向继电器。

（二）按相位比较原理构成的集成电路型功率方向继电器

1. 继电器的构成原理

图1-43所示为按式（1-43）构成的相位比较式的功率方向继电器的原理框图，主要由以下几部分组成。

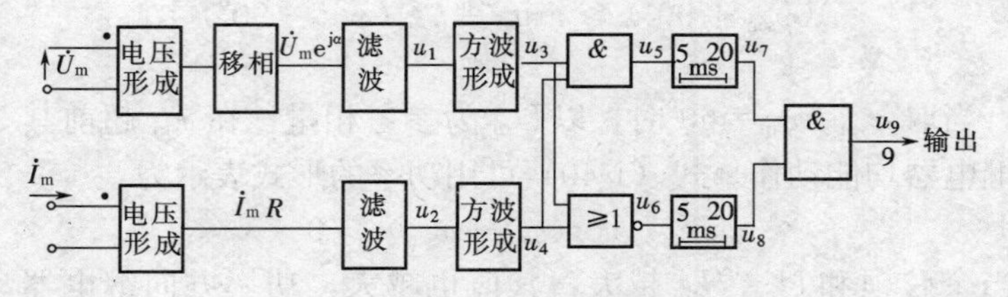

图1-43 集成电路型功率方向继电器的构成框图

（1）电压形成回路。其作用是将加入继电器的电压 $\dot{U}_m$ 和电流 $\dot{I}_m$ 变换成适合集成运算放大器所需要的电压，并与电压、电流互感器的二次回路相隔离，以防止来自二次回路干扰的影响。

（2）移相器。其作用是使 $\dot{U}_m$ 移相 α 角，以获得式（1-43）中的参考相量 $\dot{U}_m e^{j\alpha}[=\dot{U}_m e^{j(90°-\varphi_L)}]$。

（3）有源带通滤波器。用以消除短路暂态过程中非周期分量和各种谐波分量，防止高次谐波造成功率方向继电器误动作。

（4）方波形成回路。采用开环的运算放大器构成，具有很高的灵敏度。其负半周的输出再经二极管检波后，变为 0V 信号，以便与 CMOS 门电路配合工作。

（5）相位比较回路。由与门、或非门、延时 5ms、展宽 20ms 等器件组成，可对两个方波进行比较，当满足式（1-43）的条件后，即输出高电平 1 态信号，表示继电器动作。

2. 相位比较回路

目前广泛采用的相位比较方法之一是测量两个电压瞬时值同时为正（或同时为负，以下相同）的持续时间来进行的。例如，当 $\dot{U}_m e^{j\alpha}$ 与 $\dot{I}_m R$，即图 1-44 中 u_1 和 u_2 同相位时，如图 1-44（b）所示，其瞬时值同时为正的时间等于半个周期，对 50Hz 的工频信号而言，即 10ms；而当上述两个电压相位差增至 90°时，如图 1-44（a）所示，其瞬时值同时为正的时间减至 5ms。因此，通过测量这两个电压瞬时值同时为正的时间，便可得到 $\dot{U}_m e^{j\alpha}$ 与 $\dot{I}_m R$ 的相位关系。当两者之间的相位差不大于 90°时，其瞬时值同时为正的时间必然不小于 5ms，满足这个条件时，继电器就应该动作；反之，则不动作。

在图 1-43 中，与门的输出电压 u_5，反应 $U_m e^{j\alpha}$ 和 $\dot{I}_m R$ 的瞬时值同时为正的时间；或非门的输出电压 u_6，则反应两个电压瞬时值同时为负的时间，所以此电路可同时进行正、负半周的相位比较。当 u_5 电压为高电平的持续时间不小于 5ms 时，即可经 20ms 的展宽电路，使 u_7 输出高电平。由于 u_5 每隔 20ms 输出一次高电平，是一个间断的信号，故必须予以展宽后，才能变成长信号输出。

另外，为提高继电器动作的可靠性，在图 1-44 中，采用正、负半周比相，与门输出的方式，即 u_7 和 u_8 必须同时为高电平后，u_9 才输出高电平，表示继电器动作。这种继电器的动作速度往往较慢，最快的动作时间为 15ms，如图 1-44（b）所示。在有些情况下，当要求继电器快速动作时，可采用正、负半周比相，或门输出的方式，此时可使 u_7 和 u_8 改为经或门输出，任一个为高电平后，u_9 就可以输出高电平，其动作时间最快为 5ms。

3. 功率方向继电器的动作特性

在式（1-45）所示的动作方程中，U_m、I_m 和 φ_m 均为变数，当其中任何一个变化时，继电器的起动条件都要随之改变。因此，为了便于应用，通常用下面两种方式表示继电器的动作特性。

（1）角度特性。角度特性指当 I_m 不变时，继电器的动作电压 U_{op} 随 φ_m 的变化关系。此特性可用直角坐标和极坐标表示，如图 1-45 所示，其最大灵敏角 $\varphi_{sen}=-\alpha$。当线路阻抗角 $\varphi_k=60°$时，$\varphi_{sen}=-30°$，其动作范围位于以 φ_{sen} 为中心的±90°以内。在此动作范围内，继电器的最小起动电压 $U_{op\cdot min}$ 基本上与 φ_m 无关，其值主要取决于使开环运算放大器形成方波时

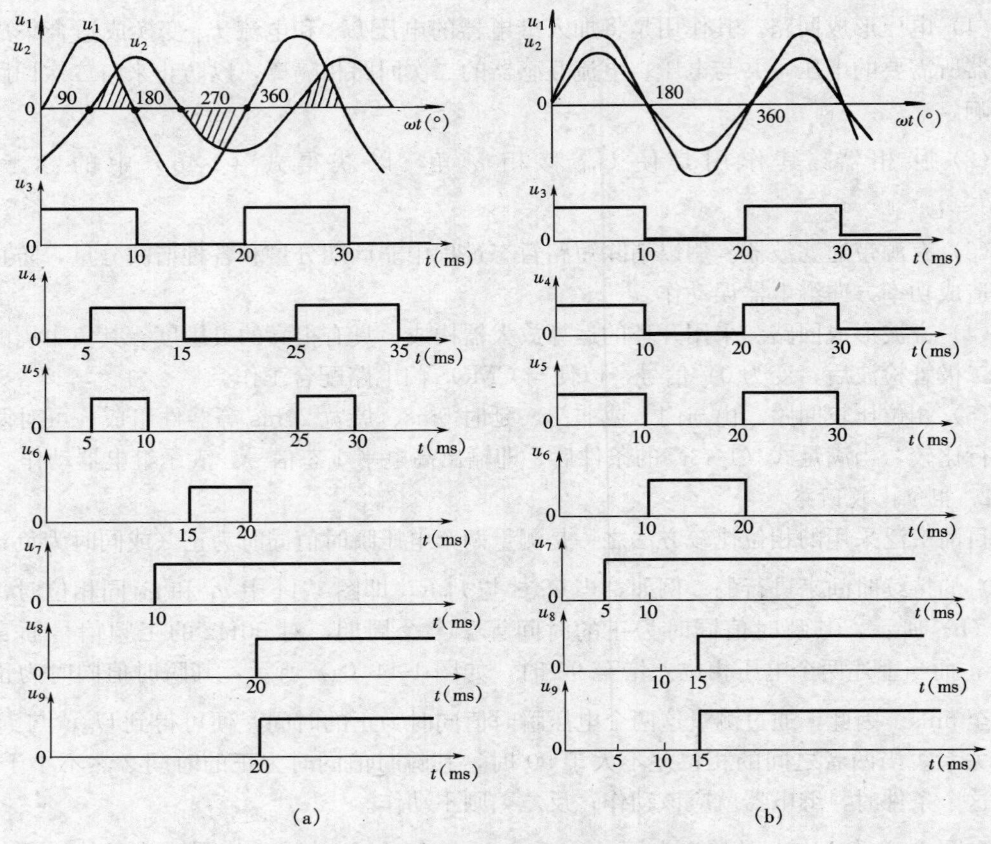

图 1-44　相位比较回路中各点输出电压的波形

(a) 临界动作条件 $\arg\frac{\dot{U}_{\mathrm{m}}e^{j\alpha}}{\dot{I}_{\mathrm{m}}}=90°$；(b) 动作最灵敏条件 $\arg\frac{\dot{U}_{\mathrm{m}}e^{j\alpha}}{\dot{I}_{\mathrm{m}}}=0°$

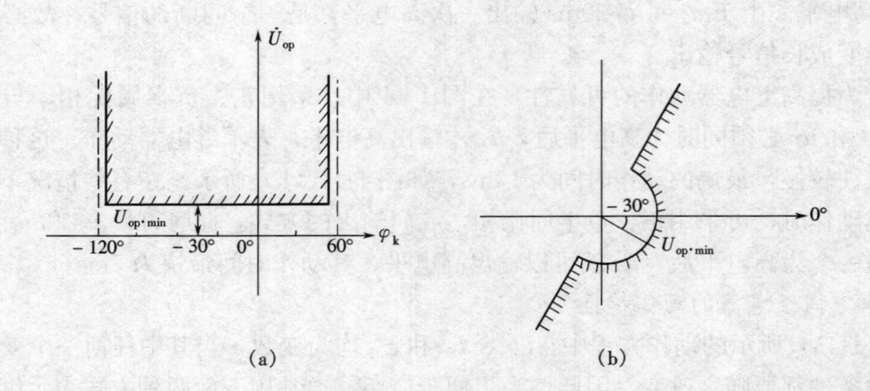

图 1-45　功率方向继电器的角度特性（$\alpha=30°$）

(a) 用直角坐标表示；(b) 用极坐标表示

所需要的最小输入电压。当加入继电器的电压 $U_{\mathrm{m}}<U_{\mathrm{op\cdot min}}$ 时，继电器将不能起动，这就是出现死区的原因。

(2) 伏安特性。表示当 $\varphi_{\mathrm{m}}=\varphi_{\mathrm{sen}}$ 不变时，继电器的动作电压 $U_{\mathrm{op}}=f(I_{\mathrm{m}})$ 的关系曲线。

在理想情况下，该曲线平行于两个坐标轴。如图 1-46 所示，只要加入继电器的电流和电压分别大于最小动作电流 $I_{op \cdot min}$ 和最小动作电压 $U_{op \cdot min}$，继电器就可以动作。其中最小动作电流 $I_{op \cdot min}$ 的大小主要取决于在电压形成回路中形成方波时所需加入的最小电流。

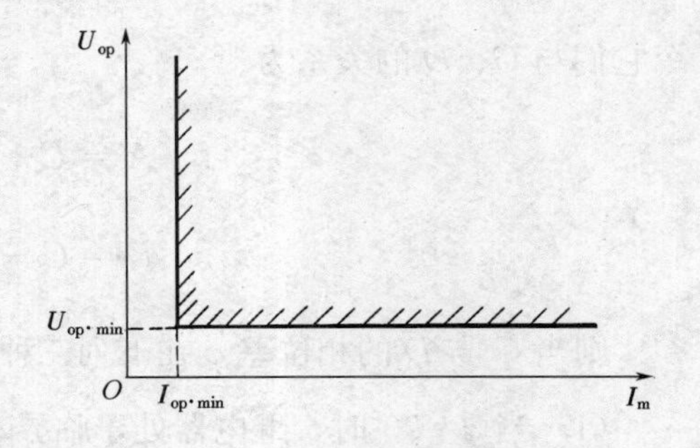

图 1-46　功率方向继电器的伏安特性

4. 功率方向继电器的“潜动”

所谓潜动是指在只加入电流或只加入电压的情况下，继电器就能够动作的现象。发生潜动的最大危害是在反方向出口处三相短路时，$U_m \approx 0$，而 I_m 很大，方向继电器本应该将保护装置闭锁，如果此时出现了潜动，就可能使保护装置失去方向性而误动作。

就集成电路型功率方向继电器而言，造成潜动的原因主要是形成方波的开环运算放大器的零点漂移。例如，在 $U_m = 0$ 的情况下，零点漂移使开环运算放大器输出正信号，就会引起正半周比相的误动作，如输出负信号，则会引起负半周比相误动作。所以，在图 1-42 所示框图中，采用正、负半周同时比相，与门输出的方式，就能够可靠地防止潜动的发生，否则，必须采取其他措施予以消除。

（三）按幅值比较原理构成的整流型功率方向继电器

1. 继电器的动作判据

利用相位比较原理实现的功率方向继电器，是通过测量两电气量之间的相位差来判断短路功率的方向，从而决定功率方向继电器是否动作的。除此之外，还可利用比较两电气量幅值的大小来确定短路功率的方向，即幅值比较式的功率方向继电器。分析如下：

将式（1-43）变换如下

$$90^\circ \geqslant \arg \frac{\dot{U}_m}{\dot{I}_m e^{-j\alpha}} \geqslant -90^\circ$$

上式还可变换为如下的形式

$$90^\circ \geqslant \arg \frac{\dot{U}_m e^{j90^\circ}}{\dot{I}_m e^{j(90^\circ-\alpha)}} \geqslant -90^\circ$$

$$90^\circ \geqslant \arg \frac{\dot{U}_m K_U e^{j90^\circ}}{\dot{I}_m K_I e^{j(90^\circ-\alpha)}} \geqslant -90^\circ$$

式中，K_U、K_I 为两实数，所以不会改变分子、分母相量的相位关系。令 $\dot{K}_U = K_U e^{j90^\circ}$，$\dot{K}_I = \dot{K}_I e^{j(90^\circ-\alpha)}$，$\dot{C} = \dot{K}_U \dot{U}_m$，$\dot{D} = \dot{K}_I \dot{I}_m$，则上式可表示为

$$90^\circ \geqslant \arg \frac{\dot{C}}{\dot{D}} \geqslant -90^\circ$$

用 $\dot{A}$ 和 $\dot{B}$ 分别表示在幅值比较式功率方向继电器中被比较幅值大小的两个电压量，且

令它们与 $\dot{C}$、$\dot{D}$ 的关系为

$$\left.\begin{aligned}\dot{A}&=\dot{C}+\dot{D}=\dot{K}_U\dot{U}_m+\dot{K}_I\dot{I}_m\\ \dot{B}&=\dot{C}-\dot{D}=\dot{K}_U\dot{U}_m-\dot{K}_I\dot{I}_m\end{aligned}\right\}\tag{1-47}$$

则当 $\dot{C}$ 与 $\dot{D}$ 的相位差 φ 在下列三种不同的数值范围时，相量 $\dot{A}$ 和 $\dot{B}$ 的幅值关系如下：

(1) 当 $\varphi=90°$时，继电器处于临界动作状态，如图 1-47 (a) 所示，此时电压相量 $\dot{A}$ 和 $\dot{B}$ 为由 $\dot{C}$、$\dot{D}$ 组成的一长方形的两条对角线，其长度相等，即 $|\dot{A}|=|\dot{B}|$。

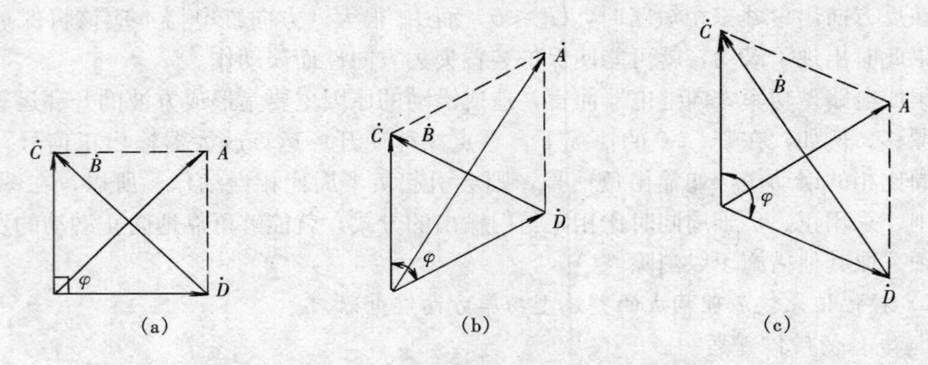

图 1-47 幅值比较与相位比较电气量之间的关系

(a) $\varphi=90°$；(b) $\varphi<90°$；(c) $\varphi>90°$

(2) $\varphi<90°$时，继电器在动作区内，如图 1-47 (b) 所示，此时 $\dot{A}$ 和 $\dot{B}$ 为平行四边形的两条对角线，且 $|\dot{A}|>|\dot{B}|$，此时继电器应该动作。

(3) $\varphi>90°$时，继电器在非动作区内，如图 1-47 (c) 所示，此时 $\dot{A}$ 和 $\dot{B}$ 仍为平行四边形的两条对角线，但 $|\dot{A}|<|\dot{B}|$，此时继电器不应该动作。

由上述分析可知，$|\dot{A}|$、$|\dot{B}|$ 的大小与 φ 角的大小是一一对应的，因此继电器的动作条件可转换为

$$|\dot{A}|\geqslant|\dot{B}|\tag{1-48}$$

式 (1-48) 即为幅值比较式的功率方向继电器的动作判据。

2. 继电器的构成原理框图

图 1-48 所示为一幅值比较式的功率方向继电器的构成原理框图。继电器的电压 $\dot{U}_m$ 和电流 $\dot{I}_m$ 经电压形成回路和整流滤波回路后，得到被比较的两电气量的幅值 $|\dot{A}|$ 和 $|\dot{B}|$，经过比较回路后，当满足动作条件 $|\dot{A}|\geqslant|\dot{B}|$ 时，比较回路输出 1，执行元件动作，输出功率方向继电器的

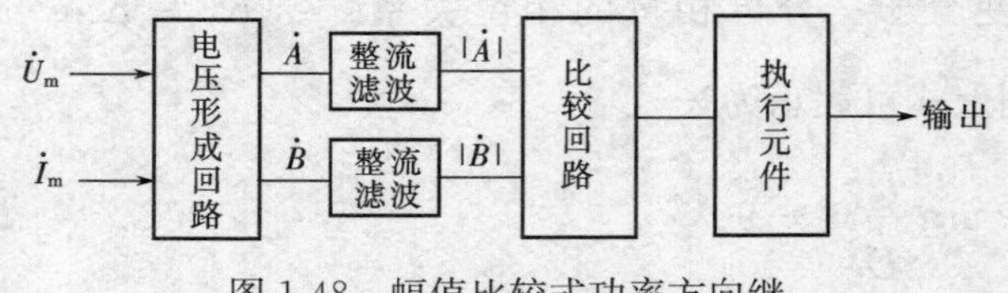

图 1-48 幅值比较式功率方向继电器的原理框图

动作信号。在幅值比较式的功率方向继电器中，通常称 $|\dot{A}|$ 为动作量，$|\dot{B}|$ 为制动量。

3. LG-11 型功率方向继电器

图 1-49 所示为相间短路的整流型功率方向继电器，其中图 1-49（a）为继电器的交流回路原理接线，图 1-49（b）为直流回路原理接线。继电器的动作条件如式（1-48），亦可表示为

$$|K_U\dot{U}_m + \dot{K}_I\dot{I}_m| \geqslant |K_U\dot{U}_m - \dot{K}_I\dot{I}_m| \tag{1-49}$$

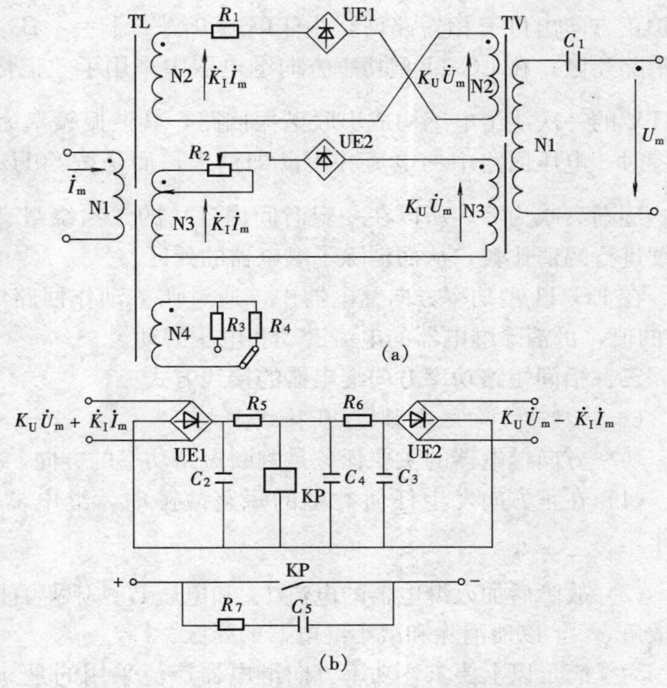

图 1-49　LG-11 型功率方向继电器原理接线
（a）交流回路；（b）直流回路

在图 1-49（a）中，继电器的电流 $\dot{I}_m$ 流入电抗变压器 TL 的一次绕组 N1，在其二次绕组 N2 和 N3 的端口获得电压分量 $\dot{K}_I\dot{I}_m$，二次绕组 N4 用来调整 $\dot{K}_I$ 的角度，以得到继电器的最大灵敏角；继电器的电压 $\dot{U}_m$ 经电容 C_1 加入电压变换器 TV 的一次绕组 N1，由 TV 的两个二次绕组 N2 和 N3 获得电压分量 $K_U\dot{U}_m$；TL 和 TV 标有 N2 的两个二次绕组的连接方式如图 1-49（a）中所示，由整流桥 UE1 输出动作量 $|\dot{A}|$；TL 和 TV 标有 N3 的二次绕组连接方式如图 1-49（a）所示，由整流桥 UE2 输出制动量 $|\dot{B}|$。图 1-49（b）为继电器的幅值比较回路。当 $|\dot{A}| \geqslant |\dot{B}|$ 时，极化继电器 KP 动作，输出功率方向继电器动作的信号；当 $|\dot{A}| < |\dot{B}|$ 时，极化继电器 KP 不动作。

LG-11 型功率方向继电器的动作特性如图 1-50 所示，阴影线部分为动作区。当电流 $\dot{I}_m$ 超前电压 $\dot{U}_m$ 的角度为 α 时，即处于最大灵敏角时，电压分量 $K_U\dot{U}_m$ 与 $\dot{K}_I\dot{I}_m$ 同相位，此时，$|\dot{A}| = |K_U\dot{U}_m + \dot{K}_I\dot{I}_m|$ 的值最大，$|\dot{B}| = |K_U\dot{U}_m - \dot{K}_I\dot{I}_m|$ 的值最小，所以继电器动作最灵敏。

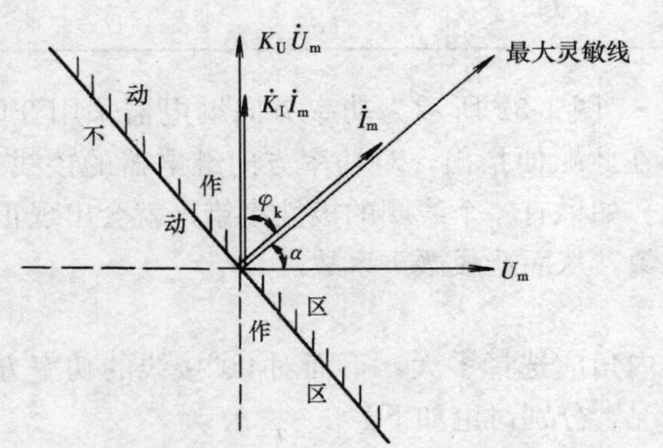

图 1-50　LG-11 型功率方向继电器的动作特性

在整流型功率方向继电器中，继电器动作需克服执行继电器的机械反作用力矩，也就是说必须消耗一定的功率。因此，要使继电器动作，必须满足 $|\dot{A}| > |\dot{B}|$ 的条件。这样，在

保护正方向出口三相短路时，由于$\dot{U}_m \approx 0$，$|\dot{A}|=|\dot{B}|$，继电器也会出现“电压死区”。为消除死区，在LG-11型功率方向继电器中采用了“记忆回路”，即将电容C_1与电压变换器TV的一次绕组电感构成串联谐振回路，其谐振频率为50Hz。这样当电压$\dot{U}_m$突然降低为零时，电压回路中的电流并不立即消失，而是按50Hz的谐振频率振荡，经过几个周波后，逐渐衰减为零，所以在一定时间内TV的二次绕组有电压分量$K_U\dot{U}_m$存在，继电器可继续进行幅值比较，从而消除了继电器的死区。

在LG-11型功率方向继电器中，通过调整动作回路中的电阻R_1和制动回路中的电阻R_2的值，可消除继电器的电流潜动和电压潜动。

三、相间短路功率方向继电器的接线方式

（一）功率方向继电器的90°接线方式

功率方向继电器的主要任务是判断短路功率的方向，因此对其接线方式有如下要求：

(1) 在正方向发生任何类型的短路故障时，继电器都能动作，而反方向故障时，不动作。

(2) 故障后加入继电器的电流$\dot{I}_m$和电压$\dot{U}_m$应尽可能地大一些，并尽量使φ_m接近于最灵敏角φ_{sen}，以便消除和减小继电器的死区。

为了满足以上要求，功率方向继电器广泛采用的是90°接线方式。所谓90°接线方式是指在三相对称的情况下，当功率因数为1时，加入继电器的电流$\dot{I}_m$和电压$\dot{U}_m$相位相差90°。如图1-51所示，$\dot{I}_m=\dot{I}_A$，$\dot{U}_m=\dot{U}_{BC}$，功率因数$\cos\varphi=1$时，$\dot{I}_m$超前$\dot{U}_m$的角度为90°。这个定义仅仅是为了称呼上的方便，没有什么物理意义。

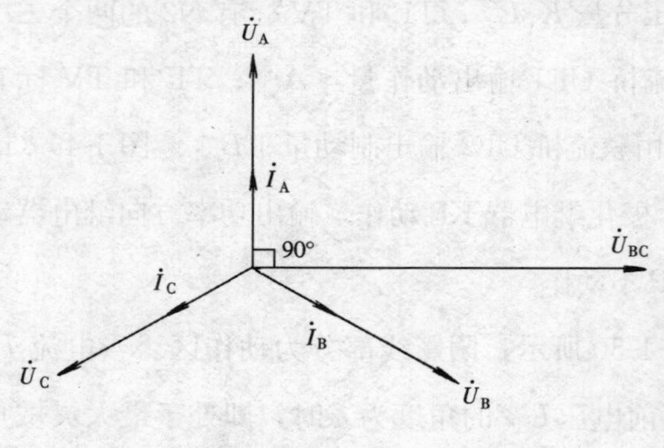

图1-51 $\cos\varphi=1$时的相量图

采用90°接线的功率方向继电器，其电流$\dot{I}_m$和电压$\dot{U}_m$的组合见表1-2。

表1-2 90°接线方式电流、电压的组合

继电器序号	$\dot{I}_m$	$\dot{U}_m$
KW_A	$\dot{I}_A$	$\dot{U}_{BC}$
KW_B	$\dot{I}_B$	$\dot{U}_{CA}$
KW_C	$\dot{I}_C$	$\dot{U}_{AB}$

图1-52所示为功率方向继电器采用90°接线方式的三相方向过电流保护的原理接线图。在此顺便指出，对功率方向继电器的接线，必须注意继电器电流线圈和电压线圈的极性问题。如果有一个线圈的极性接错，就会出现正方向短路时拒动作，而反方向短路时误动作的现象，从而造成严重事故。

（二）功率方向继电器90°接线方式的分析

为使继电器在正方向短路时动作最灵敏，其内角应选择多大，下面对90°接线的功率方向继电器在线路上发生各种相间短路时的动作情况，分别讨论如下。

1. 正方向发生三相短路时

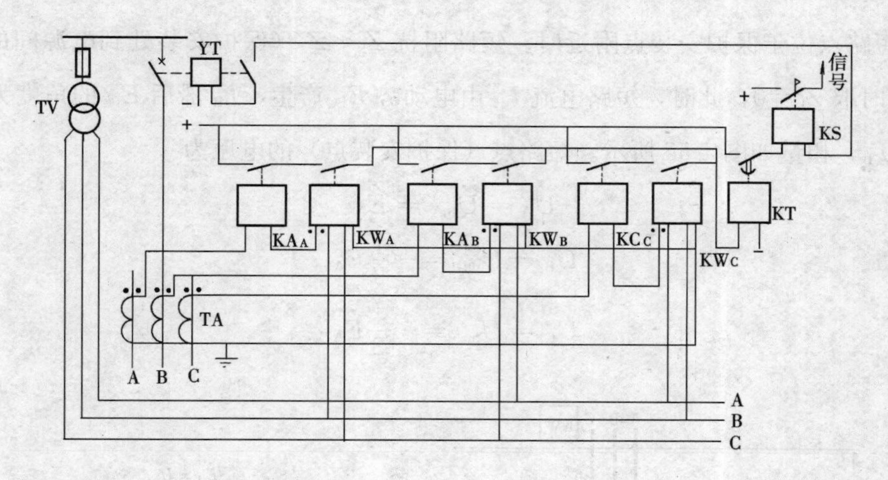

图 1-52　功率方向继电器采用 90°接线时，三相方向过电流保护的原理接线图

正方向发生三相短路时，按 90°接线的功率方向继电器电压、电流相量如图 1-53 所示，$\dot{U}_A$、$\dot{U}_B$、$\dot{U}_C$ 表示保护安装点的母线电压，$\dot{I}_A$、$\dot{I}_B$、$\dot{I}_C$ 为三相的短路电流，电流滞后电压的角度为线路阻抗角 φ_k。

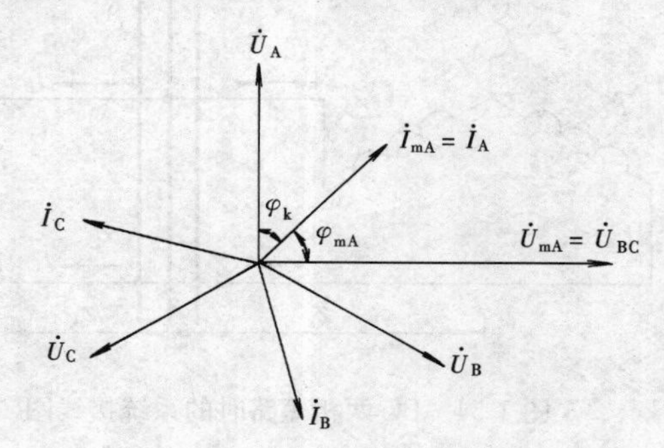

图 1-53　三相短路时，加入功率方向继电器的电流、电压相量图

由于三相对称，三个功率方向继电器的工作情况一样，所以只取 A 相继电器分析。由图1-53 可见，$\dot{I}_{mA}=\dot{I}_A$，$\dot{U}_{mA}=\dot{U}_{BC}$，$\varphi_{mA}=-(90°-\varphi_k)=\varphi_k-90°$。由式(1-46)知，A 相继电器的动作条件应为

$$U_{BC}I_A\cos(\varphi_k-90°+\alpha)>0 \tag{1-50}$$

若要继电器工作在最灵敏的条件下，则应使 $\cos(\varphi_k-90°+\alpha)=1$，即要求 $\varphi_k+\alpha=90°$，则继电器的内角 α 应取为

$$\alpha=90°-\varphi_k \tag{1-51}$$

一般而言，电力系统中任何电缆或架空线路的阻抗角（包括含有过渡电阻短路的情况）都位于 0°～90°之间，为使继电器在任何 φ_k 的情况下均能动作，则式（1-50）必须始终大于 0，为此必须选择一个合适的内角，才能满足要求。

当 $\varphi_k\approx0°$时，必须选择 $0°<\alpha<180°$；

当 $\varphi_k\approx90°$时，必须选择 $-90°<\alpha<90°$。

为同时满足以上两个条件，使功率方向继电器在任何情况下均能动作，则三相短路时，功率方向继电器的内角 α 应选择为

$$0°<\alpha<90° \tag{1-52}$$

2. 正方向发生两相短路时

设 BC 两相短路系统接线如图1-54 所示，可分两种极限情况分别考虑。

(1) 短路点位于保护安装点附近时。短路阻抗 $Z_k \ll Z_s$（保护安装处到电源间的系统阻抗），极限时取 $Z_k=0$，此时，短路电流 $\dot{I}_B$ 由电动势 $\dot{E}_{BC}$产生，$\dot{I}_B$ 滞后 $\dot{E}_{BC}$的角度为 φ_k，电流 $\dot{I}_C=-\dot{I}_B$，相量如图 1-55 所示。短路点（保护安装点）的电压为

$$\dot{U}_A=\dot{U}_{mA}=\dot{E}_A$$

$$\dot{U}_B=\dot{U}_{mB}=-\frac{1}{2}\dot{E}_A$$

$$\dot{U}_C=\dot{U}_{mC}=-\frac{1}{2}\dot{E}_A$$

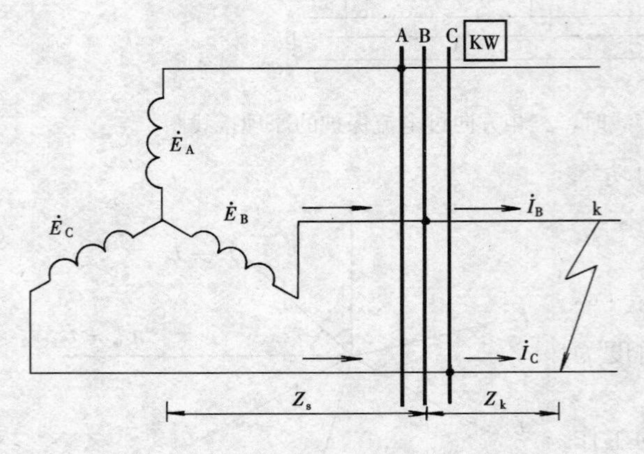

图 1-54 BC 两相短路时的系统接线图

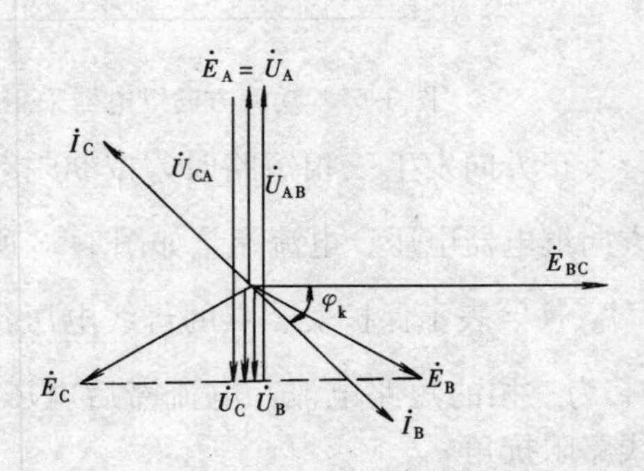

图 1-55 保护安装点出口处 BC 两相短路时的相量图

对 A 相继电器而言，当忽略负荷电流时，$\dot{I}_A\approx 0$，因此继电器不动作。

对于 B 相继电器，$\dot{I}_{mB}=\dot{I}_B$，$\dot{U}_{mB}=\dot{U}_{CA}$，$\varphi_{mB}=\varphi_k-90°$，则其动作条件应为

$$U_{CA}I_B\cos(\varphi_k-90°+\alpha)>0 \tag{1-53}$$

对于 C 相继电器，$\dot{I}_{mC}=\dot{I}_C$，$\dot{U}_{mC}=\dot{U}_{AB}$，$\varphi_{mC}=\varphi_k-90°$，则其动作条件应为

$$U_{AB}I_C\cos(\varphi_k-90°+\alpha)>0 \tag{1-54}$$

以上两式的关系与式（1-50）相同，分析与三相短路时的相同。为使继电器在任何情况下均能动作，内角 α 应选择为

$$0°<\alpha<90° \tag{1-55}$$

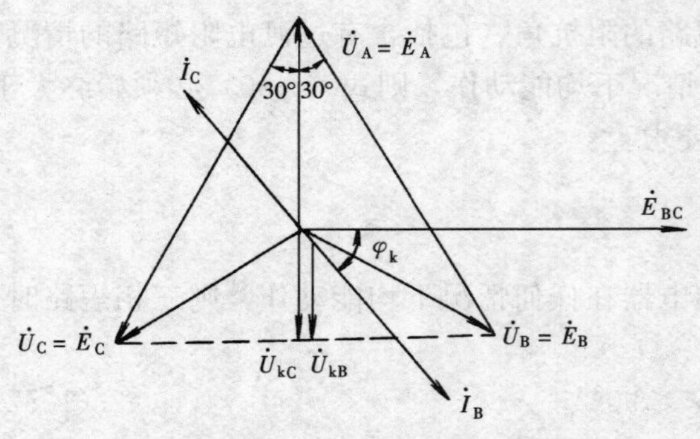

图 1-56 远离保护安装点 BC 两相短路时的相量图

(2) 短路点远离保护安装点时。若系统容量很大，此时 $Z_k \gg Z_s$，极限时取 $Z_s=0$，则继电器的电流、电压的相量如图 1-56 所示。短路电流 $\dot{I}_B$ 仍由电动势 $\dot{E}_{BC}$ 产生，并滞后 $\dot{E}_{BC}$一个角度 φ_k，保护安装点母线的电压为

$$\dot{U}_A=\dot{E}_A$$

$$\dot{U}_{B}=\dot{U}_{kB}+\dot{I}_{B}Z_{k}\approx\dot{E}_{B}$$

$$\dot{U}_{C}=\dot{U}_{kC}+\dot{I}_{C}Z_{k}\approx\dot{E}_{C}$$

对于 B 相继电器，由于 $\dot{U}_{CA}=\dot{E}_{CA}$，较出口短路时相位滞后了 30°，因此，$\varphi_{mB}=-(90°+30°-\varphi_{k})=\varphi_{k}-120°$，则其动作条件应为

$$U_{CA}I_{B}\cos(\varphi_{k}-120°+\alpha)>0 \tag{1-56}$$

当 $0°<\varphi_{k}<90°$ 时，继电器的内角应选择为

$$30°<\alpha<120° \tag{1-57}$$

对于 C 相继电器，由于 $\dot{U}_{AB}\approx\dot{E}_{AB}$，较出口短路时向超前方向移了 30°，因此，$\varphi_{mC}=-(90°-30°-\varphi_{k})=\varphi_{k}-60°$，则其动作条件应为

$$U_{AB}I_{C}\cos(\varphi_{k}-60°+\alpha)>0 \tag{1-58}$$

当 $0°<\varphi_{k}<90°$ 时，继电器的内角应选择为

$$-30°<\alpha<60° \tag{1-59}$$

（3）综合以上两种极限情况可得，在正方向任何地点 BC 两相短路时，对 B 相继电器应取 $30°<\alpha<90°$，对 C 相继电器应取 $0°<\alpha<60°$。

同理可分析得出，当 AB 两相短路时，对于 A 相继电器，应取 $30°<\alpha<90°$，对于 B 相继电器，应取 $0°<\alpha<60°$；当 CA 两相短路时，对于 C 相继电器，应取 $30°<\alpha<90°$，对于 A 相继电器应取 $0°<\alpha<60°$。

综合以上三相短路和任意两相短路的分析，可得出如下结论：当 $0°<\varphi_{k}<90°$ 时，为使功率方向继电器在任何正方向故障时都能够动作，其内角 α 应选择为

$$30°<\alpha<60° \tag{1-60}$$

因此 LG -11 型功率方向继电器的内角为 $\alpha=45°$ 和 $\alpha=30°$，以满足上述要求。

由上述分析可见，90°接线方式的主要优点是：

（1）在任何两相短路时都没有死区，因为继电器加入的是非故障相间的电压，其值很高。

（2）由于接入继电器的电压为相间电压，其值较大，故三相短路时出现的电压死区较小，有利于用电压记忆回路消除出口短路时的电压死区。

（3）适当选择内角 α 后，在各种线路上发生任何短路故障，均能正确地判断短路功率方向，而不致误动作。

四、对方向电流保护的评价

方向电流保护用于多电源辐射形网络和单电源的环形网络，能保证保护动作的选择性。在多电源的环形网络，如图 1-57（a）所示，单电源具有不经电源引出对角接线的环形网络，如图 1-57（b）所示，则不能保证动作的选择性。

方向电流保护的灵敏度，受网络结构和系统运行方式变化的影响。在长距离重负荷线路上，灵敏度往往不能满足要求。动作时限与无方向性电流保护相同，一般不能做到全线速动。

由于使用了方向元件，增加了保护装置接线的复杂性，所以在双侧电源线路上，如果不影响动作的选择性时，尽可能不采用方向元件。

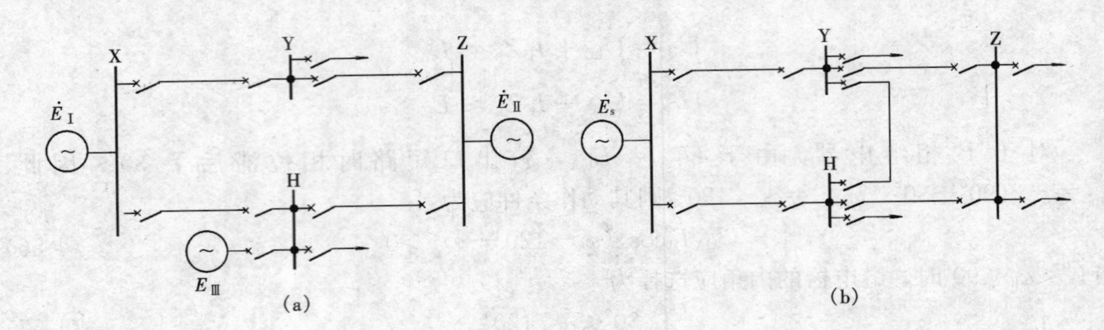

图 1-57 方向电流保护用于多电源辐射形网络和单电源的环形网络
(a) 多电源环形网络；(b) 单电源具有不经电源引出对角接线的网络

方向电流保护主要用于 35kV 及以下电压双侧电源辐射形网络和单电源环网中，一般将有方向或无方向的电流速断与方向过电流保护构成三段式方向电流保护装置，作为相间短路故障的整套保护。在 110kV 电网中，如果灵敏度满足要求，也可采用方向电流保护。方向电流保护整定计算举例如下。

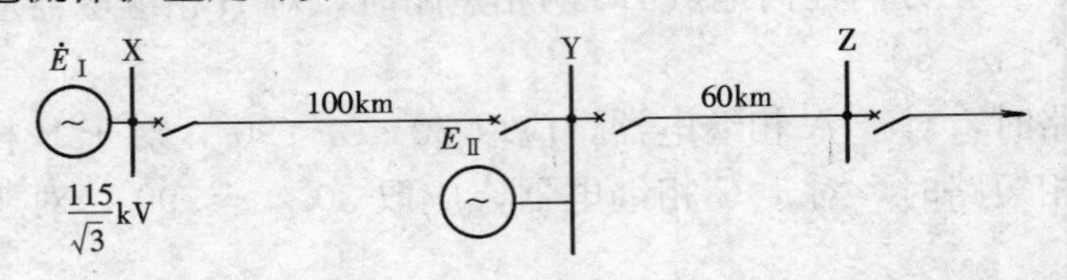

图 1-58 ［例 1-2］网络接线图

【例 1-2】 在图 1-58 所示网络中，已知：

(1) 线路 XY（X 侧）和 YZ 均装有三段式电流保护，其最大负荷电流分别为 120A 和 100A，负荷电动机自起动系数均为 1.8；

(2) 线路 XY 限时电流速断保护的动作时限允许大于 1s；

(3) 可靠系数 $K_{\mathrm{rel}}^{\mathrm{I}}=1.25$，$K_{\mathrm{rel}}^{\mathrm{II}}=1.15$，$K_{\mathrm{rel}}^{\mathrm{III}}=1.2$，返回系数 $K_{\mathrm{r}}=0.85$；

(4) 电源 E_{I} 的 $Z_{\mathrm{s1}\cdot\min}=15\Omega$，$Z_{\mathrm{s1}\cdot\max}=20\Omega$；电源 E_{II} 的 $Z_{\mathrm{s2}\cdot\min}=20\Omega$，$Z_{\mathrm{s2}\cdot\max}=25\Omega$；线路阻抗为 $Z_1=0.4\Omega/\mathrm{km}$。

计算线路 XY（X 侧）各段保护的动作电流及灵敏系数。

解 (1) 无时限电流速断保护的动作电流及其保护范围的整定。

1) 电源 E_{I} 在最大运行方式下，Y 点三相短路时流过线路 XY 的最大短路电流为

$$I_{\mathrm{k}\cdot\max}^{(3)}=\frac{115\times1000}{\sqrt{3}\times(15+100\times0.4)}=1207(\mathrm{A})$$

2) 电源 E_{II} 在最大运行方式下，X 母线三相短路时流过线路 XY 的最大短路电流为

$$I_{\mathrm{k}\cdot\max}^{(3)}=\frac{115\times1000}{\sqrt{3}\times(20+100\times0.4)}=1107(\mathrm{A})$$

根据式(1-11)，线路 XY(X 侧)无时限电流速断保护的动作电流为

$$I_{\mathrm{op}\cdot\mathrm{X}}^{\mathrm{I}}=1.25\times1207=1508.8(\mathrm{A})$$

根据式(1-12)，其最大保护范围为

$$l_{\max}=\frac{1}{0.4}\times\left(\frac{115000}{\sqrt{3}\times1508.8}-15\right)=72.5(\mathrm{km})$$

$$\frac{l_{max}}{L_{XY}}\times100\%=72.5\%>50\%\qquad\text{（满足要求）}$$

根据式(1-13)，其最小保护范围为

$$l_{min}=\frac{1}{0.4}\times\left(\frac{115000}{2\times1508.8}-20\right)=45.27(\text{km})$$

$$\frac{l_{min}}{L_{XY}}\times100\%=45.27\%>20\%\qquad\text{（满足要求）}$$

(2) 限时电流速断保护的动作电流及灵敏系数的整定。

1) 电源 E_{I} 和电源 E_{II} 在最大运行方式下，Z 点最大三相短路电流为

$$I_{k\cdot max}^{(3)}=\frac{115\times1000}{\sqrt{3}\times\left[\frac{(15+0.4\times100)\times20}{(15+0.4\times100)+20}+0.4\times60\right]}=1717(\text{A})$$

根据式(1-11)线路 YZ 的无时限速断动作电流为

$$I_{op\cdot YZ}^{\text{I}}=1.25\times1717=2146.3(\text{A})$$

2) 最小分支系数为

$$K_{br\cdot min}=1+\frac{15+40}{25}=3.2$$

根据式(2-4)线路 XY(X 侧)限时电流速断的动作电流为

$$I_{op\cdot X}^{\text{II}}=\frac{1.15\times2146.3}{3.2}=771.3(\text{A})$$

3) 电源 E_{I} 在最小运行方式下，Y 点两相短路时流过线路 XY 的最小短路电流为

$$I_{k\cdot min}^{(2)}=\frac{\sqrt{3}}{2}\times\frac{115000}{\sqrt{3}\times(20+100\times0.4)}=958.33(\text{A})$$

根据式(1-17)，线路 XY(X 侧)限时电流速断保护的灵敏系数为

$$K_{sen}=\frac{958.33}{771.3}=1.24$$

(3) 定时限过电流保护的动作电流及灵敏系数的整定。

根据式(1-19)，其动作电流为

$$I_{op\cdot X}^{\text{III}}=\frac{1.2\times1.8}{0.85}\times120=305(\text{A})$$

1) 根据式(1-21)，做本线路近后备时的灵敏系数为

$$K_{sen}=\frac{958.33}{305}=3.14$$

2) 做线路 YZ 的远后备时的灵敏系数的最大分支系数为

$$K_{br\cdot max}=1+\frac{20+40}{20}=4$$

Z 母线两相短路时，考虑分支系数的影响后，流过线路 XY 的最小短路电流为

$$I_{k\cdot min}^{(2)}=\frac{\sqrt{3}}{2}\times\frac{115000}{\sqrt{3}\times\left[\frac{(20+0.4\times100)\times20}{(20+0.4\times100)+20}+0.4\times60\right]}\times\frac{1}{4}=368.59(\text{A})$$

灵敏系数为

$$K_{sen}=\frac{368.59}{305}=1.21$$

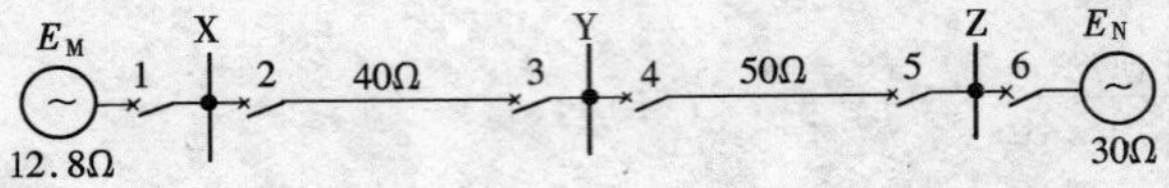

图 1-59 [例 1-3]网络接线图

【例 1-3】 如图 1-59 所示双电源系统，已知相电动势 $E_M=E_N=\frac{115}{\sqrt{3}}$kV，系统及线路阻抗角相等。若保护 2 和保护 4 上装有无时限电流速断保护，其整定值按躲开最大短路电流整定，可靠系数取 1.2，问当系统失步而发生振荡时，保护 2 和保护 4 的无时限电流速断保护会不会误动？

解 (1) 在电源 E_M 的作用下，Y 点和 Z 点的最大三相短路电流分别为

$$I_{k\cdot Y\cdot max}^{(3)}=\frac{115\times1000}{\sqrt{3}\times(12.8+40)}=1257.5(A)$$

$$I_{k\cdot Z\cdot max}^{(3)}=\frac{115000}{\sqrt{3}\times(12.8+40+50)}=646(A)$$

在电源 E_N 作用下，Y 点和 X 点的最大三相短路电流分别为

$$I_{k\cdot Y\cdot max}^{(3)}=\frac{115000}{\sqrt{3}\times(30+50)}=830(A)$$

$$I_{k\cdot X\cdot max}^{(3)}=\frac{115000}{\sqrt{3}\times(30+50+40)}=553(A)$$

(2) 显然，保护 2 的动作电流应与 1257.5A、553A 中较大者配合，即

$$I_{op\cdot 2}^{I}=1.2\times1257.5=1509(A)$$

保护 4 的动作电流应与 830A、646A 中较大者配合，即

$$I_{op\cdot 4}^{I}=1.2\times830=996(A)$$

(3) 系统振荡时最大电流为

$$I_{swi\cdot max}=\frac{2\times115000}{\sqrt{3}\times(12.8+40+50+30)}=1000(A)$$

从上述数据可以看出 $I_{op\cdot 4}^{I}<I_{swi\cdot max}<I_{op\cdot 2}^{I}$，保护 2 不会误动作，保护 4 会误动作。

思 考 题 与 习 题

一、名词解释

1. 功率方向继电器
2. 相继动作
3. 电压死区
4. 功率方向继电器的潜动
5. 功率方向继电器的接线方式

6. 功率方向继电器的动作特性

二、问答题

1. 继电保护装置的任务是什么?
2. 何谓继电器的动作电流、返回电流、返回系数?
3. 限时电流速断保护动作电流的整定原则是什么? 其动作时间如何整定?
4. 定时限过电流保护的动作电流、动作时间的整定原则是什么?
5. 相间短路的电流保护常用接线方式有哪些? 其适用范围如何?
6. 对于 Yd11 接线的变压器后发生两相短路时，采用两相不完全星形接线方式的过电流保护，应如何提高动作的灵敏性?
7. 反应相间短路的电流保护有何优缺点?
8. 电流电压联锁保护有哪些特点?
9. 90°接线的功率方向继电器在两相短路时，有无死区? 为什么?
10. 试分析 90°接线的功率方向继电器在发生单相接地故障时（大接地电流系统），故障相继电器能否动作?
11. 有一按 90°接线的整流型功率方向继电器，其内角 $\alpha=30°$或 45°，并且已知工作在最灵敏角的情况下，继电器能获得最小动作功率。试求：

（1）最大灵敏角是多少?

（2）这种继电器用在阻抗角为多少的线路上才能最灵敏（不计过渡电阻的影响）?

12. 若线路的阻抗角 $\varphi_k=47°$，且 LG-11 型功率方向继电器采用 90°接线，其灵敏角 φ_{sen} 应选为多少比较合适? 并用相量图分析，在保护安装处正方向 AB 两相短路时，故障相功率方向继电器的 φ_K 为多少? 具有上述 φ_{sen}的功率方向继电器能否动作?

三、计算题

1. 如图 1-60 所示 35kV 系统中，线路 XY 装有无时限电流速断保护，试根据图中所给参数计算其动作电流及最大、最小保护范围（$Z_1=0.4\Omega/km$）。

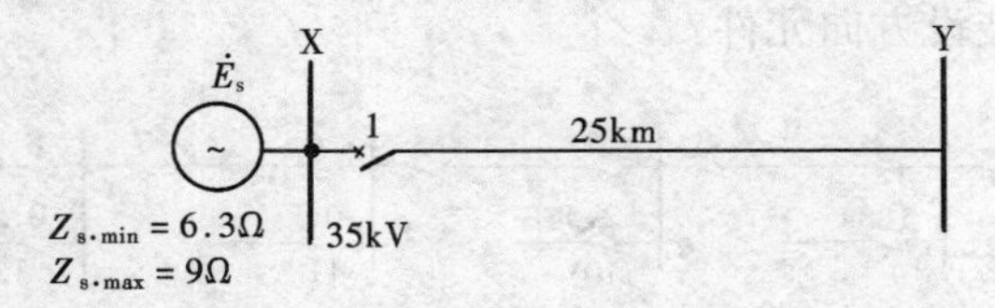

图 1-60　计算题 1 图

2. 试根据图 1-61 所示 110kV 系统的参数，对线路 XY 及 YZ 上装设的无时限电流速断保护进行整定计算（$Z_1=0.4\Omega/km$）。

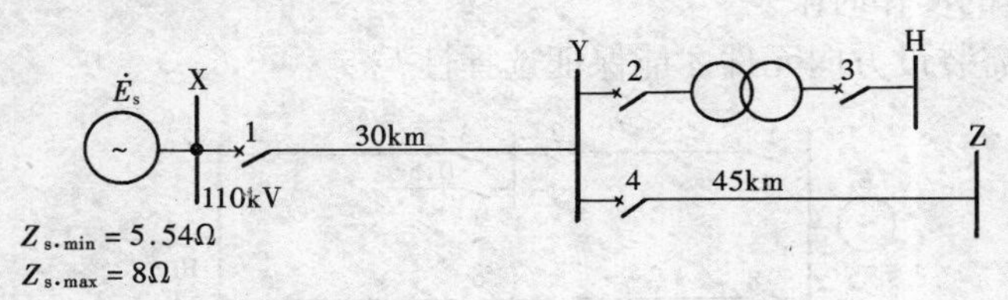

图 1-61　计算题 2 图

3. 图 1-62 所示为一 10kV 网络，有关参数已标于图上，过电流保护采用不完全星形接线，$\Delta t=0.5\text{s}$，线路正序阻抗 $Z_1=0.4\Omega/\text{km}$，自起动系数 $K_{ast}=1$。试计算线路 XY 上定时限过电流保护的动作电流、动作时间及灵敏系数。

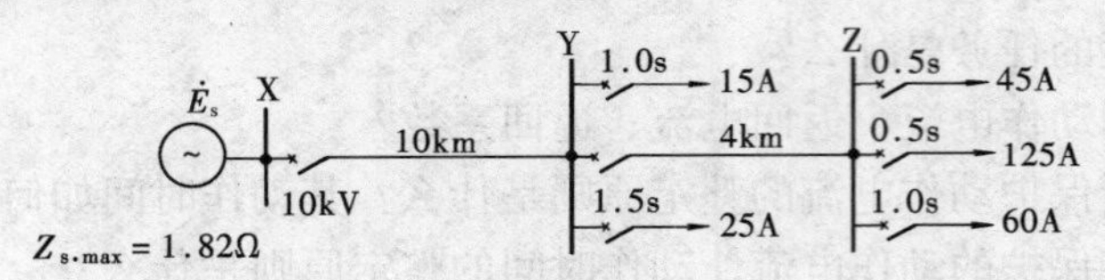

图 1-62 计算题 3 图

4. 在图 1-63 所示 35kV 系统中，已知：

(1) 线路 XY 的最大负荷电流为 340A，自起动系数为 3.86；线路 YZ 的最大负荷电流为 220A，自起动系数为 2.72。

(2) 保护 5、保护 4、保护 3 的过电流保护的动作时间分别为 $t_5^{\text{Ⅲ}}=2\text{s}$，$t_4^{\text{Ⅲ}}=1.5\text{s}$，$t_3^{\text{Ⅲ}}=4\text{s}$。

(3) 在系统最小运行方式下，各母线三相短路电流已示于图 1-63 中，括号内数值为双回线 YZ 切除一回线时的计算值。

试求：保护 2 和保护 1 过电流保护的动作电流，灵敏系数及动作时间。

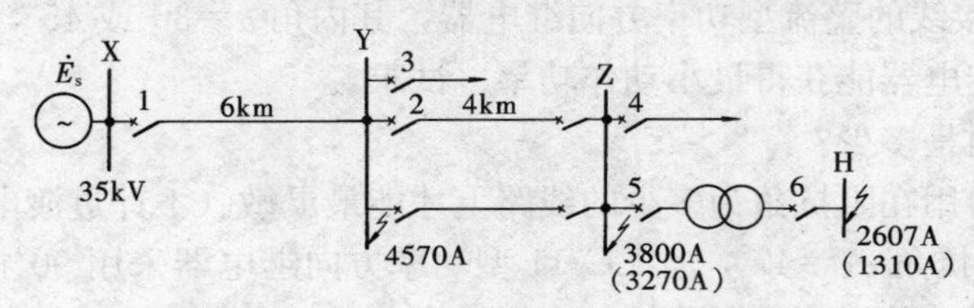

图 1-63 计算题 4 图

5. 在图 1-64 所示双电源网络中，拟在各线路上装设过电流保护。已知时限级差 $\Delta t=0.5\text{s}$，为保证选择性，试求：

(1) 过电流保护 1～8 的动作时限应为多大？

(2) 哪些保护上应装设方向元件？

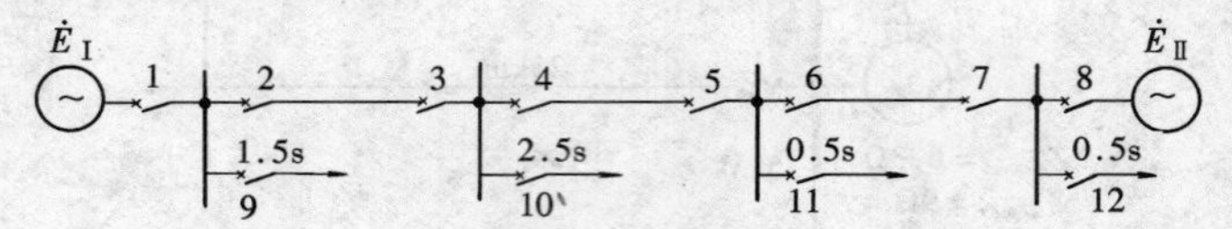

图 1-64 计算题 5 图

6. 图 1-65 所示为单电源环形网络，保护 1～11 为过电流保护，试确定：

(1) 保护 1～8 的动作时限。

(2) 哪些保护需装设方向元件才能保证选择性？

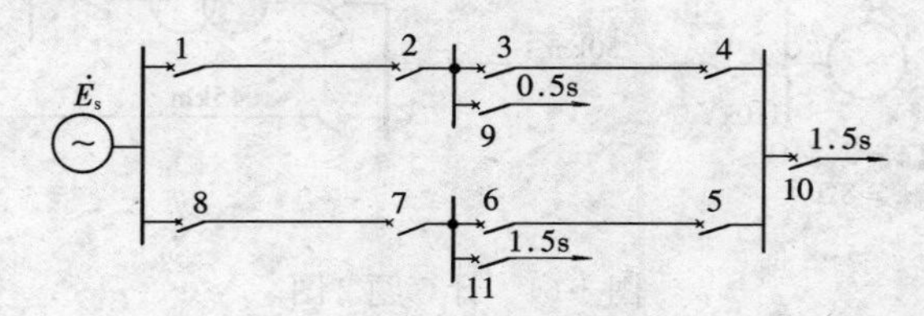

图 1-65 计算题 6 图

第二章 电网接地短路的零序电流保护

我国电力系统采用的中性点接地方式通常有中性点直接接地、中性点不接地和中性点经消弧线圈接地三种。一般 110kV 及以上电压等级的电网都采用中性点直接接地的方式，这类电网称为中性点直接接地电网；110kV 以下电压等级的电网采用中性点不接地或经消弧线圈接地的方式，这类电网称为非直接接地电网。这两类电网发生单相接地故障时，对继电器保护的要求不同，本章将分别讨论这两类电网的接地保护。

第一节 中性点直接接地电网接地故障分析

在中性点直接接地电网中发生单相接地短路时，故障相流过很大的短路电流，所以这种系统又称为大接地电流系统。在这种系统中发生单相接地短路时，要求继电保护尽快动作切除故障，因此，大接地系统通常装设专用的、反应零序分量的接地保护。

分析电力系统单相接地故障时，可利用对称分量法将电流、电压分解为正序、负序和零序分量。其中，零序电流、电压与三相电流、电压的关系为

$$\dot{I}_0=\frac{1}{3}(\dot{I}_A+\dot{I}_B+\dot{I}_C) \tag{2-1}$$

$$\dot{U}_0=\frac{1}{3}(\dot{U}_A+\dot{U}_B+\dot{U}_C) \tag{2-2}$$

在图 2-1（a）所示中性点直接接地电网中，当线路 XY 发生单相接地短路时，其零序等效网络如图 2-1（b）所示，零序电流可以看成是故障点出现的零序电压$\dot{U}_{k0}$产生的，它经变压器接地的中性点形成回路。零序电流的方向，仍然采用母线指向故障点为正，而零序电压的方向仍以线路电压高于大地电压为正，如图 2-1（b）中的"↑"所示。

由上述等效网络可见，零序分量具有如下特点：

（1）系统中任意一点发生接地短路时，都将出现零序电流和零序电压，在非全相运行或断路器三相触头不同时合闸时，系统中也会出现零序分量；而系统在正常运行、过负荷，振荡和不伴随接地短路的相间短路时，不会出现零序分量。

（2）故障点的零序电压最高，离故障点越远，零序电压越低，而变压器中性点接地处，$\dot{U}_0=0$。零序电压的分布如图 2-1（c）所示，图中U_{X0}、U_{Y0}分别为变电站 X 点和变电站 Y 点的零序电压。

（3）由于零序电流是由$\dot{U}_{k0}$产生的，当忽略回路的电阻时，按照规定的正方向画出零序电流和零序电压的相量图，如图 2-1（d）所示，$\dot{I}'_0$ 和$\dot{I}''_0$ 超前$\dot{U}_{k0}$ 90°；而当计及回路电阻时，例如取零序阻抗角为 $\varphi_{k0}=80°$，则如图 2-1（e）所示，$\dot{I}'_0$ 和$\dot{I}''_0$ 将超前$\dot{U}_{k0}$ 100°。

（4）零序电流的大小和分布情况，主要取决于电网中线路的零序阻抗、中性点接地的变压器的零序阻抗以及中性点接地的变压器数量和分布，而与电源数量和分布无直接关系。但

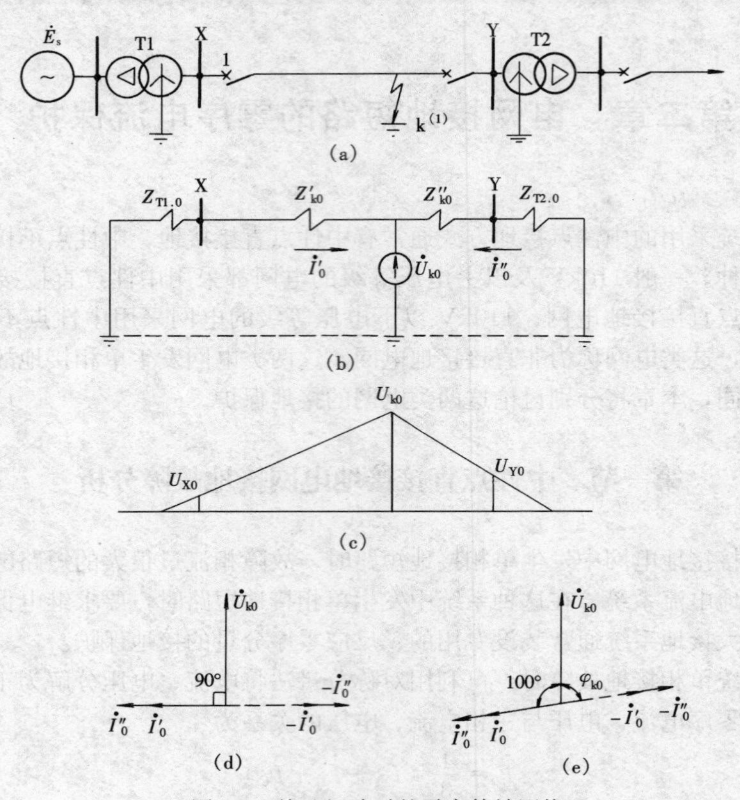

图 2-1 接地短路时的零序等效网络

(a) 系统接线；(b) 零序网络；(c) 零序电压的分布；(d) 忽略电阻时的相量图；(e) 计及电阻时的相量图（设 $\varphi_{k0}=80°$）

当系统运行方式改变时，若线路和中性点接地的变压器数量及其分布不变，零序阻抗和零序网络就保持不变。由于系统的正序阻抗和负序阻抗随系统运行方式的改变而改变，这将引起故障点各序电压（$\dot{U}_{k1}$、$\dot{U}_{k2}$、$\dot{U}_{k0}$）之间分布的改变，从而间接影响到零序电流的大小。

（5）从任一保护安装处（如保护 1）的零序电压和零序电流之间的关系看，由于 X 母线上的零序电压$\dot{U}_{X0}$实际上是从该点到零序网络中性点之间零序阻抗上的电压降，即

$$\dot{U}_{X0}=(-\dot{I}'_0)\,Z_{T1\cdot 0}$$

式中 $Z_{T1\cdot 0}$——变压器 T1 的零序阻抗。

该处零序电流与零序电压之间的相位差也将由 $Z_{T1\cdot 0}$的阻抗角决定，而与被保护线路的零序阻抗及故障点的位置无关。

（6）在故障线路上，零序功率的方向是由线路指向母线的，与正序功率的方向（从母线指向线路）相反。

第二节 中性点直接接地电网的零序电流保护

一、零序电流过滤器

零序电流保护是反应接地短路时出现的零序电流的大小而动作的，为了取得零序电流，

通常采用三相电流互感器按图 2-2（a）的方式连接，此时零序电流继电器 KAZ 的测量电流为

$$\dot{I}_{m}=\dot{I}_{A}+\dot{I}_{B}+\dot{I}_{C}=3\dot{I}_{0} \tag{2-3}$$

而对于正序或负序分量的电流，因三相相加后等于零，因此没有输出。这种过滤器的接线实际上就是在三相完全星形接线方式中，在中线上所流过的电流，所以在实际使用中，零序电流过滤器并不需要专门用一组电流互感器，而是接入相间保护用电流互感器的中性线上即可。

实际上，由于电流互感器励磁电流 $\dot{I}_{e}$ 的存在，在正常运行及不伴随有接地的相间短路时，零序电流过滤器会输出一个数值很小的电流，此电流称为不平衡电流，用 $\dot{I}_{unb}$ 表示。图 2-3 所示为一相电流互感器的等效电路，其二次电流与一次电流的关系为

$$\dot{I}_{2}=\frac{1}{n_{TA}}(\dot{I}_{1}-\dot{I}_{e}) \tag{2-4}$$

式中　n_{TA}——电流互感器的变比。

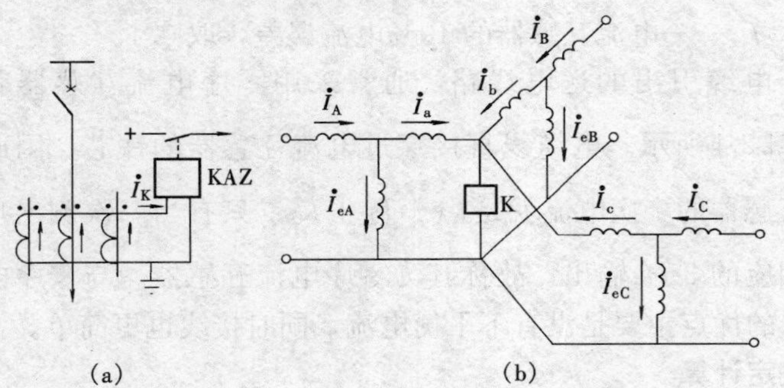

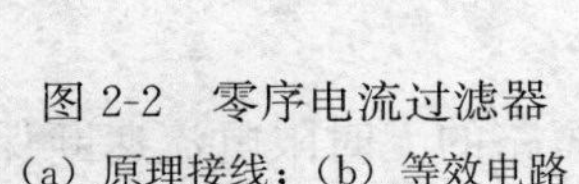

图 2-2　零序电流过滤器
（a）原理接线；（b）等效电路

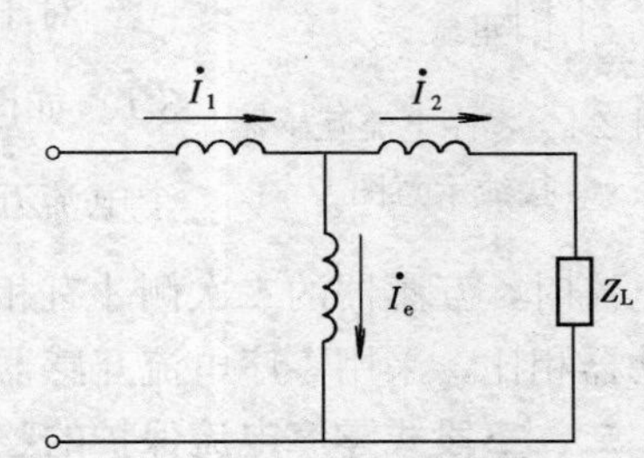

图 2-3　电流互感器的等效电路

因此，零序电流过滤器的等效电路可用图 2-2（b）表示，此时流入继电器的电流为

$$\begin{aligned}\dot{I}_{m}&=\dot{I}_{A}+\dot{I}_{B}+\dot{I}_{C}\\&=\frac{1}{n_{TA}}[(\dot{I}_{A}-\dot{I}_{e\cdot A})+(\dot{I}_{B}-\dot{I}_{e\cdot B})+(\dot{I}_{C}-I_{e\cdot C})]\\&=\frac{1}{n_{TA}}(\dot{I}_{A}+\dot{I}_{B}+\dot{I}_{C})-\frac{1}{n_{TA}}(\dot{I}_{e\cdot A}+\dot{I}_{e\cdot B}+\dot{I}_{e\cdot C})\end{aligned} \tag{2-5}$$

在正常运行和一切不伴随有接地的相间短路时，三个电流互感器的一次电流的和等于零，因此流入继电器的电流为

$$\dot{I}_{m}=-\frac{1}{n_{TA}}(\dot{I}_{eA}+\dot{I}_{eB}+\dot{I}_{eC})=\dot{I}_{unb} \tag{2-6}$$

式中　$\dot{I}_{unb}$——零序电流过滤器的不平衡电流。

不平衡电流主要是由于三个电流互感器的励磁电流不相等而产生的。而励磁电流的不等，则是由于铁芯的饱和程度不完全相同，以及制造过程中的某些差别引起的。当发生相间短路时，流过互感器的一次电流很大，因而励磁电流也增大，这将引起较大的不平衡电流。

特别是在短路的暂态过程中，一次侧短路电流的非周期分量使互感器铁芯过饱和，导致不平衡电流增大。而此时，零序电流保护不应该动作，所以其起动电流必须躲过最大不平衡电流 $I_{unb\cdot max}$。

为了减小不平衡电流，以提高保护动作的灵敏度，通常选用具有相同磁化特性，并在磁化曲线未饱和部分工作的电流互感器来组成零序电流过滤器；同时还要尽量减少二次回路的负载，使三相负载尽可能均衡。

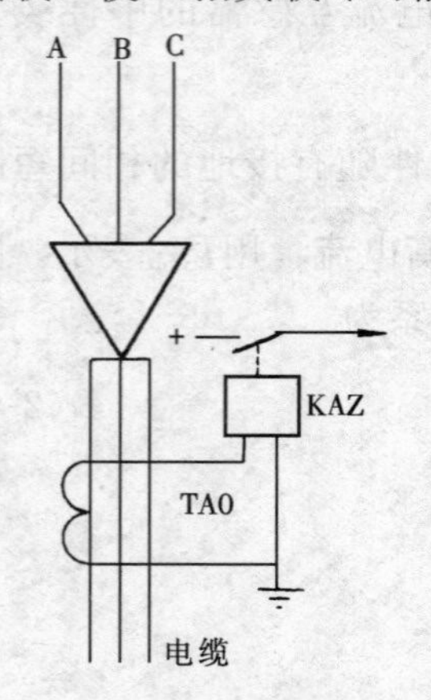

图 2-4 零序电流互感器接线示意图

发生三相短路时，按 10%电流误差曲线选择的电流互感器组成的零序电流过滤器，其不平衡电流可以按下式近似地计算

$$I_{unb\cdot max}=K_{up}K_{ss}f_{er}I_{k\cdot max}^{(3)}/n_{TA} \tag{2-7}$$

式中 $I_{k\cdot max}^{(3)}$——外部最大三相短路电流；

K_{up}——非周期分量系数，当采用重合闸后加速时，取 1.5～2,否则取 1；

K_{ss}——电流互感器的同型系数，相同型号取 0.5，不同型号取 1；

f_{er}——电流互感器的 10%电流误差，取 0.1。

对于电缆引出的送电线路，通常采用零序电流互感器获得 $3\dot{I}_0$,如图 2-4 所示。电缆线直接穿过电流互感器的铁芯。因此这个电流互感器的一次电流就是 $\dot{I}_A+\dot{I}_B+\dot{I}_C$，只有当一次侧出现零序电流时，互感器的二次侧才有相应的 $3\dot{I}_0$ 输出，故称其为零序电流互感器。与零序电流过滤器相比，采用零序电流互感器的优点主要是没有不平衡电流，同时接线也更简单。

二、三段式零序电流保护的整定计算

（一）无时限零序电流速断保护（零序Ⅰ段）

无时限零序电流速断保护的工作原理与相间短路的无时限电流速断保护类似，不同的是零序电流速断保护反应的是接地短路时的零序电流。图 2-5（a）所示为一大接地电流系统，在线路发生接地短路时，流过保护 1 的最大零序电流 $3I_{0.max}$随接地短路点的位置变化的曲线如图 2-5（b）所示。与相间短路保护的分析相似，为了保证选择性，保护 1 的零序Ⅰ段的保护范围不应超过本线路的末端，因此其起动电流应按以下原则整定。

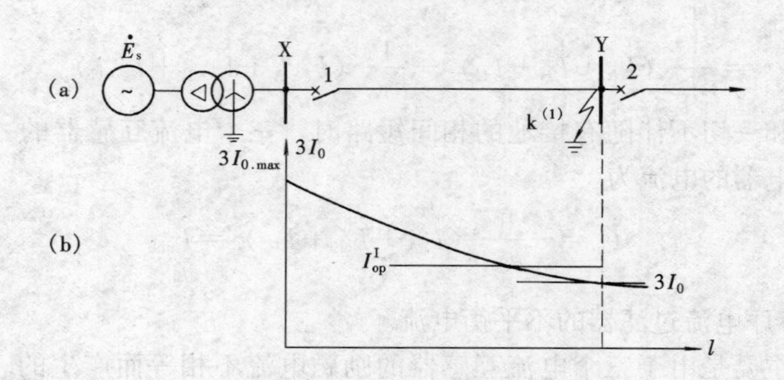

图 2-5 无时限零序电流速断保护原理图

（a）网络接线图；（b）零序电流曲线

（1）躲过被保护线路末端接地短路时，流过被整定保护的最大零序电流 $3I_{0\cdot\max}$，即

$$I_{op}^{\mathrm{I}}=K_{rel}^{\mathrm{I}}\cdot 3I_{0\cdot\max} \tag{2-8}$$

式中　K_{rel}^{I}——可靠系数，取1.2～1.3。

若网络的正序阻抗等于负序阻抗，即 $Z_1=Z_2$，则单相接地短路零序电流 $3I_0^{(1)}$ 和两相接地短路零序电流 $3I_0^{(2)}$ 分别为

$$3I_0^{(1)}=\frac{3E_1}{2Z_1+Z_0} \tag{2-9}$$

$$3I_0^{(2)}=\frac{3E_1}{Z_1+2Z_0} \tag{2-10}$$

当 $Z_0>Z_1$ 时，$3I_0^{(1)}>3I_0^{(2)}$，在式（2-8）中应采用单相接地短路时的零序电流 $3I_{0\cdot\max}^{(1)}$来整定；当 $Z_0<Z_1$ 时，$3I_0^{(1)}<3I_0^{(2)}$，则应采用两相接地短路时的零序电流 $3I_{0\cdot\max}^{(2)}$来整定。

（2）躲过断路器三相触头不同时合闸所引起的最大零序电流 $3I_{0\cdot bt}$，即

$$I_{op}^{\mathrm{I}}=K_{rel}^{\mathrm{I}}\cdot 3I_{0\cdot bt} \tag{2-11}$$

断路器不同时合闸时所产生的零序电流，可按系统两相或一相断线时的零序等效网络计算，然后选取其中的较大者。

当断路器先接通一相时，相当于两相断线，其产生的零序电流为

$$3\dot{I}_0=\frac{3\mid\dot{E}_1-\dot{E}_2\mid}{2Z_{1\Sigma}+Z_{0\Sigma}} \tag{2-12}$$

式中　$\dot{E}_1$、$\dot{E}_2$——断线点两侧系统的等值电动势，考虑最严重的情况，$\dot{E}_1$ 和 $\dot{E}_2$ 的相位差为90°；

$Z_{1\Sigma}$、$Z_{0\Sigma}$——从断线点看进去网络的正序、零序总阻抗。

当断路器先接通两相时，相当于一相断线，其产生的零序电流为

$$3\dot{I}_0=\frac{3\mid\dot{E}_1-\dot{E}_2\mid}{Z_{1\Sigma}+2Z_{0\Sigma}} \tag{2-13}$$

如果保护装置的动作时间大于断路器三相不同时合闸的时间，可以不考虑上述原则（2），否则，动作值应选取式（2-8）和式（2-11）中的较大者。但在有些情况下，若按照上述原则（2）整定将使保护的动作电流过大，而保护范围缩小，因此，在采用手动合闸以及三相自动重合闸时，可以使零序Ⅰ段带有一个小的延时（约0.1s），以躲过断路器三相不同时合闸的时间，这样在定值上就无需考虑上述原则（2）。

（3）当线路采用单相自动重合闸时，无时限零序电流速断保护的动作电流还应躲过非全相运行系统又发生振荡时所出现的最大零序电流。

若按上述整定，则零序Ⅰ段的动作电流会更大。在正常情况下发生接地故障时，其保护范围进一步缩小，使零序Ⅰ段的作用得不到充分的发挥。为了解决上述矛盾，在零序电流保护中通常设置两个零序Ⅰ段，其中一个是按上述原则（1）或（2）整定，其定值较小，保护范围较大，称为灵敏Ⅰ段。它的主要任务是对全相运行时的接地短路起保护作用，具有较大的保护范围。当单相重合闸起动时，将其自动闭锁，待恢复全相运行时再重新投入。另一个是按上述原则（3）整定，其定值较大，称为不灵敏Ⅰ段，它的主要任务是在单相重合闸过

程中，其他两相又发生接地故障时，尽快地将故障切除。当然，不灵敏Ⅰ段也能反应全相运行时的接地故障，只是其保护范围较灵敏Ⅰ段小。

（二）零序电流限时速断保护（零序Ⅱ段）

1. 动作电流的整定

零序Ⅱ段的工作原理与相间短路限时电流速断保护一样，其动作电流首先考虑与下一条线路的零序速断相配合，并带有 Δt 的延时，以保证动作的选择性。参照式（1-14）的选择原则，零序Ⅱ段的动作电流可按下式整定

$$I_{op\cdot 1}^{\mathrm{II}}=K_{rel}^{\mathrm{II}}I_{op\cdot 2}^{\mathrm{I}} \tag{2-14}$$

式中 $I_{op\cdot 1}^{\mathrm{II}}$——保护 1 的零序Ⅱ段的动作电流；

$I_{op\cdot 2}^{\mathrm{I}}$——与保护 1 相邻的保护 2 的零序Ⅰ段的动作电流；

K_{rel}^{II}——可靠系数，取 1.1。

注意，当两个保护之间的变电站母线上接有中性点接地的变压器时，如图 2-6（a）所示，由于这一分支电路的影响，使零序电流的分布发生变化，此时的零序电流等效网络如图 2-6（b）所示，零序电流的变化曲线如图 2-6（c）所示。当线路 YZ 上发生接地短路时，流过保护 1 和保护 2 的零序电流分别为 $\dot{I}_{k0\cdot XY}$ 和 $\dot{I}_{k0\cdot YZ}$，两者之差就是从变压器 T2 的中性点流回的电流 $\dot{I}_{k0\cdot T2}$。

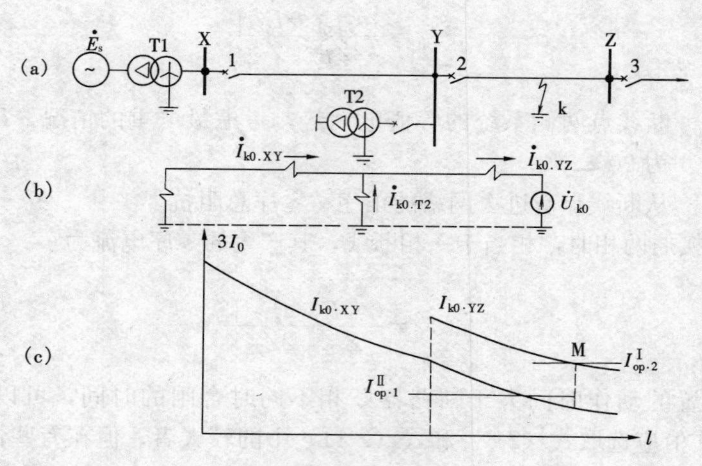

图 2-6 有分支电路时，零序Ⅱ段动作特性的分析

（a）网络接线图；（b）零序等效网络；（c）零序电流变化曲线

显然，这种情况与图 1-37 所示的有助增电流的情况相同，引入零序电流的分支系数 K_{br} 之后，与式（2-37）相似，零序Ⅱ段的动作电流应整定为

$$I_{op\cdot 1}^{\mathrm{II}}=\frac{K_{rel}^{\mathrm{II}}}{K_{br}}I_{op\cdot 2}^{\mathrm{I}} \tag{2-15}$$

当变压器切除或中性点改为不接地运行时，该支路从零序等效网络中断开，此时 $K_{br}=1$，整定计算公式为式（2-14）。

2. 灵敏系数的校验

零序Ⅱ段的灵敏系数，应按照本线路末端接地短路时的最小零序电流校验，并应满足

$K_{sen} \geqslant 1.5$ 的要求，即

$$K_{sen}=\frac{3I_{0 \cdot min}}{I_{op}^{\mathrm{II}}} \geqslant 1.5 \tag{2-16}$$

当下一线路比较短或运行方式变化较大时，灵敏系数可能不满足要求，可考虑采用如下措施：

（1）本线路零序Ⅱ段保护与下一条线路的零序Ⅱ段相配合，动作时限再延长一级，取1～1.2s。此时，其动作电流的整定公式为

$$I_{op \cdot 1}^{\mathrm{II}}=\frac{K_{rel}^{\mathrm{II}}}{K_{br}} I_{op \cdot 2}^{\mathrm{II}} \tag{2-17}$$

式中　$I_{op \cdot 2}^{\mathrm{II}}$——相邻线路保护 2 的零序Ⅱ段的动作电流。

（2）保留 0.5s 的零序Ⅱ段，同时再增加一个按式（2-17）整定的保护。这样保护装置中便具有两个定值和时限均不相同的零序Ⅱ段，一个定值较大，能在正常运行方式或最大运行方式下，以较短的延时切除本线路所发生的接地故障；另一个则具有较长的延时，它能保证在系统最小运行方式下线路末端发生接地短路时，具有足够的灵敏度。

3. 动作时间的整定

（1）当零序Ⅱ段的定值按与相邻线路零序Ⅰ段配合时，其动作时限一般取 0.5s。

（2）当零序Ⅱ段的定值与相邻线路的零序Ⅱ段配合时，其动作时限应比相邻线路Ⅱ段的动作时限高出一个阶梯时限，即

$$t_1^{\mathrm{II}}=t_2^{\mathrm{II}}+\Delta t \tag{2-18}$$

一般为 1～1.2s。

此外，按上述原则整定的零序Ⅱ段的动作电流，若不能躲过线路非全相运行时的零序电流，则在有综合重合闸的线路出现非全相运行时，应将该保护退出工作。或者装设两个零序Ⅱ段保护，其中不灵敏的零序Ⅱ段按躲过非全相运行时的最大零序电流整定，在线路单相自动重合闸和非全相运行时不退出工作；灵敏的零序Ⅱ段与相邻线路零序保护配合，在线路进行单相重合闸和非全相运行时退出工作。

（三）零序过电流保护（零序Ⅲ段）

零序过电流保护主要作为本线路零序Ⅰ段和Ⅱ段的近后备保护和相邻线路、母线、变压器接地短路的远后备保护，在中性点直接接地电网的终端线路上，也可以作为接地短路的主保护。

1. 动作电流的整定

（1）躲过相邻线路始端三相短路时出现的最大不平衡电流，即

$$I_{op}^{\mathrm{III}}=K_{rel}^{\mathrm{III}} I_{unb \cdot max} \tag{2-19}$$

式中　K_{rel}^{III}——可靠系数，取 1.2～1.3；

$I_{unb \cdot max}$——相邻线路始端三相短路时，零序电流过滤器中出现的最大不平衡电流，其值按式（2-7）计算。

（2）与相邻线路零序Ⅲ段保护进行灵敏度配合，以保证动作的选择性，即本线路的零序Ⅲ段的保护范围不能超过相邻线路零序Ⅲ段的保护范围。因此，零序Ⅲ段的动作电流必须进行逐级配合，如图 2-6 所示，保护 1 的零序Ⅲ段的动作电流整定必须与保护 2 的零序Ⅲ段配合，当两个保护之间有分支电路时，保护 1 的动作电流应整定为

$$I_{op\cdot1}^{\text{Ⅲ}}=\frac{K_{rel}^{\text{Ⅲ}}}{K_{br}}I_{op\cdot2}^{\text{Ⅲ}} \tag{2-20}$$

式中 $K_{rel}^{\text{Ⅲ}}$——可靠系数，取1.1～1.2；

K_{br}——分支系数；

$I_{op\cdot2}^{\text{Ⅲ}}$——相邻线路保护2的零序Ⅲ段的动作电流。

2. 灵敏系数的校验

零序过电流保护的灵敏度的校验按下式进行

$$K_{sen}=\frac{3I_{0\cdot\min}}{I_{op}^{\text{Ⅲ}}} \tag{2-21}$$

式中 $3I_{0\cdot\min}$——灵敏度校验点发生接地短路时，流过保护的最小零序电流。

(1) 当保护作为本线路的近后备时，校验点在本线路的末端，要求灵敏系数 $K_{sen}\geqslant1.3\sim1.5$。

(2) 当保护作相邻元件的远后备时，校验点在相邻线路的末端，要求灵敏系数 $K_{sen}\geqslant1.2$。

3. 动作时间的整定

按上述原则整定的零序过电流保护，其动作电流一般都比较小，因此，当本电压等级网络内发生接地短路时，凡零序电流流过的各个保护，都可能起动。为了保证各保护间动作的选择性，其动作时限应按阶梯原则选择，如图2-7所示。

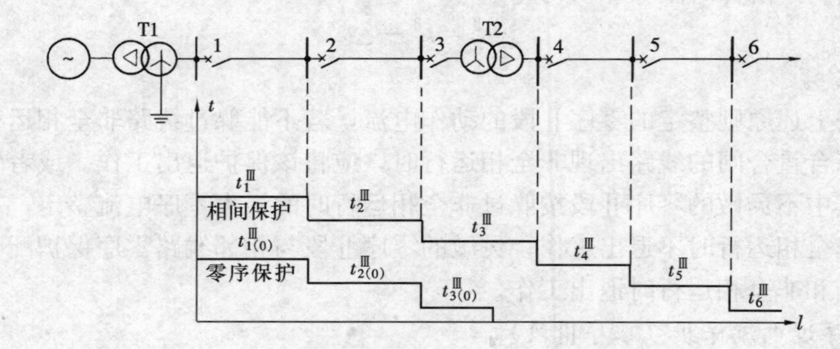

图2-7 零序过电流保护的时限特性

安装在受端变压器T2上的零序过电流保护3可以是瞬时动作的，因为在Y,d接线的变压器低压侧的任何故障都不能在高压侧引起零序电流，因此就无需考虑和保护4～6的配合关系。按照选择性的要求，保护2应比保护3高出一个时间阶段 Δt，保护1又应比保护2高出一个时间阶段 Δt，即

$$t_2^{\text{Ⅲ}}=t_3^{\text{Ⅲ}}+\Delta t$$

$$t_1^{\text{Ⅲ}}=t_2^{\text{Ⅲ}}+\Delta t$$

但是，对于相间短路保护而言，当相间短路无论发生在变压器T2的Y侧还是△侧，短路电流都是从电源流向故障点，所经过的保护相间Ⅲ段都可能起动，因此，相间过电流保护的动作时限必须从离电源最远的保护6开始，按阶梯原则逐级配合，即保护6的相间Ⅲ段可选择为瞬时动作，而

$$t_5^{\text{Ⅲ}}=t_6^{\text{Ⅲ}}+\Delta t$$

$$t_4^{\mathrm{III}} = t_5^{\mathrm{III}} + \Delta t$$
$$t_3^{\mathrm{III}} = t_4^{\mathrm{III}} + \Delta t$$
$$t_2^{\mathrm{III}} = t_3^{\mathrm{III}} + \Delta t$$
$$t_1^{\mathrm{III}} = t_2^{\mathrm{III}} + \Delta t$$

为了便于比较，在图 2-7 中同时绘出了零序过电流保护和相间短路过电流保护的时限特性。显然，在同一线路上的零序过电流保护的动作时限要小于相间短路过电流保护的动作时限，这也是零序Ⅲ段的一个优点。

三、三段式零序电流保护的原理接线

三段式零序电流保护的原理接线如图 2-8 所示。图中无时限零序电流速断的电流继电器 1KA、零序电流限时速断的电流继电器 4KA 和零序过电流保护的电流继电器 7KA 的电流线圈接入零序电流过滤器回路。零序Ⅰ段的电流继电器 1KA 动作之后起动中间继电器 2KM，它带有一个小的延时，以躲开避雷器放电时引起保护误动作，然后经信号继电器 3KS 起动断路器的跳闸回路。5KT 和 8KT 分别为Ⅱ段和Ⅲ段的时间继电器，6KS 和 9KS 为Ⅱ段和Ⅲ段的跳闸信号继电器。

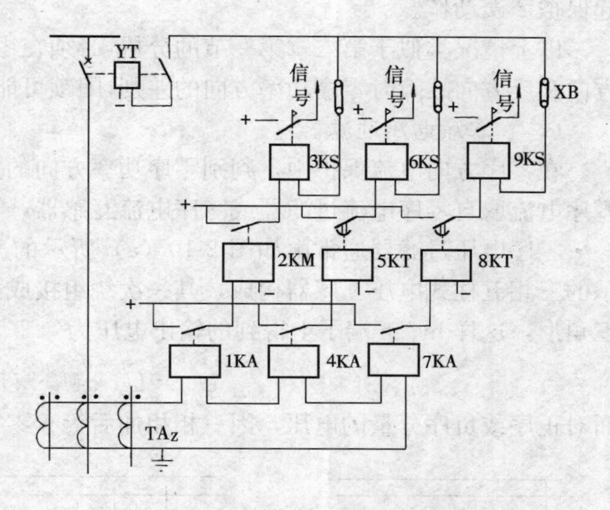

图 2-8　三段式零序电流保护的原理接线图

四、方向性零序电流保护

（一）方向性零序电流保护的工作原理

在多电源的网络中，要求电源处的变压器中性点至少有一台接地。如图 2-9（a）所示的双电源网络，变压器 T1 和 T2 的中性点均直接接地。由于零序电流的实际方向是由故障点

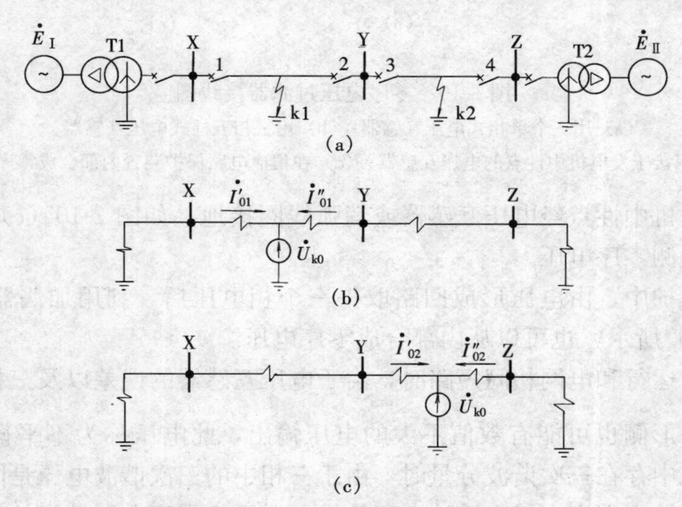

图 2-9　零序方向保护工作原理的分析

（a）网络接线；（b）k1 点短路的零序网络；（c）k2 点短路的零序网络

流向各个中性点接地的变压器，而当接地故障发生在不同的线路上时，如图中的 k1 点和 k2 点，要求由不同的保护动作，例如 k1 点短路时，其零序等效网络和零序电流分布，如图 2-9（b）所示。按照选择性的要求，应该由保护 1 和保护 2 动作切除故障，但零序电流$\dot{I}''_{01}$流过保护 3 时，若保护 3 无方向元件，可能引起保护 3 误动作。

k2 点短路时，其零序等效网络和零序电流分布，如图 2-9（c）所示。此时应该由保护 3 和保护 4 动作切除故障，但当零序电流$\dot{I}'_{02}$流过保护 2 时，若保护 2 无方向元件，有可能引起保护 2 误动作。

以上情况类似于第二章第一节的分析，必须在零序电流保护上增加功率方向元件，利用正方向和反方向故障时零序功率方向的差别，闭锁可能误动作的保护，以保证动作的选择性。

（二）零序电压过滤器

在零序方向电流保护中，判别零序功率方向的元件为零序功率方向继电器 KWZ，其中零序电流取自零序电流过滤器或零序电流互感器，零序电压取自零序电压过滤器。

零序电压过滤器通常由如图 2-10（a）所示的三个单相式电压互感器或图 2-10（b）所示的三相五柱式电压互感器构成，其一次绕组接成星形并将中性点接地，二次绕组接成开口三角形，这样 m、n 端子上得到的输出电压为

$$\dot{U}_{mn}=\dot{U}_A+\dot{U}_B+\dot{U}_C=3\dot{U}_0$$

而对正序或负序分量的电压，因三相相加后等于零，所以没有输出。

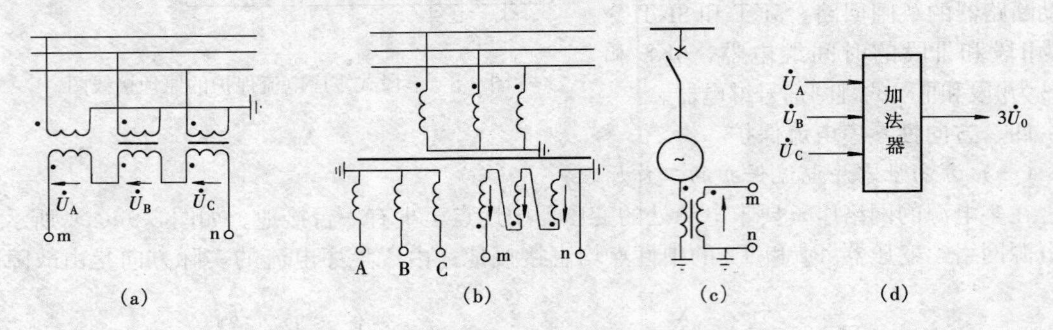

图 2-10 零序电压过滤器接线图

（a）用三个单相式电压互感器；（b）用三相五柱式电压互感器；
（c）用接于发电机中性点的电压互感器；（d）在集成电路保护装置内部合成零序电压

此外，当发电机中性点经电压互感器或消弧线圈接地，如图 2-10（c）所示时，从它的二次绕组中也能检测零序电压。

在集成电路保护中，由电压形成回路取得三个相电压后，利用加法器将三个相电压相加，如图 2-10（d）所示，也可以从内部合成零序电压。

实际上在正常运行和电网相间短路时，由于电压互感器的误差以及三相系统对地不完全平衡，在开口三角形侧也可能有数值不大的电压输出，此电压称为不平衡电压，用$\dot{U}_{unb}$表示。另外，当系统中存在三次谐波分量时，由于三相中的三次谐波电压是同相的，因此，在零序电压过滤器的输出端也有三次谐波电压输出。对反应零序电压动作的保护，其动作整定值应考虑躲开它们的影响。

（三）零序功率方向继电器

1. 工作原理

与相间短路保护的功率方向继电器相似，零序功率方向继电器是通过比较接入继电器的零序电压 $3\dot{U}_0$ 和零序电流 $3\dot{I}_0$ 之间的相位差来判断零序功率方向的。现以图 2-9 中的保护 2 为例加以说明。设流过保护的零序电流以母线指向线路为正。

（1）当 k1 点发生接地短路时，由图 2-9（b）可知，流过保护 2 的零序电流 $\dot{I}''_{01}$ 为

$$\dot{I}''_{01}=-\frac{\dot{U}_{k0}}{Z_{T2\cdot 0}+Z_{YZ\cdot 0}+Z_{k1\cdot 0}} \tag{2-22}$$

式中　$Z_{T2\cdot 0}$——变压器 T2 的零序阻抗；

$Z_{YZ\cdot 0}$——线路 YZ 的零序阻抗；

$Z_{k1\cdot 0}$——k1 点至 Y 母线的线路零序阻抗。

式中负号表示实际电流方向与假定的正方向相反。

保护安装 Y 点处的零序电压为

$$\dot{U}_{02}=-\dot{I}''_{01}(Z_{T2\cdot 0}+Z_{YZ\cdot 0}) \tag{2-23}$$

式(2-23)表明，接入保护 2 零序功率方向继电器的零序电压和零序电流之间的相位差取决于保护安装处背后的变压器 T2 和线路 YZ 的零序阻抗角。由相量图 2-11 可见，零序电流超前零序电压的相角为 $\varphi_{k0}=-(180°-\varphi_0)$。其中 φ_0（$Z_{T2\cdot 0}$与 $Z_{YZ\cdot 0}$的综合阻抗角）约为 70°～85°，所以，零序电流超前零序电压的相角约为 95°～110°。

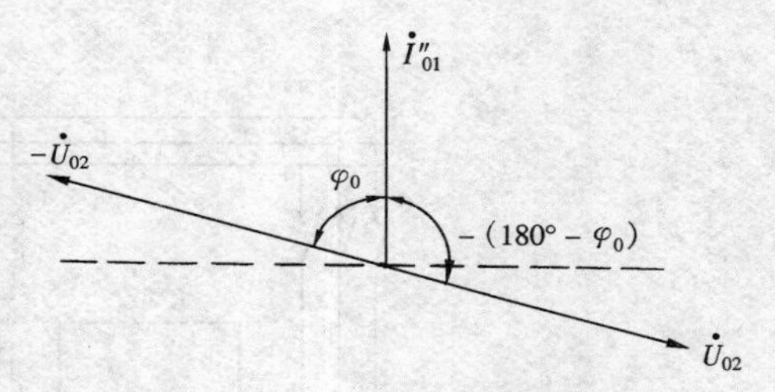

图 2-11　零序电流电压相量图

（2）k2 点发生接地短路时，由图 2-9(c)可知，流过保护 2 的零序电流 $\dot{I}'_{02}$

$$\dot{I}'_{02}=\frac{\dot{U}_{k0}}{Z_{T1\cdot 0}+Z_{XY\cdot 0}+Z_{k2\cdot 0}} \tag{2-24}$$

式中　$Z_{T1\cdot 0}$——变压器 T1 的零序阻抗；

$Z_{XY\cdot 0}$——线路 XY 的零序阻抗；

$Z_{k2\cdot 0}$——k2 点至 Y 母线的线路零序阻抗。

保护安装处母线 Y 点的零序电压为

$$\dot{U}_{02}=\dot{I}'_{02}(Z_{T1\cdot 0}+Z_{XY\cdot 0}) \tag{2-25}$$

由式（2-25）可见，当 $Z_{T1\cdot 0}$和 $Z_{XY\cdot 0}$的综合阻抗角为 70°～85°时，接入继电器的零序电压超前零序电流的相角亦为 70°～85°。

通过上述分析可得，在保护的正方向（k1 点）和反方向（k2 点）发生接地短路时，零序电压和零序电流的相角差是不同的，零序功率方向继电器可依此判断零序功率的方向。

2. 接线方式

根据零序分量的特点，零序功率方向继电器的最大灵敏角应为

$$\varphi_{sen}=-(95°\sim 110°)$$

若按规定极性加入 $3\dot{U}_0$ 和 $3\dot{I}_0$ 时，继电器恰好工作在最灵敏的条件下，其接线如图 2-12（a）所示。

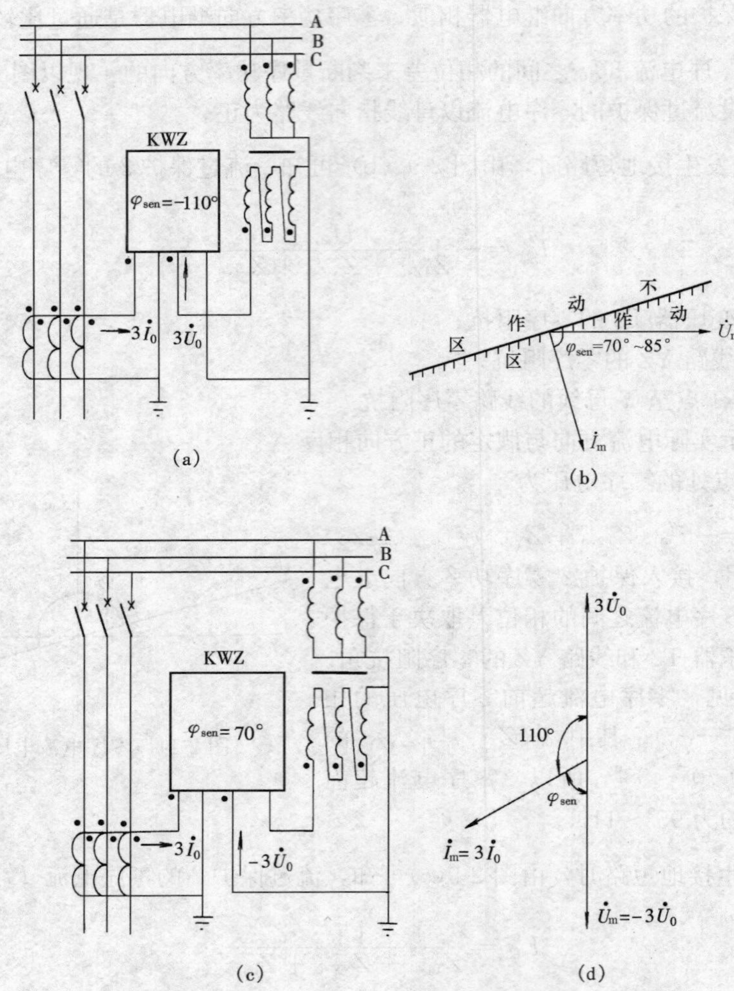

图 2-12 零序功率方向继电器的接线方式

（a）$\varphi_{sen}=-110°$的接线；（b）动作特性；（c）$\varphi_{sen}=70°$的接线；（d）对应图（c）接线的相量图

目前电力系统中广泛使用的功率方向继电器，其最大灵敏角均为70°～85°，动作特性如图 2-12（b）所示。因此零序功率方向继电器的接线应按图 2-12（c）接线，将电流线圈与电流互感器之间同极性相连，而将电压线圈与电压互感器之间不同极性相连，即

$$\dot{I}_m = 3\dot{I}_0$$

$$\dot{U}_m = -3\dot{U}_0$$

其相量关系如图 2-12（d）所示，此时 $\varphi_{sen}=70°\sim85°$，恰好符合最灵敏的条件。

零序功率方向继电器的上述两种接线方式实质上完全一样，只是在图 2-12（c）的情况下，先在继电器内部的电压回路中倒换一次极性，然后在外部接线时再倒换一次极性。由于在正常运行时没有零序电压和电流，零序功率方向继电器的极性接错时不易发现，故在实际工作中应特别重视，接线时必须检查继电器的内部极性连接，画出相量图，并进行试验，以免发生由于接线的错误导致保护误动或拒动。

由于中性点直接接地电网中发生接地故障时故障点离母线越近，母线的零序电压越高，因此，零序方向元件没有电压死区。相反，当故障点离保护安装点较远时，由于保护安装处的零序电压较低，零序电流较小，继电器可能不起动。因此，必须校验方向元件在这种情况下的灵敏度。例如，当作为相邻元件的后备保护时，应采用相邻元件末端短路时，在本保护安装处的最小零序电流、电压或功率（经电流、电压互感器转换到二次侧的数值）与功率方向继电器的最小起动电流、电压或起动功率之比来计算灵敏系数，并要求 $K_{sen} \geqslant 1.5$。

（四）三段式零序方向电流保护

三段式零序方向电流保护的原理接线，如图 2-13 所示。图中方向元件 KWZ 接入 $3\dot{I}_0$ 和 $-3\dot{U}_0$，它的触点与三段电流继电器的触点分别构成三个“与”门回路输出，只有当功率方向继电器和相应段的电流继电器同时动作时，才能起动中间继电器 2KM 或时间继电器 5KT、8KT。为便于分析保护装置的动作，在每段保护的跳闸出口回路分别串接有信号继电器 3KS、6KS 和 9KS。同时为了在运行中可临时停用某一段保护，在每一段保护的跳闸出口回路中串联有连接片 XB。

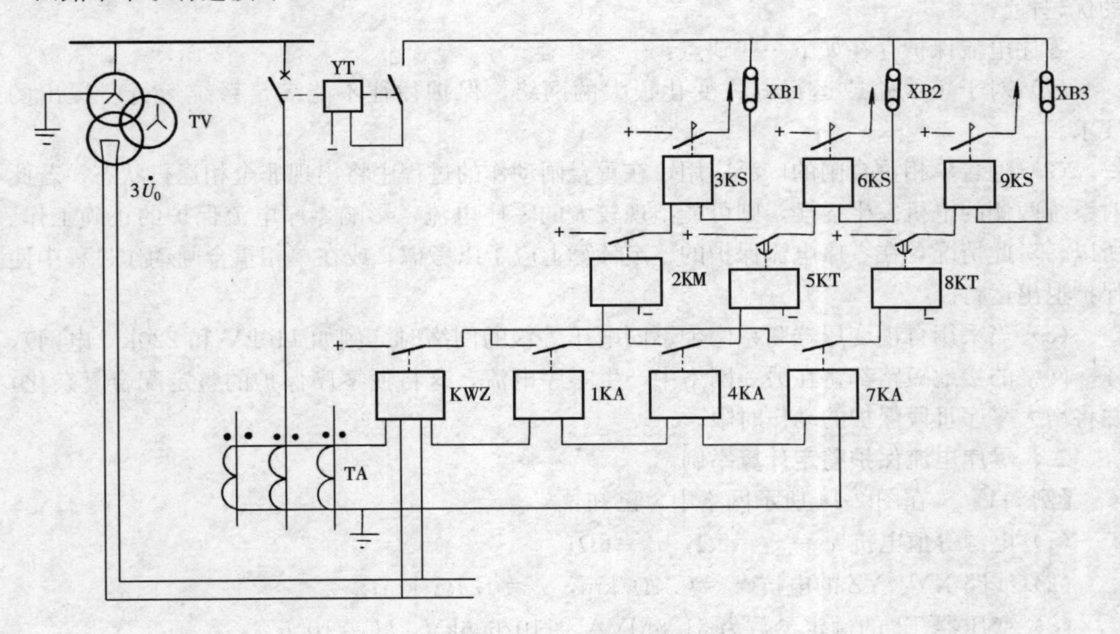

图 2-13　三段式零序方向电流保护的原理接线

第三节　对零序电流保护的评价

一、零序电流保护的优缺点

在大接地系统的接地保护中，零序电流保护与三相完全星形接线的相间电流保护相比，有如下优点：

(1) 灵敏度高。相间短路过电流保护的起动电流是按照躲过最大负荷电流整定的，继电器的动作电流一般为5～7A；而零序过电流保护的起动电流是按照躲开最大不平衡电流整定的，其值一般为2～3A。由于发生单相接地短路时，故障相电流与零序电流$3I_0$相等，因此，零序过电流保护的灵敏度较高。对于电流速断保护，因线路阻抗$x_0 \approx 3.5x_1$，所以在线路首、末端接地短路时零序电流的差值远大于首、末端相间短路电流的差值，因此零序电流速断的保护区大于相间短路电流速断的保护区。

(2) 延时小。对于同一线路而言，零序过电流保护的动作时限不必考虑与Yd接线变压器后的保护配合，所以零序过电流保护的动作时限要比相间短路过电流保护的时限短。

(3) 当系统发生如振荡、过负荷等不正常运行状态时，三相是对称的，相间短路的电流保护均受它们的影响而可能误动作，因此必须采取必要的措施予以防止；而零序保护则不受影响。

(4) 相间短路电流速断和限时电流速断保护的保护范围受系统运行方式变化的影响，而零序电流保护受系统运行方式变化的影响较小。

(5) 在110kV及以上高压和超高压系统中，单相接地故障约占全部故障的70%～90%，而其他的故障也往往是由单相接地故障发展起来的。因此，采用专门的接地保护更具有显著的优越性。

零序电流保护存在如下一些缺点：

(1) 对于短线路或运行方式变化很大的网络，保护往往不能满足系统运行所提出的要求。

(2) 随着单相重合闸的广泛应用，在重合闸动作的过程中将出现非全相运行状态，若此时系统两侧的电机发生摇摆，则可能出现较大的零序电流，影响零序电流保护的正确工作。所以，对此情况，在零序电流保护的整定计算上应予以考虑，或在单相重合闸动作过程中使保护退出运行。

(3) 当采用自耦变压器联系两个不同电压等级的网络时（例如110kV和220kV电网），任一网络的接地短路都将在另一网络中产生零序电流，这将使零序保护的整定配合复杂化，并将增大零序Ⅲ段保护的动作时限。

二、零序电流保护整定计算举例

【例2-1】 在图2-14所示网络中，已知：

(1) 电源等值电抗$x_1 = x_2 = 5\Omega$，$x_0 = 8\Omega$；

(2) 线路XY、YZ的电抗$x_1 = 0.4\Omega/\text{km}$，$x_0 = 1.4\Omega/\text{km}$；

(3) 变压器T1的额定参数为31.5MVA，110/6.6kV，$U_k = 10.5\%$；

(4) 其他参数如图2-14所示。

试计算：线路XY零序电流Ⅰ段、Ⅱ段、Ⅲ段保护的动作电流，动作时限并校验灵

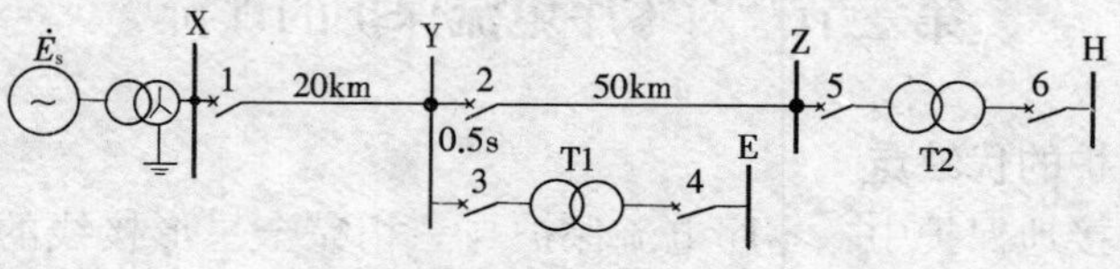

图2-14 一次接线图

敏度。

解　(1) 计算零序短路电流。

各元件参数的计算：

线路 XY 的各序电抗为

$$X_{XY\cdot1}=X_{XY\cdot2}=0.4\times20=8\ (\Omega);\ X_{XY\cdot0}=1.4\times20=28\ (\Omega)$$

线路 YZ 的各序电抗为

$$X_{YZ\cdot1}=X_{YZ\cdot2}=0.4\times50=20\ (\Omega);\ X_{YZ\cdot0}=1.4\times50=70\ (\Omega)$$

变压器 T1 的电抗为

$$X_{T1\cdot1}=X_{T1\cdot2}=0.105\times\frac{110^2}{31.5}=40.33(\Omega)$$

(2) Y 点接地短路时零序电流的计算：由电源到 Y 点的各序电抗为

$$X_{1\Sigma}=X_{2\Sigma}=5+8=13(\Omega);\ X_{0\Sigma}=8+28=36(\Omega)$$

因为 $X_{0\Sigma}>X_{1\Sigma}$，所以 $I_{k0}^{(1)}>I_{k0}^{(2)}$，根据无时限零序电流速断保护的整定原则，按单相接地短路作为整定条件，两相接地短路作为灵敏度校验条件。在以下的短路电流计算中，电压取该系统的平均电压 115kV。

根据短路电流计算公式，Y 点的单相接地短路电流为

$$3I_{k0}^{(1)}=\frac{3\times115\times1000}{\sqrt{3}\times(13+13+36)}=3212.8(\text{A})$$

Y 点的两相接地短路电流为

$$3I_{k0}^{(2)}=\frac{3\times115\times1000}{\sqrt{3}\times\left(13+\dfrac{13\times36}{13+36}\right)}\times\frac{13}{13+36}=2343.4(\text{A})$$

Y 点的三相短路电流为

$$I_{kY}^{(3)}=\frac{115\times1000}{\sqrt{3}\times(5+8)}=5107.5(\text{A})$$

在线路 XY 中点发生两相接地短路时，各序电抗为

$$X_{1\Sigma}=X_{2\Sigma}=5+4=9(\Omega),\ X_{0\Sigma}=8+14=22(\Omega)$$

两相接地短路电流为

$$3I_{k0}^{(2)}=\frac{3\times115\times1000}{\sqrt{3}\times\left(9+\dfrac{9\times22}{9+22}\right)}\times\frac{9}{9+22}=3758.3(\text{A})$$

(3) Z 点接地短路时的零序电流计算：从电源到 Z 点的各序电抗为

$$X_{1\Sigma}=X_{2\Sigma}=5+8+20=33(\Omega)$$

$$X_{0\Sigma}=8+28+70=106(\Omega)$$

Z 点的单相接地短路电流为

$$3I_{k0}^{(1)}=\frac{3\times115000}{\sqrt{3}\times(33+33+106)}=1158(\text{A})$$

Z 点的两相接地短路电流为

$$3I_{k0}^{(2)}=\frac{3\times 115000}{\sqrt{3}\times\left(33+\dfrac{33\times 106}{33+106}\right)}\times\frac{33}{33+106}=813(\text{A})$$

各段保护的整定计算及灵敏度校验：

(1) 零序Ⅰ段动作电流为

$$I_{op}^{\text{I}}=1.25\times 3212.8=4016(\text{A})$$

设单相接地短路时的保护范围为 $l^{(1)}$，则

$$\frac{3\times 115\times 1000}{\sqrt{3}[2\times 5+8+2\times 0.4l^{(1)}+1.4l^{(1)}]}=4016$$

$l^{(1)}=14.4\text{km}>0.5\times 20\text{km}$ 满足要求。

设两相接地短路时的保护范围为 $l^{(2)}$，则

$$\frac{3\times 115000}{\sqrt{3}\times[5+0.4l^{(2)}+16+2\times 1.4l^{(2)}]}=4016$$

$l^{(2)}=9\text{km}>0.2\times 20\text{km}$ 满足要求。

(2) 零序Ⅱ段动作电流为

$$I_{op}^{\text{II}}=1.15\times 1.25\times 1158=1664.6(\text{A})$$

灵敏系数为

$$K_{sen}=\frac{2343.4}{1664.6}=1.4>1.3\quad(满足要求)$$

动作时间为

$$t^{\text{II}}=0.5\text{s}$$

(3) 零序Ⅲ段。因为是 110kV 线路，可不考虑非全相运行情况，按躲开末端最大不平衡电流整定，其动作电流为

$$I_{op}^{\text{III}}=1.25\times 1.5\times 0.5\times 0.1\times 5107.5=478.8(\text{A})$$

近后备时的灵敏系数为

$$K_{sen}=\frac{2343.4}{478.8}=4.9>1.5\quad(满足要求)$$

远后备时的灵敏系数为

$$K_{sen}=\frac{813}{478.8}=1.69>1.3\quad(满足要求)$$

动作时间为

$$t_1^{\text{III}}=t_2^{\text{III}}+\Delta t=1\text{s}$$

第四节 中性点非直接接地电网接地故障分析

中性点非直接接地电网（又称小接地电流系统）中发生单相接地短路时，由于故障点电

流很小，而且三相之间的线电压仍然保持对称，对负荷的供电没有影响，因此，保护不必立即动作于断路器跳闸，可以继续运行 1～2h。但是，在单相接地以后，其他两相的对地电压要升高$\sqrt{3}$倍。为了防止故障进一步扩大成两点或多点接地短路，保护应及时发出信号，以便运行人员采取措施予以消除。

当小接地系统单相接地故障时，一般只要求继电保护有选择性地发出信号，而不必跳闸。当单相接地故障对人身和设备的安全有危险时，则应动作于跳闸。

一、中性点不接地电网发生单相接地故障的特点

正常运行情况下，中性点不接地电网三相对地电压是对称的，中性点对地电压为零。由于三相对地的等值电容相同，故在相电压的作用下，各相对地电容电流相等，并超前于相应的相电压 90°。这时电源中性点与等值电容的中性点（地）等电位，母线的零序电压和线路的零序电流均为零。

1. 单侧电源单条线路电网的单相接地

如图 2-15 所示单侧电源单条线路电网，当 A 相发生接地短路时，A 相对地电压变为零，其对地电容被短接，而其他两相的对地电压升高$\sqrt{3}$倍，对地电容电流也相应的增大$\sqrt{3}$倍，相量关系如图 2-16 所示。在单相接地时，由于三相中的负荷电流和线电压仍然是对称的，因此在下面的分析中不予考虑，而只分析对地关系的变化。

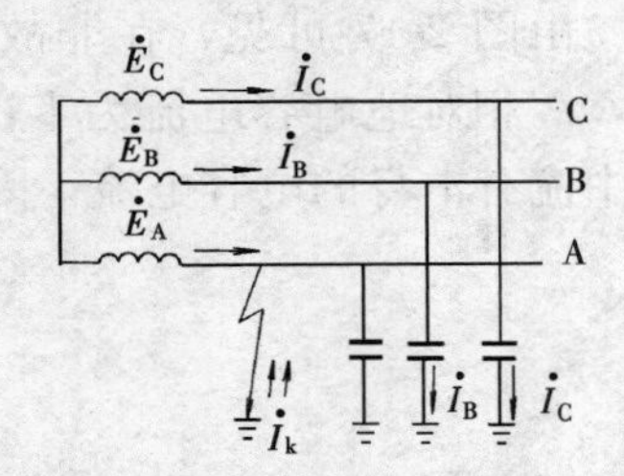

图 2-15　单侧电源单条线路电网示意图

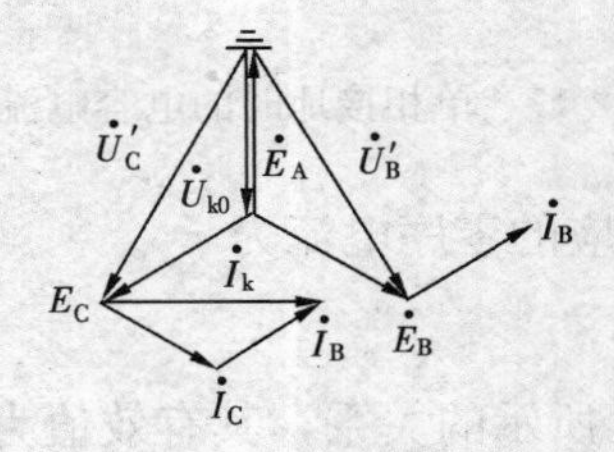

图 2-16　A 相接地时的相量图

设 A 相单相接地时，各相对地电压为$\dot{U}'_A$、$\dot{U}'_B$和$\dot{U}'_C$，则

$$\left.\begin{aligned}\dot{U}'_A &= 0\\ \dot{U}'_B &= \dot{E}_B - \dot{E}_A = \sqrt{3}\dot{E}_A e^{-j150^\circ}\\ \dot{U}'_C &= \dot{E}_C - \dot{E}_A = \sqrt{3}\dot{E}_A e^{j150^\circ}\end{aligned}\right\} \tag{2-26}$$

故障点的零序电压为

$$\dot{U}_{k0} = \frac{1}{3}(\dot{U}'_A + \dot{U}'_B + \dot{U}'_C) = -\dot{E}_A \tag{2-27}$$

在非故障相中流向故障点的电容电流为

$$\left.\begin{aligned}\dot{I}_B &= \dot{U}'_B \cdot j\omega C_0\\ \dot{I}_C &= \dot{U}'_C \cdot j\omega C_0\end{aligned}\right\} \tag{2-28}$$

其有效值 $I_B=I_C=\sqrt{3}U_{ph}\omega C_0$，其中 U_{ph} 为相电压的有效值。

此时，从接地点流回的电流为

$$\dot{I}_k=\dot{I}_B+\dot{I}_C=j\omega C_0(\dot{U}'_B+\dot{U}'_C)=-j3\dot{E}_A\omega C_0 \tag{2-29}$$

其有效值 $I_k=3U_{ph}\omega C_0$，即正常运行时，三相对地电容电流的算术和。

2. 单侧电源多条线路电网的单相接地

如图 2-17 所示电网，设发电机、线路Ⅰ及线路Ⅱ对地电容以 C_{0g}、$C_{0Ⅰ}$、$C_{0Ⅱ}$ 等集中电容表示。当线路Ⅱ的 A 相接地后，如果忽略负荷电流和电容电流在线路阻抗上的电压降，则全系统 A 相对地电压均为零，因而各元件的 A 相对地电容电流也等于零，同时 B 相和 C 相的对地电压和电容电流升高$\sqrt{3}$倍，仍可用式（2-27）～式（2-29）的关系表示。这种情况下电容电流的分布，如图 2-17 中“箭头”所示。

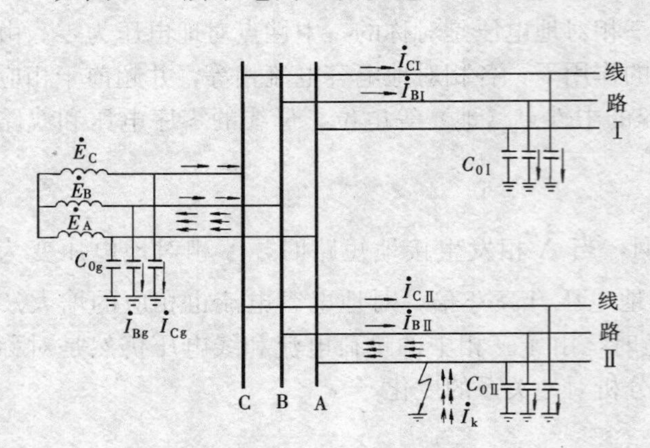

图 2-17 单相接地时的电容电流分布图

由图 2-17 可见，在非故障线路Ⅰ上，A 相对地电容电流为零，B 相和 C 相中流有本身的电容电流，因此，在线路始端所反应的零序电流为

$$3\dot{I}_{0Ⅰ}=\dot{I}_{BⅠ}+\dot{I}_{CⅠ}$$

参照图 2-16 所示的关系，其有效值为

$$3I_{0Ⅰ}=3U_{ph}\omega C_{0Ⅰ} \tag{2-30}$$

即零序电流为线路Ⅰ本身的电容电流，电容性无功功率的方向由母线指向线路。

当电网中的线路很多时，上述结论可适用于每一条非故障的线路。

在发电机 G 上，首先有它本身的 B 相和 C 相的对地电容电流 $\dot{I}_{Bg}$ 和 $\dot{I}_{Cg}$，同时，由于它还是产生其他电容电流的电源，因此，从 A 相中要流回全部电容电流，而在 B 相和 C 相中又要分别流出各线路上同名相的对地电容电流，如图 2-17 中所示。此时，从发电机出线端所反应的零序电流仍应为三相电流之和。由图 2-17 可见，各线路的电容电流由于从 A 相流入后又分别从 B 相和 C 相流出了，因此，相加后相互抵消，只剩下发电机本身的电容电流，故

$$3\dot{I}_{0g}=\dot{I}_{Bg}+\dot{I}_{Cg}$$

有效值 $3I_{0g}=3U_{ph}\omega C_{0g}$，即零序电流为发电机本身的电容电流，其电容性无功功率的方向是由母线指向发电机，这个特点与非故障线路是一样的。

故障线路Ⅱ的 B 相和 C 相与非故障线路Ⅰ一样，流有其本身的电容电流 $\dot{I}_{BⅡ}$ 和 $\dot{I}_{CⅡ}$，而在接地点要流回全系统 B 相和 C 相的对地电容电流，其值为

$$\dot{I}_{k}=(\dot{I}_{B\mathrm{I}}+\dot{I}_{C\mathrm{I}})+(\dot{I}_{B\mathrm{II}}+\dot{I}_{C\mathrm{II}})+(\dot{I}_{Bg}+\dot{I}_{Cg})$$

其有效值为

$$I_{k}=3U_{ph}\omega(C_{0\mathrm{I}}+C_{0\mathrm{II}}+C_{0g})=3U_{ph}\omega C_{0\Sigma} \tag{2-31}$$

式中　$C_{0\Sigma}$——全系统每相对地电容的总和。

$\dot{I}_{k}$ 要从 A 相流回去，因此从 A 相流出的电流可表示为 $\dot{I}_{A\mathrm{II}}=-\dot{I}_{k}$，这样在线路Ⅱ始端所流过的零序电流为

$$3\dot{I}_{0\mathrm{II}}=\dot{I}_{A\mathrm{II}}+\dot{I}_{B\mathrm{II}}+\dot{I}_{C\mathrm{II}}=-(\dot{I}_{B\mathrm{I}}+\dot{I}_{C\mathrm{I}}+\dot{I}_{Bg}+\dot{I}_{Cg})$$

其有效值为

$$3I_{0\mathrm{II}}=3U_{ph}\omega(C_{0\Sigma}-C_{0\mathrm{II}}) \tag{2-32}$$

由此可见，故障线路的零序电流，是全系统非故障元件对地电容电流的总和；其电容性无功功率的方向由线路指向母线，与非故障线路相反。

根据上述分析，可以做出单相接地时的零序等效网络，如图 2-18（a）所示，接地点有零序电压 $\dot{U}_{k0}$，零序电流通过各元件的对地电容构成回路。由于送电线路的零序阻抗远小于电容的阻抗，可以忽略不计，因此在中性点不接地电网中发生单相接地故障的零序电流就是各元件的对地电容电流，其相量关系如图 2-18（b）所示，图中 $\dot{I}'_{0\mathrm{II}}$ 表示线路Ⅱ本身的对地电容电流。

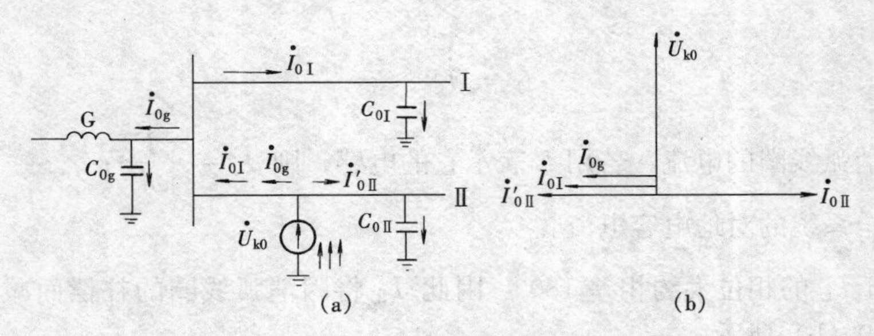

图 2-18　单相接地时的零序等效网络及相量图

（a）等效网络（与图 2-17 对应）；（b）相量图

总结上述分析的结果，对中性点不接地电网的单相接地故障，可以得出如下结论：

（1）发生单相接地时，电网各处故障相对地电压为零，非故障相对地电压升高至电网的线电压；零序电压大小等于电网正常运行时的相电压。

（2）非故障线路上零序电流的大小等于其本身的对地电容电流，方向由母线指向线路。

（3）故障线路上零序电流的大小等于全系统非故障元件对地电容电流的总和，方向为由线路指向母线。

二、中性点经消弧线圈接地电网单相接地故障的特点

根据以上分析，在中性点不接地电网发生单相接地故障时，接地点要流过全系统的对地电容电流，如果此电流值很大，就会在接地点燃起电弧，引起弧光过电压，从而使非故障相的对地电压进一步升高，使绝缘损坏，发展为两点或多点接地短路，造成停电事故。为解决此问题，通常在中性点接入一个电感线圈，如图 2-19 所示。这样，当发生单相接地故障时，

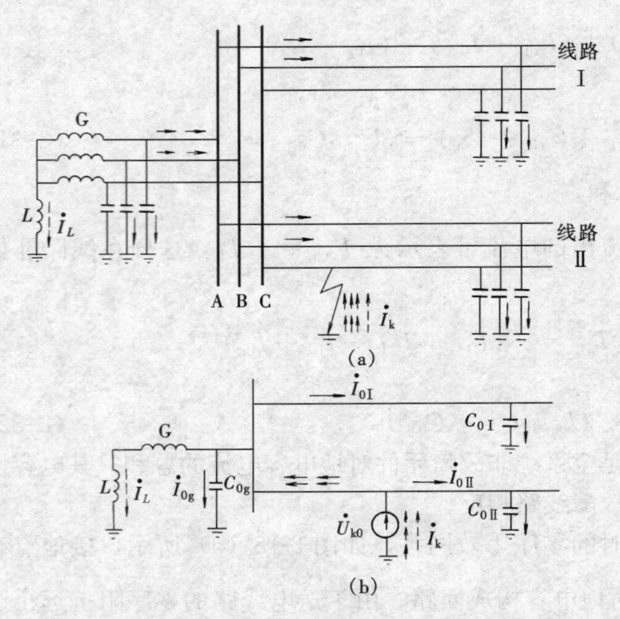

图 2-19 消弧线圈接地电网中，单相接地时的电流分布

(a) 用三相系统表示；(b) 零序等效网络

在接地点就有一个电感分量的电流通过，此电流与原系统中的电容电流相抵消一部分，使流经故障点的电流减小，因此称此电感线圈为消弧线圈。

系统规程规定 22～66kV 电网单相接地时，若故障点的电容电流总和大于 10A，10kV 电网电容电流总和大于 20A，3～6kV 电网电容电流总和大于 30A 时，中性点应采取经消弧线圈接地的运行方式。

中性点接入消弧线圈后，电网发生单相接地故障时，如图 2-19（a）所示，设线路Ⅱ的 A 相接地，电容电流的大小和分布与不接消弧线圈时是一样的，不同之处是在接地点又增加了一个电感分量的电流 $\dot{I}_L$，因此，从接地点流回的总电流为

$$\dot{I}_k = \dot{I}_L + \dot{I}_{C\Sigma} \tag{2-33}$$

式中 $\dot{I}_L$——消弧线圈的电流，若用 L 表示它的电感，则 $\dot{I}_L=\dfrac{-\dot{E}_A}{j\omega L}$；

$I_{C\Sigma}$——全系统的对地电容电流。

由于 $\dot{I}_{C\Sigma}$和 $\dot{I}_L$ 的相位大约相差 180°，因此 $\dot{I}_k$ 将因消弧线圈的补偿而减小。其零序等效网络如图 2-19（b）所示。

根据对电容电流补偿程度的不同，消弧线圈的补偿方式可分为完全补偿、欠补偿和过补偿三种。

1. 完全补偿

完全补偿就是使 $I_L=I_{C\Sigma}$，接地点的电流近似为零。从消除故障点的电弧、避免出现弧光过电压的角度看，这种补偿方式是最好的。

从另一方面来看，完全补偿又存在着严重的缺点。因为完全补偿时，$\omega L=\dfrac{1}{3\omega C_\Sigma}$，即 L、C 要产生串联谐振，当电网正常运行情况下线路三相对地电容不完全相等时，电源中性点对地之间将产生一个电压偏移；此外，当断路器三相触头不同时合闸时，也会出现一个数值很大的零序电压分量，此电压作用于串联谐振回路，回路中将产生很大的电流，如图 2-20 所示。该电流在消弧线圈上产生很大的电压降，造

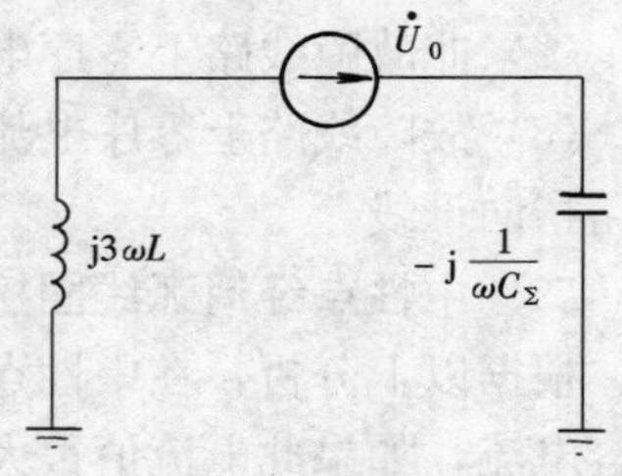

图 2-20 产生串联谐振的零序等效网络

成电源中性点对地电压严重升高，设备的绝缘遭到破坏，因此完全补偿方式不可取。

2. 欠补偿

欠补偿就是使 $I_L < I_{C\Sigma}$。采用这种补偿方式后，接地点的电流仍是电容性的。当系统运行方式变化时，如某些线路因检修被切除或因短路跳闸，系统电容电流就会减小，有可能出现完全补偿的情况，又引起电源中性点对地电压升高，所以欠补偿方式也不可取。

3. 过补偿

过补偿就是使 $I_L > I_{C\Sigma}$。采用这种补偿方式后，接地点的残余电流是电感性的，这时即使系统运行方式变化时，也不会出现串联谐振的现象，因此，这种补偿方式得到广泛的应用。习惯用补偿度 P 来表示补偿的程度，其关系式为

$$P = \frac{I_L - I_{C\Sigma}}{I_{C\Sigma}} \times 100\% \tag{2-34}$$

一般选择补偿度为 5%～10%，而不大于 10%。

根据以上分析，可得出如下结论：

(1) 电网发生单相接地短路时，故障相对地电压为零，非故障相对地电压升至线电压；电网出现零序电压，其大小等于电网正常运行时的相电压。这一特点与中性点不接地电网相同。

(2) 消弧线圈两端的电压为零序电压，$\dot{I}_L$ 只经过接地故障点和故障线路的故障相，不经过非故障线路。

(3) 若系统采用完全补偿方式，则流经故障线路和非故障线路的零序电流都是本身的对地电容电流，电容电流的方向都是由母线指向线路，因而无法利用稳态电流的大小和方向来判断故障线路。

(4) 当系统采用过补偿方式时，流经故障线路的零序电流等于本线路的对地电容电流和接地点残余电流之和，其方向和非故障线路零序电流一样，是由母线指向线路，且相位一致，因此，无法利用方向的不同来判别故障线路和非故障线路。再者由于补偿度不大，残余电流较小，因而也很难利用电流的大小来判别故障线路和非故障线路。

第五节　中性点非直接接地电网的接地保护

根据第四节的分析，针对中性点非直接接地电网单相接地时的特点，可以采用如下几种保护方式。

一、绝缘监视装置

在中性点非直接接地电网中，任一点发生接地短路时，都会出现零序电压。根据这一特点构成的无选择性接地保护，称为绝缘监视装置。

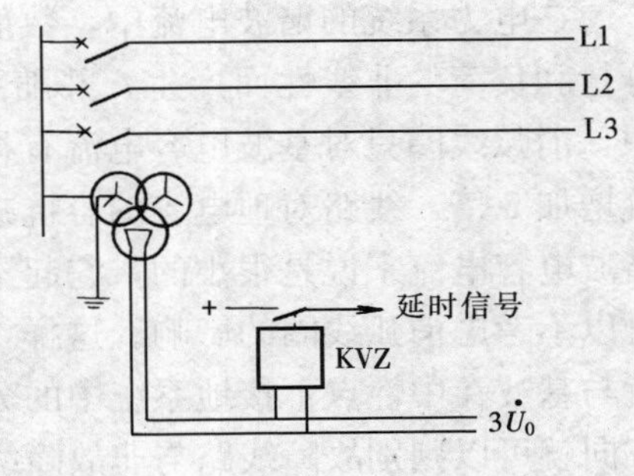

图 2-21　电网单相接地绝缘监视信号装置的原理接线图

绝缘监视装置的原理如图 2-21 所示。电网中任一线路发生单相接地故障时，全系统出现零序电压。当零序电压值大于过电压继电器的起动电压时，继电器动作，经时间继电器预定延时，发出接地故障信号。但由于该信号不能指明故障线路，所以，必须由运行人员依次短时断开每条线路，再由自动重合闸将断开线路合上。当

断开某条线路时，零序电压的信号随之消失，表明故障在该线路上。

二、零序电流保护

在中性点不接地电网中发生单相接地短路时，故障线路的零序电流大于非故障线路的零序电流，利用这一特点可构成零序电流保护。尤其在出线较多的电网中，故障线路的零序电流比非故障线路的零序电流大得多，保护动作更灵敏。

零序电流保护一般使用在有条件安装零序电流互感器的线路上，如电缆线路或经电缆引出的架空线路。对于单相接地电流较大的架空线路，如果通过故障线路的零序电流足以克服零序电流过滤器中不平衡电流的影响，保护装置也可以接于由三个电流互感器构成的零序回路中。

由于电网发生单相接地时，非故障线路上的零序电流为其本身的电容电流，为了保证动作的选择性，零序电流保护的动作电流应大于本线路的电容电流，即

$$I_{op}=K_{rel}3U_{ph}\omega C_0 \tag{2-35}$$

式中 C_0——被保护线路每相的对地电容；

K_{rel}——可靠系数，对瞬时动作的零序电流保护，取 4～5，对延时动作的零序电流保护，取 1.5～2。

保护装置的灵敏度的校验，按在被保护线路上发生单相接地短路时，流过保护的最小零序电流来进行，即

$$K_{sen}=\frac{3U_{ph}\omega(C_\Sigma-C_0)}{K_{rel}3U_{ph}\omega C_0}=\frac{C_\Sigma-C_0}{K_{rel}C_0} \tag{2-36}$$

式中 C_Σ——同一电压等级电网中，各元件每相对地电容之和。

校验时应采用系统最小运行方式时的电容电流。

三、零序功率方向保护

在出线较少的中性点不直接接地电网中，发生单相接地故障时，故障线路的零序电流与非故障线路的零序电流相差不大，因而采用零序电流保护往往不能满足灵敏度的要求。这时可以考虑采用零序功率方向保护。

根据前面的分析可知，中性点不接地电网发生单相接地故障时，故障线路的零序电流和非故障线路的零序电流方向相反，即故障线路的零序电流滞后零序电压 90°，而非故障线路的零序电流超前零序电压 90°，因此，采用零序功率方向保护可明显地区分故障线路和非故障线路，从而有选择性地动作。

四、反应高次谐波分量的接地保护

在电力系统的谐波电流中，数值最大的是 5 次谐波分量，它因电源电势中存在高次谐波分量和负荷的非线性而产生，并随系统运行方式而变化。在中性点经消弧线圈接地的电网中，消弧线圈只对基波电容电流有补偿作用，而对 5 次谐波分量来说，消弧线圈所呈现的感抗增加 5 倍，线路对地电容的容抗减小 5 倍，所以消弧线圈的 5 次谐波电感电流相对于 5 次谐波电容电流来说是很小的，它起不了补偿 5 次谐波电容电流的作用，故在 5 次谐波分量中可以不考虑消弧线圈的影响。这样，5 次谐波电容电流在消弧线圈接地系统中的分配规律，就与基波在中性点不接地系统中的分配规律相同了。那么，根据 5 次谐波零序电流的大小和方向就可以判别故障线路与非故障线路。

在小接地电流系统中，除了以上四种反应单相接地故障的保护方式外，还有反应有功电流的接地保护方式，暂时破坏补偿的保护方式以及利用故障时暂态分量构成的保护方式等。

*第六节　MLN98型微机小电流系统接地选线装置

一、装置原理

MLN98型接地选线装置不是以单一的零序电流大小或方向，作为判据选择故障线路的，而是同时利用接地故障时的几个特点（如零序电流，零序电压，电压与电流的相位差或电流与电流的相位差）来区别故障线路和非故障线路，提高了接地选线的准确率，其原理框图如图2-22所示。

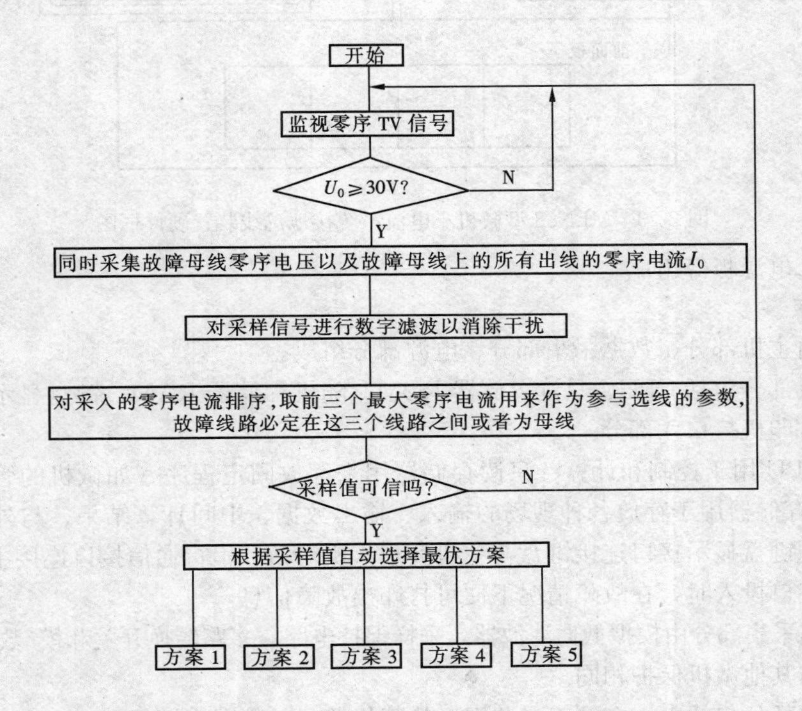

图2-22　MLN98型微机小电流系统接地选线装置原理框图

小接地电流系统发生单相接地故障时，系统中出现零序电压。当零序电压大于30V时，装置起动，同时采集故障母线零序电压及故障母线上所有出线的零序电流。由于故障线路的零序电流等于其他非故障线路零序电流之和，原则上它应该是这组采样值中最大的。但是，由于TA误差、采样误差、信号干扰以及线路长短差别悬殊，在排序时，故障线路的零序电流值有可能排在第二、第三位，一般不会超过第三位。所以，装置在起动之后首先初选，即选出零序电流值排在前三位的线路，然后利用故障线路和非故障线路零序电流方向的不同，或零序电压与零序电流相位差的区别，进一步确认在前三个采样值中是线路故障还是母线故障。当MLN98型微机小电流系统接地选线装置用于中性点不接地系统时，采集的电压和电流为基波零序电压和零序电流；若用于经消弧线圈接地的系统时，采集的则是5次谐波零序电压和5次谐波零序电流。

二、装置硬件组成

图2-23为MLN98型微机小电流系统接地选线装置的硬件组成框图。它主要由主机板、

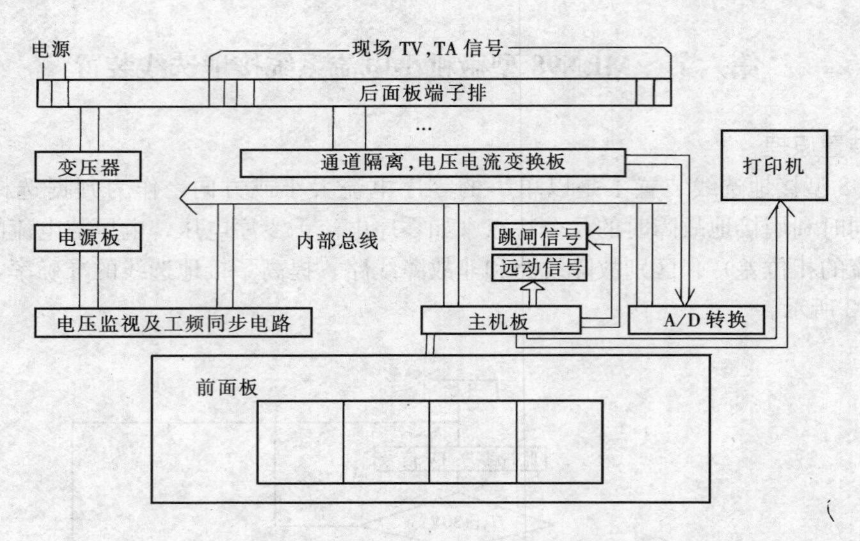

图 2-23 MLN98 型微机小电流系统接地选线装置硬件框图

通道隔离板、电源板等组成。

1. 主机板

主机板由主机部分、数据采集部分、电源部分组成。

(1) 主机部分包括 CPU、只读存储器 ROM、随机存储器 RAM、键盘显示接口、串行通信接口、打印机接口六部分。

其中，CPU 用于控制和计算；只读存储器用来存放固定程序（如微机的管理，监控程序等）；随机存储器用于存放各种现场的输入、输出数据、中间计算结果、与外存交换信息和做堆栈用；键盘显示接口连接键盘与主机实现人机对话；串行通信接口连接主机与通信回路；打印机接口投入时，在故障情况下便可打印出故障信息。

(2) 数据采集部分由模拟低通滤波器，采样保持电路、多路转换开关和模/数转换器组成。其功能与其他微机保护相同。

(3) 电源部分包括直流电源工况监视、故障报警和工频同步锁相。

计算机在采集交流信号时，首先要经过采样保持电路将连续的电压、电流信号转变为离散的信号，然后再经模/数转换器变换成离散的数字信号才能被计算机所接收。在连续信号转变为离散信号的过程中，为使采样信号能正确反应原信号的波形，根据采样定理（其原理在第八章中讲解）采样周期 T 应满足如下关系

$$T \leqslant \frac{1}{2f_m}$$

式中 f_m——模拟信号频率。

这样所得到的采样信号将包含有原信号的全部信息，采样信号才不会失真。由此可知，当模拟信号频率发生变化时，要求采样周期也随之变化。对于中性点经消弧线圈接地的系统，在利用 5 次谐波选线时，采样周期与利用基波零序分量选线的采样周期应不相同。采用同步锁相电路后，系统频率变化时，采样间隔也随之变化，一个周波能严格地等分成 N 点，从而保证了采样的精度，防止保护误判。

2. 通道隔离，电压电流变换板

其作用有二，一是将来自现场 TV、TA 的信号经电压变换回路、电流变换回路转变为计算机能接受的 0～5V（峰值）电压信号，其接线如图 2-24 所示；二是将 TV、TA 高压回路与保护装置相隔离，对装置起到一定保护作用。

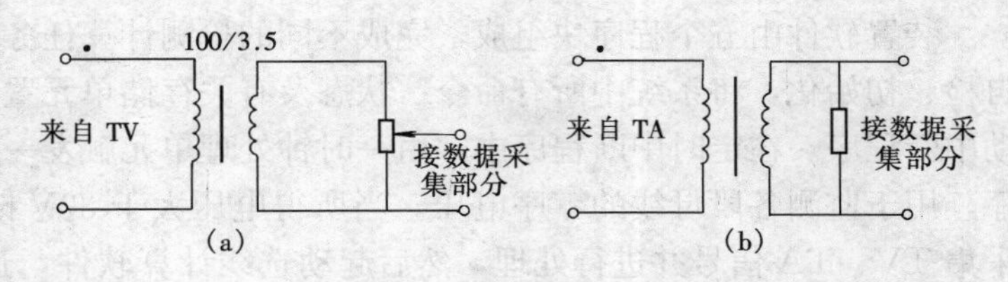

图 2-24　电压、电流变换回路原理图

(a) 电压变换回路；(b) 电流变换回路

3. 电源板

其功能是整流输出＋5、＋12、－12V 直流电压，供其他板使用。

三、装置软件组成

本装置软件采用 8096 汇编语言编制，由监控软件、浮点库及选线运行软件三部分组成，完成电压检测任务、采样任务、选线计算任务、时钟任务、键盘显示任务以及打印任务，其框图如图 2-25 所示。

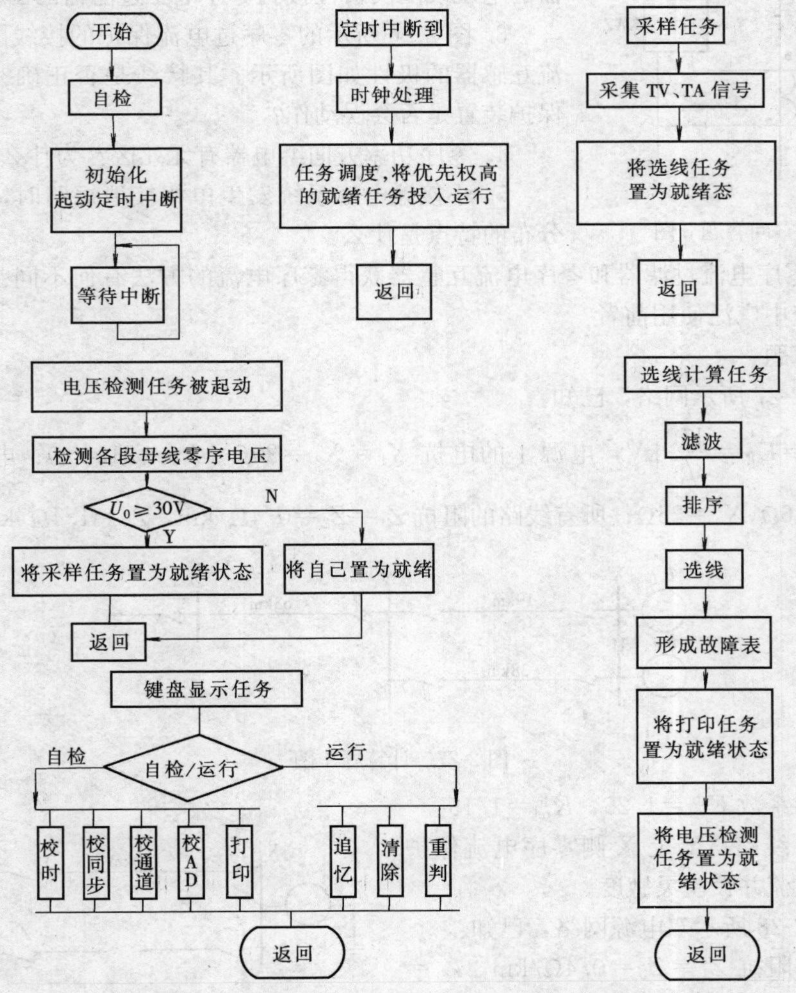

图 2-25　MLN98 型微机小接地电流系统单相接地选线装置软件框图

装置软件由五个程序块组成，完成不同的检测计算任务。当装置投入运行后，首先进行自检、初始化，将系统中所有命令、状态及有关存储单元置成初始状态，同时由一定时器起动中断程序。在定时中断程序中，由一时钟处理单元触发一系列定时操作，起动电压检测程序，用于监测各段母线的零序电压。当所得电压大于 30V 时，起动采样程序。由采样程序采集 TV、TA 信号并进行处理，然后起动选线计算软件，选择出故障母线和线路，并将选择结果送键盘显示、打印。

思 考 题 与 习 题

一、问答题

1. 大接地电流系统发生单相接地短路时，其零序电流的大小和分布主要与哪些因素有关?

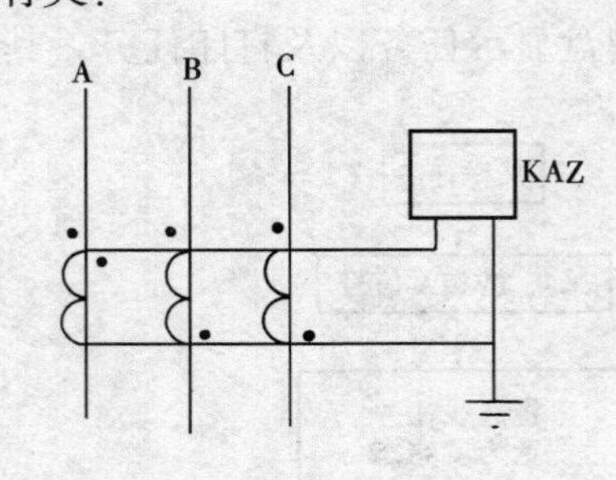

图 2-26　问答题 3 图

2. 大接地电流系统中，为什么要将零序功率方向继电器的电压线圈反极性接到零序电压过滤器的出口上?

3. 图 2-26 所示的零序过电流保护的接线图中，三个电流互感器的极性如图所示。其接线是否正确? 正常运行时保护装置是否会误动作?

4. 零序功率方向继电器有无死区? 为什么?

5. 小接地电流系统发生单相接地短路时，其零序电流分布的特点是什么?

6. 采用零序电流过滤器和零序电流互感器获得零序电流的方法有何不同? 为什么在大接地电流系统中广泛使用前者?

二、计算题

1. 如图 2-27 所示网络，已知:

(1) $E_{\mathrm{I}}=E_{\mathrm{II}}=\dfrac{110}{\sqrt{3}}\mathrm{kV}$，电源Ⅰ的电抗 $X_1=X_2=20\Omega$，$X_0=31.45\Omega$；电源Ⅱ的电抗 $X_1=X_2=12.6\Omega$，$X_0=25\Omega$；所有线路的阻抗 $Z_1=Z_2=0.4\Omega/\mathrm{km}$，$Z_0=1.4\Omega/\mathrm{km}$。

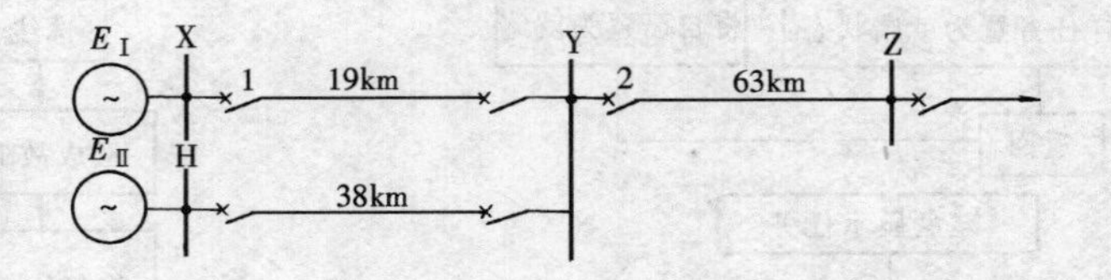

图 2-27　计算题 1 图

(2) 可靠系数 $K_{\mathrm{rel}}^{\mathrm{I}}=1.25$，$K_{\mathrm{rel}}^{\mathrm{II}}=1.15$。

试确定：线路 XY 上 X 侧零序电流保护第Ⅱ段动作电流并校验灵敏度。

2. 如图 2-28 所示双电源网络，已知:

(1) 线路阻抗 $Z_1=Z_2=0.4\Omega/\mathrm{km}$，$Z_0=1.4\Omega/\mathrm{km}$。

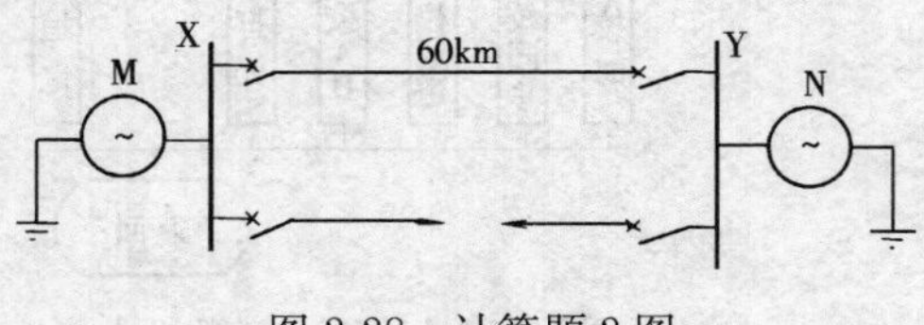

图 2-28　计算题 2 图

（2）两侧系统的相电动势 $E_M=E_N=\frac{115}{\sqrt{3}}$kV，系统电抗 $X_{1M}=X_{2M}=5\Omega$，$X_{1N}=X_{2N}=10\Omega$，$X_{0M}=8\Omega$，$X_{0N}=15\Omega$。

试计算：线路XY两侧零序电流速断保护的动作电流及保护范围。

3. 在某110kV变电站中，装设有零序电流保护，已知：零序电流继电器的定值为4.5A。正常运行时通过变电站的负荷电流为380A；线路阻抗 $Z_1=0.4\Omega$/km；$Z_0=1.4\Omega$/km；零序电流过滤器的变比为400/5；系统等值电抗 $X_1=X_2=15\Omega$，$X_0=20\Omega$。试问：

（1）正常运行时，若零序过滤器的二次侧有一相断线，零序电流保护会不会误动作？

（2）在输电线路上单相接地短路时零序电流保护的保护范围为多少？

4. 某110kV变电站出线装设零序方向电流保护。已知系统的等值电抗为 $X_1=X_2$，在变电站110kV母线上三相短路的短路电流为5.8kA，单相接地短路时的零序电流 $I_{k0}^{(1)}=2.5$kA，零序功率方向继电器的最小动作功率为1.5VA，输电线路的阻抗 $Z_1=0.4\Omega$/km，$Z_0=1.4\Omega$/km，变电站母线零序电压互感器的变比为 $\frac{100/\sqrt{3}}{0.1}$，线路零序电流过滤器的变比为3000/5，试问：

（1）输电线路距保护安装处120km的地方发生单相接地短路时，零序功率方向继电器的灵敏系数为多少？

（2）为保证灵敏系数等于1.5，此零序功率方向继电器在单相接地短路时的保护范围是多少？

第三章 电网的距离保护

第一节 距离保护的工作原理

电流、电压保护具有简单、经济、可靠性高的突出优点，但是，它们存在保护范围、灵敏性受系统运行方式变化影响较大的缺点，尤其是在长距离重负荷的输电线路上以及长线路保护与短线路保护的配合中，往往不能满足灵敏性的要求；此外，在多电源环形网供用电系统中，选择性也不能满足要求。因此，电压等级在35kV以上、运行方式变化较大的多电源复杂电网，构成保护时通常要求采用性能更加完善的距离保护装置。

一、距离保护的基本概念

由于电流、电压保护所反应的电气量随系统运行方式、系统结构、短路形式的改变而变化，使得它们的保护功能难以满足系统发展的要求。如图3-1所示，距离保护是反应被保护线路阻抗大小进行工作的，该阻抗是被保护线路始端测量电压 $\dot{U}_m$ 与测量电流 $\dot{I}_m$ 的比值，称为测量阻抗 Z_m。系统正常运行时的测量阻抗 Z_m 是负荷阻抗 Z_L，它是额定电压 $\dot{U}_N$ 和线路负荷电流 $\dot{I}_L$ 之比，值较大。当线路发生短路时，测量阻抗 Z_m 等于短路点到保护安装处的线路阻抗 Z_k，它与距离成正比，值较小，而且短路点越靠近保护安装处，母线残压 $\dot{U}_{rem}$ 越低，短路电流 $\dot{I}_k$ 越大，其比值 Z_m 越小，保护越先动作。测量阻抗 Z_m 的大小，反应了短路点的远近，当 Z_m 小于保护范围末端的整定阻抗 Z_{set} 而进入动作区时，保护动作。因此，距离保护是以测量阻抗的大小来反应短路点到保护安装处的距离，并根据距离的远近确定动作时限的一种保护。使距离保护刚好动作的最大测量阻抗称为动作阻抗或起动阻抗，用 Z_{op} 表示。由于距离保护反应的参数是阻抗，故又被称为阻抗保护。因线路阻抗只与系统在不同运行方式下短路时电压、电流的比值有关，而与短路电流的大小无关，所以距离保护基本不受系统运行方式变化的影响。

二、距离保护的时限特性

距离保护动作时间 t 与保护安装处至短路点之间距离 l 的关系，$t=f(l)$，称为距离保护的时限特性。

为了满足速动性、选择性、灵敏性的要求，目前距离保护广泛采用具有三段动作范围的阶梯时限特性，如图3-1所示，分别称为距离Ⅰ、Ⅱ、Ⅲ段。它与三段式电流保护的时限特性相类似。

以图3-1中保护1为例，距离保护1理想的保护范围是线路XY全长，为此，其第Ⅰ段的动作阻抗应整定为 $Z^{\mathrm{I}}_{op\cdot 1}=Z_{XY}$。当下一线路YZ出口k点短路时，保护1测量阻抗 Z_m 大于动作阻抗 $Z^{\mathrm{I}}_{op\cdot 1}$，处于距离Ⅰ段保护范围以外，保护1不动作。然而，实际中存在动作阻抗的计算误差、电压和电流互感器的误差以及短路时暂态过程的影响，使保护1因测量阻抗 Z_m 小于动作阻抗 $Z^{\mathrm{I}}_{op\cdot 1}$，而越级误动作，失去选择性。为使保护1在下一线路出口短路时具有选择性，只有降低动作阻抗，缩小保护范围，满足 $Z^{\mathrm{I}}_{op\cdot 1}<Z_{XY}$，计及上述各种误差，动作

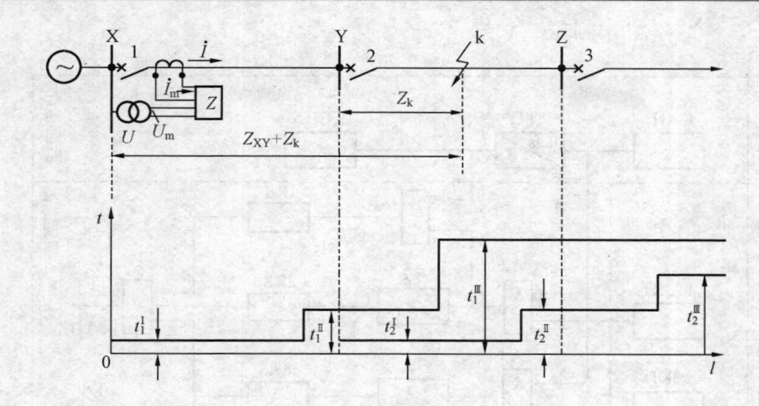

图 3-1 距离保护时限特性

阻抗应按 $Z_{op.1}^{I}=(0.8\sim0.85)Z_{XY}$ 整定。这样，距离保护 1 的第Ⅰ段只能保护 XY 线路全长的 80%～85%，在此范围内，保护 1 距离Ⅰ段具有选择性，应该瞬时动作，t_1^{I} 是保护装置的固有动作时限，如图 3-1 所示。

为了切除本线路末端 15%～20%范围内的故障，相似于三段式电流保护的考虑，保护 1 还应装设距离Ⅱ段。为了保证选择性，保护 1 距离Ⅱ段保护范围必然伸入下一级线路，并与下一级线路保护 2 的保护范围部分重叠，为使保护 1 动作具有选择性，并力求动作时限最短，为此，保护 1 距离Ⅱ段不应超过保护 2 距离Ⅰ段的保护范围，即动作阻抗按 $Z_{op.1}^{II}=(0.8\sim0.85)(Z_{XY}+Z_{op.2}^{I})$ 整定；动作时限 t_1^{II} 还应与保护 2 距离Ⅰ段动作时限 t_2^{II} 配合且大一个时限级差 Δt，即保护 1 距离Ⅱ段动作时限按 $t_1^{II}=t_2^{I}+\Delta t$ 整定，如图 3-1 所示。如此，可使保护 1 距离Ⅰ、Ⅱ段在 t_1^{II} 时间内切除被保护线路任一点的故障，满足速动性要求。

距离Ⅰ段和Ⅱ段互相配合，构成本线路的主保护。

为了作相邻下一线路保护和本线路主保护的后备保护，还应设置距离Ⅲ段保护。距离Ⅲ段保护的保护范围较大，其动作阻抗应按躲过正常负荷阻抗等条件整定；动作时限按阶梯时限原则整定，即动作时限应比本线路及相邻线路中保护的最大动作时限大一个时限级差 Δt，如图 3-1 所示 。

三、距离保护的原理框图

图 3-2 所示为三段式距离保护原理框图，它由起动回路、测量回路、逻辑回路三部分组成。

1. 起动回路

起动部分的主要元件可以是电流继电器、阻抗继电器、负序电流继电器或负序、零序电流增量电流继电器。以往的距离保护，起动元件采用电流继电器或阻抗继电器。目前，为了提高起动元件的灵敏性及保护可能误动时兼起闭锁作用，大多采用反应负序电流或负序电流与零序电流的复合电流或其增量的电流继电器 KAN 作为起动元件。正常运行时，起动部分的起动元件 KAN 不起动，三段式距离保护不投入工作。线路短路时，起动元件 KAN 解除整套保护的闭锁，使其投入工作。起动部分的作用是判别线路是否发生短路、保护是否应该投入工作。

2. 测量回路

测量部分的核心是具有方向性的阻抗继电器或无方向性的阻抗继电器与功率方向元件的

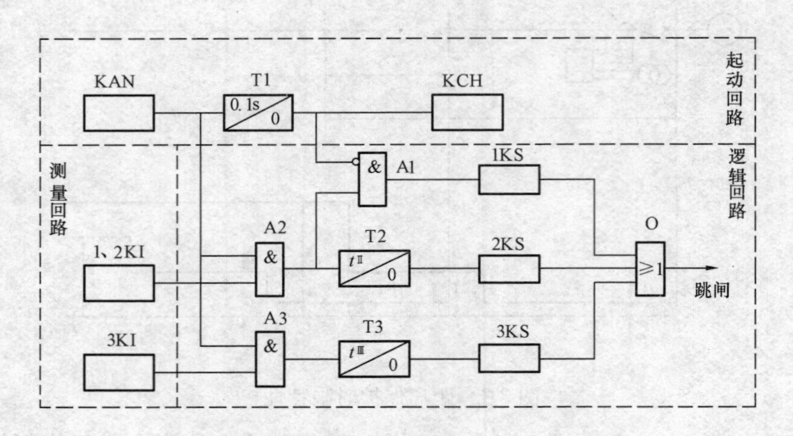

图 3-2 三段式距离保护原理框图

KAN—负序分量起动元件；1、2KⅠ—Ⅰ、Ⅱ段共用阻抗继电器；

3KⅠ—Ⅲ段阻抗继电器；KCH—切换继电器

组合。其作用是利用阻抗继电器 KI 测量短路点到保护安装处的距离。

3. 逻辑回路

逻辑部分主要由门电路和时间电路组成。它的作用是根据阻抗继电器测量及起动元件输出结果，决定是否应该跳闸、在什么时间跳闸。

测量部分是距离保护的核心。

三段式距离保护工作原理分析：

(1) 正常运行情况下，线路没有负序电流 I_2，起动元件的 KAN 无输出，闭锁整套保护。

(2) 发生短路时，出现负序电流 I_2，KAN 起动整套保护。如果短路点在Ⅰ段保护范围内（也属于Ⅱ、Ⅲ段的范围），0.1s 内，时间电路 T1 无信号输出，禁止门 A1 开放，允许距离Ⅰ段跳闸，与此同时，Ⅰ、Ⅱ段公用阻抗继电器 1、2KI 未经切换继电器 KCH 段别切换而处于Ⅰ段位置，1、2KI 与Ⅲ段阻抗继电器 3KI 同时起动，与门 A2、A3 有输出，由于时间电路 T2 、T3 的时限 $t^{\text{Ⅱ}}$ 、$t^{\text{Ⅲ}}$ 长，则 1、2KI 的输出经与门 A2、禁止门 A1、信号继电器 1KS、或门 O 瞬时跳闸。如短路点在Ⅱ段保护范围内时，阻抗继电器 3KI 起动，0.1s 后，时间电路 T1 一方面起动切换继电器 KCH，切换阻抗继电器 1、2KI 至Ⅱ段，另一方面经禁止门 A1 闭锁距离Ⅰ段的瞬时跳闸回路，因 $t^{\text{Ⅱ}}<t^{\text{Ⅲ}}$，阻抗继电器 1、2KI 的输出经与门 A2、时间电路 T2、信号继电器 2KS、或门 O ，以 $t^{\text{Ⅱ}}$ 时限跳闸。当短路点在Ⅲ段保护范围内时，时间阻抗继电器 3KI 起动，$t^{\text{Ⅲ}}$ 时限到达后，经与门 A3、时间电路 T3、信号继电器 3KS、或门 O 跳闸。

第二节 阻抗继电器

按测量阻抗原理工作的继电器叫做阻抗继电器，它是距离保护中的核心元件。阻抗继电器的主要作用是测量短路点到保护安装处的线路阻抗，并与整定阻抗进行比较，以确定保护是否应该动作。

一、阻抗继电器的构成方式

构成阻抗继电器的方式按输入电气量的多少可分为单相式和多相式两种。输入电气量只是一个电压（相电压或线电压）和一个电流（相电流或两相电流之差）的阻抗继电器，称为单相式或第Ⅰ类阻抗继电器，其动作特性可以在阻抗复数平面上表示出来；输入几个电压、电流或其组合构成的阻抗继电器，称为多相式（多相补偿式）或第Ⅱ类阻抗继电器，其动作特性不能直接在阻抗复数平面上表示出来。

单相式阻抗继电器输入的电压 $\dot{U}_m$、电流 $\dot{I}_m$ 取自被保护线路始端母线电压互感器 TV 和线路电流互感器 TA 的二次侧。当线路短路时，其比值 Z_m 就是线路阻抗，即

$$Z_m=\frac{\dot{U}_m}{\dot{I}_m}=\frac{\dot{U}/n_{TV}}{\dot{I}/n_{TA}}=\frac{\dot{U}}{\dot{I}}\times\frac{n_{TA}}{n_{TV}}=Z_k\frac{n_{TA}}{n_{TV}} \tag{3-1}$$

式中　$\dot{U}$——保护安装处一次侧母线电压；

$\dot{I}$——被保护线路一次侧电流；

n_{TV}——电压互感器变比；

n_{TA}——电流互感器变比；

Z_k——短路点到保护安装处线路阻抗。

线路的测量阻抗可以用复数的形式表示为 $Z_m=R_m+jX_m$，因此，可以利用复数平面分析继电器测量阻抗 Z_m 的动作特性。

二、阻抗继电器的动作特性分析

图 3-3（a）所示网络中，线路 XY、YZ 的阻抗角 φ_k 相等。现以 YZ 线路上保护 2 为例来说明其动作特性。假定电流的正方向规定为由母线指向线路，当正方向发生短路时，距离保护 2 的测量阻抗 $Z_m=R_m+jX_m$ 随着短路点的不同，它在第一象限的直线 YZ 上变化；反方向短路时，Z_m 在第三象限。正向测量阻抗与 R 轴的夹角即是线路阻抗角 φ_k。保护 2 距离Ⅰ段的整定阻抗 $Z_{set}^{I}=(0.8\sim0.85)Z_{YZ}$，整定阻抗角 $\varphi_{set}=\varphi_k$，则阻抗继电器的动作特性就是一条位于 YZ 上的直线 Z_{set}^{I}，其保护范围就是幅值和相位确定的动作特性直线 Z_{set}^{I}，如图 3-3（b）所示。短路时，测量阻抗 Z_m 落在 Z_{set}^{I} 上，则阻抗继电器动作；反之，阻抗继电器不动作。然而，在 YZ 线路的保护范围内发生短路时，若短路点伴随有过渡电阻 R_{tr}，将使继电器的测量阻抗 Z_m 落在其动作特性直线 Z_{set}^{I} 范围以外，导致阻抗继电器不能动作，如图 3-3（b）所示。此外，由于电流、电压互感器及继电器存在角度误差，也会使阻抗继电器因测量阻抗 Z_m 超出其动作特性直线而拒动。为了保证阻抗继电器在其保护范围内发生实际可能的短路时都能正确动作，应扩大动作范围，将动作特性由一条直线扩大为包含该直线的一个面积，如圆形、椭圆形、四边形等。常见阻抗继电器的动作特性为圆形，其中以整定阻抗幅值为直径，圆周过阻抗复平面坐标原点的圆，称方向阻抗特性圆，如图 3-3（b）曲线 1 所示；以整定阻抗幅值为半径，圆心位于坐标原点的圆，称全阻抗特性圆，如图 3-3（b）曲线 3 所示；圆心偏离原点，且圆心处于整定阻抗反向延长线的圆，称偏离特性阻抗圆，如图 3-3（b）曲线 2 所示；图 3-3（b）曲线 4 所示为直线特性。此外，较复杂的四边形、椭圆形等特性也在集成电路和微型机继电保护中得到应用。

利用复数平面分析单相式和直线特性阻抗继电器的动作特性，可以容易地确定动作方

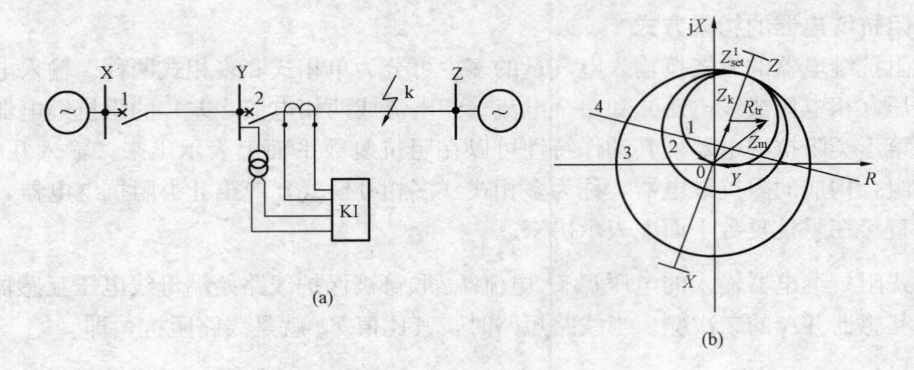

图 3-3　阻抗继电器特性的复数平面分析

(a) 网络图；(b) 测量阻抗及动作特性

程、拟定原理接线方案或构成逻辑关系。

阻抗继电器的动作特性分析中，常采用幅值比较式和相位比较式两种原理。

(一) 偏移特性的阻抗继电器

1. 幅值比较式

如图 3-4 所示，幅值比较式偏移特性阻抗继电器的动作特性，是以整定阻抗 Z_{set} 与反向偏移 $-\alpha Z_{set}$ ($\alpha<1$) 的幅值之和 $|Z_{set}+\alpha Z_{set}|$ 为直径的圆，圆心坐标为 $Z_0=\frac{1}{2}(1-\alpha)Z_{set}$，半径为 $|Z_{set}-Z_0|=\left|\frac{1}{2}(1+\alpha)Z_{set}\right|$。保护安装处在原点，圆内是动作区，圆外为不动作区。α 为偏移特性阻抗继电器的偏移度。当测量阻抗 Z_m 落在圆周上时，继电器处于动作区边界恰好动作，Z_m 落在圆内，继电器动作；反之，继电器不动作，动作既有方向性，又没有完全的方向性，例如在反向出口短路，也能动作，故称其为具有偏移特性的阻抗继电器。考虑互感器的误差，通常取偏移度 $\alpha=0.1\sim0.2$。

偏移特性阻抗继电器的偏移度 $0<\alpha<1$。

幅值比较原理的圆特性阻抗继电器，分析其动作特性时应求出圆心坐标和半径。

按幅值比较原理分析图 3-4 (a) 所示的动作特性，其动作区的动作方程为

$$|Z_m-Z_0|\leqslant|Z_{set}-Z_0| \tag{3-2}$$

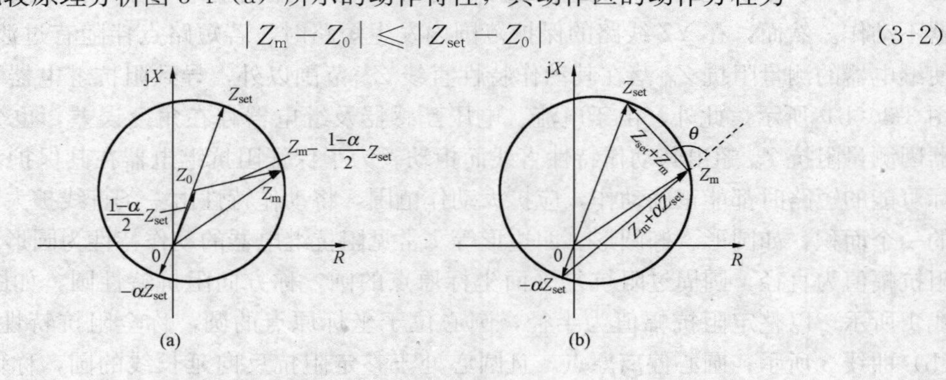

图 3-4　偏移特性阻抗继电器动作特性

(a) 比幅式；(b) 比相式

将圆心坐标 Z_0 代入式（3-2），可得

$$\left|Z_m-\frac{1}{2}(1-\alpha)Z_{set}\right|\leqslant\left|\frac{1}{2}(1+\alpha)Z_{set}\right| \tag{3-3}$$

继电器整定阻抗的实现，是通过其内部整定变压器（电压变换器）TV 变换系数 K_U 和电抗变换器 TL 的转移阻抗 $\dot{K}_I$ 的调整与组合来完成的，故继电器整定阻抗可以表达为 $Z_{set}=\frac{\dot{K}_I}{K_U}$，考虑 $\dot{I}_m Z_m=\dot{U}_m$，用 $K_U\dot{I}_m$ 乘式（3-3）两端，可得以电压表示的动作方程，即

$$\left|K_U\dot{U}_m-\frac{1}{2}\ (1-\alpha)\ \dot{K}_I\dot{I}_m\right|\leqslant\left|\frac{1}{2}\ (1+\alpha)\ \dot{K}_I\dot{I}_m\right| \tag{3-4}$$

2. 相位比较式

按相位比较原理分析具有偏移特性阻抗继电器的动作方程，根据图 3-4（b）所示可得

$$-90^\circ\leqslant\arg\frac{-\ (Z_m-Z_{set})}{Z_m+\alpha Z_{set}}\leqslant 90^\circ \tag{3-5}$$

可知，动作特性是以相量 Z_{set} 和 $-\alpha Z_{set}$ 的末端为直径的圆，圆内为动作区。

考虑 $\dot{I}_m Z_m=\dot{U}_m$，$Z_{set}=\frac{\dot{K}_I}{K_U}$，式（3-5）分子、分母同乘 $K_U\dot{I}_m$，可得电压表示的动作方程

$$-90^\circ\leqslant\arg\frac{\dot{K}_I\dot{I}_m-K_U\dot{U}_m}{\alpha\dot{K}_I\dot{I}_m+K_U\dot{U}_m}\leqslant 90^\circ \tag{3-6}$$

如图 3-5 所示，将取自互感器二次侧的电压 $\dot{U}_m$ 和电流 $\dot{I}_m$ 接入阻抗继电器的整定变压器 TV 和电抗变换器 TL，在其二次侧分别得到电压 $K_U\dot{U}_m$，$\frac{1}{2}$（$1+\alpha$）$\dot{K}_I\dot{I}_m$，$\frac{1}{2}$（$1-\alpha$）$\dot{K}_I\dot{I}_m$，再根据比幅式动作方程构成测量部分实现电路，如图 3-5（a）所示；根据比相式动作方程构成测量部分实现电路，如图 3-5（b）所示。

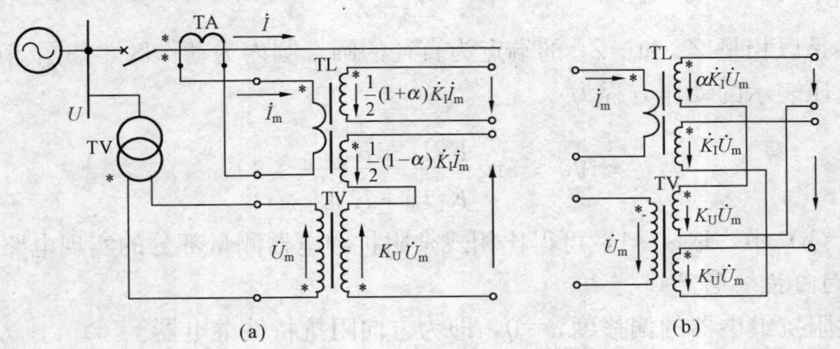

图 3-5 偏移特性阻抗继电器测量部分电路

（a）幅值比较测量电路；（b）相位比较测量电路

（二）全阻抗继电器

偏移特性阻抗继电器的偏移度 $\alpha=1$，就是全阻抗特性继电器。

1. 幅值比较式

使式（3-3）中偏移度 $\alpha=100\%=1$，其幅值比较式动作方程为

$$|Z_m| \leqslant |Z_{set}| \tag{3-7}$$

圆半径为$|Z_{set}|$，圆心为原点，圆内为动作区。动作特性如图 3-6（a）所示，为全阻抗特性圆，保护安装处位于原点。只要测量阻抗 Z_m 落在圆内，继电器就能动作，与 Z_m 的方向即相位角无关，因此称为全阻抗特性圆阻抗继电器。

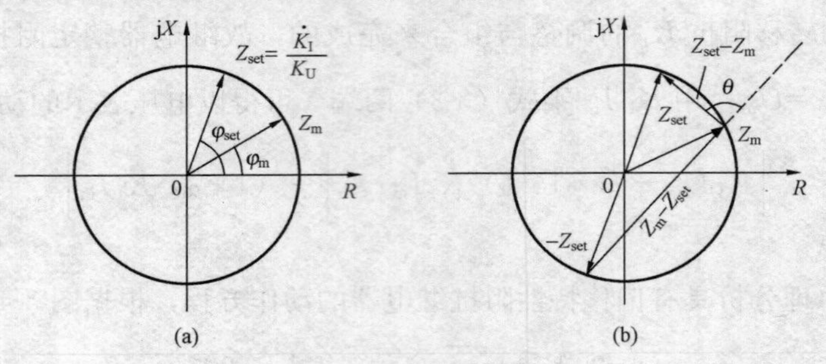

图 3-6　全阻抗继电器动作特性

（a）比幅式；（b）比相式

由于继电器输入的电气量是电压、电流，考虑到 $\dot{I}_m Z_m = \dot{U}_m$，$Z_{set}=\frac{\dot{K}_I}{\dot{K}_U}$，在式（3-7）两端同乘以 $\dot{K}_U \dot{I}_m$ 可得幅值比较式全阻抗继电器测量部分实现电路的动作方程

$$|\dot{K}_U \dot{U}_m| \leqslant |\dot{K}_I \dot{I}_m| \tag{3-8}$$

在图 3-5（a）中，取 $\alpha=1$，可得比幅式全阻抗继电器测量部分的实现电路。

2. 相位比较式

用相位比较原理分析全阻抗继电器的动作特性。由式（3-5），考虑偏移度 $\alpha=1$，则动作方程为

$$-90° \leqslant \arg \frac{-(Z_m - Z_{set})}{Z_m + Z_{set}} \leqslant 90° \tag{3-9}$$

动作特性是以相量 Z_{set} 和 $-Z_{set}$ 的端点为直径的圆，圆内为动作区，如图 3-6（b）所示。

用比相电压表示的动作方程为

$$-90° \leqslant \arg \frac{\dot{K}_I \dot{I}_m - \dot{K}_U \dot{U}_m}{\dot{K}_I \dot{I}_m + \dot{K}_U \dot{U}_m} \leqslant 90° \tag{3-10}$$

在图 3-5（b）中，取 $\alpha=1$，可得比相式全阻抗继电器测量部分的实现电路。

（三）方向阻抗继电器

偏移特性阻抗继电器的偏移度 $\alpha=0$，即为方向阻抗特性继电器。

1. 幅值比较式

在式（3-3）中，代入偏移度 $\alpha=0$，可得方向阻抗特性继电器幅值比较式动作方程为

$$\left|Z_m - \frac{1}{2}Z_{set}\right| \leqslant \left|\frac{1}{2}Z_{set}\right| \tag{3-11}$$

圆半径为$\left|\frac{1}{2}Z_{set}\right|$，圆心为相量$\frac{1}{2}Z_{set}$的端点。动作特性如图 3-7（a）所示。保护安装处位于坐标原点，圆内为动作区，圆外为非动作区，圆周是动作边界。当测量阻抗 Z_m 落在

圆周和圆内，继电器动作；否则，不动作。如保护背后发生短路时，Z_m 在第三象限，处于动作特性圆外，继电器不动作，其动作特性具有方向性，故称为方向圆特性阻抗继电器。

如图 3-7 所示，当测量阻抗 Z_m 落在圆周上时，Z_m 即为继电器的动作阻抗 Z_{op}，Z_{op} 随加入继电器的电压 $\dot{U}_m$ 和电流 $\dot{I}_m$ 间相角差 φ_m 的改变而变化。当 φ_m 等于整定阻抗的阻抗角 φ_k 时，动作阻抗 Z_{op} 达到最大，与 Z_{set} 相等，此时，阻抗继电器的保护范围最大，工作最灵敏。因此，这个角度称为继电器的最灵敏角，以 φ_{sen} 表示。为使继电器工作在最灵敏角的条件下，应调整继电器的最灵敏角 φ_{sen} 接近或等于线路阻抗角 φ_k。

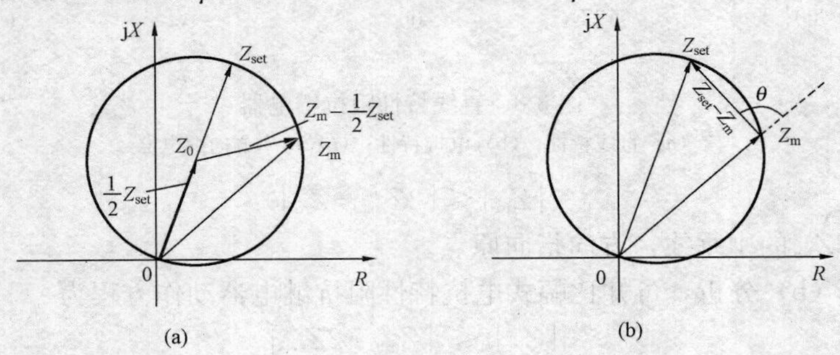

图 3-7　方向阻抗继电器动作特性

(a) 比幅式；(b) 比相式

考虑式 (3-4) 中，偏移度 $\alpha=0$，可得以电压表示的方向阻抗继电器动作方程

$$\left|\dot{K}_U\dot{U}_m-\frac{1}{2}\dot{K}_I\dot{I}_m\right|\leqslant\left|\frac{1}{2}\dot{K}_I\dot{I}_m\right| \tag{3-12}$$

在图 3-5 (a) 中，取 $\alpha=0$，可得比幅式方向阻抗继电器测量部分的实现电路。

方向阻抗继电器动作特性，也可用相位比较原理进行分析。

2. 相位比较式

在式 (3-5) 中代入偏移度 $\alpha=0$，可得比相式方向阻抗继电器的动作方程为

$$-90^\circ\leqslant\arg\frac{-(Z_m-Z_{set})}{Z_m}\leqslant 90^\circ \tag{3-13}$$

可知，动作特性也是以 Z_{set} 为直径的圆，圆内为动作区，如图 3-7 (b) 所示。

在式 (3-6) 中代入偏移度 $\alpha=0$，得出电压表示的比相式动作方程为

$$-90^\circ\leqslant\arg\frac{\dot{K}_I\dot{I}_m-\dot{K}_U\dot{U}_m}{\dot{K}_U\dot{U}_m}\leqslant 90^\circ \tag{3-14}$$

在图 3-5 (b) 中，取 $\alpha=0$，可得比相式方向阻抗继电器测量部分的实现电路。

(四) 直线特性阻抗继电器

功率方向继电器即直线特性阻抗继电器。图 3-8 所示为几种直线特性阻抗继电器，其阴影部分为动作区，它们的动作特性既可用幅值比较，也可用相位比较原理来分析。下面采用幅值比较原理分析直线特性阻抗继电器、电抗特性阻抗继电器、功率方向继电器的动作特性。相位比较原理的特性分析可参考前述方法进行。

按幅值比较原理分析直线特性阻抗继电器的动作特性，由图 3-8 (a) 分析，可得出动作方程

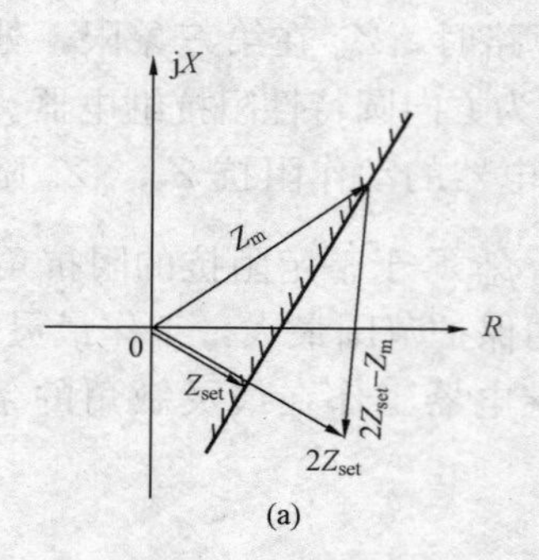

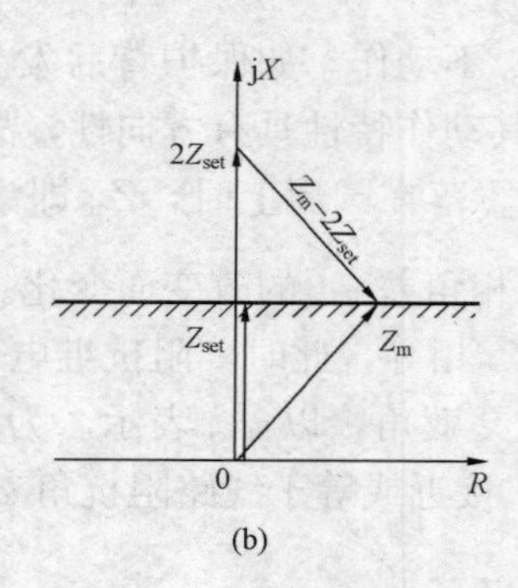

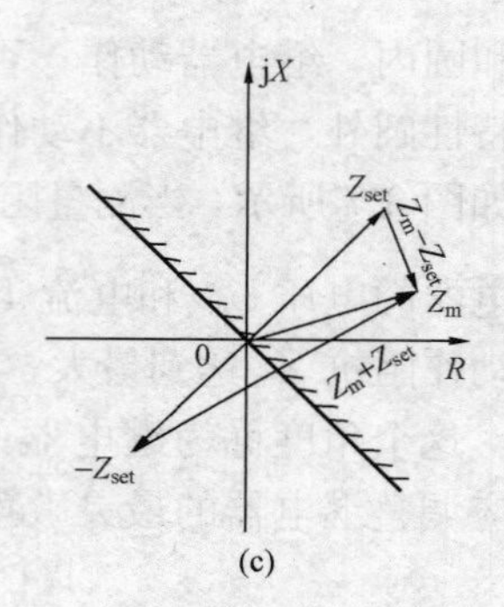

图 3-8　直线特性阻抗继电器

(a) 直线特性；(b) 电抗特性；(c) 功率方向继电器

$$|Z_m| \leqslant |2Z_{set}-Z_m| \tag{3-15}$$

动作区为 $2Z_{set}$的中垂线，方向指向原点。

根据图 3-8（b）分析，可知比幅式电抗特性阻抗继电器动作方程为

$$|Z_m| \leqslant |Z_m-2Z_{set}| \tag{3-16}$$

动作区为 $2Z_{set}$的中垂线，方向指向原点。

根据图 3-8（c）分析，可知比幅式功率方向继电器的动作方程为

$$|Z_m-Z_{set}| \leqslant |Z_m+Z_{set}| \tag{3-17}$$

动作区为相量$-Z_{set}$、Z_{set}末端连线的中垂线，方向指向 Z_{set}。

（五）方向阻抗继电器动作特性的扩展——橄榄形和苹果形动作特性

前述相位比较式方向阻抗继电器的动作方程表达式为

$$-90° \leqslant \arg\frac{Z_{set}-Z_m}{Z_m} \leqslant 90° \tag{3-18}$$

其动作特性如图 3-7（b）所示，按相位比较原理而言，继电器处于动作边界时，$\dot{Z}_{set}-\dot{Z}_m$ 超前 $\dot{Z}_m$ 的相角 θ 为 90°，等于其相邻角，即直径 Z_{set}所对的圆周角。若圆周角所对的是小于直径的一条弦，此时圆周角将大于或小于 90°，对应的相邻角 θ 也将小于或大于 90°。当 $\theta<90°$时，动作特性改变为

$$-\theta \leqslant \arg\frac{Z_{set}-Z_m}{Z_m} \leqslant \theta \quad (\theta<90°) \tag{3-19}$$

在阻抗复平面上的特性曲线如图 3-9（a）所示，由带斜线的两圆弧组成，特性曲线所包围面积是两个相交圆的相交部分，形似橄榄，因而称橄榄形动作特性，所构成的继电器也被称为橄榄形特性阻抗继电器，可用于发电机失步保护。当 $\theta>90°$时，其动作特性将为如图 3-9（b）所示带斜线的两圆弧组成，形如苹果，因而称苹果形特性阻抗继电器，由于其$+R$ 轴方向动作区较大，可以提高接地距离保护躲过渡电阻的能力，其动作方程表达式为

$$-\theta \leqslant \arg\frac{Z_{set}-Z_m}{Z_m} \leqslant \theta \quad (\theta>90°) \tag{3-20}$$

三、方向阻抗继电器的死区及其消除方法

1. 产生死区的原因

按上述原理构成的方向阻抗继电器在实际工作中，当保护正方向出口发生三相或两相短

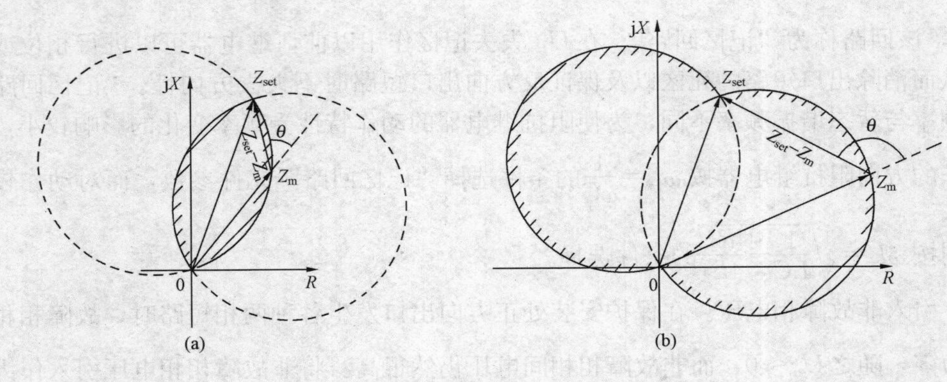

图 3-9 橄榄形和苹果形阻抗继电器动作特性

（a）橄榄形特性（$\theta<90°$）；（b）苹果形特性（$\theta>90°$）

路时，故障点相间残压接近于零，加入相间距离保护阻抗继电器的电压 $\dot{U}_m\approx0$ 或小于继电器动作所需门槛电压时，方向阻抗继电器不能动作。因此，把短路时方向阻抗继电器不能动作的一定区域称为方向阻抗继电器的死区。

对于按幅值比较原理构成的方向阻抗继电器，其动作方程为 $\left|\dot{K}_U\dot{U}_m-\frac{1}{2}\dot{K}_I\dot{I}_m\right|\leqslant\left|\frac{1}{2}\dot{K}_I\dot{I}_m\right|$，当 $\dot{U}_m\approx0$ 时，变为 $\left|-\frac{1}{2}\dot{K}_I\dot{I}_m\right|=\left|\frac{1}{2}\dot{K}_I\dot{I}_m\right|$，理论上处于动作边界，实际上，由于继电器的执行元件动作需要消耗一定的功率，因此，继电器不能动作。

对于按比相原理构成的方向阻抗继电器，动作方程为式（3-14），当 $\dot{U}_m\approx0$ 时，由于进行比相的两个电压中有一个为零，因而无法比相，继电器不动作。

2. 消除死区的方法

为了减小和消除继电器的死区，通常在方向阻抗继电器的两个电压比较量中引入相等极化电压 $\dot{U}_{TP}$。为了不影响继电器的动作特性，$\dot{U}_{TP}$应与 $\dot{U}_m$ 同相位；保护安装处出口短路时，极化电压 $\dot{U}_{TP}$应不为零或能保持一段时间。

通常引入极化电压的方法如下。

（1）记忆回路，如图 3-10（a）所示。记忆回路由 R、L、C 组成 50Hz 工频串联谐振回路，谐振回路在正常情况下呈电阻性，回路中 I 与 $\dot{U}_m$ 及在电阻上的压降 $\dot{U}_R$ 同相，因此以 $\dot{U}_R$ 代替 $\dot{U}_m$ 或作为极化电压接入继电器，继电器的特性不会改变。当相间短路时，电压 $\dot{U}_m$ 突然由正常值降为零，谐振状态的回路电流 I 不能突然消失，要按回路的自由振荡频率经过几个周波后逐渐衰减到零。回路中电阻上的压降 $\dot{U}_R$ 也以 I 的变化规律衰减到零，如图 3-10（b）所示。在此过程中 $\dot{U}_R$ 保持短路前 $\dot{U}_m$ 的相位，因而 $\dot{U}_m$ 具有“记

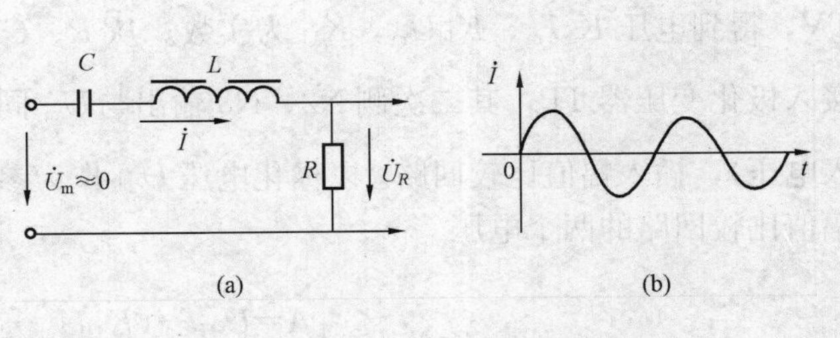

图 3-10 记忆回路

（a）电路图；（b）记忆波形图

忆作用”，该回路称为“记忆回路”。在$\dot{U}_R$失去记忆作用以前，继电器可以进行相位或幅值比较，从而消除出口短路的死区以及保证反方向出口短路时不失去方向性。“记忆回路”稳态谐振频率与暂态谐振频率不同，为使阻抗继电器的动作特性受频率变化的影响较小，一般快速动作的方向阻抗继电器按$\omega L=\frac{1}{\omega C}$的条件选择“记忆回路”元件参数，而对动作较慢的保护，则按$\omega L=\sqrt{\frac{1}{LC}-\frac{R_2}{4L_2}}$的条件选择。

（2）引入非故障相电压。在保护安装处正方向出口发生各种两相短路时，故障相相间电压降低为零，随之$\dot{U}_m\approx 0$，而非故障相相间电压仍然很高。将非故障相相电压引入作为极化电压接入继电器，即可消除记忆作用消失后保护安装处正方向出口两相短路的死区；此外，还可防止反方向出口两相短路时的误动作。详见第三节。

第三节　整流型方向阻抗继电器的接线和特性分析

一、原理接线

图3-11所示为常用的相间距离保护幅值比较式整流形方向阻抗继电器原理接线图。它由电抗变换器TL、电压变换器TV、极化变压器TP和幅值比较回路组成。图示继电器是距离保护Ⅰ、Ⅱ段的测量元件，它反应线路中A、B相间短路，接入继电器的电流为

$$\dot{I}_m=\frac{\dot{I}_A-\dot{I}_B}{n_{TA}}=\dot{I}_a-\dot{I}_b \tag{3-21}$$

电压为

$$\dot{U}_m=\dot{U}_{ab} \tag{3-22}$$

正常运行时，切换继电器KCH带电，其处于闭合状态的动合触点接通第Ⅰ段整定阻抗；短路后，KCH失磁，经过第Ⅰ段允许跳闸时间的延时，由KCH触点切换到第Ⅱ段整定阻抗。一般第Ⅰ段允许跳闸时间为0.1s 。$\dot{I}_m$、$\dot{U}_m$经过电抗变换器TL和电压变换器TV，得到电压$K_I\dot{I}_m$、$K_U\dot{U}_m$，K_U为实数。从R、C、L组成的串联谐振记忆回路中取$\dot{U}_R$接入极化变压器TP，其二次侧N2、N3输出与$\dot{U}_m$同相位的两个等幅极化电压$\dot{U}_{TP}$（也称插入电压），插入幅值比较回路。以极化电压$\dot{U}_{TP}$作为参考电压，由图3-11所示极性，可写出幅值比较回路的两个电压

$$\begin{cases}\dot{A}=\dot{U}_{TP}-(K_U\dot{U}_m-K_I\dot{I}_m)\\ \dot{B}=\dot{U}_{TP}+(K_U\dot{U}_m-K_I\dot{I}_m)\end{cases} \tag{3-23}$$

式（3-23）中，$|\dot{A}|$为动作量，$\dot{B}$为制动量，当$|\dot{A}|\geqslant|\dot{B}|$时继电器动作。

二、动作特性分析

在方向阻抗继电器动作方程式（3-12）两端同乘以2，动作方程关系不变，即

$$|K_I\dot{I}_m|\geqslant|2K_U\dot{U}_m-K_I\dot{I}_m| \tag{3-24}$$

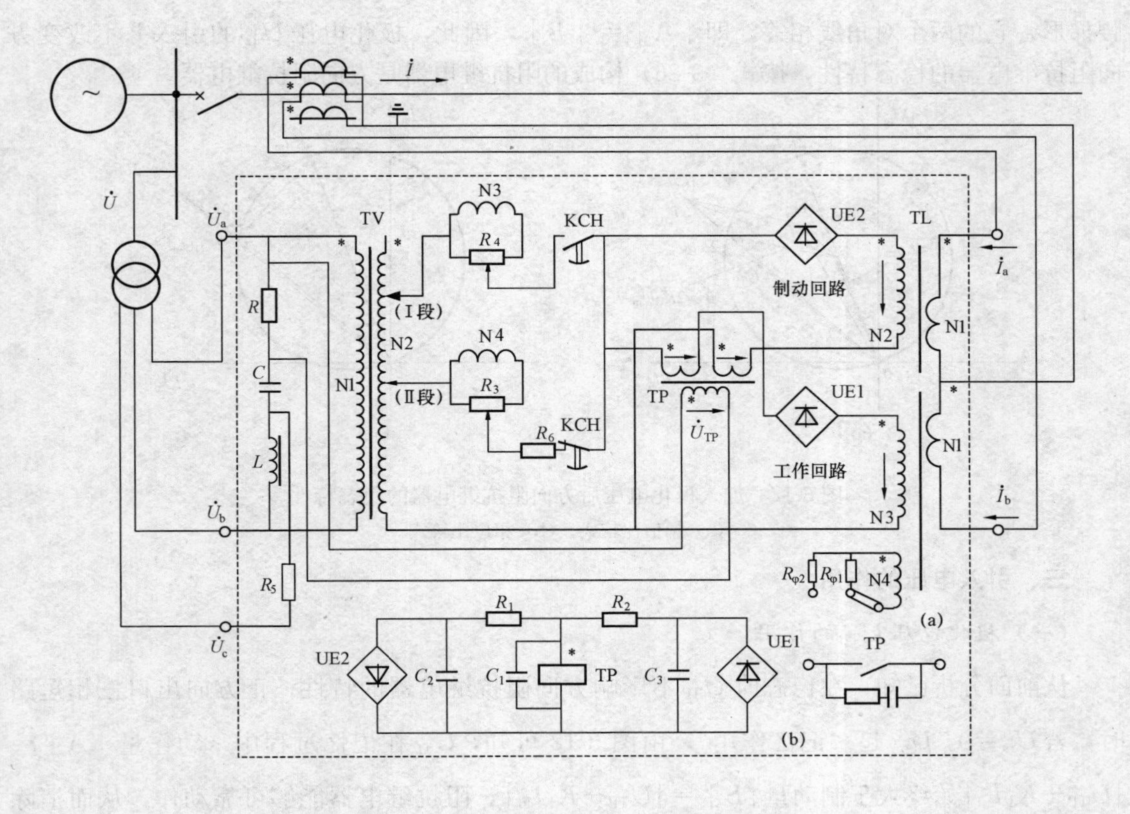

图 3-11　幅值比较式整流型方向阻抗继电器

(a) 原理接线；(b) 幅值比较回路

若$|\dot{A}'|$为动作量，$|\dot{B}'|$为制动量，则有

$$\begin{cases}|\dot{A}'|=|\dot{K}_I\dot{I}_m|\\ |\dot{B}'|=|2K_U\dot{U}_m-\dot{K}_I\dot{I}_m|\end{cases}\tag{3-25}$$

$|\dot{A}'|\geqslant|\dot{B}'|$动作。将式（3-23）等值变形为

$$\begin{cases}\dot{A}=\dot{K}_I\dot{I}_m+（\dot{U}_{TP}-K_U\dot{U}_m）\\ \dot{B}=2K_U\dot{U}_m-\dot{K}_I\dot{I}_m+（\dot{U}_{TP}-K_U\dot{U}_m）\end{cases}\tag{3-26}$$

比较式（3-25）和式（3-26）可知，式（3-26）多一项（$\dot{U}_{TP}-K_U\dot{U}_m$）。如果按式（3-26）构成的幅值比较式阻抗继电器和按式（3-25）构成的方向阻抗继电器，具有相同的动作特性，则该继电器就是方向阻抗继电器。

分析图 3-12（a）可知，稳态时，$\dot{U}_{TP}$和$K_U\dot{U}_m$同相位，当$\dot{U}_m$位于动作特性圆的边界上时，$|\dot{A}'|=|\dot{B}'|$。可以证明，$\dot{A}'$、$\dot{B}'$分别插入（$\dot{U}_{TP}-K_U\dot{U}_m$）后得到的四边形 MNP0 为等

腰梯形，它的两个对角线相等，即 $|\dot{A}|=|\dot{B}|$，因此，极化电压 $\dot{U}_{TP}$ 的引入并不改变方向阻抗继电器的稳态特性，按式（3-26）构成的阻抗继电器是方向阻抗继电器。

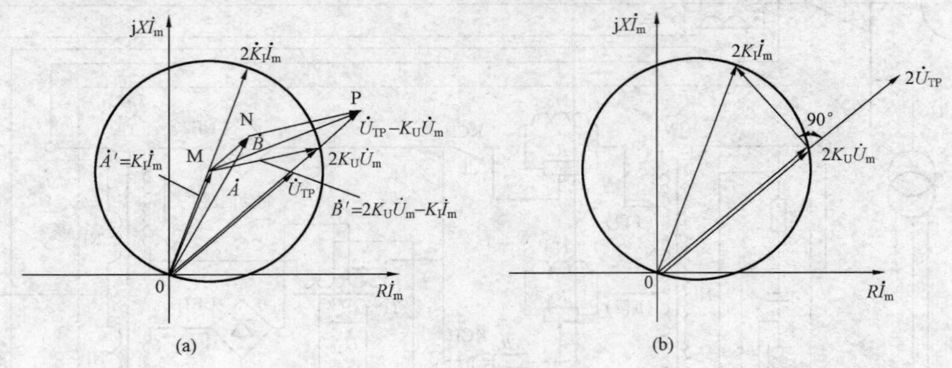

图 3-12　加入极化电压后方向阻抗继电器的稳态特性

（a）幅值比较式；（b）相位比较式

三、引入电压的作用

（一）极化电压 $\dot{U}_{TP}$ 的作用

从前面分析已知，在稳态时 $\dot{U}_{TP}$ 不影响方向阻抗继电器的特性；正方向出口三相短路时，若 $\dot{U}_m=0$，$\dot{U}_m$ 起“记忆作用”。由图 3-13 可知，$\dot{U}_{TP}$ 在记忆过程中，动作量 $|\dot{A}|=|\dot{U}_{TP}+\dot{K}_I\dot{I}_m|$ 始终大于制动量 $|\dot{B}|=|\dot{U}_{TP}-\dot{K}_I\dot{I}_m|$，阻抗继电器能够可靠动作，从而消除了死区。

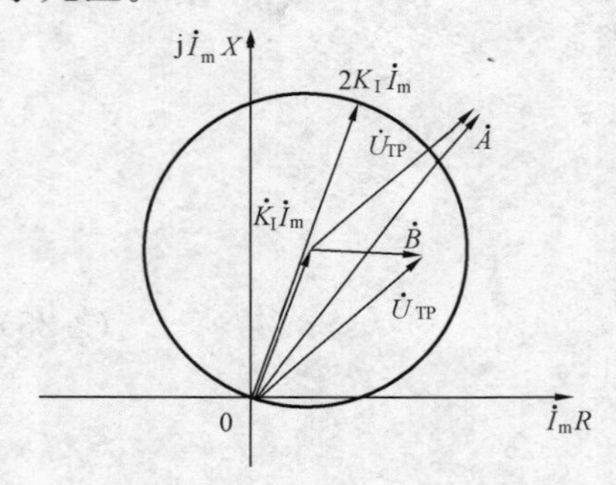

图 3-13　极化电压 $\dot{U}_{TP}$ 的作用

（二）第三相电压的作用

“记忆回路”能保证方向阻抗继电器在暂态过程中正确动作，但其作用时间有限，因此，应引入第三相电压，即非故障相电压 $\dot{U}_c$。$\dot{U}_c$ 通过高阻值电阻 R_5（约 30kΩ）接到“记忆回路”中 C 与 L 的连接线上，且与“记忆回路”并用，如图 3-10（a）及 3-14（a）所示。正常时，R、L、C 谐振回路中 $\dot{U}_{ab}$ 电压较高，因为 $X_L=X_C$，所以有 $\dot{U}_m=\dot{U}_R=\dot{U}_{ab}$；由于 R_5 为高阻值，故 $\dot{U}_{ab}$ 在 R、C、R_5 回路中产生的电流很小，第三相电压 $\dot{U}_c$ 基本不起作用。当保护正方向出口 AB 两相短路时，$\dot{U}_m=\dot{U}_{ab}\approx0$，记忆作用消失后，其等值电路如图 3-14（a）所示。由图可知，1.5 倍相电压 $\dot{U}_{ac}=\dot{U}_{bc}$ 作用于 AB 相短接后和 C 相构成的回路上，由于 R_5 阻值远大于回路中阻抗值（$R-\mathrm{j}X_C$）$//\mathrm{j}X_L$，故回路主要呈电阻性，电流 $\dot{I}_R$ 基本与所加电压 $\dot{U}_{ac}$ 或 $\dot{U}_{bc}$ 同相位，且电压主要降落在 R_5 上，即 $\dot{U}_{ac}=\dot{U}_{bc}\approx R_5\dot{I}_R$。$\dot{I}_R$ 在两支路中按阻抗成反比分配，在 R、C 支路中分配的电流为

$$\dot{I}_C = j\dot{I}_R \frac{X_L}{R + jX_L - jX_C} = j\dot{I}_R \frac{X_L}{R} \tag{3-27}$$

由式（3-27）可知，$\dot{I}_C$ 超前 $\dot{I}_R 90°$，即超前 $\dot{U}_{ac}90°$，其相量如图 3-14（b）所示。由图可知，$j\dot{U}_{ac}$与短路前 $\dot{U}_{ab}$同相位，又因为 $\dot{U}_{TP} = \dot{I}_C R = j\dot{I}_R X_L \approx j\dot{U}_{ac}\frac{X_L}{R_5}$，所以，第三相电压提供的极化电压 $\dot{U}_{TP}$与短路前 $\dot{U}_{ab}$同相位。同样，该电压的存在可消除正方向出口两相短路时继电器动作的死区。

第三相电压的引入还能防止在反方向出口两相短路时，因 1.5 倍非故障相电压的作用而可能引起的继电器误动作。其作用原理可结合图 3-15 所示进行具体分析，例如，当反方向出口处发生 AB 两相短路时，电压互感器二次侧接入继电器的电压 $\dot{U}_m$ 等于零，即 $\dot{U}_m = \dot{U}_{ab} = 0$，而非故障相和故障相间的电压 $\dot{U}_{ac}$及 $\dot{U}_{bc}$为 1.5 倍相电压。若电压互感器二次负载不对称，即 $Z_{ab} \neq Z_{bc} \neq Z_{cb}$，电压互感器引至保护盘间的导线阻抗也不等，即 $Z_a \neq Z_b \neq Z_c$ 时，在 $\dot{U}_{ac}$及 $\dot{U}_{bc}$的作用下，电压互感器二次侧产生电流 $\dot{I}_a$、$\dot{I}_b$、$\dot{I}_c$，其数值不等，且不对称，则流入继电器的电流 $\dot{I}_a$、$\dot{I}_b$ 在 Z_a、Z_b 上的压降也不等，从而使 $\dot{U}_{ab}$为任意值。因此，在记忆作用消失后，若 $\dot{U}_{ab} < 0$，则有 $\dot{Z}_m = \frac{\dot{U}_{ab}}{-\dot{I}_{ab}}$，$Z_m$反应为正方向出口短路阻抗，引起继电器误动作。为此，由第三相电压引入一个极化电压 $\dot{U}_{TP}$，以抵消 $\dot{U}_{ab}$的作用，从而保证反方向短路时，保护可靠不动。

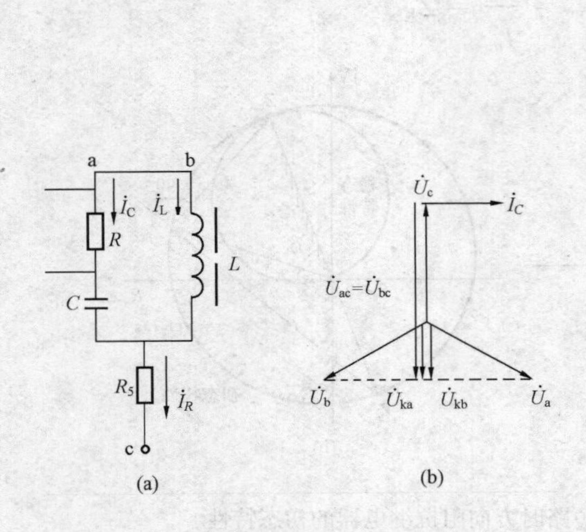

图 3-14 第三相电压工作原理说明
（a）等值电路；（b）相量图

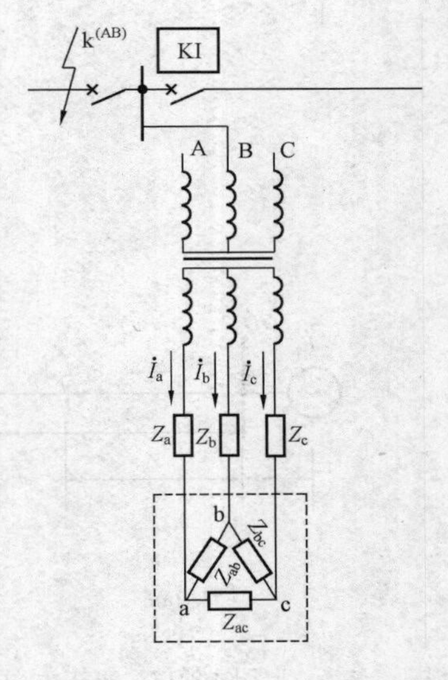

图 3-15 非故障相电压影响说明

（三）“记忆回路”对继电器动作特性的影响

如前所述，方向阻抗继电器引入“记忆回路”电压 $\dot{U}_{TP}$后，其动作方程

$$-90^\circ \leqslant \arg \frac{\dot{K}_I \dot{I}_m - \dot{K}_U \dot{U}_m}{\dot{U}_{TP}} \leqslant 90^\circ \tag{3-28}$$

在正常运行和短路后的稳态情况下，$\dot{U}_{TP}$和$\dot{U}_m$同相位，因此，动作特性为图3-7所示的方向阻抗圆特性，被称为稳态特性。但在发生短路的初瞬间，由于$\dot{U}_{TP}$的记忆作用，$\dot{U}_{TP}$将记忆短路前负荷状态下母线电压$\dot{U}_L$的相位，因此方向阻抗继电器的动作方程应为

$$-90^\circ \leqslant \arg \frac{\dot{K}_I \dot{I}_m - \dot{K}_U \dot{U}_m}{\dot{U}_L} \leqslant 90^\circ \tag{3-29}$$

式中$\dot{U}_L$为短路前负荷状态下的母线电压，$\dot{U}_m$是故障后的母线电压，两者相位不同，可见式（3-29）所表示的继电器在短路初瞬间的动作特性与稳态时不同，因此，称其为初态特性。

短路以后，有记忆作用的方向阻抗继电器动作特性随着$\dot{U}_{TP}$记忆作用的逐步消失，由初态特性逐步向稳态特性过渡。由于初态特性的动作方程含有多个变量，所以不能简单地只用Z_m来表示，只能根据具体系统接线、参数和短路位置进行分析。

1. 正方向短路时的初态特性

系统接线及相关参数如图3-16（a）所示，设互感器变比为1，则在k点短路时有

$$\dot{I}_m = \frac{\dot{E}_s}{Z_s + Z_k} \tag{3-30}$$

$$\dot{U}_m = \dot{I}_m Z_k \tag{3-31}$$

$$Z_m = \frac{\dot{U}_m}{\dot{I}_m} = Z_k \tag{3-32}$$

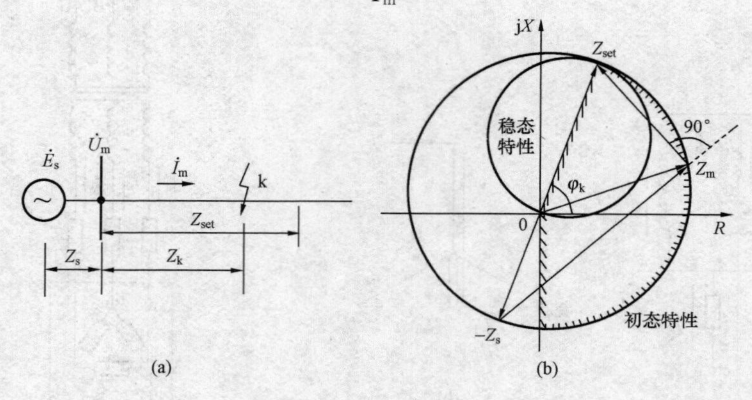

图3-16 当正方向短路时方向阻抗继电器的初态特性
（a）系统图；（b）初态特性

计及

$$Z_m = \frac{\dot{K}_I}{K_U}$$

$$\dot{K}_I \dot{I}_m - K_U \dot{U}_m = \dot{K}_I \dot{I}_m - K_U \dot{I}_m Z_m = K_U \dot{I}_m \ (Z_{set} - Z_m)$$

$$=K_U\frac{\dot{E}_s}{Z_s+Z_k}(Z_{set}-Z_m)$$

$$=K_U\dot{E}_s\frac{Z_{set}-Z_m}{Z_s+Z_m} \tag{3-33}$$

将式（3-33）代入式（3-29），可得继电器初态特性动作方程

$$-90°\leqslant\arg\frac{K_U\dot{E}_s}{\dot{U}_L}\times\frac{Z_{set}-Z_m}{Z_s+Z_m}\leqslant 90° \tag{3-34}$$

如果短路前为空载，则 $\dot{E}_s=\dot{U}_L$，$\arg\frac{K_U\dot{E}_s}{\dot{U}_L}=0°$，继电器动作方程为

$$-90°\leqslant\arg\frac{Z_{set}-Z_m}{Z_s+Z_m}\leqslant 90° \tag{3-35}$$

可知，动作特性是以 $|Z_{set}-(-Z_s)|$ 为直径所作的圆，圆内为动作区，如图 3-16（b）所示。当记忆作用消失以后，稳态情况下继电器的动作特性仍是以 Z_{set} 为直径所作的圆，如图 3-16（b）所示。

正方向短路时，Z_m 为短路点到保护安装处的线路阻抗 Z_k，其阻抗角为线路阻抗角 φ_k，若考虑短路点存在过渡电阻或串补电容的影响，Z_m 有可能进入第三象限，但绝不会出现负值而进入第四象限，因此，动作圆的有效区为图 3-16（b）所示阴影部分。动作特性圆虽然包含第四象限，但并不意味着会失去选择性，因为式（3-35）是在保护正方向短路的条件下导出的，它不适用于保护反方向短路的情况。

可见，正方向短路时的继电器初态特性，扩大了动作范围，既有利于消除死区和减小过渡电阻的影响，而又不会失去方向性。

2. 反方向短路时的初态特性

系统接线及有关参数如图 3-17（a）所示，当保护反方向 k 点发生短路时，流过保护的电流 $\dot{I}_m$ 由对侧电源 $\dot{E}'_s$ 提供，设电流正方向为母线流向被保护线路，且 $Z'_s>Z_{set}$，$\dot{U}_m=\dot{I}_mZ_m$，$Z_{set}=\frac{\dot{K}_I}{K_U}$。则有

$$-\dot{I}_m=\frac{\dot{E}'_s-\dot{U}_m}{Z'_s}=\frac{\dot{E}'_s-\dot{I}_mZ_m}{Z'_s}$$

$$\dot{I}_m=\frac{\dot{E}'_s}{Z_m-Z'_s} \tag{3-36}$$

将 $\dot{K}_I\dot{I}_m-K_U\dot{U}_m=K_U\dot{I}_m(Z_{set}-Z_m)$ 和式（3-35）代入式（3-29），则继电器初态特性动作方程为

$$-90°\leqslant\arg\frac{K_U\dot{E}'_s}{\dot{U}_L}\times\frac{Z'_s-Z_m}{Z_m-Z_{set}}\leqslant 90° \tag{3-37}$$

如短路前空载在记忆作用消失前 $\dot{E}'_s=\dot{U}_L$，$\arg\frac{K_U\dot{E}'_s}{\dot{U}_L}=0°$，继电器动作方程为

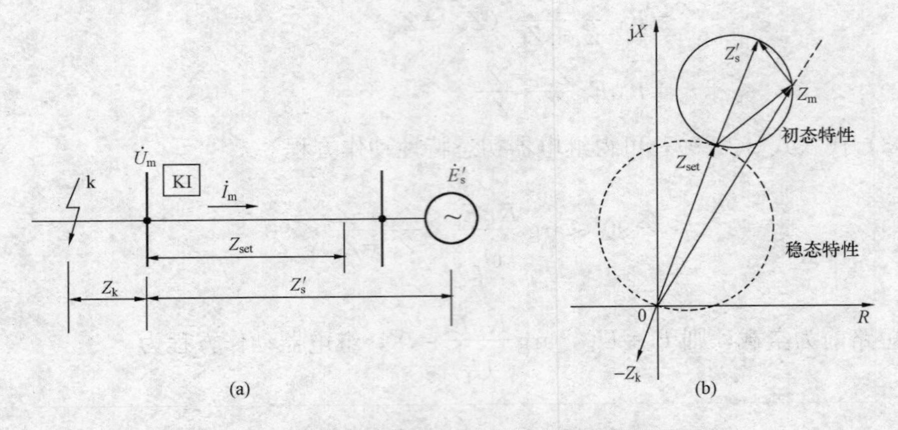

图 3-17 当反方向短路时方向阻抗继电器的初态特性

（a）系统图；（b）初态特性

$$-90°\leqslant \arg\frac{Z'_s-Z_m}{Z_m-Z_{set}}\leqslant 90° \tag{3-38}$$

可知，继电器初态特性为以$|Z'_s-Z_{set}|$为直径所作的抛球圆，如图 3-17（b）所示，圆内为动作区。以上的分析结果表明，反方向短路时继电器的初态特性位于第一象限，而实际上 Z_m 测到的是$-Z_k$，位于第三象限，因此继电器不会误动作，有明确的方向性。

四、阻抗继电器的精确工作电流

以上分析阻抗继电器的动作特性都是基于理想情况，它所反应的阻抗只与加入继电器的电压电流比值有关，而与电流的大小无关。但实际的阻抗继电器必须考虑执行元件起动消耗的功率，晶体二极管的正向电压降等因素，因此，其动作方程应为

$$|\dot{U}_{TP}-(K_U\dot{U}_m-\dot{K}_I\dot{I}_m)|-|\dot{U}_{TP}+(K_U\dot{U}_m-\dot{K}_I\dot{I}_m)|\geqslant U_0 \tag{3-39}$$

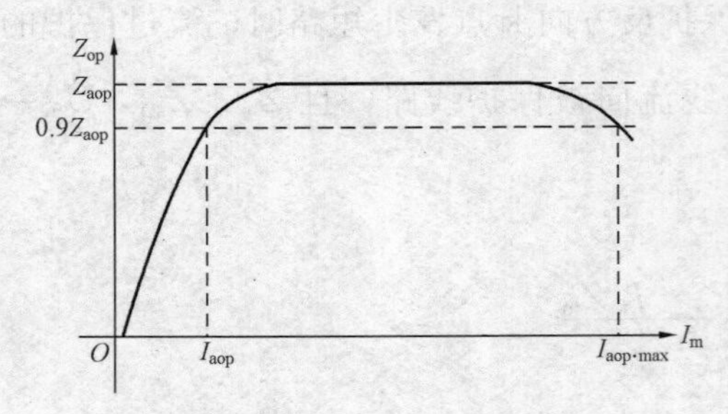

图 3-18 方向阻抗继电器 $Z_{op}=f(I_m)$ 的曲线

式中，U_0 表示继电器动作时克服功率消耗及整流二极管压降所必需的电压。一般选择继电器的最灵敏角 φ_{sen} 等于线路阻抗角 φ_k，当线路上发生金属性短路时，$\varphi_m=\varphi_{sen}$，式（3-39）中各相量是同相位、代数和，考虑到 $Z_m=\dfrac{\dot{U}_m}{\dot{I}_m}$，$Z_{set}=\dfrac{\dot{K}_I}{K_U}$，在动作边界有 $Z_m=Z_{op}$，最终可以简化为

$$Z_{op}=Z_{set}-\frac{U_0}{2K_U\dot{I}_m} \tag{3-40}$$

考虑 U_0 的影响后，根据式（3-40）作出 $Z_{set}=f(I_m)$ 的关系曲线如图 3-18 所示。可知，I_m 较小时$\dfrac{U_0}{2K_U I_m}$较大，继电器实际动作值 Z_{op}小于整定动作值 Z_{set}，缩小了实际保护范围。这将影响到与相邻距离保护中阻抗元件的配合，甚至会使保护无选择性动作。

只有 I_m 大到使 $\frac{U_0}{2K_U I_m}\approx 0$，才能保证 Z_{op} 与 Z_{set} 的误差限制在一定范围内。因此，要求加入阻抗继电器的电流满足最小精确工作电流的要求。所谓最小精确工作电流（简称精工电流），就是指当继电器的动作阻抗 $Z_{op}=0.9Z_{set}$ 时，加入继电器的最小测量电流，以 I_{aop} 表示。当 $I_m\geqslant I_{aop}$，就可以保证动作阻抗的误差在10%以内，而此误差在整定计算中选择可靠系数时考虑。如 I_m 过大使电抗变换器 TL 饱和时，转移阻抗 $\dot{K}_I$ 下降，则动作阻抗 Z_{op} 又将随着 I_m 的增大而减小，这同样会增大误差，因此设计电抗变换器 TL 时必须对饱和倍数提出要求。

根据式（3-40）及精工电流的定义，并考虑 $Z_{set}=\frac{\dot{K}_I}{K_U}$，整理可得

$$\dot{I}_{aop}=\frac{U_0}{0.2\dot{K}_I} \tag{3-41}$$

可知：最小精工电流 I_{aop} 与执行元件的灵敏度 U_0 成正比，与转移阻抗 $\dot{K}_I$ 成反比。因此，选择较高灵敏度（U_0 较小）的执行元件（如采用助磁绕组，可以降低精确工作电流），同时增大转移阻抗 $\dot{K}_I$（即电抗变换器 TL 一次绕组匝数在允许范围内选取较多），就可以得到较小的 I_{aop}，从而保证在最小短路电流时继电器能正确工作。另外，增大 $\dot{K}_I$ 也可采用在电抗变换器 TL 气隙中插入铍镆合金片的方法，当 I_m 大时，铍镆合金片因饱和而不起作用，当 I_m 小时，它将使电抗变换器 TL 磁阻减小而增大 $\dot{K}_I$。需要指出的是，采用助磁绕组使继电器接线复杂，降低了可靠性和返回系数等。

第四节　阻抗继电器的接线方式

一、阻抗继电器接线的基本要求

为使阻抗继电器能正确测量短路点到保护安装处的距离，加入继电器的电压 $\dot{U}_m$、电流 $\dot{I}_m$ 应满足以下基本要求。

（1）反应 $\dot{U}_m$、$\dot{I}_m$ 的测量阻抗 Z_m 应与短路点到保护安装处的距离成正比。

（2）测量阻抗 Z_m 与短路形式无关，即 Z_m 不随同一短路类型的不同短路形式而改变。短路类型分为相间短路和接地短路两种。每种类型又有不同的短路形式，如接地短路有单相和两相接地短路两种形式。对于阻抗继电器接线方式的命名方法与功率方向继电器接线方式的命名方法相同。

二、相间短路阻抗继电器的接线方式

（一）相间短路阻抗继电器的0°接线方式

这种接线方式广泛应用在相间距离保护中，为了反应各种相间短路故障，在 AB、BC、CA 相间分别接入一只阻抗继电器来反应对应的相间短路，原理接线如图 3-19 所示。各只阻抗继电器接入的电压 $\dot{U}_m$ 和电流 $\dot{I}_m$ 见表 3-1。根据功率方向继电器接线方式命名方法，$\cos\varphi=1$ 时，接入阻抗继电器的 $\dot{U}_m$、$\dot{I}_m$ 同相位，故称为0°接线。

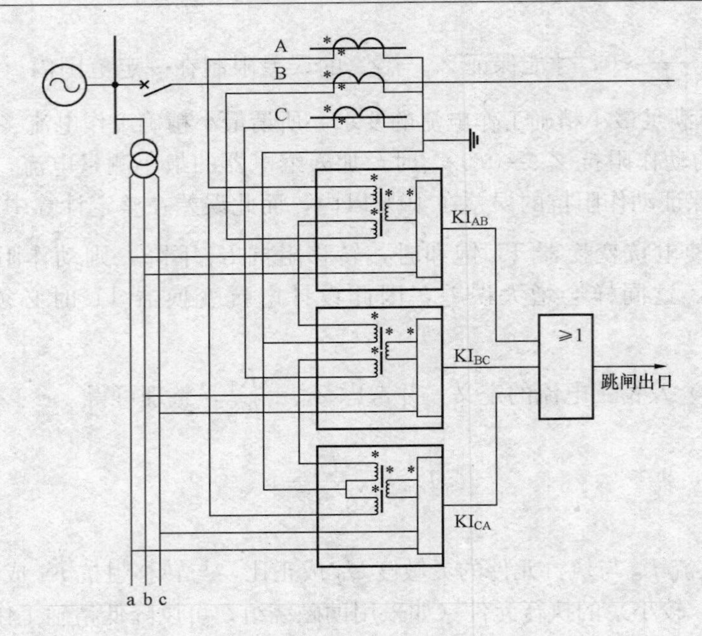

图 3-19 相间短路阻抗继电器的 0°接线

表 3-1 0°接线方式接入的电压和电流

引入电气量 / 继电器标号	$\dot{U}_m$	$\dot{I}_m$
KI_{AB}	$\dot{U}_{ab}$	$\dot{I}_a-\dot{I}_b$
KI_{BC}	$\dot{U}_{bc}$	$\dot{I}_b-\dot{I}_c$
KI_{CA}	$\dot{U}_{ca}$	$\dot{I}_c-\dot{I}_a$

在以下分析中，假设互感器变比为 1，短路点到保护安装处的距离为 l（km），线路自感抗为 Z_Z（Ω/km），互感抗为 Z_M（Ω/km），单位正序阻抗 $Z_1=Z_Z-Z_M$（Ω/km），负荷阻抗为 Z_L（Ω）。

1. 三相短路

如图 3-20（a）所示，由于三相短路是对称的，三只电器工作情况完全相同，故仅以 AB 相阻抗继电器为例进行分析。由表 3-1 所列 0°接线方式可知，加入继电器的电压和电流为

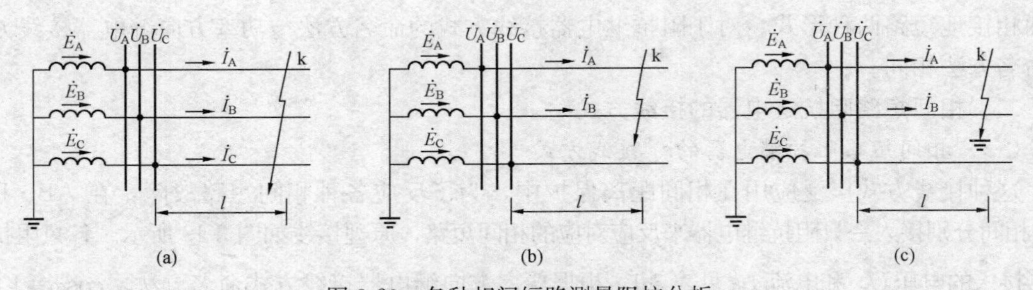

图 3-20 各种相间短路测量阻抗分析

（a）三相短路；（b）A、B 两相短路；（c）A、B 两相接地短路

$$\begin{cases}\dot{U}_m=\dot{U}_{ab}=\dot{U}_a-\dot{U}_b=\dot{I}_aZ_1l-\dot{I}_bZ_1l=(\dot{I}_a-\dot{I}_b)Z_1l\\ \dot{I}_m=\dot{I}_{ab}=\dot{I}_a-\dot{I}_b\end{cases}\tag{3-42}$$

根据表 3-1，AB 相测量阻抗为

$$Z_m=\frac{\dot{U}_m}{\dot{I}_m}=\frac{\dot{U}_{ab}}{\dot{I}_{ab}}=Z_{ab}=Z_1l\tag{3-43}$$

2. 两相短路

如图 3-20（b）所示，以 AB 相短路为例，此时存在下列关系式

$$\begin{cases}\dot{U}_a=\dot{I}_aZ_1l+\dot{U}_{ka}=\dot{U}_b=\dot{I}_bZ_1l+\dot{U}_{kb}\\ \dot{U}_{ab}=(\dot{I}_a-\dot{I}_b)Z_1l\end{cases}\tag{3-44}$$

AB 相测量阻抗为

$$Z_m=\frac{\dot{U}_m}{\dot{I}_m}=Z_1l\tag{3-45}$$

与三相短路时测量阻抗相同。BC、CA 相阻抗继电器所加电压为非故障相电压，数值较大，而加入的电流为一相的短路电流，数值较小，因而测量阻抗大，相应的继电器不动作。但三只阻抗继电器是经“或”门控制跳闸出口回路的，因此，只要有一只继电器工作，就可以保证整套距离保护正确工作。

3. 中性点直接接地电网两相接地短路

如图 3-20（c）所示，可将 A 相和 B 相看成两个“导线一大地”的输电线路，则故障相电压为

$$\begin{cases}\dot{U}_a=\dot{I}_aZ_zl+\dot{I}_bZ_Ml\\ U_b=\dot{I}_bZ_zl+\dot{I}_aZ_Ml\end{cases}\tag{3-46}$$

AB 相阻抗继电器的测量阻抗为

$$Z_m=\frac{\dot{U}_{ab}}{\dot{I}_{ab}}=\frac{(\dot{I}_a-\dot{I}_b)(Z_z-Z_M)l}{\dot{I}_a-\dot{I}_b}=Z_1l\tag{3-47}$$

由式（3-47）可知，A、B 两相接地短路时，测量阻抗也与三相短路时相同。

由上述分析可见，阻抗继电器的 0°接线对各种相间短路，其测量阻抗都等于短路点到保护安装处的线路正序阻抗，满足了接线方式的基本要求。

（二）阻抗继电器的±30°接线方式

相间短路时阻抗继电器还可以采用±30°接线方式，即+30°和−30°两种方式，各阻抗继电器接入的电压和电流见表 3-2。

表 3-2　±30°接线方式接入的电压和电流

接线方式 / 继电器标号 / 引入电气量	+30°			−30°		
	KI_{AB}	KI_{BC}	KI_{CA}	KI_{AB}	KI_{BC}	KI_{CA}
$\dot{U}_m$	$\dot{U}_{ab}$	$\dot{U}_{bc}$	$\dot{U}_{ca}$	$\dot{U}_{ab}$	$\dot{U}_{bc}$	$\dot{U}_{ca}$
$\dot{I}_m$	$2\dot{I}_a$ 或 $\dot{I}_a$	$2\dot{I}_b$ 或 $\dot{I}_b$	$2\dot{I}_c$ 或 $\dot{I}_c$	$-2\dot{I}_b$ 或 $-\dot{I}_b$	$-2\dot{I}_c$ 或 $-\dot{I}_c$	$-2\dot{I}_a$ 或 $-\dot{I}_a$

1. 正常运行

三相对称，可只分析 AB 相阻抗继电器。由于取接入继电器的电压为 $\dot{U}_{ab}$，电流为 $\dot{I}_a$ 或 $2\dot{I}_a$，当功率因数 $\cos\varphi=1$ 时 $\dot{I}_a$ 落后 $\dot{I}_{ab}30°$，因此，称为$+30°$接线；同理，在接入电压取 $\dot{U}_{ab}$，电流为 $-\dot{I}_b$ 或 $-2\dot{I}_b$ 时，$-\dot{I}_b$ 超前 $\dot{U}_{ab}30°$，称为$-30°$接线。其他相的阻抗继电器接入的电压 $\dot{U}_m$、电流 $\dot{I}_m$ 见表 3-2。接入 AB 相阻抗继电器的电压为

$$\dot{U}_m=\dot{U}_{ab}=(\dot{I}_a-\dot{I}_b)Z_L=\dot{I}_a\sqrt{3}e^{+j30°}Z_L \tag{3-48}$$

对于$+30°$接线，取 $\dot{I}_m=2\dot{I}_a$，其测量阻抗为

$$Z_{m(+30°)}=\frac{\dot{U}_{ab}}{2\dot{I}_a}=\frac{\sqrt{3}}{2}Z_Le^{+j30°} \tag{3-49}$$

对于$-30°$接线，取 $\dot{I}_m=-2\dot{I}_b=2\dot{I}_ae^{j60}$，其测量阻抗为

$$Z_{m(-30°)}=\frac{\dot{U}_{ab}}{-2\dot{I}_b}=\frac{\sqrt{3}}{2}Z_Le^{-j30°} \tag{3-50}$$

式（3-49）和式（3-50）说明，正常运行时，测量阻抗在数值上是每相负荷阻抗的$\frac{\sqrt{3}}{2}$倍；在相位上，对于$+30°$接线和$-30°$接线，测量阻抗分别向超前和滞后每相负荷阻抗的方向旋转了 30°。

2. 三相短路

与正常运行相似，如图 3-20（a）所示，将短路点到保护安装处的正序阻抗 Z_1l 替换负荷阻抗 Z_L，可得三相短路时$\pm30°$接线方式的测量阻抗表达式

$$Z_{m(+30°)}=\frac{\dot{U}_{ab}}{2\dot{I}_a}=\frac{\sqrt{3}}{2}Z_1le^{+j30°} \tag{3-51}$$

$$Z_{m(-30°)}=\frac{\dot{U}_{ab}}{-2\dot{I}_b}=\frac{\sqrt{3}}{2}Z_1le^{-j30°} \tag{3-52}$$

式（3-51）和式（3-52）表明，测量阻抗在数值上是每相短路正序阻抗的$\frac{\sqrt{3}}{2}$倍，相位则比线路阻抗角 φ_k 偏移$\pm30°$。

3. 两相短路

如图 3-20（b）所示，AB 两相短路时接入继电器的电压为

$$\dot{U}_m=\dot{U}_{ab}=(\dot{I}_a-\dot{I}_b)Z_1l=2\dot{I}_aZ_1l \tag{3-53}$$

对于$+30°$接线，取 $\dot{I}_m=2\dot{I}_a$，则测量阻抗为

$$Z_{m(+30°)}=Z_1l \tag{3-54}$$

对于$-30°$接线，取 $\dot{I}_m=-2\dot{I}_b=2\dot{I}_a$，则测量阻抗为

$$Z_{m(-30°)}=Z_1l \tag{3-55}$$

由式（3-54）和式（3-55）可知，两相短路时，阻抗继电器采用$\pm30°$两种接线方式，其测量阻抗都等于短路点到保护安装处的正序阻抗，测量阻抗角 φ_m 等于线路正序阻抗角 φ_k。

由以上分析可见，若阻抗继电器采用$\pm30°$接线方式，则在线路上同一点发生同类型不

同形式的短路时，其测量阻抗的大小、相位各不相同。因此，这种接线方式的采用有一定的局限性。

（1）全阻抗继电器：采用$\pm 30°$接线方式时，不宜作测量元件。由于全阻抗继电器的动作阻抗与角度无关，而测量阻抗在三相短路时为$\frac{\sqrt{3}}{2}Z_1 l$，两相短路时则为$Z_1 l$，对不同的短路形式，保护范围不同。

（2）方向阻抗继电器：采用$\pm 30°$接线方式时，可以作为测量元件。对于方向阻抗继电器来说，虽然测量阻抗在同一点两相短路与三相短路时的幅值不同，但都处于动作边界，因此，采用$\pm 30°$接线的方向阻抗继电器对两种形式的短路具有相同的保护范围。当选择两相短路的测量阻抗为整定阻抗，即$Z_{set}=Z_1 l$时，方向阻抗继电器的动作特性是一个以$Z_1 l$为直径、最灵敏角φ_{sen}等于线路阻抗角φ_k的圆，如图3-21所示。当同一点发生三相短路时，继电器的测量阻抗$Z_{m(\pm 30°)}$分别向超前和滞后线路阻抗的方向旋转30°，减小为$Z_1 l\cos(\pm 30°)$，即$\frac{\sqrt{3}}{2}Z_1 l$，正好处于动作特性边界。

（3）方向阻抗继电器采用$\pm 30°$接线可以提高躲过负荷阻抗的能力。在输电线路的送电端，采用$-30°$接线时，正常情况下的继电器测量阻抗为$Z_{m(-30°)}=\frac{\sqrt{3}}{2}Z_L e^{-j30°}$，它将$Z_L$顺时针旋转了30°，如图3-21所示。当功率因数为0.9时，$Z_{m(-30°)}$远离动作区，落在第四象限，可靠躲开了负荷阻抗。同理，方向阻抗继电器在受电端采用$+30°$接线时，具有相同的效果。注意：在输电线路的受、送电端$\pm 30°$两种接线不能用错，对于负荷电流可能双向流动的线路，也不宜采用。

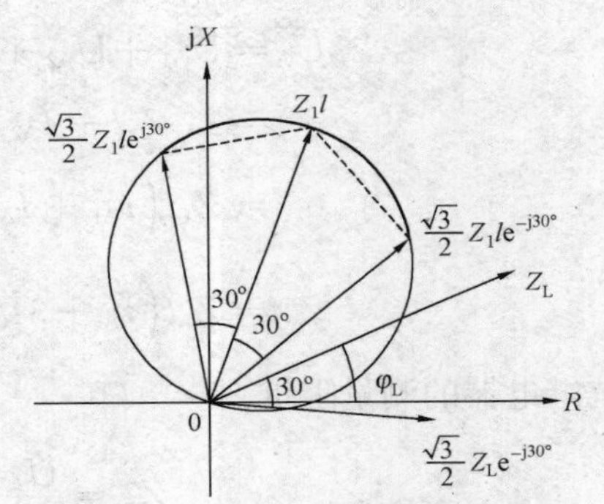

图3-21　方向阻抗继电器采用$\pm 30°$接线时的动作特性和提高输送功率能力说明

此外，这种接线方式比较简单，电流互感器负担也较轻，可用于圆特性的方向阻抗继电器和作起动元件时的全阻抗继电器。

三、接地短路阻抗继电器的接线方式

在中性点直接接地的电网中，当零序电流保护不能满足要求时，通常考虑采用接地距离保护并配合使用零序过电流保护。接地距离保护中阻抗继电器的主要任务是在电网中发生接地短路时，正确反应短路点到保护安装处的距离。因此，应分析阻抗继电器采用怎样的接线方式才能满足准确测量的要求。

在单相接地时，只有故障相电压最低，电流最大，而其他非故障相相间电压仍较高，根据阻抗继电器的构成原则，继电器应接入故障相电压和电流。例如，反应A相接地的继电器接入

$$\begin{cases}\dot{U}_m=\dot{U}_A\\ \dot{I}_m=\dot{I}_A\end{cases} \tag{3-56}$$

这种接线方式能否满足要求，需作具体分析。

设短路点电压为$\dot{U}_{kA}$，保护安装处母线电压为$\dot{U}_A$，短路电流为$\dot{I}_A$，若采用对称分量表

示，则短路时，短路点有

$$\begin{cases}\dot{U}_{KA}=\dot{U}_{KA1}+\dot{U}_{KA2}+\dot{U}_{KA0}=0\\ \dot{I}_{KA}=\dot{I}_{KA1}+\dot{I}_{KA2}+\dot{I}_{KA0}\end{cases}\tag{3-57}$$

保护安装处有

$$\begin{cases}\dot{U}_{A}=\dot{U}_{A1}+\dot{U}_{A2}+\dot{U}_{A0}\\ \dot{I}_{A}=\dot{I}_{A1}+\dot{I}_{A2}+\dot{I}_{A0}\end{cases}\tag{3-58}$$

按照各序等效网络，在保护安装处母线上各对称分量电压与短路点的各对称分量电压之间，具有以下关系

$$\begin{cases}\dot{U}_{A1}=\dot{I}_{A1}Z_1l+\dot{U}_{KA1}\\ \dot{U}_{A2}=\dot{I}_{A2}Z_2l+\dot{U}_{KA2}\\ \dot{U}_{A0}=\dot{I}_{A0}Z_0l+\dot{U}_{KA0}\end{cases}\tag{3-59}$$

则保护安装处母线电压为

$$\begin{aligned}\dot{U}_{A}&=\dot{U}_{A1}+\dot{U}_{A2}+\dot{U}_{A0}\\ &=\dot{I}_{A1}Z_1l+\dot{I}_{A2}Z_2l+\dot{I}_{A0}Z_0l+(\dot{U}_{kA1}+\dot{U}_{kA2}+\dot{U}_{kA0})\\ &=Z_1l\left(\dot{I}_{A1}+\dot{I}_{A2}+\dot{I}_{A0}\frac{Z_0}{Z_1}\right)\\ &=Z_1l\left(\dot{I}_{A}+3\dot{I}_0\frac{Z_0-Z_1}{3Z_1}\right)\end{aligned}\tag{3-60}$$

阻抗继电器的测量阻抗

$$Z_m=\frac{\dot{U}_A}{\dot{I}_A}=Z_1l\left(1+\frac{\dot{I}_0}{\dot{I}_A}\times\frac{Z_0-Z_1}{Z_1}\right)\tag{3-61}$$

显然，测量阻抗 Z_m 与比值$\dfrac{\dot{I}_0}{\dot{I}_A}$有关，而该比值与电网中性接地点的数目和位置有关，不为常数，因此，继电器不能准确地测量短路点到保护安装处的距离。

考虑从零序电流互感器或零序电流滤过器得到的零序电流为 $3\dot{I}_{A0}$，且 $3\dot{I}_{A0}=3\dot{I}_0$，当取接入阻抗继电器的电压、电流为

$$\begin{cases}\dot{U}_{m}=\dot{U}_{A}\\ \dot{I}_{m}=\dot{I}_{A}+3\dot{I}_0\dfrac{Z_0-Z_1}{3Z_1}\end{cases}$$

或

$$\begin{cases}\dot{U}_{m}=\dot{U}_{A}\\ \dot{I}_{m}=\dot{I}_{A}+K3\dot{I}_0\end{cases}\tag{3-62}$$

时，即能满足测量要求。

式（3-62）中 $K=\dfrac{Z_0-Z_1}{3Z_1}$，为补偿系数，一般认为零序阻抗角等于正序阻抗角，因而 K 是一个实数，这样，继电器的测量阻抗应为

$$Z_m=\frac{\dot{U}_m}{\dot{I}_m}=\frac{\dot{U}_A}{\dot{I}_A+K3\dot{I}_0}=\frac{Z_1 l(\dot{I}_A+K3\dot{I}_0)}{\dot{I}_A+K3\dot{I}_0}=Z_1 l \tag{3-63}$$

可见，式（3-63）与按 0°接线的相间短路阻抗继电器有相同的测量值，因此，接线方式称为阻抗继电器带有零序电流补偿的 0°接线。这种接线方式在接地距离保护中得到广泛应用。

为了反应各相的接地短路，接地距离保护也必须采用三只阻抗继电器，其原理接线如图 3-22 所示。每只继电器接入的电压 $\dot{U}_m$、电流 $\dot{I}_m$ 分别为：$\dot{U}_A$，$\dot{I}_A+K3\dot{I}_0$；$\dot{U}_B$，$\dot{I}_B+K3\dot{I}_0$；$\dot{U}_C$，$\dot{I}_C+K3\dot{I}_0$。因此，带有零序电流补偿 0°接线的各相阻抗继电器测量阻抗 $Z_m=\dfrac{\dot{U}_m}{\dot{I}_m+K3\dot{I}_0}$。

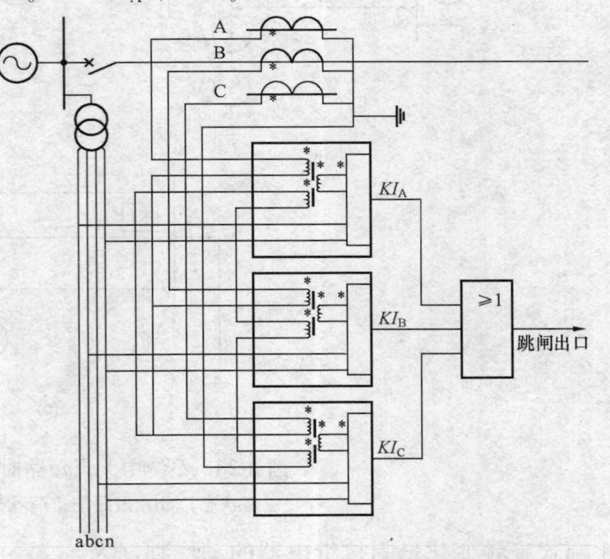

图 3-22　带有零序电流补偿的 0°接线原理图

综合重合闸中采用带有零序电流补偿 0°接线的阻抗继电器作为故障相的选相元件。

第五节　工频变化量和交叉极化阻抗继电器

目前，采用 0°接线和带有零序电流补偿 0°接线的阻抗继电器还有应用于微机距离保护的工频变化量阻抗继电器和交叉极化阻抗继电器。

一、工频变化量阻抗继电器

（一）工作原理

工频变化量阻抗继电器是反应故障前后电压、电流工频变化量而进行工作的。如图 3-23（a）所示，当电力系统发生短路时，根据叠加原理，相当于在短路点加入与短路前电压大小相等、方向相反的附加电压 $\dot{E}$。此时系统状态为短路前负荷状态［见图 3-23（b）］与附加电压 $\Delta\dot{E}_k=-\dot{E}$ 产生的短路状态［见图 3-23（a）］的叠加，因此，工频变化量阻抗继电器只考虑如图 3-23（c）所示的短路附加状态。

在图 3-23 中，k 点发生短路时电流、电压工频变化量如下。

保护安装处电流变化量为

$$-\Delta\dot{I}_m=\frac{\Delta\dot{E}_k}{Z_s+Z_k} \tag{3-64}$$

保护安装处电压变化量为

$$\Delta\dot{U}_m=-\Delta\dot{I}_m Z_s=\Delta\dot{E}_k+\Delta\dot{I}_m Z_k \tag{3-65}$$

继电器工作电压（补偿电压）为

$$\Delta\dot{U}'_m=\Delta\dot{U}_m-\Delta\dot{I}_m Z_{set}=-\Delta\dot{I}_m(Z_s+Z_{set}) \tag{3-66}$$

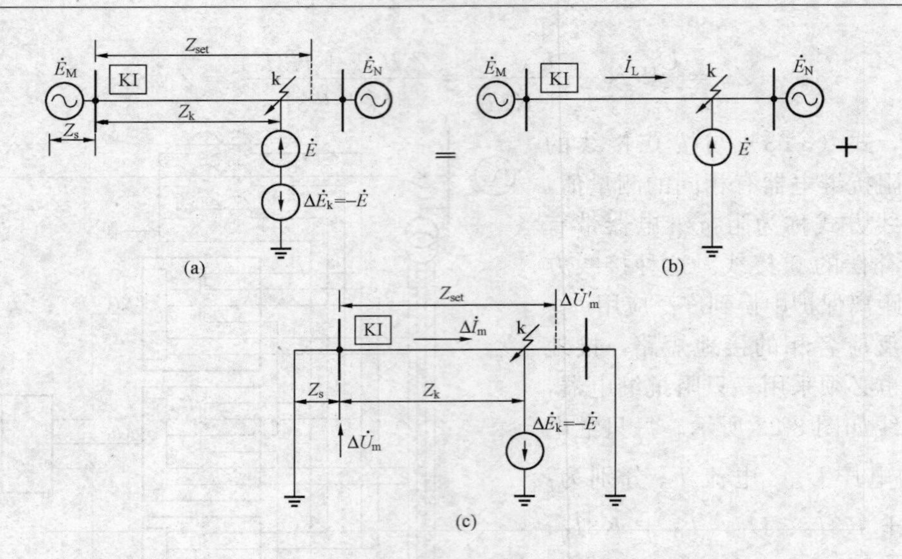

图 3-23 系统中 k 点短路时故障分量等值图

(a) 短路状态；(b) 短路前负荷状态；(c) 短路附加状态

比幅式工频变化量阻抗继电器的动作判据为

$$|\Delta\dot{U}'_m| \geqslant U_z \tag{3-67}$$

式中 U_z——门槛电压，通常取保护安装处故障前电压记忆量。

对于各种相间故障，AB、BC、CA 相间测量电压为

$$\Delta\dot{U}'_m = \Delta\dot{U}_m - \Delta\dot{I}_m Z_{set} \tag{3-68}$$

对于接地故障，A、B、C 各相继电路测量电压为

$$\Delta\dot{U}'_m = \Delta\dot{U}_m - (\Delta\dot{I}_m + K\Delta 3\dot{I}_0) Z_{set} \tag{3-69}$$

如图 3-24 所示为保护区内外不同地点发生金属性短路时短路状态的电压分布。假设短路前为空载，且门槛电压为 $U_z = |\Delta\dot{E}_k|$。 (3-70)

如图 3-24 (b) 所示，当保护区内 k1 点短路时，$\Delta\dot{U}'_m$ 在 M 侧电源至 $\Delta\dot{E}_k$ 连线的延长线上，可知，$|\Delta\dot{U}'_m| > |\Delta\dot{E}_k|$，满足动作判据，继电器动作。

如图 3-24 (c) 所示，当保护区外 k2 点短路时，$\Delta\dot{U}'_m$ 在 M 侧电源至 $\Delta\dot{E}_k$ 的连线上，$|\Delta\dot{U}'_m| < |\Delta\dot{E}_k|$，不满足动作判据，继电器不动作。

如图 3-24 (d) 所示，当保护反方向 k3 点短路时，$\Delta\dot{U}'_m$ 在 N 侧电源至 $\Delta\dot{E}_k$ 的连线上，$|\Delta\dot{U}'_m| < |\Delta\dot{E}_k|$，不满足动作判据，继电器不动作。

由上述分析可知，只有保护区内短路时，按工频变化量原理构成的阻抗继电器满足动作判据，能够动作。

(二) 动作特性分析

(1) 图 3-25 所示为正方向 k 点短路时，动作特性分析的等值网络。

设门槛电压

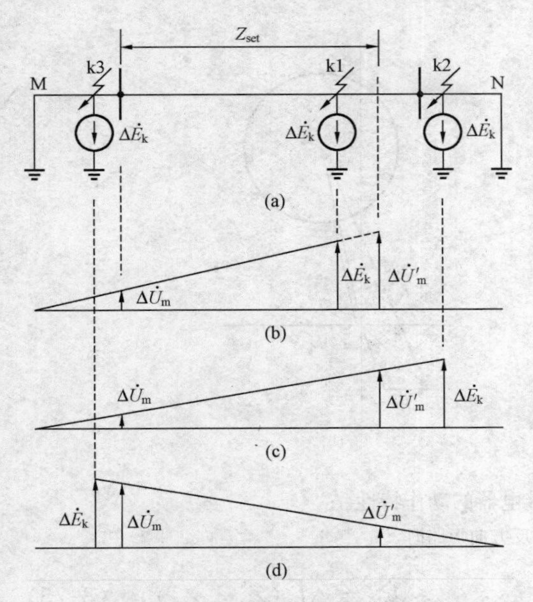

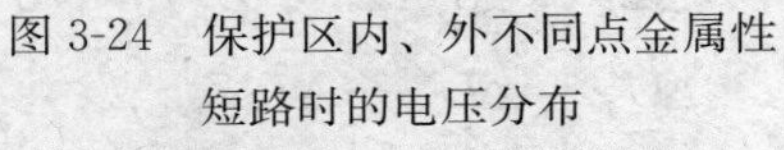

图 3-24　保护区内、外不同点金属性短路时的电压分布

(a) 系统图；(b) 区内 k1 点短路；(c) 区外 k2 点短路；(d) 反方向 k3 点短路

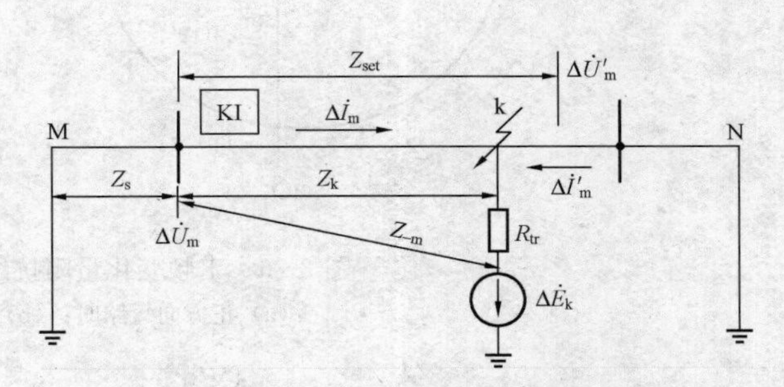

图 3-25　正方向短路时的等值电路

$$U_z=|\Delta\dot{E}_k|$$

其中

$$\begin{aligned}\Delta\dot{E}_k&=-\Delta\dot{I}_m[(Z_s+Z_k)+R_{tr}e^{j\alpha}]\\&=-\Delta\dot{I}_m[Z_s+(Z_k+R_{tr}e^{j\alpha})]\\&=-\Delta\dot{I}_m(Z_s+Z_m)\end{aligned}\tag{3-71}$$

式中　$e^{j\alpha}$——对侧电源助增系数；

Z_m——经过渡电阻短路时的测量阻抗，$Z_m=Z_k+R_{tr}e^{j\alpha}$。

则继电器的工作电压为

$$\begin{aligned}\Delta\dot{U}'_m&=\Delta\dot{U}_m-\Delta\dot{I}_mZ_{set}\\&=-\Delta\dot{I}_m(Z_s+Z_{set})\end{aligned}\tag{3-72}$$

由动作判据

$$|\Delta\dot{U}'_m|\geqslant U_z$$

可得

$$|-\Delta\dot{I}_m(Z_s+Z_{set})|\geqslant|-\Delta\dot{I}_m(Z_s+Z_m)|\tag{3-73}$$

$$|Z_s+Z_{set}|\geqslant|Z_s+Z_m|\tag{3-74}$$

式 (3-74) 表明，继电器在阻抗平面的动作特性是以相量 $-Z_s$ 末端为圆心，以 $|Z_s+Z_{set}|$ 为半径的圆，圆内为动作区，如图 3-26 (a) 所示，继电器允许短路点有较大过渡电阻。

(2) 图 3-27 所示为反方向 k 点短路时的等值电路，假设 $U_z=|\Delta\dot{E}_k|$。

分析图 3-27 可知

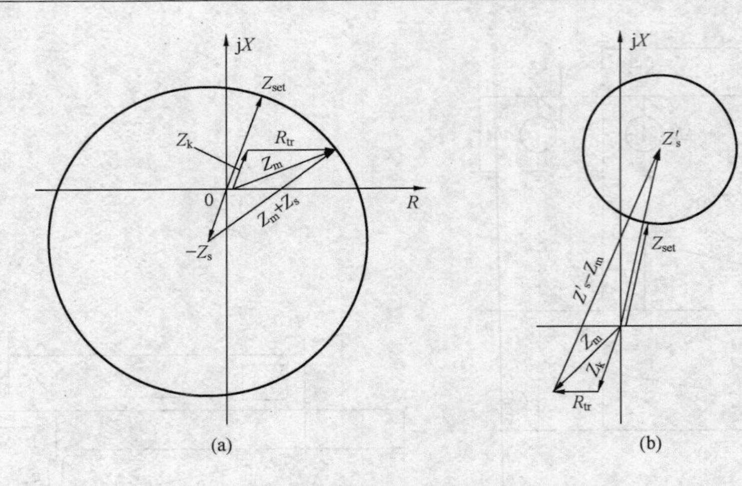

图 3-26　工频变化量阻抗继电器的动作特性

(a) 正方向短路时；(b) 反方向短路时

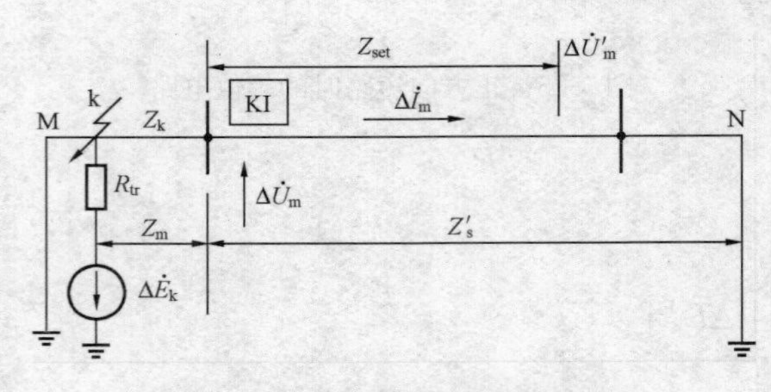

图 3-27　反方向短路时的等值电路

$$\Delta\dot{E}_k = \Delta\dot{I}_m(Z'_s + Z_m) \tag{3-75}$$

$$\Delta\dot{U}'_m = \Delta\dot{U}_m - \Delta\dot{I}_m Z_{set} = \Delta\dot{I}_m(Z'_s - Z_{set}) \tag{3-76}$$

由继电器的动作判据

$$|\Delta\dot{U}'_m| \geqslant U_z$$

可得

$$|\Delta\dot{I}_m(Z'_s - Z_{set})| \geqslant |\Delta\dot{I}_m(Z'_s + Z_m)|$$

$$|Z'_s - Z_{set}| \geqslant |Z'_s + Z_m|$$

或

$$|Z'_s - Z_{set}| \geqslant |(-Z_m) - Z'_s| \tag{3-77}$$

由式（3-77）可知，继电器测量阻抗$-Z_m$在阻抗平面的动作特性是以相量Z'_s末端为圆心，以$|Z'_s-Z_{set}|$为半径处于第一象限的圆，圆内为动作区，如图 3-27（b）所示，而反方向短路时测量阻抗Z_m总是在第三象限，因此，继电器有明确的方向性，而且工频变化量阻抗继电器允许短路点较大的过渡电阻，目前已应用于微机距离保护。

二、交叉极化阻抗继电器

（一）工作原理

交叉极化阻抗继电器是比较补偿电压即继电器的工作电压$\dot{U}'_m$与极化电压$\dot{U}_{TP}$的相位而工作的。极化电压$\dot{U}_{TP}$为比相的参考量。如图 3-28（a）所示，补偿电压定义为保护安装处母线电压$\dot{U}_m$与被保护线路电流$\dot{I}_m$在整定阻抗Z_{set}上的压降$\dot{I}_m Z_{set}$之差。即

$$\dot{U}'_m = \dot{U}_m - \dot{I}_m Z_{set} \tag{3-78}$$

（1）保护区末端 k1 点短路时$Z_k = Z_{set}$。

补偿电压

$$\dot{U}'_m = \dot{U}_m - \dot{I}_m Z_{set}$$

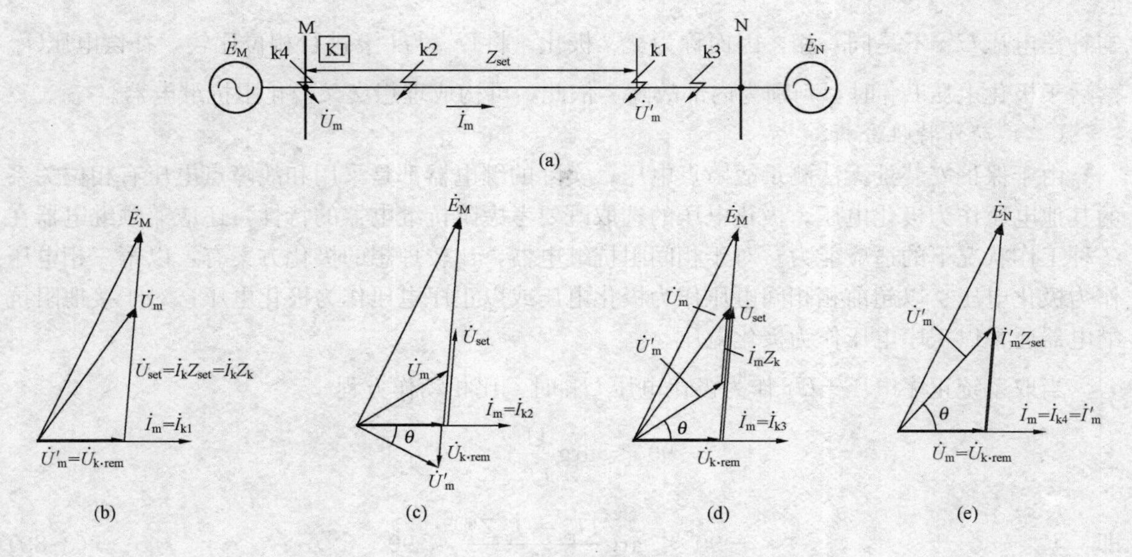

图 3-28 不同地点短路时短路点电压与补偿电压关系
(a) 系统图；(b) k1 点短路时电压相量图；(c) k2 点短路时电压相量图；
(d) k3 点短路时电压相量图；(e) k4 点短路时电压相量图

$$= \dot{I}_m(Z_k - Z_{set}) + \dot{U}_{k\cdot rem} \tag{3-79}$$

式中 $\dot{U}_{k\cdot rem}$——故障点残存电压。

由图 3-28（b）可知，补偿电压 $\dot{U}'_m$ 与故障点电压 $\dot{U}_{k\cdot rem}$ 同相位。

（2）保护区内 k2 点短路时 $Z_k < Z_{set}$。

补偿电压

$$\begin{aligned}\dot{U}'_m &= \dot{U}_m - \dot{I}_m Z_{set}\\ &= \dot{I}_m(Z_k - Z_{set}) + \dot{U}_{k\cdot rem}\end{aligned} \tag{3-80}$$

由图 3-28（c）可知，补偿电压 $\dot{U}'_m$ 落后于故障点电压 $\dot{U}_{k\cdot rem}$。

（3）保护区外正方向 k3 点短路时 $Z_k > Z_{set}$。

补偿电压

$$\begin{aligned}\dot{U}'_m &= \dot{U}_m - \dot{I}_m Z_{set}\\ &= \dot{I}_m(Z_k - Z_{set}) + \dot{U}_{k\cdot rem}\end{aligned} \tag{3-81}$$

由图 3-28（d）可知，补偿电压 $\dot{U}'_m$ 超前于故障点电压 $\dot{U}_{k\cdot rem}$。

（4）保护区反方向 M 母线 k4 点短路时，N 侧电源供给短路电流 $\dot{I}'_k = -\dot{I}_k$，且 $\dot{U}_m = \dot{U}_{k\cdot rem}$。补偿电压

$$\begin{aligned}\dot{U}'_m &= \dot{U}_m - \dot{I}_m Z_{set}\\ &= \dot{U}_{k\cdot rem} + \dot{I}'_m Z_{set}\end{aligned} \tag{3-82}$$

由图 3-28（e）可知，$\dot{U}'_m$ 超前于 $\dot{U}_{k\cdot rem}$。

因此，可将故障点电压 $\dot{U}_{k\cdot rem}$ 极化后作为比相的参考极化电压 $\dot{U}_{TP}$，由于极化电压 $\dot{U}_{TP}$

与补偿电压 $\dot{U}'_m$ 不是同一相，因而称为交叉极化。将 $\dot{U}'_m$ 与 $\dot{U}_{TP}$ 进行相位比较，补偿电压 $\dot{U}'_m$ 落后于极化电压 $\dot{U}_{TP}$ 时，判别为内部故障。依此，可构成理想交叉极化阻抗继电器。

（二）动作特性分析

由于保护安装处无法测量故障点电压，实际的继电器都是采用和故障点电压有相位关系的其他电压作为极化电压。极化电压的选取既要考虑阻抗继电器的特性，还应兼顾继电器在各种工作状况下的适应能力。对于相间阻抗继电器，比较理想的极化方案有：以第三相电压作为极化电压、以超前相相间电压作为极化电压或以正序电压作为极化电压；对于接地阻抗继电器通常以正序电压作为极化电压。

当取系统正序电压 $-\dot{U}_1$ 作为极化电压 $\dot{U}_{TP}$ 时，比相动作方程

$$-90^\circ \leqslant \arg \frac{\dot{U}'_m}{\dot{U}_{TP}} \leqslant 90^\circ$$

即

$$-90^\circ \leqslant \arg \frac{\dot{U}_m - \dot{I}_m Z_{set}}{\dot{U}_{TP}} \leqslant 90^\circ \tag{3-83}$$

或

$$-90^\circ \leqslant \arg \frac{\dot{U}_m - \dot{I}_m Z_{set}}{-\dot{U}_1} \leqslant 90^\circ$$

显然，交叉极化阻抗继电器的动作特性为方向圆特性。

对于相间故障，AB、BC、CA 相间继电器的测量电压为

$$\begin{cases} \dot{U}'_m = \dot{U}_m - \dot{I}_m Z_{set} \\ \dot{U}_{TP} - \dot{U}_1 \end{cases} \tag{3-84}$$

对于接地故障，A、B、C 各相继电器的测量电压为

$$\begin{cases} \dot{U}'_m = \dot{U}_m - (\dot{I}_m + K3\dot{I}_0) Z_{set} \\ \dot{U}_{TP} = -\dot{U}_1 \end{cases} \tag{3-85}$$

下面以相间故障为例，分析交叉极化阻抗继电器的动作特性。

1. 三相短路 $k^{(3)}$

此时取 $\dot{U}_{TP} = -\dot{U}_1 = -\dot{U}_m$，$\dot{U}'_m = \dot{U}_m - \dot{I}_m Z_{set}$，则动作方程为

$$-90^\circ \leqslant \arg \frac{\dot{U}'_m}{\dot{U}_{TP}} \leqslant 90^\circ$$

即

$$-90^\circ \leqslant \arg \frac{\dot{U}_m - \dot{I}_m Z_{set}}{-\dot{U}_1} \leqslant 90^\circ \tag{3-86}$$

动作特性为以 Z_{set} 为直径，动作边界过原点的方向圆。对于出口 $k^{(3)}$，由于 $\dot{U}_{TP} = -\dot{U}_1 = 0$，因此，继电器需加记忆回路来减小死区或防止误动。

2. 两相短路 $k^{(BC)}$

如图 3-29 所示，此时边界条件为

$$\dot{I}_{U1} = -\dot{I}_{U2}$$

因

$$\dot{I}_{B}=\dot{I}_{B1}+\dot{I}_{B2}=a^{2}\dot{I}_{A1}+a\dot{I}_{U2}=-j\sqrt{3}\dot{I}_{A1}$$

$$\dot{I}_{C}=-\dot{I}_{B}=j\sqrt{3}\dot{I}_{U1}$$

故

$$\dot{U}_{TP}=-\dot{U}_{BC1}=-(\dot{U}_{B1}-\dot{U}_{C1})$$

$$=-(\dot{I}_{B1}-\dot{I}_{C1})Z_{k}=j\sqrt{3}\dot{I}_{A1}Z_{k} \quad (3\text{-}87)$$

$$\dot{U}'_{m}=\dot{U}_{m}-\dot{I}_{m}Z_{set}=\dot{I}_{m}Z_{k}-\dot{I}_{m}Z_{set}=\dot{I}_{BC}(Z_{k}-Z_{set})$$

$$=-j2\sqrt{3}\dot{I}_{A1}(Z_{k}-Z_{set})$$

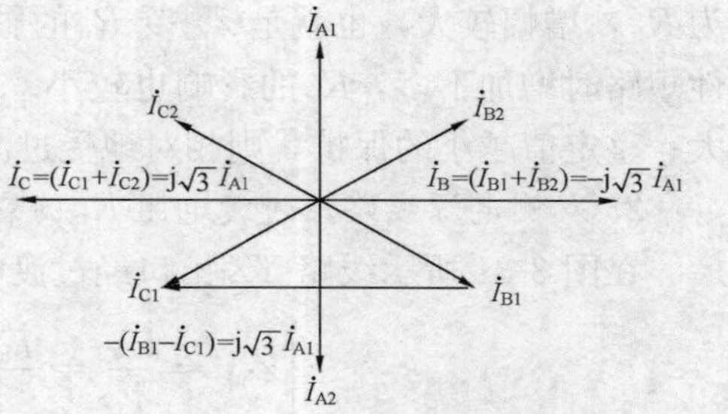

图 3-29　$k^{(BC)}$短路时电流序分量及全电流相量图

动作方程为

$$-90^{\circ}\leqslant\arg\frac{\dot{U}'_{m}}{\dot{U}_{TP}}\leqslant 90^{\circ}$$

即

$$-90^{\circ}\leqslant\arg\frac{\dot{U}_{m}-\dot{I}_{m}Z_{set}}{-\dot{U}_{1}}\leqslant 90^{\circ} \qquad (3\text{-}88)$$

$$-90^{\circ}\leqslant\arg\frac{2(Z_{k}-Z_{set})}{-Z_{k}}\leqslant 90^{\circ}$$

动作特性仍为方向圆，继电器动作无死区。

由上述分析可知，相间故障时，交叉极化阻抗继电器的比相式动作特性为方向圆，出口发生 $k^{(3)}$ 短路时，$\dot{U}_{TP}=-\dot{U}_{1}=-\dot{U}_{m}=0$，继电器需加记忆回路。目前，用微机构成继电器能在取得正序电压的同时，具有良好的记忆作用，因此，交叉极化阻抗继电器在微机保护中应用非常广泛。

第六节　电力系统运行对距离保护的影响及措施

一、短路点过渡电阻对距离保护的影响

前面对阻抗继电器测量阻抗的分析，都是按金属性短路来考虑的，实际上，在短路点往往存在过渡电阻 R_{tr}。过渡电阻 R_{tr} 将使距离保护因阻抗继电器的测量阻抗增大而产生无选择性的动作。

过渡电阻 R_{tr} 是指当相间短路和接地短路时，短路电流从一相到另一相或从相导线流入大地的途径中所经过的物质的电阻。相间短路时的 R_{tr} 主要由电弧电阻构成；在接地短路时，构成 R_{tr} 的主要部分是铁塔接地电阻。电弧电阻值的特点是随时间而增大，而铁塔接地电阻值则是与接地体的构成材料、表面积、布置方式和大地电导率等因素有关，数值较大，对于跨越山区的高压线路甚至高达几十至几百欧姆。

1. 单侧电源线路上过渡电阻 R_{tr} 的影响

单侧电源系统及线路 XY、YZ 距离保护第Ⅰ、Ⅱ段的动作特性如图 3-30 所示。当在线路 YZ 出口经 R_{tr} 短路时，保护 2 的测量阻抗 $Z_{m2}=R_{tr}$，若 R_{tr} 值较大，且整定值较小，Z_{m2} 则会超出保护 2 第Ⅰ段的保护范围而进入其第Ⅱ段保护范围内；对于保护 1 而言，测量阻抗 $Z_{m1}=Z_{XY}+R_{tr}$，落在了自己的第Ⅱ段保护范围内。这样，保护 1、2 将以相同的第Ⅱ段时限无选择性地动作。

根据图 3-30 所示，与金属性短路时比较，Z_{m2} 在经过渡电阻 R_{tr} 短路时，其值由零增加

为 R_{tr}，增幅较大，也就是 Z_{m2} 受 R_{tr} 的影响大；而 Z_{m1} 是 Z_{XY} 与 R_{tr} 的相量和，其数值较金属性短路时增加不多，R_{tr} 的影响也较小。因此，越靠近短路点的保护，受过渡电阻的影响越大；整定值越小的保护，则相对地受过渡电阻的影响也越大。

2. 双侧电源线路上过渡电阻 R_{tr} 的影响

在图 3-31 所示线路 YZ 出口经过渡电阻 R_{tr} 短路时，保护 1、2 的测量阻抗为

$$\begin{cases} Z_{m1}=\dfrac{\dot{U}_X}{\dot{I}'_k}=\dfrac{\dot{I}'_k Z_{XY}+\dot{I}_k R_{tr}}{\dot{I}'_k}=Z_{XY}+\dfrac{I_k}{I'_k}R_{tr}e^{j\alpha} \\ Z_{m2}=\dfrac{\dot{U}_Y}{\dot{I}'_k}=\dfrac{I_k}{I'_k}R_{tr}e^{j\alpha} \end{cases} \tag{3-89}$$

式中　α——$\dot{I}_k$ 超前 $\dot{I}'_k$ 的角度；

$\dot{U}_X$——X 母线残余电压；

$\dot{U}_Y$——Y 母线残余电压。

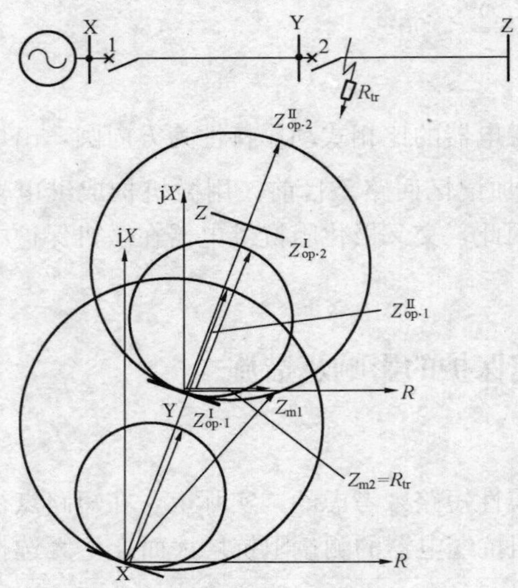

图 3-30　单侧电源线路上过渡电阻 R_{tr} 对测量阻抗的影响

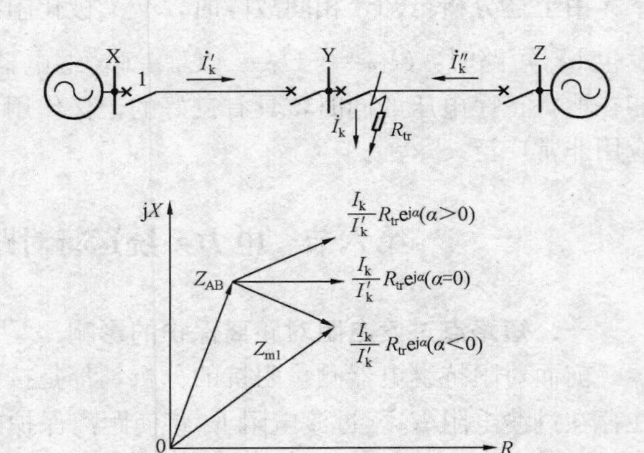

图 3-31　双侧电源线路上过渡电阻 R_{tr} 对测量阻抗的影响

因为 $e^{j\alpha}=\cos\alpha+j\sin\alpha$，所以，当 $\alpha>0$ 时，测量阻抗 Z_m 增大；而当 $\alpha<0$ 时，对侧电源电流助增下，测量阻抗 Z_m 的电抗部分减小，如图 3-32 所示。在后一种情况下，将可能引起保护的无选择性动作。

如图 3-32 所示，在具有相同保护整定值的前提下，过渡电阻 R_{tr} 对不同动作特性的阻抗继电器有着不同的影响。由于过渡电阻 R_{tr} 的纯电阻性，因此，阻抗继电器的动作特性在 $+R$ 轴方向所占的面积越大，则受过渡电阻 R_{tr} 的影响越小。

根据以上分析，可以采用允许较大过渡电阻的阻抗继电器，如曲线 1 零序电抗特性阻抗继电器、曲线 2 四边形特性阻抗继电器，以及曲线 3 苹果形特性阻抗继电器等来防止过渡电阻 R_{tr} 的影响。对于双侧电源系统的接地故障，极化电压 $\dot{U}_{TP}=-\dot{U}_1$ 不变，交叉极化方向阻

抗继电器的动作区扩大为偏移特性，以此可以提高躲过渡电阻的能力，同时采用零序电抗继电器来增强躲过渡电阻的能力并防止对侧电源电流助增下，保护超越动作。

当A相接地短路时，如故障点存在较大过渡电阻 R_{tr}，则短路点电压

$$\dot{U}_{kA}=\dot{U}_{kA1}+\dot{U}_{kA2}+\dot{U}_{kA0}=3\dot{I}_{k0}R_{tr} \tag{3-90}$$

不为零，采用零序电流补偿0°接线的阻抗继电器不能正确测量短路点到保护安装处的距离，而对于零序电抗继电器的动作特性不受过渡电阻的影响，理想情况下，极化电压 $\dot{U}_{TP}$ 取故障点电压 $-\dot{U}_{kA}$，故障相补偿电压 $\dot{U}'_{A}$，继电器的动作方程

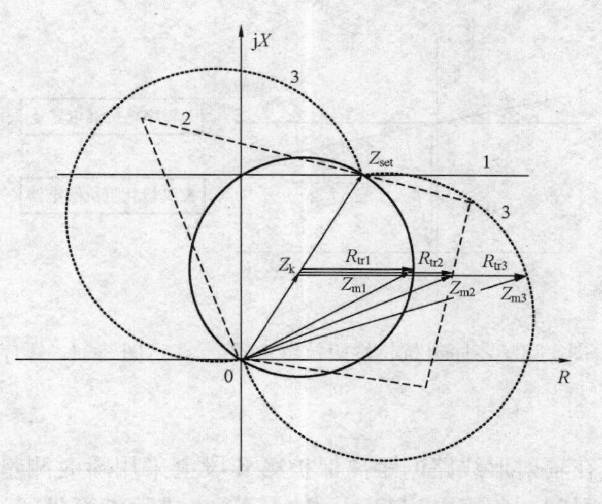

图3-32 过渡电阻 R_{tr} 对不同特性阻抗继电器的影响

$$180°\geqslant\arg\frac{\dot{U}'_{A}}{\dot{U}_{TP}}\geqslant0° \tag{3-91}$$

由于故障点电压 $3\dot{I}_{k0}R_{tr}$ 与 $3\dot{I}_{k0}$ 同相位，保护安装处零序分量 $\dot{I}_{0br}$ 与故障点零序电流 $\dot{I}_{k0}$ 有 $\arg\dfrac{\dot{I}_{k0}}{\dot{I}_{0br}}=-\delta$ 关系，可知 $\dot{I}_{0br}e^{-j\delta}$ 与 $3\dot{I}_{k0}R_{tr}$ 同相位，因此实际零序电抗继电器故障相补偿电压为

$$\dot{U}'_{m}=\dot{U}_{m}-(\dot{I}_{m}+\alpha3\dot{I}_{0})Z_{set} \tag{3-92}$$

取极化电压 $\dot{U}_{TP}=-\dot{I}_{0br}e^{-j\delta}$，动作方程

$$180°\geqslant\arg\frac{\dot{U}'_{m}}{-\dot{I}_{0br}e^{-j\delta}}\geqslant0° \tag{3-93}$$

$$90°\geqslant\arg\frac{\dot{U}'_{m}}{-jX\dot{I}_{0br}e^{-j\delta}}\geqslant-90° \tag{3-94}$$

$jX\dot{I}_{0br}$ 可由通入零序电流的电抗器二次获得。阻抗继电器的动作特性在复平面上为一条通过 Z_{set} 顶点与R轴向右下倾斜 δ 角的直线，动作区为直线下方，如图3-33所示，缺点是反向故障保护易发生误动作。为此，可与交叉极化方向阻抗继电器经“与”关系后输出，并根据需要将方向阻抗继电器的极化电压 $\dot{U}_{TP}e^{j\theta}$ 旋转 θ 角（0°，15°，30°三挡）向第一象限偏移，以进一步提高允许过渡电阻的阻值，而且还可以利用交叉极化方向阻抗继电器防止反方向故障时保护误动作，如图3-34所示。

另外，也可以根据在相间短路瞬间 R_{tr} 数值最小，大约经过0.1～0.15s后迅速增大的特点，利用瞬时测量装置把阻抗继电器的动作固定下来，从而达到减小 R_{tr} 影响的目的。通常

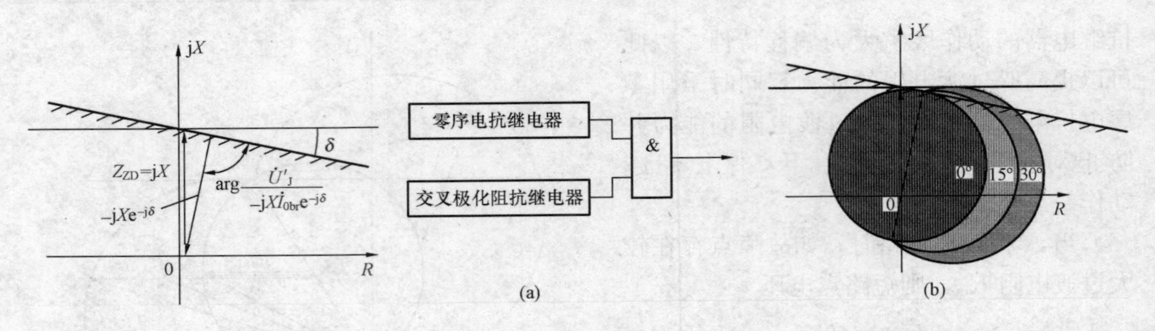

图3-33　零序电抗特性阻抗继电器

图 3-34　零序电抗特性和交叉极化阻抗继电器“与”关系

（a）逻辑关系；（b）复数平面特性

在辐射形线路的距离保护第Ⅱ段上采用瞬时测量装置，其原理接线如图 3-35 所示。在短路瞬间，负序电流起动元件 KAN（或距离第Ⅲ段）和距离保护第Ⅱ段的阻抗测量元件 KI 动作，一方面起动距离第Ⅱ段的时间继电器 KT；另一方面经 KA、KI 的动合触点起动瞬时测量（跳闸出口）中间继电器 KM，并通过 KM 的动合触点自保持。这样，即使由于电阻 R_{tr} 随时间增大而使第Ⅱ段 KI 返回，但只要第Ⅱ段的动作时限达到，保护仍然可以通过 KT 和 KM 的动合触点接通断路器跳闸线圈 YT。

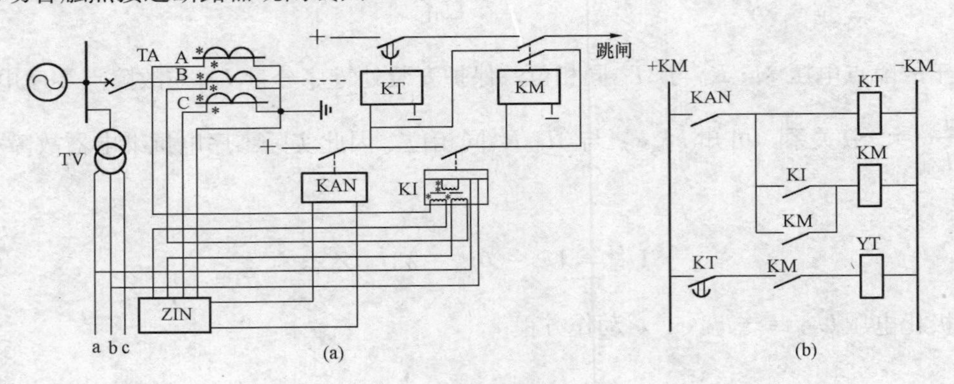

图 3-35　瞬时测量装置

（a）原理接线；（b）直流回路

必须提出的是，当单回线路的相邻线为双回线路或环行网络时，在单回线路上一般不能采用瞬时测量装置，否则可能引起单回线路保护的无选择性动作。图 3-36 所示为单回线路采用瞬时测量装置使保护无选择动作的系统接线图，其中保护 1 距离第Ⅱ段装设有瞬时测量装置。当在图中靠近 Y 母线的线路上发生短路时，若短路点 k 既处于保护 1 的距离第Ⅰ段保护范围内，同时又处于保护 6 的距离第Ⅱ段保护范围内，则应由保护 5 的距离第Ⅰ段瞬时动作，断开保护 5 断路器。由于保护 1 的距离Ⅱ段在 5 保护 5 断路器未断开之前经瞬时测量装置加以固定，因此在保护 5 断路器断开以后，保护 1 将不能返回，并与保护 6 以相同的第Ⅱ段时限动作于跳闸，断开保

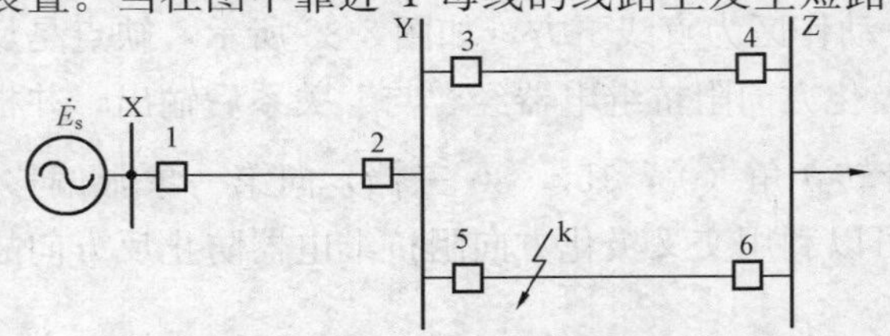

图 3-36　采用瞬时测量装置使保护无选择动作的系统图

护 1、6 断路器，从而造成保护 1 的无选择性动作。

二、电力系统振荡对距离保护的影响

电力系统正常运行时，各并列运行的电源间都处于同步状态。当输电线路传输功率超过静稳极限；或者由于无功功率严重不足等原因引起系统电压下降，使静稳定遭到破坏；或者由于短路时故障切除缓慢而使发电机加速面积大于减速面积及采取非同期重合闸等操作导致动稳定破坏时，都有可能引起系统及发电机间失去同步而产生振荡。在振荡过程中，两个系统间等值电源电动势或两个发电机电动势之间的相位角将随时间作周期性的变化，从而使系统中的电流和各点电压以及阻抗继电器测量阻抗的幅值和相位也都呈现周期性的变化，运行经验表明，运行中电功率 $P=\frac{EU}{X_{\Sigma}}\sin\delta$（$E$ 为发电机电动势，U 为系统电压，X_{Σ} 为系统纵向电抗，δ 为发电机功角）的发电机，在与系统振荡后，考虑以下因素，在异步运行中经过几次摆动，系统振荡若干个周期后，多数情况下仍然可以自行恢复同步。即振荡开始时，振幅大，周期短，经过一段异步运行和摆动之后，振幅逐渐减小，周期逐渐增长，形成衰减性质的振荡，最后又拉入同步。此时，如果距离保护或其他保护误动作，断开了系统重要联络线或将负荷切除，将使系统解裂或扩大事故范围，严重时，甚至会使系统崩溃、瓦解。

(1) 发电机异步运行，其轴上存在同步功率和异步功率两部分制动功率，其中同步功率 P 的大小和方向在振荡中以时间轴交变，变化量的平均值很小，因此以异步功率 P_{as} 为主。异步功率 P_{as} 与转差率 s 的绝对值近似成正比，因此异步功率 P_{as} 随发电机的转速增大而增大，转差率 s 越大，制动作用越大，由此阻止发电机加速。

(2) 发电机转速增大，其原动机的调速器将起调节作用，减少进汽（进水）量，使原动机驱动功率 P 降低，减少发电机的动力。

(3) 异步运行中发电机的励磁调节系统使励磁电流增加，则同步功率的振荡幅度增加，从而使转差率振荡幅度增加，当转差率振幅等于转差率平均值时，则转差率可能过零，发电机可能进入同步运行。

(4) 对于与大系统联网运行的容量较小的发电机或地区电厂，联络线采用非同期合闸时，如果同步功率较大、电气联系紧密，则在非同期合闸时，即使角差很大，但合闸后仍能被大系统强行拉入同步。

对于如图 3-37 所示，电气联系不是太紧密的重负荷、长线路连接的两个区域系统，发生振荡时，由于在上述情况下功率很不平衡，M 侧功率过剩，N 侧功率不足，系统振荡时两侧转速可能相差很大，转差率的平均值较高，可能超过转差率的振幅；或电气联系较弱，同步功率小，转差率的振幅变化小，难于过零。转差率不能过零或接近零，就不具备再拉入同步的条件，振荡为非同期性质，自行平息比较困难，将持续下去，δ 值由正常运行角度增大到 360°、720°，以至很大，如图 3-38 所示。此时，应采用振荡解列装置或人为处理进行解列、停机。

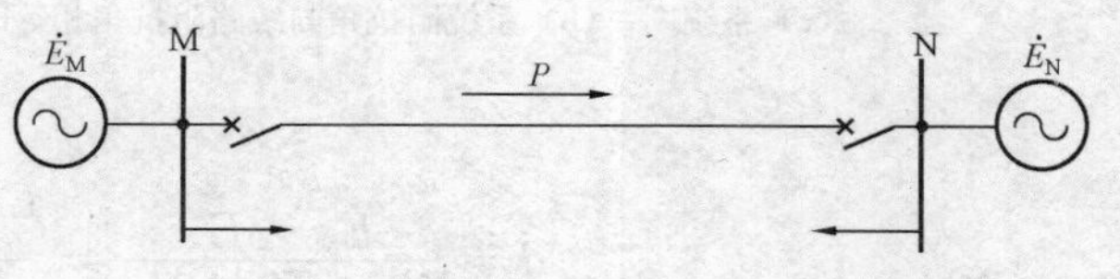

图 3-37 两侧电源重负荷长距离送电系统

为此，必须分析距离保护的测量阻抗在振荡时的变化特点，并采取措施来防止电力系统振荡对距离保护的影响。

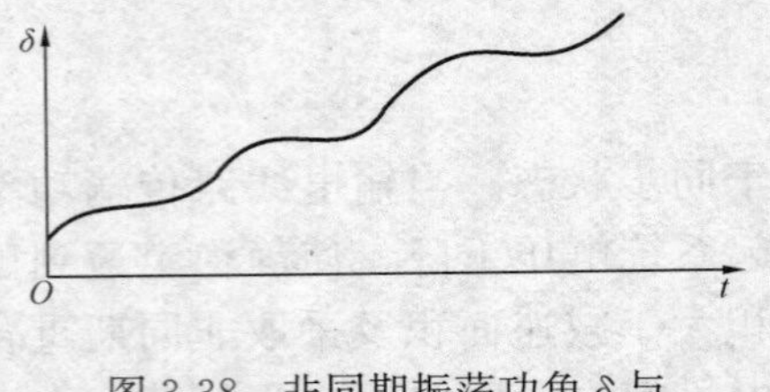

图 3-38 非同期振荡功角 δ 与时间 t 的关系

（一）振荡时电流、电压的变化规律

电力系统振荡是一个复杂的过程。工程上的计算，一般不要求十分精确，在不影响结论的有效性、正确性的前提下，可以对电力系统振荡时的分析中提出一些必要的假设，使分析过程更加简单、明确。

当系统在全相运行状态下，由于上述原因而引起系统振荡时，假设系统三相是对称的，因此，可以按单相系统进行分析。图 3-39（a）所示为由 M 侧向 N 侧送电的两侧电源简化系统，设由于某种原因引起系统振荡，其中 Z_M、Z_N 为 M 侧和 N 侧电源阻抗，Z_L 为线路阻抗，系统总的纵向阻抗 $Z_\Sigma = Z_M + Z_L + Z_N$；$\dot{E}_M$ 和 $\dot{E}_N$ 分别为两侧电源电动势。若以 $\dot{E}_M$ 为参考相量，则有 $\dot{E}_M = E_M$，$\dfrac{\dot{E}_N}{E_M} = \dfrac{E_N}{E_M} e^{-j\delta}$ 或 $\dot{E}_N = \dot{E}_M e^{-j\delta}$，$\delta$ 为 $\dot{E}_N$ 滞后 E_M 的相位角，在 0°～360°的范围内变化。因此，两个电源之间通过的振荡电流为

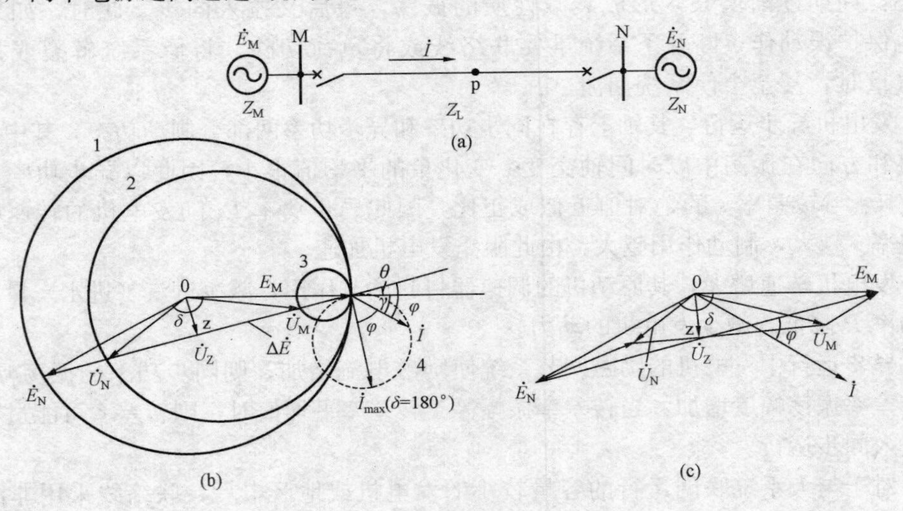

图 3-39 两侧电源系统

（a）系统图；（b）系统阻抗角与线路阻抗角相等时相量图；（c）阻抗角不等时相量图

$$\dot{I} = \frac{\dot{E}_M - \dot{E}_N}{Z_M + Z_L + Z_N} = \frac{E_M\left(1 - \dfrac{E_N}{E_M} e^{-j\delta}\right)}{Z_\Sigma} \tag{3-95}$$

振荡电流 $\dot{I}$ 滞后于电动势差 $\Delta\dot{E} = \dot{E}_M - \dot{E}_N$ 的角度为系统总阻抗角

$$\varphi = \arg\frac{X_\Sigma}{R_\Sigma} \tag{3-96}$$

振荡角 δ 由 0°～360°变化时，振荡电流 $\dot{I}$ 沿圆 4 变化，如图 3-39（b）所示。

振荡电流 $\dot{I}$ 还可表示为

$$\dot{I}=\frac{\dot{E}_{\mathrm{M}}-\dot{E}_{\mathrm{N}}}{Z_{\mathrm{M}}+Z_{\mathrm{L}}+Z_{\mathrm{N}}}=\frac{E_{\mathrm{M}}\left(1-\frac{E_{\mathrm{N}}}{E_{\mathrm{M}}}\mathrm{e}^{-\mathrm{j}\delta}\right)}{Z_{\Sigma}}=\frac{E_{\mathrm{M}}}{|Z_{\Sigma}|}\left(1-\frac{E_{\mathrm{N}}}{E_{\mathrm{M}}}\mathrm{e}^{-\mathrm{j}\delta}\right)\mathrm{e}^{\mathrm{j}\varphi}$$

$$=\frac{E_{\mathrm{M}}}{|Z_{\Sigma}|}(1-h\cos\delta+\mathrm{j}h\sin\delta)\mathrm{e}^{-\mathrm{j}\varphi}$$

$$=\frac{E_{\mathrm{M}}}{|Z_{\Sigma}|}\sqrt{(1-h\cos\delta)^2+(h\sin\delta)^2}\mathrm{e}^{\mathrm{j}\theta}\mathrm{e}^{-\mathrm{j}\varphi} \tag{3-97}$$

$$=\frac{E_{\mathrm{M}}}{|Z_{\Sigma}|}\sqrt{1+h^2-2h\cos\delta^2}\mathrm{e}^{-\mathrm{j}(\varphi-\theta)}$$

其中

$$h=\frac{E_{\mathrm{N}}}{E_{\mathrm{M}}},\theta=\arctan\frac{h\sin\delta}{1-h\cos\delta}$$

故振荡电流的有效值 I、相位角 γ 分别为

$$\begin{cases}I=\frac{E_{\mathrm{M}}}{|Z_{\Sigma}|}\sqrt{1+h^2-2h\cos^2\delta}\\ \gamma=-\varphi+\theta\end{cases} \tag{3-98}$$

当 $h=1$，即 $E_{\mathrm{M}}=E_{\mathrm{N}}$ 时，振荡电流的有效值为

$$I=\frac{2E_{\mathrm{M}}}{|Z_{\Sigma}|}\sin\frac{\delta}{2} \tag{3-99}$$

可知，振荡电流的有效值 I 与振荡角 δ 有关。如图 3-40（a）所示，振荡电流有效值 I 随着 δ 变化，并设两侧电动势的有效值 $E_{\mathrm{M}}=E_{\mathrm{N}}$，线路阻抗角与两侧系统阻抗角均相等，则当 δ 为 π 的偶数倍时，有效值 I 等于零；当 δ 为 π 的奇数倍时，有效值 I 为最大。若 $E_{\mathrm{M}}\neq E_{\mathrm{N}}$，则 δ 为 π 的偶数倍时，有效值 I 最小；当 δ 为 π 的奇数倍时，有效值 I 为最大，如图 3-40（b）所示。

如图 3-40（a）所示，若保护中使用电流继电器，当振荡电流大于继电器的动作电流 I_{op} 时，继电器起动，当振荡电流小于继电器的返回电流 I_{r} 时，继电器返回。振荡电流周期性变化，则电流继电器周期性动作与返回。

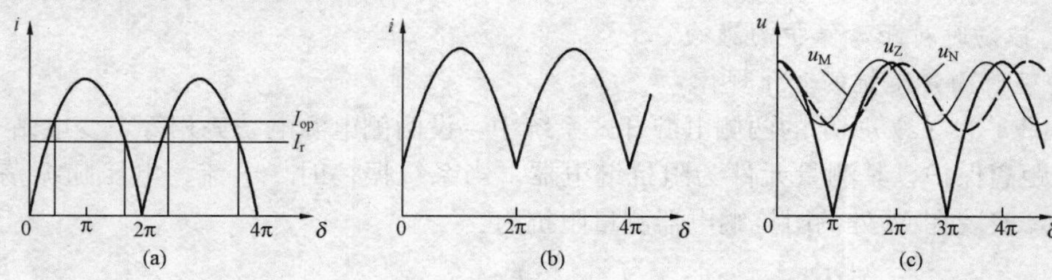

图 3-40 系统振荡时电流、电压的变化

（a）两侧电动势相等时的振荡电流；（b）两侧电动势不等时的振荡电流；

（c）振荡时系统各点电压

振荡时，系统中性点电位仍保持为零，故线路两侧母线电压 $\dot{U}_{\mathrm{M}}$ 和 $\dot{U}_{\mathrm{N}}$ 为

$$\begin{cases}\dot{U}_{\mathrm{M}}=\dot{E}_{\mathrm{M}}-\dot{I}Z_{\mathrm{M}}\\ \dot{U}_{\mathrm{N}}=\dot{E}_{\mathrm{N}}+\dot{I}Z_{\mathrm{N}}\end{cases} \tag{3-100}$$

由于 $\dot{E}_{\mathrm{M}}$ 为参考相量，如以 E_{M} 为实轴，则 $\dot{E}_{\mathrm{N}}$ 落后于 E_{M} 的角度为 δ，如图 3-39（b）所

示。连接 $\dot{E}_M$ 和 $\dot{E}_N$ 相量端点得到电动势差 $\dot{E}_M-\dot{E}_N$，电流 $\dot{I}$ 落后电动势差 $\dot{E}_M-\dot{E}_N$ 的角度为 φ。若线路阻抗角与系统阻抗角及总阻抗角相同，均为 φ，则根据 $\dot{U}_M=\dot{E}_M-\dot{I}Z_M$ 和 $\dot{U}_N=\dot{E}_N+\dot{I}Z_N$，可在图中画出相量 $\dot{U}_M$、$\dot{U}_N$，其端点连线（$\dot{U}_M-\dot{U}_N$）必然与直线（$\dot{E}_M-\dot{E}_N$）重合，而此连线表示了线路上的电压降，由原点与直线（$\dot{U}_M-\dot{U}_N$）上任一点所构成的相量表示了该点的电压，从原点作直线（$\dot{U}_M-\dot{U}_N$）的垂线所得的相量幅值最短，其垂足 z 表示在振荡角 δ 下系统的最低电压点，该点称为在 δ 下的系统振荡中心。当线路阻抗角和系统阻抗角相同且两侧电源电动势幅值相等时，振荡中心不随 δ 的变化而移动，始终位于纵向总阻抗 Z_Σ 的中点，也即位于系统的电气中心，随着振荡角 δ 从 0°～360°变化，系统各点电压 $\dot{E}_N$ 沿圆 1、$\dot{U}_N$ 沿圆 2、$\dot{U}_M$ 沿圆 3 变化，如图 3-39（b）所示；当 $\delta=180°$ 时，振荡中心电压有效值 $U_z=E_M\cos\frac{\delta}{2}$ 为零，振荡电流 $I=\frac{2E_M}{|Z_\Sigma|}\sin\frac{\delta}{2}$ 最大，其特点无异于该点发生三相短路，但系统振荡时距离保护不应该动作于跳闸。图 3-39（c）所示为系统阻抗角与线路阻抗角不等而两侧电动势幅值相等时的相量关系。在此情况下代表线路电压降的直线（$\dot{U}_M-\dot{U}_N$）不会与直线（$\dot{E}_M-\dot{E}_N$）重合。从原点作（$\dot{U}_M-\dot{U}_N$）的垂线，即可找出振荡角在 δ 时的振荡中心及振荡中心的电压。显然，此时的振荡中心位置随 δ 角的变化而沿着直线（$\dot{U}_M-U_N$）移动。假设：当 $E_M=E_N$，且两侧的系统阻抗角不等时，随着振荡角 δ 的变化，系统各点电压的有效值变化如图 3-40（c）所示。

振荡时，系统各点的电压和频率均不相同，振荡中心电压的频率为两侧电源电动势频率的平均值。振荡过程中，振荡周期及电压、电流频率一般不是常数，对于两侧系统可在同步的同期振荡，其振荡周期逐渐增长，频率变化趋于稳定直到恢复同步运行；对于两侧功率很不平衡、频差较大的非同期振荡，振荡周期将逐渐减小，振荡加快，有可能失步，直到系统解列。

（二）振荡时对距离保护的影响

1. 振荡时测量阻抗的变化规律

在如图 3-39（a）所示的两侧电源开式系统中，设两侧电源电动势相等，变电站 M 的线路上装设距离保护，其测量元件为阻抗继电器。当系统振荡时，电流、电压随振荡角 δ 变化，因此，安装在 M 处的阻抗继电器测量阻抗为

$$Z_{m\cdot M}=\frac{\dot{U}_{m\cdot M}}{\dot{I}_{m\cdot M}}=\frac{\dot{E}_M-\dot{I}Z_M}{\dot{I}}=\frac{\dot{E}_M}{\dot{I}}-Z_M=\frac{1}{1-e^{-j\delta}}Z_\Sigma-Z_M \tag{3-101}$$

因为

$$1-e^{-j\delta}=1-\cos\delta+\sin\delta=2\sin^2\frac{\delta}{2}+2\sin\frac{\delta}{2}\cos\frac{\delta}{2}$$

$$=2\sin^2\frac{\delta}{2}\left(1+j\cot\frac{\delta}{2}\right)=2\sin^2\frac{\delta}{2}\times\frac{1+\cot^2\frac{\delta}{2}}{1-j\cot^2\frac{\delta}{2}}$$

$$=\frac{2}{1-j\cot\frac{\delta}{2}}$$

则
$$Z_{m\cdot M}=\left(\frac{1}{2}Z_{\Sigma}-Z_{M}\right)-j\frac{1}{2}Z_{\Sigma}\cot\frac{\delta}{2} \tag{3-102}$$

将继电器测量阻抗 $Z_{m\cdot M}$ 随 δ 变化的关系画在以保护安装处 M 为原点的阻抗复平面上，如图 3-41 所示。从保护安装处 M 点沿系统总阻抗 Z_{Σ} 直线 MN 方向作出相量 $\left(\frac{1}{2}Z_{\Sigma}-Z_{M}\right)$，再从其端点作出相量 $-jZ_{\Sigma}\cot\frac{\delta}{2}$，$\delta$ 角不同时，该相量将会超前或滞后于相量 Z_{Σ} 90°，该相量与 M 的连线即为 $Z_{m\cdot M}$。当 $\delta=0°$时，$Z_{m\cdot M}=\infty$；当 $\delta=-360°$时，$Z_{m\cdot M}=-\infty$；当 $\delta=180°$时，$Z_{m\cdot M}=\frac{1}{2}Z_{\Sigma}-Z_{M}$，即保护安装处到振荡中心的阻抗。

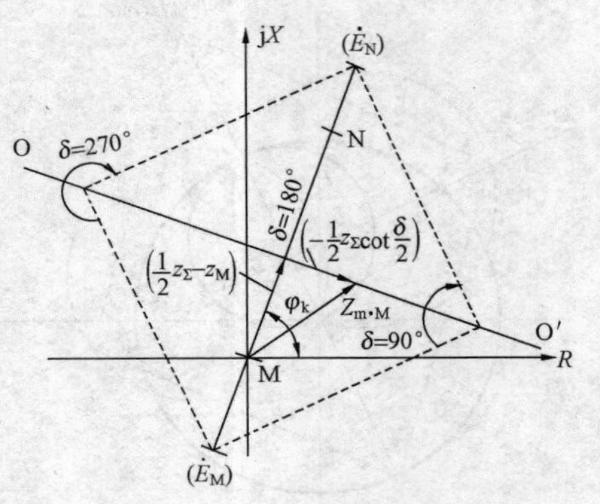

图 3-41　系统振荡时测量阻抗的变化

系统振荡时，为了找出距离保护在不同安装处测量阻抗的变化规律，设系统阻抗 Z_M 为变量，并设变数 $m=\frac{Z_M}{Z_{\Sigma}}$，$m<1$。则有
$$Z_{m\cdot M}=\left(\frac{1}{2}-m\right)Z_{\Sigma}-j\frac{1}{2}Z_{\Sigma}\cot\frac{\delta}{2} \tag{3-103}$$

当变数 m 为不同值时，保护安装处的位置也随之改变，其测量阻抗的变化轨迹如图 3-42 所示，为平行于$\overline{OO'}$线的一簇直线。当 $m=0.5$ 时，该直线所代表的测量阻抗的变化轨迹通过坐标原点，即保护装设在振荡中心；当 $m<0.5$ 时，振荡中心处在保护范围的正方向；当 $m>0.5$ 时，振荡中心处于保护范围的反方向。

当两侧电源电动势幅值 $E_M\neq E_N$ 时，测量阻抗 Z_m 随振荡角 δ 变化的轨迹分析较为复杂，其轨迹是位于直线 $\overline{OO'}$两侧的一簇圆，如图 3-43 所示。

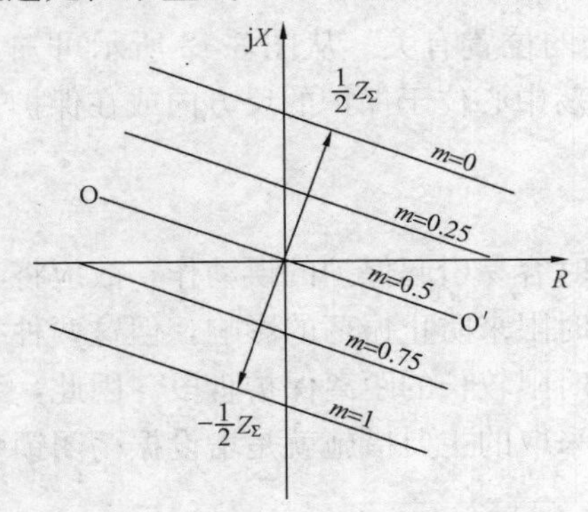

图 3-42　系统振荡时，不同安装处距离保护测量阻抗的变化轨迹

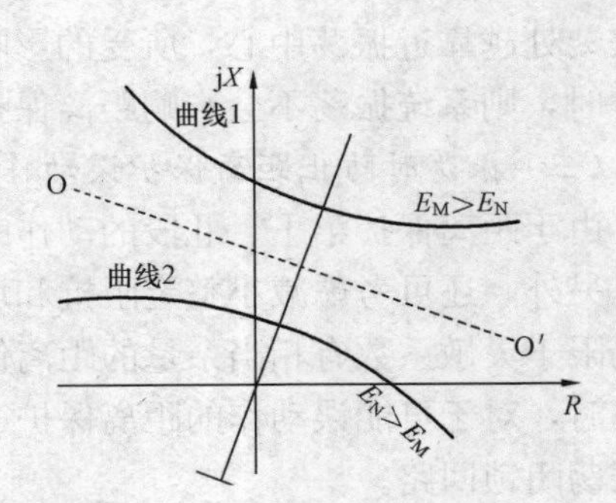

图 3-43　当两侧电动势幅值不等时测量阻抗的变化轨迹

2. 振荡时对距离保护的影响

由上述分析可知，系统振荡时将对距离保护的测量阻抗产生影响，从而影响距离保护的正确工作。以图 3-39 所示变电站 M 处的距离保护为例进行分析。设 M 侧与 N 侧的电源电

动势幅值相等，两侧系统阻抗角与线路阻抗角相同，距离Ⅰ段的整定值为 Z_{set}，则当距离保护采用不同的阻抗继电器时，其动作特性曲线如图 3-44 所示。其中曲线 1 为橄榄形阻抗继电器特性曲线，曲线 2 为方向阻抗继电器特性曲线，曲线 3 为全阻抗继电器特性曲线，曲线 4 为苹果形阻抗继电器特性曲线。当系统振荡时，测量阻抗的变化轨迹为直线 $\overline{OO'}$，与各阻抗继电器特性曲线分别相交于 δ_1、δ_8，δ_2、δ_7，δ_3、δ_6，δ_4、δ_5，此时，若测量阻抗的变化轨迹处于继电器的动作区内，将引起该继电器误动作。可见，振荡角从 δ_4 摆动到 δ_5（即 $\Delta\delta=\delta_3-\delta_4$）时，变化幅度最大，误动作区域也最大，即苹果形特性的阻抗继电器受振荡的影响最大；对于橄榄形阻抗特性而言，$\Delta\delta=\delta_8-\delta_1$，变化最小，因而继电器受到的影响也最小。一般来说，系统振荡时，在复平面上反应测量阻抗变化的直线 $\overline{OO'}$ 进入继电器动作区域的范围越大，则该继电器受的影响就越大。

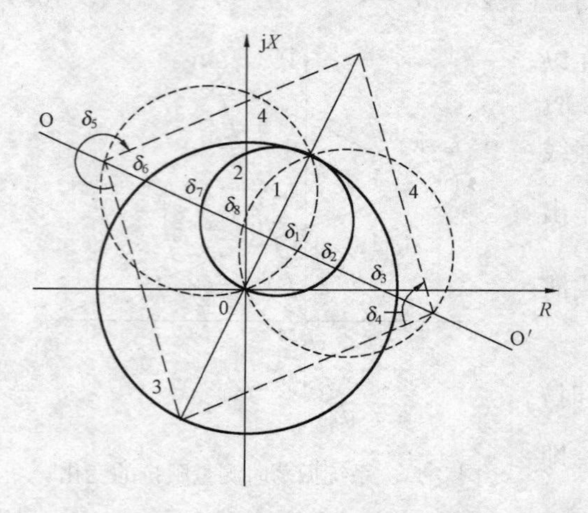

图 3-44　系统振荡时对各种阻抗继电器测量阻抗的影响

若系统的振荡周期为 T_{osc}（0.5～3s），振荡角 δ 作匀速变化，各阻抗继电器测量阻抗进入特性圆内的时间

$$t=\frac{\Delta\delta}{360^{\circ}}T_{osc} \tag{3-104}$$

当距离保护的动作时限 $t_{op}\leqslant t$ 时，保护将误动；如果 $t_{op}\geqslant t$，虽然阻抗继电器动作，但保护并不会发出跳闸命令。运行经验证明，只要保护的动作时限大于或等于 1.5s 时，如距离Ⅲ段动作时限取 $t^{Ⅲ}\geqslant 1.5s$，就可以躲过振荡的影响。

此外，距离保护受振荡的影响还与其安装处所处的位置有关。从图 3-42 所示可知，保护安装处越靠近振荡中心，所受的影响越大，而当振荡中心位于保护的反方向或在保护范围以外时，则系统振荡不会影响距离保护的正确工作。

（三）振荡时防止距离保护误动作的措施

由于距离保护第Ⅰ、Ⅱ段的动作时限较短，振荡时容易引起保护的误动作，故应将其闭锁；另外，还可考虑减小整定阻抗和增大保护的动作时限来防止振荡的影响，但这两种办法只局限于灵敏系数有相当余量的距离保护Ⅱ段和动作时限较长的距离保护Ⅲ段。因此，系统振荡时，对于可能误动作的距离保护第Ⅰ、Ⅱ段，所采取的主要措施就是增设振荡闭锁装置或振荡闭锁回路。

（四）振荡闭锁装置

1. 振荡闭锁回路的构成原理

当系统振荡使两侧电源之间的角度摆到 $\delta=180^{\circ}$ 时，保护感受到的测量阻抗值和振荡中心处发生三相短路时完全相同，因此，距离保护的振荡闭锁回路应具有区分系统振荡和短路的能力。

由前面的分析可知，系统振荡和三相短路的主要区别如下。

（1）振荡时，电流和各点电压的幅值均作周期性变化；而短路后的电气量幅值在稳态下保持不变。此外，振荡时电流和各点电压及测量阻抗的幅值变化缓慢，而短路时则是突变，速度很快。

（2）振荡时，测量阻抗 Z_m 随 δ 的不同而改变；而短路时则 Z_m 保持不变。

（3）振荡时，如果三相完全对称，系统中不会出现负序分量；而短路（包括三相短路的初瞬）时则总会出现负序分量。

目前，振荡闭锁回路用以区分系统振荡与短路的判别元件，主要采用两种原理构成。一种为利用系统是否出现负序分量判别振荡与短路的原理；另一种为利用电气量的变化速度或利用其在一定条件下大小的不同来判别振荡与短路的原理。

振荡闭锁回路的使用不能影响距离保护的正确工作，必须保证：振荡时，可靠将距离Ⅰ、Ⅱ段闭锁；保护区内短路时，开放距离Ⅰ、Ⅱ段的闭锁。

2. 利用负序（零序）电流增量实现的振荡闭锁回路

负序（零序）电流增量实现的振荡闭锁回路利用系统短路时出现的负序（零序）电流 $\dot{I}_2(3\dot{I}_0)$ 或其增量 $\Delta\dot{I}_2(\Delta3\dot{I}_0)$ 来实现。由于采用负序（零序）电流增量 $\Delta\dot{I}_2(\Delta3\dot{I}_0)$ 构成的起动元件可以较好地躲过非全相运行中出现的稳态负序电流，还能可靠地防止因系统振荡使负序（零序）电流滤过器不平衡输出增大所引起的距离保护误动作，且具有较高的灵敏度和较快的动作速度。

采用负序、零序电流增量作为起动元件的交流回路原理接线如图 3-45 所示。它由中间变流器 TA_A、TA_B、TA_C 等元件组成三相式负序电流滤过器，将负序电流接入三相整流桥 UE2；经中间变流器 TA_0 将零序电流引入整流桥 UE1；再将 UE1、UE2 并联后的输出经微分电路接入起动继电器 KST，构成距离保护的负序（零序）电流增量起动元件。正常运行时，负序或零序电流滤过器只平稳输出很小的不平衡电流 $\dot{I}_2$ 或 $3\dot{I}_0$，因此，UE2、UE1 两端的输出电压保持不变，微分电路无输出，KST 不动作。当系统发生短路使 $\dot{I}_2$ 或 $3\dot{I}_0$ 突然增加时，整流后的输出电压也随之突变，并经过 KST 的线圈对电容 C_4 充电，在充电电流的作用下，KST 动作，当 C_4 充电结束以后，虽然 KST 中的电流消失，但它仍然可以通过直流回路中的另一个自保持线圈保持在动作状态。当系统静稳定破坏引起振荡使 $\dot{I}_2$ 或 $3\dot{I}_0$ 缓慢增大时，整流后的电压输出也随之平稳增大，则 C_4 的充电电流很小，不足以使 KST 动作。可见，该回路只反应 $\dot{I}_2$ 或 $3\dot{I}_0$ 的突变而使 $\dot{I}_2$ 或 $3\dot{I}_0$ 动作。

负序、零序电流增量起动、振荡停息复归的振荡闭锁直流回路原理接线如图 3-46 所示，其中各元件的名称和作用如下。

KST：负序、零序电流增量起动继电器，其动作绕组在图 3-45 所示的交流回路中，保持线圈在直流回路中。系统正常运行时，KST 的保持线圈被其动断触点和二极管 2VD 短接。二极管的正向管压降约为 0.7V，故有助磁电流通过保持线圈，是起动值的 50%～60%，以提高其灵敏度和加快动作速度。若发生短路，KST 动作，一方面断开保持线圈的短接回路，同时将其接入直流回路并自保持，开放整套保护装置，并使重动继电器 KSR 动作，增大触点容量。

KCH：切换继电器，正常工作时处于励磁状态。其失磁后的延时复归时间为 0.12～0.15s，失磁复归后将 1、2 KI 由Ⅰ段切换到Ⅱ段。

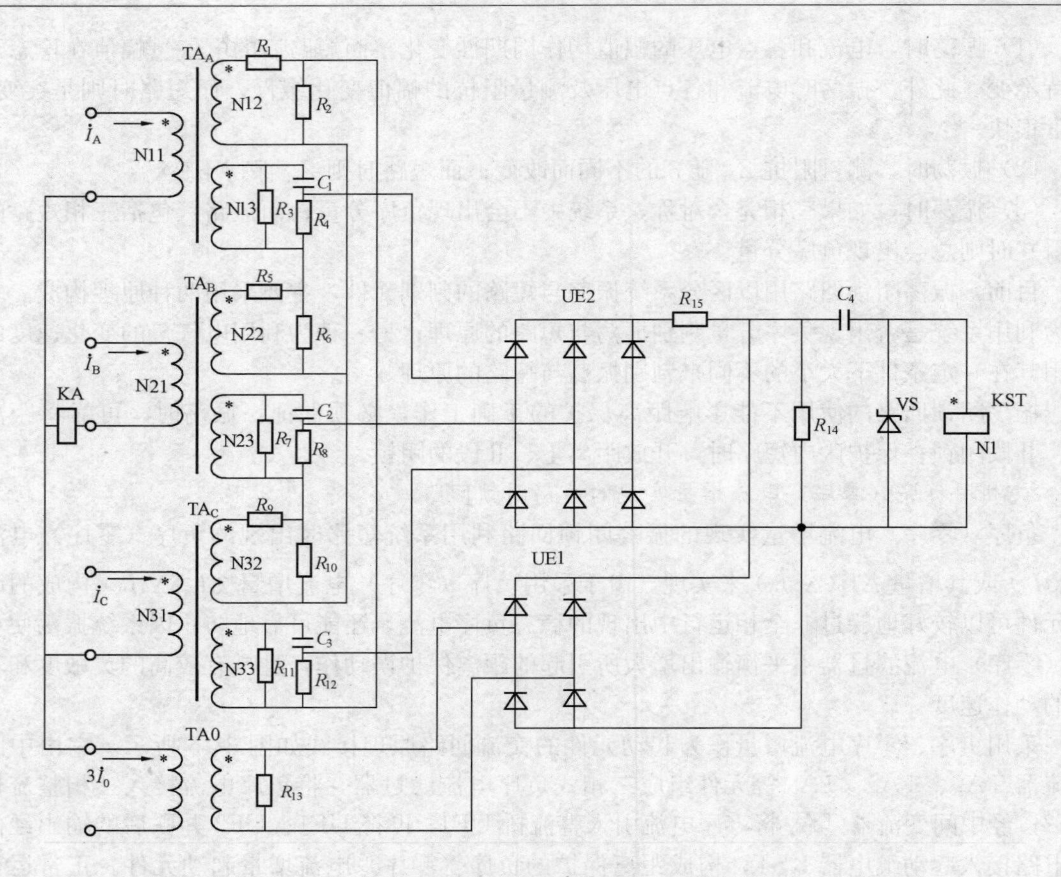

图 3-45 负序、零序电流增量起动元件交流回路原理接线

KLM：振荡闭锁中间继电器，正常时不励磁，其动断触点控制距离保护Ⅰ、Ⅱ段跳闸回路及高频闭锁停信继电器起动回路。

KA：B相电流继电器，在静稳定遭破坏时起动KLM。

1KT：使振荡闭锁装置整组复归的时间继电器，正常时不动作。

KLO：控制振荡闭锁回路对距离保护Ⅰ、Ⅱ段开放时间的继电器，正常时处于励磁状态，其延时复归时间（0.08～0.12s）即为闭锁开放时间。

1KCE、2KCE：距离Ⅰ、Ⅱ段共用测量阻抗继电器1、2KI的重动继电器，用于增加触点数量。

3KCE、4KCE：距离Ⅲ段测量阻抗继电器3KI的重动继电器，用于增加触点容量及数量。

振荡闭锁回路工作原理说明如下。

当系统的静态稳定遭到破坏而引起振荡时，在没有故障和操作的情况下，由于负序（零序）电流不会突变，故KST不动作，但在振荡的第一个周期开始时，相电流继电器KA或第Ⅲ段阻抗继电器3KI以及其重动继电器4KCE动作，通过KA和4KCE的动合触点起动闭锁执行继电器KST，使其动断触点断开，将距离保护的第Ⅰ、Ⅱ段闭锁。

当动态稳定被破坏而引起系统振荡时，必然会出现负序或零序电流（或其组合）增量，使KST动作，并通过它在直流回路中的线圈自保持。KST动作时，它的动断触点断开

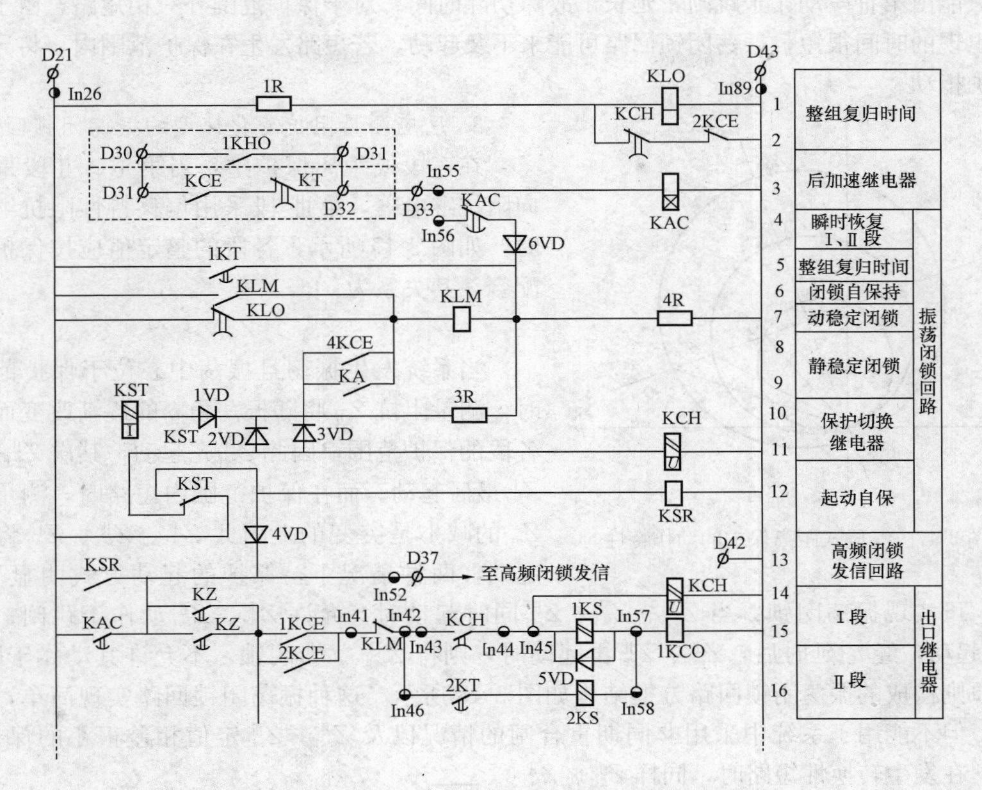

图 3-46 负序、零序电流增量起动、振荡停息复归的振荡闭锁直流回路原理接线

KCH 的回路，此时 2KCE 因 1、2KI 处于Ⅰ段定值而不动作，KCH 的失磁使其动断触点（2）延时复归将 KLO 短接。KLO 失磁后，其动断触点（7）延时返回，延时到达后起动 KLM。KLM 的动断触点（15）断开距离Ⅰ、Ⅱ段的跳闸出口回路。KCH 和 KLO 动断触点的延时复归时间之和，即为振荡闭锁回路对距离Ⅰ、Ⅱ段的开放时间。如果在开放时间内 1、2KI 不动作，说明短路发生在保护范围之外，开放时间到达时，KLM 起动并闭锁距离Ⅰ、Ⅱ段，则系统振荡将不会使其误动作。如果短路发生在距离Ⅰ、Ⅱ段保护范围内时，1、2KI 使 2KCE 动作，其动断触点不能短接 KLO，由于 KLO 保持励磁而使 KLM 无法起动，故不论振荡与否，距离Ⅰ、Ⅱ段跳闸出口回路一直开放，直到保护动作于跳闸。

系统振荡使 KLM 动作后自保持，它的动合触点接通 1KT 绕组回路。振荡闭锁的整组复归时间按照大于线路重合闸周期加上重合闸后保护动作的最长时间来考虑。如果此时振荡停息，4KCE、KA 的动断触点将接通 1KT 回路，1KT 励磁，其触点延时后短接 KLM，振荡闭锁回路即整组复归，准备好下一次再动作。如果振荡依然存在，则由于 4KCH 和 KA 在一个振荡周期内均要动作一次，使 1KT 在此期间循环起动，而系统最大振荡周期又远小于闭锁回路的整组复归时间，故 1KT 总也不能完成其动作。只有振荡停息，4KCE、KA 返回，1KT 完成动作，才能使振荡闭锁回路恢复原状。

这种振荡闭锁回路的不足之处是：在保护范围内发生转换性短路时，距离第Ⅰ、Ⅱ段拒动，只能由第Ⅲ段动作于跳闸，延长了故障切除时间。对于保护范围外三相短路，由于负序分量出现的时间很短，振荡闭锁回路可能来不及起动，若短路发生在保护范围内，将导致距离保护拒动。

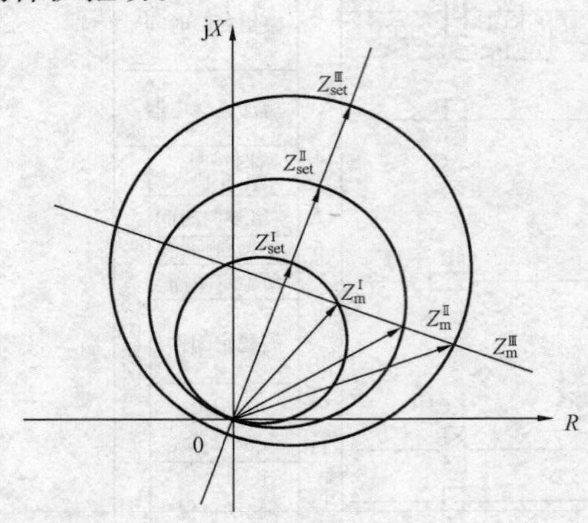

图 3-47 三段式距离保护的动作特性

3. 反应测量阻抗变化速度的振荡闭锁回路

在三段式距离保护中，当第Ⅰ、Ⅱ段采用方向阻抗继电器，第Ⅲ段采用偏移特性阻抗继电器时，如图 3-47 所示，各段的整定值应按保护范围配合，其关系为

$$Z_{set}^{Ⅲ} > Z_{set}^{Ⅱ} > Z_{set}^{Ⅰ}$$

当系统发生振荡且振荡中心位于保护范围内时，测量阻抗 Z_m 将随振荡角 δ 的逐渐改变而进入各段的保护范围，因此 $Z_{set}^{Ⅲ}$ 先起动，其次 $Z_{set}^{Ⅱ}$ 起动，$Z_{set}^{Ⅰ}$ 最后起动。而在保护范围内短路时，测量阻抗 Z_m 的减小是突变的，因此 $Z_{set}^{Ⅰ}$、$Z_{set}^{Ⅱ}$、$Z_{set}^{Ⅲ}$ 将同时起动，两种情况下，保护的起动方式明显不同。依此，可实现振荡闭锁：当 $Z_{set}^{Ⅰ}$、$Z_{set}^{Ⅱ}$、$Z_{set}^{Ⅲ}$ 同时起动时，允许 $Z_{set}^{Ⅰ}$、$Z_{set}^{Ⅱ}$ 动作于跳闸；而当 $Z_{set}^{Ⅲ}$ 先起动，经 t_0 延时后，$Z_{set}^{Ⅰ}$、$Z_{set}^{Ⅱ}$ 再起动时，则将 $Z_{set}^{Ⅰ}$、$Z_{set}^{Ⅱ}$ 闭锁，不允许其动作于跳闸。按此原则构成的振荡闭锁回路方框结构如图 3-48 所示。这种振荡闭锁回路实现简单，工作可靠，但不能用于系统中采用非同期重合闸的情况以及 $Z_{set}^{Ⅱ}$、$Z_{set}^{Ⅲ}$ 定值相差很小的保护中。此外，在发生转换性短路时，同样 $Z_{set}^{Ⅰ}$、$Z_{set}^{Ⅱ}$ 可能拒动，只能延时或由 $Z_{set}^{Ⅲ}$ 动作于跳闸。

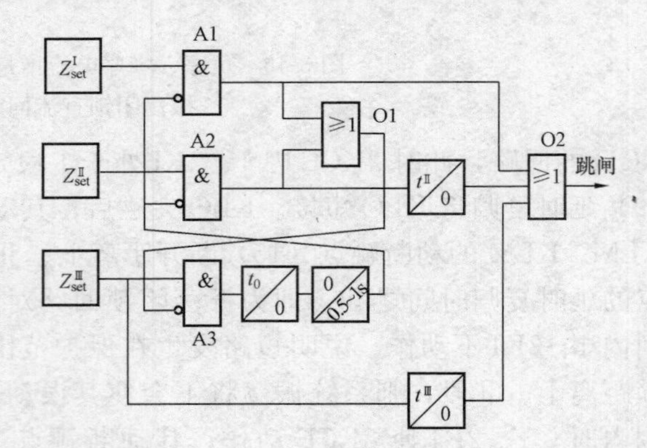

图 3-48 反应测量阻抗变化速度的振荡闭锁回路结构框图

4. 以 $|\dot{I}_2|+|\dot{I}_0|>m|\dot{I}_1|$ 和 $|U\cos\varphi|\leqslant K$ 为判据的振荡闭锁开放回路

目前，国内生产的微机距离保护，在保护范围内发生转换性短路时，采用振荡闭锁开放回路来开放距离Ⅰ、Ⅱ段的闭锁，力求加快保护的动作速度。

该闭锁回路在系统振荡时不会开放距离保护，振荡过程中发生内部故障能快速开放保护距离Ⅰ、Ⅱ段。开放保护距离Ⅰ、Ⅱ段的判据有不对称短路判据和对称短路判据。

(1) 不对称短路判据为

$$|\dot{I}_2|+|\dot{I}_0|>m|\dot{I}_1| \tag{3-105}$$

式中 $|\dot{I}_2|$、$|\dot{I}_0|$、$|\dot{I}_1|$ ——负序、零序、正序电流的幅值；

m——比例系数，通常取 0.66。

作为系统振荡过程又发生不对称故障时开放保护的条件，也称为 I_{20} 判据。

1) 系统振荡时，$\dot{I}_2=\dot{I}_0=0$，滤过器不平衡输出很小，I_{20} 判据不满足，距离保护不开放。

2）保护范围外短路，振荡角 $\delta=180°$、振荡中心处于保护范围内时，如图 3-49 所示，z 点为振荡中心，$\dot{U}_z=0$，振荡电流 $\dot{I}=\dfrac{\dot{E}}{Z_z}$，短路点 k 短路前振荡电压 $\dot{U}_k^{(0^-)}=-\dfrac{Z_k}{Z_z}\dot{E}$。由叠加原理，即故障状态为故障前负荷状态与短路引起附加状态的叠加。两相接地短路 $k^{(2,0)}$ 时，根据对称分量法可知：

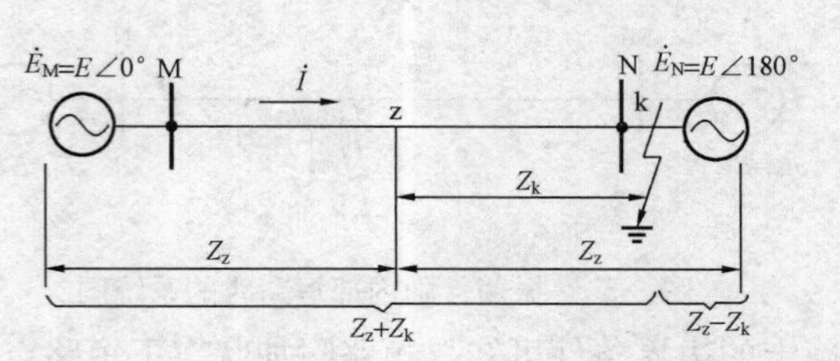

图 3-49　振荡角 $\delta=180°$发生外部短路时的系统图

短路点故障分量正序电流为

$$\dot{I}_{k1}=\frac{U_k^{(0^-)}}{\dfrac{3}{2}\times\dfrac{(Z_z+Z_k)(Z_z-Z_k)}{2Z_z}}=\frac{-\dfrac{Z_k}{Z_z}\dot{E}}{\dfrac{3}{2}\times\dfrac{(Z_z+Z_k)(Z_z-Z_k)}{2Z_z}}\tag{3-106}$$

M 母线保护安装处故障分量正序电流为

$$\dot{I}'_{k1}=\frac{Z_z-Z_k}{2Z_z}\dot{I}_{k1}\tag{3-107}$$

M 母线保护安装处正序电流为

$$\dot{I}_1=\dot{I}+\frac{Z_z-Z_k}{2Z_z}\dot{I}_{k1}\tag{3-108}$$

为了便于分析，假设正序、负序、零序综合等值阻抗均相等，则：

M 母线保护安装处负序、零序电流为

$$\dot{I}_2=\frac{Z_z-Z_k}{2Z_z}\dot{I}_{k2}=\dot{I}_0=\frac{Z_z-Z_k}{2Z_z}\dot{I}_{k0}=\frac{1}{2}\times\frac{Z_z-Z_k}{2Z_z}\dot{I}_{k1}\tag{3-109}$$

M 母线保护安装处有

$$\left\{\frac{|\dot{I}_2|+|\dot{I}_0|}{|\dot{I}_1|}\right\}_{\max}^{(2,0)}=\frac{2Z_k}{3Z_z+Z_k}=\frac{2}{1+3\dfrac{Z_z}{Z_k}}\leqslant 0.5(\text{因为 }Z_k\leqslant Z_z)\tag{3-110}$$

即
$$|\dot{I}_2|+|\dot{I}_0|\leqslant 0.5|\dot{I}_1|\tag{3-111}$$

同理，对于单相接地短路 $k^{(1)}$ 和两相短路 $k^{(2)}$ 可得出

$$\left\{\frac{|\dot{I}_2|+|\dot{I}_0|}{|\dot{I}_1|}\right\}_{\max}^{(1)}=\frac{2Z_k}{3Z_z+2Z_k}=\frac{2}{2+3\dfrac{Z_z}{Z_k}}\leqslant 0.4(\text{因为 }Z_k\leqslant Z_z)\tag{3-112}$$

即
$$|\dot{I}_2|+|\dot{I}_0|\leqslant 0.4|\dot{I}_1|\tag{3-113}$$

$$\left\{\frac{|\dot{I}_2|+|\dot{I}_0|}{|\dot{I}_1|}\right\}_{\max}^{(2)}=\frac{Z_k}{2Z_z+Z_k}=\frac{1}{1+2\dfrac{Z_z}{Z_k}}\leqslant 0.33(\text{因为 }Z_k\leqslant Z_z)\tag{3-114}$$

即
$$|\dot{I}_2|+|\dot{I}_0|\leqslant 0.33|\dot{I}_1|\tag{3-115}$$

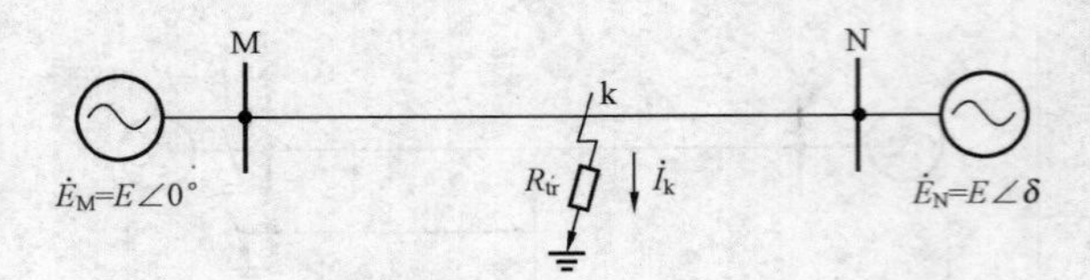

图 3-50 振荡伴随内部短路时的系统图

因此，系统振荡达到 $\delta = 180°$ 和外部不对称短路并存时，按 I_{20} 判据工作的振荡闭锁回路不会开放保护。

3）保护范围内短路，或同时存在振荡时，如图 3-50 所示，则由对称分量法确定的边界条件可知，短路附加状态下短路点各序电流的关系：

$$\left.\begin{array}{ll}\text{单相接地短路} & |\dot{I}_{k2}| + |\dot{I}_{k0}| = 2|\dot{I}_{k1}| \\ \text{两相短路} & |\dot{I}_{k2}| = |\dot{I}_{k1}| \\ \text{两相接地短路} & |\dot{I}_{k2}| + |\dot{I}_{k0}| = |\dot{I}_{k1}|\end{array}\right\} \quad (3\text{-}116)$$

a）假设短路点各序电流在保护安装处的分配系数相同，则 I_{20} 判据满足要求，开放保护。

b）线路末端发生两相接地短路 $k^{(2,0)}$ 时，本侧 I_{20} 判据可能不满足要求，但对侧 I_{20} 判据满足要求，开放保护，距离Ⅰ、Ⅱ段动作于跳闸后，本侧即可满足 I_{20} 判据，使保护开放相继迅速动作。

c）振荡角 δ=180°附近发生短路，振荡电流远大于 $\dot{I}$ 和 $\dot{I}_0$ 时，I_{20} 判据难以满足要求，但等 δ 偏离 180°一定值，即可满足 I_{20} 判据，开放保护距离Ⅰ、Ⅱ段，而不必以Ⅲ段动作时限跳闸。

振荡过程中又发生对称短路时，由于没有负序和零序电流，I_{20} 判据不能满足要求，因此，还需采用对称短路判据。

（2）对称短路判据为

$$|\dot{U}\cos\varphi| \leqslant K$$

式中 $\dot{U}$——保护安装处母线正序电压；

φ——正序电压与正序电流之间的夹角；

K——故障点三相短路电压标幺值，通常 K=0.06。

作为系统振荡过程又发生对称故障时开放保护距离Ⅰ、Ⅱ段的条件，也称为 $|\dot{U}\cos\varphi|$ 判据。

如图 3-51（a）所示，假设系统纵向联系阻抗角为 90°，当系统正常运行或振荡时，$\dot{U}\cos\varphi$ 为振荡中心正序电压 $\dot{U}_z$；此时，电流相量 $\dot{I}$ 与振荡中心电压 $\dot{U}_z$ 相位相同，落后于相量 $\dot{E}_{MN}(=\dot{E}_M-\dot{E}_N)90°$，如图 3-51（c）所示。

当系统发生三相短路时，$\dot{U}\cos\varphi$ 为短路点过渡电阻即弧光电阻上的压降，其幅值小于 $3.2\%U_N$，通常用标幺值 0.032 表示，为了保证可靠性，一般取 $|\dot{U}\cos\varphi| \leqslant 0.06$ 作为保护开放判据。

$|\dot{U}\cos\varphi|$ 的大小随系统振荡角 δ 的变化而改变，$\delta = 0° \sim 360°$ 时，$1 \geqslant |\dot{U}\cos\varphi| \geqslant 0$。当 $|\dot{U}\cos\varphi| \leqslant 0.06$，即振荡角 $\delta = 173° \sim 187°$ 时，保护开放元件误动作。为此，应躲开振荡时由于 δ 变化使按 $U\cos\varphi$ 判据工作的保护开放元件误动的时间。如图 3-51（b）所示，若系统最大振荡周期为 3s，则 $173° \leqslant \delta \leqslant 187°$ 的时间为

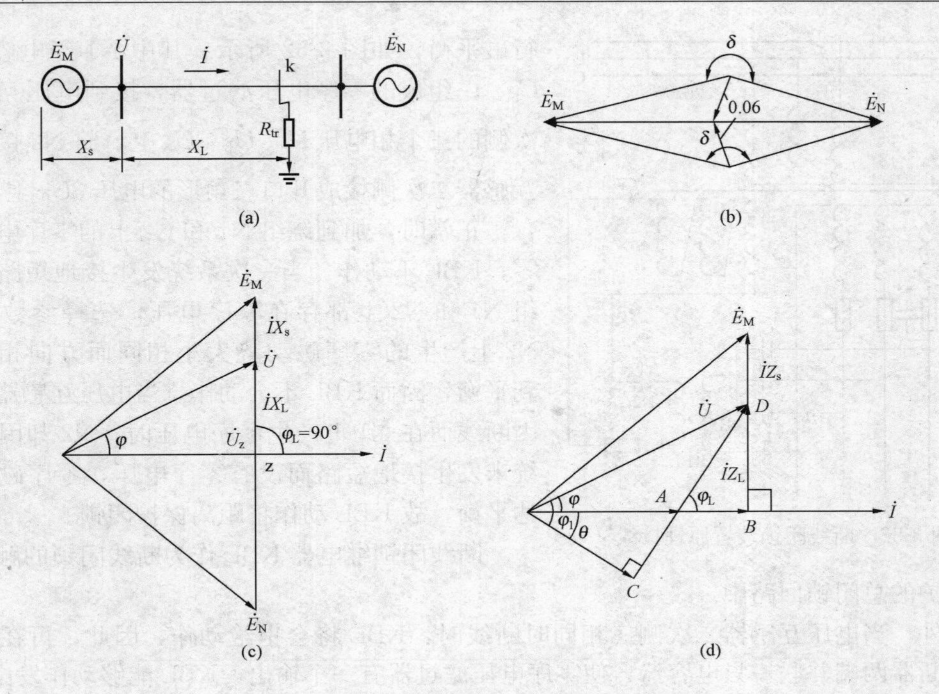

图 3-51　对称短路时 $U\cos\varphi$ 判据分析

(a) 系统图；(b) $\varphi'_L=90°$时；(c) 振荡时 $U\cos\varphi$ 动作角范围计算；(d) $\varphi'_L\neq 90°$时

$$t=\frac{187°-173°}{360°}\times 3=0.1167(\mathrm{s}) \tag{3-117}$$

为了保证可靠性，可取 120ms。

系统实际阻抗角小于 90°，因而需要进行相位补偿。如图 3-51 (d) 所示，OD 为测量电压 $\dot{U}$，$\dot{U}\cos\varphi=OB$ 是线路阻抗角为 90° 时弧光电阻压降，因为线路阻抗角小于 90° 为 φ_L，实际弧光压降应为 $OA=\dot{I}R_{tr}\leqslant 0.06$，与线路压降 $\dot{I}Z_L$ 之和为测量电压 $\dot{U}$。引入补偿角 $\theta=90°-\varphi_L$，振荡中心电压 $U_z=OC=|\dot{U}\cos(\varphi+\theta)|$，$U\cos\varphi$ 判据改变为 $|\dot{U}\cos(\varphi+\theta)|\leqslant 0.06$。对称短路时，$U_z=OC\leqslant OA$，完全满足保护开放判据。

可见，根据 $U\cos\varphi$ 判据构成的振荡闭锁开放元件，只要动作时间延长 120ms，就能保证系统振荡时不误动作，又能在振荡伴随对称短路时可靠开放保护。

三、电压回路断线对距离保护的影响

在系统正常运行状态下，当电压互感器二次回路断线时，距离保护将会失去电压。此时，由于负荷电流的作用，将使继电器的测量阻抗减小为零，从而引起保护的误动作。为此，距离保护应装设电压回路断线闭锁装置。当距离保护采用负序（零序）或其增量元件作为保护的整组起动和振荡闭锁起动元件时，则该元件同时兼有断线闭锁的作用。运行经验证明，这是十分简单、可靠的办法。为了避免在断线的情况下又发生外部短路，造成距离保护无选择地动作，一般还应装设断线闭锁装置 KBL，用于发出断线信号，以便值班人员及时发现并加以处理。

电压回路断线闭锁装置可以根据零序电压磁平衡原理构成，即零序电压取自两个不同的二次回路，分别由极性点和非极性点接入断线闭锁继电器 KBL 的工作绕组 N1 和制动 N2 进

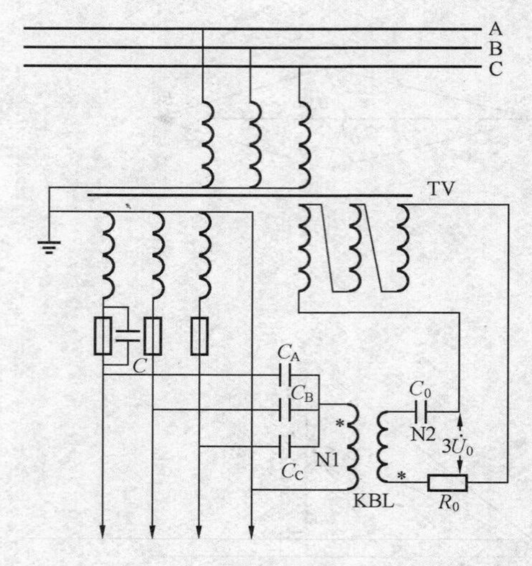

图 3-52 断线闭锁装置原理接线

行磁平衡，如图 3-52 所示。其中 N1 经电容器 C_a、C_b、C_c组成的零序电压滤过器，接到电压互感器二次侧的三个相电压 $\dot{U}_a$、$\dot{U}_b$、$\dot{U}_c$ 上，而 N2 接于电压互感器二次侧接成开口三角形的电压 $3\dot{U}_0$ 上。

正常时，加到绕组 N1 和 N2 上的零序电压都为零，KBL 不动作。当一次系统发生接地短路时，绕组 N1 和 N2 上都存在零序电压，选择参数使 N1、N2 上产生的零序磁动势大小相同而方向相反，达到平衡，因而 KBL 不会动作。当电压互感器二次侧因断线而在 N1 上产生零序电压时，N2 却因一次系统未发生接地短路而没有零序电压，零序磁动势不达平衡，故 KBL 动作将距离保护闭锁。

断线闭锁继电器 KBL 作为断线闭锁的触点接于距离保护的总闭锁回路中。

此外，当电压互感器二次侧三相同时断线时，KBL 将会拒绝动作，因此，可在其中一相的熔断器两端并联一只电容器，使零序电压滤过器有一个输出，KBL 能够动作发出信号。

四、分支电路对距离保护的影响

在单侧电源辐射形网络中，距离保护阻抗继电器的测量阻抗 Z_m 只与短路点到保护安装处的距离成正比，但当保护安装处到短路点之间存在分支电路时，必然会影响测量阻抗的数值，从而影响保护动作的灵敏度以及相邻保护间的动作范围配合。因此，必须分析分支电路对距离保护的影响，确保保护的正确工作。系统的分支电路一般分为助增分支电路和外汲分支电路两种。

（一）助增分支电路的影响

如图 3-53 所示，分支电路中有电源 $\dot{E}_Y$。当在 YZ 线路 k 点发生短路时，故障线路 YZ 的短路电流 $\dot{I}_{YZ}=\dot{I}_{XY}+\dot{I}_Y$，有 $I_{YZ}>I_{XY}$，这种因分支电源 $\dot{E}_Y$ 的影响而使故障线路电流增大的现象，

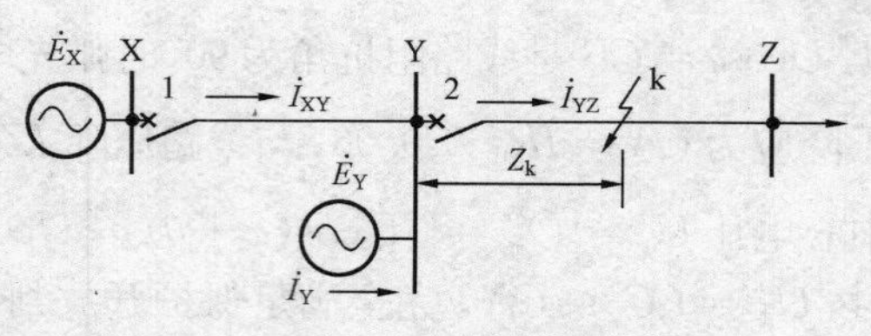

图 3-53 助增分支电路对测量阻抗影响

称为助增，$\dot{E}_Y$ 称为助增电源，其产生的电流 $\dot{I}_Y$ 称为助增电流。此时，变电站 X 母线处的距离保护 1 的测量阻抗为

$$Z_{m1}=\frac{\dot{U}_X}{\dot{I}_{XY}}=\frac{\dot{I}_{XY}Z_{XY}+\dot{I}_{YZ}Z_k}{\dot{I}_{XY}}=Z_{XY}+\frac{\dot{I}_{YZ}}{\dot{I}_{XY}}Z_k$$
$$=Z_{XY}+\dot{K}_{br}Z_k \tag{3-118}$$

$\dot{K}_{br}$ 称为分支系数，是故障线路短路电流与上一级保护所在线路短路电流之比。通常 $\dot{I}_{YZ}$ 与 $\dot{I}_{XY}$ 相位差别不大，实际工作中取实数 K_{br}。

由于助增电流 $\dot{I}_Y$ 的作用，使 $K_{br}>1$，与无助增作用时相比，此时的继电器测量阻抗 Z_{m1} 增大了。当短路发生在距离保护 1 的第Ⅱ段保护范围末端以内，且测量阻抗 Z_{m1} 又因 K_{br}

过大而超出其保护范围时，保护 1 的第Ⅱ段将拒动。因此，助增分支电路的影响，使距离保护第Ⅱ段的实际动作范围减小，灵敏度降低。

（二）外汲分支电路的影响

外汲分支电路如图 3-54 所示，分支电路为一平行线路。当 k 点短路时，故障线路 YZ 中的短路电流 $\dot{I}_{YZ}$ 将小于保护 2 所在线路 AB 中的电流 $\dot{I}_{XY}$。这种由于分支电路的影响而使故障线路中电流减小的现象称为外汲，外汲电流为 $\dot{I}'_{YZ}$。此时，保护 1 的测量阻抗为由于外汲电流 $\dot{I}'_{YZ}$ 的汲出作用，使 $\dot{I}_{YZ} < \dot{I}_{XY}$，变电站 X 母线处的距离保护 1 的测量阻抗为

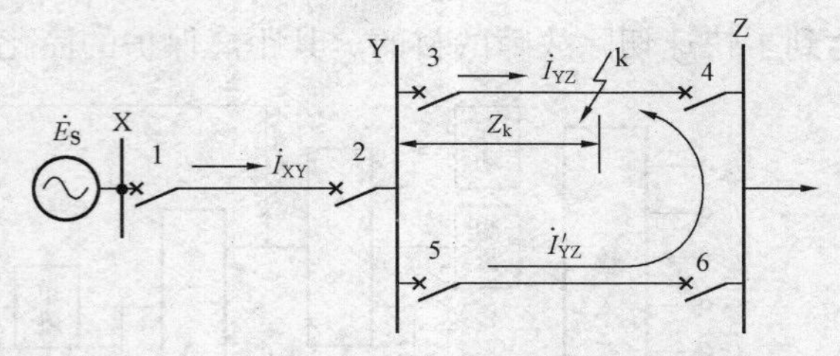

图 3-54　外汲分支电路对测量阻抗的影响

$$
\begin{aligned}
Z_{m1} &= \frac{\dot{U}_X}{\dot{I}_{XY}} = \frac{\dot{I}_{XY}Z_{XY} + \dot{I}_{YZ}Z_k}{\dot{I}_{XY}} = Z_{XY} + \frac{\dot{I}_{YZ}}{\dot{I}_{XY}}Z_k \\
&= Z_{XY} + K_{br}Z_k
\end{aligned}
\tag{3-119}
$$

$K_{br} < 1$，与无外汲分支电路时相比，保护 1 的测量阻抗 Z_{m1} 是减小的。当短路发生在保护 1 第Ⅱ段保护范围以外不远处，因外汲分支电路的作用，若 K_{br} 减小到使测量阻抗 Z_{m1} 进入第Ⅱ段的保护范围内时，将造成保护 1 第Ⅱ段的越级误动作。由此可见，外汲分支电路的影响，使距离保护第Ⅱ段的实际动作范围扩大，失去选择性。

在复杂系统中，由于系统运行方式的变化和线路的投切，分支系数 K_{br} 也随之改变。当保护的整定值一定时，K_{br} 越大保护实际能动作的范围越小，灵敏度越低；K_{br} 越小保护实际能动作的范围延伸越长。为了保证距离Ⅱ段的保护范围不伸入与之配合的相邻下一级保护的同段保护范围，保证选择性，整定计算时，分支系数 K_{br} 应取实际可能的最小值 $K_{br\cdot min}$。这样，在外部短路且运行方式改变使 K_{br} 增大时，实际测量阻抗只会增加，而不可能进入Ⅱ段保护范围使保护误动作。

当距离第 Ⅲ 段需作为相邻线路末端短路的远后备保护时，其灵敏系数则应按助增电流最大时的情况来考虑。

对于距离保护的第Ⅰ段，在其保护范围内短路时，由于测量阻抗与分支电流无关，故不受分支电路的影响。

距离保护以其较为完善的性能，经常在 110kV 及以下电压等级的电网中作为主保护，在 220kV 电压等级的电网中作为后备保护。

目前国内生产的微机保护装置，基本上都是成套保护，距离保护只是其中一部分。例如，南京南瑞继保电气有限公司生产的 RSC-902 系列超高压线路成套保护中，包括以纵联距离和零序方向元件为主体的快速主保护，由工频变化量距离元件构成的快速Ⅰ段保护，由三段式相间和接地距离以及不同延时段零序方向过电流构成全套后备保护。有些型号的保护还将零序Ⅲ段方向过电流保护改为零序反时限方向过电流保护，以满足各种不同线路对保护的要求。

RSC-902 系列超高压线路成套保护中，由工频变化量，交叉极化比相等原理构成距离保护的测量阻抗继电器，并且在接地距离继电器中设有零序电抗特性，以防止接地故障时继电

器超越。距离保护的振荡闭锁部分既采用了负序（零序）增量起动、振荡停息复归、短时开放保护的传统闭锁方式；还采用了振荡伴随内部短路时解除闭锁、开放保护的闭锁新原理，达到了快速切除故障的目的。其距离保护的简化原理框图如图 3-55 所示。

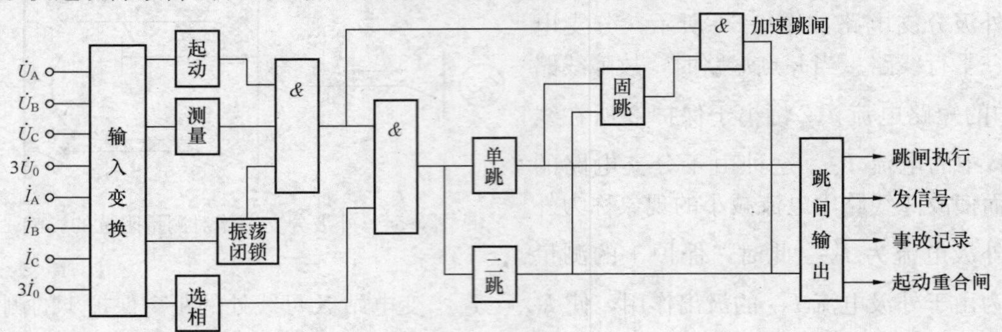

图 3-55　距离保护简化原理框图

第七节　距离保护的整定计算

在输电线路上，距离保护一般采用三段式，并且认为动作具有方向性。下面以图 3-56 为例说明三段式距离保护的整定计算原则。

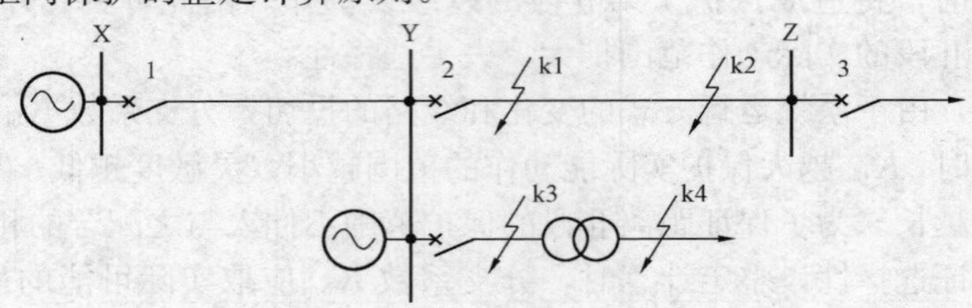

图 3-56　三段式距离保护整定计算说明

一、距离Ⅰ段整定计算

1. 动作阻抗

距离Ⅰ段应在保证选择性的前提下，使保护范围尽可能大。因此，保护 1 第Ⅰ段动作阻抗应按躲过下一线路出口 k1 点（可选 Y 母线）短路时的正序阻抗来整定。即

$$Z_{op\cdot1}^{I}=K_{rel}^{I}Z_{XY} \tag{3-120}$$

式中　$Z_{op\cdot1}^{I}$——线路 XY 中保护 1 距离第Ⅰ段的动作阻抗；

K_{rel}^{I}——可靠系数，取 0.8～0.85，考虑继电器误差，互感器误差及裕度系数；若线路参数未经实测，则取 $K_{rel}^{I}=0.8$；

Z_{XY}——被保护线路 XY 的正序阻抗，Ω。

2. 动作时限

$t_1^{I}=0s$，瞬时动作。一般距离Ⅰ段保护装置的固有动作时限为 0.1～0.15s。

二、距离Ⅱ段整定计算

1. 动作阻抗

距离Ⅱ段的保护范围是本线路全长，并力求与相邻下一级快速保护相配合，使距离保护

第Ⅱ段动作时限尽可能短。故保护1第Ⅱ段动作阻抗应按躲过下一级快速保护的保护范围末端短路时的正序阻抗整定。

（1）与相邻下一线路YZ的距离第Ⅰ段相配合，即按躲过下一线路距离第Ⅰ段末端k2点短路时的正序阻抗来整定，即

$$Z_{op\cdot1}^{\mathrm{II}} = K_{rel}^{\mathrm{II}}(Z_{XY} + K_{br\cdot min} Z_{op\cdot2}^{\mathrm{I}}) \tag{3-121}$$

式中 $Z_{op\cdot1}^{\mathrm{II}}$ ——保护1距离第Ⅱ段的动作阻抗；

$Z_{op\cdot2}^{\mathrm{I}}$ ——相邻下一线路YZ中保护2距离第Ⅰ段的动作阻抗；

$K_{br\cdot min}$ ——最小分支系数；

K_{rel}^{II} ——Ⅱ段可靠系数，一般取0.8，考虑本保护的可靠系数K_{rel}^{II}和相邻保护的缩短系数以及本线路与相邻线路的阻抗角可能不同等因素。

（2）与相邻变压器快速保护相配合，即按躲过相邻变压器末端k4点短路时的正序阻抗来整定，即

$$Z_{op\cdot1}^{\mathrm{II}} = K_{rel}^{\mathrm{II}}(Z_{XY} + K_{br\cdot min} Z_{T}) \tag{3-122}$$

式中 $K_{br\cdot min}$ ——实际可能的最小分支系数；

Z_T ——当变压器快速保护为电流速断保护时，Z_T为速断保护范围内的变压器阻抗；当变压器快速保护为差动保护时，Z_T为变压器阻抗；

K_{rel}^{II} ——可靠系数，一般取0.7～0.75，考虑Z_T误差较大以及其与线路阻抗算术和的误差等因素。

取式（3-121）和式（3-122）中的较小值作为距离第Ⅱ段的整定阻抗。

2. 动作时限

距离第Ⅱ段的动作时限应比与之相配合的相邻下一级保护的配合段动作时限大一个时限级差Δt（通常取Δt=0.5s），则

$$t_1^{\mathrm{II}} = t_2^{\mathrm{I}} + \Delta t \tag{3-123}$$

式中 t_1^{II} ——本保护第Ⅱ段动作时限，一般取$t_1^{\mathrm{II}}=0.5$s；

t_2^{I} ——相邻配合段的保护动作时限。

3. 灵敏度校验

应保证本线路末端发生金属性短路时有足够的灵敏度，要求$K_{sen} \geqslant 1.25$，则

$$K_{sen} = \frac{K_{op\cdot1}^{\mathrm{II}}}{Z_{XY}} \geqslant 1.25 \tag{3-124}$$

若灵敏度K_{sen}不满足要求，则应与相邻下一级保护的距离Ⅱ段配合整定，方法与式（3-121）和式（3-122）相同。如与之相配合的保护Ⅱ段为其他保护方式，则应按躲过其Ⅱ段保护范围末端短路时的阻抗来整定。

三、距离Ⅲ段整定计算

1. 动作阻抗应躲过正常运行时的最大负荷。

（1）距离保护采用电流起动元件时，其整定原则与过电流保护的整定原则相同，则

$$I_{op\cdot1}^{\mathrm{III}} = \frac{K_{rel} K_{ast}}{K_r} I_{L\cdot max} \tag{3-125}$$

（2）距离保护采用阻抗继电器作为起动元件时：

1）采用全阻抗继电器，则

$$Z_{op\cdot 1}^{Ⅲ}=\frac{1}{K_{rel}K_{r}K_{ast}}Z_{L\cdot min} \tag{3-126}$$

2）采用方向阻抗继电器（0°接线），则

$$Z_{op\cdot 1}^{Ⅲ}=\frac{1}{K_{rel}K_{r}K_{ast}\cos(\varphi_{sen}-\varphi_{L})}Z_{L\cdot min} \tag{3-127}$$

其中

$$Z_{L\cdot min}=\frac{(0.9\sim 0.95)U_{N}}{I_{L\cdot max}}$$

式中 K_{rel}——可靠系数，取1.15～1.25；

K_{r}——返回系数，取1.17；

K_{ast}——电机负荷自起动系数，取1～1.3；

$Z_{L\cdot min}$——本线路最小负荷阻抗；

φ_{sen}——方向阻抗继电器最灵敏角，等于或接近线路阻抗角；

φ_{L}——本线路负荷的功率因数角；

U_{N}——保护安装处母线额定电压。

实际工作中，还应根据网络结构特点，并结合网络中其他保护的配合要求来具体选取。

2. 动作时限

按大于与之相配合的相邻下一级保护的配合段动作时限来整定，至少大一个时限级差Δt。当距离保护受系统振荡影响时，整定时限还应大于振荡周期T_{osc}。

3. 灵敏度校验

按作为近后备和远后备保护两种情况下，保护范围末端的阻抗值校验。作为近后备时，要求$K_{sen}\geqslant 1.5$；作为远后备时，要求$K_{sen}\geqslant 1.2$，则：

（1）保护作为本线路末端金属性短路近后备时的灵敏系数

$$K_{sen}=\frac{K_{op\cdot 1}^{Ⅲ}}{Z_{XY}}\geqslant 1.5 \tag{3-128}$$

（2）保护作为相邻线路末端（或相邻变压器出口k4点）短路远后备时的灵敏系数

$$K_{sen}=\frac{K_{op\cdot 1}^{Ⅲ}}{Z_{XY}+K_{br\cdot max}Z_{YZ}(Z_{T})}\geqslant 1.2 \tag{3-129}$$

式中 $K_{br\cdot max}$——相邻元件末端短路时实际可能的最大分支系数。

当采用全阻抗继电器作保护的起动元件不能满足灵敏度的要求时，可改用方向阻抗继电器，以提高保护动作的灵敏度。可知，采用方向阻抗继电器作保护的起动元件比采用全阻抗继电器时灵敏度提高$1/\cos(\varphi_{sen}-\varphi_{L})$。若灵敏度仍不满足要求，则应采用四边形动作特性和直线动作特性等特性的阻抗继电器。

最小、最大分支系数$K_{br\cdot min}$、$K_{br\cdot max}$的主要考虑原则如下。

（1）辐射形网络：$K_{br\cdot min}$应按保护背后电源容量为最大，分支电源容量为最小考虑；$K_{br\cdot max}$则相反。

（2）辐射形网络对环形网络：$K_{br\cdot min}$应按环形网络闭环运行考虑；$K_{br\cdot max}$则取开环运行。

（3）环形网络：$K_{br\cdot min}$应按环形网络开环运行考虑；$K_{br\cdot max}$则取闭环运行。

整定计算中最小分支系数的求取，还需要根据具体网络和线路分析，应用时可参考有关资料。

四、最小精确工作电流 I_{aop} 校验

为了使距离保护能正确工作，阻抗继电器的测量误差在允许范围内，则阻抗继电器的最小精确工作电流不能超过保护范围末端短路时流过继电器的最小短路电流，通常用精确工作电流的灵敏度来校验，其灵敏系数

$$K_{sen\cdot aop} = \frac{I_{k\cdot min}}{I_{aop\cdot min}} \tag{3-130}$$

式中 $K_{sen\cdot aop}$ ——继电器精确工作电流的灵敏系数，在校验点，要求 $K_{sen\cdot aop} \geqslant 2$；

$I_{k\cdot min}$ ——在校验方式下，流过继电器的最小短路电流。

校验精确工作电流时，为了简化计算，最小短路电流可按下述原则计算：对于距离保护第Ⅰ、Ⅱ段，短路点选择在本线路末端；对于距离保护第Ⅲ段，则短路点选在相邻下一线路末端。

以上整定计算均为一次动作值，当换算到继电器动作阻抗时，必须计及互感器的变比和继电器的接线系数。

【例 3-1】 在图 3-57 所示 110kV 网络中，各线路均装设三段式距离保护，试对保护 1 的相间距离保护Ⅰ、Ⅱ、Ⅲ段进行整定计算。已知：线路 XY 的最大负荷电流 $I_{L\cdot max}=350A$，功率因数 $\cos\varphi_L=0.9$，各线路单位阻抗 $Z_1=0.4\Omega/km$，阻抗角 $\varphi_k=70°$，电动机的自起动系数 $K_{ast}=1$，正常时母线最低工作电压 $U_{L\cdot min}$ 为 $0.9U_N$，变压器的主保护采用差动保护。

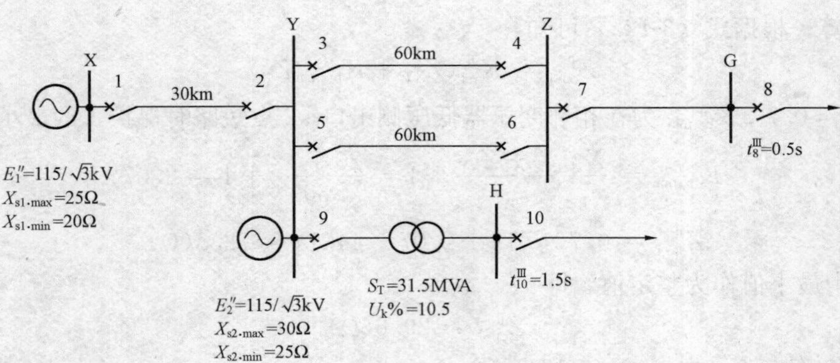

图 3-57 ［例 3-1］网络接线图

解 1. 计算各元件参数

线路 XY 的正序阻抗 $Z_{XY}=Z_1 l_{XY}=0.4\times30=12\ (\Omega)$

线路 YZ 的正序阻抗 $Z_{YZ}=Z_1 l_{YZ}=0.4\times60=24\ (\Omega)$

变压器等值阻抗 $Z_T=\frac{U_k\%}{100}\times\frac{U_Y^2}{S_T}=\frac{10.5}{100}\times\frac{115^2}{31.5}=44.1(\Omega)$

2. 距离Ⅰ段的整定

(1) 动作阻抗根据式（3-120）可得

$$Z_{op\cdot1}^{I}=K_{rel}^{I}Z_{XY}=0.8\times12=10.2(\Omega)$$

(2) 动作时限 $t_1^I=0s$，保护装置固有动作时限。

3. 距离Ⅱ段的整定

(1) 动作阻抗根据以下两个条件整定。

1)与相邻下一线路 YZ 中保护 3(或保护 5)距离Ⅰ段配合，根据式(3-121)可知

$$Z_{op\cdot 1}^{\mathrm{II}} = K_{rel}^{\mathrm{II}}(Z_{XY} + K_{br\cdot min}Z_{op\cdot 3}^{\mathrm{I}})$$

式中 $K_{rel}^{\mathrm{I}} = 0.85$，$K_{rel}^{\mathrm{II}} = 0.8$

而 $Z_{op\cdot 3}^{\mathrm{I}} = K_{rel}^{\mathrm{I}}Z_{YZ} = 0.85 \times 24 = 20.4(\Omega)$

$K_{br\cdot min}$ 的求取，如图 3-58 所示。

当保护 3 的Ⅰ段末端 k1 点短路时，分支系数计算式为

$$K_{br} = \frac{I_2}{I_1} = \frac{X_{s1} + Z_{XY} + Z_{s2}}{X_{s2}} \times \frac{(1+0.15)Z_{YZ}}{2Z_{YZ}} = \left(\frac{X_{s1} + Z_{XY}}{X_{s2}} + 1\right) \times \frac{1.15}{2}$$

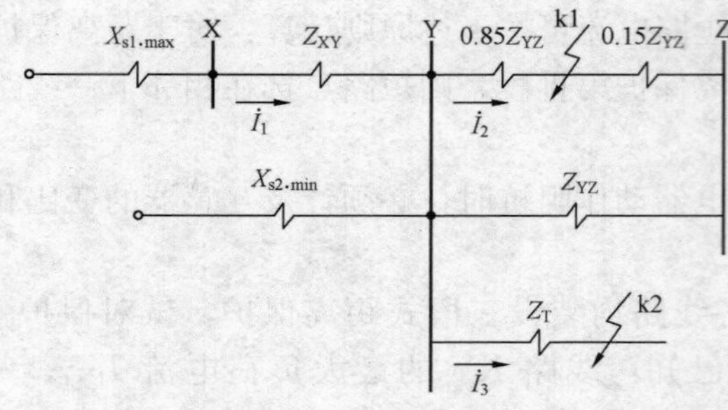

图 3-58　保护 1 距离Ⅱ段求取分支系数的等值电路

为使 K_{br} 最小，式中 X_{s1} 应取可能最小值，即取电源 1 最大运行方式下的等值阻抗 $X_{s1\cdot min}$，而 X_{s2} 取最大可能值，即取电源 2 最小运行方式下的最大等值阻抗 $X_{s2\cdot max}$，同时，双回线投入，故

$$K_{br\cdot min} = \left(\frac{20+12}{30} + 1\right) \times \frac{1.15}{2} = 1.19$$

则有 $Z_{op\cdot 1}^{\mathrm{II}} = 0.8 \times (12 + 1.19 \times 20.4) = 29.02(\Omega)$

2) 按躲过相邻变压器低压侧出口 k2 点短路整定计算，根据式（3-122）可知

$$Z_{op\cdot 1}^{\mathrm{II}} = K_{rel}^{\mathrm{II}}(Z_{XY} + K_{br\cdot min}Z_T)$$

式中 $K_{rel}^{\mathrm{II}} = 0.7$，$K_{br\cdot min}$ 为在相邻变压器低压侧出口 k2 点短路时保护 1 的最小分支系数

$$K_{br\cdot min} = \frac{X_{s1\cdot min} + Z_{XY}}{X_{s2\cdot max}} + 1 = \frac{20+12}{30} + 1 = 2.07$$

则 $Z_{op\cdot 1}^{\mathrm{II}} = 0.7 \times (12 + 2.07 \times 44.1) = 72.3(\Omega)$

取 1)、2) 中最小值作为整定值，即

$$Z_{op\cdot 1}^{\mathrm{II}} = 29.6(\Omega)$$

(2) 灵敏度校验，根据式（3-124）得

$$K_{sen} = \frac{K_{op\cdot 1}^{\mathrm{II}}}{Z_{XY}} = \frac{29.6}{12} = 2.41 > 1.25\text{，满足要求。}$$

(3) 动作时限

$$t_1^{\mathrm{II}} = t_2^{\mathrm{I}} + \Delta t = 0.5\mathrm{s}$$

4. 距离Ⅲ段的整定

(1) 动作阻抗。方向阻抗继电器采用 0°接线方式，按躲过最小负荷阻抗整定计算，根据式（3-127）

$$Z_{op\cdot 1}^{\mathrm{III}} = \frac{1}{K_{rel}K_rK_{ast}\cos(\varphi_{set} - \varphi_L)}Z_{L\cdot min}$$

其中 $Z_{L\cdot min} = \frac{U_{L\cdot min}}{I_{L\cdot max}} = \frac{0.9 \times 110}{\sqrt{3}I_{L\cdot max}} = \frac{0.9 \times 110}{\sqrt{3} \times 0.35} = 163.5(\Omega)$

取 $K_{rel} = 1.2$，$K_r = 1.15$，$K_{ast} = 1$，$\varphi_{sen} = \varphi_k = 70°$，$\varphi_L = \cos^{-1}0.9 = 25.8°$

则
$$Z_{op\cdot1}^{Ⅲ}=\frac{163.5}{1.2\times1.5\times\cos(70^\circ-25.8^\circ)}=165.3(\Omega)$$

（2）灵敏度校验。

1）保护作为本线路末端短路近后备时的灵敏系数，由式（3-128）可知 $K_{sen}=\frac{K_{op\cdot1}^{Ⅲ}}{Z_{XY}}=\frac{165.3}{12}=13.78>1.5$，满足要求。

2）保护作为相邻元件末端短路远后备时的灵敏系数。

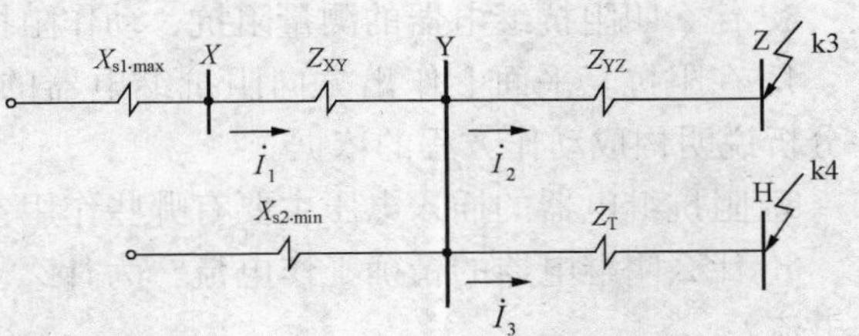

图 3-59　距离Ⅲ段校验灵敏度时求取 $K_{br\cdot max}$ 等值电路

a）相邻线路末端 k3 点短路时，由式（3-129）可知
$$K_{sen}=\frac{K_{op\cdot1}^{Ⅲ}}{Z_{XY}+K_{br\cdot max}Z_{YZ}}$$
其中，保护 1 的最大分支系数 $K_{br\cdot max}$ 按相邻线路 YZ 末端短路时求取，如图 3-59 所示。
$$K_{br\cdot max}=\frac{I_2}{I_1}=\frac{X_{s1\cdot max}+Z_{XY}}{X_{s2\cdot min}}+1=\frac{25+12}{25}+1=2.48$$
则
$$K_{sen}=\frac{165.3}{12+2.48\times24}=2.31>1.2\text{，满足要求。}$$

b）相邻变压器低压侧出口 k4 点短路时，最大分支系数为
$$K_{br\cdot max}=\frac{X_{s1\cdot max}+Z_{XY}}{X_{s2\cdot min}}+1=\frac{25+12}{25}+1=2.48$$
则
$$K_{sen}=\frac{165.3}{12+2.48\times44.1}=1.36>1.2\text{，满足要求。}$$

（3）动作时限
$$t_1^{Ⅲ}=t_8^{Ⅲ}+3\Delta t=0.5+3\times0.5=2(s)$$
或
$$t_1^{Ⅲ}=t_{10}^{Ⅲ}+2\Delta t=1.5+2\times0.5=2.5(s)$$

取较大时限作为动作时限，即 $t_1^{Ⅲ}=2.5s$。

实际应用时，距离Ⅲ段的动作阻抗还应考虑与相邻下一级保护的Ⅱ、Ⅲ段（或元件保护的后备保护）的动作阻抗（或保护范围的阻抗）相配合，以确定最小值并作为整定阻抗，同时，整定动作时限时也必须与之对应配合。

思考题与习题

1. 为什么在多电源的复杂电力网络中，方向性电流保护常常不能满足选择性的要求，而距离保护却能保证选择性?

2. 什么叫距离保护的时限特性? 它有什么特点，在距离保护中的作用如何?

3. 什么叫阻抗继电器的测量阻抗、动作阻抗、整定阻抗?

4. 在阻抗复平面上作出方向阻抗继电器的动作特性，写出其幅值比较式的动作方程，并分析说明构成动作方程的依据。

5. 阻抗继电器的插入电压主要有哪些作用? 请分析说明。

6. 什么叫继电器的精确工作电流? 为什么要求通过继电器的最小电流必须大于精确工作电流?

7. 阻抗继电器的接线方式有哪几种? 分别适用于什么情况?

8. 影响距离保护正确工作的因素主要有哪些? 减小其影响的针对性措施是什么?

9. 工频变化量阻抗继电器与交叉极化阻抗继电器各有何特点? 与单相式阻抗继电器相比，它具有哪些突出的优点?

10. 如图 3-60 所示，各线路均装设三段式距离保护，已知 $Z_1=0.45\Omega/\text{km}$，在平行线路上装设距离保护为主保护，保护Ⅰ、Ⅱ段可靠系数取 0.85，试对保护 1 和保护 3 的距离Ⅰ、Ⅱ段作整定计算，并校验灵敏度。其中 $Z_{sX\cdot max}=20\Omega$，$Z_{sX\cdot min}=15\Omega$、$X_{sX\cdot max}=X_{sX\cdot min}=25\Omega$。

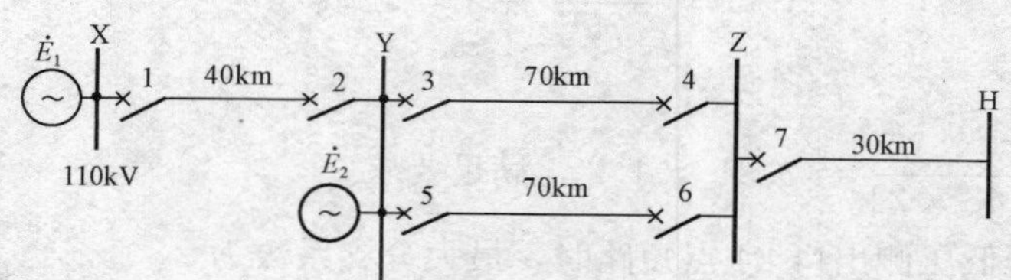

图 3-60 习题 10 图

11. 如图 3-61 所示，变电站 X 引出线路参数如下：线路 XY 的最大负荷电流为 310A，自起动系数 $K_{ast}=1.5$，功率因数角 $\varphi_L=30°$，线路阻抗角 $\varphi_k=63.5°$，$Z_1=0.45\Omega/\text{km}$，线路 YZ 距离Ⅲ段的动作时限为 3s。距离保护的测量元件采用方向阻抗继电器，$K_r=1.25$。求线路 XY 距离Ⅰ、Ⅱ、Ⅲ段的起动阻抗及Ⅱ、Ⅲ段的灵敏系数。

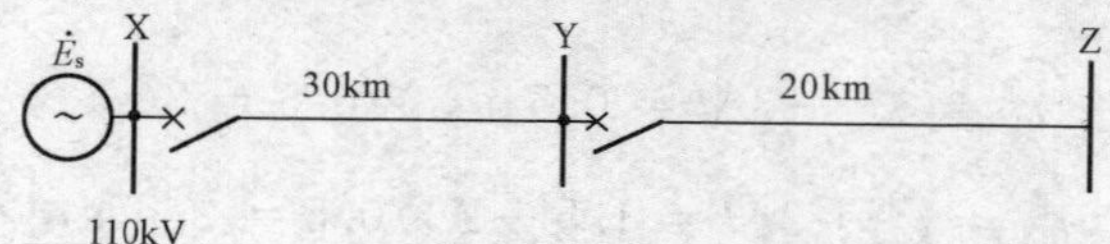

图 3-61 习题 11 图

第四章　线路的纵联保护

第一节　纵联保护的基本原理

根据电流、电压和阻抗原理构成的系统保护，都是从线路靠近电源的一侧测量各种状态下的电气量，由于测量误差等原因，它们不能准确判断发生在本线路末端和下一线路出口的故障，为了保证选择性，只能缩小保护范围，在此范围内，保护可以瞬时动作，如电流和距离Ⅰ段。为了切除全线范围内的故障，必须另外增设保护，如电流和距离Ⅱ段，同样由于误差的原因，保护范围必然延伸到下一线路，与下一线路保护的保护范围交叉重叠，为了保证选择性，只有延时保护动作，使切除全线路范围内故障的时间延长。对于电力系统的重要线路和大容量高电压以及超高压线路，为了保证系统并列运行的稳定性和减小故障的损害程度，对保护的速动性提出了更高的要求，必须瞬时切除全线路范围内的故障。线路的纵联保护可以满足要求。

纵联保护是同时比较线路两侧电气量的变化而进行工作的。因此，在被保护范围内任何地点发生短路时，纵联保护都能瞬时动作。

根据两侧电气量传输方式的不同，纵联保护主要分为导引线纵联保护（简称导引线保护）、电力线载波保护（简称高频保护）、微波纵联保护（简称微波保护）、光纤纵联保护（简称光纤保护）。

第二节　线路的导引线保护

一、导引线保护的基本原理

导引线保护是通过比较被保护线路始端和末端电流幅值、相位进行工作的。为此，应在线路两侧装设变比、特性完全相同的差动保护专用电流互感器 TA，将两侧电流互感器二次绕组的同极性端子用辅助导引线纵向相连构成导引线保护的电流回路，差动继电器 KD 并接在电流互感器的二次端子上，使正常运行时电流互感器二次侧电流在该回路中环流，根据基尔霍夫电流定律，流入差动继电器 KD 的电流 $\dot{I}_{\rm d}$ 等于零，如图 4-1（a）所示。通常称此连接方法为环流法，将环流法接线构成的保护称为导引线保护。

根据以上接线原理，对图 4-1 所示导引线保护原理进行分析。

当线路正常运行或外部 k 点短路时，通过差动继电器 KD 的电流为

$$\dot{I}_{\rm d}=\dot{I}'_1-\dot{I}'_2=\frac{\dot{I}_1}{n_{\rm TA1}}-\frac{\dot{I}_1}{n_{\rm TA2}}=0 \tag{4-1}$$

当线路内部任意一点 k 短路时，分以下两种情况分析。

（1）线路为两侧电源供电，若两侧电源向短路点 k 提供的短路电流分别为 $\dot{I}_1$ 和 $\dot{I}_2$，短路点的总电流 $\dot{I}_{\rm k}=\dot{I}_1+\dot{I}_2$，则流入继电器 KD 的电流

$$\dot{I}_{\rm d}=\dot{I}'_1+\dot{I}'_2=\frac{\dot{I}_1}{n_{\rm TA1}}+\frac{\dot{I}_2}{n_{\rm TA2}}=\frac{\dot{I}_{\rm k}}{n_{\rm TA}} \tag{4-2}$$

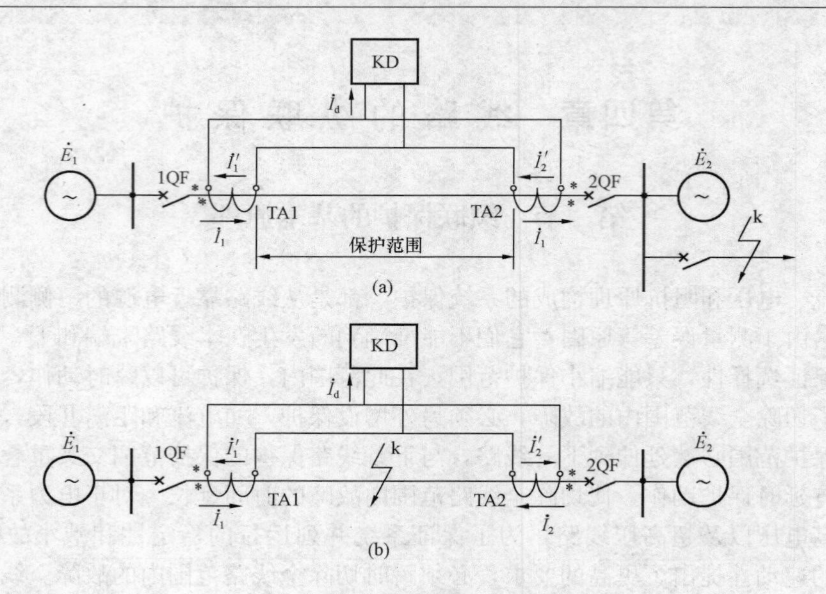

图 4-1 导引线保护原理说明

(a) 正常运行、外部短路时；(b) 内部短路时

当 $\dot{I}_d$ 达到差动继电器 KD 的动作电流时，差动继电器 kD 瞬时动作，断开线路两电源侧断路器 QF。

（2）线路为单侧电源供电，且设 $\dot{I}_2=0$，若电源向短路点 k 提供的短路电流为 $\dot{I}_k$，则流入继电器 KD 的电流

$$\dot{I}_d = \dot{I}'_1 = \frac{\dot{I}_k}{n_{TA1}} \tag{4-3}$$

当 $\dot{I}_d$ 达到差动继电器 KD 的动作电流时，差动继电器 KD 瞬时动作，断开线路电源侧断路器 QF。

由以上分析可见，线路两侧电流互感器 TA 之间所包括的范围，就是导引线保护的范围。

导引线保护按环流法接线的三相原理如图 4-2（a）所示。

实际导引线保护为了减少所需导线的根数，通常采用电流综合器 ΣI，将三相电流综合成一单相电流，然后传送到线路对侧进行比较。

线路两侧的电流综合器 ΣI 合成的单相电流 $\dot{I}'_1$ 和 $\dot{I}'_2$ 经隔离变压器 TV 后变成电压 $\dot{U}'_1$ 和 $\dot{U}'_2$，再由导引线 $\rho\omega$ 连接起来。隔离变压器 TV 的作用是将保护装置回路与导引线回路隔离，防止导引线回路被高电压线路或雷电感应产生的过电压损坏保护装置，同时还可以监视导引线的完好性。另外，通过隔离变压器 TV 提高电压，减小长期正常运行状态下导引线中的电流和功率消耗。

图 4-2（a）所示的综合器 ΣI 的 A 相匝数为 $n+2$，B 相匝数为 $n+1$，C 相匝数为 n，正常运行时系统的一次电流相量如图 4-2（b）所示，则综合器 ΣI 的磁流相量如图 4-2（c）所示。可见，正常运行时，综合器 ΣI 有一不平衡输出，但对侧的综合器 ΣI 也有不平衡输出，而且方向相反，因此，理想情况下，差动继电器 KD 的输入量为零，不会动作。用环流法分

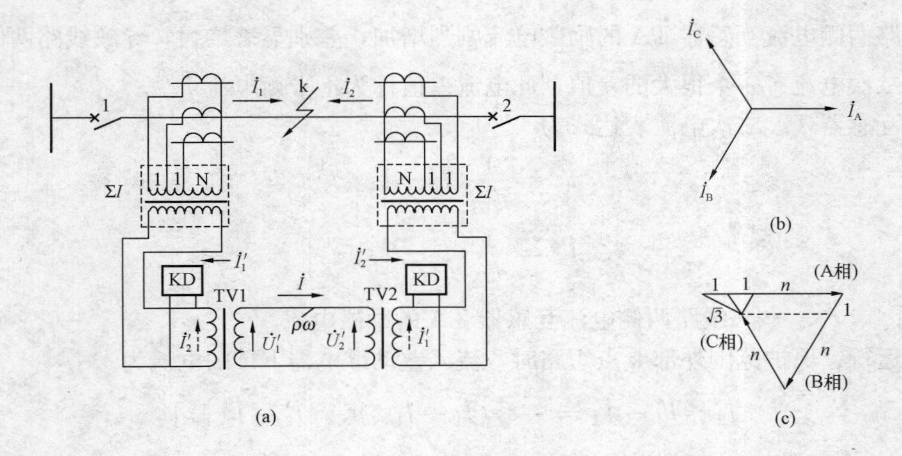

图 4-2　导引线保护三相原理图

(a) 导引线保护原理接线图；(b) 一次三相电流相量图；(c) ΣI 磁流相量图

析，结果相同。

正常运行或 2 侧外部短路时，$\dot{I}_2$ 方向与图 4-2（a）所示方向相反，且等于 $\dot{I}_1$，即

$$\dot{I}_2=-\dot{I}'_1,\dot{I}'_2=-\dot{I}'_1 \tag{4-4}$$

理想情况下，流入差动继电器 KD 的电流 $\dot{I}_d$ 为

$$\dot{I}_d=\dot{I}'_1+\dot{I}'_2=0 \tag{4-5}$$

继电器 KD 不动作。

内部 k 点短路时，如图 4-2（a）所示，流入继电器 KD 的电流 $\dot{I}_d=\dot{I}'_1+\dot{I}'_2\neq 0$，继电器将动作。

实际上，外部短路时，由于各种误差的影响以及线路两侧电流互感器 TA 的特性不可能完全相同，故会有一个不平衡电流 $\dot{I}_{unb}$ 流入继电器 KD。若流入差动继电器 KD 的不平衡电流 $\dot{I}_{unb}$ 过大，差动继电器 kD 必须采用更高的动作值，才能使导引线保护不误动作，从而降低了保护在线路内部故障时的灵敏度。这也是所有按环流法接线的导引线保护共同存在的问题。因此，有必要分析不平衡电流 $\dot{I}_{unb}$ 产生的原因，并设法减小它。

二、导引线保护的不平衡电流

1. 稳态情况下的不平衡电流

在导引线保护中，若电流互感器具有理想的特性，则在系统正常运行和外部短路时，差动继电器 KD 中不会有电流流过。但实际上，线路两侧电流互感器 TA 的励磁特性不可能完全相同，如图 4-3 所示。当电流互感器 TA 一次电流较小时，铁芯未饱和，两侧电流互感器 TA 特性曲线接近理想状态，相差很小。当电流互感器 TA 一次电流较大时，铁芯开始饱和，由于线路两侧电流互感器 TA 铁芯的饱和点不同，励磁电流差别增大。当电流互感器 TA 一次电流大到使铁芯严重饱和的程度，则会因励磁阻抗的下

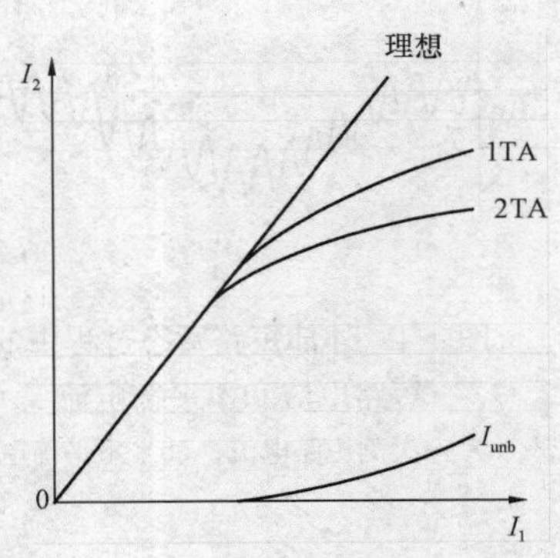

图 4-3　电流互感器 $I_2=f(I_1)$ 的特性曲线和不平衡电流

降而使线路两侧电流互感器 TA 的励磁电流剧烈增加，差别显著增大，导致线路两侧电流互感器 TA 二次电流有一个很大的差值，此电流差值称为不平衡电流 $\dot{I}_{\mathrm{unb}}$。

电流互感器 TA 二次电流表达式为

$$\left.\begin{aligned}\dot{I}'_1 &= \frac{1}{n_{\mathrm{TA}}}(\dot{I}_1 - \dot{I}'_{1\cdot\mathrm{ex}})\\ \dot{I}'_2 &= \frac{1}{n_{\mathrm{TA}}}(\dot{I}_2 - \dot{I}'_{2\cdot\mathrm{ex}})\end{aligned}\right\}\tag{4-6}$$

式中　$\dot{I}_{1\cdot\mathrm{ex}}$、$\dot{I}_{2\cdot\mathrm{ex}}$——线路两侧电流互感器 TA 的励磁电流。

正常运行、保护范围外部 k 点短路时，流入差动继电器 KD 的电流为

$$\begin{aligned}\dot{I}_{\mathrm{d}} &= \dot{I}'_1 - \dot{I}'_2 = \frac{1}{n_{\mathrm{TA}}}[(\dot{I}_1 - \dot{I}_{1\cdot\mathrm{ex}}) - (\dot{I}_2 - \dot{I}_{2\cdot\mathrm{ex}})]\\ &= \frac{1}{n_{\mathrm{TA}}}(\dot{I}_{2\cdot\mathrm{ex}} - \dot{I}_{1\cdot\mathrm{ex}}) = \dot{I}_{\mathrm{unb}}\end{aligned}\tag{4-7}$$

因此，导引线保护的不平衡电流实际上就是线路两侧电流互感器 TA 励磁电流之差。

为了保持一定的准确度，导引线保护使用的电流互感器 TA 应按 10%误差曲线选取负载，则可保证变比误差不超过 10%，角度误差不超过 7°。当保护范围外部短路时，通过电流互感器 TA 一次侧的最大电流为 $\dot{I}_{\mathrm{k}\cdot\max}$，若一侧电流互感器 TA 的误差为零，另一侧误差为 10%，即 $f_{\mathrm{i}}=0.1$，外部短路时的不平衡电流 $\dot{I}_{\mathrm{unb}}$达到最大，为 $\dot{I}_{\mathrm{unb}\cdot\max}$。由于导引线保护采用型号和特性完全相同、误差接近的 D 级电流互感器 TA，故在不平衡电流 $\dot{I}_{\mathrm{unb}\cdot\max}$中引入同型系数 K_{SS}，K_{SS}在两侧电流互感器 TA 型号相同时取 0.5，不同时取 1，因此，流入差动继电器 KD 的最大不平衡电流为

$$\dot{I}_{\mathrm{d}} = \dot{I}_{\mathrm{unb}\cdot\max} = f_{\mathrm{i}}K_{\mathrm{SS}}\frac{\dot{I}_{\mathrm{k}\cdot\max}}{n_{\mathrm{TA}}}\tag{4-8}$$

2. 暂态过程中的不平衡电流

由于导引线保护的动作是瞬时性的，因此，必须考虑在保护范围外部短路时的暂态过程中，流入差动继电器 KD 的不平衡电流 i_{unb}。此时，流过电流互感器 TA 一次侧的短路电流 i_{k} 中，包含有周期分量和非周期分量，如图 4-4 所示。i_{k} 中由于非周期分量对时间的变化率$\left(\frac{\mathrm{d}i}{\mathrm{d}t}\right)$远小于周期分量的变化率$\left(\frac{\mathrm{d}L}{\mathrm{d}t}\right)$，因而很难传变到二次侧，大部分作为励磁电流进入励磁回路而使电流互感器 TA 的铁芯严重饱和。此外，电流互感器 TA 励磁回路以及二次回路的电感中的磁通不能突变，将在二次回路中引起自由非周期分量电流，因此，暂态过程中的励磁电流将大大超过其稳态值，其中包含大量缓慢衰减的非周期分量电流，使励磁电流曲线偏于时间轴的一侧。由于励磁回路具有很大的电感，励磁电流不能很快上升，因此在短路后的几个周波才出现最大不平衡电流。

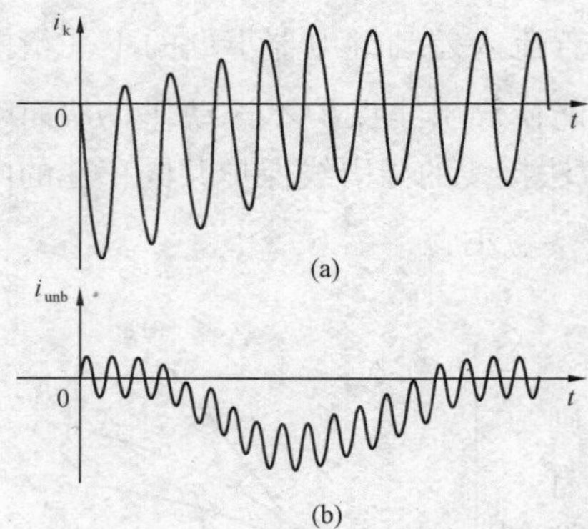

图 4-4　外部短路暂态过程中的短路电流和不平衡电流
(a) 一次侧短路电流；(b) 不平衡电流

考虑到非周期分量电流 i_k 的影响，在式（4-8）中应引入非周期分量影响系数 K_{un}，取 1.5～2，当采取措施消除其影响时，取为 1，则最大不平衡电流幅值的计算式为

$$I_{unb\cdot max} = f_i K_{SS} K_{un} \frac{I_{k\cdot max}}{n_{TA}} \tag{4-9}$$

为了保证导引线保护在外部短路时的选择性，其动作电流必须按躲过最大不平衡电流 $I_{unb\cdot max}$ 来整定；为了提高导引线保护在内部故障时的灵敏度，应采取措施减小不平衡电流。

三、减小导引线保护不平衡电流的主要措施

（1）减小稳态情况下的不平衡电流的措施是导引线保护采用型号和特性完全相同的 D 级电流互感器 TA，并按 10%误差曲线进行校验，选择负载。

（2）减小暂态过程中不平衡电流的主要措施通常是在差动回路中接入具有快速饱和特性的中间变流器 TA，如图 4-5（a）所示。也可以采用在二次回路和差动继电器 KD 之间串入电阻的方法，如图 4-5（b）所示。接入电阻可以减小差动继电器 kD 中的不平衡电流并使其加速衰减，但效果不甚显著，一般用于小容量的变压器和发电机上。

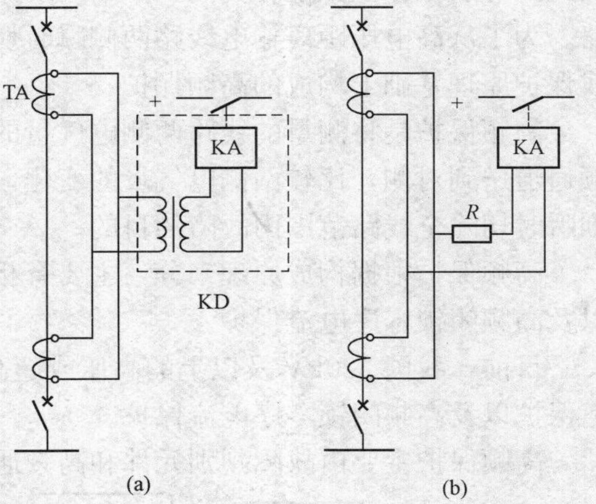

图 4-5 防止非周期分量影响的措施

（a）接入速饱和交流器；（b）接入电阻

四、导引线保护的整定计算

1. 导引线保护动作电流的整定计算

（1）躲过外部短路时的最大不平衡电流 $I_{unb\cdot max}$

$$I_{op} = K_{rel} I_{unb\cdot max} = K_{rel} f_i K_{SS} K_{un} \frac{K_{k\cdot max}}{n_{TA}} \tag{4-10}$$

式中 K_{rel}——可靠系数，一般取 1.2～1.3；

K_{un}——非周期分量影响系数，当保护采用带有速饱和变流器的差动继电器时取 1。

（2）躲过电流互感器二次回路断线时流入差动继电器 KD 的最大负荷电流 $I_{L\cdot max}$

$$I_{op} = K_{rel} \frac{I_{L\cdot max}}{n_{TA}} \tag{4-11}$$

取式（4-9）和式（4-10）中较大者作为差动继电器的整定值。为了防止断线时又发生外部短路而引起导引线保护误动作，还应装设断线监视装置，二次回路断线时，在发出信号的同时将保护自动退出工作。

2. 导引线保护灵敏度的校验

导引线保护的灵敏度应按单侧电源供电线路保护范围末端短路时，流过保护的最小短路电流校验，要求灵敏系数 $K_{sen}\geqslant 1.5$～2，即

$$K_{sen} = \frac{I_{k\cdot min}}{I_{op}} \geqslant 1.5 \sim 2 \tag{4-12}$$

第三节　线路的高频保护

一、高频保护的基本原理

线路的导引线保护单从动作的速度来讲，可以满足系统的要求，但是，它必须敷设与被保护线路长度相同的辅助导引线，对于较长线路而言，从经济和技术的角度是难以实现的，因此，导引线保护只能作为5～7km短线路的保护，在国外也只用于长度为30km左右的线路。为了从高电压距离输电线路两侧瞬时切除全线路任一点的故障，可以采用基于线路导引线保护原理基础上构成的高频保护。

高频保护是将测量的线路两侧电气量的变化转化为高频信号，并利用输电线路构成的高频通道送到对侧，比较两侧电气量的变化，然后根据特定关系，判定内部或外部故障，以达到瞬时切除全线路范围内故障的目的。

高频保护根据构成原理来分，主要有相差高频保护、方向高频保护和高频闭锁距离保护以及高频闭锁零序电流保护。

目前，我国220kV及以上的高压或超高压线路中广泛采用方向高频保护和高频闭锁距离保护以及高频闭锁零序电流保护。

高频保护主要由故障判别元件和高频通道以及高频收、发信机组成，如图4-6所示。

图4-6　高频保护的组成框图

故障判别元件即继电保护装置，利用输入电气量的变化，根据特定关系来区分正常运行、外部故障以及内部故障。高频收、发信机的作用是接收、发送高频信号。发信机必须对所发信号进行调制，以使通过高频通道传输到被保护线路对侧的信号荷载保护所需要的信息，收信机收到被保护线路两侧的信号后进行解调，然后提供给继电保护，作为故障判别的依据。高频通道的作用是将被保护线路一侧反应其运行特征的高频信号，传输的被保护线路的另一侧。在电力系统中，通常利用输电线路间作高频通道，同时传输工频电流和保护所需信号，为了便于区分，继电保护所需要的信号一般采用高频信号。由于高频信号荷载保护所需信息，因此，高频信号被称为载波，高频保护又被称为载波保护。载波信号一般采用40～500kHz的高频电流，若频率低于40kHz，受工频电流的干扰太大，且通道设备构成困难，同时载波信号衰耗大为增加，频率过高，将与中波广播相互干扰。

二、高频通道

（一）高频通道的构成原理

电力系统中工频输电线路同时兼作高频通道。因此，需要对输电线路进行加工，即把高频设备与工频高压线路隔离，以保证二次设备和人身安全。为了防止相邻保护间高频信号的干扰，影响保证保护动作的选择性，还需要对通道中的高频信号进行阻波，将其限制在本保护范围内。通常将经高频加工的输电线路称为高频信号的载波通道，又称为“高频通道”或简称“通道”。

高频信号是由载波机（收、发信机）将其送入通道的。目前载波机与高频通道的连接，通常采用“相—地”制，或“相—相”制两种连接方式。所谓“相—地”制，就是通过结合设备把载波机接入输电线路的一相与大地之间，构成高频信号的“相—地”通道，如图 4-7 (a) 所示。所谓“相—相”制，就是通过结合设备把载波机接入输电线路的两相之间，构成高频信号的“相—相”通道，如图 4-7 (b) 所示。两种接线方式特点各异，“相—地”制传输效率低、高频信号衰减大、受干扰也大，但高频加工设备少、造价低，一般能够满足保护装置的要求，而“相—相”制则相反。目前，我国的高频保护大多采用“相—地”高频通道，并逐渐采用“相—相”高频通道。

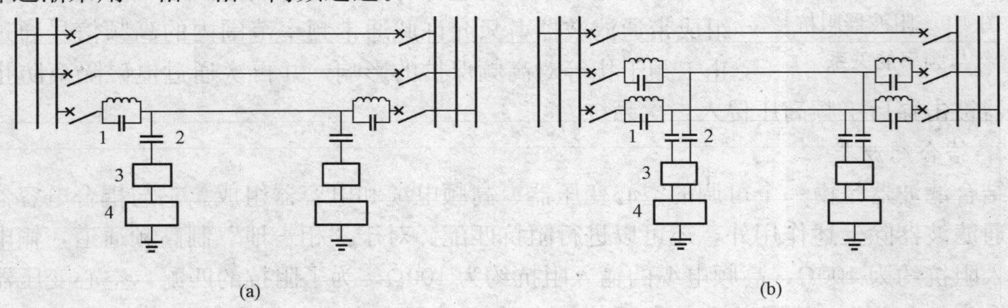

图 4-7　利用输电线路传输高频信号的方式

(a)“相—地”制；(b)“相—相”制

1—高频阻波器；2—耦合电容器；3—结合滤波器；4—高频收、发信机

图 4-8 所示为“相—地”高频通道的原理接线图，其中，高频加工设备包括高频阻波器、耦合电容器、结合滤波器、高频电缆等。

1. 高频阻波器

高频阻波器串接在输电线路的工作相中。高频阻波器有单频阻波器、双频阻波器、带频阻波器和宽带阻波器等。在电力系统高频保护中，广泛采用专用的单频阻波器。

高频阻波器电感线圈和调谐电容构成并联谐振回路，调谐于高频通道上的工作频率。此

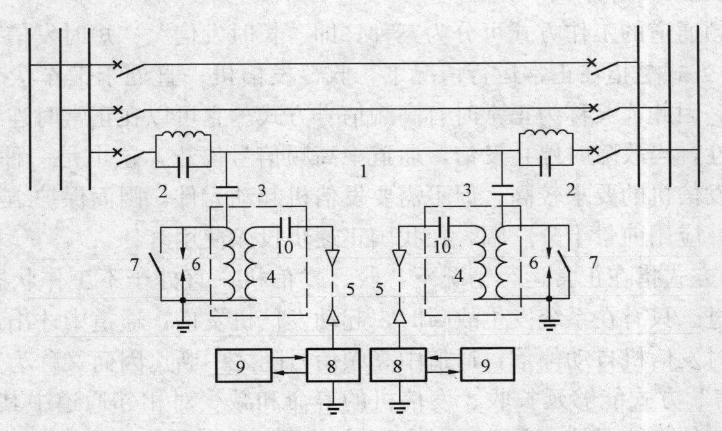

图 4-8　“相—地”制高频通道原理接线图

1—输电线路；2—高频阻波器；3—耦合电容器；4—结合滤波器；

5—高频电缆；6—保护间隙；7—接地开关；8—高频收、发信机；

9—保护；10—电容器

时，高频阻波器呈现最大的阻抗，约1000Ω左右，如图4-9所示，因而高频信号限制在被保护线路以内。对工频电流而言，高频阻波器的阻抗很小，只有约0.04Ω，因而不会影响工频电流在输电线路上的正常传输。

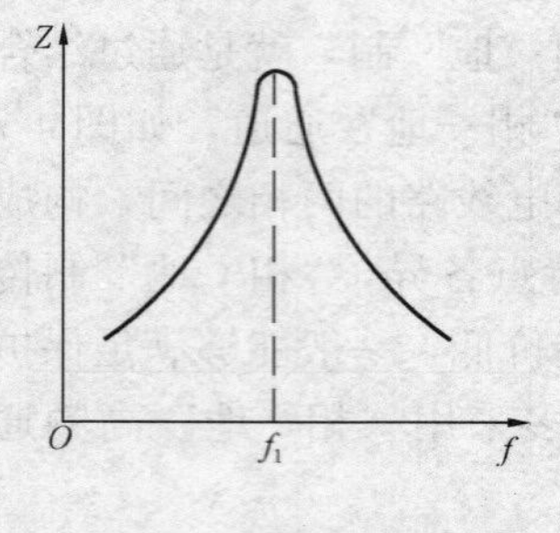

图4-9 阻波器阻抗与频率的关系

2. 耦合电容器

耦合电容器的电容量很小，对工频电流呈现出很大的容抗，将工频线路的载波机进行有效的绝缘隔离。同时它与结合滤波器组成带通滤波器，只允许此通带频率范围内的高频信号通过，防止工频干扰等对高频保护的影响，并再次通过电磁隔离防止耦合电容器被击穿后工频高压侵入二次系统。

3. 结合滤波器

结合滤波器是由一个可调的空心变压器、高频电缆和电容器组成。它与耦合电容器组成的带通滤波器除上述作用外，还可以进行阻抗匹配。对于"相—地"制高频通道，输电线路的输入阻抗约为400Ω，高频电缆的输入阻抗约为100Ω。为了阻抗的匹配，空心变压器的变比应取为2，这样，就可以避免高频信号在传输过程中产生反射，减小高频能量的附加衰耗，使高频收信机收到的高频功率最大。

4. 高频电缆

高频电缆是将主控室的高频收、发信机与户外变电站的带通滤波器连接起来的导线，以最小的衰耗传送高频信号。虽然电缆的长度只有几百米，但其传送信号的频率很高，若采用普通电缆，衰耗很大，因此，应采用单芯同轴电缆。同轴电缆就是中心的内导体为铜芯，其外包有一层绝缘物，绝缘物的外面是一层铜丝网外导体。由于内导体同轴且为单芯，所以称为单芯同轴电缆。在外导体的外面再包以绝缘层和保护层，其波阻抗一般为100Ω。

另外，高频加工设备还包括辅助设备，如保护间隙和接地开关，分别用来保护高频加工设备免遭危险过电压和调试、检修高频设备时安全接地，保证人身及设备安全。

（二）高频通道的工作方式

继电保护高频通道的工作方式可分为三种，即"长时发信"、"短时发信"和"移频"。

"长时发信"方式是指在正常运行情况下，收、发信机一直处于工作状态，通道中始终有高频信号通过。因此，又称为正常时有高频信号方式。它可以在正常时连续检查收、发信机和通道的完好性，当故障时停止发信，通道中高频信号停止，这也是一种信号。"长时发信"方式对收、发信机的要求较高，但不需要发信机起动元件，因而保护结构简单、动作速度快且灵敏度高，应用前景十分广阔，在我国正逐步投入使用。

"短时发信"方式指在正常运行情况下，收、发信机一直处于不工作状态，通道中始终没有高频信号通过。只有在系统发生故障时，起动发信机发信，通道中才出现高频信号。故障切除后，经延时发信机自动停信，通道中高频信号随之中断。因而又称为正常无高频信号方式。"短时发信"方式能够延长收、发信机的寿命和减少对相邻通道中其他信号的干扰，但要求保护有快速的起信元件。此外，对高频设备完好性的检查，需要人工起信。目前，我国生产的高频保护多采用"短时发信"方式。

"移频"方式指在正常情况下，发信机长期发送一个频率为f_1的高频信号，用来闭锁保护和连续检查通道。当发生故障时，保护控制发信机移频，停发f_1的高频信号而改发频率

为 f_2 的高频信号，f_1 和 f_2 的频率相近，仅占用一个频道。这种方式同样可以经常监视通道的工作情况，提高其可靠性。与单频发信方式比较，抗干扰能力较强。

（三）高频信号的分类和作用

高频信号按比较方式可分为直接比较和间接比较两种方式。

直接比较是将被保护线路两侧交流电气量转化为高频信号，直接传送至对侧，每侧保护装置直接比较两侧的电气量，然后根据特定条件，判定保护是否动作于跳闸。直接比较方式使通道两侧的电气量直接关联，故又称为交流信号比较。它要求传送反应两侧交流量的信号，因而对高频通道的要求很高。

间接比较方式是两侧的保护只反应本侧的交流电气量，然后根据特定条件将本侧判定结果以高频信号传送至对侧，每侧保护再间接比较两侧保护的判定结果，最后决定保护是否动作于跳闸。此比较方式使通道两侧的直流回路直接关联，因此也称为直流信号比较，它仅仅是对被保护线路内部和外部故障的判定，以高频信号的有无即可进行反应，因此对高频通道的要求比较简单。

相差高频保护即采用直接比较方式，而方向高频保护和高频闭锁距离保护以及高频闭锁零序电流保护则采用间接比较方式。

高频信号按所起的作用还可分为跳闸信号、允许信号和闭锁信号，它们均为间接比较信号。

跳闸信号是指收到高频信号是高频保护动作于跳闸的充分而必要条件，即在被保护线路两侧装设速动保护，当保护范围内短路，保护动作的同时向对侧保护发出跳闸信号，使对侧保护不经任何元件直接跳闸，如图 4-10（a）所示。为了保证选择性和快速切除全线路任一点的故障，要求每侧发送跳闸信号保护的保护范围小于线路的全长，而两侧保护范围之和必须大于线路全长。远方跳闸式保护就是利用跳闸信号。

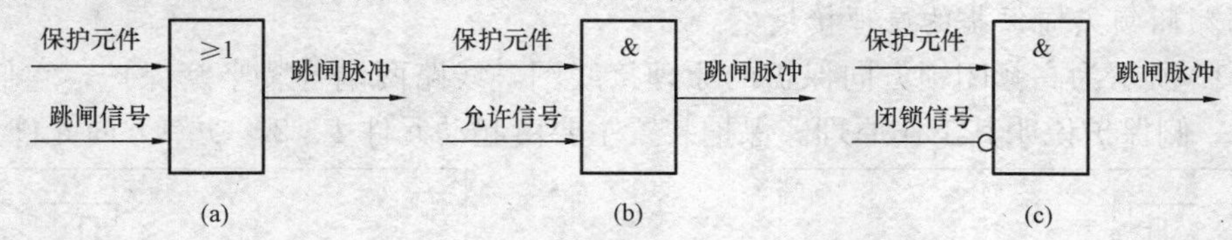

图 4-10 高频保护信号逻辑图

（a）跳闸信号；（b）允许信号；（c）闭锁信号

允许信号是指收到允许信号是高频保护动作于跳闸的必要条件。当内部短路时，两侧保护同时向对侧发出允许信号，使两侧保护动作于跳闸，如图 4-10（b）所示。当外部短路时，近故障侧保护不发允许信号，对侧保护不动作。近故障侧保护则因判别故障方向的元件不动作，因而不论对侧是否发出允许信号，保护均不动作于跳闸。

闭锁信号是指收不到闭锁信号是高频保护动作于跳闸的必要条件，即被保护线路外部短路时其中一侧保护发出闭锁信号，闭锁两侧保护。内部短路时，两侧保护都不发出闭锁信号，因而两侧保护收不到闭锁信号，能够动作于跳闸，如图 4-10（c）所示。

目前，我国生产的高频保护主要采用“短时发信”方式下的高频闭锁信号。

三、方向高频保护

（一）高频闭锁方向保护

1. 高频闭锁方向保护的工作原理

高频闭锁方向保护利用间接比较的方式来比较被保护线路两侧短路功率的方向，以判别是保护范围内部还是外部短路。一般规定短路功率由母线指向线路为正方向，短路功率由线路指向母线为负方向。保护采用短时发信方式，在被保护线路两侧均装设功率方向元件。当保护范围外部短路时，近短路点一侧的短路功率方向是由线路指向母线，则该侧保护的方向元件感受为负方向而不动作于跳闸，且发出高频闭锁信号，送至本侧及对侧的收信机；对侧的短路功率方向则由母线指向线路，方向元件虽反应为正方向，但由于收信机收到了近短路点侧保护发来的高频闭锁信号，这一侧的保护也不会动作于跳闸。因此，称为高频闭锁方向保护。在保护范围内短路时，两侧短路功率方向都是由母线指向线路，方向元件均感受为正方向，两侧保护都不发闭锁信号，保护动作使两侧断路器立即跳闸。

图 4-11 所示系统中，当 YZ 线路上的 k 点发生短路时，保护 3、4 的方向元件均反应为正方向短路，两侧都不发高频闭锁信号，因此，保护动作于断路器 3、4 瞬时跳闸，切除短路故障。对于线路 XY 和 ZH 而言，k 点短路属于外部故障，因此，保护 2、5 的短路功率方向都是由线路指向母线，保护发出的高频闭锁信号分别送至保护 1、6，使保护 1、2、5、6 都不会使断路器动作于跳闸。

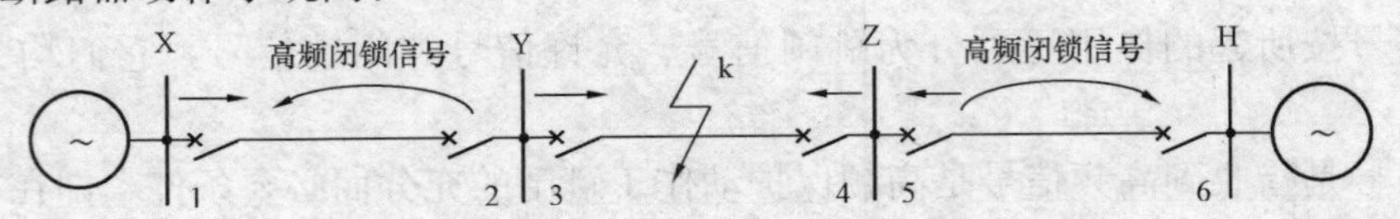

图 4-11　高频闭锁信号方向保护原理说明图

这种按信号原理构成的保护只在非故障线路上传送高频信号，而故障线路上无高频信号，因此，由于各种原因使故障线路上的高频通道遭到破坏时，保护仍能正确动作。

2. 高频闭锁方向保护的原理接线

图 4-12 所示为高频闭锁方向保护的原理接线图，线路两侧各装半套保护，它们完全对称，故以一侧保护说明其工作原理。保护装置主要由起动元件 1、2，功率方向元件 3 组成。

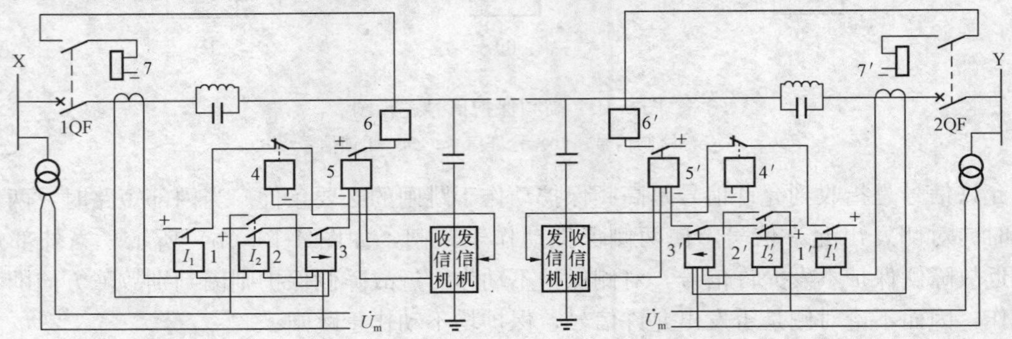

图 4-12　高频闭锁方向保护原理接线图

1、2—起动元件；3—功率方向；4、5—中间继电器；6—信号继电器；7—断路器跳闸线圈

起动元件有不同的灵敏度，起动元件 1 的灵敏度较高，用来起动高频发信机以发出高频闭锁信号，而灵敏度较低的起动元件 2 则用来准备好断路器的跳闸回路。

功率方向元件 3 用于判别短路功率的方向。当短路功率的方向是母线指向线路时，判别为内部故障，它动作；反之，判别为外部故障而不动作。

此外，中间继电器 4 用于内部故障时停止高频发信机发出高频闭锁信号。中间继电器 5 是具有工作线圈和制动线圈的极化继电器，用于控制保护的跳闸回路。中间继电器 5 的工作线圈在本端方向元件动作后供电，制动线圈则在收信机收到高频信号时由高频电流整流后供电，其动作条件是制动线圈无制动作用，即收信机收不到高频闭锁信号，工作绕组有电流时才能动作。这样，只有内部故障时，两侧保护都不发高频闭锁信号的情况下，中间继电器 5 才能动作，并经信号继电器 6 发出跳闸信号，同时将本侧断路器跳开。

下面对保护装置的工作过程给以说明。

（1）正常运行或过负荷运行时，两侧保护的起动元件都不动作，因此保护装置不会动作。

（2）外部故障时，如图 4-11 所示，线路 YZ 上的 k 点短路时，对保护 1、2 与保护 5、6 而言，均属于外部故障。以保护 1、2 为例，保护 1 的短路功率方向是由母线指向线路，其功率方向元件感受的功率方向为正，保护 2 反应的功率方向元件为负。此时，如图 4-12 所示，两侧保护的起动元件 1、1′都动作，经中间继电器 4、4′的动断触点起动发信机，发信机发出的高频闭锁信号一方面为自已的收信机接收，另一方面送到通道被对侧保护的收信机接收，两侧收信机收到高频闭锁信号后，中间继电器 5、5′的制动线圈中有电流，立即将两侧保护闭锁。此时，起动元件 2、2′也动作闭合其触点，经已动作的功率方向元件 3 的触点使中间继电器 4 动作，本侧保护的发信机停信，同时给中间继电器 5 的工作线圈充电，准备好了跳闸回路；由于通过保护 2 的短路功率为负，其功率方向元件 3′不动作，发信机不停信，两侧保护收信机持续收到高频闭锁信号，两侧的中间继电器 5、5′制动线圈中总有电流，达不到动作条件，因此，保护一直处于闭锁状态。在外部故障切除、起动元件返回后，保护复归。

（3）双侧电源供电线路内部短路时，两侧保护的起动元件 1、2 和 1′、2′都动作，两侧的发信机发信，首先闭锁保护，与此同时，两侧保护的功率方向元件 3、3′动作，在中间继电器 4、4′动作后，两侧发信机停信，开放保护，中间继电器 5、5′达到动作条件，将两侧断路器跳开。

（4）单侧电源供电线路内部短路时，受电侧的半套保护不工作，而电源侧保护的工作情况与在双侧电源供电线路内部短路时的工作过程相同，立即将电源侧的断路器跳闸。

（5）系统振荡时，在双侧电源振荡电流的作用下，两侧保护的起动元件可能动作，若功率方向元件接在相电流和相电压或线电压上，且振荡中心位于保护范围内时，则两侧的功率方向均为正，保护将会误动作。考虑到振荡时，系统的电气量是对称变化的，因此，在保护中可以采用负序或零序功率方向元件，即可躲过系统振荡的影响。

由上述分析可知，在保护范围外部短路时，远离短路点一侧的保护感受的情况和内部故障完全相同，此时，主要利用近短路点一侧的保护发出高频闭锁信号，来防止远离短路点侧保护误动作，因此，外部短路时，保护正确工作的必要条件是近短路点一侧的保护必须发出高频闭锁信号。为了确保远离短路点的保护在动作前能可靠收到对侧保护发出的高频闭锁信号，就要求两侧保护起动元件的灵敏度相互配合，否则，保护就有可能误动作。

线路两侧保护采用两个不同灵敏度的起动元件相互配合，在保护范围外部短路时即可保证两侧保护不误动作。假如两侧保护都采用一个起动元件，则在保护范围外部短路时，可能

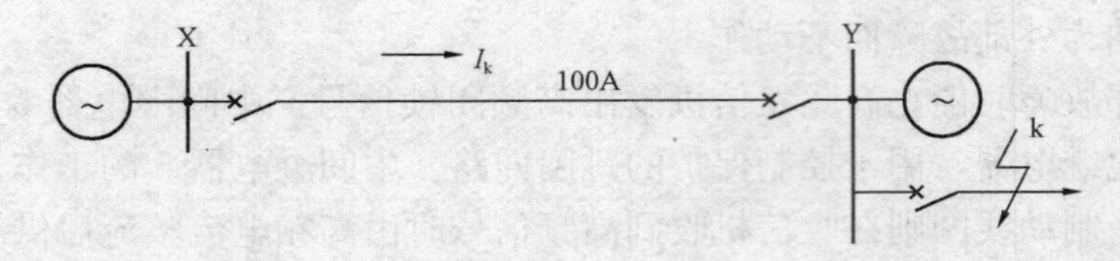

图 4-13　起动元件灵敏度不相配合时保护可能误动作说明

出现近短路点一侧保护的起动元件不能动作，不发高频闭锁信号，而远离短路点一侧保护的起动元件动作而造成保护误动作。如图 4-13 所示，假如线路 XY 每端只有一个起动元件，其动作值 $I_{op}=100A$，由于电流互感器和继电器都存在误差，因此，两侧保护起动元件的实际动作电流可能不同，一般规定动作值的误差为±5%。若 X 侧保护起动元件的动作电流为 95A，Y 侧保护起动元件的动作电流为 105A，当保护范围外部 k 点短路时，流过线路 XY 的短路电流为 I_k，正好满足 $95A<I_k<105A$ 时，X 侧保护起动，Y 侧保护起动元件不动作，不能发高频闭锁信号，导致 X 侧保护误动作。为此，线路两侧保护都采用高、低定值的两个起动元件，如图 4-12 所示，以动作电流较小的起动元件 1 起动发信机发高频闭锁信号，用动作较大的起动元件 2 准备跳闸，当保护范围外部短路时，远离短路点一侧保护的起动元件 2 动作，近短路点一侧保护的起动元件 1 也一定动作，确保发出高频闭锁信号，闭锁两侧保护。

保护起动元件 2 和 1 的动作电流 $I_{op\cdot 2}$ 与 $I_{op\cdot 1}$ 之比应按最不利的情况考虑，即一侧电流互感器误差为零，另一侧误差为 10%；一侧保护起动元件的离散误差为＋5%，另一侧为－5%，则有

$$\frac{I_{op\cdot 2}}{I_{op\cdot 1}}=\frac{1+0.05}{(1-0.1)\times(1-0.05)}=1.23 \tag{4-13}$$

考虑一定裕度，保护高定值电流元件的动作值 $I_{op\cdot 2}$ 一般采用

$$I_{op\cdot 2}=(1.6\sim 2)I_{op\cdot 1} \tag{4-14}$$

式中，保护低定值电流起动元件的动作值 $I_{op\cdot 1}$ 应按躲过正常运行时的最大负荷电流 $I_{L\cdot max}$ 整定，即

$$I_{op\cdot 1}=\frac{K_{rel}}{K_r}I_{L\cdot max} \tag{4-15}$$

式中　K_{rel}——可靠系数，取 1.1～1.2；

K_r——返回系数，取 0.85。

在远距离重负荷输电线路上，保护低动作起动元件按上述方法整定的动作电流值，往往不能满足灵敏度要求，在此情况下，保护应采用负序电流起动元件，其动作电流值 $I_{2\cdot op\cdot 1}$ 应按躲过最大负荷电流 $I_{L\cdot max}$ 情况下的最大负序不平衡电流 $I_{2\cdot unb\cdot max}$ 整定，即

$$I_{2\cdot op\cdot 1}=\frac{K_{rel}}{K_r}I_{2\cdot unb\cdot max}=0.1I_{L\cdot max} \tag{4-16}$$

通常，两侧保护的起动元件按相同的动作电流值整定。

高频闭锁方向保护采用了两个灵敏度不同的起动元件，通过配合、整定，可以保证保护范围外部短路时可靠不误动作，但在内部短路时必须起动元件 2 动作后才能跳闸，因而降低了整套保护的灵敏度，同时也使接线复杂化。此外，在外部短路时，远离故障点一侧的保护，为了等待对侧发来的高频信号，必须要求起动元件 2 的动作时限大于起动元件 1 的动作时限，从而降低了整套保护的动作速度。

3. 远方起动高频闭锁方向保护

远方起动是指能收到对侧信号本侧未能起动发信机时，由收信机起动本次发信机。由于发信机起动是收信机收到对侧发信机信号，因而称远方起动。远方起动可以防止纵联保护单侧工作，还可以方便短时发信方式时高频通道的手动检查。

图 4-14 所示为远方起动的高频闭锁方向保护原理框图。只有一个电流起动元件 KA，KA 起动后，起动本侧发信机，发信机发出的高频信号传送至对侧收信机后输出，经时间元件 T1、或门 O、禁止门 A1 将对侧发信机远方起动。

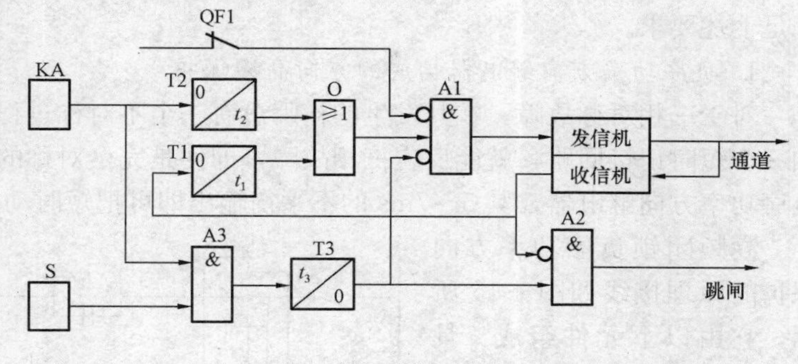

图 4-14　远方起动的高频闭锁方向保护原理框图

保护工作情况分析如下。

(1) 在双侧电源供电线路发生内部故障时，线路两侧的电流起动元件 KA 和正方向负序功率方向元件 S_+ 均动作。KA 经时间元件 T2、或门 O、禁止门 A1 起动发信机。收信机收到高频信号后，闭锁禁止门 A2 并使发信机继续发信。由于两侧 S_+ 均动作，经与门 A3 使时间元件 T3 延时后，两侧禁止门 A1 闭锁将发信机停信。两侧收信机收不到高频信号，A2 门开放使两侧断路器 QF 跳闸。

在单侧电源供电线路发生内部故障时，电源侧发信机发信，对侧收信机收到高频信号后起动发信机发信，A2 门两侧闭锁保护。若受电侧 QF 已跳开，则该侧 QF 辅助动断触点 QF1 将 A1 门闭锁，发信机不能远方起动，电源侧保护 T3 延时后跳闸。

(2) 外部故障时，近故障侧的 KA 起动，S_+ 不动作，A3 门不会使 A1 门禁止，发信机持续发信，两侧收信机收到高频信号后闭锁两侧保护。为了防止外部故障时靠近故障侧的 KA 不动作，远离故障侧的 KA 和 S_+ 起动而引起保护误动作，在 T3 延时内必须收到远方起动后对侧发回的高频闭锁信号。T3 延时应大于高频信号在高频通道往返一次的时间，即

$$t_3 = 2t_d + \Delta t$$

式中　t_d——高频信号沿通道单程传输一次的时间；

　　　Δt——裕度时间。

通常取 $t_3 = 20\text{ms}$。

外部故障切除后，两侧 KA 及远故障侧均返回。T1 延时返回，发信机停信，保护复归。为了使发信机固定起动一段时间，如图 4-14 所示时间元件 T1 应瞬时起动，延时返回。延时时间即发信机固定发信时间，应大于外部故障可能持续的时间，通常取 $t_3 = 5 \sim 7\text{s}$。t_1 延时后，远方起动回路即可断开。

(二) 负序方向元件和工频变化量方向元件构成的高频闭锁保护

在高频闭锁方向保护中，不论采用哪种起动方式，方向元件总是整个保护的核心，它的性能对整个保护的速动性、灵敏性和可靠性起着决定性的作用。

在高压和超高压输电线路的高频闭锁方向保护中，对方向元件提出了很高的要求：①能反应所有类型的故障；②在保护范围内和邻近线路上发生故障时，没有死区；③电力系统振荡时不会误动作；④在正常运行状态下不动作。

方向元件的种类很多，主要有反应相间故障的方向元件、反应接地故障的方向元件、同时反应相间和接地故障的方向元件，以及反应各种不对称故障的方向元件等。由负序功率方向继电器构成以反应不对称故障的方向元件和工频变化量（突变量）原理的方向元件，能够满足上述要求。

1. 负序功率方向继电器构成的方向高频保护

对于三相对称故障，在其发生的初瞬总有一个不对称过程，在负序功率方向继电器上增加一个短时记忆回路，就能反应三相故障，即使是完全对称的三相故障，采用三相滤序器式负序功率方向继电器，其 5～7ms 的不平衡输出即可把短时动作记忆下来。

高频闭锁负序功率方向保护的原理接线如图 4-15 所示，它由以下元件组成：具有双向动作的负序功率方向继电器 KWN；带有延时返回等中间继电器 1；具有工作线圈和制动线圈的极化继电器 2 以及出口继电器 3。

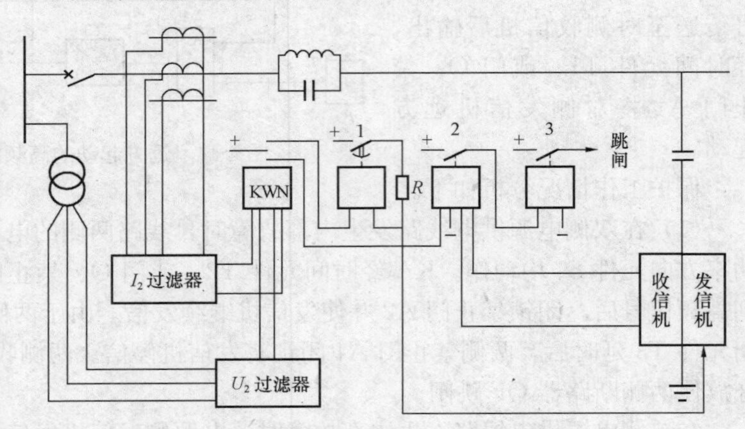

图 4-15 高频闭锁负序方向保护原理接线图

当被保护线路处于正常运行状态时，没有负序短路功率存在，仅有负序滤过器的不平衡输出，通过动作值的整定，即可使负序功率方向继电器不动作，因而保护也不会动作。

当保护范围外部发生故障时，近故障点一侧的负序短路功率为负，保护的负序功率方向元件 KWN 的触点向上闭合，经中间继电器 1 的电流线圈去起动高频发信机，中间继电器 1 的触点闭合后又经电阻 R 实现对高频发信机附加起动，发出高频闭锁信号，将两侧保护闭锁。由于近故障点一侧的负序电压高，故保护负序功率方向元件 KWN 的灵敏度较高、向上闭合触点的动作速度较快，因此能快速起动发信机发出高频闭锁信号。而远离故障点一侧的短路负序功率虽然为正，但负序电压低，保护负序功率方向元件 KWN 的灵敏度较低、向下闭合触点去起动出口继电器 3 的动作速度也较慢，这样，保证出口继电器 3 制动电流的出现先于工作电流，保证了闭锁作用的可靠实现。

当保护范围内部故障时，两侧的负序短路功率为正，保护的负序功率方向继电器 KWN 的触点均向下闭合，两侧保护的极化继电器 2 仅工作绕组有电流，满足动作条件，其触点闭合后起动中间继电器 3 去跳闸，切除故障。

当各种原因导致静稳定遭到破坏引起系统振荡时，由于没有负序功率，因此，负序功率方向继电器及整套保护均不会误动作。而外部故障使动稳定遭到破坏引起系统振荡时，靠近故障点一侧的负序短路功率方向为负，负序功率方向继电器能快速起动发信机发出高频闭锁信号，闭锁两侧保护。

2. 工频变化量方向元件

目前，高压线路微机保护中广泛采用工频变化量（突变量）原理的方向元件。以工频正序和负序电压、电流变化量作为判据的方向元件，具有动作速度快、不受负荷电流和故障类型影响的特点。

（1）工作原理。如图 4-16 所示，当电网发生故障时，根据叠加原理，其状态由正常运行状态和故障附加状态叠加。如图 4-16（c）所示，保护安装处工频变化量方向元件反应故障附加状态电压 $\Delta\dot{U}$、电流 $\Delta\dot{I}$ 的变化量，因此不受系统振荡和负荷电流以及过渡电阻的影响，有很高的灵敏度。

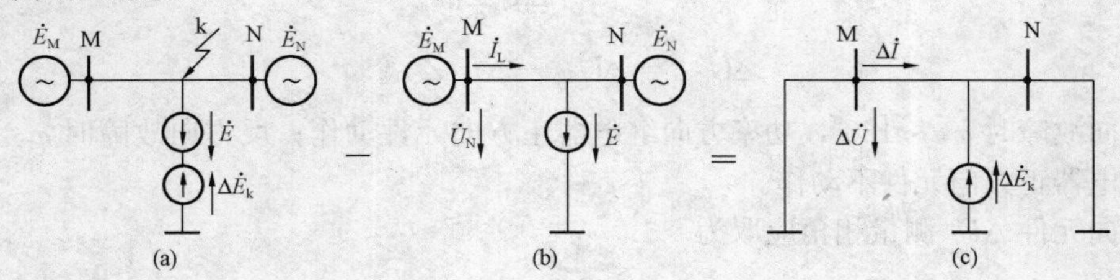

图 4-16　故障状态叠加原理

（a）故障状态；（b）正常运行状态；（c）故障附加状态

根据对称分量法，故障附加状态的正序故障附加状态如图 4-17（a）所示。通常系统正序阻抗角和线路正序阻抗角取 80°，则：

如图 4-17（a）所示，正方向故障时

$$\arg\frac{\Delta\dot{U}_1}{\Delta\dot{I}_1}=-110^\circ \tag{4-17}$$

如图 4-17（b）所示，反方向故障时

$$\arg\frac{\Delta\dot{U}_1}{\Delta\dot{I}_1}=80^\circ \tag{4-18}$$

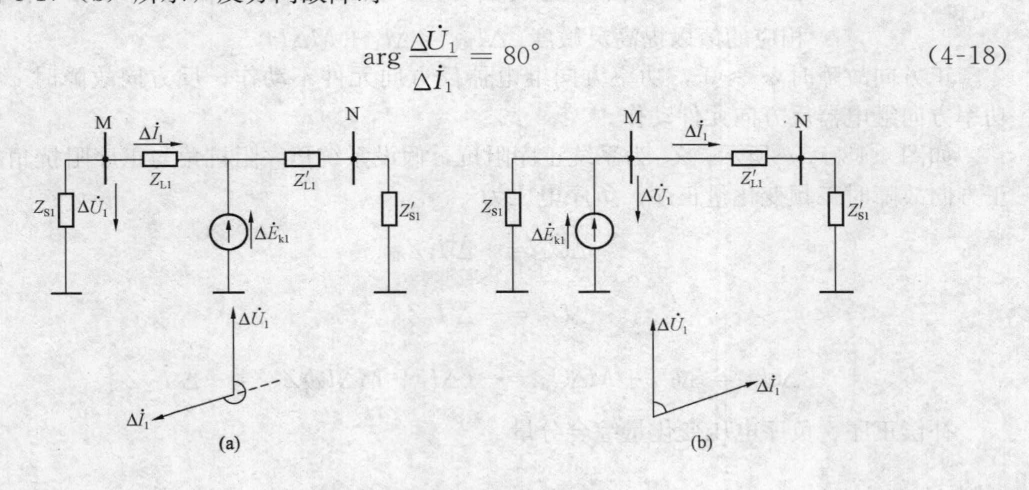

图 4-17　正序故障附加状态

（a）正向故障附加状态；（b）反向故障附加状态

可知，正序工频变化量功率方向元件正方向动作方程为

$$-110^\circ\leqslant\arg\frac{\Delta\dot{U}_1}{\Delta\dot{I}_1}\leqslant-10^\circ \tag{4-19}$$

（2）正、反方向故障工频变化量方向元件 ΔF_+ 和 ΔF_-。

如图 4-17（a）所示，在大电源长线路末端故障时，由于 Z_{S1} 较小，ΔU_1 也较小，方向元件的灵敏度可能不够。因此实际的工频变化量功率方向继电器将电压量补偿到线路的某一点。

此外，系统和线路的负序阻抗角与正序近似相等，同时采用负序工频变化量可以进一步提高继电器的灵敏度。

综上所述，工频变化量功率方向继电器正方向元件 ΔF_{+} 测量相角应取为

$$\varphi_{+}=\arg\frac{\Delta\dot{U}'_{12}}{\Delta\dot{I}_{12}Z_{D}} \tag{4-20}$$

其中
$$\Delta\dot{U}'_{12}=\Delta\dot{U}_{12}-\Delta\dot{I}_{12}Z_{COM}$$

正方向故障时 $\varphi_{+}\approx180°$，功率方向继电器正方向元件动作；反方向故障时 $\varphi_{+}\approx0°$，功率方向继电器正方向元件不动作。

反方向元件 ΔF_{-} 测量相角应取为

$$\varphi_{-}=\arg\frac{-\Delta\dot{U}_{12}}{\Delta\dot{I}_{12}Z_{D}} \tag{4-21}$$

式中 $\Delta U'_{12}$——经过补偿的正序、负序电压变化量综合分量，其中 Z_{COM} 为补偿阻抗，当系统最大运行方式下 $Z_{S}/Z_{L}>0.5$ 时取 0，其他情况取工频变化量阻抗整定值的一半；

Z_{D}——模值为 1 的模拟阻抗，角度为系统阻抗角；

$\Delta\dot{U}_{12}$——正序、负序电压变化量综合分量，$\Delta\dot{U}_{12}=\Delta\dot{U}_{1}+M\Delta\dot{U}_{2}$；

$\Delta\dot{I}_{12}$——正序、负序电流变化量综合分量，其中 M 为转换因子，根据不同故障选择相应的值以提高灵敏度，$\Delta\dot{I}_{12}=\Delta\dot{I}_{1}+M\Delta\dot{I}_{2}$。

正方向故障时 $\varphi_{-}\approx0°$，功率方向继电器反方向元件不动作；反方向故障时 $\varphi_{-}\approx180°$，功率方向继电器反方向元件动作。

如图 4-18（a）所示，Z_{S1} 为系统正序阻抗，假设系统负序阻抗角与正序阻抗角相同，则正方向故障时工频变化量正序、负序电压为

$$\Delta\dot{U}_{1}=-\Delta\dot{I}_{1}Z_{S1} \tag{4-22}$$

$$\Delta\dot{U}_{2}=-\Delta\dot{I}_{2}Z_{S1} \tag{4-23}$$

$$\Delta\dot{U}_{12}=\Delta\dot{U}_{1}+M\Delta\dot{U}_{2}=-(\Delta\dot{I}_{1}+M\Delta\dot{I}_{2})Z_{S1}=-\Delta\dot{I}_{12}Z_{S1} \tag{4-24}$$

补偿正序、负序电压变化量综合分量

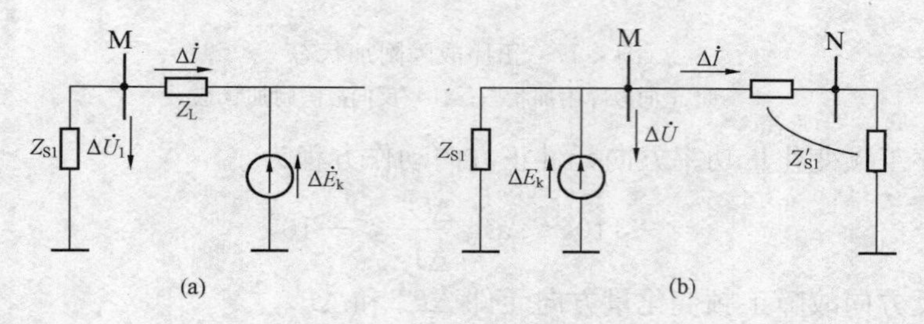

图 4-18 故障附加状态

（a）正向故障附加状态；（b）反向故障附加状态

$$\Delta\dot{U}'_{12}=\Delta\dot{U}_{12}-\Delta\dot{I}_{12}Z_{COM}=-(\Delta\dot{I}_{12}Z_{S1}+\Delta\dot{I}_{12}Z_{COM})$$
$$=-\Delta\dot{I}_{12}(Z_{S1}+Z_{COM}) \tag{4-25}$$

正方向元件 ΔF_+ 测量相角

$$\varphi_+=\arg\frac{\Delta\dot{U}'_{12}}{\Delta\dot{I}_{12}Z_D}$$
$$=\arg\frac{-\Delta\dot{I}_{12}(Z_{S1}+Z_{COM})}{\Delta\dot{I}_{12}Z_D}=\arg\frac{-(Z_{S1}+Z_{COM})}{Z_D} \tag{4-26}$$
$$=180^\circ$$

功率方向继电器正方向元件 ΔF_+ 可靠动作。

反方向元件 ΔF_- 测量相角

$$\varphi_-=\arg\frac{-\Delta\dot{U}_{12}}{\Delta\dot{I}_{12}Z_D}=\arg\frac{\Delta\dot{I}_{12}Z_{S1}}{\Delta\dot{I}_{12}Z_D}=\arg\frac{Z_{S1}}{Z_D}$$
$$=0^\circ \tag{4-27}$$

功率方向继电器反方向元件 ΔF_- 可靠不动作。

如图 4-18（b）所示，Z'_{S1} 为线路至对侧系统正序阻抗，则正方向故障时工频变化量正序、负序电压为

$$\Delta\dot{U}_1=\Delta\dot{I}_1Z'_{S1} \tag{4-28}$$

$$\Delta\dot{U}_2=\Delta\dot{I}_2Z'_{S1} \tag{4-29}$$

$$\Delta\dot{U}_{12}=\Delta\dot{U}_1+M\Delta\dot{U}_2=\Delta\dot{I}_{12}Z'_{S1} \tag{4-30}$$

补偿正序、负序电压变化量综合分量

$$\Delta\dot{U}'_{12}=\Delta\dot{U}_{12}-\Delta\dot{I}_{12}Z_{COM}=\Delta\dot{I}_{12}Z'_{S1}-\Delta\dot{I}_{12}Z_{COM}$$
$$=\Delta\dot{I}_{12}(Z'_{S1}-Z_{COM}) \tag{4-31}$$

正方向元件 ΔF_+ 测量相角

$$\varphi_+=\arg\frac{\Delta\dot{U}'_{12}}{\Delta\dot{I}_{12}Z_D}$$
$$=\arg\frac{\Delta\dot{I}_{12}(Z'_{S1}-Z_{COM})}{\Delta\dot{I}_{12}Z_D}=\arg\frac{(Z'_{S1}-Z_{COM})}{Z_D} \tag{4-32}$$
$$=0^\circ$$

功率方向继电器正方向元件可靠不动作。

反方向元件 ΔF_- 测量相角

$$\varphi_-=\arg\frac{-\Delta\dot{U}_{12}}{\Delta\dot{I}_{12}Z_D}=\arg\frac{-\Delta\dot{I}_{12}Z'_{S1}}{\Delta\dot{I}_{12}Z_D}=\arg\frac{-Z'_{S1}}{Z_D} \tag{4-33}$$
$$=180^\circ$$

功率方向继电器反方向元件 ΔF_{-} 可靠动作。

以上分析未规定故障类型，因此工频变化量原理的方向元件在系统发生各种短路故障时均能正确工作。

(3) 工频变化量功率方向元件的构成。图 4-19 所示为功率方向继电器构成框图。由带通滤波回路输入电压工频分量。由记忆回路记忆故障前的电压，与当前电压相减后形成工频变化量，因此从电压、电流输入端到 $\Delta\dot{U}'_{12}$,$\Delta\dot{I}_{12}Z_D$ 部分称为变化量形成器。

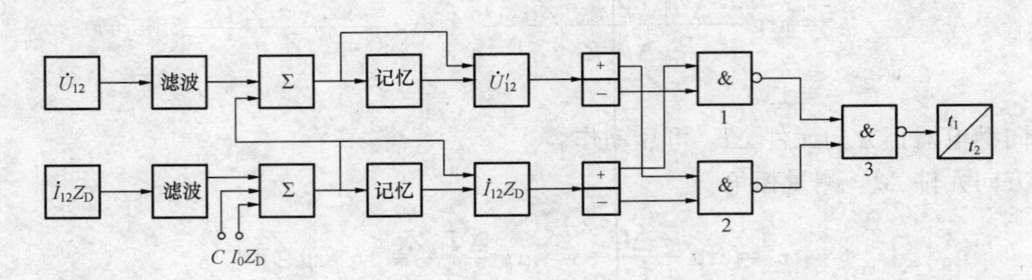

图 4-19 工频变化量功率方向继电器构成框图

工频变化量形成后，分别由极性形成回路形成极性信号。极性信号的意义是当变化量为正半波时“+”极性信号输出“1”态；当变化量为负半波时，“−”极性信号输出“1”态。极性信号形成后，$\Delta\dot{U}'_{12}$ 的“+”信号与 $\Delta\dot{I}_{12}Z_D$ 的“−”信号以及 $\Delta\dot{U}'_{12}$ 的“−”与 $\Delta\dot{I}_{12}Z_D$ 的“+”信号分别经与门“2”和与门“1”得到同极性的信号，再经与门“3”后由 t_1 积分、t_2 展宽，输出 40～60ms 的动作脉冲。

由工频变化量方向元件代替传统的负序功率方向继电器，所构成的方向高频保护可大大提高保护的动作速度。目前，采用工频变化量方向元件的集成电路和微机方向高频保护在我国应用很广。

四、高频闭锁距离保护

距离保护是一种阶段式保护，特点是，瞬时段不能保护线路全长，延时段能保护线路全长且具有后备作用，但动作有一定延时。在 220kV 及以上电压等级的线路上，要求从两侧瞬时切除线路全长范围内任一点的故障，显然，距离保护不能满足要求，高频闭锁方向保护虽然能满足要求，但又不具有后备作用。为了兼有两者的优点，可将距离保护与高频闭锁部分结合，构成高频闭锁距离保护，这样，既能在内部故障时加速两侧的距离保护，使其瞬时动作，又能在外部故障时利用高频闭锁信号闭锁两侧保护，同时还具有后备作用，因此，高频闭锁距离保护是目前高压和超高压输电线路上广泛采用的保护之一。

(一) 高频闭锁距离保护的构成原理

高频闭锁距离保护主要由起信元件、停信元件和高频通道等组成。短时发信方式的高频闭锁距离保护原理框图如图 4-20 (b) 所示，其各元件作用如下。

(1) 停信元件。其作用是测量故障点的位置，以控制高频发信机在内部故障时停信，通常用Ⅰ、Ⅱ段方向阻抗元件作为高频闭锁距离保护的停信元件。本例的停信元件采用距离Ⅱ段阻抗继电器。在高频部分退出时，距离保护作为一套完整的三段式距离保护运行。

(2) 起信元件。它的主要作用是在故障时起动高频发信机。起信元件多采用负序电流或负序、零序复合电流或它们的增量元件；也可以采用第Ⅲ段距离元件作为起信元件；还可以

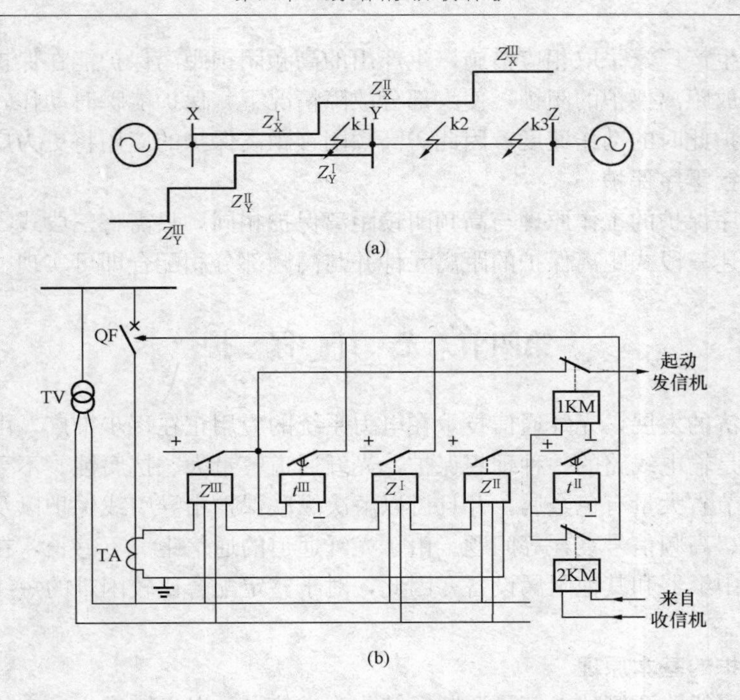

图 4-20　高频闭锁距离保护原理

(a) 系统图；(b) 保护原理框图

由距离保护本身的起动元件兼任。本例高频闭锁距离保护的起信元件采用第Ⅲ段距离元件。

（二）高频闭锁距离保护的工作原理

(1) 外部故障时。在图 4-20 (a) 中，当 X 侧保护的距离Ⅱ段范围以外 k3 点发生故障时，图 4-20 (b) 中两侧保护的停信元件 Z^{II} 均不动作，两侧保护的起信元件 Z^{III} 均动作，经中间继电器 1KM 的动断触点起动两侧发信机发出高频闭锁信号。两侧收信机收到高频闭锁信号后，中间继电器 2KM 的动断触点使两侧保护的快速跳闸回路一直闭锁。当 X 侧保护的距离Ⅱ段范围内 k2 点发生故障时，图 4-20 (b) 中两侧保护的起信元件 Z^{III} 动作，起动本侧的发信机发出高频闭锁信号。此时，X 侧停信元件 Z^{II} 动作，中间继电器 1KM 动作，停止本侧的发信，做好快速跳闸准备。但 Y 侧保护的停信元件 Z^{III} 不动作，Y 侧保护的发信机仍继续发出高频闭锁信号，X、Y 两侧保护的收信机一直收到高频闭锁信号，中间继电器 2KM 的动断触点使两侧保护的快速跳闸回路一直闭锁，两侧断路器不会误跳闸。若故障所在线路的保护或断路器拒动时，本侧保护起后备作用，按 $t^{II}=0.5s$ 时限跳闸。

(2) 内部故障时。当在被保护范围内部的 k1 点短路时，图 4-20 (b) 中两侧保护的起信元件 Z^{III} 动作，起动本侧的发信机发出高频闭锁信号。同时，两侧停信元件 Z^{II} 动作，起动两侧的 1KM，停止两侧发信机的发信，于是两侧保护的收信机收不到高频闭锁信号，两侧 2KM 的动断触点接通快速跳闸回路，使两侧保护瞬时动作于跳闸。

(3) 高频部分退出时。此时，整套距离保护仍保持原有的性能工作。

高频闭锁距离保护减少了测量元件，简化了接线，相对提高了保护的可靠性。其主要缺点是，距离保护检修时，高频保护也必须退出工作，使线路在检修过程中失去保护，目前，高压输电线路的主保护逐渐采用双重化配置，很好地解决了这个问题；另外，系统振荡过程中发生内部故障时，保护的距离Ⅰ、Ⅱ段被闭锁，要以较长的Ⅲ段的动作时间切除故障，国内继电保护主要生产厂家采取相应措施，生产出的高频闭锁距离保护能在保护范围内发生转换性短路时，开放距离保护的闭锁，使大部分故障情况下，保护能瞬时动作，有效地提高了高频闭锁距离保护此时的动作速度。因此，高频闭锁距离保护的应用将更为广泛。

五、高频闭锁零序保护

高频闭锁零序保护的工作原理与高频闭锁距离保护相同，只需将三段式零序电流方向保护的元件代替上述三段式距离保护的距离元件并与高频部分相配合即可实现。

第四节 光 纤 保 护

随着国民经济的发展，光纤通信技术在电力系统的应用正在逐步推广，由光纤作为通道构成的光纤保护是输电线路的一种理想保护，光纤通道容量大、抗腐蚀、不受潮，敷设、检修方便，还可以节省大量有色金属，并且可以解决纵联保护中导引线保护以及高频保护的通道易受电磁干扰、高频信号衰耗等问题。由于光纤通道的通信距离不够长，在长距离输电线路中使用时需要中继器和其他附属设备，因此，对于整定配合比较困难的短线路，光纤保护的优点更为突出。

一、光纤保护的基本原理

光纤保护是将线路两侧的电气量调制后转化为光信号，以光缆作为通道传送到对侧，解调后直接比较两侧电气量的变化，然后根据特定关系，判定内部或外部故障的一种保护。

光纤保护主要由故障判别元件和信号传输系统（PCM 端机、光端机以及光缆通道）组成，如图 4-21 所示。

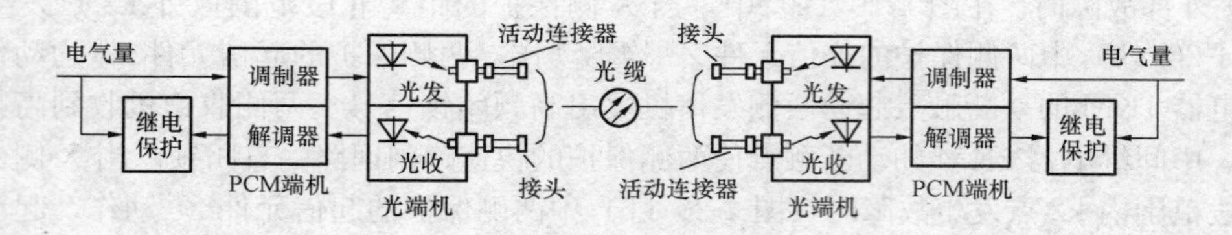

图 4-21 光纤保护的组成框图

故障判别元件即继电保护装置，利用线路两侧输入电气量的变化，根据特定关系来区分正常运行、外部故障以及内部故障。光端机的作用是接收、发送光信号。光端机的光发部分通过 PCM 端机的调制器将发送电气量的模拟信号调制成数字光信号进行发送，经光缆通道传输到线路对侧；光端机的光收部分收到被保护线路对侧的数字光信号后，通过 PCM 端机的解调器还原成电气量模拟信号，然后提供给保护，作为故障判别的依据。PCM 端机调制器的作用是将各路模拟信号进行采样和模/数转换、编码，与键控信号的并行编码一同转换成适合光缆传输的串行码；PCM 端机解调器的作用是将接收到的 PCM 串行码转换成并行码，并将这些并行码经数/模转换和键控解码，解调出各路的模拟信号和键控信号。光缆通道的作用是将被保护线路一侧反应电气量的光信号，传输到被保护线路的另一侧。

二、信号传输系统

光纤传输系统是如图 4-21 所示除继电保护以外的其余部分，即两侧 PCM 端机、光端机和光缆组成光纤数字传输系统。

（一）PCM 端机

1. PCM 调制器

PCM（Pulse Code Modulation）调制器的原理是脉冲编码调制。PCM 调制器由时序电路、模拟信号编码电路、键控信号编码电路、并/串转换及汇合电路组成。

2. PCM 解调器

PCM 解调器由时序电路、串/并转换电路、同步电路、模拟解调电路及键控解码电路组成。

（二）光端机

两侧装置中，每一侧光端机包括光发送部分和光接收部分。光信号在光纤中单向传输，两侧光端机需要两根光纤。一般采用四芯光缆，两芯运行，两芯备用。光端机与光缆经过光纤活动连接器连接。活动连接器一端为裸纤，与光缆的裸纤焊接，另一端为插头，可与光端机插接。

1. 光发送部分

光发送部分主要由试验信号发生器、PCM 码放大器、驱动电路和发光管 LED 组成。其核心元件是电流驱动的发光管 LED。驱动电流越大，输出光功率越高。PCM 码经过放大，电流驱动电路驱动 LED 工作，使输出的光脉冲与 PCM 码的电脉冲信号一一对应，即输入脉冲为“1”码时，输出一个光脉冲，输入“0”码时，没有光信号输出。

2. 光接收部分

光接收部分的核心元件是光接收管 PIN。它将接收到的光脉冲信号转换为微弱的电流脉冲信号，经前置放大器、主放大器放大，成为电压脉冲信号，经比较整形后，还原成 PCM 码。

（三）光缆

光缆由光纤组成。光纤是一种很细的空心石英丝或玻璃丝，直径仅为 100～200μm。光在光纤中单向传播。

三、继电保护部分

近年常用的电流差动光纤保护有综合比较三相电流和分相电流差动比较两种比较原理。下面以分相电流差动比较原理为例进行分析。

（一）分相电流差动比较原理的动作判据和动作区

分相电流差动比较原理的动作判据的分析方法原则上可以分为两类：一类以差动电流 I_{KD} 和制动电流 I_R 的关系 $I_{KD}=f(I_R)$ 表示，称为制动特性；另一类用线路两侧电流 $\dot{I}_m$、$\dot{I}_n$ 的相位关系表示，称为相位特性。下面以制动特性为例进行分析。

1. 动作判据

动作判据功能要求如下。

（1）内部故障电流较小时，有足够的灵敏度。

（2）外部故障电流越大，允许电流误差相应增大，以提高保护防误动能力。

（3）如图 4-22 所示带有负荷的单电源系统，保护范围内经过渡电阻 R_{tr} 短路时，$\dot{I}_n$ 从故障点流出，与 $\dot{I}_m$ 反向，保护应能动作。设 $\dot{I}_n=-K\dot{I}_m, K<1$，

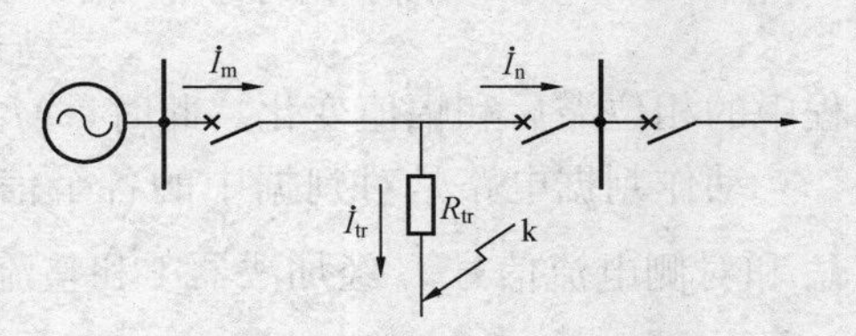

图 4-22 单侧电源供电系统

要求当 $I_n \leqslant \frac{I_m}{2}$ 时，保护能正确动作，即一侧电流有 50% “溢出”时，保护能动作。

满足此要求的动作判据为

$$|\dot{I}_m+\dot{I}_n|-K_1\{|\dot{I}_m|+|\dot{I}_n|-K_2|\dot{I}_m+\dot{I}_n|-K_3I_{op}+I_p\}^+ \geqslant I_{op} \tag{4-34}$$

式中 $\dot{I}_m$、$\dot{I}_n$——线路两侧的三相电流或零序电流；

K_1、K_2、K_3——固定常数，分别取值为 0.5、1、2；

I_p——固定值（电流偏移量），当 $I_N=5A$ 时，取 0.5；

I_{op}——动作值；

$|\dot{I}_m+\dot{I}_n|$——动作量。

制动量 G 为 $G=|\dot{I}_m|+|\dot{I}_n|-K_2|\dot{I}_m+\dot{I}_n|-K_3I_{op}+I_p$

且 $$\{G\}^+=\begin{cases}G & 当 G>0 时\\ 0 & 当 G\leqslant 0 时\end{cases} \tag{4-35}$$

这种原理是将线路两侧的 A、B、C 三相电流及零序电流四个量直接传输至对侧，分相进行差动比较。

2. 动作区及其特点

根据分相电流差动保护的动作判据可作出制动特性曲线 $I_n=f(I_m)$，动作区如图 4-23 所示阴影区。图中，直线 4、5 为 50%溢出线处于动作边界，实际装置应考虑元件的误差，为使装置可靠动作，动作边界向曲线 1 有一小偏移，通过电流偏移量 I_p 即可实现。

动作边界曲线 4′、5′的斜率取决于系数 K_1、K_2。与直线 4、5 的偏移取决于 I_p。第一折点取决于 K_2、K_3、I_{op}。

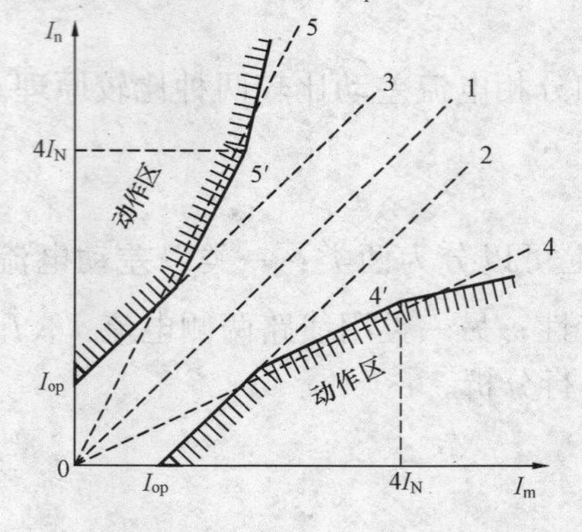

图 4-23 电流差动保护制动特性

随着故障电流的增大，信号值接近电路的工作电压时，电路中的信号出现饱和，动作边界曲线 4′、5′不再与直线 4、5 平行，出现第二折点，逐渐趋于与两坐标轴平行，第二折点大约出现在 $I=20A$ 处。

（二）分相电流比较差动保护的实现

图 4-24 所示为分相电流比较差动保护原理框图。分相电流比较差动保护主要分为两部分：前置电路和动作判据电路。

前置电路主要由 50Hz 的带通滤波器和图 4-24 所示的调相调幅电路组成，采用调相调幅电路可以将本侧信号后移约 30°并进行幅值调整，补偿对侧电流信号传输过程中的相位滞后和幅值变化。此时，M_4、M_5 两处电流幅值相同，相位相反。

动作判据电路是对判据中的各个信号进行加、减、整流和鉴别等处理。本侧电流信号 $\dot{I}_m$ 和对侧电流信号 $\dot{I}_n$ 经加法器 1 和整流器 1 形成动作量 $|\dot{I}_m+\dot{I}_n|$，经整流器 2 和 3、加法器 2 形成 $|\dot{I}_m|+|\dot{I}_n|$，加法器 3 在 G 点的最终输出为

$$G = |\dot{I}_m| + |\dot{I}_n| - K_2|\dot{I}_m + \dot{I}_n| - K_3 I_{op} - I_p \tag{4-36}$$

加法器 4 的输出为

$$|\dot{I}_m + \dot{I}_n| - K_1\{|\dot{I}_m| + |\dot{I}_n| - K_2|\dot{I}_m + \dot{I}_n| - K_3 I_{op} + I_p\}^+ \tag{4-37}$$

与动作值 I_{op}经比较器比较，满足保护的动作判据时，使断路器跳闸，同时发出跳闸信号。

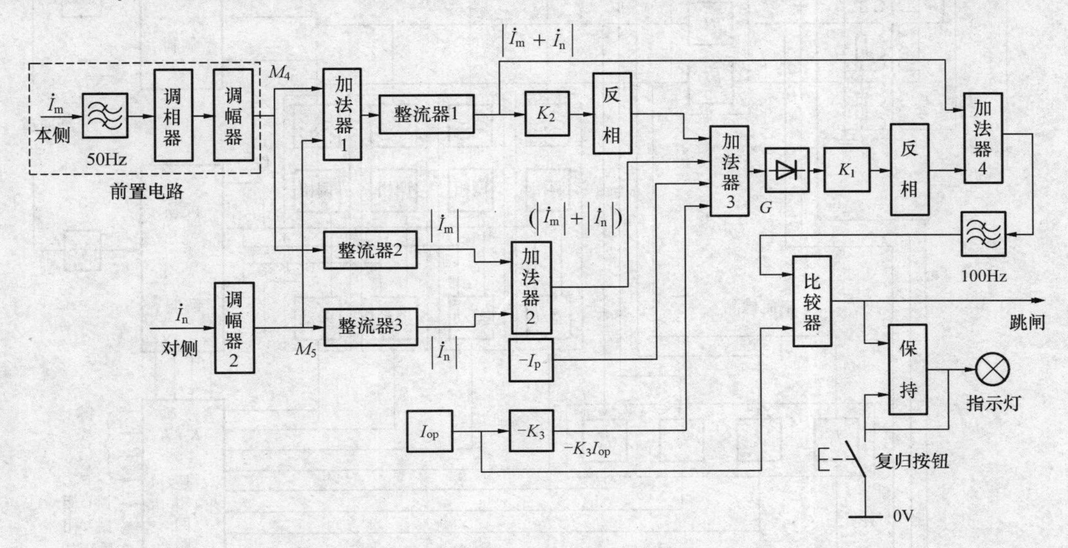

图 4-24 分相电流比较差动保护原理框图

四、按分相差动比较原理构成的分相比较光纤纵联保护

按分相差动比较原理构成的分相比较光纤纵联保护框图如图 4-25 所示，主要由电流/电压变换器、差动元件、负序突变量起动元件、逻辑回路和 PCM 调制、解调器以及光端机组成。

保护从系统取得三相电流和零序电流，变换成电压后，一路送至本侧的差动元件和电流检测元件，另一路经 PCM 调制器调制后传送至对侧。

传输系统传送的经电流/电压变换器转换后的回路电压信号和远跳或外部远传的四个键控信号 $K_1 \sim K_4$，被调制成一路脉冲信号，由光端机的发送电路（E/O—光电转换电路）转换成光脉冲信号待传输。同时，由光端机接收的对侧光脉冲信号被其接收电路（O/E）转换成电脉冲信号，由 PCM 解调器解调后，还原成四个模拟量和四个键控信号，分送至各相电流差动元件和逻辑电路。差动元件对两侧电流信号进行分相比较，因此线路故障时具有选相功能，系统振荡和非全相时不误动作，差动元件的动作应满足动作判据。本侧电流信号均通过带通滤波器滤除直流分量和高次谐波，对侧电流在解调电路中被滤波，相位调节电路用以补偿对侧电流在传输过程中的相位滞后。电流检测元件为电流互感器回路断线时提供闭锁信号并经逻辑回路输出告警信号。

起动元件由三相式负序电流滤过器、三相全波整流器、负序电流突变量形成电路组成。三相式负序电流滤过器在对称故障时，有 5～7ms 的不平衡输出，具有“记忆”作用，因此，保护可以反应各种类型的故障。负序电流突变量形成电路可以保证各种原因使系统在动稳定遭到破坏而引起振荡时，保护不起动。

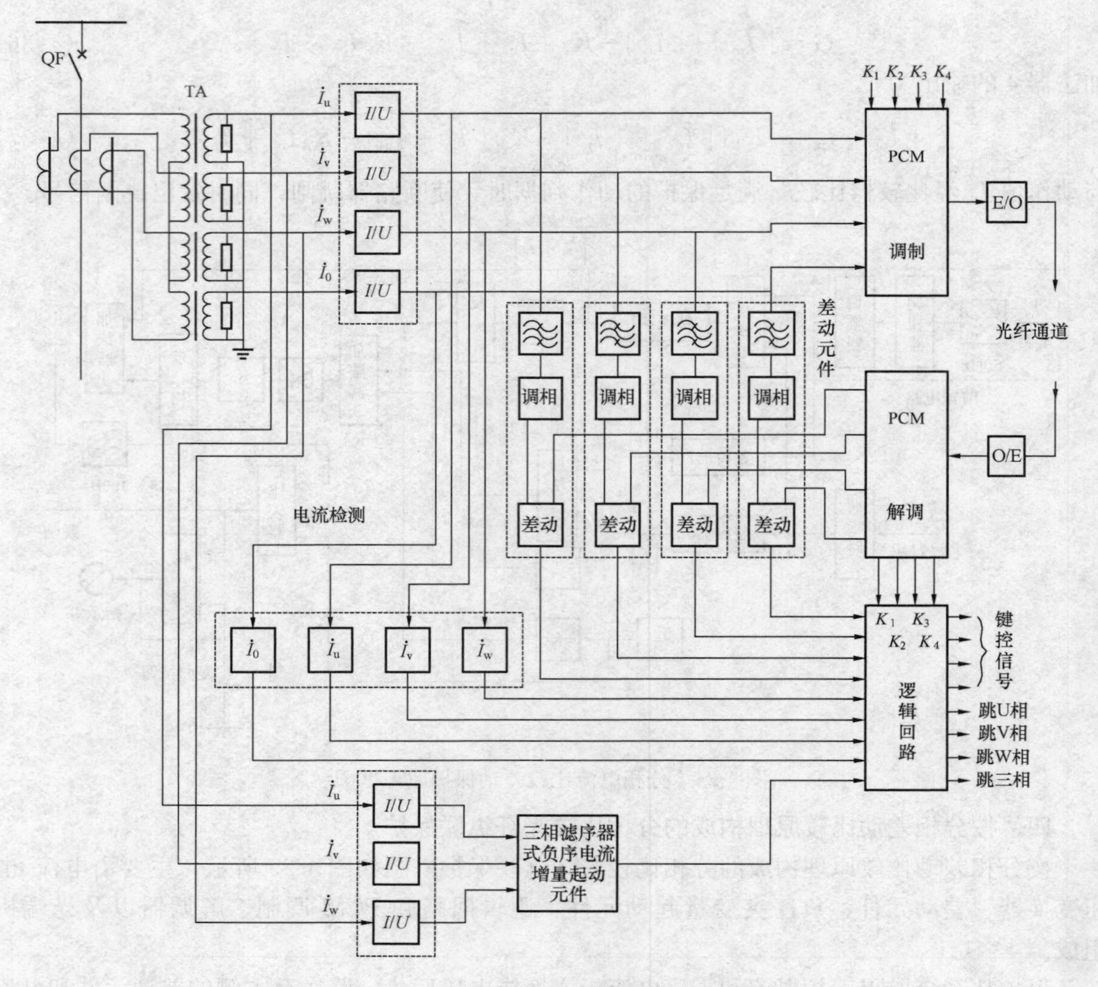

图 4-25 分相比较光纤纵联保护原理框图

第五节 微 波 保 护

随着电力系统自动化和远动化技术的大量使用，电力载波的频率资源难以满足发展的要求，因此，可以在电力系统通信中采用微波通道。

微波保护是将线路两侧的电气量转化为微波信号，以微波作为通道，传送线路两侧比较信号的一种纵联保护。采用微波通道构成的保护，在检修有关高压电器时，无需将微波保护退出运行，在检修微波通道时也不影响输电线路的正常运行；目前，电力系统微波通道具有3000～30 000Hz的较高频率，并且与输电线路没有任何联系，因此，受到的干扰小，可靠性高，而且微波通道有较宽的频带，可以传送多路信号，也为超高压线路实现分相的相位比较提供了有利条件。另外，微波通道无需通过故障线路传送两侧的信号，因此它可以采用传送各种信号的方式来工作，如内部故障时传送闭锁、允许或直接跳闸信号，也可以附加在现有的保护装置上来提高保护的速动性和灵敏性。由于变电站之间的距离超过 40～60km 时，需要架设微波中继站，因此，微波保护的成本较高，并且微波站和变电站不在一起，增加了维护的难度。只有电力系统继电保护、通信、自动化和远动化综合在一起考虑，需要解决多通道问题时，应用微波保护才合理有效。

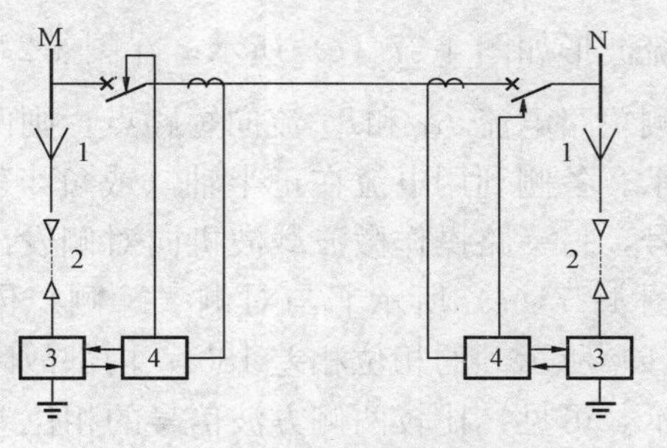

图 4-26　微波通道示意图
1—定向天线；2—连接电缆；3—收、发信机；4—保护

一、微波保护的工作原理

微波保护的基本原理与高频保护相同，只是信号传输通道不同，因此可以构成方向微波保护、距离微波保护、相差微波保护等各种微波纵联保护。

二、微波保护的通道

图 4-26 所示为微波通道示意图，由定向天线 1 和连接电缆 2 以及收、发信机组成。微波信号由发信机发出，经连接电缆送到天线发射，通过空间传播送到线路对侧天线接收，再经对侧电缆送到微波收信机中。

三、电流分相比较差动微波保护

电流分相比较差动微波保护与前述分相比较光纤纵联保护的工作原理相同，只是信号传送通道不同。电流分相比较差动微波保护是以微波作为通道，将一侧电流波形完全不断地传送到对侧，分相进行比较，按动作判据确定保护是否动作。

四、电流相位差动微波保护

电流相位差动微波保护是直接比较线路两侧电流相位而进行工作的。

（一）工作原理

如图 4-27（a）所示，当正常运行或外部 k1 点故障，线路两侧流过穿越性电流 $\dot{I}_{1M}$ 和 $\dot{I}_{1N}$ 时，$\dot{I}_{1M}=\dot{I}_{1N}$，通常，规定电流由母线流向线路时为正，则两侧电流相位差为 180°，两侧电

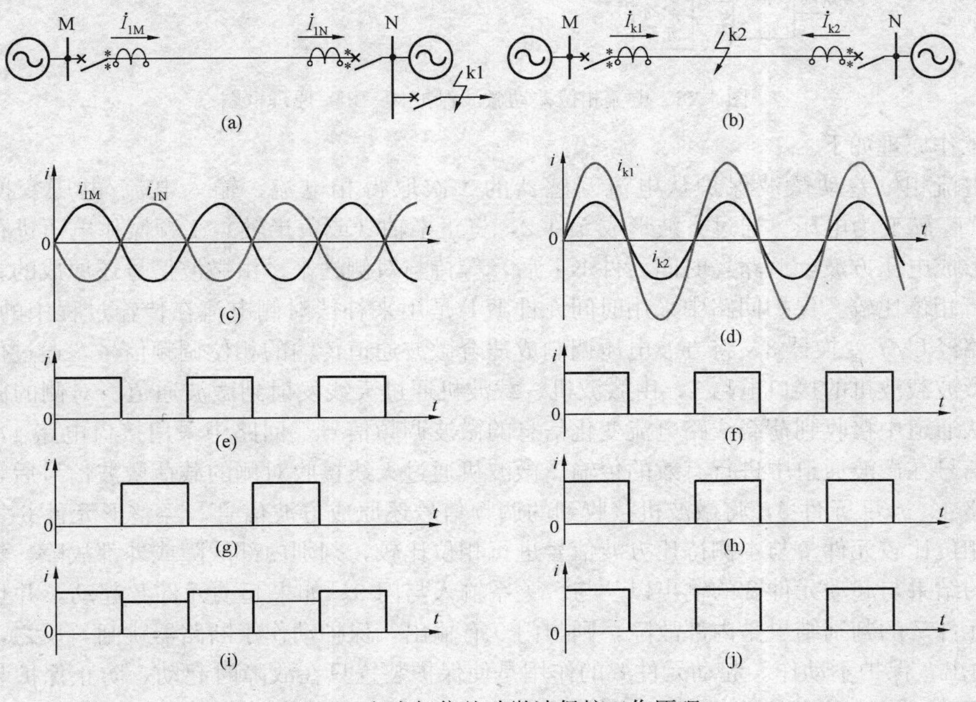

图 4-27　电流相位差动微波保护工作原理

流波形如图 4-27（c）所示。在图 4-27（b）所示系统中，当线路内部 k2 点发生短路时，两侧短路电流 $\dot{I}_{k1}$ 和$\dot{I}_{k2}$ 流向短路点，则两侧电流 $\dot{I}_{k1}$ 和$\dot{I}_{k2}$ 相位差为 0°，波形如图 4-27（d）所示。各侧利用电流在正半轴（或负半轴）形成方波信号，一路作为本侧的电流相位比较信号，另一路操作微波载波机向对侧发出微波调频信号。外部故障时，M 侧形成的方波［如图 4-27（e）所示］与对侧（N 侧）传送来的微波调频信号变换成的方波信号［如图 4-27（g）所示］的相位相差 180°；内部故障时，两侧方波信号为同相位，如图 4-27（f）、（h）所示。可见，比较两侧方波信号的相位差［如图 4-27（i）或（j）所示］即比较两侧电流的相位差，根据相位差的不同，就能判别内部故障或外部故障。依此原理构成的微波保护叫做电流相位差动微波保护。

（二）电流相位差动微波保护的构成

电流相位差动微波保护的原理框图如图 4-28 所示，主要由电流/电压转换元件、微波方波形成元件、微波传输系统、相位比较元件和起动元件等组成。

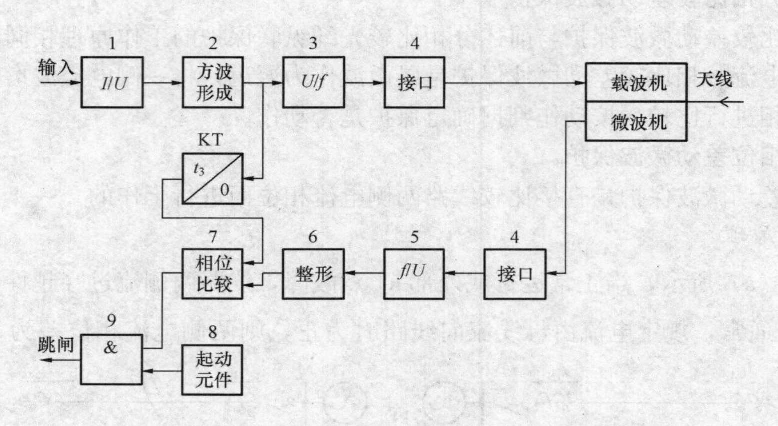

图 4-28 电流相位差动微波保护（一相）原理框图

工作原理如下。

电流相位差动微波保护从电流互感器的二次取得相电流，输入电流/电压变换元件（I/U）1，转变为电压。通过方波形成元件 2，将正半轴（或负半轴）工频操作电压进行限幅放大形成电压方波，一路经时间元件 KT 后，等待与对侧送来、由微波信号还原成的方波信号进行相位比较。保护回路中采用时间元件 KT 是用来补偿对侧电流在传输过程中的滞后。另一路经 U/f 变换器 3，将方波电压调制成适合微波通道传输的相位调频信号，通过保护装置与微波载波机的接口电路 4，由微波机、载波机通过天线发射到微波通道。对侧的微波机就能从通道中接收到荷载线路电流变化信息的微波调频信号。回路中采用接口电路 4，能使载波信号在微波通道中进行有效的传输。微波机通过天线接收对侧的载荷微波信号后，经接口电路 4、f/U 元件 5，将微波机接收到的调频信号还原成方波信号，经整形元件 6 整形后送到相位比较元件 7 与本侧待比方波信号进行相位比较，判别内部故障或外部故障。然后将判别的结果与起动元件 8 的输出以“与”关系输入与门 9。如果起动元件 8 起动，并且相位比较元件 7 的判别结果是内部故障，则与门 9 有输出，保护动作于断路器跳闸，反之，与门 9 无输出，保护不动作。起动元件 8 的作用是使保护装置只在故障时起动，防止保护装置的频繁起动，同时还可以提高保护的可靠性。

五、远方跳闸保护

所谓远方跳闸保护就是当220kV及以上电压等级高压、超高压电网发生过电压或线路故障时，在本侧保护动作跳闸的同时，起动本侧保护的远方跳闸保护通过高频、光纤等通道发信号给对侧，使对侧的断路器跳闸，并闭锁其重合闸。

远方跳闸保护的作用为：

(1) 与线路的过电压保护配合，以迅速切除线路的过电压故障；

(2) 与线路的断路器失灵保护配合，以迅速切除对侧送来的故障电流；

(3) 与线路的并联电抗器的保护配合，当本侧电抗器故障时用以迅速切除对侧送来的故障电流。

远方跳闸保护的起动是基于远后备的断路器失灵保护理念，现代电网对断路器失灵造成的稳定性破坏已经不能忽视，因此本地失灵保护或母线差动保护起动的同时都会起动远方跳闸保护，经通道传输远方跳闸指令使指定对象的断路器跳闸。这种保护方式实际应用于采用变压器高压侧无断路器的线路变压器接线方式，当变压器差动保护动作后，同时送出远方跳闸指令使线路对端的电源侧断路器跳闸。

为了尽快切除故障，使事故范围不致扩大，目前500kV以及部分220kV线路都配置了远方跳闸保护功能。500kV系统主要考虑因断路器操动机构拒动或因断路器拉弧等原因引起的断路器失灵，或故障点位于电流互感器和断路器间保护死区内等情况下起动远方跳闸保护；220kV系统主要考虑电力系统发生故障时，对侧感受到的故障信号不灵敏，远端的断路器不能及时跳闸隔离故障点，则需要用远方跳闸保护来实现。一般为提高传送跳闸命令的可靠性，应设立独立的远方跳闸装置和独立的命令传输通道。线路两端的继电保护装置所产生的命令信号借助远方保护设备并经PLC（电力线载波）、光纤、微波等通信通道，把跳闸命令信号传送到远端保护屏用以跳闸、切机或切除负荷，起到故障保护作用。

思考题与习题

1. 纵联保护主要包括哪几种？
2. 纵联保护与阶段式保护的主要区别是什么？
3. 说明高频通道有哪些工作方式？
4. 按比较方式和所起的作用，高频信号有哪些类型和哪几种工作方式？
5. 高频闭锁方向保护的工作原理是什么？它为什么需要采用两个灵敏度不同的起动元件？
6. 高频闭锁负序方向保护对起动元件的要求是什么？有哪些主要优点？
7. 高频闭锁距离保护有哪些主要特点？
8. 光纤保护的特点是什么？
9. 光纤保护的工作原理是什么？
10. 光纤保护主要由哪几部分组成？各部分的作用是什么？
11. 分相比较原理构成的光纤纵联保护，其动作特性有何特点？
12. 简述微波保护的特点。
13. 远方跳闸保护的工作原理是什么？有什么作用？

第五章 自动重合闸

第一节 自动重合闸的作用及对它的基本要求

一、自动重合闸的作用

在电力系统的故障中，大多数是输电线路（特别是架空线路）的故障。运行经验表明，架空线路故障大都是"瞬时性"的，例如，由雷电引起的绝缘子表面闪络，大风引起的碰线，鸟类以及树枝等物掉落在导线上引起的短路等，在线路被继电保护迅速断开以后，电弧自行熄灭，外界物体（如树枝、鸟类等）也被电弧烧掉而消失。此时，如果把断开的线路断路器再合上，就能够恢复正常的供电。因此，称这类故障是"瞬时性故障"。除此之外，也有"永久性故障"，例如由于线路倒杆、断线、绝缘子击穿或损坏等引起的故障，在线路被断开以后，它们仍然是存在的。这时即使再合上电源，由于故障依然存在，线路还要被继电保护再次断开，因而就不能恢复正常的供电。

由于输电线路上的故障具有以上的性质，因此，在线路断路器被自动断开以后再进行一次合闸就有可能大大提高供电的可靠性。为此在电力系统中广泛采用了当断路器自动跳闸以后能够自动地将其重新合闸的自动重合闸装置。

在现场运行的线路重合闸装置，并不判断是瞬时性故障还是永久性故障，在保护跳闸后经预定延时将断路器重新合闸。显然，对瞬时性故障重合闸可以成功（指恢复供电不再断开），对永久性故障重合闸不可能成功。用重合闸成功的次数与总动作次数之比来表示重合闸的成功率，一般在60%～90%之间，主要取决于瞬时性故障占总故障的比例。衡量重合闸工作正确性的指标是正确动作率，即正确动作次数与总动作次数之比。根据电网运行资料的统计，2007年、2008年220kV及以上电网重合闸正确动作率分别为100%和99.99%。

在电力系统中采用重合闸的技术经济效果，主要可归纳如下。

(1) 大大提高供电的可靠性，减小线路停电的次数，特别是对单侧电源的单回线路尤为显著；

(2) 在高压输电线路上采用重合闸，还可以提高电力系统并列运行的稳定性，从而提高传输容量。

(3) 对断路器本身由于机构不良或继电保护误动作而引起的误跳闸，也能起纠正的作用。

在采用重合闸以后，当重合于永久性故障上时，也将带来一些不利的影响，如：

(1) 使电力系统再一次受到故障的冲击，对超高压系统还可能降低并列运行的稳定性。

(2) 使断路器的工作条件变得更加恶劣，因为它要在很短的时间内，连续切断两次短路电流。这种情况对于油断路器必须加以考虑，因为在第一次跳闸时，由于电弧的作用，已使绝缘介质的绝缘强度和灭弧能力降低，在重合后第二次跳闸时，是在绝缘强度和灭弧能力已经降低的不利条件下进行的，因此，油断路器在采用了重合闸以后，其遮断容量一般要降低到80%左右。

对于重合闸的经济效益，应该用无重合闸时，因停电而造成的国民经济损失来衡量。由于重合闸装置本身的投资很低，工作可靠，因此，在电力系统中获得了广泛应用。对3kV及以上的架空线路和电缆与架空线的混合线路，当其上有断路器时，就应装设自动重合闸；必要时对母线故障可采用母线自动重合闸装置。

二、对自动重合闸的基本要求

（1）在下列情况下不希望断路器重合时，重合闸不应该动作。

1）由值班人员手动操作或通过遥控装置将断路器断开时。

2）手动投入断路器，由于线路上有故障，而随即被继电保护将其断开时。因为在这种情况下，故障是属于永久性的，它可能是由于检修质量不合格，隐患未消除或者保安的接地线忘记拆除等原因所产生，因此再重合一次也不可能成功。

3）当断路器处于不正常状态（例如操作机构中使用的气压、液压降低等）而不允许实现重合闸时。

（2）当断路器由继电保护动作或其他原因而跳闸后，重合闸均应动作，使断路器重新合闸。

（3）自动重合闸装置的动作次数应符合预先的规定。如一次式重合闸应该只动作1次，当重合于永久性故障而再次跳闸后，不应该再动作。

（4）自动重合闸在动作以后，应能经整定的时间自动复归，准备好下一次再动作。

（5）自动重合闸装置的合闸时间应能整定，并有可能在重合闸以前或重合闸以后加速继电保护的动作，以加速故障的切除。

（6）双侧电源的线路上实现重合闸时，应考虑合闸时两侧电源间的同步等问题。

为了能够满足第(1)、(2)项所提出的要求，应优先采用由控制开关的位置与断路器位置不对应的原则来起动重合闸，即当控制开关在合闸位置而断路器实际上在断开位置的情况下，使重合闸起动，这样就可以保证不论是任何原因使断路器自动跳闸以后，都可以进行一次重合。

三、自动重合闸的分类

采用重合闸的目的有两个：其一是保证并列运行系统的稳定性；其二是尽快恢复瞬时性故障元件的供电，从而自动恢复整个系统的正常运行。根据重合闸控制的断路器所接通或断开的电力元件不同，可将重合闸分为线路重合闸、变压器重合闸和母线重合闸等。目前在10kV及以上的架空线路和电缆与架空线的混合线路上，广泛采用重合闸装置，只有个别由于受系统条件限制不能使用重合闸的除外。例如：断路器遮断容量不足；防止出现非同期情况；或者防止在特大型汽轮发电机出口重合于永久性故障时产生更大的扭转力矩，而对轴系造成损坏等。鉴于单母线或双母线接线的变电站在母线故障时会造成全停或部分停电的严重后果，有必要在枢纽变电站装设母线重合闸。根据系统的运行条件，事先安排哪些元件重合、哪些元件不重合、哪些元件在符合一定条件时才重合；如果母线上的线路及变压器都装有三相重合闸，使用母线重合闸不需要增加设备与回路，只是在母线保护动作时不去闭锁那些预计重合的线路和变压器，实现比较简单。变压器内部故障多数是永久性故障，因而当变压器的瓦斯保护和差动保护动作后不重合，仅当后备保护动作时起动重合闸。

根据重合闸控制断路器连续合闸次数的不同，可将重合闸分为多次重合闸和一次重合闸。多次重合闸一般使用在配电网中与分段器配合，自动隔离故障区段，是配电自动化的重要组成部分。而一次重合闸主要用于输电线路，提高系统的稳定性。后续讲述的重合闸，正是这部分内容，其他重合闸的原理与其相似。

根据重合闸控制断路器相数的不同，可将重合闸分为单相重合闸、三相重合闸和综合重合闸。对一个具体的线路，究竟使用何种重合闸方式，要结合系统的稳定性分析，选取对系统稳定最有利的重合闸方式。一般原则为：

（1）没有特殊要求的单电源线路，宜采用一般的三相重合闸；

（2）凡是选用简单的三相重合闸能满足要求的线路，都应当选用三相重合闸；

（3）当发生单相接地短路时，如果使用三相重合闸不能满足稳定要求，会出现大面积停电或重要用户停电，应当选用单相重合闸或综合重合闸。

第二节 输电线路的三相一次自动重合闸

一、单侧电源线路的三相一次自动重合闸

三相一次重合闸的跳、合闸方式为无论本线路发生任何类型的故障，继电保护装置均将三相断路器跳开，重合闸起动，经预定延时（一般整定在0.5～1.5s间）发出重合脉冲，将三相断路器一起合上。若是瞬时性故障，因故障已经消失，重合成功，线路继续运行；若是永久性故障，继电保护再次动作跳开三相，不再重合。

单侧电源线路的三相一次自动重合闸，由于下述原因实现简单：在单侧电源的线路上，不需要考虑电源间同步的检查问题；三相同时跳开，重合不需要区分故障类型和选择故障相，只需要在重合时断路器满足允许重合的条件，经预定的延时发出一次合闸脉冲。这种重合闸的实现器件有电磁继电器组合式、晶体管式、集成电路式和与数字保护一体化工作的数字式等多种。

图5-1所示为单侧电源输电线路三相一次重合闸的工作原理框图，主要由重合闸起动、重合闸时间、一次合闸脉冲、手动跳闸后闭锁、合闸于故障时保护加速跳闸等元件组成。

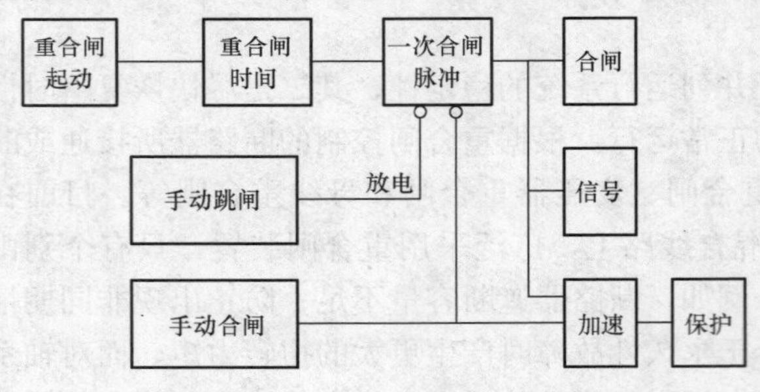

图5-1 三相一次重合闸工作原理图

重合闸起动元件：当断路器由保护动作跳闸或其他非手动原因而跳闸后，重合闸均应起动。一般利用断路器控制开关（或控制继电器）的合闸后触点与跳闸位置继电器的动合触点配合构成，在运行情况下，当断路器由合闸位置自动变为跳闸位置时，马上发出起动指令。

重合闸时间元件：起动元件发出起动指令后，时间元件开始计时，达到预定的延时后，发出一个短暂的脉冲命令。这个延时就是重合闸时间，是可以整定的，选择的原则见后述。

一次合闸脉冲元件：当接收到重合闸时间元件的脉冲命令后，它马上发出一个合闸脉冲，并且在断路器重合成功后开始计时，即重合闸开始整组复归，复归时间（又称重合闸充电时间）一般为15～25s。在这个时间内，即使再有重合闸时间元件发来脉冲命令，它也不再发出第二个合闸脉冲。此元件的作用有两个：一是在断路器自动跳闸后能够可靠地发出一个合闸脉冲，以保证瞬时性故障时重合成功；二是在重合闸整组复归完成前只能发一个合闸脉冲，以保证永久性故障时不会出现多次重合。

合闸元件：将一次合闸脉冲展宽120～200ms，以保证断路器可靠重合。

加速保护回路：对于永久性故障，在保证选择性的前提下，为尽可能地加快故障的再次切除，需要保护与重合闸配合。另外，加速元件一般需将一次合闸脉冲展宽300～400ms，其大于所加速保护的动作时间和断路器跳闸时间之和，以保证永久性故障的可靠切除。

手动跳闸：当手动跳开断路器时，为防止造成不必要的重合，设置手动跳闸闭锁（让重合闸快速放电），使之手动跳闸后不能形成重合闸命令。

手动合闸：当手动合闸到带故障的线路上时，保护跳闸，由于故障一般是检修时的保安接地线没拆除、缺陷未修复等永久故障，不仅要闭锁重合闸，而且要加速保护的再次跳闸。

在手动合闸命令过长或重合闸出口继电器接点粘住等情况下，均不应使断路器多次重合到永久性故障上去，这一功能一般要靠断路器控制回路中的“防跳回路”来实现。

二、双侧电源线路的检同期三相一次自动重合闸

1. 双侧电源输电线路重合闸的特点

在双侧电源的输电线上实现重合闸时，除应满足在第一节中提到的各项要求外，还必须考虑如下的特点：

（1）当线路上发生故障跳闸以后，常常存在着重合闸时两侧电源是否同步，以及是否允许非同步合闸的问题。一般根据系统的具体情况，选用不同的重合条件。

（2）当线路上发生故障时，两侧的保护可能以不同的时限动作于跳闸，例如一侧为第Ⅰ段动作，而另一侧为第Ⅱ段动作，此时为了保证故障点电弧的熄灭和绝缘强度的恢复，以使重合闸有可能成功，线路两侧的重合闸必须保证在两侧的断路器都跳闸以后，再进行重合，其重合闸时间与单侧电源的有所不同。

因此，双侧电源线路上的重合闸，应根据电网的接线方式和运行情况，在单侧电源重合闸的基础上，采取某些附加的措施，以适应新的要求。

2. 双侧电源输电线路重合闸的主要方式

（1）快速自动重合闸。在现代高压输电线路上，采用快速重合闸是提高系统并列运行稳定性和供电可靠性的有效措施。所谓快速重合闸，是指保护断开两侧断路器后在0.5～0.6s内使之再次重合，在这样短的时间内，两侧电动势角摆开不大，系统不可能失去同步，即使两侧电动势角摆大了，冲击电流对电力元件、电力系统的冲击均在可以耐受范围内，线路重合后很快会拉入同步。使用快速重合闸需要满足一定的条件。

1）线路两侧都装有可以进行快速重合的断路器，如快速气体断路器等。

2）线路两侧都装有全线速动的保护，如纵联保护等。

3）重合瞬间输电线路中出现的冲击电流对电力设备、电力系统的冲击均在允许范围内。输电线路中出现的冲击电流周期分量的估算式为

$$I=\frac{2E}{Z_{\Sigma}}\sin\frac{\delta}{2} \tag{5-1}$$

式中　Z_{Σ}——系统两侧电动势间总阻抗；

δ——两侧电动势角差，最严重取180°；

E——两侧发电机电动势，可取$1.05U_{N}$。

按规定，由式（5-1）算出的电流，不应超过下列数值。

对于汽轮发电机

$$I\leqslant\frac{0.65}{X''_{d}}I_{N} \tag{5-2}$$

对于有纵轴和横轴阻尼绕组的水轮发电机

$$I \leqslant \frac{0.6}{X''_{d}} I_{N} \tag{5-3}$$

对于无阻尼或阻尼绕组不全的水轮发电机

$$I \leqslant \frac{0.61}{X'_{d}} I_{N} \tag{5-4}$$

对于同步调相机

$$I \leqslant \frac{0.84}{X_{d}} I_{N} \tag{5-5}$$

对于电力变压器

$$I \leqslant \frac{100}{U_{k}\%} I_{N} \tag{5-6}$$

式中　I_N——各元件的额定电流；

X''_d——次暂态电抗标幺值；

X'_d——暂态电抗标幺值；

X_d——同步电抗标幺值；

$U_k\%$——短路电压百分值。

(2) 非同期重合闸。当快速重合闸的重合时间不够快，或者系统的功角摆开比较快，两侧断路器合闸时系统已经失步，合闸后期待系统自动拉入同步，此时系统中各电力元件都将受到冲击电流的影响，当冲击电流不超过式（5-2）～式（5-6）规定值时，可以采用非同期重合闸方式，否则是不允许的。

(3) 检同期的自动重合闸。当必须满足同期条件才能合闸时，需要使用检同期重合闸。因为实现检同期重合闸比较复杂，根据发电厂送出线或输电断面上的输电线路电流间相互关系，有时采用简单的检测系统是否同步的方法。检同步重合闸有以下几种方法。

1) 系统的结构保证线路两侧不会失步。电力系统之间，在电气上有紧密的联系时（例如具有 3 个以上联系的线路或 3 个紧密联系的线路），由于同时断开所有联系的可能性几乎不存在，因此，当任一条线路断开之后又进行重合闸时，都不会出现非同步合闸的问题，可以直接使用不检同步重合闸。

2) 在双回路线路上检查另一线路有电流的重合方式。在没有其他旁路联系的双回路上（如图 5-2 所示），当不能采用非同步重合闸时，可采用检定另一回路上是否有电流的重合闸。

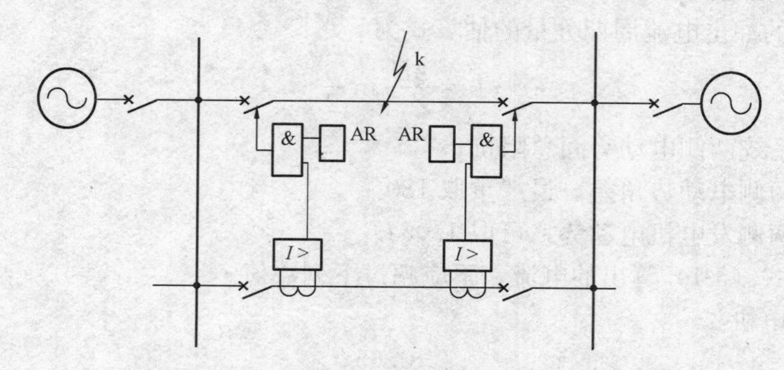

图 5-2　双回线路上检查另一回线路有电流的重合闸示意图

因为当另一回线路上有电流时，即表示两侧电源仍保持联系，一般是同步的，因此可以重合。采用这种重合闸方式的优点是电流检定比同步检定简单。图中 AR 为自动重合闸装置。

3）必须检定两侧电源确实同步之后，才能进行重合。为此可在线路的一侧采用检查线路无电压先重合，因另一侧断路器是断开的，不会造成非同期合闸；待一侧重合成功后，在另一侧采用检定同步的重合闸，如图 5-3 所示。

3. 具有同步检定和无电压检定的重合闸

具有同步检定和无电压检定的重合闸接线示意图如图 5-3 所示，除在线路两侧均设重合闸装置以外，在线路的一侧还装设有检定线路无电压的继电器 KU1，当线路无电压时允许重合闸重合；而在另一侧则装设检定同步的继电器 KU2，检测母线电压与线路电压间满足同期条件时允许重合闸重合。

当线路发生故障，两侧断路器跳闸以后，检定线路无电压一侧的重合闸首先动作，使断路器投入。如果重合不成功，则断路器再次跳闸，此时，线路另一侧由于没有电压，同步检定继电器不动作，因此，该侧重合闸根本不起动。如果检无压侧重合成功，则另一侧在检定同步之后，再投入断路器，线路即恢复正常工作。

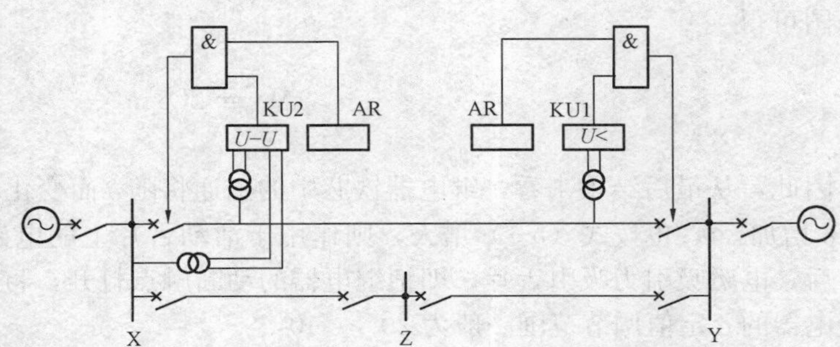

图 5-3 具有同步和无电压检定和重合闸接线示意图

KU2—同步检定继电器；KU1—无电压检定继电器；

AR—自动重合闸继电器

在使用检查线路无电压方式重合闸的一侧，当该侧断路器在正常运行情况下由于某种原因（如误碰跳闸机构，保护误动作等）而跳闸时，由于对侧并未动作，线路上有电压，因而就不能实现重合，这是一个很大的缺陷。为了解决这个问题，通常都是在检定无电压的一侧也同时投入同步检定继电器，两者经“或门”并联工作。此时如遇有上述情况，则同步检定继电器就能够起作用，当符合同步条件时，即可将误跳闸的断路器重新投入。但是，在使用同步检定的另一侧，其无电压检定是绝对不允许同时投入的。

实际上，这种重合闸方式的配置原则如图 5-4 所示，一侧投入无电压检定和同步检定（两者并联工作），而另一侧只投入同步检定。两侧的投入方式可以利用其中的切换片定期轮

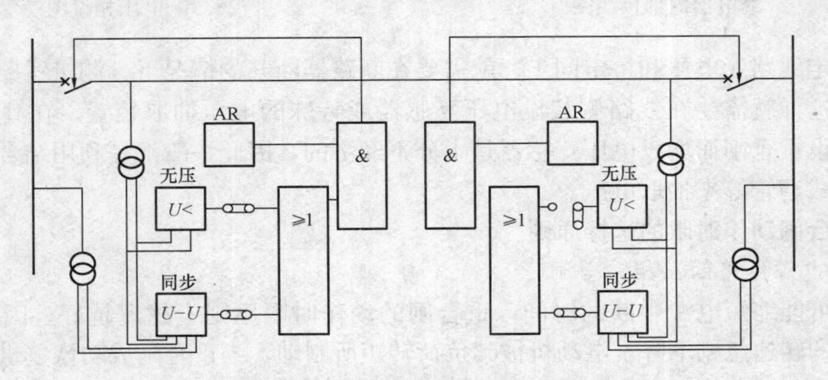

图 5-4 采用同步检定和无电压检定重合闸的配置关系

换，这样可使两侧断路器切断故障的次数大致相同。

在重合闸中所用的无电压检定继电器，就是一般的低电压继电器，其整定值的选择应保证只有当对侧断路器确实跳闸之后，才允许重合闸动作，根据经验，通常都是整定为0.5倍额定电压。

同步检定继电器采用电磁感应原理可以很简单地实现，内部接线如图5-5所示。继电器有两组线圈，分别从母线侧和线路侧的电压互感器上接入同名相的电压。两组线圈在铁芯中所产生的磁通方向相反，因此铁芯中的总磁通 $\dot{\Phi}_{\Sigma}$ 反应两个电压所产生的磁通之差，即反应于两个电压之差，如图5-6中的 $\Delta\dot{U}$，而 ΔU 的数值则与两侧电压 $\dot{U}$ 和 $\dot{U}'$ 之间的相位差 δ 有关。当 $|\dot{U}| = |\dot{U}'| = U$ 时，同步检定继电器的电压相量图如图5-6所示。由图可得

$$\Delta U = 2U\sin\frac{\delta}{2} \tag{5-7}$$

因此，从最后结果来看，继电器铁芯中的磁通将随 δ 而变化，如 $\delta = 0°$ 时，$\Delta U = 0, \dot{\Phi}_{\Sigma} = 0$；$\delta$ 增加，Φ_{Σ} 也按式（5-7）增大，则作用于活动舌片上的电磁力矩增大。当 δ 大到一定数值后，电磁吸引力吸引舌片，即把继电器的动断触点打开，将重合闸闭锁，使之不能动作。继电器的 δ 定值调节范围一般为 $20° \sim 40°$。

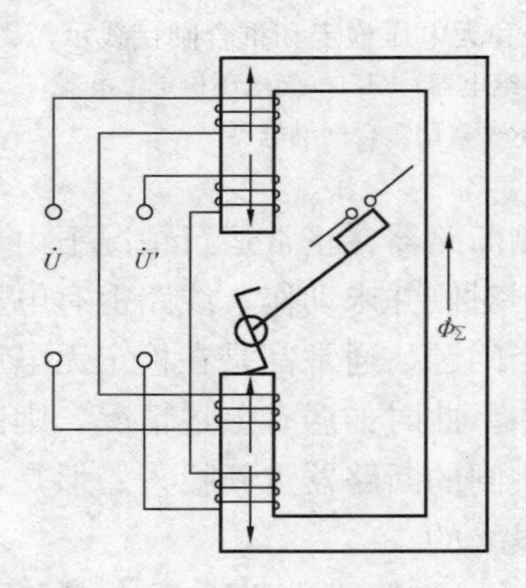

图5-5　电磁型同步检定继电器内部接线图

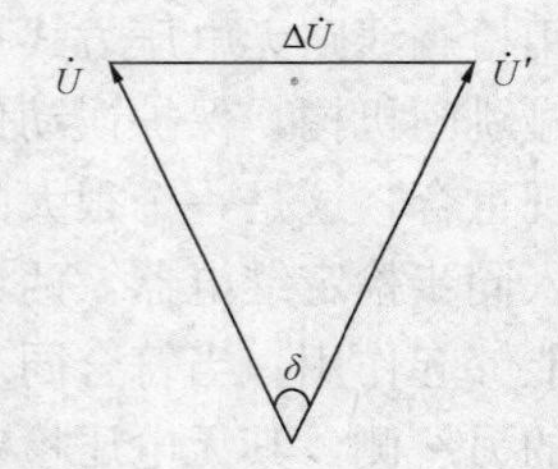

图5-6　同步检定继电器电压相量图

为了检定线路无电压和检定同步，就需要在断路器断开的情况下，测量线路侧电压的大小和相位，这样就需要在线路侧装设电压互感器或特殊的电压抽取装置。在高压输电线路上，为了装设重合闸而增设电压互感器是十分不经济的，因此一般都是利用结合电容器或断路器的电容式套管等来抽取电压。

三、重合闸动作时限的选择原则

1. 单侧电源线路的三相重合闸

为了尽可能缩短电源中断的时间，重合闸的动作时限原则上越短越好。因为电源中断后，电动机的转速急剧下降，电动机被其负荷转矩所制动，当重合闸成功恢复供电以后，很多电动机要自起动。此时由于电动机自起动电流很大，往往又会引起电网内电压的降低，因

而造成自起动的困难或拖延其恢复正常工作的时间，而且电源中断的时间越长，电动机转速降得越低，自起动电流越大，影响就越严重。

重合闸的动作时限按下述原则确定。

（1）在断路器跳闸后，要使故障点的电弧熄灭并使周围介质恢复绝缘强度需要一定的时间，必须在这个时间以后进行重合才有可能成功。另外，还必须考虑负荷电动机向故障点反馈电流所产生的影响，因为它会使绝缘强度恢复变慢。

（2）在断路器跳闸灭弧后，其触头周围绝缘强度的恢复以及消弧室重新充满油、气均需要时间，同时其操作机构恢复原状准备好再次动作也需要时间。重合闸必须在这个时间以后才能向断路器发出合闸脉冲，否则，如重合在永久性故障上，就可能发生断路器爆炸的严重事故。

（3）如果重合闸是利用继电保护跳闸出口起动，其动作时限还应该加上断路器的跳闸时间。

重合闸动作时限应在满足以上原则的基础上，力求缩短。

根据电力系统运行经验，对于单侧电源线路的重合闸，一般动作时限为 0.7～1s。

2. 双侧电源线路的三相重合闸

其动作时间除满足以上原则外，还应考虑线路两侧继电保护以不同时限切除故障的可能性。

从最不利的情况出发，每一侧的重合闸都应该以本侧先跳闸而对侧后跳闸来作为考虑整定时间的依据。如图 5-7 所示，设本侧保护（保护 1）的动作时间为 $t_{op\cdot1}$、断路器动作时间为 t_{QF1}，对侧保护（保护 2）的动作时间为 $t_{op\cdot2}$、断路器动作时间为 t_{QF2}，则在本侧跳闸以后，对侧还需要经过（$t_{op\cdot2}+t_{QF2}-t_{op\cdot1}-t_{QF1}$）的时间才能跳闸。再考虑故障点灭弧和周围介质去游离的时间 t_u，则先跳闸一侧重合闸装置 AR 的动作时限整定为

$$t_{AR}=t_{op\cdot2}+t_{QF2}-t_{op\cdot1}-t_{QF1}+t_u$$

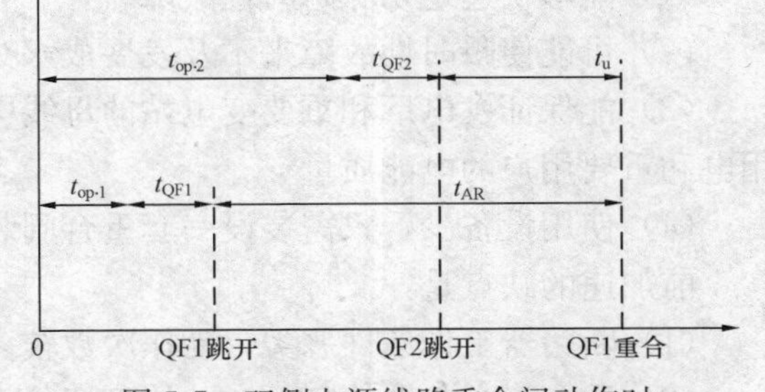

图 5-7　双侧电源线路重合闸动作时限配合示意图

当线路上装设纵联保护时，一般考虑一端快速保护动作（如快速距离、距离保护Ⅰ段）时间（约 3～20ms），另一端由纵联保护跳闸（可能慢至 25～30ms）。当线路采用阶段式保护做主保护时，$t_{op\cdot1}$ 应采用本侧Ⅰ段保护的动作时间（约 20ms），而 $t_{op\cdot2}$ 一般采用对侧Ⅱ段（或Ⅲ段）保护的动作时间。

四、自动重合闸与继电保护的配合

为了能尽量利用重合闸所提供的条件以加速切除故障，继电保护与之配合时，一般采用重合闸前加速保护和重合闸后加速保护两种方式，根据不同的线路及其保护配置方式进行选择。

1. 重合闸前加速保护

重合闸前加速保护简称为“前加速”。图 5-8 所示的网络接线中，假定在每条线路上均装设过电流保护，其动作时限按阶梯型原则来配合。因而，在靠近电源端保护 3 处的时限就很长。为了加速故障的切除，可在保护 3 处采用前加速的方式，即当任何一条线路上发生故

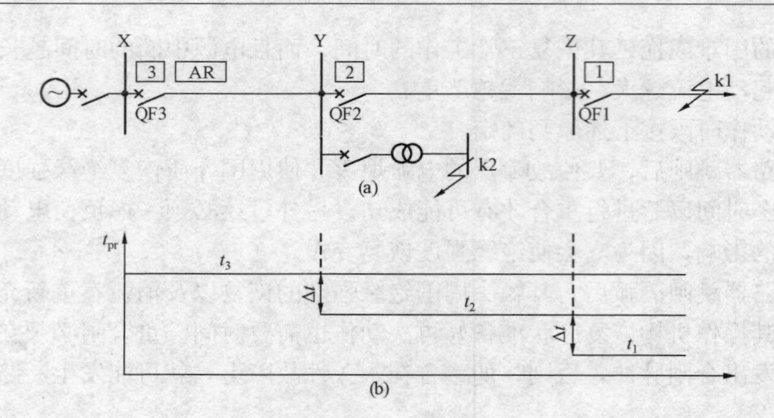

图 5-8 重合闸前加速保护的网络接线图

（a）网络接线图；（b）时间配合关系

障时，第一次都由保护 3 瞬时无选择性动作予以切除，重合闸以后保护第二次动作切除 故障是有选择性的，例如故障是在线路 XY 以外（如 k1 点故障），则保护 3 的第一次动作是无选择的，但断路器 QF3 跳闸后，如果此时的故障是瞬时性的，则在重合闸以后就恢复了供电；如果故障是永久性的，则保护 3 第二次就按有选择的时限 t_3 动作。为了使无选择性的动作范围不扩展得太长，一般规定当变压器低压侧短路时，保护 3 不应动作。因此，其起动电流还应按照躲开相邻变压器低压侧的短路（如 k2 点短路）来整定。

采用前加速的优点是：

（1）能够快速地切除瞬时性故障。

（2）可能使瞬时性故障来不及发展成永久性故障，从而提高重合闸的成功率。

（3）能保证发电厂和重要变电站的母线电压在 0.6～0.7 倍额定电压以上，从而保证厂用电和重要用户的电能质量。

（4）使用设备少，只需装设一套重合闸装置，简单经济。

前加速的缺点是：

（1）断路器工作条件恶劣，动作次数较多。

（2）重合于永久性故障上时，故障切除的时间可能较长。

（3）如果重合闸装置 AR 或断路器 QF3 拒绝合闸，则将扩大停电范围。甚至在最末一级线路上故障时，都会使连接在这条线路上的所有用户停电。

前加速保护主要用于 35kV 以下由发电厂或重要变电站引出的直配线路上，以便快速切除故障，保证母线电压。

2. 重合闸后加速保护

重合闸后加速保护简称为“后加速”。就是当线路第一次故障时，保护有选择性动作，然后进行重合，同时将被加速保护的动作时限解除或缩短。这样，当重合于永久性故障时，就能加快保护第二次动作的速度。后加速方式一般加速保护第Ⅱ段，有时加速保护第Ⅲ段，以利于更快地切除永久性故障。

后加速的优点是：

（1）第一次是有选择性地切除故障，不会扩大停电范围，特别是在重要的高压电网中，一般不允许保护无选择性地动作而后以重合闸来纠正（即前加速）。

(2) 保证了永久性故障能瞬时切除，并仍然是有选择性的。

(3) 和前加速相比，使用中不受网络结构和负荷条件的限制，一般说来有利而无害。

后加速的缺点是：

(1) 每个断路器上都需要装设一套重合闸，与前加速相比略为复杂。

(2) 第一次切除故障可能带有延时。

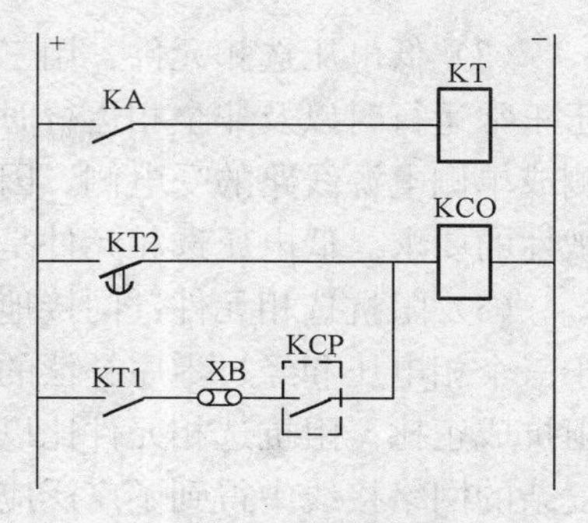

图 5-9 重合闸后加速过电流保护的原理接线图

图 5-9 所示为利用后加速元件 KCP 所提供的动合触点实现重合闸后加速过电流保护的原理接线。图中 KA 为过电流继电器的触点，当线路发生故障时，它起动时间继电器 KT，然后经整定的时限后 KT2 触点闭合，起动出口继电器 KCO 而跳闸。当重合闸动作以后，后加速元件 KCP 的触点将闭合 300～400ms 的时间，如果重合于永久性故障上，则 KA 再次动作，此时即可由时间继电器 KT 的瞬时动合触点 KT1、连接片 XB 和 KCP 的触点串联而立即起动 KCO 动作于跳闸，从而实现了重合闸后过电流保护加速动作的要求。

第三节 高压输电线路的单相自动重合闸

以上所讨论的自动重合闸，都是三相式的，即不论送电线路上发生单相接地短路还是相间短路，继电保护动作后均使断路器三相断开，然后重合闸再将三相投入。

但是，运行经验表明，在 220～500kV 的架空线路上，由于线间距离大，其绝大部分短路故障都是单相接地短路，2008 年全国高压输电线路单相接地短路占所有短路故障的比例：220kV 为 91.23％，330kV 为 96.97％，500kV 为 92.71％。在这种情况下，如果只把发生故障的一相断开，而未发生故障的两相仍然继续运行，然后再进行单相重合，就能够大大提高供电的可靠性和系统并列运行的稳定性。如果线路发生的是瞬时故障，则单相重合成功，即恢复三相的正常运行；如果是永久性故障，单相重合不成功，则需根据系统的具体情况而定，目前一般是采用重合不成功时跳开三相的方式。这种单相短路跳开故障单相，经一定时间重合单相，若不成功再跳开三相的重合方式称为单相自动重合闸。

一、单相自动重合闸的特点

1. 故障相选择元件

为实现单相重合闸，首先必须有故障相的选择元件，简称选相元件。对选相元件的基本要求如下。

(1) 应保证选择性，即选相元件与继电保护相配合只跳开发生故障的一相，而接于另外两相上的选相元件不应动作。

(2) 在故障相末端发生单相接地短路时，接于该相上的选相元件应保证足够的灵敏性。

根据网络接线和运行特点，常用的选相元件有如下几种。

(1) 电流选相元件：在每相上装设一个过电流继电器，其起动电流按照大于最大负荷电流的原则进行整定，以保证动作的选择性。这种选相元件适于装设在电源端，且短路电流比较大的情况，它是根据故障相短路电流增大的原理而动作的。

(2) 低电压选相元件：用三个低电压继电器分别接于三相的相电压上，其起动电压应小于正常运行时以及非全相运行时可能出现的最低电压。这种选相元件一般适于装设在小电源侧或单侧电源线路的受电侧，因为在这一侧如用电流选相元件，则往往不能满足选择性和灵敏性的要求。低电压选相元件是根据故障相电压降低的原理而动作的。

(3) 阻抗选相元件：同接地距离保护中用的阻抗测量元件相同，三个阻抗继电器分别接于三个相电压和经过零序补偿的相电流上，以保证其测量阻抗与短路点到保护安装处的正序阻抗成正比。阻抗选相元件比以上两种选相元件具有更好的选择性和更高的灵敏性，因而在复杂的网络接线中得到了广泛应用。

阻抗选相元件的整定值应考虑以下几点。

1) 本线路末端短路时，保证故障相选相元件有足够的灵敏度；

2) 本线路单相接地短路时，保证非故障相选相元件可靠不动作；

3) 本线路单相接地短路而两侧的保护相继动作时，在一侧断开以后，另一侧将出现一相接地短路加同名相断线的复合故障型式，此时仍要求故障相选相元件正确动作，而非故障相选相元件可靠不动；

4) 非全相运行时，如果需要选相元件独立工作，则非断线相的选相元件应可靠不动，而在非全相运行又发生故障时，则应可靠动作；

5) 非全相运行时又发生故障或进行重合之后，如果需要选相元件独立工作，则其整定值必须躲开非全相运行中发生振荡时继电器的测量阻抗。

(4) 其他选相元件：目前数字式保护中常用相电流差突变量选相，是取每两相的相电流之差构成三个选相元件，它们是利用故障时电气量发生突变的原理构成的；另外，尚有使用对称分量原理构成的选相元件等，请读者参考相关文献。

2. 动作时限的选择

当采用单相重合闸时，其动作时限的选择除应满足三相重合闸所提出的要求（即大于故障点灭弧时间及周围介质去游离的时间，大于断路器及其操作机构复归原状准备好再次动作的时间）外，还应考虑下列问题。

(1) 不论是单侧电源还是双侧电源，均应考虑两侧选相元件与继电保护以不同时限切除故障的可能性。

(2) 潜供电流对灭弧产生的影响。这是指当故障相线路自两侧切除以后（如图 5-10 所示），由于非故障相与断开相之间存在有静电（通过电容）和电磁（通过互感）的联系，因此，虽然短路电流已被切断，但在故障点的弧光通道中，仍然流有如下的电流。

1) 非故障相 A 通过 A、C 相间的电容 C_{ac} 供给的电流。

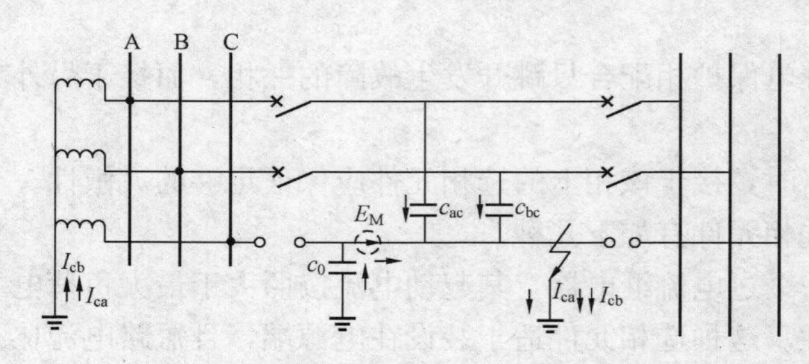

图 5-10 C 相单相接地时，潜供电流的示意图

2) 非故障相 B 通过 B、C 相间的电容 C_{bc} 供给的电流。

3) 继续运行的两相中，由于流过负荷电流 $\dot{I}_{La}$ 和 $\dot{I}_{Lb}$ 而在 C 相中产生互感电动势 $\dot{E}_M$，此电动势通过故障点和该相对地电容 C_0 而产生的电流。

这些电流的总和就称为潜供电流。

由于潜供电流的影响，将使短路时弧光通道的去游离受到严重阻碍，而自动重合闸只有在故障点电弧熄灭且绝缘强度恢复以后才有可能成功，因此，单相重合闸的时间还必须考虑潜供电流的影响。一般线路的电压越高，线路越长，则潜供电流就越大。潜供电流的持续时间不仅与其大小有关，而且也与故障电流的大小、故障切除的时间、弧光的长度以及故障点的风速等因素有关。因此，为了正确地整定单相重合闸的时间，国内外许多电力系统都是由实测来确定灭弧时间。如我国某电力系统中，在220kV的线路上，根据实测确定保证单相重合闸期间的熄弧时间应在0.6s以上。

二、保护装置、选相元件与重合闸回路的配合关系

图5-11所示为保护装置、选相元件与重合闸回路的配合框图。

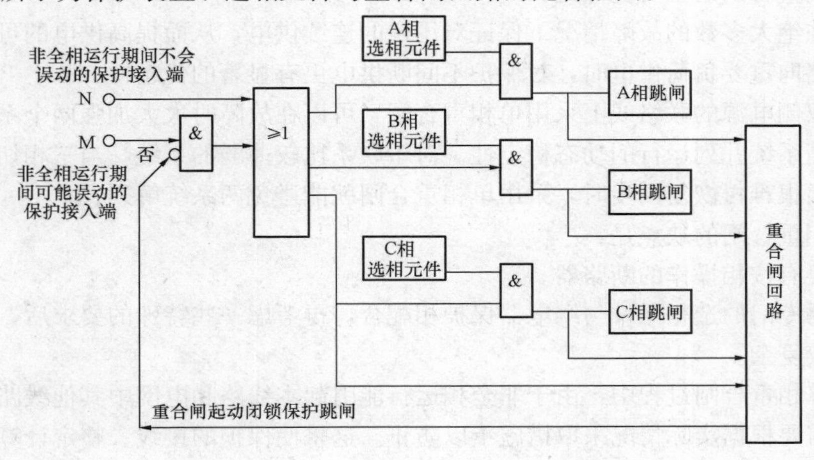

图5-11 保护装置、选相元件与重合闸回路的配合框图

由于在单相重合闸过程中出现纵向不对称，因此将产生负序分量和零序分量，这就可能引起本线路保护以及系统中其他保护的误动作。对于可能误动的保护，应在单相重合闸动作时将其闭锁，或整定保护的动作时限大于单相非全相运行的时间。

为了实现对误动作保护的闭锁，在单相重合闸与继电保护相连接的输入端都设有两个端子：一个端子接入在非全相运行中仍然能继续工作的保护，称为N端子；另一个端子则接入非全相运行中可能误动作的保护，称为M端子。在重合闸起动以后，利用“否”回路即可将接入M端子的保护跳闸回路闭锁。当断路器被重合而恢复全相运行时，这些保护也立即恢复工作。

保护装置和选相元件动作后，经“与”门进行单相跳闸，并同时起动重合闸回路。对于单相接地故障，就进行单相跳闸和单相重合；对于相间短路，则在保护和选相元件相配合进行判断之后跳开三相，如果重合方式为“综重”则进行三相重合闸，如果为“单重”则不再进行重合。

传统的模拟型保护装置只判断故障发生在保护区内、区外，决定是否跳闸，而决定跳三相还是跳单相、跳哪一相，是由重合闸内的故障判别元件和故障选相元件来完成的，最后由重合闸发出跳、合断路器的命令。这种结构的特点是所有的保护（包括纵联、距离、零序）共用一组选相元件，优点是简化了接线且节约投资；缺点是一旦重合闸内出问题或其内的选相元件拒动则所有的保护均不能出口跳闸，极大地影响整套保护装置动作的可靠性。

数字式保护装置中，在硬件电路完成了对所有模拟量输入信号的数据采集后，选相元件只需经过软件计算就可得到，无需增加新的硬件。因此选相元件不再置于重合闸内，而是纵联、距离、零序保护各用自己的选相元件，一个选相元件拒动只会影响一个保护功能，不会影响整套保护；同时，重合闸中去掉选相元件之后，不再管保护跳闸而只管合闸，使其在构成和功能上均得到了简化，即使重合闸出问题也不再会影响纵联、距离、零序等各保护的出口跳闸。这样，在无需增加硬件投资的前提下，简化了保护和重合闸装置之间的联系，极大地提高了整套保护装置的可靠性。

三、对单相重合闸的评价

采用单相重合闸的主要优点是：

(1) 能在绝大多数的故障情况下保证对用户的连续供电，从而提高供电的可靠性；当由单侧电源回路向重要负荷供电时，对保护不间断供电更有显著的优越性。

(2) 在双侧电源的联络线上采用单相重合闸，可以在故障时大大加强两个系统之间的联系，从而提高系统并列运行的动态稳定性。对于联系比较薄弱的系统，当三相切除并继之以三相重合闸而很难再恢复同步时，采用单相重合闸就能避免两系统解列。

采用单相重合闸的缺点是：

(1) 需要有按相操作的断路器。

(2) 需要专门的选相元件与继电器保护相配合，再考虑一些特殊的要求后，使重合闸回路的接线比较复杂。

(3) 在单相重合闸过程中，由于非全相运行能引起本线路和电网中其他线路的保护误动作，因此，需要根据实际情况采取措施予以防止。这将使保护的接线、整定计算和调试工作复杂化。

由于单相重合闸具有以上特点，并在实践中证明了它的优越性，因此，已在220～500kV的线路上获得了广泛的应用。对于110kV的电网，一般不推荐这种重合闸方式，只在由单侧电源向重要负荷供电的某些线路及根据系统运行需要装设单相重合闸的某些重要线路上，才考虑使用。

四、输电线路自适应单相重合闸的概念

根据2001年对我国电网线路保护的重合闸动作成功率统计，220kV为83%左右，500kV为84%左右，说明有16%～17%的故障是永久性故障。重合闸重合于永久性故障上，其一是使电力设备在短时间内遭受两次故障电流的冲击，加速了设备的损坏；其二是现场的重合闸多数没有按照最佳时间重合，当重合于永久性故障时，降低了输电能力，甚至造成稳定性的破坏。如果在单相故障被单相切除后，能够判别故障是永久性还是瞬时性的，并且在永久性故障时闭锁重合闸，就可以避免重合于永久性故障时的不利影响。这种能自动识别故障的性质，在永久性故障时不重合的重合闸称为自适应重合闸。

在单相故障被单相切除后，由于运行两相的电容耦合和电磁感应作用，断开相上仍然有一定的电压，其电压的大小除与电容大小、感应强弱等有关外，还与断开相是否继续存在接地点直接相关。永久性故障时接地点长期存在，断开相两端电压持续较低；瞬时性故障当电弧熄灭后，接地点消失，断开相两端电压持续较高。据此可以构成电压判据的永久与瞬时故障识别元件，根据永久与瞬时故障的其他差别，还可以构成电压补偿、组合补偿等识别元件。

超高压输电线路侧电压一般是可以抽取的，因此利用断开相电压区分永久性与瞬时性故障是可行的。当瞬时性故障时断开相线路电压高于整定值，过电压继电器触点闭合允许重合；当永久性故障时该电压低于整定值而闭锁重合，从而可实现自动识别故障性质的自适应单相重合闸。

第四节　高压输电线路的综合重合闸简介

以上分别讨论了三相重合闸和单相重合闸的基本原理和实现中需要考虑的一些问题。对于有些线路，在采用单相重合闸后，如果发生各种相间故障仍然需要切除三相，然后再进行三相重合闸，如重合不成功则再次断开三相而不再进行重合。因此，实践上在实现单相重合闸时，也总是把实现三相重合闸的问题结合在一起考虑，故称之为“综合重合闸”。在综合重合闸的接线中，应考虑能实现只进行单相重合闸、三相重合闸或综合重合闸以及停用重合闸的各种可能性。

实现综合重合闸回路接线时，应考虑的一些基本原则如下。

（1）单相接地短路时跳开单相，然后进行单相重合；如重合不成功则跳开三相而不再进行重合。

（2）各种相间短路时跳开三相，然后进行三相重合；如重合不成功，仍跳开三相，而不进行重合。

（3）当选相元件拒绝动作时，应能跳开三相并进行三相重合。

（4）对于非全相运行中可能误动作的保护，应进行可靠的闭锁；对于在单相接地时可能误动作的相间保护（如距离保护），应有防止单相接地误跳三相的措施。

（5）当一相跳开后重合闸拒绝动作时，为防止线路长期出现非全相运行，应将其他两相自动断开。

（6）任意两相的分相跳闸继电器动作后，应联跳第三相，使三相断路器均跳闸。

（7）无论单相或三相重合闸，在重合不成功之后，均应考虑能加速切除三相，即实现重合闸后加速。

（8）在非全相运行过程中，如又发生另一相或两相的故障，保护应能有选择性地予以切除。上述故障如发生在单相重合闸的脉冲发出以前，则在故障切除后能进行三相重合；如发生在重合闸脉冲发出以后，则切除三相不再进行重合。

（9）对空气断路器或液压传动的油断路器，当气压或液压低至不允许实现重合闸时，应将重合闸回路自动闭锁；但如果在重合闸过程中下降到低于运行值时，则应保证重合闸动作的完成。

思 考 题 与 习 题

1. 在超高压电网中，目前使用的重合闸有何优、缺点？

2. 何为瞬时性故障、何为永久性故障？

3. 在超高压电网中使用三相重合闸为什么要考虑两侧电源的同期问题，使用单相重合闸是否需要考虑同期问题？

4. 在什么条件下重合闸可以不考虑两侧电源的同期问题?

5. 如果必须考虑同期合闸，重合闸是否必须装检同期元件?

6. 如用数字式装置实现重合闸，请画出其检同期环节的原理框图。

7. 三相重合闸的重合时间主要由哪些因素决定?单相重合闸的重合时间主要由哪些因素决定?

8. 使用单相重合闸有哪些优点?它对继电保护的正确工作带来了哪些不利影响?我国为什么还要采用这种重合闸方式?

9. 对选相元件的基本要求是什么?常用的选相原理有哪些?

10. 什么是重合闸前加速保护?有何优缺点?主要适用于什么场合?

11. 什么是重合闸后加速保护?有何优缺点?主要适用于什么场合?

12. 模拟型和数字式保护重合闸装置中，选相元件的用法有何不同?并说明其原因。

13. 模拟型和数字式保护重合闸装置中，重合闸的功能有何不同?并说明其原因。

14. 同模拟型保护重合闸装置相比，数字式的有何优点?并说明其原因。

15. 自适应单相重合闸中，如何区分瞬时性、永久性故障?

第六章 电力变压器保护

第一节 电力变压器的故障类型、不正常工作状态及保护配置原则

一、电力变压器的故障类型、不正常工作状态

在电力系统中广泛地用变压器来升高或降低电压。变压器是电力系统不可缺少的重要电气设备。它的故障将对供电可靠性和系统安全运行带来严重的影响，同时大容量的电力变压器也是十分贵重的设备。因此应根据变压器容量等级和重要程度装设性能良好、动作可靠的继电保护装置。

变压器的故障可以分为油箱内和油箱外两种故障。油箱内的故障包括绕组的相间短路、接地短路、匝间短路以及铁芯的烧损等。油箱内故障时产生的电弧，不仅会损坏绕组的绝缘、烧毁铁芯，而且由于绝缘材料和变压器油因受热分解而产生大量的气体，有可能引起变压器油箱的爆炸。油箱外的故障，主要是套管和引出线上发生相间短路以及接地短路。对于变压器发生的各种故障，保护装置应能尽快地将变压器切除。实践表明，变压器套管和引出线上的相间短路、接地短路、绕组的匝间短路是比较常见的故障形式；而变压器油箱内发生相间短路的情况比较少。

变压器的不正常运行状态主要有：变压器外部短路引起的过电流，负荷长时间超过额定容量运行引起的过负荷，风扇故障或漏油等原因引起冷却能力的下降等。这些不正常运行状态会使绕组和铁芯过热。此外，对于中性点不接地运行的星形接线变压器，外部接地短路时有可能造成变压器中性点过电压，威胁变压器的绝缘；大容量变压器在过电压或低频率等异常运行工况下会使变压器过励磁，引起铁芯和其他金属构件的过热。变压器处于不正常运行状态时，继电保护应根据其严重程度，发出告警信号，使运行人员及时发现并采取相应的措施，以确保变压器的安全。

二、变压器保护配置原则

根据GB/T 14285—2006《继电保护和安全自动装置技术规程规定》，变压器一般应装设下列保护：

（1）瓦斯保护。电力变压器通常是利用变压器油作为绝缘和冷却介质。当变压器油箱内故障时，在故障电流和故障点电弧的作用下，变压器油和其他绝缘材料会因受热而分解，产生大量气体。气体排出的多少以及排出速度，与变压器故障的严重程度有关。利用这种气体来实现保护的装置，称为瓦斯保护。瓦斯保护能够保护变压器油箱内的各种轻微故障（例如绕组轻微的匝间短路、铁芯烧损等），但像变压器绝缘子闪络等油箱外面的故障，瓦斯保护不能反应。规程规定对于容量为800kVA及以上的油浸式变压器和400kVA及以上的车间内油浸式变压器，应装设瓦斯保护。

（2）纵差动保护或电流速断保护。对于容量为6300kVA及以上的变压器，以及发电厂厂用变压器和并列运行的变压器，10000kVA及以上的发电厂厂用备用变压器和单独运行的变压器，应装设纵差动保护。电流速断保护用于容量为10000kVA以下的变压器，当后备保护的动作时限大于0.5s时，应装设电流速断保护。对2000kVA以上的变压器，当电流速

断保护的灵敏性不能满足要求时，也应装设纵差动保护。

(3) 外部相间短路和接地短路时的后备保护。后备保护是指阻抗保护、低电压过电流保护、复合电压过电流保护、过电流保护，它们都能反应变压器的过电流状态，但它们的灵敏度不一样，阻抗保护的灵敏度较高，过电流保护的灵敏度最低。

(4) 过负荷保护。变压器长期过负荷运行时，绕组会因发热而受到损伤。对400kVA以上的变压器，当数台并列运行，或单独运行并作为其他负荷的备用电源时，应根据可能过负荷的情况，装设过负荷保护。过负荷保护接于一相电流上，并延时作用于信号。对于无经常值班人员的变电站，必要时过负荷保护可动作于自动减负荷或跳闸。对自耦变压器和多绕组变压器，过负荷保护应能反应公共绕组及各侧过负荷的情况。

(5) 过励磁保护。对频率减低和电压升高而引起变压器过励磁，由于此时励磁电流急剧增加，铁芯及附近的金属构件损耗增加，引起高温。长时间或多次反复过励磁，将因过热而使绝缘老化。高压侧电压为500kV及以上的变压器，应装设过励磁保护，在变压器允许的过励磁范围内，保护作用于信号，当过励磁超过允许值时，可动作于跳闸。过励磁保护反应于铁芯的实际工作磁密和额定工作磁密之比（称为过励磁倍数）而动作。实际工作磁密通常通过检测变压器电压幅值与频率的比值来计算。

(6) 其他非电量保护。对变压器油温及油箱内压力升高和冷却系统故障，应按现行有关变压器的标准要求，专设可作用于信号或动作于跳闸的非电量保护。如温度保护、油位保护、通风故障保护、冷却器故障保护等。

为了满足电力系统稳定方面的要求，当变压器发生故障时，要求保护装置快速切除故障。通常变压器的瓦斯保护和纵差动保护（对小容量变压器则为电流速断保护）已构成了双重化快速保护，但对变压器外部引出线上的故障只有一套快速保护。当变压器故障而纵差动保护拒动时，将由带延时的后备保护切除。为了保证在任何情况下都能快速切除故障对于大型变压器，应装设双重纵差动保护。

第二节　变压器瓦斯保护和电流速断保护

一、变压器的瓦斯保护

(一) 瓦斯保护的作用

油浸式变压器是利用变压器油作为绝缘和冷却介质的，变压器箱体内部故障时，短路电流产生的电弧或内部某些部件发热时，使绝缘材料和变压器油分解产生大量气体（含瓦斯成分)。利用这些气体上升油面下降和气体存在压力的特点构成的保护装置，称为瓦斯保护。

瓦斯保护在变压器箱体内部故障时，有着独特的、其他保护所不具备的优点，如绕组匝间短路时，将在短路的线匝内产生环流，使绕组和铁芯局部发热，绝缘老化甚至损坏，发展为各种严重的短路故障，这时变压器箱体外电路中因绕组匝间短路产生的电流值不足以使其他保护动作，只有瓦斯保护能够灵敏动作发出信号或跳闸。所以变压器的瓦斯保护是不能被取代的变压器内部故障的主要保护装置，它和电流速断保护（或差动保护）相辅相成，共同作为变压器的主保护。

(二) 气体继电器

瓦斯保护的主要元件是气体继电器。气体继电器安装在变压器油箱与油枕之间的连通管道中，变压器箱体内部故障时，绝缘材料和变压器油受热产生的大量气体都要通过气体继电器流向油枕。为了保证变压器故障时产生的气体无阻地通到油枕，防止空气泡积存在变压器顶盖下面，变压器安装时应有一些倾斜，使变压器顶盖沿油枕方向有1%～1.5%的升高坡度，由变压器到油枕有2%～4%的升高坡度，如图6-1所示。

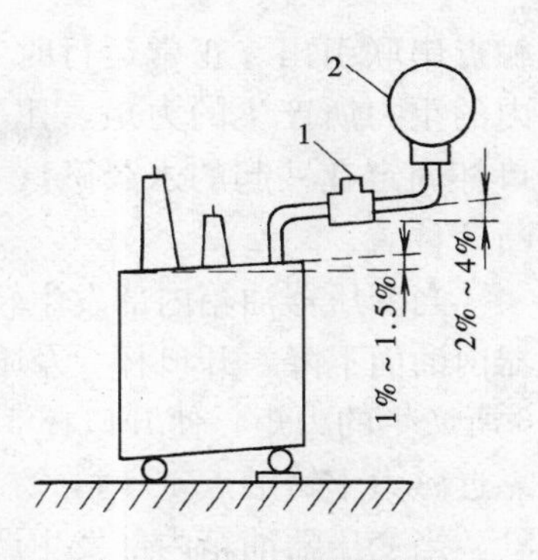

图 6-1　气体继电器安装
1—气体继电器；2—汽包

初期的气体继电器是上、下均为金属浮筒和水银触点的结构，利用故障时变压器油液面下降，浮在液面的上金属浮筒移动使水银触点接通，发出信号或跳闸。这种继电器由于水银触点性能较差，金属浮筒容易漏油，所以影响动作的可靠性。

现在我国采用的气体继电器，主要有双开口杯式（FJ3-80 型）和开口杯挡板式（QJ1-80 型）两种结构型式的气体继电器。

1. 双开口杯式（FJ3-80 型）气体继电器

图 6-2 所示为 FJ3-80 型复合式气体继电器，它由上下两个开口杯 1、2、两个平衡锤 4、两个磁力干簧触点 3、支架 7 和挡板 8 等组成。正常时两个开口杯 1、2 都浸在油里，开口杯及附件重力产生的力矩小于平衡锤 4 重力所产生的力矩，永久磁铁 10 距磁力干簧触点 3 较远，磁力干簧触点 3 是断开的，气体继电器不动作。当油箱内轻微短路时，电弧使油分解产生的气体顺着油箱顶部进入连通管，聚集在气体继电器上部，迫使油面下降，上开口杯（包括杯中的油）与附件在空气中重力产生的力矩大于平衡锤 4 重力所产生的力矩，上开口杯顺时针下降，使上永久磁铁 10 靠近上磁力干簧触点 3。当气体的体积达到 250～300cm^3 时，磁力干簧触点 3 接通，发出信号，此动作称为轻瓦斯动作。当油箱内部发生严重短路时，大电弧使绝缘油迅速分解产生气体，导致油箱内容物剧烈膨胀，当油气流的流速大到 0.7～1.2m/s 时，下磁力干簧触点 3 闭合，发出重瓦斯跳闸脉冲。

2. 开口杯挡板式（QJ1-80 型）气体继电器

图 6-3 所示为 QJ1-80 型复合式气体继电器，主要使用在大型变压器和强迫油循环变压器的保护上，具有较大流速整定范围。为了提高抗干扰能力，重瓦斯部分采用双干簧

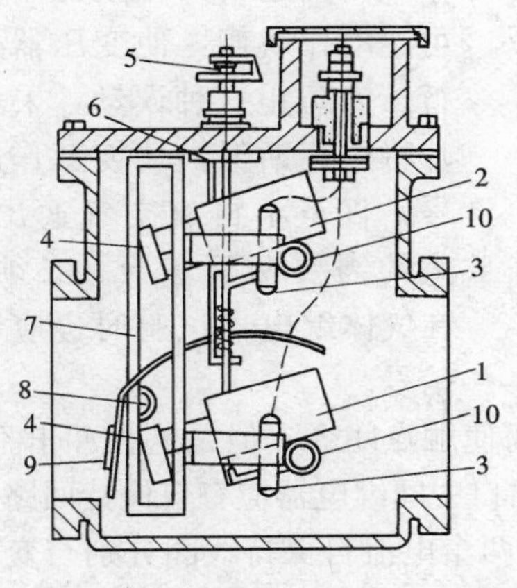

图 6-2　FJ3-80 型复合式气体继电器

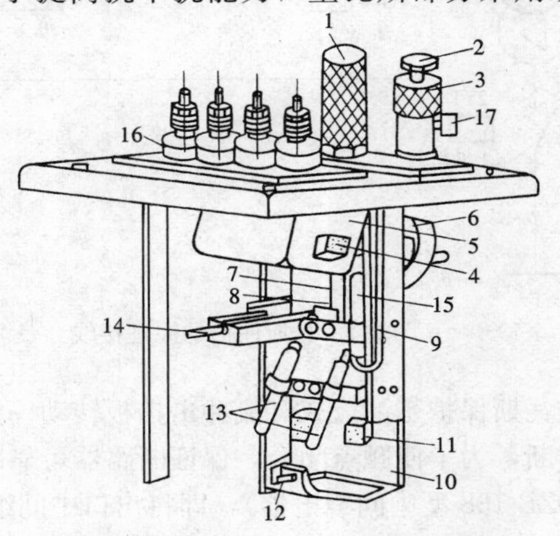

图 6-3　QJ1-80 型复合式气体继电器

触点串联引出。正常运行时开口杯5浸在油里，其外壳（不包括油杯内的油）和附件在油内的重力所产生的力矩，比平衡锤6所产生的力矩小，开口杯5处于向上倾斜位置，与开口杯固定在一起的永久磁铁4位于磁力干簧触点15的上方，磁力干簧触点15可靠地处于断开位置。

当变压器油箱内部发生轻微故障时，油分解产生的气体聚集在继电器的上部，迫使继电器内油面下降，开口杯5及附件在空气中的重力加上油杯内油重所产生的力矩，超过平衡锤6所产生的力矩，使开口杯5随着油面的降低而下沉，带动永久磁铁4下降，当永久磁铁4靠近磁力干簧触点15时，磁力干簧触点15闭合，发出轻瓦斯动作信号。

当变压器油箱内部发生严重故障时，电弧使变压器油分解而产生大量的气体，强大的气流伴随油流冲击挡板10。当油流速度达到整定值时，挡板10被冲到限定位置，永久磁铁11靠近磁力干簧触点13，触点闭合发出重瓦斯跳闸脉冲。

当变压器严重漏油使油面降低时，开口杯5下降到一定位置磁力干簧触点15闭合，同样发出轻瓦斯动作信号。

这两种气体继电器使用开口杯克服了初期气体继电器浮桶漏油的缺点，磁力干簧触点抗振性也非常好，但是在使用过程中应注意：磁力干簧触点容量较小，触点负载不能过大；干簧触点易受外界磁场的影响及永久磁铁所处温度不能过高以免退磁等。

（三）瓦斯保护的接线

瓦斯保护的原理接线如图6-4所示KG为气体继电器，轻瓦斯保护动作后经信号继电器KS1发出信号，重瓦斯保护动作后经KS2起动出口中间继电器KCO后使变压器的断路器跳闸。因为瓦斯保护是根据气体量和油流速度而动作，所以瓦斯保护不仅在变压器箱体内部发生故障和危险的不正常情况时动作，而且其他原因造成变压器箱体内部出现空气冲击油的流动时也会动作。因此在变压器充油或检修后重新灌油时，空气可能进入油箱内部，当变压器投入运行带负荷后，油温逐步上升，随之油中的空气受热上升进入气体继电器，可能使轻瓦斯保护动作，当流速较大时重瓦斯保护也可能动作跳闸，使变压器退出运行。为防止这种误动，采用切换片将重瓦斯保护切换至作用于信号，直至不再有空气逸出为止，大约需要两至三天。必须注意，在气体继电器试验时也应切换至信号。

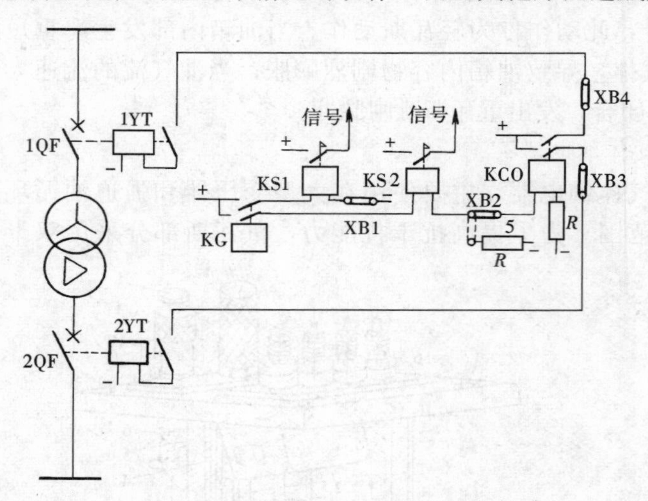

图6-4　瓦斯保护的原理接线

重瓦斯保护是油流或气流冲击挡板转动一定角度而使触点闭合，但是这种冲击不恒定，时通时断，为了使触点闭合，保证断路器可靠跳闸，出口中间继电器应有自保持回路（如常用的DZB-138型中间继电器），即将出口中间继电器的两个电流自保持线圈分别与变压器两侧断路器的跳闸线圈串联。

（四）瓦斯保护的整定

（1）轻瓦斯触点动作的整定。改变开口杯一侧平衡锤的位置，可在 250～300cm^3 的范围内调节信号触点动作的气体体积。容量在 10MVA 以上的变压器，一般正常整定值为 250cm^3。

（2）重瓦斯触点动作的整定。调整挡板位置，即改变弹簧 9 的长度，可在 0.6～1.5m/s 范围内调整跳闸触点动作的油速，一般出厂时调节在 1.2m/s。

虽然，瓦斯保护结构简单，动作迅速，灵敏度高。但是不能反应变压器箱体外部的故障，因此变压器须装设电流速断或差动保护。

二、变压器的电流速断保护

单台运行容量小于 10000kVA、并列运行容量小于 6300kVA 的变压器，当过电流保护动作时限大于 0.5s 且灵敏度满足要求时，可采用电流速断保护切除变压器箱体内部及外部发生的故障。

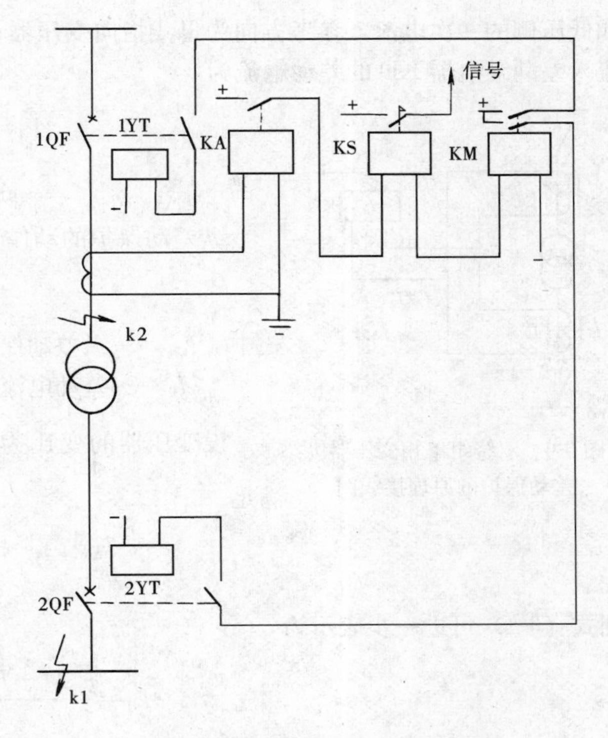

图 6-5　变压器电流速断保护

电流速断保护装设在变压器的电源侧。如图 6-5 所示，对于 35kV 及以下中性点不接地系统的变压器，电流速断保护中的电流继电器可只装在 A、B 两相上，构成两相三继电器式接线。

（1）电流速断保护整定时，动作电流应躲开变压器低压侧 k1 点短路，即

$$I_{op} = K_{rel} I_{k1 \cdot max} \tag{6-1}$$

式中　K_{rel}——可靠系数，取 1.2～1.3；

$I_{k1 \cdot max}$——变压器低压侧母线 k1 点短路时的最大短路电流。

（2）动作电流还应躲开变压器的励磁涌流，根据实践经验，一般取

$$I_{op} = (3 \sim 5) I_N \tag{6-2}$$

式中　I_N——变压器的额定电流。

（3）电流速断保护校验灵敏度时，应取保护安装处 k2 点短路时的最小短路电流，即

$$K_{sen} = I_{k2 \cdot min} / I_{op} \geqslant 2 \tag{6-3}$$

变压器电流速断保护的动作值较高，只能保护电源侧变压器引出线和变压器绕组的一部分。它与瓦斯保护或过电流保护配合，可以保证对中、小容量变压器的保护。当电流速断保护校验灵敏度不满足要求时，也可以和 10000kVA 及以上大容量变压器一样，采用差动保护。

第三节　变压器纵差动保护

一、变压器纵差动保护的基本原理

图 6-6 所示为双绕组单相变压器纵差动保护的原理接线图。$\dot{I}_1$、$\dot{I}_2$分别为变压器高压侧

和低压侧的一次电流，参考方向为母线指向变压器；$\dot{I}'_1$、$\dot{I}'_2$为相应的电流互感器二次电流。流入差动继电器KD的差动电流为

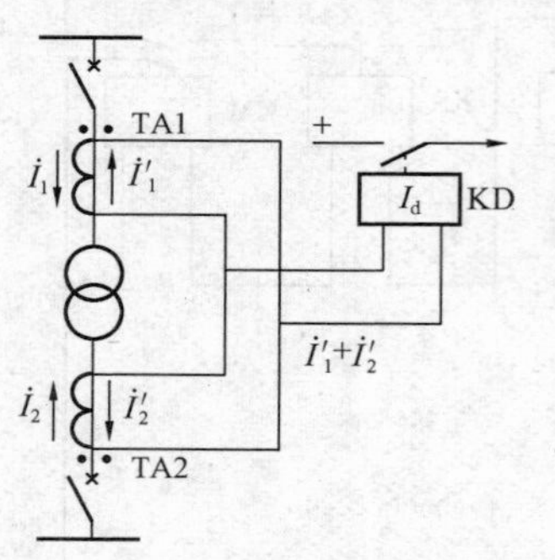

图 6-6 双绕组单相变压器纵差动保护的原理接线图

$$\dot{I}_d=\dot{I}'_1+\dot{I}'_2=\frac{\dot{I}_1}{n_{TA1}}+\frac{\dot{I}_2}{n_{TA2}} \tag{6-4}$$

式中 n_{TA1}、n_{TA2}——两侧电流互感器的变比。

纵差动保护的动作判据为

$$I_d \geqslant I_{set} \tag{6-5}$$

式中 I_{set}——纵差动保护的动作电流整定值；

I_d——差动电流的有效值，$I_d=|I'_1+I'_2|$。

设变压器的变比为 $n_T=\frac{U_1}{U_2}$，并选取两侧电流互感器变比满足

$$\frac{n_{TA2}}{n_{TA1}}=n_T \tag{6-6}$$

则式（6-4）可进一步表示为

$$\dot{I}_d=\frac{n_T\dot{I}_1+\dot{I}_2}{n_{TA2}} \tag{6-7}$$

忽略变压器的损耗，正常运行和区外故障时一次电流的关系为 $\dot{I}_2+n_T\dot{I}_1=0$，根据式(6-7) 可知正常运行和变压器外部故障时，差动电流为零，保护不会动作；变压器内部（包括变压器与电流互感器之间的引线）任何一点故障时，相当于变压器内部多了一条故障支路，流入差动继电器的差动电流等于故障点电流（变换到电流互感器二次侧），只要故障电流大于差动继电器的动作电流，差动保护就能迅速动作。因此，式（6-6）成为变压器纵差动保护中电流互感器变比选择的依据。

（一）变压器的励磁涌流

变压器励磁电流只流过电源侧的绕组，因此，励磁电流是差动回路的不平衡电流。

变压器正常运行时，励磁电流很小，为额定电流的3%～5%，外部短路时，由于电压降低，励磁电流更小，所以，此不平衡电流对差动保护的影响可以忽略不计。

当变压器空载投入或外部短路故障切除后电压恢复过程中，励磁电流很大，电流可达到额定电流的5～10倍，故称为励磁涌流。它在差动回路中形成的不平衡电流，会影响差动保护的正确工作，所以必须分析励磁涌流产生的原因和特点，针对性地采取措施减小励磁涌流对差动保护的影响并在整定计算中躲过。

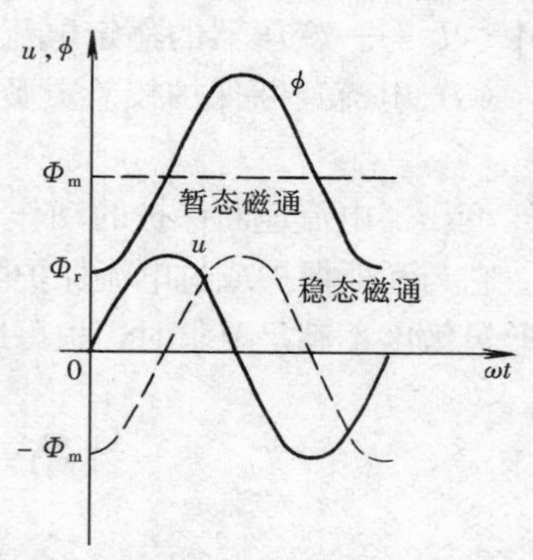

图 6-7 变压器空载投入时电压和磁通波形图

励磁涌流产生的原因是变压器外加电压时铁芯中的磁通不能突变。在变压器稳定工作状况下，铁芯中的磁通应滞后外加电压90°，如图6-7所示。当空载合闸且

电压瞬时值为零（$U=0$）时，铁芯中的磁通幅值应为$-\Phi_m$，由于变压器是带铁芯的电感性元件，铁芯中的磁通不能突变，合闸时必然产生暂态过程，出现一个幅值为$+\Phi_m$非周期分量磁通与$-\Phi_m$抵消，使铁芯中只有剩余磁通Φ_r，半个周期后，铁芯中的综合磁通达到最大值$\Phi_\Sigma=2\Phi_m+\Phi_r$，如图6-7所示。此时变压器铁芯严重饱和，励磁电流极大增加，形成变压器的励磁涌流。

如合闸时电压瞬时值为最大，磁通从零开始变化，将不会出现励磁涌流。对于三绕组变压器，某一相电压为最大值时合闸，该相不会出现励磁涌流，但其他两相因电压不为最大值，必然会出现不同程度的励磁涌流。三绕组变压器励磁涌流对差动保护中电流互感器影响的分析较为复杂，需要时可参阅有关资料。

励磁涌流可用图解法求取。图6-8（a）中S点是由饱和磁通Φ确定的。从S点作逼近饱和曲线的近似值直线SP，曲线OSP即为近似磁化曲线。图6-8（b）为铁芯中综合磁通Φ_Σ的变化曲线，过S点作平行于横轴的直线，与综合磁通Φ_Σ交于a、b两点，分别由a、b两点作垂直于横轴的直线，交横轴于θ_1、θ_2。根据近似磁化曲线OSP，由0到θ_1和θ_2到2π，励磁涌流i_e为零。通过综合磁通曲线Φ_Σ上N点，作平行于横轴的直线交OSP于x点，通过x点作垂直于横轴的直线，交横轴于i_x，i_x就是磁通Φ_Σ的励磁涌流。通过N点作横轴垂线MT并等于i_x，T点即励磁涌流曲线上的一点，如此逐点求出，然后将各点用平滑曲线连接，得到的就是励磁涌流波形曲线，如图6-8（b）i_e所示。

实际上，变压器励磁回路存在电阻，因此，在变压器空载投入的暂态过程中，非周期分量磁通与综合磁通均在衰减，与其对应的励磁涌流也是衰减的，波形如图6-9所示。

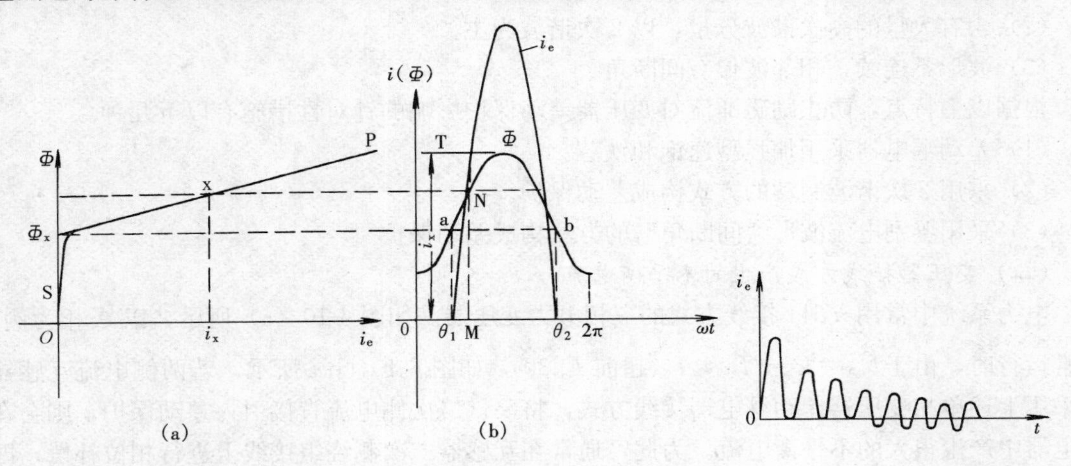

图6-8　单相变压器励磁涌流图解

（a）磁化曲线；（b）励磁涌流

图6-9　单相变压器空载投入时的暂态过程中励磁涌流波形图

从图6-9可知，励磁涌流曲线是尖顶波且偏于时间轴的一侧；励磁涌流波形不连续，波形之间有间断，间断角θ为

$$\theta=\theta_1+(2\pi-\theta_2)=2\pi+\theta_1-\theta_2 \tag{6-8}$$

励磁涌流波形出现间断的原因是：变压器空载投入的暂态过程中，当综合磁通Φ_Σ小于饱和磁通时，励磁涌流i_e为零，综合磁通大于饱和磁通时，出现励磁涌流i_e，所以波形不

连续，存在间断。

利用谐波分析也可以判断变压器差动回路电流是励磁涌流还是内部短路电流，见表6-1。可见励磁涌流含有大量的高次谐波分量，以二次谐波分量为主。

表 6-1 变压器内部短路电流和励磁涌流谐波分析结果

谐波分量占基波分量的百分比（%）	励磁涌流				短路电流	
	例 1	例 2	例 3	例 4	饱和	不饱和
基 波	100	100	100	100	100	100
2 次谐波	36	31	50	23	4	9
3 次谐波	7	6.9	9.4	10	32	4
4 次谐波	9	6.2	5.4	—	9	7
5 次谐波	5	—	—	—	2	4
直流	66	80	62	73	0	38

根据上述分析，励磁涌流具有以下特点。

（1）含有很大的非周期分量，波形偏于时间轴的一侧。对于中小型变压器，励磁涌流的峰值可达额定电流的 8 倍，但衰减迅速，衰减速度取决于变压器和电网的时间常数。一般 0.5～1s 后，其值小于 0.25～0.5 倍额定电流。

对于大型变压器，励磁涌流倍数较小，但时间常数大，衰减比较缓慢。一般 50MVA 以上的变压器需要几秒到几十秒时间才能衰减到峰值的 50%。

（2）含有大量的高次谐波分量，以 2 次谐波为主。

（3）波形不连续，相邻波形有间断角。

根据以上特点，防止励磁涌流对变压器差动保护影响的针对性措施有以下几种。

（1）差动继电器采用加强型速饱和铁芯。

（2）采用 2 次谐波制动的方式构成差动保护。

（3）采用鉴别电流波形“间断角”的方法构成差动保护。

（二）变压器接线方式产生的不平衡电流

电力系统中常用 Yd11 接线方式的三相电力变压器。如图 6-10（a）所示，以 A 相为例：正常运行时，由于$\dot{I}_{dA}=\dot{I}_{da}-\dot{I}_{db}$，$\dot{I}_{dA}$超前$\dot{I}_{da}$30°，如图 6-10（b）所示，若两侧电流互感器仍采用上述单相变压器差动继电器接线方式，将一、二次侧电流直接引入差动保护，则会在继电器中产生很大的不平衡电流。为此，通常在互感器二次侧绕组接线上进行相位补偿，即变压器 Y 侧的电流互感器采用 Yd11 的接线方式，变压器△侧的电流互感器采用Yy12的接线方式，如图 6-10（a）所示。将各相二次电流直接接入差动继电器内，这样

$$\left.\begin{aligned}\dot{I}_{dA}&=(\dot{I}'_{YA}-\dot{I}'_{YB})+\dot{I}'_{dA}\\ \dot{I}_{dB}&=(\dot{I}'_{YB}-\dot{I}'_{YC})+\dot{I}'_{dB}\\ \dot{I}_{dC}&=(\dot{I}'_{YC}-\dot{I}'_{YA})+\dot{I}'_{dC}\end{aligned}\right\}\tag{6-9}$$

式中 $\dot{I}_{dA}$、$\dot{I}_{dB}$、$\dot{I}_{dC}$——流入三个差动继电器的差动电流。

图 6-10 中由于 Y 侧采用了两相电流差，该侧流入差动继电器的电流增加了$\sqrt{3}$倍。为了

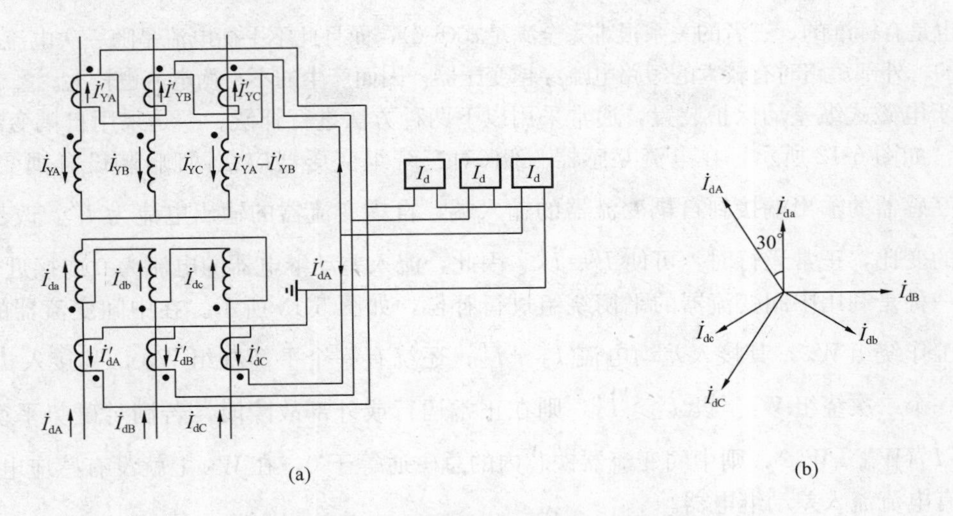

图 6-10 双绕组三相变压器纵差动保护原理接线图

(a) 接线图；(b) 对称情况下的接线图

保证正常运行及外部故障情况下差动回路没有电流，该侧电流互感器的变比也要相应地增大$\sqrt{3}$倍，即两侧电流互感器变比的选择应该满足

$$\frac{n_{TA2}}{n_{TA1}}=\frac{n_{T}}{\sqrt{3}} \tag{6-10}$$

模拟式的差动保护都是采用图 6-10(a)所示的接线方式，这样，就可以消除由于变压器接线方式不同在差动回路中产生的不平衡电流。对于数字式差动保护，一般将 Y 侧的三相电流直接接入保护装置内，由计算机的软件实现式(6-9)的功能，以简化接线。

三绕组变压器的纵差动保护原理与双绕组变压器的一样。图 6-11 所示是 Yyd11 接线方式的三绕组变压器纵差动保护单相示意图，接入差动继电器的差动电流为

$$\dot{I}_{d}=\dot{I}'_{1}+\dot{I}'_{2}+\dot{I}'_{3} \tag{6-11}$$

三相变压器各侧电流互感器的接线方式和变比的选择也要参照 Yd11 双绕组变压器的方式进行调整，即变压器三角形侧电流互感器用星形接线方式；变压器两个星形侧电流互感器则采用三角接线方式。设变压器的 1-3 侧和 2-3 侧的变比为 n_{T13} 和 n_{T23}，考虑到正常运行和区外故障时变压器各侧电流满足 $n_{T13}\dot{I}_{1}+n_{T23}\dot{I}_{2}+\dot{I}_{3}=0$，则电流互感器变比的选择应该满足

$$\left.\begin{aligned}\frac{n_{TA3}}{n_{TA2}}&=\frac{n_{T23}}{\sqrt{3}}\\ \frac{n_{TA3}}{n_{TA1}}&=\frac{n_{T13}}{\sqrt{3}}\end{aligned}\right\} \tag{6-12}$$

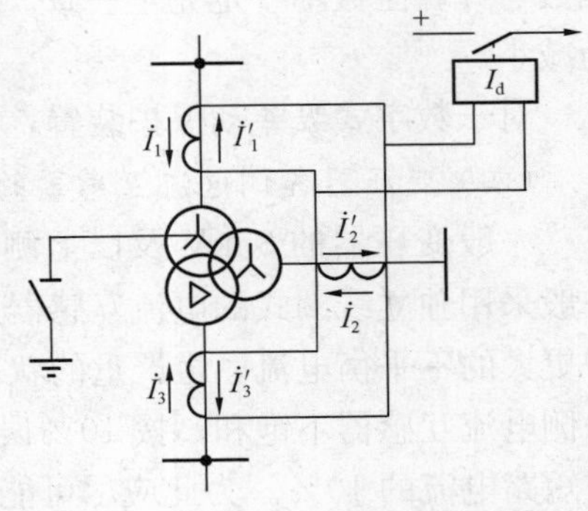

图 6-11 三绕组变压器纵差动保护单相接线原理图

(三) 变压器各侧电流互感器、自耦变流器标准化的变比与计算值不同产生的不平衡电流

变压器两侧的电流互感器都是根据产品目录选取的标准变比，其规格种类是有限的。变压器

的变比也是有标准的，三者的关系很难完全满足式(6-6)，而且此不平衡电流是随一次电流的增大而增大的，外部短路时有较大的短路电流穿越变压器，因而产生的不平衡电流也较大。

对于电磁式纵差动保护装置，通常采用以下两种方法进行补偿。一是采用自耦变流器进行补偿，如图 6-12 所示，在电流互感器一侧(对三绕组变压器应在两侧)装设自耦变流器。将电流互感器的输出端接到自耦变流器的输入端，自耦变流器的输出电流为 $\dot{I}''_2$。改变自耦变流器的变比，正常运行时，可使 $\dot{I}''_2=\dot{I}'_1$。因此，流入差动继电器的电流为 0 或接近于 0。

另一种是利用中间变流器的平衡绕组进行补偿，如图 6-13 所示。在中间变流器的铁芯上绕有工作绕组 W_w，其接入差动电流 $\dot{I}'_1-\dot{I}'_2$；还绕有一个平衡绕组 W_{nb}，其接入 $\dot{I}'_1$；另外还有一个二次绕组 W_2。设 $\dot{I}'_2>\dot{I}'_1$，则在正常运行或外部故障时，若满足磁势平衡条件 $\dot{I}'_2W_w=\dot{I}'_1(W_{nb}+W_w)$，则中间变流器铁芯内的总磁通等于 0，在 W_2 上就没有感应电动势，从而没有电流流入差动继电器。

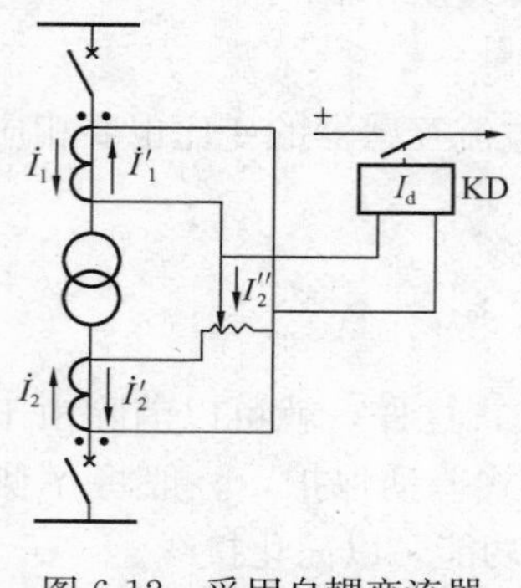

图 6-12 采用自耦变流器进行补偿

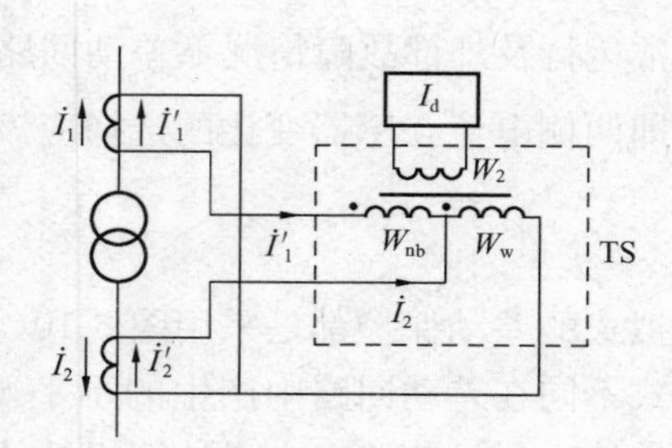

图 6-13 采用中间变流器进行补偿

采用这种补偿方式时，由于中间变流器平衡绕组的匝数只能是整数，因此，选用的整定匝数与计算匝数不一定完全一致。故仍有一部分不平衡电流流入差动继电器中，但其值已大为减小。

对于数字式纵差动保护装置，由计算机的软件进行简单的计算就能实现补偿。

（四）变压器各侧电流互感器的型号和特性不同产生的不平衡电流

一般变压器的 35kV 及以上侧，多采用装在油断路器内的电流互感器，而 6～10kV 侧一般采用独立线圈式的电流互感器。由于它们的型号和磁化特性不同，造成了比线路差动保护更大的不平衡电流。最严重的状况是外部短路时，短路电流使一侧电流互感器饱和，而另一侧电流互感器不饱和，按 10%误差曲线选择的电流互感器，最大不平衡电流可达外部最大短路电流的 10%。为此应尽可能使用型号、性能完全相同的 D 级电流互感器，使得两侧电流互感器的磁化曲线相同，以减小不平衡电流。另外，减小电流互感器的二次负载并使各侧二次负载相同，能够减少铁芯的饱和程度，相应的也减少了不平衡电流。减小二次负载的方法，除了减小二次电缆的电阻外，可以增大电流互感器的变比 n_{TA}。二次阻抗 Z_2 折算到一次侧的等效阻抗为 Z_2/n^2_{TA}。若采用二次侧额定电流为 1A 的电流互感器，等效阻抗只有额定电流为 5A 时的 1/25。

（五）由变压器带负荷调节分接头产生的不平衡电流

电力系统中经常采用带负荷调压的变压器，利用改变变压器分接头的位置来保持系统的运行电压。改变分接头的位置，实际上就是改变变压器的变比 n_T。电流互感器的变比选定后不可能根据运行方式进行调整，只能根据变压器分接头来调整时的变比进行选择。因此，由于改变分接头的位置产生的最大不平衡电流为

$$I_{unb \cdot max}=\Delta U I_{k \cdot max} \tag{6-13}$$

式中 ΔU——由变压器分接头改变引起的相对误差；

$I_{unb \cdot max}$——由于改变分接头的位置产生的最大不平衡电流；

$I_{k \cdot max}$——外部短路故障时最大短路电流。

考虑到电压可以正负两个方向进行调整，一般 ΔU 可取调整范围的一半。

二、纵差动保护的整定计算原则

（一）纵差动保护动作电流的整定原则

（1）躲过外部短路故障时的最大不平衡电流，整定式为

$$I_{set}=K_{rel} I_{unb \cdot max} \tag{6-14}$$

$$I_{unb \cdot max}=(\Delta f_{za}+\Delta U+0.1K_{up}K_{ss})I_{k \cdot max} \tag{6-15}$$

式中 K_{rel}——可靠系数，取 1.3；

$I_{unb \cdot max}$——外部短路故障时的最大不平衡电流；

$I_{k \cdot max}$——外部短路故障时最大短路电流；

Δf_{za}——由于电流互感器计算变比和实际变比不一致引起的相对误差，单相变压按式 $\Delta f_{za}=|1-n_{TA1}n_T/n_{TA2}|$ 计算，Yd11 接线三相变压器的计算式为 $\Delta f_{za}=|1-n_{TA1}n_T/\sqrt{3}n_{TA2}|$，当采用中间变流器进行补偿时，取补偿后剩余的相对误差；

ΔU——由变压器分接头改变引起的相对误差，一般可取调整范围的一半；

0.1——电流互感器容许的最大稳态相对误差；

K_{ss}——电流互感器同型系数，取为 1；

K_{up}——非周期分量系数，一般取 1.5～2，但当采用速饱和变流器时，由于非周期分量能引起其饱和，抑制不平衡输出，可取为 1。

（2）躲过变压器最大的励磁涌流，整定式为

$$I_{set}=K_{rel}K_{\mu}I_N \tag{6-16}$$

式中 K_{rel}——可靠系数，取 1.3～1.5；

I_N——变压器的额定电流；

K_{μ}——励磁涌流的最大倍数(即励磁涌流与变压器额定电流的比值)，取 4～8。由于变压器的励磁涌流很大，实际的纵差动保护通常采用如前面所述措施来减少它的影响：例如通过鉴别励磁涌流和故障电流，在励磁涌流时将差动保护闭锁，这时在整定值中不必考虑励磁涌流的影响，即取 $K_{\mu}=0$；或是采用速饱和变流器减少励磁涌流产生的不平衡电流，采用加强型速饱和变流器的差动保护(BCH-2 型)时，取 $K_{\mu}=1$。

（3）电流互感器二次回路断线引起的差电流。变压器某侧电流互感器二次回路断线时，另一侧电流互感器的二次电流全部流入差动继电器中，要引起保护的误动。有的差动保护采

用断线识别的辅助措施，在互感器二次回路断线时将差动保护闭锁。若没有断线识别的措施，则差动保护的动作电流必须大于正常运行情况下变压器的最大负荷电流，即

$$I_{set}=K_{rel}I_{L\cdot max} \tag{6-17}$$

式中 K_{rel}——可靠系数，取 1.3；

$I_{L\cdot max}$——变压器的最大负荷电流，在最大负荷电流不能确定时，可取变压器的额定电流。

按上面三个条件计算纵差动保护的动作电流，并选取最大者。所有电流都是折算到电流互感器二次侧的数值。对于 Yd11 接线三相变压器，在计算故障电流和负荷电流时，要注意 Y 侧电流互感器接线方式，通常在△侧计算比较方便。

（二）纵差动保护灵敏系数的校验

纵差动保护的灵敏系数校验式为

$$K_{sen}=\frac{I_{k\cdot min}}{I_{set}} \tag{6-18}$$

式中 $I_{k\cdot min}$——各种运行方式下变压器区内端部故障时，流经差动继电器的最小差动电流；

K_{sen}——灵敏系数，一般不应低于 2。

当按上述整定原则整定的动作电流不能满足灵敏度要求时，需要采用具有制动特性差动继电器。

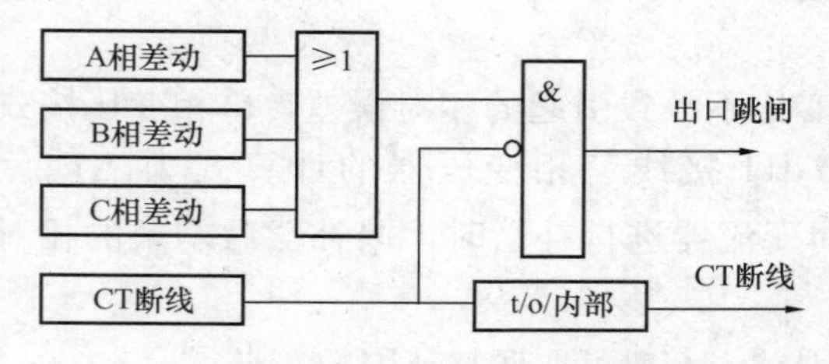

图 6-14 变压器纵差动保护出口逻辑电路

（三）变压器纵差动保护出口逻辑电路

变压器纵差动保护出口逻辑电路如图 6-14 所示。

三、具有制动特性的差动继电器

（一）差动继电器的制动特性

由互感器变比不一致和互感器传变误差产生的不平衡电流的讨论可知，流入差动继电器的不平衡电流与变压器外部故障时的穿越电流有关。穿越电流越大，不平衡电流也越大。具有制动特性的差动继电器正是利用这个特点，在差动继电器中引入一个能够反应变压器穿越电流大小的制动电流，继电器的动作电流不再是按躲过最大穿越电流($I_{k\cdot max}$)整定，而是根据制动电流自动调整。对于双绕组变压器，外部故障时由于 $\dot{I}_2=-\dot{I}_1$(折算到二次侧)，制动电流 $\dot{I}_{res}$ 可取

$$\dot{I}_{res}=\dot{I}_1 \tag{6-19}$$

变压器外部故障时的不平衡电流与短路电流有关，也可以表示为

$$I_{unb}=f(I_{res}) \tag{6-20}$$

则具有制动特性差动继电器的动作方程为

$$I_d>K_{rel}f(I_{res}) \tag{6-21}$$

式中 K_{rel}——可靠系数。

将差动电流 I_d 与制动电流 I_{res} 的关系表示在一个平面坐标上如图 6-15 所示，显然只有当差动电流处于曲线 $K_{rel}f(I_{res})$ 的上方时差动继电器才能动作并且肯定动作。$K_{rel}f(I_{res})$ 曲线称为差动继电器的制动特性，处于制动特性上方的区域称为差动继电器的动作区，另一个

区域相应地称为制动区。

如图 6-15 所示，$K_{rel}f(I_{res})$曲线是一个关于 I_{res}的单调上升函数。在 I_{res}比较小时电流互感器不饱和，$K_{rel}f(I_{res})$曲线是线性上升的；I_{res}比较大导致电流互感器饱和后，$K_{rel}f(I_{res})$曲线的变化率增加，并不再是线性的。$K_{rel}f(I_{res})$曲线的线性部分可以表示为

$$K_{rel}f(I_{res})=K_{res}(\Delta f_{za}+\Delta U+K_{TA})I_{res} \tag{6-22}$$

式中　K_{TA}——电流互感器未饱和时存在的线性误差，由互感器型号决定，一般小于 2%。

设变压器穿越电流等于最大外部故障电流 $I_{k\cdot max}$时，差动继电器动作电流和制动电流分别为 $I_{set\cdot max}$和 $I_{res\cdot max}$，如图 6-15 中的 a 点。显然，此时差动继电器的不平衡电流就是按式(6-15)计算的最大不平衡电流，故

$$I_{set\cdot max}=K_{rel}I_{unb\cdot max} \tag{6-23}$$

理论上 $I_{res\cdot max}=I_{k\cdot max}$，但制动电流 I_{res}也要经过电流互感器测量，互感器饱和会使测量到的制动电流 I_{res}减小，故

$$I_{res\cdot max}=I_{k\cdot max}-I_{unb\cdot max} \tag{6-24}$$

令

$$K_{res\cdot max}=\frac{I_{set\cdot max}}{I_{res\cdot max}} \tag{6-25}$$

式中　$K_{res\cdot max}$——制动特性的最大制动比。

由于电流互感器的饱和与许多因素有关，制动特性中非线性部分的具体数值是不易确定的。实用的制动特性要进行简化，在数字式纵差动保护中，常常采用一段与坐标横轴平行的直线和一段斜线构成的所谓“两折线”特性，折线的纵坐标用 $I_{set\cdot d}$表示，如图 6-15 所示。该折线的斜线部分穿过 a 点，并与水平直线及 $K_{rel}f(I_{res})$曲线相交于 g 点。g 点所对应的动作电流 $I_{set\cdot min}$称为最小动作电流，而对应的制动电流 $I_{res\cdot g}$称为拐点电流。由于在 $I_{res}<I_{res\cdot max}$时，$I_{set\cdot d}$始终在 $K_{rel}f(I_{res})$曲线的上方，所以外部故障时差动继电器不会误动，但内部故障时灵敏度有所下降。设置一个最小动作电流 $I_{set\cdot min}$是必要的，因为存在一些与制动电流无关的不平衡电流，如变压器的励磁电流、测量回路的杂散噪声等，动作电流过低容易造成继电器的误动。这样，制动特性的数学表达式为

$$I_{set\cdot d}=\begin{cases}I_{set\cdot min} & (I_{res}<I_{res\cdot g})\\ K(I_{res}-I_{res\cdot g})+I_{set\cdot min} & (I_{res}\geqslant I_{res\cdot g})\end{cases} \tag{6-26}$$

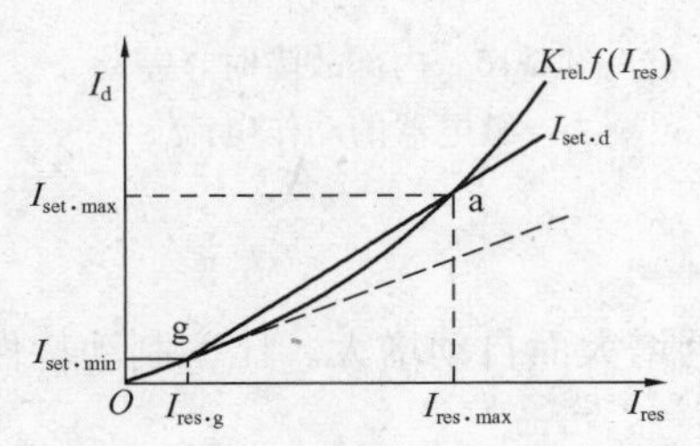

图 6-15　继电器制动特性

其中，K 为制动特性的斜率，由图 6-15 知

$$K=\frac{I_{set\cdot max}-I_{set\cdot min}}{I_{res\cdot max}-I_{res\cdot g}} \tag{6-27}$$

继电器的整定计算就是确定拐点电流 $I_{res\cdot g}$、最小动作电流 $I_{set\cdot min}$和制动特性的斜率 K(或最大制动比 $K_{res\cdot max}$)。这些参数的精确计算往往比较困难，在实际应用中一般由运行经验来确定。下面介绍它们的选取原则和范围。

拐点电流 $I_{res\cdot g}$应该处在 $K_{rel}f(I_{res})$曲线的线性部分，这样可以减小继电器的最小动作电流 $I_{set\cdot min}$。制动电流达到多少时电流互感器开始饱和也是不易确定的，通常认为制动电流小于或略大于变压器的额定电流时电流互感器肯定不会饱和。故拐点电流 $I_{res\cdot g}$选取的范围为

$$I_{res\cdot g}=(0.6\sim1.1)I_N \tag{6-28}$$

式中 I_N——变压器的额定电流。

由于拐点电流 $I_{res\cdot g}$应该处在 $K_{rel}f(I_{res})$曲线的线性部分，最小动作电流 $I_{set\cdot min}$可以按式(6-22)计算。但这样计算出的 $I_{set\cdot min}$有时会很小，对纵差动保护的安全性不利。在这种情况下，$I_{set\cdot min}$可按下式选取

$$I_{set\cdot min}=(0.2\sim0.5)I_N \tag{6-29}$$

制动特性斜率 K 按式(6-27)计算，对变压器保护，通常取0.4～1。

（二）差动继电器在内部故障时的动作行为

若按照上述外部短路不误动的原则选定差动继电器的制动特性，如图6-16中的折线3所示，以下分析变压器内部故障时，差动继电器的动作情况。变压器内部故障时，差动电流 I_d 与制动电流 I_{res}的关系与系统运行方式有关。双侧电源供电时，若两侧电源的电动势和等效阻抗都相同，则 $I_d=I_1+I_2=2I_{res}$，关系如图6-16的直线1所示，与制动特性相交于b点，差电流只要大于最小工作电流 $I_{set\cdot min}$就能够动作。单侧电源供电时，若 I_1 是负荷侧，$I_{res}=I_1=0$，显然继电器的动作电流也是 $I_{set\cdot min}$；若 I_1 是电源侧，则 $I_d=I_{res}=I_1$，其关系如图6-16的直线2所示，与制动特性相交于c点。这是纵差动保护最不利的情况，由式(6-28)和式(6-29)知拐点电流 $I_{res\cdot g}$大于最小工作电流 $I_{set\cdot min}$，而直线2的斜率为1，故此时继电器的动作电流也是 $I_{set\cdot min}$。由此可见，在各种运行方式下的变压器内部故障时，带有制动特性差动继电器的动作电流均为最小工作电流 $I_{set\cdot min}$；不带制动的差动继电器的制动特性是平行于坐标横轴的直线，动作电流为固定的 $I_{set\cdot max}$。继电器采用制动特性后，变压器内部故障时将动作电流从原来的 $I_{set\cdot max}$下降到 $I_{set\cdot min}$及制动线，故差动继电器的灵敏度大为提高。

需要指出，在计算继电器的灵敏度时需要考虑负荷电流的影响，即制动电流除了故障电流外还要加上负荷电流。以图6-16中直线2为例，由于负荷电流不影响差动电流，但会使制动电流增加，差动电流与制动电流之间的关系变成了直线2′，由于直线2′与制动特性的斜线相交，继电器的动作电流将大于 $I_{set\cdot min}$。尽管如此，仍比不带制动特性时灵敏得多。由于优点显著，制动特性在变压器纵差动保护中获得了广泛的应用。

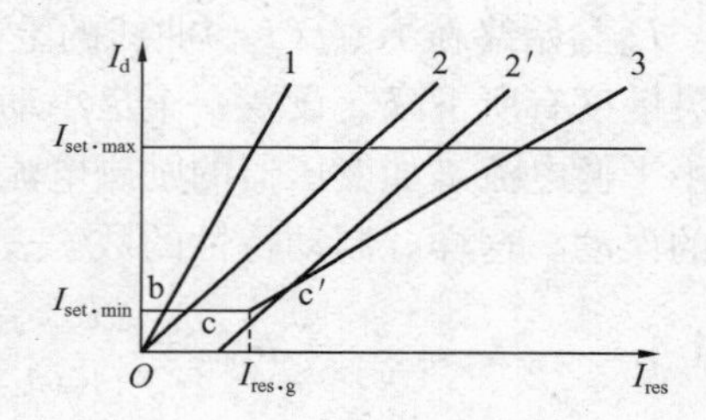

图6-16 内部故障时，差动继电器的动作电流

四、比率制动式纵差动保护

比率制动式纵差动保护的动作值随着外部短路电流的增大而自动增大。比率制动特性曲线如图6-17所示。

设 $I_d=|\dot{I}'_1+\dot{I}'_2|$，$I_{res}=\left|\dfrac{\dot{I}'_1+\dot{I}'_2}{2}\right|$，比例制动式差动保护的动作方程为

$$\left.\begin{aligned}&I_d>K(I_{res}-I_{res\cdot min})+I_{d\cdot min}\quad (I_{res}>I_{res\cdot min})\\&I_d>I_{d\cdot min}\quad (I_{res}\leqslant I_{res\cdot min})\end{aligned}\right\} \tag{6-30}$$

式中　I_d——差动电流或称动作电流；

I_{res}——制动电流；

$I_{res \cdot min}$——拐点电流；

$I_{d \cdot min}$——起动电流；

K——制动线斜率(即图 6-17 中斜线 BC 的斜率)。

由式(6-30)可以看出，它在动作方程中引入了起动电流和拐点电流，制动线 BC 一般已不再经过原点，从而能够更好地拟合电流互感器的误差特性，进一步提高差动保护的灵敏度。注意，以往传统保护中常使用过原点的 OC 连线的斜率表示制动系数(记为 K_{res})，而在这里比率制动线 BC 的斜率是 $K(K = \tan\alpha)$。

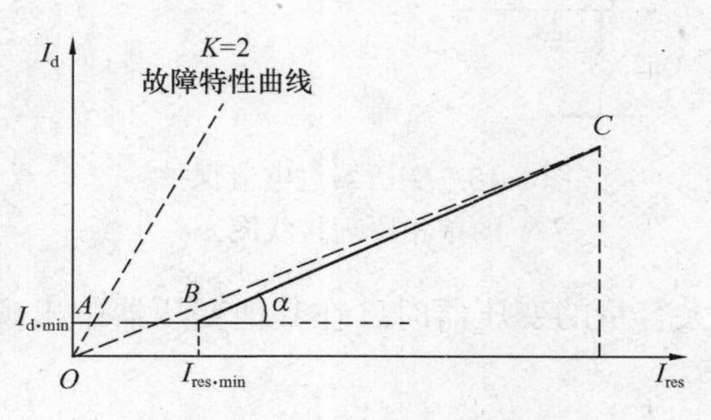

图 6-17　比率制动特性曲线

根据比率制动特性曲线(见图 6-17)分析。当变压器正常运行或区外较远的地方发生短路时，差动电流接近为零，差动保护不会误动。而在变压器内部发生短路故障时，差动电流明显增大，减小了制动量，从而可灵敏动作。当内部发生轻微故障时，虽然有负荷电流制动，但制动量比较小，保护一般也能可靠动作。

五、标积制动式纵差动保护

标积制动式纵差动保护是比例制动纵差动保护的另一种表达形式，它们的工作原理基本一致，这里只介绍一种实用的标积制动式纵差动保护判据。仍以电流指向变压器为正。

设

$$I_d = |\dot{I}'_1 + \dot{I}'_2| \tag{6-31}$$

$$I_{res} = \begin{cases} \sqrt{\dot{I}'_1 \dot{I}'_2 \cos(180° - \theta)}, & \cos(180° - \theta) \geqslant 0 \\ \sqrt{0}, & \cos(180° - \theta) < 0 \end{cases} \tag{6-32}$$

而标积制动式纵差动保护的判据为

$$(I_d > K_s I_{res}) \cap (I_d \geqslant I_{d \cdot min}) \tag{6-33}$$

式中　K_s——标积制动系数；

θ——$\dot{I}'_1$ 和 $\dot{I}'_2$ 的夹角。

第四节　变压器相间短路的后备保护

变压器的主保护通常采用差动保护和瓦斯保护。除了主保护外，变压器还应装设相间短路和接地短路的后备保护。后备保护的作用是为了防止由外部故障引起的变压器绕组过电流，并作为相邻元件(母线或线路)保护的后备以及在可能的条件下作为变压器内部故障时主保护的后备。变压器的相间短路后备保护通常采用过电流保护、低电压起动的过电流保护、复合电压起动的过电流保护以及负序过电流保护等，也有采用阻抗保护作为后备保护的情况。

一、过电流保护

保护装置的原理接线如图 6-18 所示，其工作原理与线路定时限过电流保护相同。保护

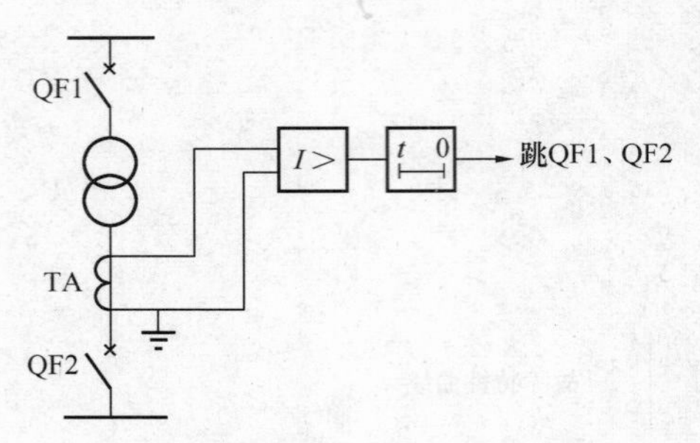

图 6-18 变压器过电流保护的单相原理接线图

动作后，跳开变压器两侧的断路器。保护的起动电流按照躲过变压器可能出现的最大负荷电流来整定，即

$$I_{set}=\frac{K_{rel}}{K_r}I_{L\cdot max} \tag{6-34}$$

式中 K_{rel}——可靠系数，取 1.2～1.3；

K_r——返回系数，取 0.85～0.95；

$I_{L\cdot max}$——变压器可能出现的最大负荷电流。

$I_{L\cdot max}$可按以下情况考虑，并取最大值。

(1) 对并列运行的变压器，应考虑切除一台最大容量的变压器时，在其他变压器中出现的过负荷。当各台变压器容量相同时，计算式为

$$I_{L\cdot max}=\frac{n}{n-1}I_N \tag{6-35}$$

式中 n——并列运行变压器的可能最少台数；

I_N——每台变压器的额定电流。

(2) 对降压变压器，应考虑电动机自起动时的最大电流，计算式为

$$I_{L\cdot max}=K_{ast}I'_{L\cdot max} \tag{6-36}$$

式中 $I'_{L\cdot max}$——正常工作时的最大负荷电流(一般为变压器的额定电流)；

K_{ast}——综合负荷的自起动系数，对于 110kV 的降压变电站，低压 6～10kV 侧取 $K_{ast}=1.5$～2.5，中压 35kV 侧取 $K_{ast}=1.5$～2。

保护的动作时限和灵敏系数的校验，与线路保护定时限过电流保护相同，不再赘述。

二、低电压起动的过电流保护

过电流保护按躲过可能出现的最大负荷电流整定，起动电流比较大，对于升压变压器或容量较大的降压变压器，灵敏度往往不能满足要求。为此可以采用低电压起动的过电流保护。

保护的原理接线如图 6-19 所示，只有在电流元件和电压元件同时动作后，才能起动时间继电器，经过预定的延时后动作于跳闸。由于电压互感器回路发生断线时，低电压继电器将误动作，因此在实际装置中还需配置电压回路断线闭锁的功能，具体逻辑此处从略。

采用低电压继电器后，电流继电器的整定值就可以不再考虑并联运行变压器切除或电动机自起动时可能出现的最大负荷，而是按大于变压器的额定电流整定，即

$$I_{set}=\frac{K_{rel}}{K_r}I_N \tag{6-37}$$

低电压继电器的动作电压按以下条件整定，并取最小值。

(1) 按躲过正常运行时可能出现的最低工作电压整定，计算式为

$$U_{set}=\frac{U_{w\cdot min}}{K_{rel}K_r} \tag{6-38}$$

式中 $U_{w\cdot min}$——最低工作电压，一般取 $0.9U_N$(U_N 为变压器的额定电压)；

K_{rel}——可靠系数，取1.1～1.2；

K_r——低电压继电器的返回系数，取1.15～1.25。

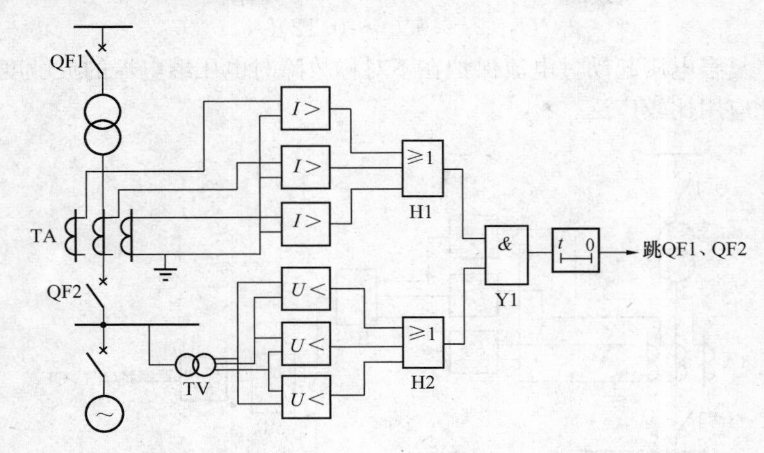

图6-19　低电压起动的过电流保护的原理接线图

(2) 按躲过电动机自起动时的电压整定。

当低压继电器由变压器低压侧互感器供电时，计算式为

$$U_{set}=(0.5\sim0.6)U_N \tag{6-39}$$

当低压继电器由变压器高压侧互感器供电时，计算式为

$$U_{set}=0.7U_N \tag{6-40}$$

式(6-39)和式(6-40)是考虑异步电动机的堵转电压而定的。对于降压变压器，负荷在低压侧，电动机自起动时高压侧电压比低压侧高了一个变压器压降(标幺值)。所以高压侧取值比较高。对于发电厂的升压变压器，负荷在高压侧，电动机自起动时低压侧电压实际上更高但仍按式(6-39)整定，原因是发电机在失磁运行时低压母线电压会比较低。

电流继电器灵敏度的校验方法与不带低压起动的过电流保护相同。低电压继电器的灵敏系数按下式校验

$$K_{sen}=\frac{U_{set}}{U_{k\cdot min}} \tag{6-41}$$

式中　$U_{k\cdot min}$——灵敏度校验点发生三相金属性短路时，保护安装处感受到的最大残压。

要求$K_{sen}\geqslant1.25$。

对于升压变压器，如果低电压继电器只接在一侧电压互感器上，则另一侧故障时，往往不能满足灵敏度的要求。此时可采用两组低电压继电器分别接在变压器两侧的电压互感器上，并用触点并联的方法，以提高灵敏度。由于这种保护的接线复杂，近年来已广泛采用复合电压起动的过电流保护和负序过电流保护。

三、复合电压起动的过电流保护

这种保护是低电压起动过电流保护的一个发展，其原理接线如图6-20所示。它将原来的三个低电压继电器改由一个负序过电压继电器KV2(电压继电器接于负序电压滤过器上)和一个接于线电压上的低电压继电器KV1组成。由于发生各种不对称故障时，都能出现负序电压，故负序过电压继电器KV2作为不对称故障的电压保护，而低电压继电器KV1则作为三相短路故障时的电压保护。过电流继电器和低电压继电器的整定原则与低电压起动过电

流保护相同。负序过电压继电器的动作电压按躲过正常运行时的负序滤过器出现的最大不平衡电压来整定，通常取

$$U_{2.set}=(0.06\sim0.12)U_N \tag{6-42}$$

由此可见，复合电压起动过电流保护在不对称故障时电压继电器的灵敏度高，并且接线比较简单，因此应用比较广泛。

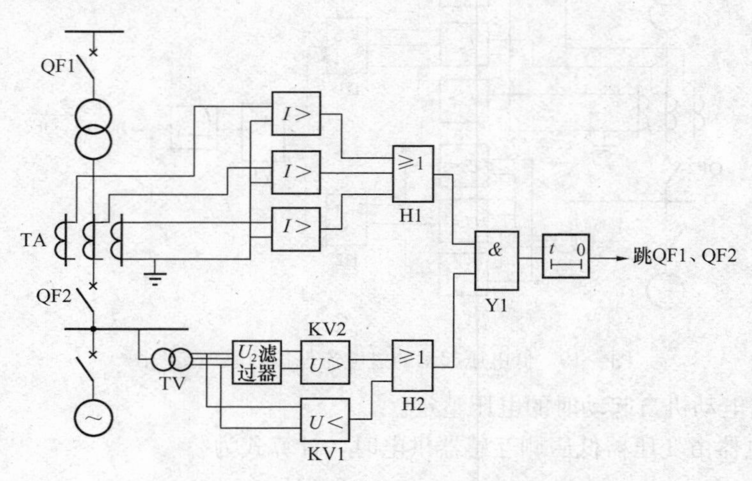

图 6-20 复合电压起动过电流保护原理接线图

四、三绕组变压器相间短路后备保护的特点

三绕组变压器一侧断路器跳开后，另外两侧还能够继续运行。所以三绕组变压器的相间短路的后备保护在作为相邻元件的后备时，应该有选择地只跳开近故障点一侧的断路器，保证另外两侧继续运行，尽可能地缩小故障影响范围；而作为变压器内部故障的后备时应该跳开三侧断路器，使变压器退出运行。例如，图 6-21 中的 k1 点故障时，应只跳开断路器 QF3；k2 点故障时则将 QF1、QF2、QF3 全部跳开。为此，通常需要在变压器的两侧或三侧都装设过电流保护(或复合电压起动过电流保护等)，各侧保护之间要相互配合。保护的配置与变压器主接线方式及其各侧电源情况等因素有关。现结合图 6-21，以下面两种情况为例说明其配置原则。图中 t'_{I}、t'_{II}、t'_{III} 分别表示各侧母线后备保护的动作时限。定义 t_T 作为跳开变压器三侧断路器 QF1、QF2、QF3 的时限。

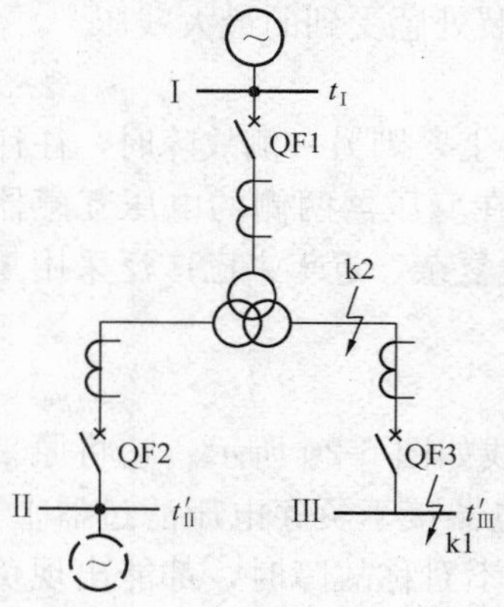

图 6-21 三绕组变压器保护过电流保护配置说明

(一) 单侧电源的三绕组变压器

可以只装设两套过电流保护。一套装在电源侧，另一套装在负荷侧(如图 6-21 中的Ⅲ侧)。负荷侧的过电流保护只作为母线Ⅲ保护的后备，动作后只跳开断路器 QF3。动作时限应该与母线Ⅲ保护的动作时限相配合，即 $t_{\mathrm{III}}=t'_{\mathrm{III}}+\Delta t$，其中 Δt 为一个时限级差。电源侧的过电流保护作为变压器主保护和母线Ⅱ保护的后备。为了满足外部故障时尽可能缩小故障影响范围的要求，电源侧的过电流保护采用两个时间元件，以较小的时限 t_{I} 跳开断路器 QF2，以较大的时限($t_T=t_{\mathrm{I}}+\Delta t$)跳开三侧断路器 QF1、QF2 和 QF3。对于 t_{I}，若 $t_{\mathrm{I}}<t_{\mathrm{III}}$，在母线Ⅲ故障时，电源侧的过电流保护仍会无选择性的跳开 QF2，因此应该与 t'_{II} 和 t_{III}

中的较大者进行配合，即取 $t_{\mathrm{I}}=\max(t'_{\mathrm{II}}、t_{\mathrm{III}})+\Delta t$。这样，母线Ⅲ故障时保护的动作时间最快，母线Ⅱ故障时其次，变压器内部故障时保护的动作时间最慢。母线Ⅱ和母线Ⅲ故障时流过负荷侧过电流保护的电流是不一样的。为了提高外部故障时保护的灵敏度，负荷侧过电流保护应该装设在容量较小的一侧，对于降压变压器通常是低压侧。若电源侧过电流保护作为母线Ⅱ的后备保护灵敏度不够时，则应该在三侧绕组中都装设过电流保护。两个负荷侧的保护只作为本侧母线保护的后备。电源侧保护则兼作为变压器主保护的后备，只需要一个时间元件。三者动作时间的配合原则相同。

（二）多侧电源的三绕组变压器

设图 6-21 的Ⅱ侧也带有电源，这时应该在三侧分别装设过电流作为本侧母线保护的后备保护，主电源侧的过电流保护兼作变压器主保护的后备保护。主电源一般指升压变压器的低压侧、降压变压器的高压侧、联络变压器的大电源侧。假设Ⅰ侧为主电源侧。Ⅱ侧和Ⅲ侧过电流保护的动作时限分别取 $t_{\mathrm{II}}=t'_{\mathrm{II}}+\Delta t$、$t_{\mathrm{III}}=t'_{\mathrm{III}}+\Delta t$。Ⅱ侧的过电流保护还增设一个方向元件，方向指向母线Ⅱ。Ⅰ侧的过电流保护也增设一个方向指向母线Ⅰ的方向元件，并设置两个动作时限，短时限取 $t_{\mathrm{I}}=t'_{1}+\Delta t$，过电流元件和方向元件同时起动时，经短时限跳开断路器 QF1；长时限取 $t_{\mathrm{T}}=\max(t_{\mathrm{I}}、t_{\mathrm{II}}、t_{\mathrm{III}})+\Delta t$，过电流元件起动，但方向元件不起动时，经长时限跳开变压器三侧断路器。

下面说明各种故障下保护的动作情况：母线Ⅲ故障时，虽然三侧保护的电流元件都起动，但Ⅰ侧和Ⅱ侧的方向元件不会起动，又因 $t_{\mathrm{III}}<t_{\mathrm{T}}$，Ⅲ侧过电流保护先动作跳开 QF3，使Ⅱ侧和Ⅰ侧继续运行；母线Ⅱ故障时，Ⅰ侧和Ⅱ侧过电流保护都起动，但Ⅰ侧的方向元件不起动，因 $t_{\mathrm{II}}<t_{\mathrm{T}}$，Ⅱ侧过电流保护先动作跳开 QF2，变压器仍能运行；同理，母线Ⅰ故障时只跳开 QF1，变压器也能运行。变压器内部故障时，则Ⅰ侧过电流保护经时限 t_{T} 跳开三侧断路器。

第五节　变压器接地短路的后备保护

电力系统中，接地故障是最常见的故障形式。接于中性点直接接地系统的变压器，一般要求在变压器上装设接地保护，作为变压器主保护和相邻元件接地保护的后备保护。发生接地故障时，变压器中性点将出现零序电流，母线将出现零序电压，变压器的接地后备保护通常都是反应这些电气量构成的。

一、变电站单台变压器的零序电流保护

中性点直接接地运行的变压器毫无例外地都采用零序过电流保护作为变压器接地后备保护。零序过电流保护通常采用两段式。零序电流保护Ⅰ段与相邻元件零序电流保护Ⅰ段相配合；零序电流保护Ⅱ段与相邻元件零序电流保护后备段（注意，不是Ⅱ段）相配合。与三绕组变压器相间后备保护类似，零序电流保护在配置上要考虑缩小故障影响范围的问题。根据需要，每段零序电流保护可设两个时限，并以较短的时限动作于缩小故障影响范围，以较长的时限断开变压器各侧断路器。

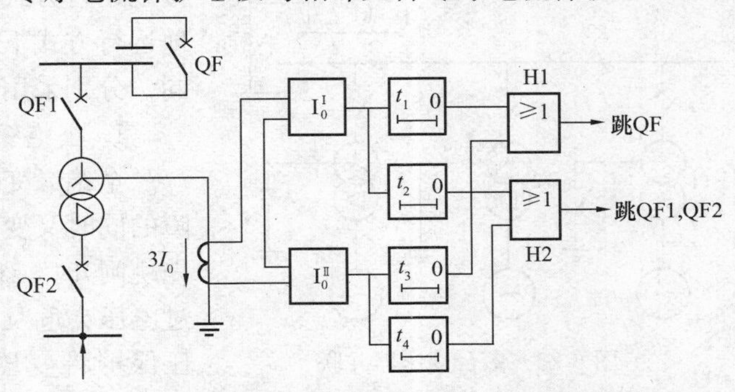

图 6-22　零序过电流保护的系统接线和保护逻辑

图 6-22 所示是双绕组变压器零序过电流保护的系统接线和逻辑。零序电流取自变压器中性点电流互感器的二次侧。由于是双母线运行，在另一条母线故障时，零序电流保护应该跳开母联断路器 QF，使变压器能够继续运行。所以零序电流保护Ⅰ段和Ⅱ段均采用两个时限，短时限 t_1、t_3，跳开母联断路器 QF，长时限 t_2、t_4 跳开变压器两侧断路器。

零序电流保护Ⅰ段的动作电流按下式整定

$$I_{set}^{Ⅰ}=K_{rel}K_{br}I_{lx.set}^{Ⅰ} \tag{6-43}$$

式中　K_{rel}——可靠系数，取 1.2；

K_{br}——零序电流分支系数；

$I_{lx.set}^{Ⅰ}$——相邻元件零序电流Ⅰ段的动作电流。

零序电流保护Ⅰ段的短时限取 $t_1=0.5\sim1s$；长延时在 $t_2=t_1+\Delta t$ 上再增加一级时限。零序电流保护Ⅱ段的动作电流也按式(6-43)整定，只是式中的电流 $I_{lx.set}^{Ⅰ}$ 应理解为相邻元件零序电流保护后备段的动作电流。动作时限 $t_3=t_3'+\Delta t$（t_3' 为相邻元件保护后备段时限），$t_4=t_3+\Delta t$。

零序电流保护Ⅰ段的灵敏系数按变压器母线处故障校验，Ⅱ段按相邻元件末端故障校验，校验方法与线路零序电流保护相同。

对于三绕组变压器，往往有两侧的中性点直接接地运行，应该在两侧的中性点上分别装设两段式的零序电流保护。各侧的零序电流保护作为本侧相邻元件保护的后备和变压器主保护的后备。在动作电流整定时要考虑对侧接地故障的影响，灵敏度不够时可考虑装设零序电流方向元件。若不是双母线运行，各段也设两个时限，短时限动作于跳开变压器的本侧断路器；长时限动作于跳开变压器的各侧断路器。若是双母线运行，也需要按照尽量减少影响范围的原则，有选择性的跳开母联断路器、变压器本侧断路器和各侧断路器。

二、多台变压器并联运行时的接地后备保护

对于多台变压器并联运行的变电站，通常采用一部分变压器中性点接地运行，而另一部分变压器中性点不接地运行的方式。这样可以将接地故障电流水平限制在合理范围内，同时也使整个电力系统零序电流的大小和分布情况尽量不受运行方式的变化，提高系统零序电流保护的灵敏度。如图6-23所示，T2 和 T3 中性点接地运行，T1 中性点不接地运行。k2 点发生单相接地故障时，T2 和 T3 由零序电流保护动作而被切除，T1 由于无零序电流，仍将带故障运行。此时由于接地中性点失去，变成了中性点不接地系统单相接地故障的情况，将产生接近额定相电压的零序电压，危及变压器和其他电力设备的绝缘，因此需要装设中性点不接地运行方式下的接地保护将 T1 切除。中性点不接地运行方式下的接地保护根据变压器绝缘等级的不同，分别采用如下的保护方案。

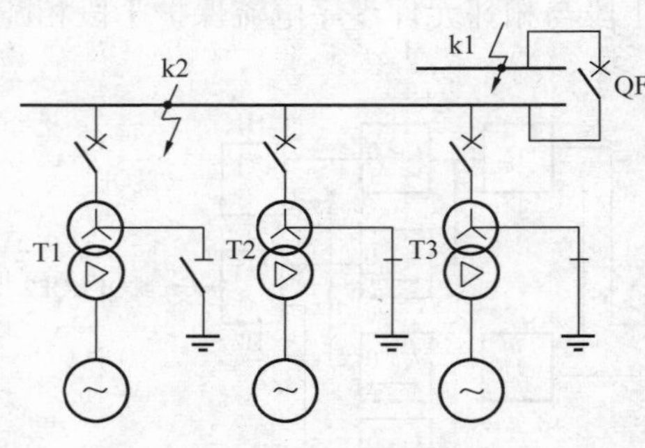

图 6-23　多台变压器并联运行的变电站

1. 全绝缘变压器的接地保护

全绝缘变压器在所连接的系统发生单相接地故障的同时又变为中性点不接地(即图 6-23 中 T2、T3 先跳闸)时，绝缘不会受到威胁，但此时产生的零序过电压会危及其他电力设备的绝缘，需装设零序电压保护将变压器切除。接地保护的原理接线如图 6-24所示。零序电流保护作为变压器中性点运行时

的接地保护，与图 6-22 的单台变压器接地保护完全一样。零序电压保护作为中性点不接地运行时的接地保护，零序电压取自电压互感器二次侧的开口三角绕组。零序电压保护的动作电压要躲过在部分中性点接地的电网中发生单相接地时，保护安装处可能出现的最大零序电压；同时要在发生单相接地且失去接地中性点时有足够的灵敏度。考虑两方面的因素，动作电压一般取 $1.8U_N$。采取这样的动作电压是为了减少故障影响范围。例如图 6-23 的 k1 点发生单相接地故障时，T1 零序电压保护不会起动，在 T2 和 T3 的零序电流保护将母联断路器 QF 跳开后，各变压器仍能继续运行而 k2 点发生故障时，QF 和 T2、T3 跳开后，接地中性点失去，T1 的零序电压保护动作。由于零序电压保护只有在中性点失去，系统中没有零序电流的情况下才能够动作，不需要与其他元件的接地保护相配合，故动作时限只需躲过暂态电压的时间，通常取 0.3～0.5s。

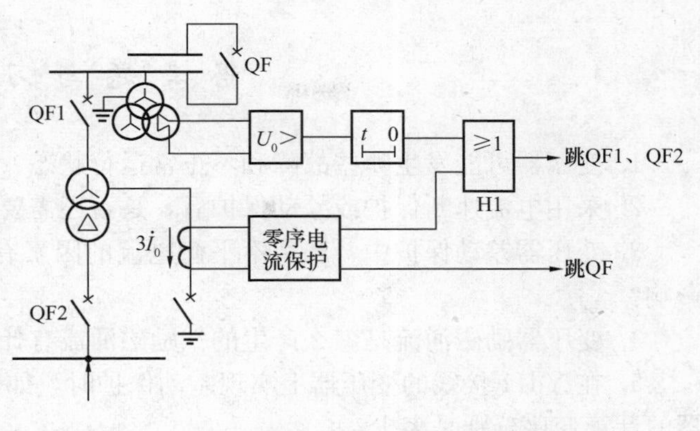

图 6-24　全绝缘变压器接地保护原理接线图

2. 分级绝缘变压器接地后备保护的概念

220kV 及其以上电压等级的大型变压器，为了降低造价，高压绕组采用分级绝缘，中性点绝缘水平比较低，在单相接地故障且失去中性点接地时，其绝缘将受到破坏。为此可以在变压器中性点装设放电间隙，当间隙上的电压超过动作电压时迅速放电，形成中性点对地的短路，从而保护变压器中性点的绝缘。因放电间隙不能长时间通过电流，故在放电间隙上装设零序电流元件，在检测到间隙放电后迅速切除变压器。另外，放电间隙是一种比较粗糙的设施，气象条件、连续放电的次数都可能会出现该动作而不能动作的情况，因此还需装设零序电压元件，作为间隙不能放电时的后备，动作于切除变压器，动作电压和时限的整定方法与全绝缘变压器的零序电压保护相同。

三、变压器接地保护出口逻辑图

变压器接地保护出口逻辑图如图 6-25 所示。出口方式：可发信或跳闸。

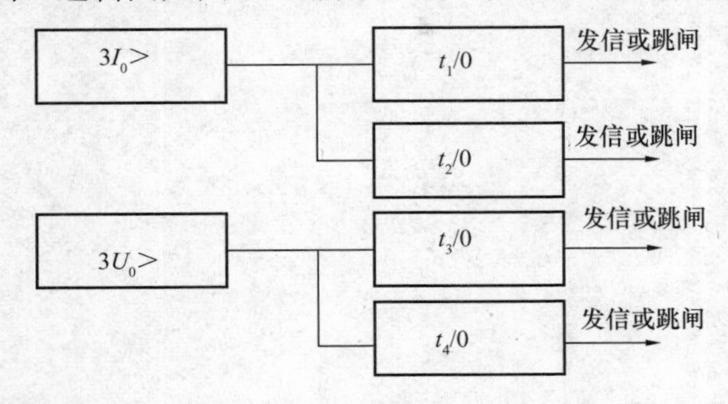

图 6-25　变压器接地保护出口逻辑图

思考题与习题

1. 变压器可能发生哪些故障和不正常运行状态?

2. 采用电流速断保护或差动保护后，是否还需要在变压器上装设瓦斯保护？为什么？

3. 变压器差动保护中，产生不平衡电流的因素有哪些？应采取什么措施消除或减小其影响?

4. 变压器励磁涌流是怎么产生的？励磁涌流有什么特点?

5. 在 Yd11 接线的变压器上实现差动保护时，如何进行相位补偿？变压器两侧电流互感器的计算变比分别是多少?

6. 为什么具有制动特性的差动继电器能够提高灵敏度？何谓最大制动比？最小工作电流？拐点电流?

7. 与低电压起动的过电流保护相比，复合电压起动的过电流保护为什么能够提高灵敏度?

8. 零序过电流保护为什么在各段中均设两个时限?

9. 多台变压器并联运行时，全绝缘变压器和分级绝缘变压器对接地保护的要求有何区别?

第七章 母 线 保 护

第一节 母线故障和装设母线保护的基本原则

发电厂和变电站的母线是电力系统中的重要组成部分，它是发电厂、变电站及电力系统电能汇合的枢纽，当母线上发生故障时，有可能造成大面积停电事故，并可能破坏系统的稳定运行。以下情况均可能造成母线故障：

(1) 母线绝缘子和断路器套管闪络。

(2) 装于母线上的电压互感器以及装在母线和断路器之间的电流互感器故障。

(3) 母线隔离开关和断路器的支持绝缘子损坏。

(4) 运行人员的误操作等。

因此，利用母线保护来消除或缩小故障所造成的后果，是十分必要的。根据工作原理的不同，母线保护可以分为以下几类。

(1) 利用供电元件的后备保护作为母线保护。

(2) 电流差动原理构成的母线完全差动保护和母线不完全差动保护。

(3) 母联电流相位比较原理构成的母线保护。

第二节 母线保护基本原理

一、利用供电元件后备保护实现的母线保护

对于35kV及以下电压的母线，一般不采用专门的母线保护，而利用供电元件的后备保护装置就可以把母线故障以较小的延时切除。例如：

(1) 图7-1所示的发电厂采用单母线接线，此时母线上的故障可以利用发电机的过电流保护使断路器QF1、QF2跳闸，以切除母线故障。

(2) 图7-2所示的具有两台变压器降压变电站，正常时变电站的低压侧母线分裂运行，

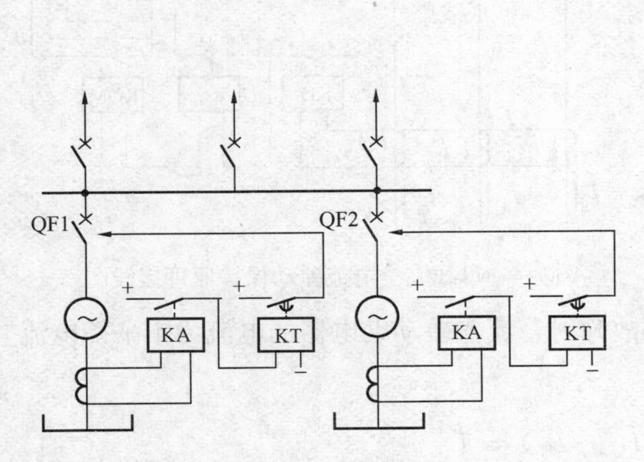

图7-1 利用发电机的过电流保护切除母线故障

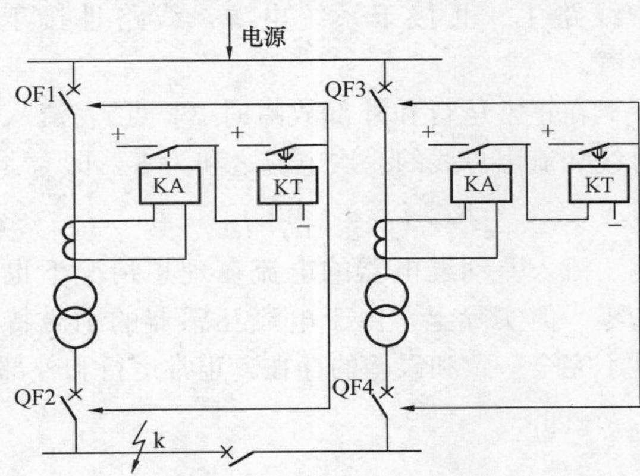

图7-2 利用变压器的过电流保护切除母线故障

当低压侧母线发生故障时（如 k 点），可由相应变压器的过电流保护跳开变压器两侧断路器 QF1、QF2，将母线故障切除。

（3）图 7-3 所示的双侧电源网络（或环形网络），当变电站母线上 k 点短路时，则可以由保护 1 和保护 4 的第Ⅱ段动作，将故障母线切除。

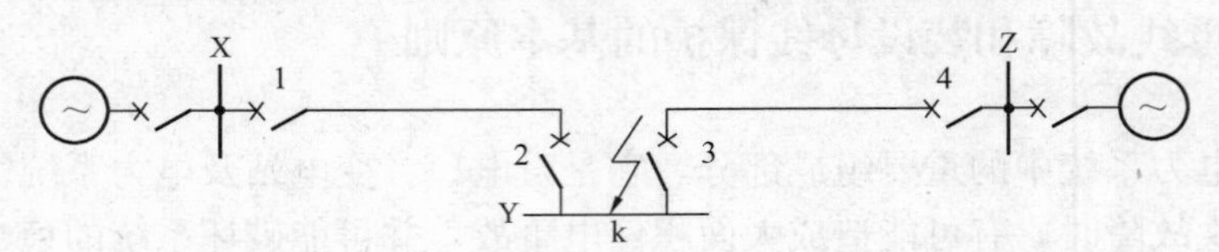

图 7-3 利用供电线路的保护切除母线故障

利用供电元件的后备保护来切除母线故障，其优点是简单、经济；其缺点是有一定的延时。如果母线短路电流非常大，延时切除故障将造成母线结构和设备的严重损坏。此外，当双母线同时运行或母线为分段单母线时，上述保护不能保证只切除故障母线。因此，对于重要的高压母线应装设专门的快速母线保护。

二、母线完全差动保护

利用电流差动原理构成的母线保护简单可靠、应用广泛。其原理是将母线看作一个节点，正常运行或外部故障时，流进节点的电流等于流出节点的电流，即

$$\sum \dot{I} = 0$$

当母线故障时，只有流进的电流，没有流出的电流，即

$$\sum \dot{I} \neq 0$$

母线差动保护利用$\sum \dot{I}$ 作判据，当$\sum \dot{I} = 0$ 时保护不动作；当$\sum \dot{I} \neq 0$ 时保护动作。

母线完全差动保护是在母线的所有连接元件上均装设专用的电流互感器，而且这些电流互感器的变比和特性完全相同，并将所有电流互感器的二次绕组在母线侧的端子互相连接，另一外侧端子也互相连接，差动继电器则接于两连接线之间，差动继电器流过的电流是所有电流互感器二次电流的相量和。这样，在一次电流总和为零时，理想情况下二次侧电流的总和也为零。

图 7-4 所示为母线外部 k 点短路时电流分布图，设电流流进母线的方向为正方向，图中线路Ⅰ、Ⅱ接于系统电源，线路Ⅲ接于负载。

在正常运行和外部故障时（k 点），流入母线和流出母线的一次电流之和为零，即

$$\sum \dot{I} = \dot{I}_{\mathrm{I}} + \dot{I}_{\mathrm{II}} - \dot{I}_{\mathrm{III}} = 0$$

流入差动继电器的电流在理想情况下也为零。但实际上，由于电流互感器的励磁特性不完全一致和误差的存在，正常运行和外部故障时，流入差动继电器的电流为不平衡电流 $\dot{I}_{\mathrm{unb}}$，即

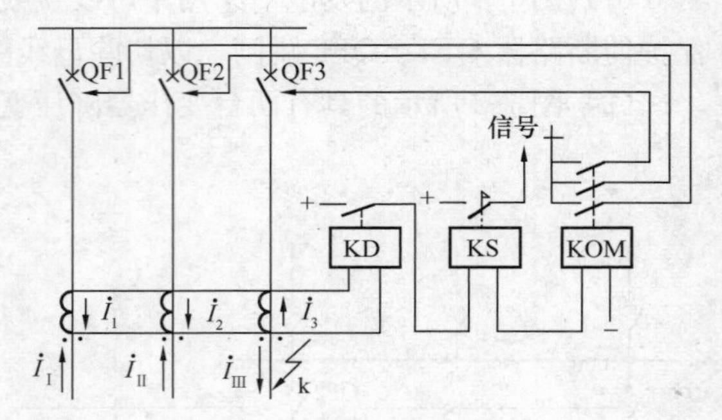

图 7-4 母线完全电流差动保护原理接线图

$$\dot{I}_{\mathrm{d}} = \frac{1}{n_{\mathrm{TA}}}(\dot{I}_{\mathrm{I}} + \dot{I}_{\mathrm{II}} - \dot{I}_{\mathrm{III}}) = \dot{I}_{\mathrm{unb}} \tag{7-1}$$

式中 $\dot{I}_{\mathrm{d}}$——流入差动继电器的电流；

$\dot{I}_{\mathrm{I}}$、$\dot{I}_{\mathrm{II}}$、$\dot{I}_{\mathrm{III}}$——流过线路Ⅰ、Ⅱ、Ⅲ的电流；

n_{TA}——电流互感器的变比。

当母线上故障时，所有有电源的线路都向故障点供给短路电流，此时流入差动继电器的电流为

$$\dot{I}_{d}=\frac{1}{n_{TA}}(\dot{I}_{\mathrm{I}}+\dot{I}_{\mathrm{II}})=\frac{1}{n_{TA}}\dot{I}_{k} \tag{7-2}$$

式中 $\dot{I}_{k}$——故障点的总短路电流，此电流数值很大，足以使差动继电器动作，差动保护动作后，将故障母线的所有连接元件断开，切除故障。

当采用带速饱和变流器的差动继电器、电流互感器采用D级且按10%误差曲线选择时，差动继电器的动作电流可按以下原则整定，并取较大者为整定值。

（1）躲过外部故障时流入差动回路的最大不平衡电流，即

$$I_{set}=K_{rel}I_{unb\cdot max}=K_{rel}\times 0.1K_{up}\frac{I_{k\cdot max}}{n_{TA}} \tag{7-3}$$

式中 K_{rel}——可靠系数，一般取1.3；

K_{up}——非周期分量系数，若差动继电器带有速饱和变流器时，可取$K_{up}=1$；

$I_{k\cdot max}$——母线外部故障时，流过连接元件的最大短路电流。

（2）躲过电流互感器二次回路断线时的最大负荷电流，即

$$I_{set}=K_{rel}\frac{I_{L\cdot max}}{n_{TA}} \tag{7-4}$$

式中 $I_{L\cdot max}$——连接于母线上任一元件的最大负荷电流。

差动继电器的灵敏度可按下式进行计算

$$K_{sen}=\frac{I_{k\cdot min}}{n_{TA}I_{set}}\geqslant 2 \tag{7-5}$$

式中 $I_{k\cdot min}$——母线短路时的最小短路电流。

母线完全差动保护适用于大接地系统中的单母线或双母线经常只有一组母线运行的情况。

三、母线不完全差动保护

母线完全差动保护要求连接于母线上的全部元件都装设电流互感器，这对于出线很多的6～66kV母线，实现起来比较困难。一是因为设备投资大，二是使保护接线复杂。为解决上述问题，可根据母线的重要程度，采用母线不完全差动保护。

所谓不完全差动保护是只需在有电源的元件（如与发电机、变压器相连接的元件以及分段断路器和母联断路器）上装设变比和特性完全相同的D级电流互感器，且电流互感器只装设在A、C两相上，按差动原理将这些电流互感器连接，在差动回路中接入差动继电器；而只带负荷的元件不接入差动回路。正常运行时，差动继电器中流过的是各馈电线路负荷电流之和；馈电线路上发生短路故障时，差动继电器中流过的是短路电流。

母线不完全差动保护一般由差动电流速断和差动过电流保护组成。

差动电流速断为瞬时动作的保护，其差动继电器的动作电流I_{set}^{I}应躲过在馈电线路电抗器后发生短路故障时，流过差动继电器的最大电流，即

$$I_{set}^{\mathrm{I}}=\frac{K_{rel}}{n_{TA}}(I_{k\cdot max}+I_{L\cdot max}) \tag{7-6}$$

式中 K_{rel}——可靠系数，取1.2；

$I_{k\cdot max}$——馈电线路电抗器后发生短路故障时的最大短路电流；

$I_{L\cdot max}$——除故障线路外各馈电线路负荷电流之和的最大值。

差动过电流保护为延时动作的保护，作为电流速断的后备保护。其动作电流 I_{set}^{II} 应按躲过母线上的最大负荷电流整定，即

$$I_{set}^{II}=\frac{K_{rel}K_{ast}}{K_{r}n_{TA}}I_{L\cdot max} \tag{7-7}$$

式中 K_{rel}——可靠系数，取1.3；

K_{ast}——自起动系数，取2～3；

K_{r}——差动继电器的返回系数，取0.85；

$I_{L\cdot max}$——各馈电线路负荷电流之和的最大值。

差动过电流保护的动作时限应比馈电线路过电流保护的最大动作时限长一个时限级差 Δt。

另外，差动电流速断的灵敏度校验，按母线上短路时流过保护的最小短路电流进行校验，要求灵敏系数不小于1.5；过电流保护的灵敏度校验，按引出线末端短路时流过保护的最小短路电流进行校验，要求灵敏系数不小于1.2。

实际上，不完全差动保护相当于接于所有电源支路电流之和的电流速断保护，但比简单的电流速断保护具有更高的灵敏度。由于它动作迅速、灵敏度高，而且接线比完全差动保护简单经济，因此在6～10kV发电厂及变电站的母线上得到了广泛的应用。

四、元件固定连接的双母线完全差动保护

当发电厂或变电站的高压母线为双母线时，为了提高供电的可靠性，常采用双母线同时运行（将母联断路器投入），在每组母线上固定连接一部分（约为1/2）供电和受电元件。对于这种运行方式，为了有选择地将故障母线切除，可采用元件固定连接的双母线完全差动保护。当任何一组母线发生故障时，保护只将故障母线切除，而另一组非故障母线及其连接的所有元件仍可继续运行。

元件固定连接的双母线电流差动保护的单相原理接线如图7-5所示。保护装置主要由三组电流差动保护组成。第一组由电流互感器TA1、TA2、TA5和差动继电器KD1组成，用以选择第Ⅰ组母线上的故障；第二组由电流互感器TA3、TA4、TA6和差动继电器KD2组成，用以选择第Ⅱ组母线上的故障；第三组由电流互感器TA1～TA6和差动继电器KD3组成，它作为整套保护的起动元件，当任一组母线短路时，KD3都起动，为KD1或KD2加上直流电源，并跳开母联断路器QF5。

1. 元件固定连接的双母线完全差动保护的工作原理

正常运行或保护区外故障（如k点）时，如图7-5所示，流经差动继电器KD1～KD3的电流均为不平衡电流，而保护装置的动作电流是按躲过外部短路时的最大不平衡电流整定的，所以差动保护不会误动作。

当任一组母线区内故障时，如图7-6中母线Ⅰ上的k点，此时流经差动继电器KD1和KD3的电流为全部故障电流的二次电流，而差动继电器KD2中仅有不平衡电流流过，所以KD1和KD3动作将母线Ⅰ切除，KD2不动作，无故障母线Ⅱ仍可继续运行。同理可知，当母线Ⅱ故障时，将由KD2和KD3动作将母线Ⅱ切除，母线Ⅰ仍旧继续运行。

2. 元件固定连接破坏后保护的动作情况分析

在实际运行过程中，由于设备的检修、元件故障等原因，母线固定连接常常被破坏。例如，将线路 L2 从母线Ⅰ上切换至母线Ⅱ上时，由于差动保护的二次回路不随后切换，从而失去构成差动保护的基本原则，按固定连接工作的两母线差动保护的选择元件，都不能反应两组母线上实有设备的电流值。

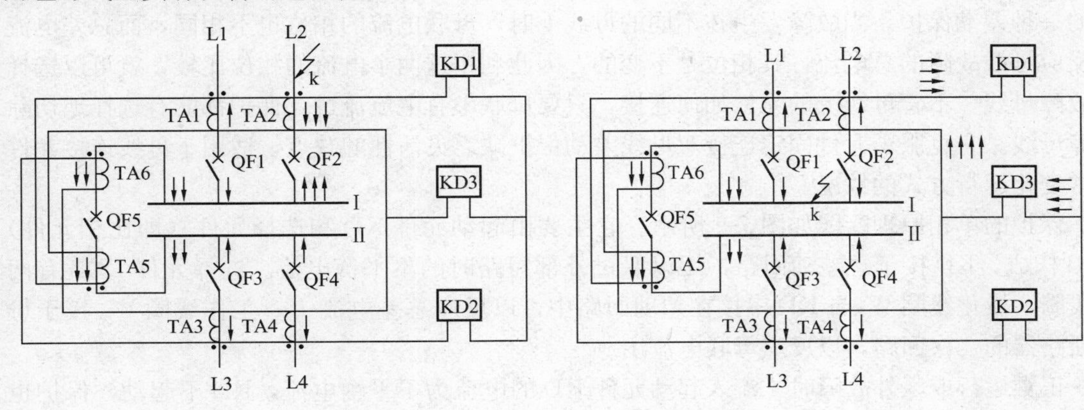

图 7-5　元件固定连接的双母线差动保护在区外故障时的电流分布

图 7-6　元件固定连接的双母线差动保护在区内故障时的电流分布

当线路 L2 上外部故障时，如图 7-7 的 k 点，差动继电器 KD1、KD2 都因流过较大的差动电流而误动作。而 KD3 仅流过不平衡电流，不会动作。由于 KD3 是整套保护的起动元件，所以保证了保护不会误跳闸。由此可见，当元件固定连接被破坏后，利用起动元件 KD3 可防止外部故障时差动保护误动作。

当母线Ⅰ上故障时，如图 7-8 所示，差动继电器 KD1、KD2 和 KD3 中都有故障电流流过，即起动元件 KD3 和选择元件 KD1、KD2 均动作，从而将两组线母线上的引出线全部切除，使故障范围扩大。

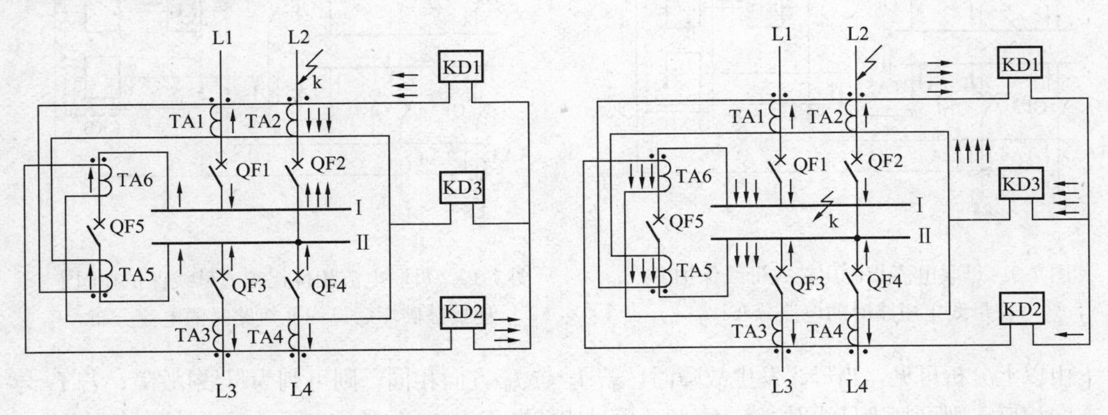

图 7-7　元件固定连接被破坏后母线区外故障时的电流分布

图 7-8　元件固定连接被破坏后母线Ⅰ上故障时的电流分布

由上述分析可见，元件固定连接的双母线差动保护能快速而有选择地切除故障母线，保证非故障母线继续供电。但在固定连接方式被破坏后不能选择故障母线，这就要求在运行时尽量保证固定连接方式不被破坏，因此限制了系统运行调度的灵活性，这是该保护的不足之处。

五、母联电流相位比较式母线保护

母联电流相位比较式母线保护是比较母联中电流与总差电流的相位关系，选择出故障母线的一种差动保护。当故障发生在不同的母线上时，母联电流的相位也不相同，而总差电流是反应母线故障的总电流，其相位是不变的，因此利用这两个电流的相位比较，就可以选择出故障母线。不管母线上的元件如何连接，只要母联中有电流流过，保护都能有选择地切除故障母线。它克服了元件固定连接双母线差动保护缺乏灵活性的缺点，适用于母线连接元件经常变化运行方式的情况。

保护的单相原理接线如图 7-9 所示。它主要由起动元件 KD 和选择元件（即比相元件）LXB 构成。KD 接于总差动回路，用以躲过外部短路时的不平衡电流。选择元件 LXB 有两个线圈，极化线圈 W_P 与 KD 串接在差动回路中，以反应总差电流 I_d；工作线圈 W_W 接于母联断路器的二次回路，以反应母联电流 I_b。

正常运行或区外故障时，流入起动元件 KD 的电流为不平衡电流，KD 不起动，保护也就不会误动作。

当母线Ⅰ发生短路故障时，如图 7-9 所示，流过 KD 和 W_P 的总差电流 I_d 是由 W_P 的极性端流入，KD 起动；母联电流 I_b 由 W_W 的极性端流入，与流入 W_P 的 I_d 方向相同。

当元件固定连接方式被破坏后（如连接元件 L2 由母线Ⅰ切换至母线Ⅱ）母线Ⅱ发生短路故障时，如图 7-10 所示，流过 KD 和 W_P 的总差电流 I_d 仍由 W_P 的极性端流入，KD 起动；母联电流 I_b 则由 W_W 的非极性端流入，与流入 W_P 的 I_d 方向相反。

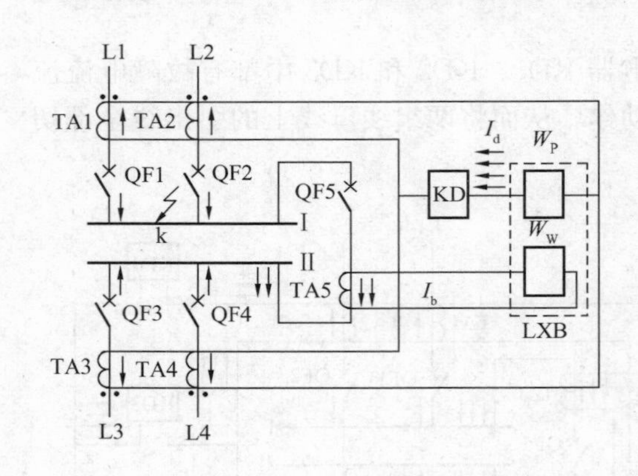

图 7-9 母联电流相位比较式母线保护在母线Ⅰ短路时的电流分布

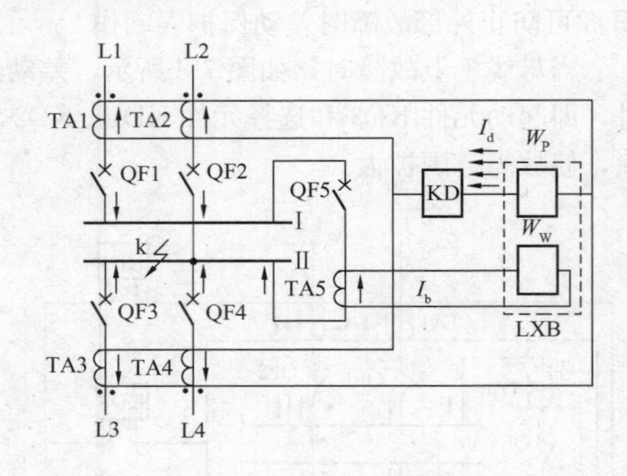

图 7-10 母联电流相位比较式母线保护在固定连接被破坏后母线Ⅱ短路时的电流分布

由以上分析可见，当母线发生故障时，若 I_d 与 I_b 方向相同，则可判为母线Ⅰ故障；若 I_d 与 I_b 方向相反，则可判为母线Ⅱ故障。因此，通过比较电流 I_d 与 I_b 的方向可选择出故障母线。

图 7-11 所示为电流相位比较继电器的原理接线，电抗器 UR1、UR2 完全相同，两个一次绕组匝数相等。电流 $\dot{I}_b$ 接至①、③端子，电流 $\dot{I}_d$ 接至⑤、⑦端子，分别产生磁通 Φ_b 和 Φ_d，在 UR1、UR2 的二次绕组中感应的电压经整流滤波后输出直流电压 U_m 和 U_n。KP1、KP2 为极化继电器，其极性如图中所示。

当故障发生在不同的母线上时，保护的动作情况如下：

（1）当母线Ⅰ故障时，I_d 与 I_b 方向相同。UR1 中的磁通为 $\Phi_b+\Phi_d$，其二次绕组产生电压为 K_I（$\dot{I}_b+\dot{I}_d$），经整流滤波输出电压 $U_m=K|\dot{I}_b+\dot{I}_d|$；UR2 中的磁通为 $\Phi_b-\Phi_d$，其二次绕组产生电压为 K_I（$\dot{I}_b-\dot{I}_d$），经整流滤波输出电压 $U_n=K|\dot{I}_b-\dot{I}_d|$。$U_m>U_n$，极化继电器 KP1 动作，经出口中间继电器跳开接于母线Ⅰ上的断路器 QF1、QF2、QF5，将故障母线Ⅰ切除。

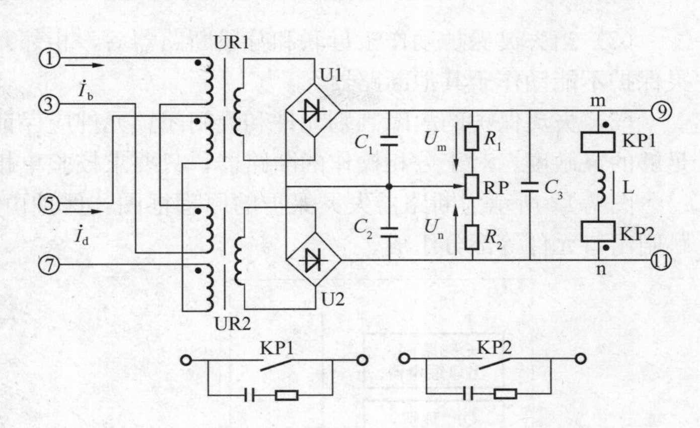

图 7-11　电流比相继电器原理接线图

（2）当母线Ⅱ上故障时，I_d 与 I_b 方向相反。UR1 中的磁通为 $\Phi_b-\Phi_d$，其二次绕组产生电压为K_I（$\dot{I}_b-\dot{I}_d$），经整流输出电压$U_m=K|\dot{I}_b-\dot{I}_d|$；UR2 中的磁通为 $\Phi_b+\Phi_d$，其二次绕组产生电压为K_I（$\dot{I}_b+\dot{I}_d$），经整流滤波输出电压 $U_n=K|\dot{I}_b+\dot{I}_d|$。$U_m<U_n$，极化继电器 KP2 动作，经出口中间继电器断开连接于母线Ⅱ上的断路器 QF3、QF4、QF5，将故障母线Ⅱ切除。

母联电流相位比较式母线保护具有运行方式灵活、接线简单等优点，在 35～220kV 的双母线上得到广泛的应用。但其缺点是：正常运行时母联断路器必须投入运行；保护的动作电流受外部短路时的最大不平衡电流的影响；在母联断路器和母联电流互感器之间发生短路时将出现死区，要靠线路对侧后备保护切除故障。

六、断路器失灵保护

在系统发生故障时，有时会出现继电保护动作而断路器拒动的情况。这可能导致设备烧毁、事故范围扩大，甚至使系统的稳定运行遭到破坏。因此，在较为重要的高压系统中，应装设断路器失灵保护。

所谓断路器失灵保护，即在同一发电厂或变电站内，当断路器拒绝动作时，它能以较短的时限切除与拒动断路器连接在同一母线上的所有电源支路的断路器，将断路器拒动的影响限制到最小。

根据 GB 14285—2006《继电保护和安全自动装置技术规程》，在 220～500kV 电网及 110kV 电网中的个别重要部分，可按下列规定装设断路器失灵保护。

（1）线路保护采用近后备保护时，对 220～500kV 分相操作的断路器，可只考虑断路器单相拒动的情况。

（2）线路保护采用远后备方式，由其他线路或变压器的后备保护切除故障将扩大停电范围并引起严重后果的情况。

（3）如断路器与电流互感受器之间发生短路故障不能由该回路主保护切除，而是由其他线路或变压器后备保护切除，从而导致停电范围扩大并引起严重后果的情况。

断路器失灵保护应满足以下要求：

（1）失灵保护必须有较高的安全性，不应发生误动作。

（2）当失灵保护动作于母联和分段断路器后，相邻元件保护以相继动作切除故障时，失灵保护不能动作于其他断路器。

（3）失灵保护的故障判别元件和跳闸闭锁元件应保证所在线路或设备末端发生故障时有足够的灵敏度。对于分相操作的断路器，只要求校验单相接地故障的灵敏度。

图 7-12 所示为断路器失灵保护的原理框图，保护由起动元件、时间元件、闭锁元件和跳闸出口元件等部分组成。

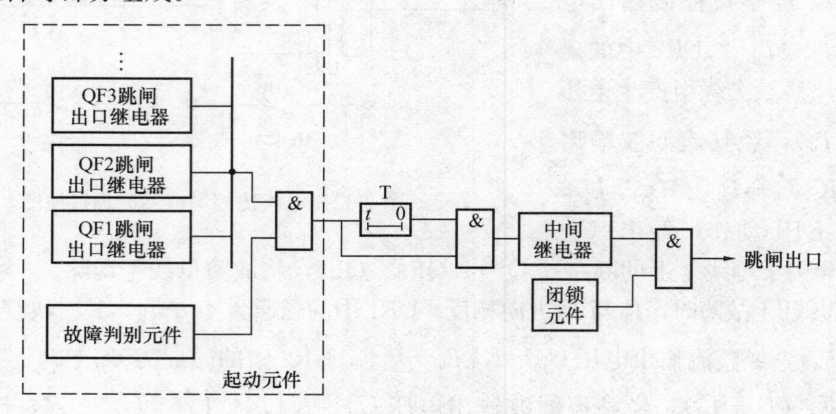

图 7-12　断路器失灵保护原理框图

起动元件由该组母线上所有连接元件的保护出口继电器和故障判别元件构成。只有在故障元件的保护装置出口继电器动作后不返回（表示继电保护动作，断路器未跳开），同时在保护范围内仍然存在故障且故障判别元件处于动作状态时，起动元件才动作。

时间元件 T 的延时按断路器跳闸与保护装置返回时间之和整定，通常 t 取 0.3～0.5s。当采用单母线分段或双母线时，延时可分两段，第Ⅰ段动作于分段断路器或母联断路器，第Ⅱ段动作跳开有电源的出线断路器。

为进一步提高工作可靠性，采用低电压元件和零序过电压元件作为闭锁元件，通过“与”门构成断路器失灵保护的跳闸出口回路。

对于起动元件中的故障判别元件，当母线上连接元件较少时，可采用检查故障电流的电流继电器，当连接元件较多时，可采用检查母线上电压的低电压继电器。当采用电流继电器时，在满足灵敏度的情况下，应尽可能大于负荷电流，当采用低电压继电器时，动作电压应按最大运行方式下线路末端发生短路时保护有足够的灵敏度来整定。

第三节　母线保护的特殊问题及措施

一、母线差动保护中电流互感器饱和问题及抗饱和措施

通常母线差动保护连接元件较多，在外部发生严重故障时，靠近故障的电流互感器深度饱和，差动回路不平衡电流增大，可能引起母线保护误动作。目前在 110kV 及以上电压等级的电网中广泛采用中阻抗、高阻抗和数字式低阻抗母线差动保护来防止外部故障时母线差动保护误动作，并在外部故障转换为内部故障时能够快速开发母线差动保护。

1. 中阻抗、高阻抗母线差动保护电流互感器抗饱和措施

中阻抗、高阻抗母线差动保护的差动回路阻抗通常为几百欧，电流互感器TA饱和后励磁阻抗下降，差动保护回路不平衡电流较小，再利用母线差动保护的制动特性即可防止外部故障时TA饱和引起的母线差动保护误动作。内部故障时，母线差动保护在TA饱和前快速动作。

2. 数字式低阻抗母线差动保护电流互感器抗饱和措施

目前数字式母线差动保护的差动回路一般为低阻抗，其TA抗饱和的方法主要有以下几种。

（1）具有制动特性的母线差动保护。当TA饱和不很严重时，制动特性可以保证母线差动保护在外部故障时不误动作。但TA深度饱和时，具有制动特性的母线差动保护仍有可能误动作。

（2）TA线性区母线差动保护。TA饱和后，一次电流每个周波过零点附近存在不饱和的线性时段，此时投入母线差动保护可以正确判断母线的故障。由于TA饱和时电流波形复杂，因此判别TA线性传变区的关键和难点是检测电流每个周波TA进入、退出饱和的时刻。

（3）TA饱和的同步识别法。无论母线发生外部故障时的电流有多大，TA在故障最初的1/4周波内均不会饱和，不平衡电流很小，母线差动保护的电流起动元件不会误动作；以母线电压构成母线差动保护的电压起动元件，在故障发生时则可以瞬时动作，电流、电压两个起动元件的动作存在时间差。当母线内部故障时，差动回路电流增大的同时母线电压降低，电流、电压两个起动元件的动作在时间上同步。根据电流、电压两个起动元件动作同步的识别，决定母线差动保护的开放与闭锁。考虑发生母线外部故障转换内部故障的可能性，TA饱和应周期性闭锁。

（4）比较差动电流变化率鉴别TA饱和。母线外部故障使TA饱和后二次差动电流波形畸变，饱和点附近变化率突增。而母线内部故障时，差动电流基本以正弦规律变化。依此即可鉴别外部故障造成的TA饱和。

另外，TA饱和后二次电流的每一个周波过零点附近存在不饱和时段，此时差动电流变化率也很小。据此构成的TA饱和检测元件在短路初瞬以及TA饱和后差动电流每个周波的不饱和时段均能可靠闭锁母线差动保护。

（5）波形对称原理。TA饱和后，二次电流波形严重畸变，一个周波内的波形不对称，分析波形的对称性可以作为TA饱和的判据。目前最常用的判据是检测相隔半周波电流导数的模值是否相等。

（6）谐波制动原理。当母线外部故障使TA饱和时，母线差动保护回路的不平衡电流实际为各个TA励磁电流之差。故障支路的二次不平衡电流波形中含有很多非周期分量和大量的高次谐波，随TA饱和程度的加深而增大。内部故障时差动电流接近于工频，谐波分量较少。由谐波分量波形构成的TA饱和检测元件，在母线外部故障转换为内部故障时，根据故障电流波形中谐波分量减少而开放母线差动保护。

二、母线运行方式的变化及母线差动保护的自适应

对于双母线接线运行的主接线方式，母线上各连接元件随着运行方式的变化，经常在两条母线上切换。为了防止人工干预造成的误操作，母线差动保护应能自动适应系统运行方式的变化。

集成电路型母线差动保护通常采用引入隔离开关辅助触点来判断母线的运行方式。有些母线差动保护采用每副隔离开关的动合、动断两对触点组合来判断隔离开关状态，防止隔离开关触点接触不良、粘连、抖动等不可靠因素导致母线差动保护拒动或误动作。

数字式保护的微机具有强大的计算、自检和逻辑处理能力，结合采用隔离开关辅助触点和电流识别两种方法，是非常有效的母线差动保护的自适应方法。母线差动保护引入运行于母线上所有连接元件隔离开关的辅助触点，实时计算保护装置采集的各个连接元件负荷电流瞬时值，根据运行方式识别判据校验隔离开关辅助触点正确无误后，形成各个单元的“运行方式字”。运行方式字反映母线与各个连接元件的连接状态，保护装置能够自动纠正校验错误。母线差动保护自动适应运行方式变化的功能有效减轻了运行人员的负担，提高了保护装置动作的正确率。

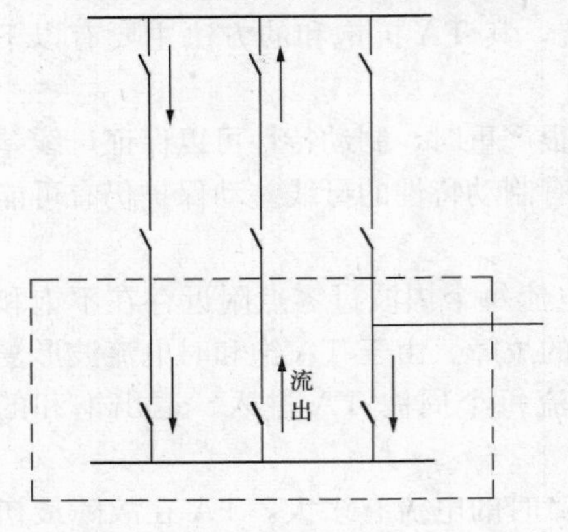

图 7-13　3/2 断路器接线母线短路时有电流流出的情况

三、3/2 断路器接线的母线差动保护问题

图 7-13 所示为 3/2 断路器接线方式，当母线内部故障时可能有电流流出。母线内部故障电流的流出，对于比较母线连接元件电流相位原理的母线保护将产生拒动；也会降低按制动原理工作的母线保护的灵敏度。3/2 断路器接线的母线差动保护的其他问题请参阅有关资料。

*第四节　微机型母线保护举例

近年来，各种微机保护装置经过研制开发和试运行，得到了大量的推广应用。本节以 BP-2B 型微机母线保护装置为例，对微机型母线保护装置进行简单介绍。

BP-2B 微机母线保护装置可用于 500kV 及以下电压等级的单母线、单母分段、双母线、双母分段以及 $1\frac{1}{2}$ 接线等各种主接线方式，其最大主接线规模为 24 个间隔（线路、元件和母联开关）。装置设有母线差动保护、母联充电保护、母联过电流保护、母联失灵保护以及断路器失灵保护等功能。

（一）装置硬件概述

图 7-14 所示为 BP-2B 母线保护装置硬件系统原理接线图。装置由保护元件、闭锁元件和管理元件三大系统构成。保护元件主要完成各间隔模拟量和开关量的采集；各保护功能的逻辑判别并出口至 TJ；其主机采用嵌入式 32 位微处理器 Intel1386EX、32 位数据总线和 64MB 的寻址空间，具有较强的处理能力。闭锁元件主要完成各电压量的采集，各段母线的闭锁逻辑并出口至 BJ；其主机模件、光耦模件与保护元件完全相同，可以互换使用，由固化于 EPROM 的程序不同而分为“保护主机”和“闭锁主机”。管理元件的工作是实现人机交互、记录管理和人机交互；其核心也是 Intel1386EX 单片机系统，由它控制液晶控制、驱动模块、键盘输入和串行接口通信电路。

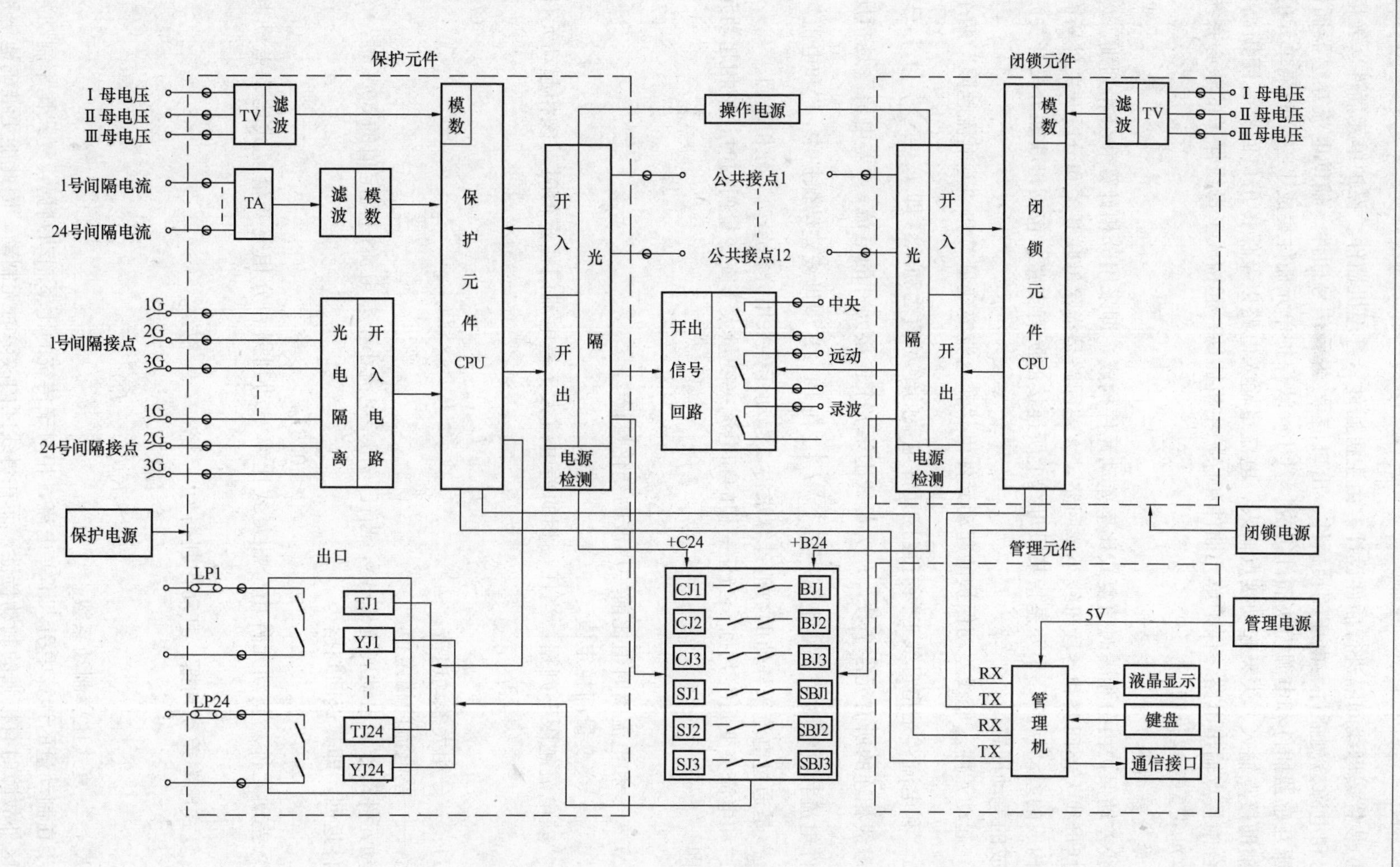

图 7-14 BP-2B 母线保护系统原理图

保护装置按母线间隔进行插件设计，由主机插件、管理机插件、保护单元插件、光耦输入/输出和电源检测插件、电压闭锁插件、出口信号/告警信号插件、辅助电流互感器插件、辅助电压互感器插件和电源模块插件组成。其中一块保护单元插件集成了三个间隔单元的隔离开关辅助接点输入、失灵起动接点输入、电流量输入电路以及保护出口回路、闭锁高频、闭锁重合闸接点输出电路，保护单元插件和保护主机插件一起构成了母线保护的核心系统。

（二）装置原理说明

1. 母线差动保护

母线差动保护由分相瞬时值复式比率差动元件构成，即采用分相计算和分相判别。差动回路包括母线大差回路和各段母线小差回路，大差回路是指除母联开关和分段开关外所有支路电流构成的差动回路，小差是指某段母线上所连接的所有支路（包括母联和分段开关）电流所构成的差动回路。

（1）起动元件。母线差动保护的起动元件由“和电流突变量”和“差电流越限”两个判据组成。“和电流”是指母线上所有连接元件电流的绝对值之和 I_r，即 $I_r=\sum_{j=1}^{m}|I_j|$，其中 m 为与母线相连的所有元件个数，I_j 为母线上第 j 个连接元件的电流；“差电流”是指所有连接元件电流和的绝对值 I_d，即 $I_d=\left|\sum_{j=1}^{m}I_j\right|$。在 BP-2B 型母线差动保护中，“和电流”与“差电流”是通过电流采样值的数值计算求得，起动元件采用分相起动、分相返回。

1）“和电流突变量”判据：当任一相的和电流突变量大于突变量门槛时，该相起动元件动作，即

$$\Delta i_r > \Delta i_{d\cdot set} \tag{7-8}$$

式中 Δi_r——和电流瞬时值比前一周波的变化量；

$\Delta I_{d\cdot set}$——突变量门槛定值。

2）“差电流越限”判据：当任一相的差电流大于差电流门槛定值时，该相起动元件动作，即

$$I_d > I_{d\cdot set} \tag{7-9}$$

式中 I_d——分相大差动电流；

$I_{d\cdot set}$——差电流门槛定值。

起动元件动作后自动展宽 40ms，当任一相差电流小于差电流门槛定值的 50%时，该相起动元件返回，即其返回判据为

$$I_d < 0.5I_{d\cdot set} \tag{7-10}$$

（2）差动元件。差动元件由分相复式比率差动判据和分相突变量复式比率差动判据构成。

1）复式比率差动判据。其动作判据为

$$\left.\begin{aligned}&I_d > I_{d\cdot set}\\&I_d > K_r(I_r - I_d)\end{aligned}\right\} \tag{7-11}$$

式中 K_r——复式比率制动系数。

由于在制动量的计算中引入了差电流，相对于传统的比率制动判据，复式比率制动判据在母线区外故障时有极强的制动特性，而在母线区内故障时无制动，因此能更准确地辨别区

外故障和区内故障，图 7-15 所示为复式比率制动元件的动作特性。

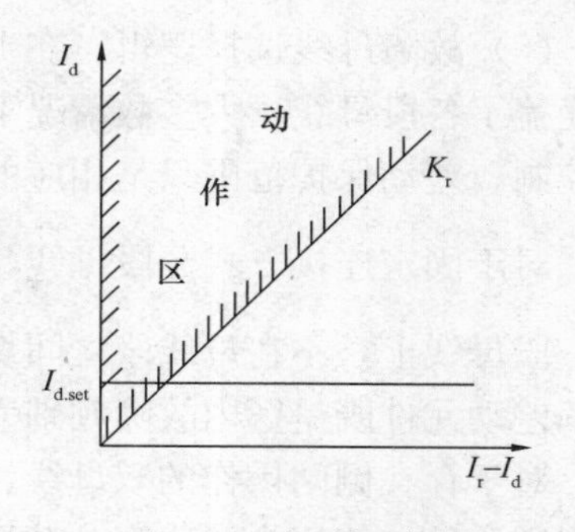

图 7-15 复式比率制动元件的动作特性

2）故障分量复式比率差动判据。为有效减少负荷电流对差动保护灵敏度的影响以及故障前系统电源功角关系对保护动作特性影响，提高保护抗过渡电阻的能力，BP-2B 母线差动保护采用了电流故障分量分相差动构成的复式比率差动判据。

提取故障分量 $\Delta i(k)$ 的算法如下

$$\Delta i(k)=i(k)-i(k-N)$$

式中 $i(k)$——当前电流采样值；

$i(k-N)$——一个周波前的电流采样值。

故障分量电流差 $\Delta I_d=\left|\sum_{j=1}^{m}\Delta I_j\right|$、故障分量电流和 $\Delta I_r=\sum_{j=1}^{m}|\Delta I_j|$ 的动作判据为

$$\left.\begin{aligned}&\Delta I_d>\Delta I_{d\cdot set}\\&\Delta I_d>K_r(\Delta I_r-\Delta I_d)\\&I_d>I_{d\cdot set}\\&I_d>0.5(I_r-I_d)\end{aligned}\right\}\tag{7-12}$$

式中 ΔI_j——第 j 个连接元件的故障分量电流；

$\Delta I_{d\cdot set}$——故障分量差电流门槛；

K_r——复式比率制动系数。

由于电流故障分量的暂态特性，故障分量复式比率差动判据仅在“和电流突变量”起动后的第一个周波投入，并受使用低制动系数（0.5）的复式比率差动判据闭锁。

（3）电流互感器饱和检测元件。为防止在母线近端发生区外故障时，由于电流互感器（TA）严重饱和造成差动保护误动作，保护装置根据 TA 饱和发生的机理以及 TA 饱和后二次电流波形的特点，设置了 TA 饱和检测元件。该元件根据区内故障和区外故障 TA 饱和情况下“差电流突变量元件”ΔI_d 与“和电流突变量元件”ΔI_r 的动作时序不同、TA 饱和时差电流波形畸变和每周波都存在线形传变区等特点，检测出 TA 饱和的时刻。

（4）电压闭锁元件。为提高保护整体的可靠性，在 BP-2B 母线差动保护中用电压闭锁元件来配合以电流判据为主的差动元件。其动作判据为

$$\begin{cases}U_{ab}\leqslant U_{set}\\3U_0\geqslant U_{0\cdot set}\\U_2\geqslant U_{2\cdot set}\end{cases}\tag{7-13}$$

式中 U_{ab}——母线线电压；

$3U_0$——母线三倍零序电压；

U_2——母线负序电压；

U_{set}、$U_{0\cdot set}$、$U_{2\cdot set}$——正、零、负序电压闭锁定值。

因为判据中用到了低电压、零序电压以及负序电压，所以称之为复合电压闭锁。当三个判据中任何一个条件满足时，该段母线电压闭锁元件就会瞬时动作，称之为复合电压元件动作，动作后自动展宽 40ms 再返回。差动元件动作出口，必须相应母线段的母线差动复合电压元件动作（与失灵复合电压元件相区分）。

(5) 故障母线选择逻辑。在 BP-2B 母线差动保护中，大差比率差动元件的差动保护范围涵盖了各段母线，大多数情况下不受运行方式的控制；小差比率差动元件受当时的运行方式控制，差动保护范围只是相应的一段母线，具有选择性。

对于固定连接方式分段母线，如单母分段、$1\frac{1}{2}$断路器等主接线，由于各元件固定连接在一段母线上，不在母线段之间切换，因此大差电流只作为起动条件之一，各段母线的小差比率差动元件既是区内故障判别元件，也是故障母线选择元件。

对于存在倒闸操作的双母线、双母线分段等主接线，使用大差比率差动元件作为区内故障判别元件，使用小差比率差动元件作为故障母线选择元件。即当大差比率元件动作时，由小差比率元件是否动作决定故障发生在哪一段母线上，这样可以最大限度地减少由于隔离开关辅助接点位置不对应造成母线差动保护误动作。

当分段母线的联络开关断开情况下发生区内故障时，非故障母线有电流流出母线，为避免其影响大差比率元件的灵敏度，大差比率差动元件的比率制动系数可以自动调整。当联络开关处于合位时（母线并列运行），大差比率制动系数与小差比率制动系数相同；当联络开关处于分位时（母线分列运行），大差比率差动元件自动转用比率制动系数低值。

在母线上的连接元件倒闸操作过程中，两条母线隔离开关相连时（母线互联），装置自动转入“母线互联方式”，即不进行故障母线的选择，一旦发生故障则同时切除两段母线。当运行方式需要时，如母联操作回路失电，也可以通过设置保护控制字中的“强制母线互联”软连接片，强制保护进入互联方式。

图 7-16 所示为双母线中Ⅰ段差动保护的逻辑关系图。

2. 装置的其他功能

(1) 母联（或分段）失灵和死区保护。当母线并列运行时，保护向母联（或分段）开关发出跳闸命令后，若经整定延时大差电流元件不返回，母联电流互感器中仍有电流，则母联失灵保护应经母线差动复合电压闭锁后切除相关母线各元件。只有当母联开关作为联络开关时，才起动母联失灵保护，因此用母差保护和母联充电保护起动母联失灵保护。

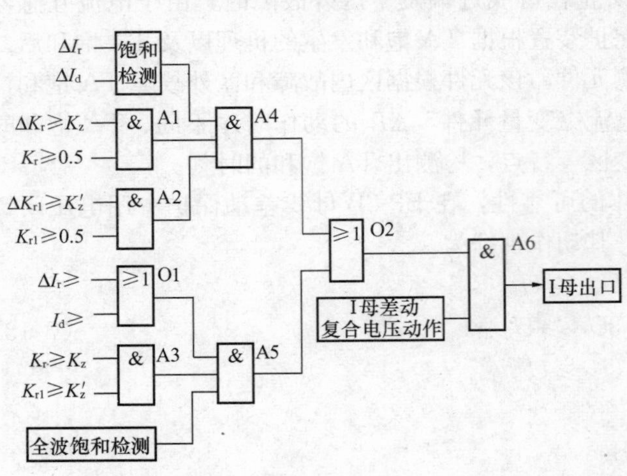

图 7-16 母线差动保护逻辑框图

ΔI_r—和电流突变量；ΔI_d—差电流突变量；$I_d\geqslant$—差电流起动元件；$\Delta I_r\geqslant$—和电流突变量起动元件；$\Delta K_r\geqslant$—大差突变量比率差动元件；$K_r\geqslant$—大差复式比率差动元件；$K_{r1}\geqslant$—Ⅰ母复式比率差动元件；$\Delta K_{r1}\geqslant$—Ⅰ母突变量比率差动元件；K_z—大差比率制动系数；K'_z—小差比率制动系数

当母线并列运行时，若故障发生在母联（或分段）开关与母联（或分段）电流互感器之间时，断路器侧母线段跳闸出口无法切除该故障，而电流互感器侧母线段的小差元件不会动作，这种情况称为死区故障。此时，母差保护已动作于一段母线，大差电流元件不返回，母联开关已跳开而母联电流互感器中仍有电流，死区保护应经母线差动复合电压闭锁后切除相关母线。

母联（或分段）失灵保护和死区保护的共同之处是故障点在母线上，跳母联开关经延时后，大差元件不返回且母联电流互感器仍有电流，跳两段母线。因此两个保护可共用一个保护逻辑，其逻辑框图如图 7-17 所示。

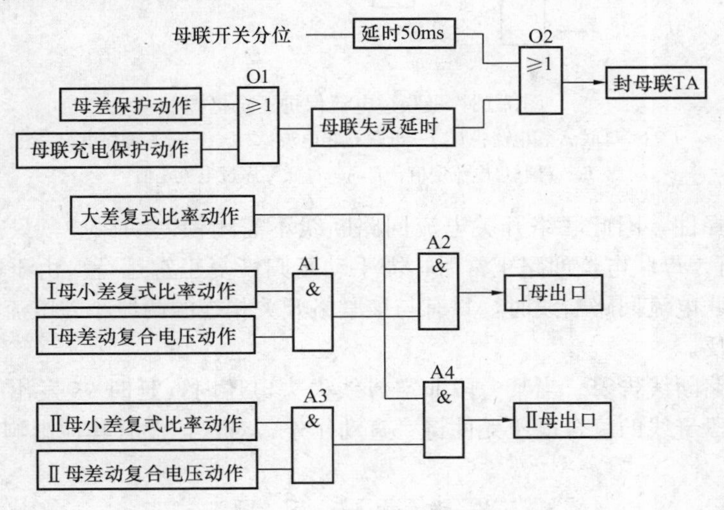

图 7-17　母联失灵保护、死区故障保护逻辑框图

由于故障点在母线上，装置根据母联断路器的状态封母联电流互感器 TA 后——即母联电流不计入小差比率元件，差动保护即可动作隔离故障点。对母联开关失灵而言，需经过长于母联断路器灭弧时间并留有适当裕度的延时（即母联失灵延时）才能封母联 TA；对于母线并列运行发生死区故障而言，母联开关接点一旦处于分位，再考虑主接点与辅助接点之间的先后时序（50ms），即可封母线 TA，这样可提高切除死区故障的动作速度。

母线分列运行时，死区点如发生故障，由于母联 TA 已被封闭，所以保护可以直接跳故障母线，避免了故障切除范围的扩大。

（2）母联（或分段）充电保护。当分段母线中的一段停电检修后，可以通过母联（或分段）开关对检修母线充电以恢复双母运行。此时投入母联充电保护，当检修母线有故障时，跳开母联开关切除故障。

母联充电保护的起动需要同时满足两个条件：一是母联电流从无到有，且之前其中一段母线为停电状态；二是母联充电保护连接片投入。这样装置可以自动区分本次合闸是充电操作还是并列操作。

充电保护一旦投入，自动展宽 20ms 后退出。当母联任一电流大于充电电流定值，经可整定延时跳开母联开关，不经复合电压闭锁。

（3）母联（或分段）过电流保护。母联（或分段）过电流保护可以作为母线解列保护，也可以作为线路（或变压器）的临时应急保护。母联过电流保护连接片投入后，当母联任一相电流大于母联过电流定值或母联零序过电流大于母联零序过电流定值时，经可整定延时跳开母联开关，不经复合电压闭锁。保护的逻辑框图如图 7-18 所示。

（4）电流回路断线闭锁。当差电流大于断线定值时，延时 9s 发出 TA 断线告警信号，同时闭锁母差保护。电流回路正常后，0.9s 自动恢复正常运行。

母联（或分段）电流回路断线时，并不会影响保护区内、区外故障的判别，只是会失去

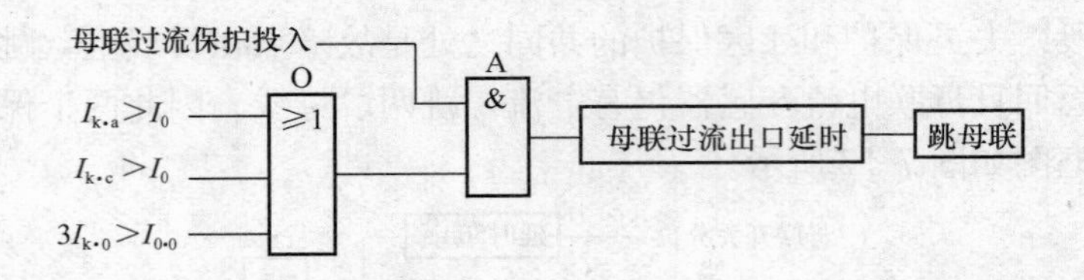

图 7-18　母联过电流保护逻辑框图

$I_{k\cdot a}$—母联 A 相电流；$I_{k\cdot c}$—母联 C 相电流；$3I_{k\cdot 0}$—母联零序电流；
I_0—母联过电流定值；$I_{0\cdot 0}$—母联零序过电流定值

对故障母线的选择性，因此联络开关电流回路断线不需闭锁差动保护，只需转入母线互联（单母方式）即可。母联电流回路正常后，需手动复归恢复正常运行。由于联络开关的电流不计入大差，母联电流回路断线时，只有与该联络开关相连的两段小差电流会越限，而且大小相等、方向相反。

（5）电压回路断线告警。当某一段非空母线失去电压时，延时 9s 发出 TV 断线告警信号。此时除了该段母线的复合电压元件将一直动作外，对保护没有其他影响。

思 考 题 与 习 题

1. 母线保护的方式有哪些？

2. 什么是母线的完全电流差动和不完全电流差动保护？它们各有什么特点？

3. 在元件固定的双母线完全电流差动保护中，当元件固定连接破坏时，保护的性能有何变化？若某一连接元件的电流互感器的二次回路发生断线而又无断线闭锁时，在区内、区外故障时，保护如何动作？试分析。

4. 母联电流相位比较式母线保护的工作原理和特点是什么？

5. 断路器失灵保护的作用是什么？为提高断路器失灵保护动作的可靠性，一般应采取哪些措施？

第八章　低压电气设备保护

第一节　6～10kV 变压器保护

6～10kV 变压器的继电保护一般采用过电流保护，保护装置装设在 6～10kV 开关柜的面板上。由于电流互感器接线方式和操作电源的不同，以及采用继电器型号的不同，6～10kV 设备的过电流保护有着不同的接线方式。

由于 6～10kV 电力变压器、电炉变压器和整流变压器均属于小型变压器，通常只装设交流或直流操作的过电流保护，只有容量在 800kVA 及以上时才装设瓦斯保护。

一、交流操作的过电流保护

在 6～10kV 中小型变配电所中，一般没有直流操作电源，因而广泛采用交流操作的过电流保护。这种保护的优点是简单、可靠、便于维护，其断路器操动机构的脱扣器使用瞬时过载脱扣器和分励脱扣器两种。瞬时过载脱扣器 T-6 型的动作电流为 5～15A 可调节；分励脱扣器 T-5 型的动作电流是 3.5A。

交流操作的过电流保护主要有两种类型：其一是用动断触点的反时限过电流保护，其二是带速饱和电流互感器采用动合触点的反时限过电流保护。

1. 采用动断触点的反时限过电流保护

它主要由感应型电流继电器 1、2 和瞬时脱扣器 6、7 等组成，其原理接线图如图 8-1 所示。图 8-1（b）为采用一组电流互感器的接线方式，这种接线方式由于电流互感器的二次负载过大往往会使其误差超过 10%，从而使过电流保护与相邻上一级保护难以配合，甚至

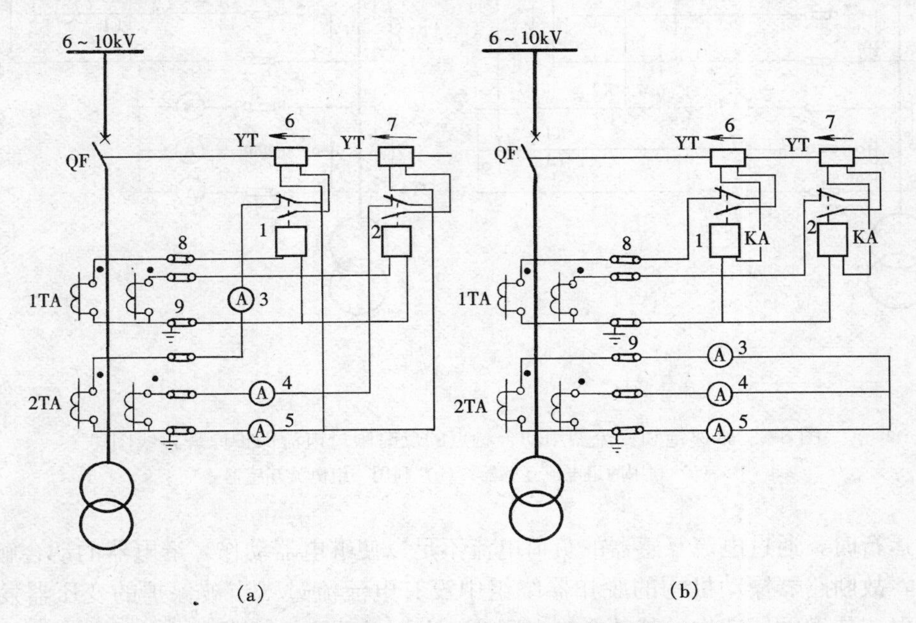

图 8-1　采用动断触点的反时限过电流保护原理接线图
（a）利用两组电流互感器；（b）利用一组电流互感器

造成速断保护拒绝动作。因此，保护应该采用两组电流互感器的接线方式，以减轻电流互感器的二次负载，如图 8-1（a）所示。保护中继电器的动断触点在正常时要求接触可靠，否则会使断路器误跳闸。为此，采用 GL-25、GL-26、GL-15、GL-16 型感应式电流继电器。该继电器具有桥式触点，触点断流容量为 150A，且允许长期承受 110%的额定电流，可以有效地防止继电器因动断触点接触不良所引起的断路器误动作，而且桥式触点在工作时还能保证不会造成电流互感器二次回路开路。

正常运行时，继电器动断触点将操作电源短路，电流不能流入脱扣器绕组。当被保护变压器发生短路时，电流增加，达到继电器的动作电流值，继电器动作，其动断触点打开动合触点闭合，操作电流流入脱扣器绕组并使断路器跳闸。

2. 带速饱和变流器采用动合触点的反时限过电流保护

这种保护原理接线如图 8-2 所示采用了速饱和变流器 4、5，并由感应型电流继电器 1、2 和脱扣器 6、7 构成。由于速饱和变流器的二次绕组匝数较少，可以在开路的情况下使用，因而可以采用带有动合触点的 GL-21、GL-22、GL-11、GL-12 型反时限电流继电器。如此构成的保护，电流互感器的负载较轻，因此利用一组或两组电流互感器都能满足 10%误差曲线的要求，即电流互感器的误差不会超过 10%，如图 8-2 所示。

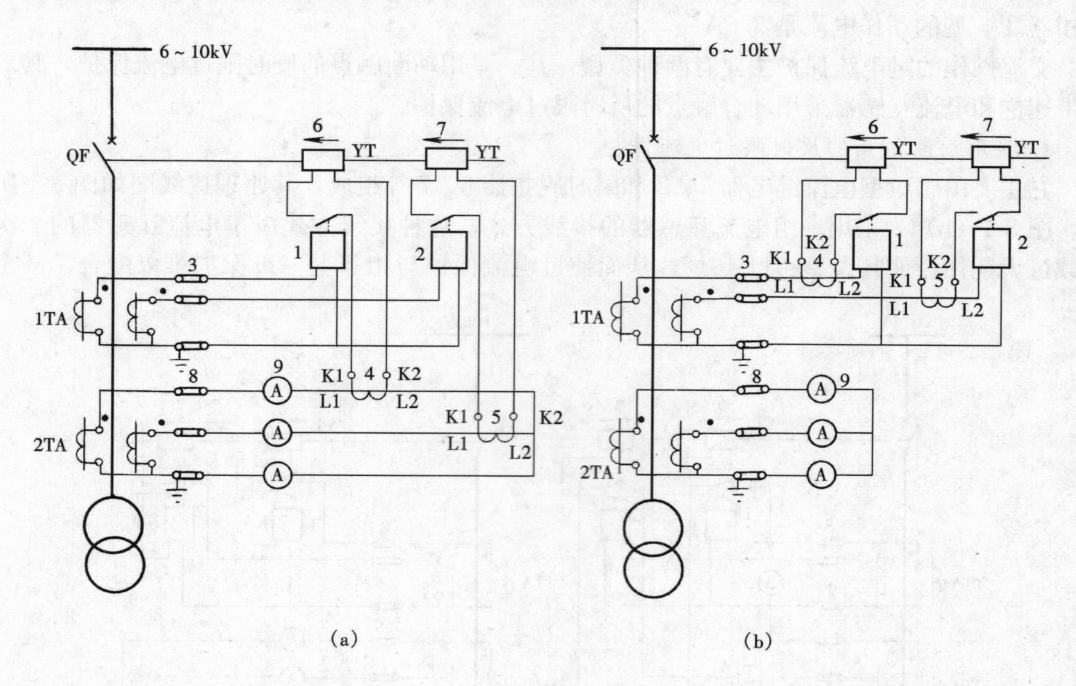

图 8-2 带速饱和变流器用动合触点的反时限过电流保护原理接线图

（a）利用两组电流互感器；（b）利用一组电流互感器

正常运行时，通过电流互感器的负荷电流不足以使继电器动作，继电器的动合触点处于分开状况，故断路器操动机构的脱扣器绕组中没有电流流过。当被保护的变压器发生短路时，短路电流使继电器动作，其动合触点闭合，此时速饱和变流器二次输出较大的电压和电流，经继电器已经闭合的动合触点使脱扣器动作，将断路器跳闸，切除故障。

二、直流操作的过电流保护

在电压等级为 35kV 的变配电站内，一般都有可靠的直流操作电源。因此，变配电站内 6～10kV 的设备可以采用直流操作的过电流保护。这种保护主要有定时限过电流保护和反时限过电流保护两种类型。

（1）定时限过电流保护。它通常采用速断加过电流两段式保护，由电磁型电流继电器、时间继电器、中间继电器以及信号继电器等构成，其原理接线如图 8-3 所示。

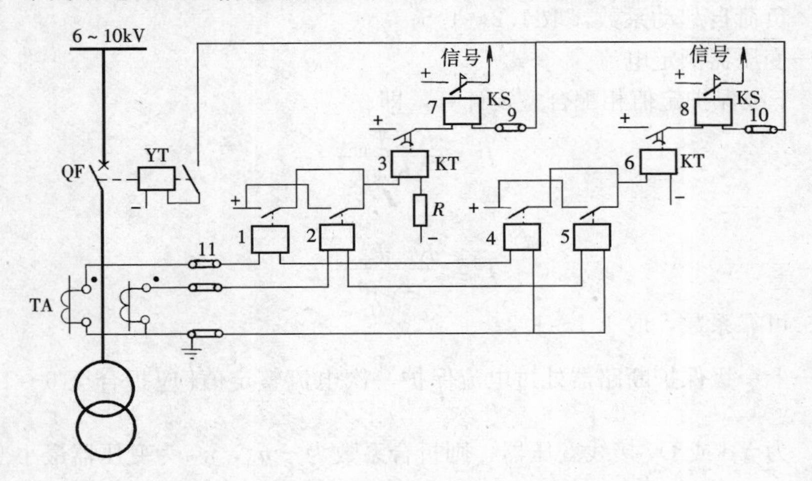

图 8-3　直流操作电源的定时限过电流保护

变压器的定时限过电流保护与输电线路的定时限过电流保护工作原理相同。

（2）反时限过电流保护。它只需要采用一个继电器即可构成电流速断和反时限过电流两段式电流保护。通常由采用带有动合触点的 GL-21、GL-22、GL-11、GL-12 型电流继电器 1、2 构成，电流继电器还附有信号牌，故可以省去信号继电器，若需要有声响和光字牌效果的信号时，可加装信号继电器，其原理接线如图 8-4 所示。

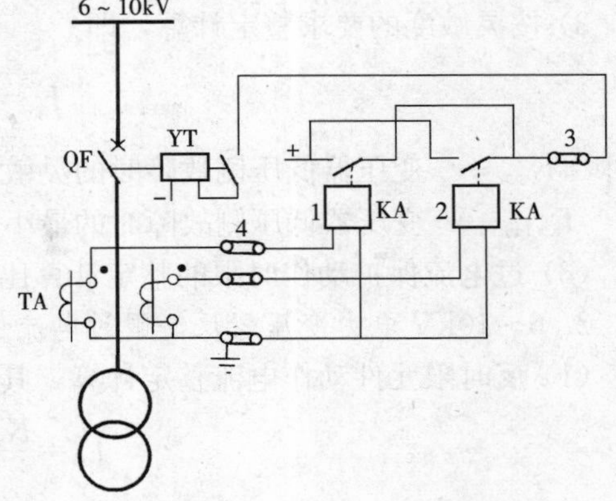

图 8-4　直流操作电源的反时限过电流保护

三、6～10kV 变压器保护的整定计算

1. 6～10kV 电力变压器定时限过电流保护的整定计算

（1）电流速断保护动作电流整定计算。按躲过最大运行方式下，变压器低压侧发生三相短路时的最大短路电流 $I_{k\cdot max}$ 整定，即

$$I_{op}=K_{rel}K_{con}\frac{I_{k\cdot max}}{n} \tag{8-1}$$

式中　K_{rel}——可靠系数，取 1.2～1.3；

K_{con}——接线系数，取为 1。

电流互感器按星形或不完全星形连接时取 1；按两相差接线连接时取$\sqrt{3}$。6～10kV 电力变压器保护的电流互感器通常按星形或不完全星形连接。

(2) 过电流保护动作电流整定计算。按以下三个条件整定计算，取适中值。

1) 按躲过变压器最大负荷电流整定，即

$$I_{op}=K_{rel}K_{con}\frac{K_{ast}I_N}{K_r n_{TA}} \quad (8\text{-}2)$$

式中 K_{rel}——可靠系数，取1.2～1.3；

K_r——返回系数，取0.8～0.85；

K_{ast}——负荷自起动系数，取1.2～1.5；

I_N——变压器额定电流。

2) 按上、下级保护定值相配合整定计算，即

$$I_{op}\leqslant\frac{K_{con}I_{op\cdot u}}{K_{rel}n} \quad (8\text{-}3)$$

及

$$I_{op}^{II}\geqslant\frac{K_{con}I_{op\cdot n}}{K_{rel}n} \quad (8\text{-}4)$$

式中 K_{rel}——可靠系数，取1.1～1.2；

$I_{op\cdot u}$——上一级保护断路器处过电流保护一次电流整定值（应折合至6～10kV侧，若为Yd或Dy接线变压器，则折合系数为$\frac{\sqrt{3}}{2}n_T$，n_T为变压器最小变比）；

$I_{op\cdot n}$——下一级保护断路器处过电流保护一次电流整定值（应折合至6～10kV侧，折合系数为$\frac{1}{n_T}$）。

3) 按灵敏度的要求整定计算，即

$$I_{op}=\frac{K_{con}I_{k\cdot min}}{K_{sen}n_{TA}} \quad (8\text{-}5)$$

式中 K_{sen}——变压器低压侧故障时的灵敏系数，取1.3～1.5；

$I_{k\cdot min}$——变压器低压侧故障时的最小两相短路电流。

(3) 过电流保护动作时限的整定计算比上一级断路器处过电流保护时限小0.5s。

2. 6～10kV电力变压器反时限过电流保护的整定计算

(1) 反时限元件动作电流整定计算，其动作电流计算为

$$I_{op}=\frac{K_{rel}K_{con}}{K_r}K_{ast}\frac{I_N}{n_{TA}} \quad (8\text{-}6)$$

式中 I_{op}——继电器动作电流整定值；

K_{rel}——可靠系数，取1.2～1.3；

K_r——继电器返回系数，取0.85；

K_{con}——接线系数；

n_{TA}——电流互感器变比；

K_{ast}——电动机自起动系数，取1.2～1.5，无自起动时取为1；

I_N——变压器额定电流。

取接近计算值的整定分接头挡。

(2) 确定继电器二倍反时限动作电流的时间整定值。原则上应使保护能与电源断路器处的保护及低压侧出线断路器处的保护进行配合。因此，要求反时限特性曲线在变压器低压侧为最大短路电流时有 0.5～0.8s 的动作时限而比上一级断路器的保护至少有 0.5s 的时限级差。

(3) 电流速断元件动作电流的整定计算(应折合为反时限动作电流的倍数)。其动作电流按躲过变压器低压侧的三相短路电流 I_{kmax}(约为变压器额定电流的 15～18 倍)整定，即

$$I_{op}=K_{rel}K_{con}\frac{I_{k\cdot max}}{n} \tag{8-7}$$

式中 K_{rel}——可靠系数，取 1.5。

将计算所得电流折算至反时限动作电流的倍数，此即电流速断元件动作电流整定时所采用的倍数。

3. 电弧炉用电力变压器保护的整定计算

电弧炉在电弧引燃时以及引燃期的电流较大，通常为额定电流的 1.2～3.5 倍，持续时间一般均在 3s 左右。此时，电弧炉用变压器的过电流保护不应动作。

电弧炉变压器有一定的过载能力，其大小决定于冷却方式和机械强度，但继电保护的动作电流最大不得超过额定电流的 3～3.5 倍。通常，电弧炉变压器均采用反时限过电流保护。

(1) 反时限过电流保护动作电流整定计算，其动作电流整定为

$$I_{op}=\frac{K_{rel}K_{con}K_{ol}}{K_r}\frac{I_N}{n_{TA}} \tag{8-8}$$

式中 K_{ol}——过载系数，决定于变压器的冷却方式及上层油温，一般取 1～2。

其他系数同前。

(2) 二倍反时限动作电流的时限整定计算。一般二倍反时限动作电流的时限按 3.5s 选取。对于新变压器或检查认为强度较好的变压器，可按 5～6s 整定；对于旧变压器和强度较差的变压器，应整定动作时限为 2～2.5s。

(3) 电流速断元件动作电流整定计算。其动作电流应躲过变压器低压侧的最大三相短路电流，由于变压器短路电抗在 10%～20%之间，故 $I_{k\cdot max}=(5\sim10)I_N$，则

$$I_{op}=K_{rel}K_{con}\frac{K_{k\cdot max}}{n_{TA}} \tag{8-9}$$

式中 K_{rel}——可靠系数，取为 1.5。

4. 整流变压器保护整定计算

整流变压器一般不考虑过载运行，当在直流侧发生短路时，其高压侧断路器应在 0.15s 内跳闸。整流变压器通常装设反时限过电流保护。

(1)反时限电流保护的动作电流按躲过变压器的额定电流 I_N 整定，并考虑外部故障切除后能够可靠返回，即

$$I_{op}=\frac{K_{rel}K_{con}}{K_r}\frac{I_N}{n_{TA}} \tag{8-10}$$

式中 K_{rel}——可靠系数，取 1.2；

K_r——继电器的返回系数，取 0.85。

(2) 二倍反时限动作电流的时限通常取为 1s。

(3) 电流速断元件可取 3～4 倍反时限动作电流作为速断元件的动作电流，此时还应校核在直流侧故障时速断保护能在 0.15s 内动作，断开电源。

四、6～10kV 变压器保护的整定计算举例

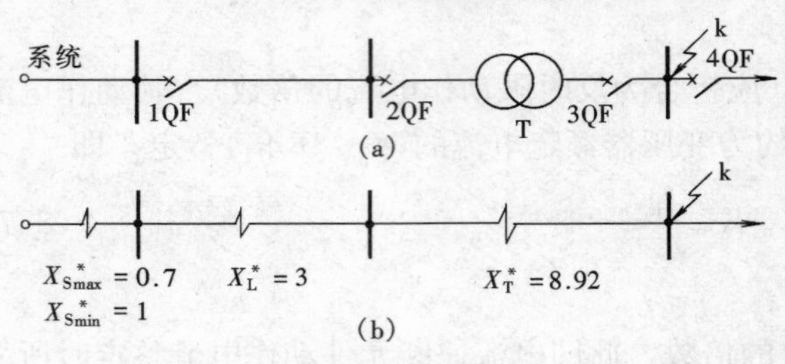

图 8-5 系统接线图及阻抗图
(a)系统接线图；(b)等值阻抗图

【例 8-1】 如图 8-5 所示为某变电站一次系统接线图和阻抗图。图中，变压器容量为 560kVA，其电压为 6.3/0.4kV，额定电流为 51.3A/807A，短路电抗为 5%。装设反时限过电流保护，电流互感器变比为 100/5，其上一级断路器处装设定时限过电流保护，一次定值为 $I_{op}=1500A$，动作时限为 2s。计算变压器的两相式过电流保护的动作值。

解 由于采用反时限过电流保护，故选用型号为 GL-21/10 型继电器。

(1) 短路电流计算。计算时基准值取为 100MVA，则电流基准值为 $I_b=51.3\times\frac{100}{560}=9.17(kA)$，$X_{s\cdot max}^*=0.7$，$X_{s\cdot min}^*=1.0$；线路阻抗为 $X_L^*=3$；变压器阻抗为

$$X_T^*=\frac{5}{100}\times\frac{100}{0.56}=8.92$$

当 k 点发生三相短路时，其最大、最小短路电流分别为

$$I_{k\cdot max}^{(3)}=\frac{I_b}{X_\Sigma^*}=\frac{9.17}{0.7+3+8.92}=0.726(kA)=726A$$

和

$$I_{k\cdot min}^{(3)}=\frac{I_b}{X_\Sigma^*}=\frac{9.17}{1+3+8.92}=0.71(kA)=710A$$

(2) 保护动作电流的计算。

1) 根据式(8-6)，反时限过电流保护动作电流整定计算为

$$I_{op}=\frac{K_{rel}K_{con}}{K_r}K_{ast}\frac{I_N}{n}=\frac{1.2\times1}{0.85}\times1.5\times\frac{51.3}{100/5}=5.42(A)$$

实际反时限动作电流取为 6A。折算至 6kV 侧，则一次动作电流为

$$I_{op}=6\times100/5=120(A)$$

2) 由式(8-7)，电流速断元件的动作电流整定计算为

$$I_{op}=K_{rel}K_{con}\frac{I_{k\cdot max}}{n}=\frac{1.5\times1}{100/5}\times726=54.5(A)$$

取 8 倍反时限动作电流作为速断元件的动作电流，即

$$I_{op}=8\times6=48(A)$$

折算至 6kV 侧，则一次侧动作电流为

$$I_{op}=48\times\frac{100}{5}=960(A)$$

(3) 保护动作时限整定计算。为了能与变压器低压侧出线断路器处的保护有一个时限级差，二倍反时限动作电流的时限整定，应按变压器低压侧的短路电流最大时，本保护有

0.5s 的时限进行考虑。即计算出最大短路电流与反时限动作电流之比

$$\frac{I_{k \cdot max}}{I_{op}}=\frac{726}{120}=6.05(\text{倍})$$

查 GL-21/10 型继电器的反时限特性曲线，在 6 倍动作电流倍数时的 0.5s 曲线，可查出此曲线在二倍反时限动作电流值时的动作时限为 1.1s。它与相邻上一级定时限过电流保护的动作时限 2s 相配合时有不小于一个 Δt 的级差。

【例 8-2】 400kVA 电炉变压器，额定电流为 36.6A，电压为 6.3kV，短路电抗为 16%，采用的电流互感器变比为 50/5，反时限过电流保护的继电器型号为 GL-25/10。试对该保护进行整定计算。

解 (1) 反时限过电流保护的动作电流可根据式(8-8)进行整定计算，即

$$I_{op}=\frac{K_{rel}K_{con}K_{ol}}{K_{r}}\times\frac{I_{N}}{n}=\frac{1\times1.2\times1}{0.85}\times\frac{36.6}{50/5}=5.2(\text{A})$$

取整定插头为 6A 挡。

(2) 二倍反时限动作电流的时限取为 3s。

(3) 速断元件动作电流。应先计算变压器低压侧的最大短路电流，然后根据式(8-9)整定计算

$$I_{k \cdot max}=\frac{1}{16\%}\times\frac{400}{\sqrt{3}\times6.3}=230(\text{A})$$

$$I_{op}=K_{rel}K_{con}\frac{I_{k \cdot max}}{n}=1.5\times1\times\frac{230}{50/5}=34.5(\text{A})$$

实取动作电流值为 30A，即 5 倍反时限动作电流时速断。

【例 8-3】 某水银整流变压器，其容量为 2080kVA，额定电压为 6.3kV，额定电流为 190.5A，短路电抗为 9%，采用的电流互感器变比为 300/5，基准容量为 100MVA，系统等值阻抗 $X_{s}^{*}=0.8$，装设两相式反时限过电流保护。对该保护整定计算。

解 (1) 反时限过电流保护动作电流根据式(8-10)整定计算

$$I_{op}=\frac{K_{rel}K_{con}}{K_{r}}\times\frac{I_{N}}{n_{TA}}=\frac{1.2\times1}{0.85}\times\frac{190.5}{300/5}=4.5(\text{A})$$

取整定插头为 5A 挡。

(2) 二倍反时限动作电流的动作时限取为 1s。

(3) 电流速断元件动作电流按 3 倍反时限动作电流确定

$$I_{op}=3\times5=15(\text{A})$$

6kV 侧一次动作电流为

$$I_{op}=15\times300/5=900(\text{A})$$

在变压器直流侧发生短路时的最大短路电流，由于

$$X_{T}^{*}=0.09\times\frac{100}{2.08}=4.5$$

$$X_{\Sigma}^{*}=X_{T}^{*}+X_{S}^{*}=4.5+0.8=5.3$$

则有

$$I_{k \cdot max}=\frac{1}{X_{\Sigma}^{*}}\times\frac{100}{\sqrt{3}\times6.3}=1730(\text{A})>900\text{A}$$

由此可知，当变压器直流侧短路时，可以保证在0.15s内快速切除故障。

第二节 电动机的电流和电压保护

一、电动机的故障和不正常运行状态

(一) 异步电动机的故障和不正常运行状态

异步电动机转子上无励磁电流，借助转速 n 低于同步转速 n_1，在转子绕组中感应出电流，此电流产生一旋转的磁场用以维持电动机的运行。因此，异步电动机的转子绕组是短路的，且其转速 n 永远低于同步转速 n_1。

1. 异步电动机的故障

异步电动机常见的故障有：

(1) 定子绕组的相间短路。定子绕组的相间短路故障是由于绕组损坏而引起的，它是电动机最严重的故障。相间短路故障不仅会引起绕组绝缘损坏，烧坏定子铁芯，甚至会造成电网电压显著降低，破坏其他设备的正常工作，所以在电动机上应装设反应相间短路故障的保护。容量在2MW以下的电动机一般装设电流速断保护；容量在2MW及以上或容量小于2MW但电流速断保护灵敏度不满足要求的电动机装设纵差动保护。

(2) 定子绕组的单相接地故障。单相接地故障对电动机的危害取决于供电网络中性点接地方式及接地电流的大小。在380/220V三相四线制供电网络中，由于供电变压器的中性点是直接接地的，当电动机定子绕组发生单相接地故障时，故障电流较大，所以应装设快速动作于跳闸的单相接地保护装置。在高压供电电网中，其供电变压器的中性点可能不接地或经消弧线圈接地，当电动机定子绕组发生单相接地故障时，接地电流只有对地电容电流，数值较小，对电动机的危害也较小，根据规程规定：当接地电流小于10A时，应装设动作于信号的接地保护；当接地电流大于是10A时，应装设动作于跳闸的接地保护。

(3) 定子绕组的匝间短路。电动机发生匝间短路故障时，由于出现负序电流，电动机出现制动转矩，转差率增大，使定子电流增大；与此同时，电动机的热源电流增大，使电动机过热。若用 α 表示短路匝数占一相绕组总匝数的百分数，则当 α 越大时，负序电流越大，定子电流增大以及电动机过热也增大；当 α 越小时，负序电流也小，定子电流增大及过热也不大，但故障点的电弧会烧坏绝缘甚至铁芯。因此，电动机的匝间短路故障是一种较为严重的故障，然而到目前为止，还没有简单且完善地反应匝间短路的保护装置。

2. 异步电动机的不正常运行状态

异步电动机的不正常运行状态有如下几种：

(1) 过负荷。产生过负荷的因素有所带机械负载过负荷、供电电压降低和频率降低时造成电动机转速下降而引起过负荷、电动机起动和自起动时间过长而引起的过负荷以及由于一相熔断器熔断造成两相运行而产生的过负荷，长时间的过负荷将使电动机温升超过允许值，从而加速绝缘的老化，甚至引起故障。

(2) 电动机运行过程中三相电流不平衡或运行过程中发生两相运行。三相电流不平衡时，定子绕组中会出现负序和零序电流。因电动机定子中性点不接地，所以零序电流不会在定子绕组中流通，也不会产生合成磁场，对电动机基本没什么影响；而负序电流产生的负序

磁场将对电动机起到制动作用，当负载不变时，由于负序磁场的制动作用，势必造成正序电流增大以驱动机械负载，其结果是定子电流增大。另外，由于转子切割负序旋转磁场的速率接近2倍同步转速，很容易造成转子绕组过热。

电动机在运行过程中可能会发生断相而造成两相运行。设电动机中性点不接地，A相断相后，其三相电流 $\dot{I}_A$、$\dot{I}_B$、$\dot{I}_C$ 为

$$\dot{I}_A = 0$$

$$\dot{I}_B + \dot{I}_C = 0$$

由对称分量法可得

$$\dot{I}_B = \frac{\dot{U}_{BC}}{Z_1 + Z_2}$$

式中　$\dot{U}_{BC}$——B、C两相之间的线电压；

Z_1、Z_2——异步电动机的正序和负序阻抗。

图8-6所示为A相断线后异步电动机的等值电路。如果在电动机起动时一相断线，由于 $s=1$，所以 $Z_1=Z_2$，由等值电路可知

$$\dot{U}_1 = \dot{U}_2 = \frac{1}{2}\dot{U}_{BC} \tag{8-11}$$

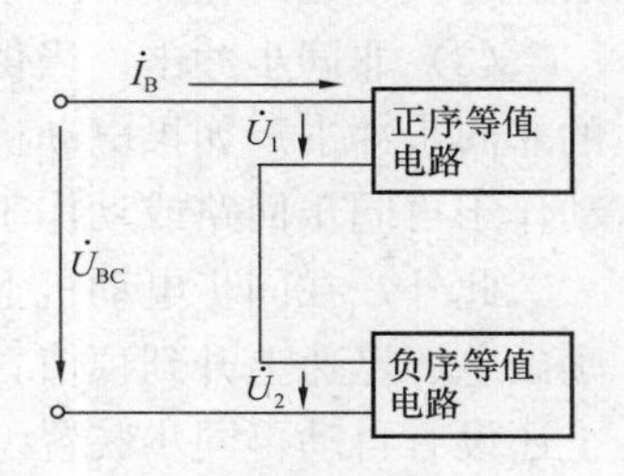

图8-6　A相断线后异步电动机的等值电路

式（8-11）说明，正序电流产生的驱动转矩与负序电流产生的制动转矩相等，驱动转矩与制动转矩之和 $M_\Sigma = M_1 + M_2 = 0$。因此，断相后电动机无起动转矩，电动机不能转动。但此时 $Z_1 = Z_2 = Z_{st}$，电动机有很大的定子电流，约为正常起动电流的 $\sqrt{3}/2$倍。

如果在运行中异步电动机一相断线，$Z_1 > Z_2$，所以 $U_1 > U_2$，说明正序电流产生的驱动转矩大于负序电流产生的制动转矩，有 $M_\Sigma > 0$，电动机仍可运行。当负载不变时，由于负序磁场的制动作用，转差率 s 增大，使驱动转矩增大。由于 s 增大，导致 Z_1减小，因此流入电动机的定子电流也急剧增大，致使电动机过热。另一方面，因 $I_2 = I_B/\sqrt{3}$，负序电流同时随 I_B的增大而增大，所以过热更加严重。

（3）供电电压过低或过高。电压过低时，电动机的驱动转矩随电压的平方降低，电动机吸取电流随之增大，供电网络阻抗上压降相应增大，为保证重要电动机的运行，在次要电动机上应装设低电压保护。另外，在不允许自起动的电动机上也应装设低电压保护。

（4）电动机的堵转。当电动机在运行过程中或起动过程中发生堵转时，因转差率 $s=1$，所以电流将急剧增大容易造成电动机烧毁事故。

（二）同步电动机的故障和不正常运行状态

同步电动机上设有励磁绕组，由直流励磁电源供给励磁电流。励磁绕组是集中绕组，产生的转子磁场相对于转子绕组在空间上是恒定不变的；定子电流通过定子绕组也产生一定子旋转磁场。因此，同步电动机的基本工作原理是定子磁场拉着转子磁场一起旋转，产生驱动转矩。驱动转矩与输入电动机的有功功率成正比。

1．同步电动机的故障

同步电动机上的故障类型与异步电动机相同。

2．同步电动机的不正常运行状态

同步电动机的不正常运行状态除了与异步电动机相同的几点外，还有以下几种情况：

（1）失步。同步电动机的励磁电流减小或供电电压降低时，均会导致电动机的驱动转矩减小，当转矩最大值小于机械负荷的制动力矩时，同步电动机失去同步。失步后，同步电动机的转速下降，在起动绕组和励磁绕组中感应出交变电流，产生异步转矩，使电动机逐步转入异步运行状态。在异步运行期间，由于转矩交变，所以转子转速和定子电流将发生振荡，严重时可能引起机械共振和电气共振，导致同步电动机损坏。所以，在同步电动机上应装设失步保护。

（2）失磁。同步电动机励磁消失或部分消失时，会使驱动转矩消失或减小，致使同步电动机失步并转入异步运行状态。为反应同步电动机的失磁，应装设失磁保护。失磁保护动作后应增大励磁，无效时可动作于跳闸。

（3）非同步冲击。当供电给同步电动机的电源中断后再恢复时，可能造成对同步电动机的非同步冲击。如果电动机不允许非同步冲击，应装设非同步冲击保护。非同步冲击保护可动作于再同步回路或动作于跳闸。

此外，在同步电动机上通常设有强行励磁装置，当供电电压降低到一定程度时，自动将励磁电压迅速上升到顶值；当电动机在运行中失步后，为尽快恢复同步运行，在同步电动机上还设有自动再同步装置。

二、电动机的电流纵差动保护

电流纵差动保护主要应用于容量在2MW及以上的电动机上，作为电动机的定子绕组及电缆引出线间的相间短路保护方式；容量在2MW以下，采用电流速断保护灵敏度不满足要求时，也可采用差动保护。

电动机纵差动保护的接线方式有以下两种：

（1）两相式接线：应用于容量在5MW以下的电动机。

（2）三相式接线：应用于容量在5MW以上的电动机。这样可以保证在两点接地短路，而一点在保护区内、另一点在保护区外时，纵差动保护能快速跳闸。

（一）纵差动保护的工作原理

大型电动机的中性点侧都有引出线，因此电动机的进线端和中性点侧都可装设电流互感器来测量两端电流。在正常运行情况下，每相两端的电流互感器流过同样大小和相位的电流；当电动机内部发生短路故障时，短路电流只流过进线端的电流互感器，而不流过中性点端的电流互感器。利用这个差异，可以构成电动机的差动保护。

1．纵差动保护的原理接线

（1）采用环流法接线的电动机纵差动保护。其单相原理接线图如图8-7所示。在电动机的进线端和中性点端装设同样型号和变比的两组电流互感器，电流互感器的二次绕组用导线连接起来。其连接方式是：在正常情况下，差动继电器中流过的电流 $\dot{I}_{d}$ 是两端电流互感器二次电流之差，即：$\dot{I}_{d}=\dot{I}_{b}-\dot{I}'_{b}$，其中 $\dot{I}_{b}$、$\dot{I}'_{b}$ 分别为B相进线端和中性点端电流互感器的二次电流。

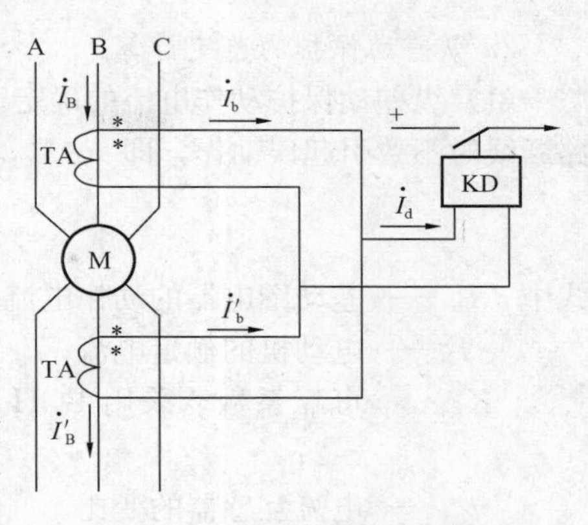

图 8-7　环流法连接的电动机纵差动保护原理图

由图 8-7 可知，正常情况下流过两端电流互感器的电流的大小和相位都相同，$\dot{I}_B=\dot{I}'_B$。在电流互感器的型号和变比相同的情况下，二次侧的连接方式使流过差动继电器的电流几乎等于零，即

$$\dot{I}_d=\dot{I}_b-\dot{I}'_b=0$$

差动继电器不会动作。

而当电动机内部发生短路故障时，短路电流只经过进线端的电流互感器，而不经过中性点端的电流互感器。因此，流入差动继电器的电流几乎等于二次侧的短路电流，即

$$\dot{I}_d=\dot{I}_b-0=\frac{\dot{I}_k}{n_{TA}} \tag{8-12}$$

式中　$\dot{I}_k$——流过进线端的一次短路电流；

n_{TA}——电流互感器的变比。

此电流可使差动继电器动作，断路器跳闸，切除故障。

差动保护中的电流互感器是相同的，为防止电流互感器二次回路断线时引起保护误动作，差动保护的动作电流应取 1.3 倍的额定电流。

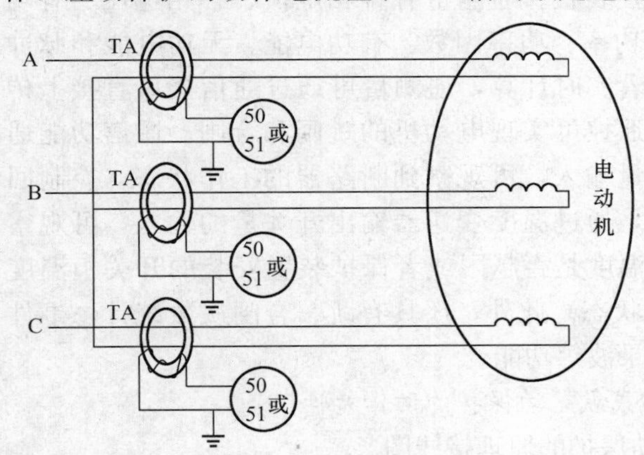

图 8-8　磁平衡式纵差动保护三相接线图

(2) 磁平衡式纵差动保护。磁平衡式的纵差动保护的三相原理接线图如图 8-8 所示，电动机每相绕组的进线端和中性点端引线分别入、出磁平衡式电流互感器一次。电动机在正常运行或外部故障时，各相始端和终端电流一进一出，互感器一次安匝为零，二次无输出，保护不动作。

由图 8-8 可见，在电动机没有发生相间短路的情况下，依靠互感器一次励磁安匝的磁平衡，差动继电器中没有不平衡电流。当互感器二次回路断线时，不会出现过电压现象；而且在电动机自起动和外部短路的暂态过程中，不会因暂态不平衡电流而误动作。

国产磁平衡式电流互感器，例如 LXZG（干式）或 LXZZ（浇注式）型，它们必须与规定的电流互感器成套使用，以使继电器阻抗与互感器励磁阻抗相匹配，使继电器从互感器取得最大伏安数。这一点对短路电流很大的相间短路关系不大，但对于电动机单相接地、供电网络为非直接接地的电缆网络有重要意义，因为在电动机内部发生单相接地故障时，故障电流仅为电缆网络的电容电流，数值较小，必须使互感器和继电器工作在最灵敏状态。

装置功能编号 50 为瞬动过电流继电器；51 为反时限过电流继电器。

2. 纵差动保护的整定计算

(1) 纵差动保护动作电流的确定。电动机纵差动保护动作电流的整定，主要考虑二次回路断线时不致引起误动作，即

$$I_{set}=\frac{K_{rel}I_N}{n_{TA}} \tag{8-13}$$

式中 I_{set}——差动继电器的动作电流；

I_N——电动机的额定电流；

K_{rel}——可靠系数，采用 BCH-2 型继电器时取 1.3，采用 DL-11 型继电器时取 1.5～2；

n_{TA}——电流互感器的变比。

(2) 采用 BCH-2 型继电器时平衡线圈和短路线圈的选择。由于电动机纵差动保护所使用的电流互感器接法与变比都是相同的，所以平衡线圈不用，取“0”—“0”；短路线圈的匝数，可取“2”—“2”或“3”—“3”。

(3) 采用 DL-11 型电流继电器时的时间选择。由于电动机起动时的短路电流非周期分量可能会使瞬动的 DL-11 型电流继电器误动作，因此必须带有 0.2s 的动作时限。

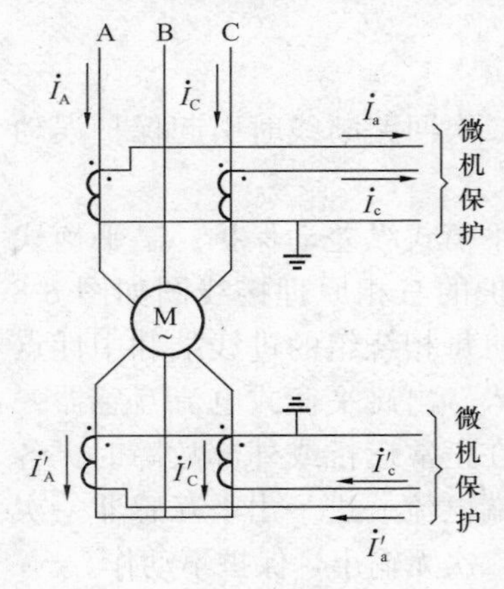

图 8-9 电动机纵差动保护接线（两相式）

(二) 数字式纵差动保护

数字式异步电动机保护装置，除保护功能外，还有遥测、遥控、遥信功能，与保护装置综合为一体，构成异步电动保护测控装置。遥测量有各相电流、各相电压、有功功率、无功功率、功率因数、有功电能、无功电能和脉冲电能等，随着实时计算，遥测量可通过通信接口直接上传给上位机。遥控可实现电动机的跳闸和合闸。遥信功能通过无源开关量输入，可观察到断路器的工作状态，控制回路是否断线，通过温度变送器输出开关量的输入，可观察电动机轴承温度是否越限或者保护装置安装的开关柜温度是否过高等状态。此外，还具有跳、合闸次数统计，事件记录，故障录波等功能。

1. 数字式纵差动保护的动作特性

图 8-9 所示为两相式接线的电动机纵差动保护的原理接线图。

图中 $\dot{I}_a$、$\dot{I}'_a$、$\dot{I}_c$、$\dot{I}'_c$ 分别为进线端和中性点端 A、C 相电流互感器二次电流。

纵差动保护的动作电流 I_{set}、制动电流 I_{res} 的表示式为

$$\left.\begin{aligned}I_{set\cdot a}&=|\dot{I}_a-\dot{I}'_a|_{A相}\\I_{set\cdot c}&=|\dot{I}_c-\dot{I}'_c|_{C相}\end{aligned}\right\} \tag{8-14}$$

$$\left.\begin{aligned}I_{res\cdot a}&=\frac{1}{2}|\dot{I}_a+\dot{I}'_a|_{A相}\\I_{res\cdot c}&=\frac{1}{2}|\dot{I}_c+\dot{I}'_c|_{C相}\end{aligned}\right\} \tag{8-15}$$

图 8-10 所示为纵差动保护的比率制动特性，其中图 8-10 (a) 为两折线特性，拐点电流一般取 I_g 等于额定电流，斜率在 0.2～0.5 间调整；图 8-10 (b) 为三折线特性，拐点电流 I_{g1} 取 $0.5I_{2N}$

（I_{2N}为额定电流），I_{g2}取 2.5I_{2N}，斜率 S_1在 0.2～0.5 间调整，S_2在 0.5～1 间调整。

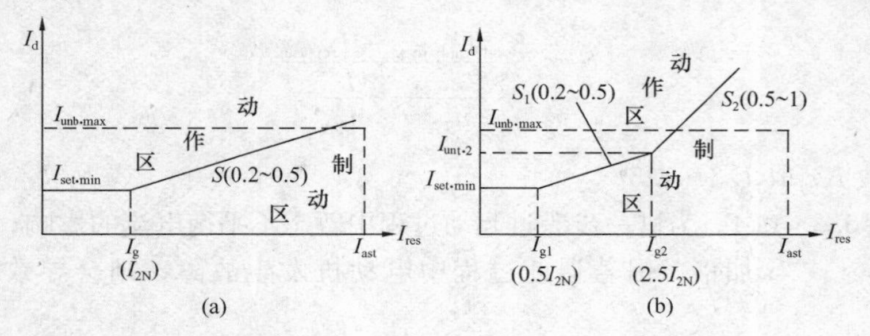

图 8-10　电动机纵差动保护的比率制动特性

（a）两折型；（b）三折型

制动特性参数的设置应躲过电动机全电压起动时差动回路最大不平衡电流；同时应躲过外部三相短路电动机向外供给短路电流时差动回路的不平衡电流；最小动作电流 $I_{set \cdot min}$应躲过电动机正常运行时差动回路的不平衡电流。

当 TA 二次回路断线时，应闭锁保护出口并同时发出 TA 二次回路断线告警。因不考虑两个 TA 二次回路同时断线，所以 TA 二次回路断线的判据如下：

（1）TA 的二次电流中有一个小于最小起动电流 $I_{set \cdot min}$（或取更小的值），其他三个电流均大于此值或保持不变。

（2）差动回路电流大于 $I_{set \cdot min}$，但小于 1.3 倍额定电流。

当上述两个条件满足时，判 TA 二次回路断线。

2. 数字式纵差动保护的整定计算

纵差动保护的整定计算主要是确定最小动作电流和制动特性斜率。

（1）最小动作电流 $I_{set \cdot min}$的确定。$I_{set \cdot min}$应躲过电动机正常运行时差动回路的不平衡电流。其计算公式为

$$I_{set \cdot min} = K_{rel} K_{up} K_{ss} f_i \frac{I_N}{n_{TA}} \tag{8-16}$$

式中　K_{rel}——可靠系数，取 1.5；

K_{up}——非周期分量系数，对异步电动机纵差动保护，取 $K_{aper}=1$，对同步电动机纵差动保护，取 $K_{aper}=1.5\sim2$；

K_{ss}——同型系数，电流互感器型号相同时取 0.5，不同时取 1；

f_i——电流互感器综合误差，取 10%；

I_N——电动机的额定电流；

n_{TA}——纵差动保护电流互感器的变比。

一般 $I_{set \cdot min}$取（0.2～0.4）$\frac{I_N}{n_{TA}}$。

（2）斜率 S 的确定。按躲过电动机最大起动电流下差动回路的不平衡电流整定。最大起动电流 $I_{ast \cdot max}$下的不平衡电流 $I_{unb \cdot max}$为

$$I_{unb \cdot max} = K_{up} K_{ss} f_i \frac{I_{ast \cdot max}}{n_{TA}} \tag{8-17}$$

式中，非周期分量系数 K_{up}取 1.5～2，K_{ss}、f_i同式（8-16）。

对两折线制动特性，比率制动特性的斜率为

$$S=\frac{K_{\mathrm{rel}}I_{\mathrm{unb\cdot max}}-I_{\mathrm{set\cdot min}}}{\dfrac{I_{\mathrm{ast\cdot max}}}{n_{\mathrm{TA}}}-\dfrac{I_{\mathrm{N}}}{n_{\mathrm{TA}}}} \tag{8-18}$$

式中，可靠系数 K_{rel}取 1.3～1.5。

一般取 S=0.3～0.4。为进一步躲过起动过程中暂态不平衡电流的影响，有的装置在起动结束前将 $I_{\mathrm{set\cdot min}}$、$S$ 加倍。但若遇此过程中电动机发生故障，则会导致保护的灵敏度降低。

对于三折线动作特性，设定 S_2后，再求出 S_1的值。确定步骤如下。

1）先设定 S_2值，如 $S_2=\begin{bmatrix}0.7\\0.6\\0.5\end{bmatrix}$。

2）确定 I_{g2}时的 $I_{\mathrm{set\cdot 2}}$。因为

$$S_2=\frac{K_{\mathrm{rel}}I_{\mathrm{unb\cdot max}}-I_{\mathrm{set\cdot 2}}}{\dfrac{I_{\mathrm{ast\cdot max}}}{n_{\mathrm{TA}}}-I_{\mathrm{g2}}}$$

计及 $I_{\mathrm{g2}}=2.5\dfrac{I_{\mathrm{N}}}{n_{\mathrm{TA}}}$，所以 I_{op2}为

$$I_{\mathrm{set\cdot 2}}=K_{\mathrm{rel}}I_{\mathrm{unb\cdot max}}-\frac{I_{\mathrm{ast\cdot max}}-2.5I_{\mathrm{N}}}{n_{\mathrm{TA}}}\times\begin{bmatrix}0.7\\0.6\\0.5\end{bmatrix}$$

3）根据 I_{op2}的值可求出 S_1的值为

$$S_1=\frac{I_{\mathrm{set\cdot 2}}-I_{\mathrm{set\cdot min}}}{I_{\mathrm{g2}}-I_{\mathrm{g1}}}=\frac{I_{\mathrm{set\cdot 2}}-I_{\mathrm{set\cdot min}}}{(2.5-0.5)\dfrac{I_{\mathrm{N}}}{n_{\mathrm{TA}}}} \tag{8-19}$$

由于 $I_{\mathrm{set\cdot 2}}$随设定的 S_2值发生变化，故 S_1值也发生相应变化。

如是同步电动机纵差动保护，在确定 $I_{\mathrm{unb\cdot max}}$时，还应考虑区外三相短路时同步电动机供出的最大三相短路电流 $I_{\mathrm{M\cdot max}}$，有

$$I_{\mathrm{M\cdot max}}=\frac{E''_{\mathrm{M}}}{X''_{\mathrm{d}}}$$

式中 E''_{M}——同步电动机的次暂态电势；

X''_{d}——同步电动机的次暂态电抗。

由同步电动机的向量关系可得到 E''_{M} 值为

$$E''_{\mathrm{M}}=E''_{\mathrm{M[0]}}=\sqrt{(U_{\mathrm{M[0]}}+I_{\mathrm{M[0]}}X''_{\mathrm{d}}\sin\varphi_{[0]})^2+(I_{\mathrm{M[0]}}X''_{\mathrm{d}}\cos\varphi_{[0]})^2}$$

式中 $U_{\mathrm{M[0]}}$、$I_{\mathrm{M[0]}}$——短路故障前电动机的机端电压、电动机电流，若在额定运行情况下发生短路故障，则 $U_{\mathrm{M[0]}}=1$、$I_{\mathrm{M[0]}}=1$（标幺值）；

$\cos\varphi_{[0]}$——短路故障前同步电动机超前运行的功率因数。

一般情况下，$X''_{\mathrm{d}}=0.2$，当同步电动机额定运行时，其次暂态电势的标幺值 E''_{M}为

$$E''_{\mathrm{M*}}=\sqrt{(1+1\times0.2\times0.6)^2+(1\times0.2\times0.8)^2}=1.13$$

于是电流标幺值 $I_{M\cdot max*}=\dfrac{1.13}{0.2}=5.65$。说明了同步电动机在外部三相短路时，可供出5.65额定电流。因此，当 $I_{M\cdot max}$ 大于同步电动机的最大起动电流 $I_{ast\cdot max}$ 时，应以 $I_{M\cdot max}$ 计算纵差动保护的不平衡电流。

(3) 灵敏度的计算。设电动机机端保护区内发生两相短路故障，最小短路电流为 $I_{k\cdot min}$，流入差动回路的电流为

$$I_d=\frac{I_{k\cdot min}}{n_{TA}}$$

对异步电动机纵差动保护，中性点侧电流互感器二次侧无电流，所以制动电流为

$$I_{res}=\frac{1}{2}\frac{I_{k\cdot min}}{n_{TA}}$$

根据制动特性曲线，可求得 I_{res} 时的动作电流，于是灵敏系数 K_{sen} 为

$$K_{sen}=\frac{I_d}{I_{set}} \tag{8-20}$$

要求 $K_{sen}\geqslant 2$。

对于同步电动机纵差动保护，在求取 I_d、I_{res} 时应计及电动机中性点侧电流互感器的二次电流，因为同步电动机此时与发电机并无两样。

(4) 差动电流速断定值。差动电流速断定值一般取3～8倍额定电流的较低值，并在机端保护区内三相短路故障时有1.2的灵敏度。

对于电动机的纵差动保护，应注意两侧电流互感器二次负载阻抗的匹配，否则电动机起动时将造成不平衡电流增大，甚至使保护误动作。

三、电流速断保护

在中、小容量的电动机上，一般采用电流速断保护作为反应相间短路的主保护。为了使保护装置在电动机内部以及电动机与断路器之间的电缆上发生故障时均能动作，电流互感器应尽量安装在断路器侧。

(一) 电流速断保护的工作原理

1. 电流速断保护的原理接线

按满足灵敏度的要求，电流速断保护装置可采用接于相电流差的两相单继电器或接于相电

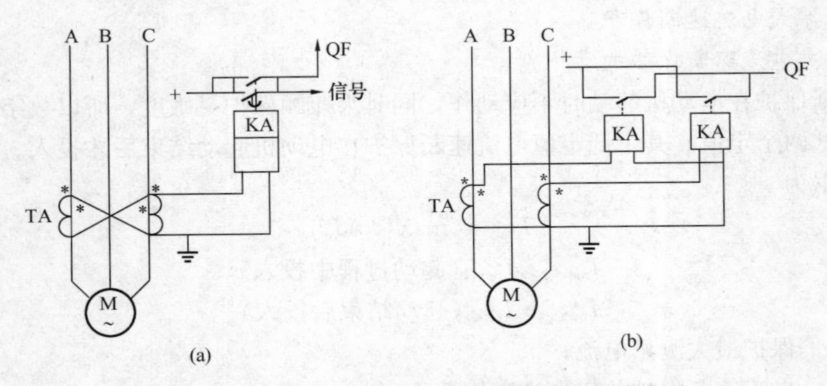

图 8-11　电动机电流速断及过电流保护原理接线图

(a) 两相电流差接线方式；(b) 两相两继电器接线

流的两相两继电器式接线。保护装置的原理接线如图 8-11 所示。对不易产生过负荷的电动机，接线中采用 DL-11 型电流继电器；对于容易产生过负荷的电动机，则采用 GL-14 感应型电流继电器。感应继电器的瞬动元件作用于断路器跳闸，作为电动机相间短路的保护，继电器的反时限元件可根据拖动机械的特点，动作于信号、减负荷或跳闸，作为电动机的过负荷保护。

2. 电流速断保护的整定计算

电动机电流速断保护的动作电流计算式为

$$I_{set}=\frac{K_{rel}K_{con}}{n_{TA}}I_{M\cdot ast} \tag{8-21}$$

式中 I_{set}——电流速断保护的动作电流；

K_{rel}——可靠系数，对 DL-10 型继电器，取 1.4～1.6，对 GL-10 型继电器，取 1.8～2；

K_{con}——接线系数，当采用两相两继电器接线时，$K_{con}=1$，当采用两相电流差接线时，$K_{con}=\sqrt{3}$；

$I_{M\cdot ast}$——电动机的起动电流（周期分量）；

n_{TA}——电流互感器变比。

保护装置的灵敏系数可按下式进行校验

$$K_{sen}=\frac{I_{k\cdot min}^{(2)}}{n_{TA}I_{set}} \tag{8-22}$$

式中 $I_{k\cdot min}^{(2)}$——系统最小运行方式下，电动机出口两相短路电流。

要求灵敏系数不小于 2。

电动机过负荷保护的动作电流可按下式计算

$$I_{set}=\frac{K_{rel}K_{con}}{K_{r}n_{TA}}I_{M\cdot N} \tag{8-23}$$

式中 K_{rel}——可靠系数，动作于信号时，取 1.05，动作于减负荷或跳闸时，取 1.2；

K_{r}——返回系数，取 0.85；

$I_{M\cdot N}$——电动机的额定电流。

过负荷保护的动作时限，应大于或等于电动机带负荷起动的时间，一般可选用 10～15s。对于起动困难的电动机，在实测其起动时间后，再整定其动作时限。

（二）数字式电流速断保护

1. 数字式电流速断保护的动作判据

电流速断保护在电动机起动时不应动作，同时为兼顾保护灵敏度，所以数字式电流速断保护有高、低两个定值，其中低定值电流速断保护在电动机起动结束后才投入。电流速断保护的动作判据为

$$I_{max}=\max\{I_{a},I_{c}\}$$

$$I_{max}\geqslant I_{set\cdot H}\text{（起动过程中投入）}$$

$$I_{max}\geqslant I_{set\cdot L}\text{（起动结束后投入）}$$

式中 I_{max}——保护最大测量电流；

$I_{set\cdot H}$——电流速断保护整定电流高值；

$I_{set\cdot L}$——电流速断保护整定电流低值。

2. 数字式电流速断保护的整定计算

速断动作电流高值 $I_{set \cdot H}$ 应躲过电动机的最大起动电流，即

$$I_{set \cdot H} = K_{rel} K_{ast} I_{2N} \tag{8-24}$$

式中　K_{rel}——可靠系数，取1.5；

K_{ast}——起动电流倍数，应取实测值，如无实测值，可取 $K_{ast}=7$；

I_{2N}——电动机二次额定电流，$I_{2N}=I_N/n_{TA}$，I_N 为电动机额定电流，n_{TA} 为电流互感器的变比。

速断动作电流低值 $I_{set \cdot L}$ 应躲过外部故障切除电压恢复过程中电动机的自起动电流，一般自起动电流取 $5I_{2N}$；此外，还应躲过供电母线三相短路时电动机的反馈电流（供出电流）。

对于电动机的反馈电流，其特点是幅值大、衰减快。当电动机供电母线发生三相短路时，电动机供出的电流 $I_{K \cdot M}$ 是

$$I_{K \cdot M} = \frac{E''}{Z''}$$

式中　Z''——电动机的次暂态阻抗；

E''——电动机的次暂态电动势。

E'' 可由下式计算得到

$$E'' = \sqrt{(U_{K[0]} - I_{M[0]} X'' \sin\varphi_{[0]})^2 + (I_{M[0]} X'' \cos\varphi_{[0]})^2}$$

式中　$U_{K[0]}$——短路故障前电动机的机端电压；

$I_{M[0]}$——短路故障前电动机的电流；

X''——电动机的次暂态电抗；

$\cos\varphi_{[0]}$——短路故障前电动机运行的功率因数。

一般情况下，$X''=0.2$，当电动机额定运行时，有 $U_{M[0]}=1$、$I_{M[0]}=1$、$\cos\varphi_{[0]}=0.8$，所以得到

$$E''_* = \sqrt{(1-1\times0.2\times0.6)^2 + (1\times0.2\times0.8)^2} = 0.89$$

计及 $Z''\approx Z_{ast}$，故有

$$\frac{I_{K \cdot M}}{I_{ast}} = \frac{E''}{U_{M[0]}} = 0.89 \tag{8-25}$$

式中　Z_{ast}——电动机的起动阻抗；

I_{ast}——电动机的起动电流。

式（8-25）说明，电动机的反馈电流可达起动电流的89%。

（1）采用真空断路器或少油断路器控制时，因动作快速，故不计反馈电流的衰减，于是 $I_{set \cdot L}$ 为

$$I_{set \cdot L} = K_{rel} I_{K \cdot M} = K_{rel}(89\% I_{st}) \tag{8-26}$$

式中　K_{rel}——可靠系数，取1.3。

根据速断动作电流高值的整定计算公式，式（8-16）可改写为

$$I_{set \cdot L} = \frac{1.3}{1.5} \times 89\% I_{set \cdot H} = 77.1\% I_{set \cdot H}$$

（2）电动机采用熔断器—高压接触器控制时，因保护带有0.3～0.4s时限，所以可认为反馈电流已衰减完毕。此时，$I_{set \cdot L}$ 只需躲过自起动电流，故 $I_{set \cdot L}$ 为

$$I_{set\cdot L} = K_{rel}(5I_{2N}) \tag{8-27}$$

式中，可靠系数K_{rel}取1.1。

根据速断动作电流高值的整定计算公式，式（8-27）可改写为

$$I_{set\cdot L} = \frac{1.1}{1.5} \times \frac{5}{7} I_{set\cdot H} = 52.4\% I_{set\cdot H}$$

电流速断保护的动作时限按以下两种情况考虑：

（1）当采用真空断路器或少油断路器控制时，动作时限$t_{set}=0$，保护以固有动作时间出口。

（2）当采用熔断器—高压接触器控制时，动作时限应与熔断器熔断时间配合，当故障电流大于高压接触器允许的切断电流时，熔断器应在保护动作前熔断，故保护的动作时限为

$$t_{set} = t_{fu} + \Delta t$$

式中 t_{fu}——熔断器的熔断时间，当熔断器额定电流为225A，在3400A时的熔断时间约为0.1s（高压接触器的允许切断电流一般为3800A）；

Δt——时间裕度，取0.2～0.3s。

因此，$t_{set}=0.3$～0.4s。当熔断器的额定电流较小时，取$t_{set}=0.3$；当熔断器的额定电流较大时，取$t_{set}=0.4$。

电动机的起动时间按实测的最长起动时间$t_{ast\cdot max}$的1.2倍进行整定，以判断电动机起动是否结束。当没有实测数据时，$t_{ast\cdot max}$可取如下数值：循环水泵20s，电动给水泵20s，吸风机20s，送风机20s，排粉机15s，磨煤机20s，其他一些起动较快的电动机可取10s。

四、负序电流保护

负序电流保护主要作为电动机匝间短路、断相、相序接反及供电电压较大不平衡的保护，对电动机的不对称短路故障也能起后备保护的作用。负序电流保护是动作于跳闸的保护。

三段式负序电流保护可根据需要灵活设置。可同时设Ⅰ、Ⅱ、Ⅲ段，其中Ⅰ、Ⅱ段为定时限负序电流保护，Ⅲ段负序电流保护为反时限特性或定时限特性；或只设Ⅰ、Ⅱ段，其中Ⅰ段负序电流保护为定时限特性，Ⅱ段负序电流保护可设为定时限特性，也可设为反时限特性；还可只设一段负序电流保护，动作特性是一条带最大和最小定时限的反时限曲线。

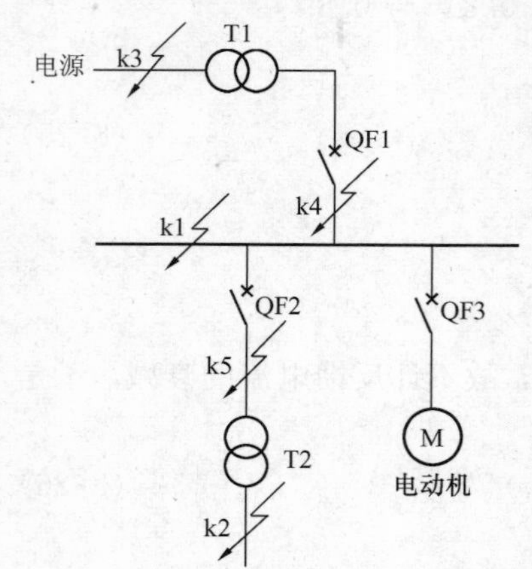

图8-12 电动机供电网络接线图

（一）区内外两相短路故障时流入电动机的正、负序电流

如图8-12所示为电动机供电网络接线图。

当电动机内部BC两相短路时，其故障分量复合序网如图8-13所示。

图8-13中Z_{M1}、Z_{M2}为供电电源的正序、负序阻抗，一般情况下，$Z_{M1}=Z_{M2}$；Z'_1、Z'_2为故障点k到机端间电动机绕组的正序、负序阻抗，总有$Z'_2<Z'_1$；Z''_1、Z''_2为故障点k到中性点N间电动机绕组的正序、负序阻抗，总有$Z''_2<Z''_1$；α为故障点到中性点绕组匝数占一相绕组总匝数的百分数；$\Delta\dot{I}_{A1}$、$\Delta\dot{I}_{A2}$为流入电动机的故障分量正序、负序电流。由图8-13可得到

$$\Delta \dot{I}_{A2} = \dot{I}_{KA2}^{(2)} \frac{Z''_2}{Z_{M2} + Z'_2 + Z''_2} \quad (8\text{-}28)$$

$$\Delta \dot{I}_{A1} = \dot{I}_{KA1}^{(2)} \frac{Z''_1}{Z_{M1} + Z'_1 + Z''_1} \quad (8\text{-}29)$$

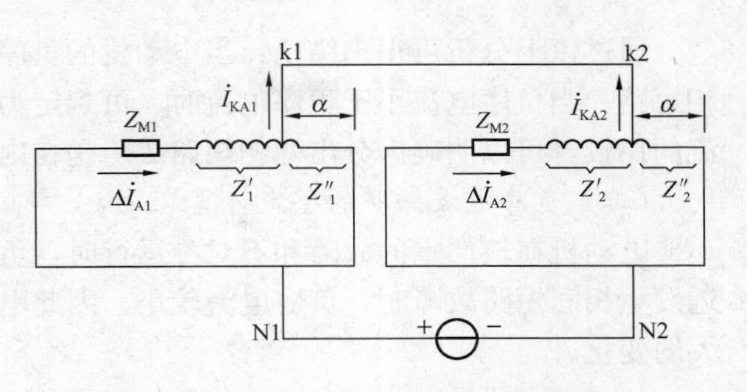

图 8-13　电动机内部 BC 两相短路故障时的故障分量复合序网

计及 $\dot{I}_{KA1}^{(2)} = -\dot{I}_{KA2}^{(2)}$、$Z'_1 + Z''_1 = Z_1$、$Z'_2 + Z''_2 = Z_2$、$\frac{Z''_2}{Z''_1} = \frac{Z_2}{Z_1}$，由式（8-28）和式（8-29）可得

$$\left|\frac{\Delta \dot{I}_{A2}}{\Delta \dot{I}_{A1}}\right| = \left|\frac{Z_2}{Z_1}\frac{Z_{M1} + Z_1}{Z_{M1} + Z_2}\right| < 1 \quad (8\text{-}30)$$

由图 8-14 可见，计及电动机的负荷电流后，内部短路故障时流入电动机的正序电流比故障分量正序电流大（$|\dot{I}_{A1}| > |\Delta \dot{I}_{A1}|$）。将 $\Delta \dot{I}_{A2}$ 以 $\dot{I}_2$ 计、$\Delta \dot{I}_{A1}$ 以 $\dot{I}_1$ 计代入，则式（8-30）更满足，即

$$I_2 < I_1 \quad (8\text{-}31)$$

式（8-31）说明：电动机内部相间短路故障时，流入电动机的负序电流总是小于流入电动机的正序电流，即使电动机空载不计负荷电流，此关系也成立。如果短路点存在过渡电阻，也不会改变这一结果。

当电动机外部 k1 点发生 BC 两相短路故障时，其复合序网如图 8-15 所示。

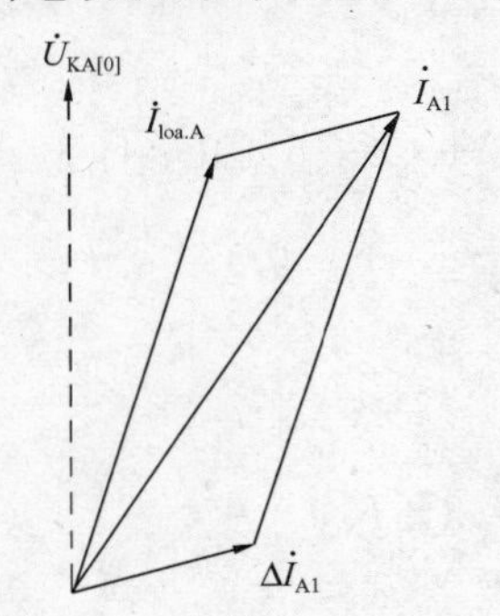

图 8-14　内部 BC 两相短路流入电动机的正序电流相量（A 相）

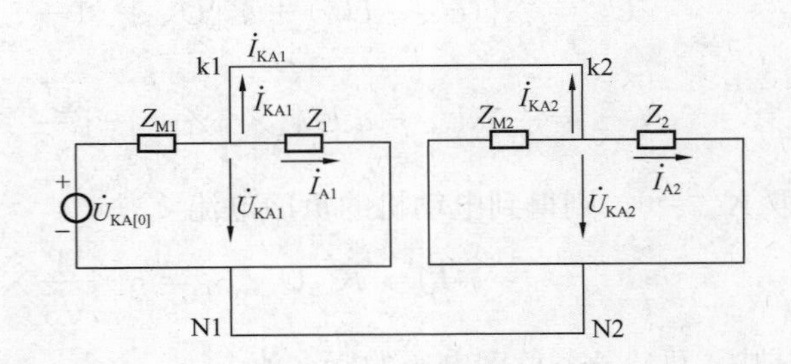

图 8-15　电动机外部 BC 两相短路时的复合序网

图中，Z_1、Z_2 分别为电动机的正序、负序阻抗；$\dot{I}_{A1}$、$\dot{I}_{A2}$ 分别为流入电动机的正序、负序电流。由图 8-15 可知

$$\frac{\dot{I}_{A2}}{\dot{I}_{A1}} = \frac{Z_1}{Z_2} \quad (8\text{-}32)$$

只要电动机转动，总有 $Z_1 > Z_2$，并且 Z_1/Z_2 与起动电流倍数 K_{st} 接近。因此可得

$$I_2 > I_1 \quad (8\text{-}33)$$

式（8-33）说明：电动机在外部两相短路故障时，有正序电流和负序电流流入电动机，并且负序电流要比正序电流大得多。这一结果不受电动机负荷电流大小和故障点过渡电阻的影响。

通过以上分析可得出结论：当电动机的负序电流大于正序电流时，可判定为外部发生两相短路；当负序电流小于正序电流时，可判定为内部发生两相短路。因此，借助正、负序电流的比较，可以明确区分出两相短路故障是在内部还是在外部。

（二）负序电流保护的整定计算

电动机在较严重的故障和不对称运行时，负序电流较大；而在较少匝数短路、中性点附近发生相间短路故障时，负序电流较小。因此电动机的负序电流随故障类型、严重程度有很大的变化。

1. 负序动作电流

控制高压电动机的开断、接通，有真空断路器、少油断路器以及 SF_6 断路器，还有熔断器—高压接触器。前者不可能出现使电动机两相运行的情况，而后者可能出现熔断器一相熔断且高压接触器未能三相联跳造成电动机两相运行的情况。

电动机内部发生较为严重的两相短路或相序接错合闸时，电动机流过很大的负序电流，当动作电流取 I_{2N}时，负序电流保护有很高的灵敏度；当负序电流要反应断相运行时，若灵敏度为 1.3，则负序动作电流 $I_{set \cdot 2}$可整定为

$$I_{set \cdot 2} = (0.4 \sim 0.8) I_{2N} \tag{8-34}$$

其中低值是负载较轻时的动作电流，高值是负载接近额定负载时的动作电流；对于较少匝数的匝间短路、靠近中性点的相间短路以及供电电压不对称时，负序电流就没有上述情况严重。如供电变压器三相负荷不对称，B 相电压降低 5%、C 相电压升高 5%，则当变压器中性点位移电压为 $\dot{U}_N$ 时，供电给电动机的负序电压为

$$\dot{U}_2 = \frac{1}{3}\{(\dot{U}_N + \dot{U}_A) + a^2[\dot{U}_N + (1-5\%)\dot{U}_B] + a[\dot{U}_N + (1+5\%)\dot{U}_C]\}$$

$$= \frac{1}{3}\{a\dot{U}_C - a^2\dot{U}_B\} \times 5\% = -\mathrm{j}\frac{\dot{U}_A}{\sqrt{3}} \times 5\%$$

取 $K_{ast}=6$，则得到电动机的负序电流

$$I_2 = K_{ast} U_{2*} I_N = 6 \times \frac{1}{\sqrt{3}} \times 5\% \times I_N = 17.3\% I_N \tag{8-35}$$

式中 U_{2*}——负序电压的标幺值。

根据上述分析，负序动作电流可取如下数值：

（1）当负序电流保护只有一段时，动作电流可取（30%～40%）I_{2N}。

（2）当负序电流保护有两段时，其中第Ⅰ段动作电流可取 100%I_{2N}，第Ⅱ段动作电流取（30%～40%）I_{2N}。

（3）当负序电流保护有三段时，其中第Ⅰ段动作电流取 100%I_{2N}，第Ⅱ段动作电流取（30%～40%）I_{2N}，第Ⅲ段动作电流可取（20%～25%）I_{2N}。

2. 负序电流保护的动作时限

对于具有外部短路故障闭锁的负序电流保护，因为不反应电动机外部的相间短路故障，其动作时限不必与外部保护配合。其动作时限可整定为：

（1）当电动机为断路器控制时，三段式负序电流保护的动作时限可取：第Ⅰ段 0s、第Ⅱ段 0.4s、第Ⅲ段 0.8s（反时限特性）；两段式负序电流保护的动作时限可取：第Ⅰ段 0s、第Ⅱ段 0.4s（设定为反时限特性）；一段式负序电流保护具有反时限特性，动作时限可取 0.4s。

（2）当电动机为熔断器—高压接触器控制时，三段式负序电流保护的动作时限可取：第Ⅰ段 0.4s、第Ⅱ段 0.8s、第Ⅲ段 0.8s（反时限特性）；两段式负序电流保护的动作时限可取：第Ⅰ段 0.4s、第Ⅱ段 0.8s（设定为反时限特性）；一段式负序电流保护的动作时限可取 0.4s（反时限特性）。

对于不具备外部故障闭锁的负序电流保护，可根据外部相间短路故障时电动机负序电流的大小，合理地选择其动作时限，以防止负序电流保护误动作。例如在图 8-12 中的 k1、k4 点故障时，动作时限应与 QF1 切断该故障的时限配合；k2、k5 点故障时，动作时限应与 QF2 切断该故障的时限配合。

当负序电流只有一段时，设时限特性为

$$t_{set\cdot 2}=\begin{cases}\min\left\{20s,\dfrac{T_2}{\dfrac{I_2}{I_{set\cdot 2}}-1}\right\} & (I_{set\cdot 2}<I_2\leqslant 2I_{set\cdot 2})\\ T_2 & (I_2>2I_{set\cdot 2})\end{cases}\tag{8-36}$$

式中　I_2——电动机运行时的负序电流；

$I_{set\cdot 2}$——整定的负序电流的动作值；

T_2——整定的动作时间常数；

$t_{set\cdot 2}$——负序电流保护实际动作时间。

图 8-16 所示为相应的动作特性曲线。

当 $I_{set\cdot 2}=(30\%\sim 40\%)\ I_{2N}$ 时，动作时间常数 T_2 为

$$T_2=t_x+\Delta t\tag{8-37}$$

式中　t_x——切断各负荷（厂变）两相短路故障最长的时间，一般取 0.7～1.1s；

Δt——时间级差，取 0.4s。

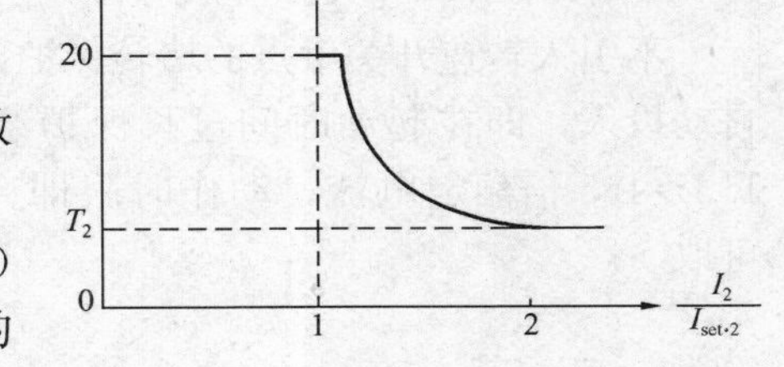

图 8-16　负序电流保护动作特性曲线

T_2一般为 1.1～1.5s。若 $I_{set\cdot 2}=30\% I_{2N}$，k2 点两相短路故障时电动机的负序电流 $I_2=33.4\% I_{2N}$时，则有（设 $T_2=1.1s$）

$$t_{set\cdot 2}=\min\left\{20s,\frac{1.1s}{\dfrac{0.344}{0.3}-1}\right\}=9.7s$$

当负序电流保护具有两段时，第Ⅰ段动作时限可取 1.1～1.5s（$I_{set\cdot 2}=100\% I_{2N}$），为定时限特性；第Ⅱ段为反时限特性，时间常数可取 1.1～1.5s。这样可使负序电流保护获得选择性。

五、电动机的起动时间过长保护

电动机起动时间过长会造成电动机过热，当测量到的实际起动时间超过整定的允许起动时间时，保护动作于跳闸。

保护的动作判据为

$$t_m\geqslant t_{set\cdot ast}\tag{8-38}$$

式中　$t_{set\cdot ast}$——整定的允许起动时间，可取实测的电动机最长起动时间的 1.2 倍；

t_m——测量到的实际起动时间，或称计算起动时间。

当电动机三相电流均从零发生突变时认为电动机开始起动，起动电流达到10%额定电流时开始计时，起动电流过峰值后下降到112%额定电流时停止计时，所测得的时间即为t_m值。

应当注意的是t_m值与电动机的负荷大小、起动时的电压高低有关，而式（8-38）中的$t_{set\cdot ast}$整定后保持不变。为使电动机起动时间过长保护更复合实际情况，应使$t_{set\cdot ast}$随实际起动电流而变化。因电动机发热与电流平方成正比，所以较为合理的$t_{set\cdot ast}$应为

$$t_{set\cdot ast}=\left(\frac{I_{ast\cdot N}}{I_{ast\cdot max}}\right)^2 t_{yd} \tag{8-39}$$

式中 $I_{ast\cdot N}$——电动机的额定起动电流；

$I_{ast\cdot max}$——本次电动机起动过程中的最大起动电流；

t_{yd}——电动机的允许起动时间。

起动时间过长保护在电动机起动完毕后自动退出。

六、电动机的堵转和正序过电流保护

当电动机在起动过程中或在运行过程中发生堵转，因为转差率$s=1$，所以电流将急剧增大，容易造成电动机烧毁事故。堵转保护采用正序电流构成，动作于跳闸，有的保护装置还引入转速开关触点。

（一）不引入开关触动点时

不引入转速开关触点的堵转保护，与正序过电流保护是同一保护，在电动机起动结束后自动投入，即在起动时间过长保护结束后自动计算正序电流。正序电流的动作值一般取1.3～1.5倍额定电流；动作时限即允许堵转时间应躲过电动机自起动的最长起动时间，可取

$$t_{yd}=1.2t_{ast\cdot max} \tag{8-40}$$

式中 $t_{ast\cdot max}$——电动机的最长起动时间。

正序电流保护同时也作为电动机的对称过负荷保护。

当电动机在起动过程中堵转时，由起动时间过长保护起堵转保护作用。

（二）引入转速开关触点时

图8-17所示为引入转速开关触点构成的电动机堵转保护逻辑框图。电动机在运行中堵转，转速开关触点闭合，构成了堵转保护的动作条件之一；另一动作条件是正序过电流。

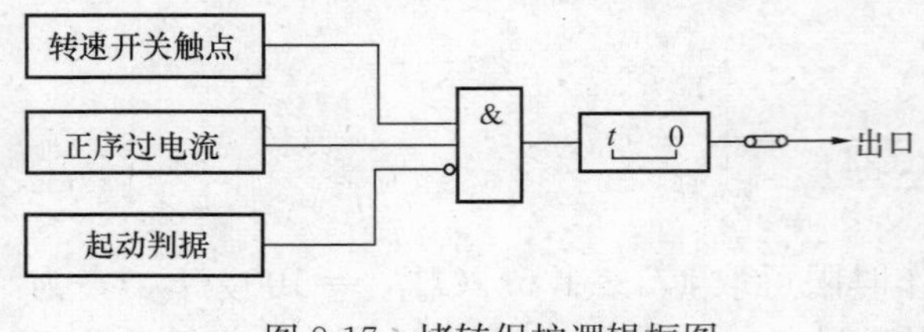

图8-17 堵转保护逻辑框图

因为引入了转速开关触点，所以堵转保护的动作时间可以较短，这对电动机是十分有利的。正序电流动作值可取1.5～2倍额定电流，动作时间取电动机的起动时间。

此时的正序过电流保护可作为过负荷保护用，动作电流按躲过电动机的正常最大负荷电流$I_{loa\cdot max}$整定，即

$$I_{set}=K_{rel}I_{loa\cdot max}/n_{TA} \tag{8-41}$$

式中 I_{set}——过负荷保护的动作电流；

K_{rel}——可靠系数，取1.15～1.2。

动作时限按式（8-40）整定。保护在电动机起动结束后投入，对重要电动机可作用于信

号，对不重要的电动机可作用于跳闸。

七、过负荷保护

电动机的过负荷保护的动作电流可按式（8-41）整定，动作时限与电动机允许的过负荷时间相配合，动作后一般发信号。有的过负荷保护设两段时限，较短时限动作于信号，较长时限动作于跳闸。

在有些保护装置中，可以正序过电流保护取代过负荷保护。

八、接地保护

高压电动机的中性点一般不接地，其供电变压器的中性点可能不接地、经消弧线圈接地或经电阻接地；而在 380/220V 三相四线制供电网络中，供电变压器的中性点是直接接地的。

（一）接地保护的原理接线

电动机的接地保护主要根据零序电流构成，当接地电流大于 5A 时，应装设单相接地保护。若接地电流小于是 10A，保护可延时动作于信号或跳闸；若接地电流大于或等于 10A，保护带时限动作于跳闸。

零序电流可由图 8-18 得到。

为防止电动机起动时零序不平衡电流引起保护误动作，可采用最大相电流进行制动。动作特性如图 8-19 所示，其表达式为

$$\begin{cases} I_0 \geqslant I_{set} & (I_{max} \leqslant 1.05 I_{2N}) \\ I_0 \geqslant \left[1+\frac{1}{4}\left(\frac{I_{max}}{I_{2N}}-1.05\right)\right] I_{set} & (I_{max} > 1.05 I_{2N}) \end{cases} \tag{8-42}$$

式中 I_{2N}——电动机的额定电流；

I_{set}——零序电流动作值；

I_{max}——最大相电流，$I_{max}=\max\{I_a, I_c\}$。

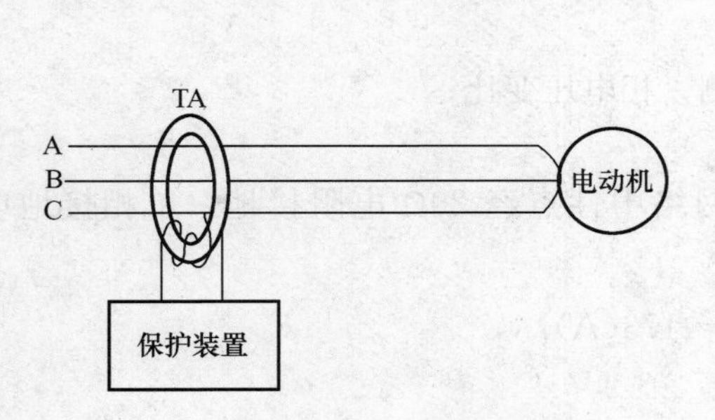

图 8-18 单相接地零序电流保护原理接线

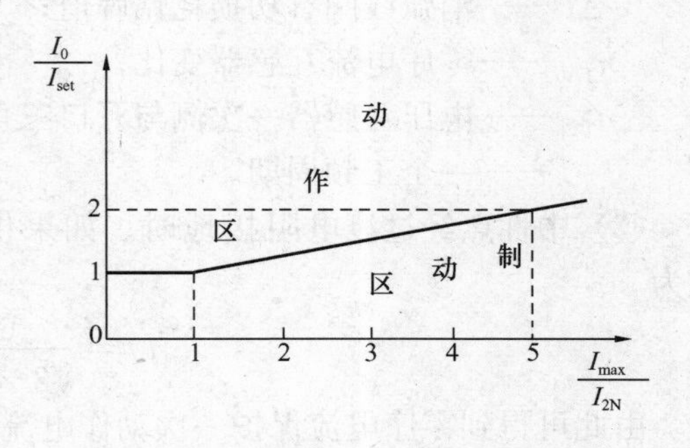

图 8-19 带最大相电流制动的接地保护动作特性

虽然引入了最大相电流的制动措施，但在正常运行时并不降低接地保护的灵敏度。

对于 380V 供电的电动机，因变压器中性点是直接接地的，所以电动机单相接地时，接地相的电流较大，很容易检测出接地故障的电动机。

如果供电电网很小，使用零序电流不足以区分电动机内部接地和外部电网接地，则需采用高灵敏的零序功率方向保护。

（二）接地保护的整定计算

1. 动作电流的整定

(1) 中性点不接地时。当零序电流未补偿时，零序电流一次动作值应躲过外部单相接地时电动机的电容电流，即

$$I_{set\cdot 0}=K_{rel}(3I_0)_M \tag{8-43}$$

式中 $I_{set\cdot 0}$——零序电流保护一次动作电流；

$(3I_0)_M$——外部单相接地时电动机的3倍电容电流，$(3I_0)_M=3\omega C_0 E_\varphi$，其中$C_0$为电动机一相绕组对地的电容，$E_\varphi$为相电动势；

K_{rel}——可靠系数，保护动作于信号时，K_{rel}取2.5～3，保护动作于跳闸时，K_{rel}取3～4。

当零序电流采用补偿措施时，电动机外部单相接地时，流入电动机的零序电流几乎为零；电动机内部单相接地时，流入电动机的$3I_0$等于接地电流I_K（$I_K=3\omega C_{0\Sigma}E_\varphi$），于是零序电流的一次动作电流

$$I_{set\cdot 0}=\frac{I_K}{K_{rel}} \tag{8-44}$$

式中 K_{rel}——可靠系数，取1.5～2。

(2) 中性点经消弧线圈接地时。在中性点经消弧线圈接地的电网中，发生单相接地时，故障元件的零序有功功率比非故障元件的零序有功功率大许多，通过测量零序有功功率P_0即可判别电动机是否发生故障，其判据为

$$P_0>K_{rel}\frac{\Delta P}{n_{TV0}n_{TA0}} \tag{8-45}$$

$$P_0=3U_0I_0\cos\varphi=\frac{1}{3T}\int_{t_k}^{t_{k+T}}3u_0(t)3i_0(t)\mathrm{d}t$$

式中 K_{rel}——可靠系数，取0.5；

ΔP——消弧线圈有功损耗铭牌值；

n_{TA0}——零序电流互感器变比；

n_{TV0}——电压互感器一次侧与开口三角形侧一相电压变比；

T——一个工频周期。

(3) 中性点经过渡电阻接地时。如果供电网络中性点经20Ω电阻接地，单相接地电流为

$$I_0=\frac{6}{\sqrt{3}\times 20}=173(\mathrm{A})$$

由此可得到零序电流保护一次动作电流为

$$I_{set\cdot 0}=\frac{173}{K_{rel}} \tag{8-46}$$

式中 K_{rel}——可靠系数，取1.5～2。

2. 零序电流保护的动作时限

当电动机采用断路器控制时，零序电流保护的动作时限为固有动作时限；当电动机采用熔断器——高压接触器控制时，零序电流保护的动作时间取0.3～0.4s。

3. 400/220V厂用电动机接地保护整定计算

当400/220V厂用系统经高电阻接地时，一般控制接地电流在3A左右。此时电动机的接地保护动作电流可取1.5～2A，动作于信号。

当400/220V厂用系统中性点直接接地时，若相间短路保护能满足灵敏度要求时，则用相间短路保护兼作接地保护；当灵敏度不能满足时，应另设接地保护。接地保护瞬时动作于跳闸。

九、电动机的低电压保护和过电压保护

当供电电压降低或短时中断后，为防止电动机自起动时使供电电压进一步降低，而造成重要电动机起动困难，所以在一些次要电动机或不需要自起动的电动机上装设低电压保护。

图8-20所示为电动机低电压保护的逻辑框图。

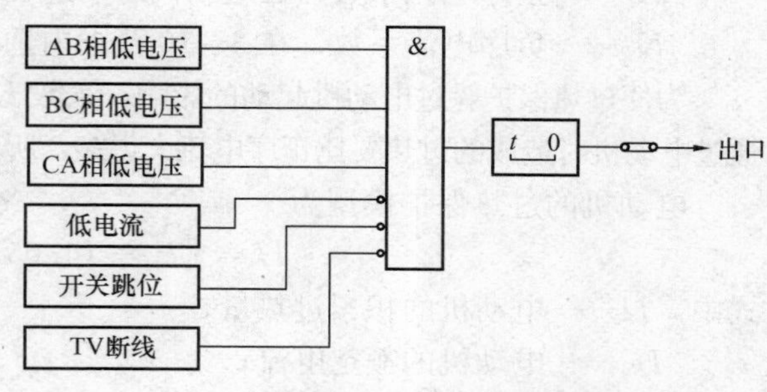

图8-20 低电压保护逻辑框图

在厂用电动机中，对于有中间煤仓制粉系统的磨煤机和灰浆泵、灰渣泵、碎煤机、扒煤机绞车、空气压缩机、热网水泵、冲洗水泵等的电动机低电压保护的动作电压为

$$U_{set}=\begin{cases}(65\% \sim 70\%)U_N & (高压电动机)\\(60\% \sim 70\%)U_N & (低压电动机)\end{cases} \tag{8-47}$$

动作时限为0.5s，保护动作于跳闸。

对于具有自动投入备用机械的给水泵和凝结水泵以及循环水泵等的电动机，低电压保护的动作电压为

$$U_{set}=\begin{cases}(45\% \sim 50\%)U_N & (高压电动机)\\(40\% \sim 45\%)U_N & (低压电动机)\end{cases} \tag{8-48}$$

动作时限取9～10s，保护动作于跳闸。

过电压保护的动作电压可取（1.2～1.3）U_N，动作时限可取2～3s。

第三节 电动机的过热保护和温度电流保护

一、过热保护

电动机正常运行时，流入电动机的仅是正序电流，通常是额定电流。但是，当电动机的机械负载增大时，正序电流也相应增大；而且电动机在外部短路故障切除电压恢复自起动、电动机投电起动、电动机供电电压降低、电动机在运行过程中堵转以及电动机绕组内部发生相间短路故障时，流入电动机的正序电流均要增大。增大了的电流流入电动机将会引起电动机的发热。

另外，电动机在正常运行时没有负序电流流入，但当供电电压不平衡、断相、电动机相序接反、电动机绕组内部两相短路故障以及匝间短路故障时，均有负序电流流入电动机。负序电流的流入更容易引起电动机的过热。

过热保护是在分别测量出电动机的正序电流和负序电流的基础上，形成等效电流 I_{eq}，而后借助装置内电动机发热模型，反应各种运行况下电动机内部的热积累情况。等效电流 I_{eq} 的表示式为

$$I_{eq}=\sqrt{K_1 I_1^2+K_2 I_2^2} \tag{8-49}$$

式中　I_1——电动机的正序分量电流；

I_2——电动机的负序分量电流；

K_1——正序电流系数，在电动机起动过程中，取 $K_1=0.5$，起动结束后，取 $K_1=1$；

K_2——负序电流系数，在 3～10 范围内选取，级差为 1。

为使过热保护躲过电动机起动的影响，系数 K_1 随起动过程而自动发生变化。由于负序电流通过电动机时造成的过热要比正序电流大得多，所以系数 K_2 比 K_1 大得多，一般设定为 6。

电动机的过热保护模型为

$$H=[I_{eq}^2-(1.05I_{2N})^2]t>I_{2N}^2\tau \tag{8-50}$$

式中　H——电动机的积累过热量；

I_{2N}——电动机的额定电流；

T——电动机在等效电流 I_{eq} 作用下的允许运行时间；

τ——电动机的发热时间常数。

若令 $H_T=I_{2N}^2\tau$，则当 $H>H_T$ 时，说明电动机过热积累超过允许值。通常过热积累用过热比例 h 表示，h 的表示式为

$$h=H/H_T \tag{8-51}$$

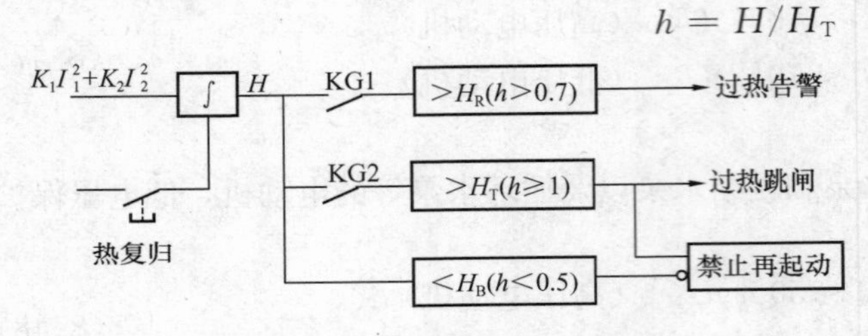

图 8-21　电动机过热保护逻辑框图

当 $h\geq1$ 时，过热保护动作，电动机跳闸。

图 8-21 为电动机过热保护逻辑框图。

图中 H_R（$h=0.7$）为过热告警值，用以提示运行人员，即当电动机的过热积累达到 70% H_T 时就发出过热告警信号。H_T 为过热积累跳闸值，当 $H>H_T$ 时，说明电动机过热积累超过允许值，过热保护动作，电动机跳闸。HB 是电动过热积累闭锁电动机再起动值，只有 $H<H_B$ 时，电动机才能再次起动。KG1、KG2 为投入过热告警、过热跳闸的控制字。热复归按钮可用于紧急情况下 h 值较高时起动电动机，使过热积累强迫为零。注意，实际的过热积累是存在的，并非为零。

二、电动机的温度保护

电动机绕组的绝缘寿命取决于电动机的运行温度，所以直接反应电动机温度的保护比各种热保护和反时限过电流保护有一定的优越性，因为后两种保护反应的是定子电流的大小和持续时间的长短，它们对于反复短时运行电动机的过负荷、机械损耗剧增（包括转子与定子相碰）、通风不良以及电压或频率过高造成的铁损增加等故障不能反应。

由热敏电阻构成的电动机温度保护，直接安装在电动机绕组内部或其他部位，不管造成温度过高的原因是什么，均能起到保护作用。

图 8-22 所示为利用热敏电阻 RT 构成的电动机温度保护电路图。

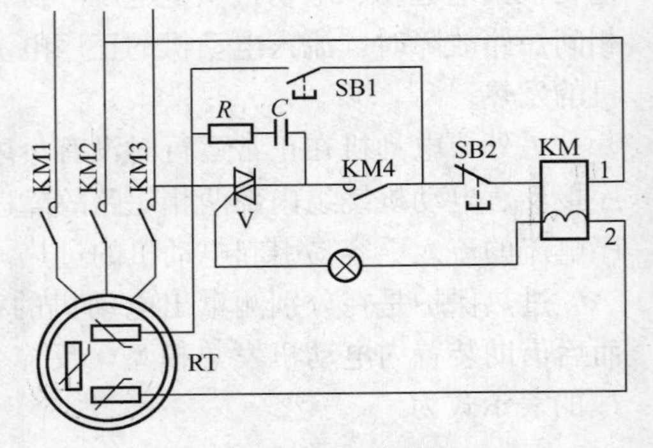

图 8-22　热敏电阻保护电路

图中热敏电阻 RT 装设在电动机内，其冷态电阻只有几十欧，当温度超过动作温度时，其阻值剧增到 20kΩ 左右；V 为双向晶闸管；KM 为接触器，并且设有附加绕组。

当按下按钮 SB1 时，KM 有电，合上 KM1、KM2、KM3 三相触点，使电动机接入电源；同时 KM4 触点接通，电源电压也加在经附加绕组 2 的热敏电阻回路中，由于温度不高，RT 阻值不大，V 的控制极有足够电流使晶闸管导通，接触器经 V 供电。当电动机温度过高时，RT 阻值剧增，使晶闸管 V 关断，电动机断电。

为了能及时测量温度，减少保护反应滞后时间，必须使 RT 的热传导加快，这就迫使在埋入热敏电阻时所用绝缘不能太厚。因此，热敏电阻保护方案只能用于交流 400V 和直流 600V 以下的电动机。

第四节 同步电动机的失步保护和失磁保护

同步电动机除需装设前两节所述保护外，还应装设失步保护和失磁保护。

一、失步保护

同步电动机在运行中，若励磁电压降低或供电电压降低，当转矩最大值小于机械负荷的阻力矩时，同步电动机将失步。失步后，同步电动机的转速下降，从而在起动线圈和励磁回路中感应出交流电流，产生异步转矩，逐步转入异步运行。在异步运行期间，由于转矩交变，所以转子转速和定子电流发生振荡，严重时可能引起机械共振和电气共振，导致同步电动机的损坏，所以同步电动机必须装设失步保护。

同步电动机的失步保护包括两个方面的内容，一是防止电动机失步的强行励磁，二是电动机失步后的自动再同步。

（一）同步电动机的强行励磁

强励装置主要由两个电压继电器、一个中间继电器和一个直流接触器组成。其接线如图 8-23 所示。

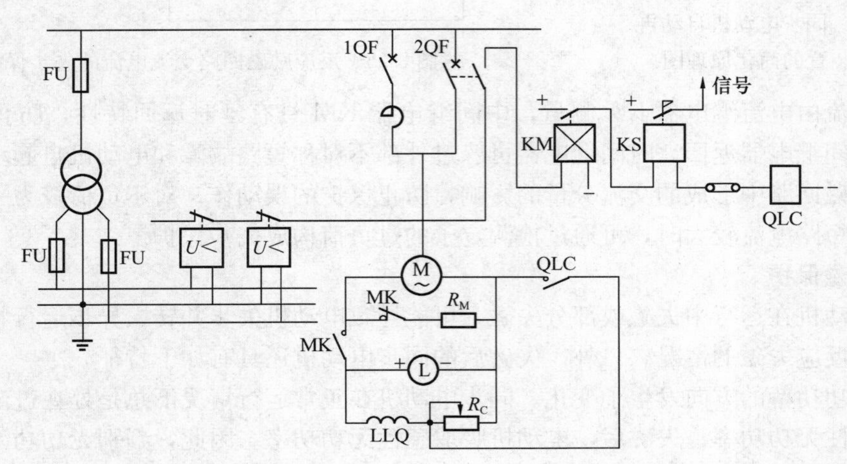

图 8-23 同步电动机的强行励磁装置接线图

当电压降低时，低电压继电器动作，当断路器 2QF 合闸时其辅助触点已闭合，经中间继电器和信号继电器起动强励接触器 QLC，接触器触点将电动机励磁回路中的分励电阻 R_C

瞬时短路，形成强励，以增加电动机的电势和力矩，避免失步。

（二）同步电动机的自动再同步

当电动机由于某种原因失去同步时，再同步装置能自动地把电动机转换成异步工作状态，以便当引起失步的原因消除后，电动机再自动拉入同步。

自动再同步装置的简化原理图如图 8-24 所示。在电动机转子回路中，接入有效电阻尽可能小的电抗器 DK、同步监视继电器 TJJ、转子温度继电器 WJ 和滑差监视继电器 KC。TJJ 的线圈在起动过程结束后由时间继电器 KT 的触点接通（KT 为监视起动时间过长的继电器）。如果由于某种原因电动机失去同步，则在转子回路中出现交流电流，在电抗器上形成压降，TJJ 线圈内有电流而动作，接通灭磁开关的跳闸回路（该跳闸回路未在图中画出），把电动机转入异步运行状态。

当失去同步的原因消除后，转子又转到接近同步速度，滑差监视继电器 KC 动作，接通灭磁开关 MK 的合闸回路，又将电动机拉入同步。

失步保护动作后，如不能再同步或不需再同步，则失步保护可动作于跳闸，图 8-25 所示为反应励磁回路交流电流的失步保护原理图。

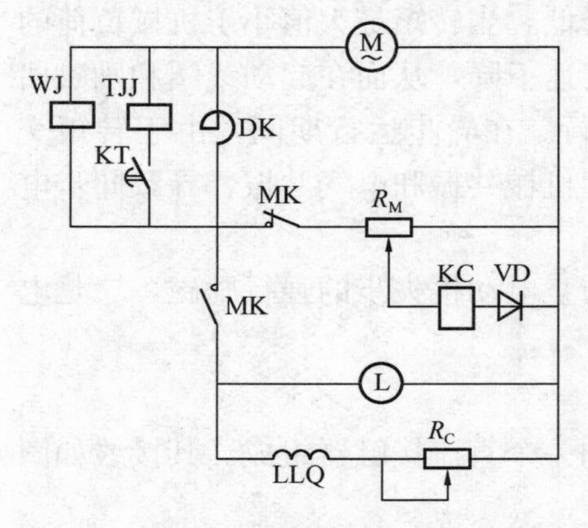

图 8-24 同步电动机自动再同步装置的简化原理图

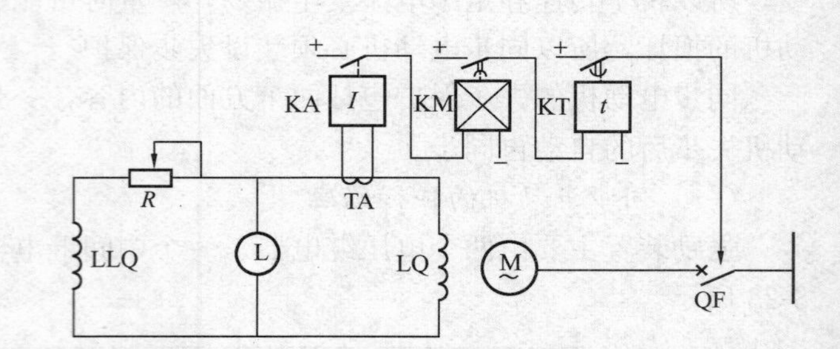

图 8-25 反应励磁回路交流电流的失步保护原理图

交流电流由电流继电器 KA 测量，中间继电器 KM 具有延时返回特性，防止交流电流下降造成时间继电器返回，时间继电器可躲过外部不对称短路故障和电动机自起动过程中加励磁时在励磁回路中形成的交流分量的影响，防止保护的误动作。对于负荷较为平稳的同步电动机，当短路电流较大时，可通过检测定子的过负荷构成失步保护。

二、失磁保护

同步电动机在运行中失磁或部分失磁，可能导致电动机失步并转入异步运行状态，所以失步保护可反应失磁的情况。另外，失磁后的同步电动机还具有如下特征。

（1）无功功率的方向发生了变化。同步电动机在正常运行情况下总是处在过激状态下运行，发出感性无功功率；失磁后，电动机吸取感性无功功率。因此，判别无功功率的方向即可检测出同步电动机是否失磁。

（2）电动机的测量阻抗发生变化。同步电动机在正常运行时，测量阻抗 Z_m 处在阻抗复平面的第四象限；失磁后，Z_m 处在第一象限。因此，判别 Z_m 所处的位置，同样可以检测出同步电动机是否失磁。图 8-21 示出了由异步阻抗边界特性构成的同步电动机失磁保护逻辑框图。

由图 8-26 可见，失磁保护只在同步电动机起动结束后投入，TV 断线、出现负序电压时自动闭锁失磁保护，当测量阻抗进入异步阻抗边界特性内时，即判同步电动机失磁，经适量延时动作于再同步回路，不能再同步时可动作于跳闸。

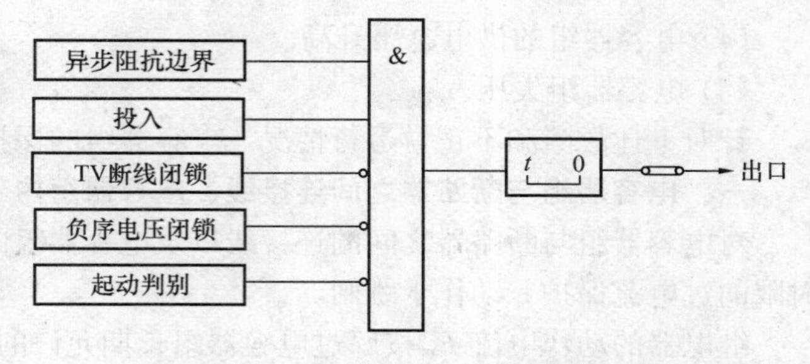

图 8-26　同步电动机失磁保护逻辑框图

三、非同步冲击保护

同步电动机在供电电源中断后再恢复时，可能造成对同步电动机的冲击，对不允许非同步冲击的大容量电动机，应装设非同步冲击保护。

同步电动机在恢复供电时，若 $\delta=0°$（δ 为励磁电流在定子绕组中感应的空载电动势 $\dot{E}_q$ 与同步电动机的供电电压 $\dot{U}_M$ 之间的夹角），则不会引起有功功率的冲击，仅仅是由于电压差引起的无功功率的冲击，这对同步电动机并无损害；若恢复供电时，$\dot{U}_M$ 超前 $\dot{E}_q$，则同步电动机吸取有功功率，此属于同步电动机正常运行情况，根据机械负载的大小，电动机自动稳定在某一 δ 角运行，此时电动机吸取的有功功率 P_M 正好与机械负载功率平衡；若恢复供电时，$\dot{U}_M$ 滞后 $\dot{E}_q$，则同步电动机相当于发电机运行，送出有功功率，当 δ 角较大时，形成非同步冲击。因此，可采用同步电动机吸取功率为负并达到一定值构成同步电动机的非同步冲击保护。

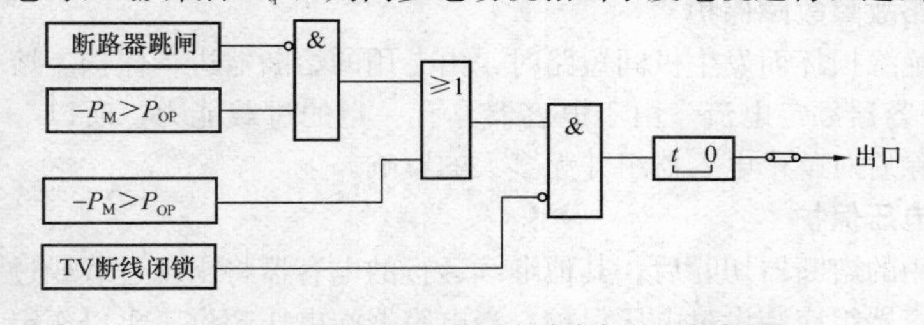

图 8-27　同步电动机非同步冲击保护逻辑框图

图 8-27 所示为同步电动机非同步冲击保护的逻辑框图。由图可见，同步电动机的非同步冲击保护受断路器位置闭锁和 TV 断线闭锁。一般取 P_{op} 为额定功率的 10%～15%，动作延时可取 0.5～1.5s。非同步冲击保护动作于再同步回路或动作于跳闸。

第五节　电力电容器保护

为改善供电质量，补充系统无功功率的不足，常在变电站的中、低压侧装设并联电容器组，从而提高电压质量、降低电能损耗，提高系统运行的稳定性。电容器组由许多单台低电压小容量的电容器串、并联组成，其接线方式很多。在较大容量的电容器组中，电压中的小量高次谐波，会在电容器中产生较大的高次谐波电流，容易造成电容器的过负荷，为此可在每相电容器中串接一只电抗器以限制高次谐波电流。

电容器组的故障和不正常运行情况主要有：

（1）电容器组与断路器之间连线以及电容器组内部连线上的相间短路故障和接地故障。

（2）电容器组内部极间短路以及电容器组中多台电容器故障。

（3）电容器组过负荷。

(4) 电容器组的供电电压升高。

(5) 电容器组失压。

针对上述故障和不正常运行情况，电容器组的保护方式如下。

一、电容器组与断路器之间连接线、电容器组内部连接线上的短路故障保护

对电容器组与断路器之间的连接线以及电容器组内部连接线上的短路故障，应装设带短时限的过电流保护，动作于跳闸。

继电器的动作电流 I_{set} 按躲过电容器组长期允许的最大工作电流整定，计算公式如下

$$I_{set}=\frac{K_{rel}K_{con}}{n_{TA}}I_{N\cdot max} \tag{8-52}$$

式中 K_{rel}——可靠系数，取 1.25；

K_{con}——接线系数，当电流互感器为三相星形连接时，其值为 1；

n_{TA}——电流互感器的变比；

$I_{N\cdot max}$——电容器组的最大额定电流。

保护灵敏度按下式校验

$$K_{sen}=\frac{\sqrt{3}}{2}\frac{I_{k\cdot min}^{(3)}}{I_{set}n_{TA}}\geqslant 2 \tag{8-53}$$

式中 $I_{k\cdot min}^{(3)}$——保护安装处三相短路时流入继电器的最小短路电流。

保护应带有 0.3～0.5s 时限，以躲过电容器组投入时的涌流。

二、单台电容器内部极间短路故障故障保护

对于单台电容器，由于内部绝缘损坏而发生极间短路时，由专用的熔断器进行保护。熔断器的额定电流可取 1.5～2 倍电容器额定电流。由于电容器具有一定的过载能力，所以一台电容器故障由专用的熔断器切除后对整个电容器组并无多大的影响。

三、多台电容器切除后的过电压保护

当多台电容器内部故障由专用的熔断器切除后，其他继续运行的电容器将出现过载或过电压，这是不允许的。为此，电容器组应装设过电压保护，当电容器端电压超过 1.1 倍额定电压时，过电压保护经延时 0.15～0.2s 后将电容器组切除。电容器组过电压保护的保护方式随其接线方式的不同而不同，现分述如下。

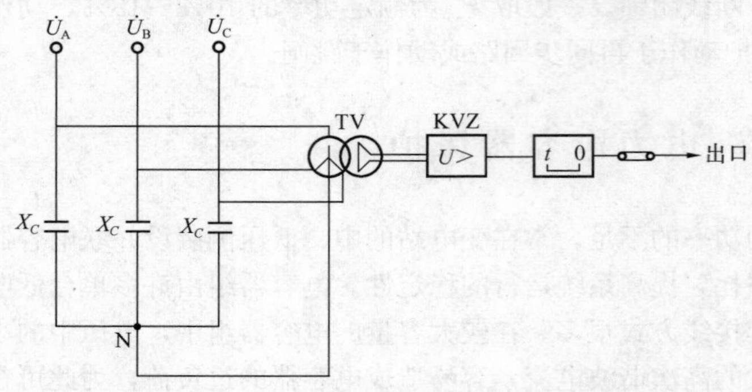

图 8-28 电容器组的零序电压保护接线

(一) 电容器组为单星形接线时，常用零序电压保护

图 8-28 所示为电容器组的零序电压保护接线，电压互感器 TV 开口三角形上的电压反应的是电容器组端点对中性点 N 的零序电压。由图可见，电压互感器 TV 的一次绕组兼作电容器组的放电线圈。

设电容器组每相有 N 段串联，每段有 M 个电容器并联，于是每相的容抗 X_C 为

$$X_C=\frac{N}{M\omega C}$$

式中　ω——电源角频率；

C——每台电容器的电容量。

当A相电容器组某段有K台电容器因故障切除时（每台电容器有专用的熔断器），该相电容器的容抗变为X'_C，其大小为

$$X'_C=\frac{1}{(M-K)\,\omega C}+\frac{N-1}{M\omega C}$$

该相容抗的增加量ΔX_C为

$$\Delta X_C=X'_C-X_C=\frac{1}{(M-K)\,\omega C}-\frac{1}{M\omega C}$$

于是，电容器组等效成如图8-29所示电路，其中$\dot{U}_A$、$\dot{U}_B$、$\dot{U}_C$为供电电源电动势，供电电源阻抗可不计。

由图8-29可求得加于TV一次绕组上的（$3\dot{U}_0$）电压为

$$3\dot{U}_0=3\dot{U}_{ON}=(-3)\times\frac{\dfrac{\dot{U}_A}{X_C+\Delta X_C}+\dfrac{\dot{U}_B}{X_C}+\dfrac{\dot{U}_C}{X_C}}{\dfrac{1}{X_C+\Delta X_C}+\dfrac{1}{X_C}+\dfrac{1}{X_C}} \tag{8-54}$$

$$=\dot{U}_A\frac{3K}{3N(M-K)+2K}$$

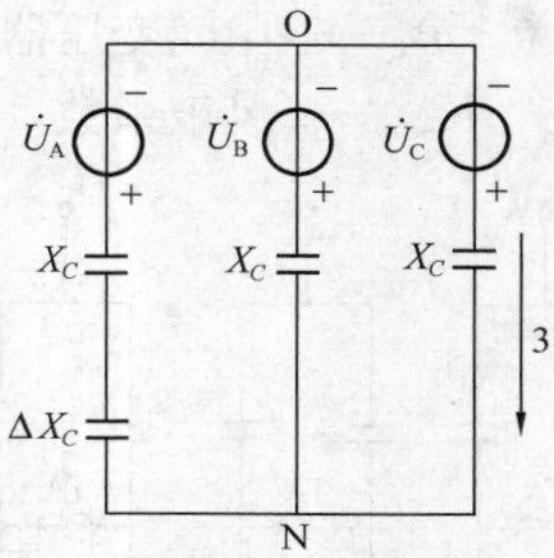

图8-29　A相K台电容器切除后的等值电路

零序电压继电器KVZ的动作电压U_{set}为

$$U_{set}=\frac{3U_0}{K_{sen}n_{TV}} \tag{8-55}$$

式中　K_{sen}——灵敏系数，取1.25～1.5；

n_{TV}——电压互感器TV开口三角形一相绕组与一次绕组间的变比。

此外，由于供电电压的不对称以及三相电容器的不平衡，正常运行时保护装置有不平衡零序电压$(3U_0)_{unb}$，所以零序电压保护的动作电压还应满足

$$U_{set}=K_{rel}\,(3U_0)_{unb} \tag{8-56}$$

式中　K_{rel}——可靠系数，取1.3～1.5。

（二）电容器组为单星形接线，当每相可接成四个平衡臂的桥路时，常用电桥式差电流保护

图8-30所示为电容器组桥式差电流保护的接线。正常运行时，桥差电流I_d几乎为零，保护不动作；当某相多台电容器切除后，电桥平衡被破坏，桥差电流增大，保护装置动作。

电流继电器KA的动作电流I_{set}为

$$I_{set}=\frac{I_d}{n_{TA}K_{sen}} \tag{8-57}$$

式中　I_d——桥差电流，当每台电容器具有专用熔断器时，桥差电流$I_d=\dfrac{3MKI_N}{3N(M-2K)+8K}$，其中$I_N$为每台电容器的额定电流；

n_{TA}——电流互感器的变比；

K_{sen}——灵敏系数，取1.25～1.5。

(三)电容器组为单星形接线，当每相由两组电容器串联组成时，常用电压差动保护

图 8-31 所示为电容器组电压差动保护接线（只画出其中一相），图中 T1、T2、T3 和 T4 是完全相同的中间变压器。正常运行时，电容器组两串联段上电压相等，T3 和 T4 的一次侧电压相等，因此过电压继电器 KVZ 上几乎没有电压（实际存在很小的不平衡电压），保护处于不动作状态；当某相多台电容器被切除后，两串联段上电压便不再相等，该相过电压继电器 KVZ 上出现差电压，使保护动作。

电压继电器 KVZ 的动作电压 U_{set} 为

$$U_{set}=\frac{\Delta U_d}{n_T K_{sen}} \tag{8-58}$$

式中 ΔU_d——电容器组两串联段差电压，当每台电容器具有专用熔断器时，其值为 $\Delta U_d=\frac{3KU_N}{6M-4K}$，其中 U_N 为电容器组的额定相电压；

n_T——中间变压器 T1、T3（或 T2、T4）的总变比；

K_{sen}——灵敏系数，取 1.25～1.5。

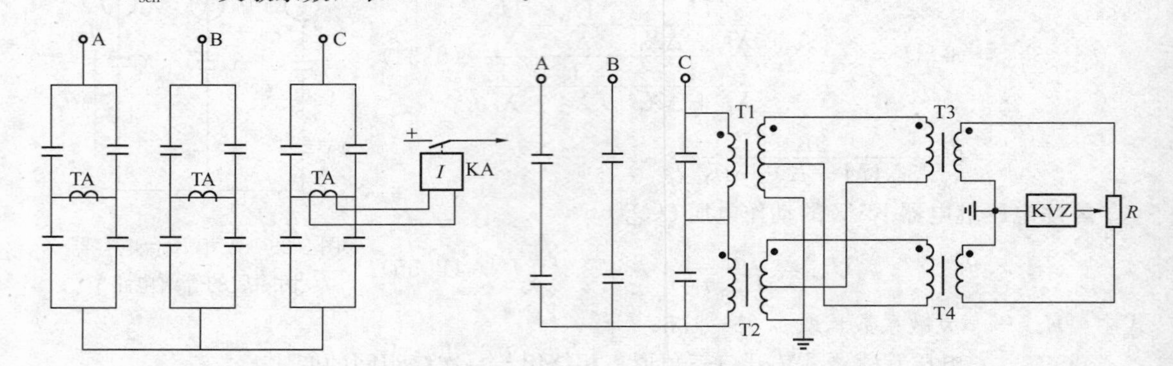

图 8-30 电容器组的桥式差电流保护接线　　图 8-31 电容器组的电压差动保护接线

(四)电容器组为双星形接线时，常用中性点不平衡电流保护或中性点间不平衡电压保护

图 8-32（a）所示为中性点间不平衡电压保护接线。当多台电容器被切除后，两组电容器的中性点 N、N′电压不再相等，出现差电压 ΔU_0，使保护动作。

电压继器 KVZ 的动作电压 U_{set} 为

$$U_{set}=\frac{\Delta U_0}{n_T K_{sen}} \tag{8-59}$$

式中 ΔU_0——两中性点 N、N′间的电压差，当每台电容器具有专用熔断器时，其值为 $\Delta U_0=\frac{KU_N}{3N(M_b-K)+2K}$，其中 M_b 为双星形接线每臂各串联段的电容器并联台数；

n_T——中间变压器 T 的变比；

K_{sen}——灵敏系数，取 1.25～1.5。

此外，动作电压还应躲过正常运行时的不平衡电压 $U_{0\cdot unb}$（二次值），即

$$U_{set}=K_{rel}U_{0\cdot unb} \tag{8-60}$$

图 8-32（b）所示为中性点不平衡电流保护接线。当多台电容器被切除后，中性线中有

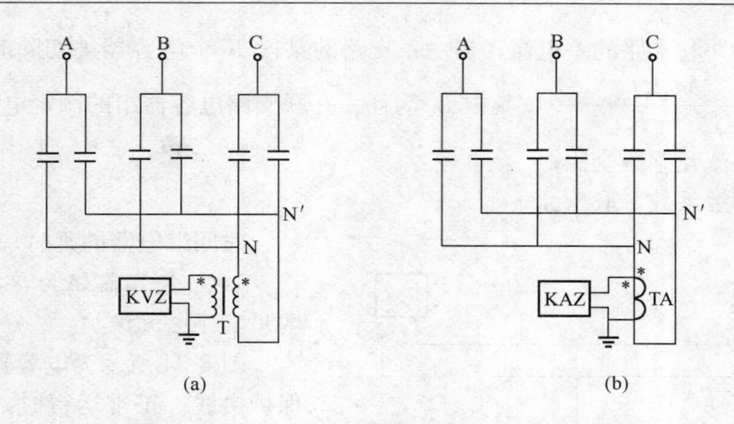

图 8-32　电容器组的不平衡电压、电流接线

（a）不平衡电压保护；（b）不平衡电流保护

电流 I_0 出现，继电器 KAZ 中有电流通过。KAZ 的动作电流 I_{set} 为

$$I_{set} = \frac{I_0}{n_{TA}K_{sen}} \tag{8-61}$$

式中　I_0——中性线电流，当每台电容器有专用的熔断器时，其值为 $I_0 = \frac{3M_b K I_N}{6N(M_b - K) + 5K}$，其中 I_N 为每台电容器的额定电流；

n_{TA}——中性线电流互感器的变比；

K_{sen}——灵敏系数，取 1.25～1.5。

此外，动作电流还应躲过正常运行时中性线中的不平衡电流 $I_{0\cdot unb}$（二次值），即

$$I_{set} = K_{rel} I_{0\cdot unb} \tag{8-62}$$

（五）电容器组为三角形接线且每相为两组电容器并联时，常用横差动保护

图 8-33 所示为电容器组横差动保护接线。正常运行时，电容器组两并联支路电流相等，电流继电器（1KA、2KA、3KA）中仅流过较小的不平衡电流；当多台电容器被切除后，电容器组两并联支路电流不相等，出现差电流，保护即动作。电流继电器的动作电流 I_{set} 为

$$I_{set} = \frac{\Delta I}{n_{TA}K_{sen}} \tag{8-63}$$

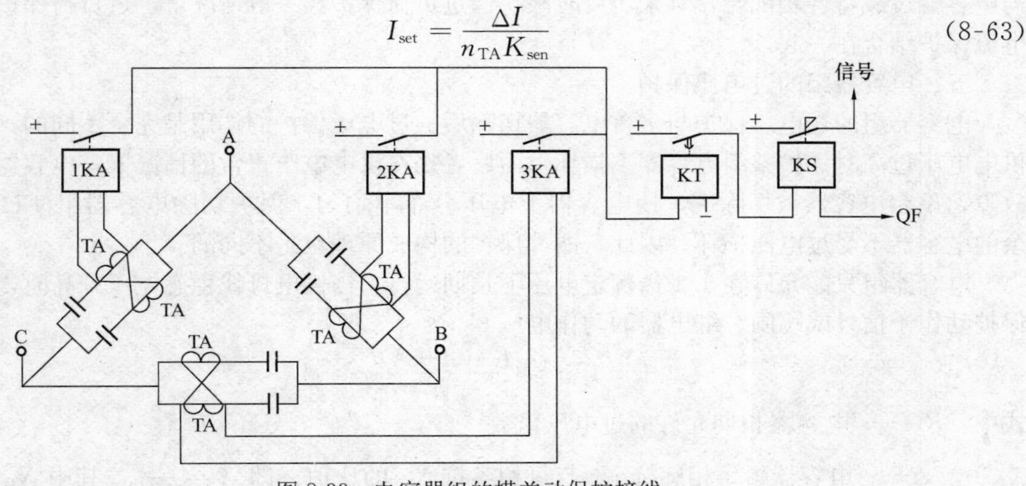

图 8-33　电容器组的横差动保护接线

式中 ΔI——两并联支路的差电流，当一条支路的某段 K 个电容器被切除时，ΔI 为 $\Delta I=\frac{M_b K I_N}{N(M_b-K)+K}$，其中 I_N 为任一并联支路电容器组的额定电流；

n_{TA}——电流互感器变比；

K_{sen}——灵敏系数，取1.25～1.5。

时间继电器的延时一般取0.2s。

(六) 电容器组为单三角形接线时，常用零序电流保护

图8-34所示为电容器组的零序电流保护接线。正常运行时，流入电流继电器的电流为 $\dot{I}_K=\dot{I}_{AB}+\dot{I}_{BC}+\dot{I}_{CA}\approx 0$，保护不动作；而当其中一臂中某段 K 个电容器被切除后，出现零序电流，保护动作。

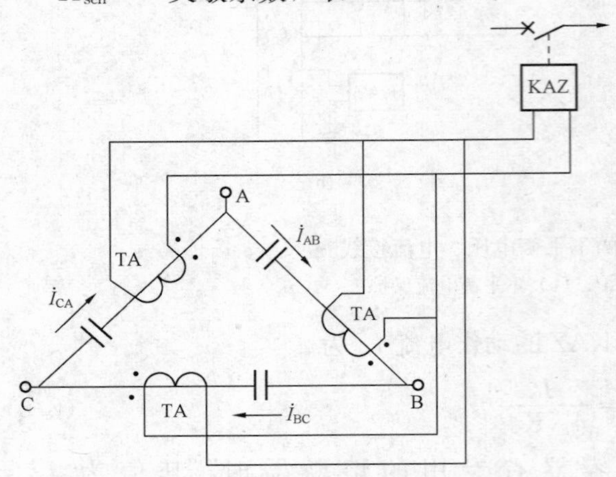

图8-34 电容器组的零序电流保护接线

电流继电器KAZ的动作电流 I_{set} 为

$$I_{set}=\frac{I_0}{n_{TA}K_{sen}} \tag{8-64}$$

式中 I_0——电容器切除后，形成的三角形三支路电流之和，其值为 $I_0=\frac{M_b K I_N}{N(M_b-K)+K}$；

n_{TA}——电流互感器的变比；

K_{sen}——灵敏系数，取1.25～1.5。

四、电容器组的过负荷保护

电容器组过负荷是由系统过电压及高次谐波引起的。按规定电容器应能在1.3倍额定电流下长期运行，对于电容量具有最大正偏差（10%）的电容器，过电流允许达到1.43倍额定电流。

因为电容器组必须装设反应稳态电压升高的过电压保护，而且大容量电容器组一般装设有抑制高次谐波的串联电抗器，在这种情况下可不装设过负荷保护，只有当系统高次谐波含量较高或实测电容器回路电流超过允许值时，才装设过负荷保护。保护延时动作于信号。为与电容器过载特性相配合，宜采用反时限特性过负荷保护。一般情况下，过负荷保护可与过电流保护结合在一起。

五、电容器组的过电压保护

电容器组的过电压保护与多台电容器切除后的过电压保护的作用是完全不同的，前者是供电电压过高时保护整组电容器不损坏，而后者是在供电电压正常的情况下，电容器组内部故障，K 台电容器被切除后，使电容器上电压分布不均匀，保护切除电容器组使该段上剩余的电容器不受过电压损坏。因此，两种保护的构成原理也是不同的。

电容器组只能允许在1.1倍额定电压下长期运行，当供电母线稳态电压升高时，过电压保护动作于信号或跳闸。继电器的动作电压 U_{set} 为

$$U_{set}=\frac{K_V(1-A)U_N}{n_{TV}} \tag{8-65}$$

式中 K_V——电容器长期允许的过电压倍数；

A——电容器组每相感抗 X_L 与每相容抗 X_C 的比值，即 $A=\frac{X_L}{X_C}$，其中 X_L 为串联

电抗器的感抗；

U_N——电容器组接入母线的额定电压；

n_{TV}——电压互感器变比。

当电容器组设有以电压为判据的自动投切装置时，可不设过电压保护。

六、电容器组的低电压保护

当供电电压消失时，电容器组失去电源，开始放电，其上电压逐渐降低。若残余电压未放电到0.1倍额定电压就恢复供电，可能使电容器组承受高于长期允许的1.1倍额定电压的合闸过电压，从而导致电容器组的损坏，因此，应装设低电压保护。低电压保护动作后，将电容器组切除，待电荷放完后才能投入。

在变电站中，一般只在单电源情况下装设低电压保护。低电压继电器接于高压母线电压互感器的二次侧，动作于延时跳闸。低电压继电器的动作电压U_{set}为

$$U_{set} = \frac{K_{min} U_N}{n_{TV}} \tag{8-66}$$

式中　K_{min}——系统正常运行时可能出现的最低电压系数，一般取0.5；

U_N——高压侧母线额定电压；

n_{TV}——电压互感器变比。

此外，电容器组是否装设单相接地保护，应根据电容器组所在电网的接地方式来确定。对于中性点不接地的电网，如单相接地电流小于20A，则不需装设单相接地保护；当单相接地电流大于20A时，应装设单相接地保护。并联电容器组的单相接地保护可用定时限过电流保护实现，继电器的动作电流I_{set}为

$$I_{set} = \frac{20}{n_{TA}} \tag{8-67}$$

保护装置的动作时间可取0.5s。

第六节　电抗器保护

一、并联电抗器的保护

在电力系统中常用的并联电抗器有两类。一类为330kV及以上电压的超高压并联电抗器，此类电抗器多安装在高压配电装置的线路侧，其主要功能为抵消超高压线路的电容效应，降低工频稳态电压升高，限制各种短时过电压。中性点接地电抗器，可补偿线路相间及相对地耦合电流，加速潜供电弧熄灭，有利于单相快速重合闸的动作成功。另一类为35kV及以下电压的低压并联电抗器，此类电抗器多装于发电厂和变电站内，作为调相调压及无功平衡用，它也经常与并联电容器组配合，组成各种并联静态补偿装置。

并联电抗器可能发生以下类型的故障及异常运行方式。

（1）线圈的单相接地和匝间短路。

（2）引出线的相间短路和单相接地短路。

（3）由过电压引起的过负荷。

（4）油面降低以及温度升高和冷却系统故障。

针对上述故障及异常，现分述其保护方式如下。

（一）超高压并联电抗器的保护

1. 纵差动保护

三相并联电抗器和发电机三相定子绕组相似，因此可用瞬时动作于跳闸的纵差动保护反应电抗器内部线圈及其引出线上的单相接地和相间短路故障。

由于并联电抗器价格昂贵，因此其主保护宜采取双重化，即装设两套差动保护。如并联电抗器为三台单相式，则第一套差动保护按相装设（其单元性强，能明确指示出故障相），第二套差动保护可以简化接线，采用零差接线方式，因为三台单相式电抗器发生相间短路的可能性很少，这样可以节省投资；对于三相式并联电抗器，两套差动保护的接线方式相同，均为三相三继电器接线方式。

纵差动保护的工作原理与发电机纵差动保护相同，在此不再详述。电抗器的励磁涌流是纵差动保护的穿越性电流，原则上不妨碍电抗器纵差动保护的正常工作。特别是电抗器外部短路时没有像发电机或变压器外部短路时那么大的穿越性电流，所以电抗器纵差动保护比发电机纵差动保护的动作电流更小，一般可取为电抗器额定电流的5%～10%。

2. 零序功率方向保护

电抗器的匝间短路是比较常见的一种内部故障形式，但是当短路匝数很少时，一相匝间短路引起的三相不平衡电流可能很小，很难被继电保护检出；而且不管匝间短路匝数多大，纵差动保护总不反应匝间短路故障。因此，必须考虑其他高灵敏度的匝间短路保护。

如果电抗器每相有两个并联分支，即双星形接线方式，这时和双星形接线的发电机一样，首先应该装设高灵敏的单元件横差动保护。另外，并联电抗器的电抗与其匝数的平方成正比，电抗器匝间短路时，其电抗值急剧下降，故障相的电流骤增，在中性点处有零序电流流过，同时也会出现零序电压，因此亦可用零序方向保护反应匝间短路故障，国内已研制成功具有补偿作用的零序功率方向原理的电抗器匝间短路保护，现介绍如下。

设电抗器A相发生部分绕组的匝间短路，并设该部分绕组在短路前有电压$\Delta\dot{U}_a$；利用叠加原理，在短路部分叠加一个故障分量电压$-\Delta\dot{U}_a$，其他两相故障分量电压为零，所以有零序电压$3\dot{U}_0$为

$$3\dot{U}_0=-\Delta\dot{U}_a$$

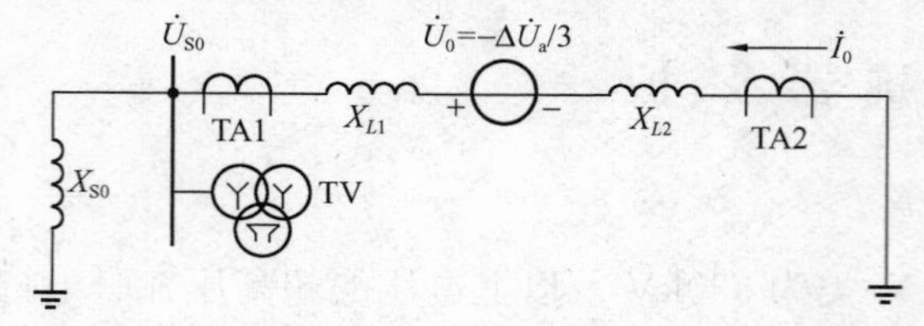

图8-35　电抗器A相匝间短路的零序等效电路

图8-35所示为A相匝间短路时的零序等效电路，其中X_{L1}和X_{L2}为故障点两侧的电抗器零序电抗，X_{S0}为系统零序电抗。

图中零序电流$\dot{I}_0$的正方向定义为自右向左，则$\dot{I}_0$可表示为

$$\dot{I}_0=\frac{\dot{U}_0}{j(X_{S0}+X_{L1}+X_{L2})}=-j\frac{\dot{U}_0}{X_{S0}+X_{L1}+X_{L2}}$$

电抗器首端零序电压$\dot{U}_{S0}$为

$$\dot{U}_{S0}=j\dot{I}_0X_{S0}=\frac{X_{S0}}{X_{S0}+X_{L1}+X_{L2}}\dot{U}_0 \tag{8-68}$$

式中　$\dot{U}_0$——故障点的零序电压；

$\dot{I}_0$——流过电抗器的零序电流。

若用 K_m 表示保护装置中电抗互感器的互感系数，则当流过电流 $\dot{I}_0$ 时将有输出电压 $\dot{U}_{aL}$，其值为

$$\dot{U}_{aL}=jK_m\dot{I}_0=\frac{K_m}{X_{S0}+X_{L1}+X_{L2}}\dot{U}_0 \tag{8-69}$$

当匝间短路的匝数很少时，$\dot{U}_0$ 和 $\dot{U}_{S0}$ 也很小，尤其在系统很大、X_{S0} 相当小的情况下，$\dot{U}_{S0}$ 就更小，使零序功率方向保护的灵敏性很差。为此采用补偿阻抗 X_{0C}，当有 $\dot{I}_0$ 通过时，X_{0C} 上的零序压降 $\dot{U}_{0C}$ 为

$$\dot{U}_{0C}=j\dot{I}_0X_{0C}=\frac{X_{0C}}{X_{S0}+X_{L1}+X_{L2}}\dot{U}_0 \tag{8-70}$$

零序电压 $\dot{U}_{S0}$、$\dot{U}_{0C}$、$\dot{U}_{aL}$ 均与 $\dot{U}_0$ 同相。

选用零序功率方向保护的动作判据为

$$-90^\circ\leqslant\arg\frac{\dot{U}_{S0}+\dot{U}_{0C}}{\dot{U}_{uL}}\leqslant 90^\circ \tag{8-71}$$

当电抗器发生匝间短路时，即使 $\dot{U}_{S0}$ 很小，由于 X_{0C} 的补偿电压 $\dot{U}_{0C}$ 的作用，零序方向继电器也能较灵敏地动作。补偿阻抗 X_{0C} 取为

$$X_{0C}\approx(0.6\sim0.8)X_L \tag{8-72}$$

式中　X_L——电抗器的零序电抗。

3. 过电流保护和过负荷保护

作为相间短路和接地短路的后备保护，并联电抗器应装设过电流保护。一般采用相间过电流和零序过电流保护，延时动作于跳闸。

当电源电压升高可能引起并联电抗器过负荷时，应装设过负荷保护，该保护由一只继电器构成，延时动作于信号。

过电流保护和过负荷保护的整定计算与发电机对应的保护相同，不再详述。

4. 非电量保护装置

超高压并联电抗器铁芯为油浸自冷式结构，通常装有气体继电器、油面温度指示器和压力释放装置等。其中瞬时动作于跳闸的保护有气体继电器的重气体触点、压力释放装置、油面温度达90℃、油枕油位指示器下限触点及线圈温度达115℃等保护；动作于信号的保护有轻气体触点、油面温度达80℃、油位指示器上限触点及线圈温度达105℃等。

另外，为限制单相重合闸时的潜供电流、提高单相重合闸的成功率，500kV三相并联电抗器的中性点通常经一小电抗器接地。接地电抗器正常运行时仅流过不平衡的零序电流，其值很小；当线路发生单相接地故障或一相未合上时，由于三相不对称，接地电抗器中将流过较大电流，造成电抗器绕组过热。对于接地电抗器线圈的接地短路故障，一般利用非电量保护装置进行保护，其中包括装设气体继电器在电抗器内部故障发生重瓦斯时动作于跳闸、产生轻微瓦斯或油面降低时动作于信号，如果装有油位指示器和温度指示器时，利用其上限触点动作于信号、下限触点动作于跳闸；对于三相不对称等原因引起接地电抗器的过电流，宜装设过电流保护，可与并联电抗器的零序电流保护结合起来，选用反时限特性继电器，过

负荷时动作于信号，严重过电流时，动作于跳闸。

(二) 低压并联电抗器的保护

35kV 及以下电压的并联电抗器的结构有油浸式和干式两种，其中油浸式多为三相结构，干式多为单相结构。

对容量为 10MVA 及以上的接地电抗器，为保护电抗器的内部线圈、套管及引出线上的短路故障，宜装设差动保护。差动保护可用两相式，差动继电器应按保证灵敏系数并具有防止暂态电流误动措施的条件来选择。

对于容量为 10MVA 以下的接地电抗器，因电流速断保护的保护范围很小，故一般不装设差动保护，而直接装设过电流保护，并尽量缩短保护动作时间，一般动作时间整定为 1.5s。

作为差动保护的后备，应装设延时动作于跳闸的过电流保护。过电流保护可由两相三继电器组成。当母线电压升高时可能引起电抗器过负荷，所以应装设过负荷保护。过负荷保护由接在某相的一个电流继电器构成，延时动作于信号。为与电抗器发热特性相配合，上述过电流保护和过负荷保护宜选用反时限特性的继电器。

对于油浸式电抗器，其气体继电器等非电量保护装置的上限触点动作于信号，下限触点动作于跳闸。

在静补装置中的并联电抗器，其保护装设的原则与上述相同。

二、串联抗器的保护

串联电抗器主要用于并联电容器电路，用以抑制电网电压波形畸变，控制流过电容器的谐波分量和限制合闸电流，以保护电容器的安全运行。

国内串联电抗器多为油浸自冷式，因其容量较小，主要利用其气体继电器作为电抗器内部故障的保护。轻瓦斯或油面降低时动作于信号，重瓦斯时动作于跳闸。

当并联电容器组中接有串联电抗器时，电容器组的额定电压 U_{N} 值应按下式修正

$$U_{\mathrm{N}}=\frac{X_C}{X_C-X_L}U_{\mathrm{N\cdot S}} \tag{8-73}$$

式中 X_C——电容器组容抗；

X_L——串联电抗器感抗；

$U_{\mathrm{N\cdot S}}$——系统额定电压。

三、限流电抗器的保护

限流电抗器主要有水泥电抗器和干式空心电抗器两种，串联于电力线路中，在系统发生短路故障时，限制短路电流值，以减轻相应输配电设备的负担，从而可选择轻型电气设备，节省投资。此外，在出线上装设电抗器后，当该出线发生短路故障时，电压降主要产生在电抗器上，这样保持了母线一定的电压水平，从而使用户电动机的工作得以稳定。

限流电抗器上一般不设保护装置，而是利用其所在的线路保护反应电抗器上的故障。

思 考 题 与 习 题

1. 一台双绕组降压变压器的容量为 15MVA，电压比为 35±2×2.5%/6.6kV，Yd11 接线；采用 BCH-2 型差动继电器。求差动保护的动作电流。已知：6.6kV 侧外部短路的最大

三相短路电流为 9420A；35kV 侧电流互感器变比为 600/5，6.6kV 侧电流互感器变比为 1500/5；可靠系数取 $K_{rel}=1.3$。

2. 异步电动机如果在运行中发生一相断线故障，有哪些保护会起动？试说明其工作原理。

3. 电动机为什么要装设低电压保护？低电压保护是如何实现的？

4. 在电动机的纵差动保护中，采用环流法接线与采用磁平衡式接线各有什么特点？

5. 在电动机的电流速断保护中，采用两相电流差接线和两相两继电器式接线各有什么优缺点？

6. 电动机堵转保护的作用是什么？它是如何实现的？

7. 电动机的过热保护和温度保护有哪些区别？其实现方法有什么不同？

8. 同步电动机的保护配置与异步电动机有哪些不同？试分析之。

9. 同步电动机的失步保护和失磁保护的作用是什么？试分别说明其工作原理。

10. 什么是非同步冲击保护？其工作原理是什么？

11. 并联电容器组中可能发生哪些故障和不正常运行状态？

12. 当并联电容器组的接线方式不同时，其保护方式有哪些区别？

13. 并联电抗器的零序功率方向保护是基于什么原理构成的？

第九章 微机继电保护

第一节 微机继电保护的构成和特点

一、微机保护的发展概况

随着计算机技术的高速发展，其广泛而深入的应用为工程技术各领域带来了深刻的影响。微机保护在电力系统的研究开发是计算机技术在线应用的重要组成部分，微机保护应用与推广已经成为继电保护发展的方向。

早在20世纪60年代末，G.D.Rockefiler等人提出了用计算机构成继电保护装置，当时的研究工作以小型计算机为基础，试图用一台小型计算机来实现多个电气设备或整个变电站的保护功能，这为计算机保护算法和软件的研究的发展奠定了理论基础，是继电保护领域的一个重大转折。

20世纪70年代，关于计算机保护各种算法原理和保护构成形式的论文大量发表，同时，随着大规模集成电路技术的发展，特别是微处理器的问世和价格逐年下降，计算机保护进入到实用阶段，出现了一批功能足够强的微机，并很快形成产品系列。1977年，日本投入了一套以微处理机为基础的控制与继电保护装置。1979年，美国电气和电子工程师协会（IEEE）的教育委员会组织了一次世界性的计算机继电保护研究班。1987年，日本继电保护设备的总产值中已有70%是微机保护产品。

国内微机保护的研究始于1979年，虽起步较晚，但进展很快。1984年，华北电力学院和南京自动化设备总厂研制的第一套以6809（CPU）为基础的微机距离保护装置样机通过鉴定并投入试运行。1984年年底在华中工学院召开了我国第一次计算机继电保护学术会议，这标志着我国计算机保护的开发开始进入了重要的发展阶段。进入20世纪90年代，各厂家几乎每年都有新产品面世，已经陆续推出了不少成型的微机保护产品。到目前，国内每年生产的微机型线路保护和主设备保护已达数千套，在输电线路保护、元件保护、变电站综合自动化、故障录波和故障测距等领域，微机继电保护都取得了引人瞩目的成果，具有高可靠性、高抗干扰水平和网络通信能力的第三代微机继电保护装置已经在电力系统投入使用，我国微机继电保护的研究和制造水平都已经达到国际水平。

二、微机保护的基本构成

传统的继电保护装置是使输入的电流、电压信号直接在模拟量之间进行比较和运算处理，使模拟量与装置中给定的机械量（如弹簧力矩）或电气量（如门槛电压）进行比较和运算处理，决定是否跳闸。

计算机系统只能作数字运算或逻辑运算，因此，微机保护的工作过程大致是：当电力系统发生故障时，故障电气量通过模拟量输入系统转换成数字量，然后送入计算机的中央处理器，对故障信息按相应的保护算法和程序进行运算，且将运算结果随时与给定的整定值进行比较，判别是否发生区内故障。一旦确认区内故障发生，根据开关量输入的当前断路器和跳闸继电器的状态，经开关量输出系统发出跳闸信号，并显示和打印故障信息。

微机保护由硬件和软件两部分构成。

微机保护的软件由初始化模块、数据采集管理模块、故障检出模块、故障计算模块、自检模块等组成。

通常，微机保护系统的硬件电路由六个功能单元构成，即数据采集系统、微机主系统、开关量输入输出电路、工作电源、通信接口和人机对话系统，如图 9-1 所示。

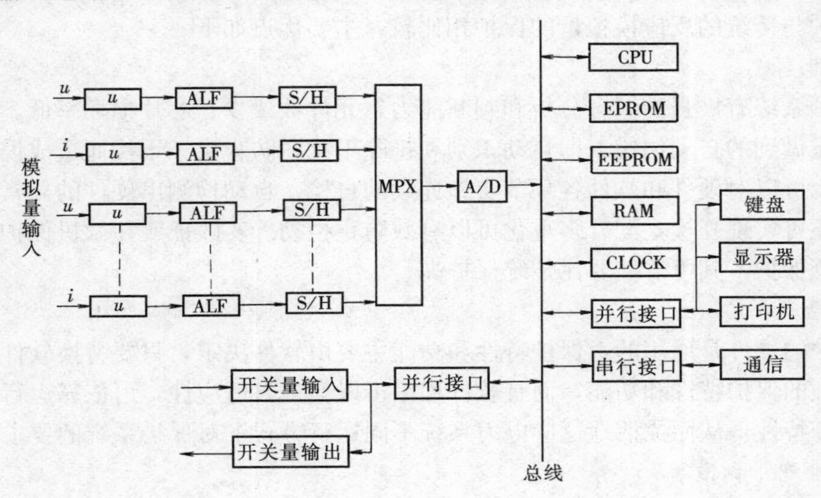

图 9-1 微机继电保护系统构成图

1. 数据采集系统

将输入的电气模拟量转换为数字量的硬件设备即为微机继电保护的数据采集系统。微机只能接受数字量，无法处理来自电压互感器和电流互感器二次侧的模拟电气量，因此，必须配备相应的进行模数转换的数据采集系统，将模拟电气量以数字量的形式送入微机处理系统，供保护功能程序使用。

2. 微机主系统

微机主系统是微机保护的核心，主要执行实现继电保护功能的算法，对故障进行判断，发出保护动作信号，此外还向运行人员输出人机对话信息并与其他设备进行通信等。微机系统的配置方式主要有单微机系统或称单 CPU 系统、多微机系统或称多 CPU 系统。

3. 开关量输入输出电路

开关量输入输出电路是微机继电保护装置与外部设备联系的部件，其主要作用是接受来自外部设备的反应断路器和其他辅助继电器状态的实时信号、向外部设备发送断路器跳闸信号以及连接人机对话所需的键盘、显示器和打印机等。

4. 工作电源

工作电源是微机继电保护系统的重要组成部分，要求电压等级多。工作电源的可靠性直接影响到整个保护系统在线运行的可靠性。因此，要保证其具有独立性，不受系统电压变化的影响、有很强的抗干扰能力。一般采用逆变稳压电源，电压等级为＋5V、±15V、＋24V等，各级电压之间不共地，防止损坏芯片，避免相互干扰。

5. 通信接口

通信接口是为了与变电站内各种微机控制、监测、远动装置等进行通信提供接口。

6. 人机对话系统

人机对话系统是指利用键盘、打印机、显示器等作为人机联系的输入/输出设备，实现信息、命令和数据的交换。

三、微机保护的特点

微机保护与传统的反应模拟量的保护相比较，主要优点如下。

1. 可靠性高

微机保护系统有极强的综合分析和判断能力，元件数量少、芯片损坏率低。它可以实现常规保护很难做到的自动纠错，即自动识别和排除干扰，防止由于干扰而造成误动。它具有自诊断能力，可以对硬件和软件各环节实施连续的自检，自动检测出硬件的异常部分，对于多微机系统还可实现互检，配合多重化可以有效防止拒动。实践证明，微机保护的正确动作率已超过传统保护，其可靠性要比传统保护高。

2. 灵活性大

微机保护的硬件是通用的，保护特性和功能主要由软件决定，只要替换软件芯片就可以提供不同原理的保护特性和功能，而且软件程序可以实现自适应性，可依靠运行状态而自动改变整定值和特性，从而灵活地适应电力系统不同运行方式下对保护系统的要求。

3. 保护性能得到改善

模拟量保护存在着一些难以解决的问题，如接地距离保护允许过渡电阻的能力，距离保护判别振荡和短路的措施，大型变压器差动保护区别励磁涌流和区内故障的方法等。应用计算机保护技术以后，这些问题都可采用新原理、新办法加以解决。

4. 易于获得扩充功能

微机保护易于实现保护的多功能，通过打印机、显示器可以提供电力系统故障前、后的多种信息。例如，一台微机距离保护装置在硬件配置合理的前提下，只需修改软件，便可使其不但具有距离保护的功能，还可具有故障测距、故障录波、重合闸等功能，并可实现远方调节定值或投、切保护。

5. 维护调试方便

传统保护的特性和功能是靠相应的硬件和逻辑布线实现的，其调试工作量非常大，且运行状态很难判断是否正常，需定期通过逐项模拟试验来检验，较复杂的保护通常需一周甚至更长的时间。微机保护则不同，它的特性或功能取决于软件，只要硬件电路完好，软件编制科学合理，保护的特性就能够保证，运行中一旦出现异常，保护装置的自检功能就会发出警报。调试人员只需进行简单的操作如写入、读出、相加等即可完成调试、维护。

6. 有利于实现综合自动化技术

目前，包括调度中心、变电站、水电站等在内的电力系统的保护、检测、远动、信号等过程控制功能均可由计算机实现，只要微机保护备有适当的通信接口，就可以很方便的实现综合自动化，并为微机保护提供新的功能，如自适应保护功能和其他辅助功能。

7. 成本下降

近年来，计算机技术的发展已经使微机保护的成本迅速下降，而模拟量保护设备成本则呈逐年上升趋势，可以预计两类保护的价格不久可相比拟，微机保护的优势将更加突出。

微机保护应用推广面临的问题主要有几个方面：由于计算机技术的发展很快，硬件几乎年年都在更新，现场人员难以适应；采用大量集成芯片和存放在 EPROM 中的程序使用户难以掌握保护装置的原理；软件系统中不可避免的“bug”可能使微机继电保护系统工作异常甚至中断等。

第二节 微机继电保护的硬件系统

微机继电保护硬件系统主要包括数据采集系统、微机主系统、开关量输入/输出电路、通信接口等四部分。

一、数据采集系统

目前，电力系统微机继电保护的数据采集系统主要有两种形式：元件保护多采用以逐次比较（逐次逼近原理）式模/数转换（A/D）构成的逐次比较式数据采集系统，线路保护多采用以电压/频率变换式模/数转换器构成的电压/频率变换式（VFC）数据采集系统。本书详细分析前一种数据采集系统，对后者只进行简单介绍。

逐次比较式数据采集系统包括变换器（U）、模拟低通滤波器（ALF）、采样/保持器(S/H)、多路转换器（MPX）以及模/数转换器（A/D）等功能器件。

1. 变换器

微机保护要从被保护设备的电流互感器、电压互感器或其他变换器上取得信息，但这些互感器的二次数值、输入范围对典型的微机电路却不适用，故需要降低和变换。

变换器（TV，TA，TL）的作用是将输入电压或电流变换成适合于A/D转换器要求的电压±10V或±5V。通常采用的是电磁感应原理的变换器，以便在电气上将电力系统与数据采集系统相隔离，防止电力系统的过电压对数据采集系统的干扰。电压变换常采用小型中间变压器。电流变换有两种方式：对于超高压系统，为了消除直流分量对保护算法的影响，电流回路往往选用中间电抗变压器，但电抗变压器对高频分量有放大作用，需用滤波器或算法消除。对于低压系统，直流分量影响小，谐波影响大，一般采用电流变换器。

2. 模拟低通滤波器

微型机处理的都是数字信号，为此必须将输入的模拟量转换成数字信号。所谓采样就是将一个连续时间信号 $x(t)$ 变成离散时间信号 $x_s(t)$。这个过程称为采样过程，由采样器来实现。按照耐奎斯特(Nyquist)采样定理：如果被采样信号频率为 f_0，则采样频率 f_s 必须大于 $2f_0$，否则，采样值就无法拟合还原成原输入信号 $x(t)$。如果输入模拟电压中含有频率 $f_0/2$ 以上的分量时，会被误认为是一个低频信号，即高频信号“混叠”到了低频段。

低通滤波器ALF完全是为了满足采样定理的要求。对微机保护来说，在故障初瞬间，输入信号 u、i 中含有高次频率成分，为防止频率混叠，要求 f_s 很高。目前大多数微机保护都是反应工频分量的，因此可以在采样之前，设置ALF将无用的高频成分先阻塞掉，把输入信号的频率限制在较低的频带内，以降低 f_s。考虑到各种因素的影响，微机保护的采样频率一般在 300～1200Hz。目前，采样频率通常采用 600Hz(每工频周波采样 12 个点)、800Hz 等，则要求 ALF 能滤除高于 300、400Hz 的高频成分。

模拟低通滤波器可分两类，即无源滤波器和有源滤波器。前者由 R、L、C 等元件组成，因电感元件 L 受饱和、温度等产生漂移的影响，故在微机保护中常采用简单的 RC 滤波器。后者通常由 RC 电路和运算放大器构成，特性较稳定，不受温度、时间变化的影响，常用于对滤波特性要求高、响应速度快的场合。缺点是需附加电源。

3. 采样/保持器

采样是将连续变化的模拟量通过采样器加以离散化。微机保护中的采样/保持器有两方面的作用，首先是为了保证在A/D变换过程中输入模拟量保持不变；其次是由于在微机保护中要保证各模拟量的相位关系经过采样后保持不变，各通道必须同步采样。微机保护要同时测量多个电气量，如距离保护中的u和i，或多条线路的电气量等，考虑到简化硬件回路、减小功耗和A/D转换器昂贵的价格，可以公用一个A/D转换器，而在每路通道装设一个采样/保持器，其作用是在一个极短时间内测量模拟信号在该时刻的瞬时值，并在等待A/D转换过程中保持不变，如图9-2所示。

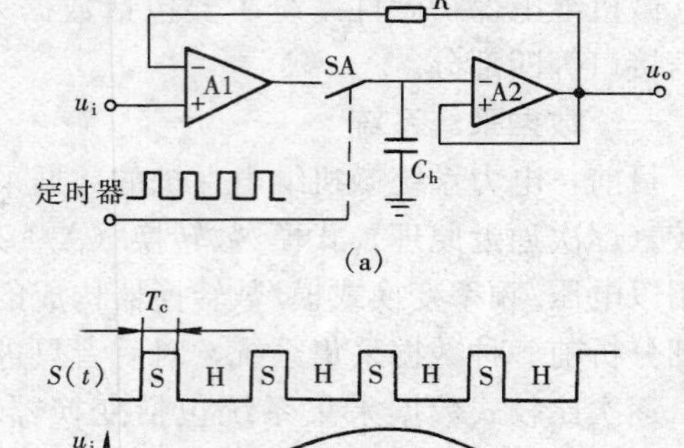

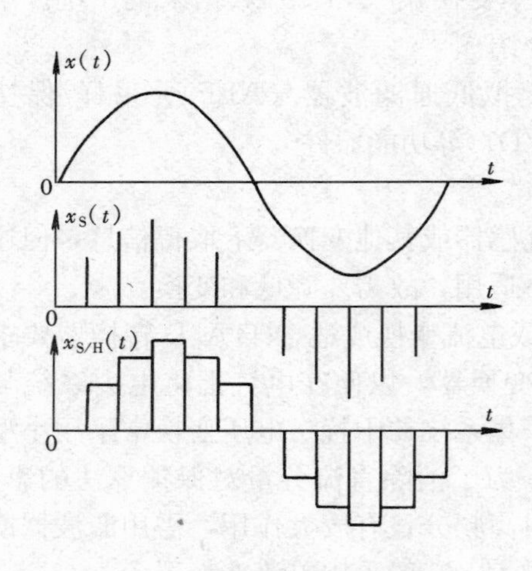

图9-2　采样/保持过程示意图

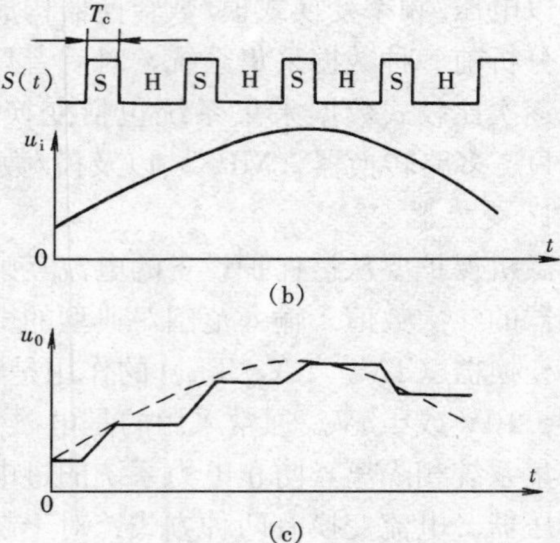

图9-3　采样/保持器原理说明

(a)框图；(b)采样/保持状态；(c)输出信号

采样/保持器由运算放大器A1和A2、电子开关SA和保持电容器C_h组成，如图9-3(a)所示，常采用LF398芯片。它有采样(S)和保持(H)两个状态，由来自定时器的实际采样控制脉冲$S(t)$(脉冲宽度为T_c)实现转换，如图9-3(b)所示，当$S(t)$为高电平时，SA闭合处于S态，运放器A2输出跟随输入信号变化；当$S(t)$为低电平时，SA约经50×50^{-3}ms断开处于H态，输入信号保持在电容C_h上，由于C_h泄漏极小，可以认为在H态期间保持着输入信号的大小，A2输出同样跟随C_h上的电压如图9-3(c)所示。输出信号通过多路转换器，依次送到A/D转换器变成数字量。

采样/保持电路大多集成在单一芯片上，芯片内不设保持电容，需用户外设，常选0.01μF左右。常用的采样/保持芯片有LF198、LF298、LF398等。

4. 多路转换器(MPX)

MPX是一个由CPU控制进行依次切换的多路开关。在数据采集系统中，需要进行模/数转换的模拟信号量可能是几路或者十几路，利用多路开关将各路保持的采样模拟信号与A/D转换电路的通路轮流切换，达到分时转换的目的。目前，常用的多路转换芯片有美国AD公司的AD7501(8选1)、AD7503(8选1)、AD7506(16选1)等。它们均为CMOS集成芯片，接通电阻约170～400Ω，接通时间0.8μs。

图 9-4 为 AD7506 多路转换器原理框图，它有 16 个输入端（u_i），一个输出端（u_o）和五个控制端（EN、A0～A3）。

当位能端 EN 为“0”态时，输出端与所有输入端均断开，无输出：当 EN 为“1”态时，通过 CPU 向路数选择端 A0～A3 赋值，如 0000，0001，0010，…，1111 分别对应 0、1、2，…，15 通道，由译码电路驱动电子开关 SA 闭合，决定输出端 U_o 与哪一个输入端接通。输出的模拟信号送到 A/D 转换器，转换结果由 CPU 读入指定的存储区。然后再由 CPU 向 A0～A3 赋值，将 SA 切换到下一通道进行 A/D 转换，直至在一个采样周期 T_s 内完成全部输入量的转换。

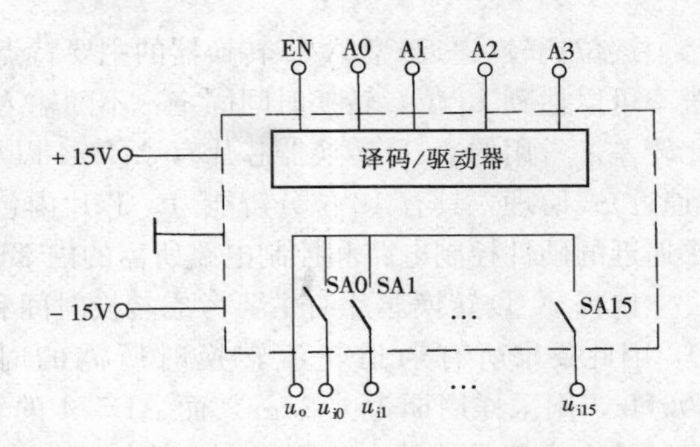

图 9-4 AD7506 多路转换器原理框图

5. 模/数转换器（ADC）

模/数转换器 A/D 是数据采集系统的核心，它的任务是将 S/H 回路输出的模拟信号转换成 CPU 能进行运算的二进制数字信号，以便计算机进行处理、储存、控制和显示。常见的 A/D 转换器有几种类型：逐位比较（逼近）型、积分型以及计数型、并行比较型、电压/频率型（V/F）等。

模/数转换器（ADC）的一般原理：将一个模拟输入量 U_u 相对于参考点 U_R 经过一定的编码电路转换成相对应的数字输出量 D，亦即

$$D = U_u / U_R \tag{9-1}$$

式中 D——小于 1 的二进制数。

对于单极性模拟量，小数点在最高位之前，也就是要求模拟输入电压 U_u 必须小于参考电压 U_R，因此

$$D = B_1 \times 2^{-1} + B_2 \times 2^{-2} + \cdots + B_n \times 2^{-n} \tag{9-2}$$

其中 B_1 为最高位（MSB），B_n 是最低位（LSB），n 是转换次数，B_1 到 B_n 是二进制码，其数值是“0”或者“1”。这样，模数转换器模拟输入量的数字化表达式为

$$U_u \approx U_R (B_1 \times 2^{-1} + B_2 \times 2^{-2} + \cdots + B_n \times 2^{-n}) \tag{9-3}$$

编码电路的位数总是有限的，因此在用有限位的二进制码表达连续的模拟输入量时，必然存在一定的输入误差，称为量化误差。模/数转换编码的位数越多，量化误差越小，分辨率就越高。

逐位比较（逼近）型 A/D 转换器的原理框图如图 9-5 所示，SAR 为数据暂存器。由置数逻辑向 SAR 送入一个数字量 D，经 DAC（数/模转换器）转换成反馈电压 u_D，加到比较器 A 的反相输入端；比较器的正相输入端接入采样信号 $u_S(t)$，比较器比较 u_D 和 $u_S(t)$ 的大小。当 $u_D > u_S(t)$ 时，比较器输出“0”电平，控制置数逻辑使 SAR 中的数字量 D 减小，DAC 将减小后的 D 转换成新的 u_D 再进行比较：当 $u_D < u_S(t)$ 时，则反之。如此反复直到逼近所要的数字量。

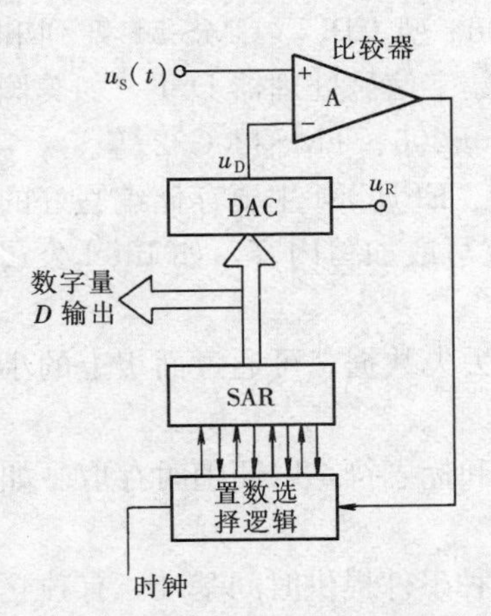

图 9-5 A/D 转换器的原理框图

逐位比较(逼近)型 A/D 转换器的主要特点是：转换速度比较快，一般在 1～100μs，分辨率可以达到 18 位；转换时间固定，不随输入信号的变化而变化；抗干扰能力相对积分型比较差。常用的 A/D 转换器芯片有 AD574 以及 ADC-HS12B 等复合型芯片，采用逐位比较(逼近)式原理，具有 12 位分辨能力。芯片内包括一个 12 位 A/D 转换器，一个比较器，逐次逼近的硬件控制电路和控制电路所需的内部电源。

选择 A/D 转换芯片时主要考虑转换时间和数字输出的位数。由于各通道公用一个 A/D，因此要求所有通道轮流转换时所需的时间和小于采样间隔 T_s。如若采样频率为 600Hz，则采样周期为 1.25μs，而 AD574 的转换时间为 25μs，足以满足要求；保护在工作时输入模拟量的动态范围很大，例如输电线路的微机距离保护要保证最大可能的短路电流(如 100A)时 A/D 不溢出，又要求有尽可能小的精确工作电流(如 0.5A)，以保证在系统最小运行方式下远方短路仍然能够精确测量距离，这要求有接近 200 倍的精确工作范围，显示 8 位的 A/D 转换器不能满足要求。另外，A/D 芯片的线形度、温度漂移等一般都能满足保护要求。

二、微机主系统（CPU 主系统）

微机主系统将数据采集单元输出的数据进行分析处理，完成各种继电保护功能。它包括中央处理器（CPU）、只读存储器 EPROM、电擦除可编程只读存储器 EEPROM、随机存取存储器（RAM）、时钟（CLOCK）等器件，如图 9-6 所示。

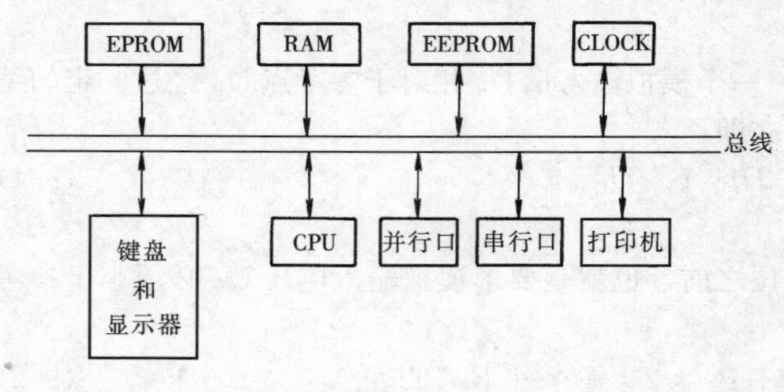

图 9-6　微机主系统框图

CPU 执行存放在 EPROM 中的程序，完成控制及运算功能。对数据采集系统送至 RAM 区的原始数据进行处理、判断、完成各种保护功能。20 世纪 80 年代初，大多采用 Intel8086、MC6809 等微处理器，将这种 CPU 和存储器、时钟等支持芯片装在一块印刷电路板上构成单板机。进入 20 世纪 80 年代中期，出现了将 CPU、存储器、定时器和 I/O 接口等集成在一块总片上的单片机，由于它可靠性高、性能好、占用空间小、允许温度范围宽、价格低等优点获得广泛的应用，国内常用的有 Intel8086 型 CPU、CMS-51 系列和 CMS-96 系列单片机。部分新研制的微机保护产品有的采用了数字信号处理器 DSP，如美国德州仪器公司（TI）生产的定点、浮点系列 DSP 芯片 TMS320F206、TMS320C32 等。

存储器用来存放程序，采样数据、中间运算结果和定值等。EPROM 主要存储编写好的监控、继电保护功能程序等，需用紫外线擦除器擦除后才能改写或加写内容，如 Intel 公司的 2764、27256 等。

电擦除只读存储器 EEPROM 存放保护定值，停电时不会丢失数据，可通过面板上的小键盘设定或修改保护定值，写入时自动更新原有内容。

随机存取存储器 RAM 主要存放采样数据、中间运算结果和标志符，以便随时存取。如常见的静态 RAM 芯片 6116（2K×8）和 6264（8K×8）。

定时器用以记数、产生采样脉冲和时钟等，为保护装置各种事件提供时间基准。有独立的振荡器和专用充电电池，停电时仍能继续运行。

CPU 主系统的常见外设有小键盘、液晶显示器、串行口、打印机等，主要作为就地人机接口、修改和显示定值、进行调试、输入输出接口和通信等。打印机用于打印定值、采样数据、故障报告等，通常用光耦将其与 CPU 隔离以避免干扰。

三、开关量输入/输出系统

完成各种保护的出口跳闸、信号显示、打印、报警、外部触点输入及人机对话等功能。它由多种输入/输出接口芯片（PIO 或 PIA）、光电隔离器、有触点中间继电器等组成。

1. 开关量输入回路

开关输入即接点状态（接通或断开）的输入可分为两类：一类是低电平（＋5V）开关量输入，如微机保护运行/调试状态输入；一类是高电平（±220V）开关量输入（如断路器的状态信号）。高电平开关量输入必须装有光电隔离，以防止外部干扰入侵微机保护装置。

微机保护输入的开关量（接点）包括：①装置面板上的切换开关、键盘、按钮、拨轮开关等；②由装置外部通过端子排引入的断路器位置接点、继电器触点、切换连接片等。对于面板上的开关量可直接接到微机的并行口。

2. 开关量输出回路

微机保护的开关量输出主要包括面板上显示的信号、保护的跳闸出口以及本地和中央信号等。由并行口经光电隔离电路将开关量输出的电路如图 9-7 所示，只要软件使并行口的 PB1 输出低电平“0”，PB2 输出高电平“1”，便可使与非门 A 输出低电平，光敏三极管导通，继电器 K 动作。在初始化或需要继电器返回时，应使 PB2 输出低电平“0”，PB1 输出高电平“1”。

四、通信接口

在纵联保护中，与线路对端保护交换各种信息。或在与中调联络中，将保护各种信息传送到中调，或接受中调的查询及远方修改定值等，均由输入/输出串行接口芯片构成。

近年来，变电站内各种微机型测量、监控、远动等装置不断增多，为减少装置和降低投资、实现数据与资源共享，形成了集微机保护、监控、远动和管理于一体的变电站综合自动化系统。如图 9-8 所示。处于该系统中的微机保护除完成自身的独立功能之外，通过变电站主机向本地或远方（如集控中心或调度所等）传送保护定值、故障报告、事件记录等，同时远方可通过站主机对微机保护实行远方控制，如修改定值、投切连接片等，这些都需由通信接口如 RS232、RS422 等实现。

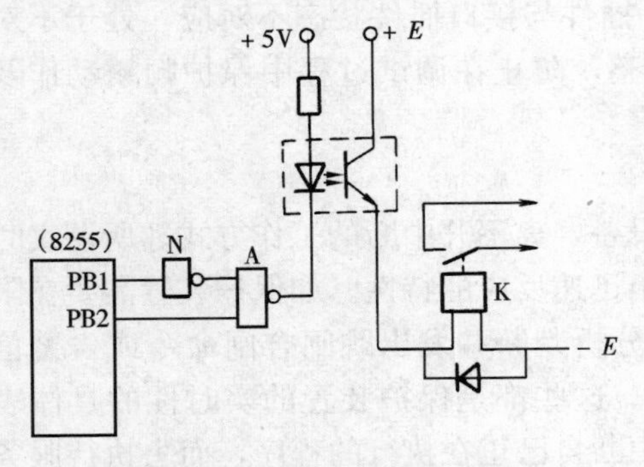

图 9-7 开关量输出回路接线图

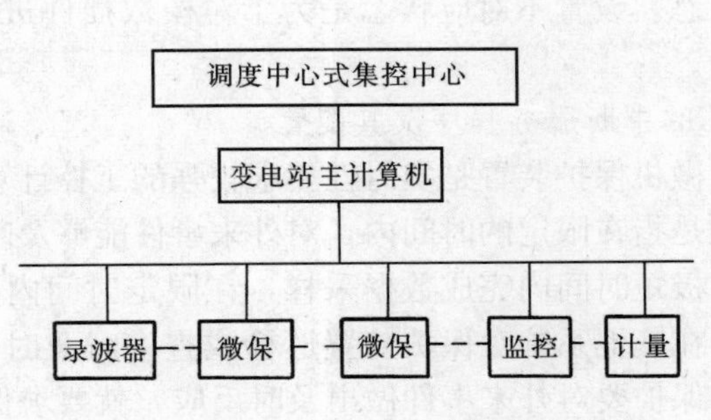

图 9-8 变电站综合自动化技术示意图

第三节 微机继电保护的软件系统

一、微机保护软件的系统配置

微机保护的软件分为接口软件和保护软件两大部分。

1. 接口软件

接口软件是指人机接口部分的软件，分为监控程序和运行程序。由接口面板的工作方式或显示器上显示的菜单来选择决定执行哪一部分程序，调试方式下执行监控程序，运行方式下执行运行程序。

接口的监控程序主要是键盘命令处理程序，是为接口插件（或电路）及各 CPU 保护插件（或采样电路）进行调节和整定而设置的程序。

接口的运行程序由主程序和定时中断服务程序构成。主程序主要进行巡检（各 CPU 保护插件）、键盘扫描和处理及故障信息的排列和打印。定时中断服务程序包括软件时钟程序、以硬件时钟控制并同步各 CPU 插件的软时钟、检测各 CPU 插件起动元件是否动作的检测起动程序。所谓软件时钟就是每经 1.66ms 产生一次定时中断，在中断服务程序中软件计数器加 1，当软件计数器加到 600 时，秒计数加 1。

2. 保护软件

各保护 CPU 的软件配置包括主程序和两个中断服务程序；主程序通常包括初始化和自检循环模块、保护逻辑判断模块以及跳闸处理模块。保护逻辑判断和跳闸处理总称为故障处理模块，在不同的保护装置中，它们基本上是相同的，但保护逻辑判断模块随不同的保护装置而相差甚远，如距离保护中保护逻辑就包含有振荡闭锁程序部分，而零序电流保护就没有振荡闭锁程序部分。

中断服务程序有定时采样中断服务程序和串行口通信中断服务程序。在不同的保护装置中，不同的采样算法或保护装置的特殊要求使得采样中断服务程序部分不尽相同。不同保护的通信规约不同，也会造成程序的很大差异。

保护软件有三种工作状态：运行、调试和不对应状态。不同状态时程序流程也不相同，有的保护没有不对应状态，只有运行和调试两种工作状态。当保护插件面板的方式开关或显示器菜单选择为“运行”，则该保护就处于运行状态，其软件就执行保护主程序和中断服务程序。当选择为“调试”时，复位 CPU 后就工作在调试状态。当选择为“调试”但不复位 CPU，并且接口插件工作在运行状态时，保护 CPU 插件与接口插件状态不对应，处于不对应状态。设置不对应状态是为了对模数插件进行调整，防止在调试过程中保护频繁动作及告警。

3. 中断服务程序及其配置

微机保护装置是实时性要求较强的工控计算机设备，离不开中断的工作方式。所谓实时性就是指在限定的时间内，对外来事件能够及时做出迅速反应的特性。如保护装置需要在限定的极短时间内完成数据采样，在限定时间内完成分析判断并发出跳闸合闸命令或告警信号，在其他系统对保护装置巡检或查询时及时响应。这些都是保护装置的实时性的具体表现。保护要对外来事件做出及时反应，就要求保护中断自己正在执行的程序，而去执行服务于外来事件的操作任务和程序。实时性还有一种层次的要求，即系统的各种操作的优先等级是不同的，高一级的优先操作应该首先得到处理。显然，这意味着保护装置将中断低层次的操作任务，去执行高一级优先操作的任务。因此，保护装置为了要满足实时性要求，必须采用带层次要求的中断工作方式。

（1）中断服务程序。对保护装置而言，其外部事件主要是指电力系统状态、人机对话、系统机的串行通信要求。电力系统状态是保护最关心的外部事件，保护装置必须时刻掌握保护对象的系统状态。因此，要求保护定时采样系统状态，一般采用定时器中断方式，每经1.66ms中断原程序的运行，转去执行采样计算的服务程序，采样结束后通过存储器中的特定存储单元将采样计算结果传送给原程序，然后再回去执行原被中断了的程序。这种采用定时中断方式的采样服务程序称为定时采样中断服务程序。

在采样中断服务程序中，除了有采样和计算外，通常还含有保护的起动元件程序及保护某些重要程序。如高频保护在采样中断服务程序中安排检查收发信机的收信情况；距离保护中还设有全相电流差突变元件，用以检测发展性故障；零序保护中设有$3U_0$突变量元件等。

保护装置还应随时接受工作人员的干预，即改变保护装置的工作状态、查询系统运行参数、调试保护装置，这就是利用人机对话方式来干预保护工作。这种人机对话是通过键盘方式进行的，常用键盘中断服务程序来完成。有的保护装置不采用键盘中断方式，而采用查询方式。当按下键盘时，通过硬件产生了中断要求，中断响应时就转去执行中断服务程序。键盘中断服务程序或键盘处理程序常属于监控程序的一部分，它把被按的键符及其含义翻译出来并传递给原程序。

系统机与保护的通信要求是属于高一层次对保护的干预，这种通信要求常用主从式串行口通信来实现。当系统主机对保护装置有通信要求时，或者接口CPU对保护CPU提出巡检要求时，保护串行通信口就提出中断请求，在中断响应时，就转去执行串行口通信的中断服务程序。串行通信是按一定的通信规约进行的，其通信数字帧有地址帧和命令帧二种。系统机或接口CPU（主机）通过地址帧呼唤通信对象，被呼唤的通信对象（从机）就执行命令帧中的操作任务。从机中的串行口中断服务程序是按照一定规约鉴别通信地址和执行主机的操作命令的程序。

（2）中断服务程序配置。根据中断服务程序基本概念的分析，一般保护装置总是配有定时采样中断服务程序和串行通信中断服务程序。对单CPU保护，CPU除保护任务之外还有人机接口任务，因此还可以配置键盘中断服务程序。

二、数字滤波器

微机保护软件算法中所需要的数据，都是将各模拟量经过数据采集系统转换成对应的数字量，再经过数字滤波器滤波后的输出数据。

电力系统发生故障时，各模拟量输入的三相电压、三相电流等信号中包含着丰富的频率成分。低通模拟滤波器是为了保证采样过程满足采样原理，防止采样信号的频谱发生混叠导致采样信号失真而设置的一个重要滤波元件，它在一定程度上极大地削弱了模拟输入量中的高频成分，但它对一些低频成分信号的滤波无能为力。

电力系统故障电气量中含有衰减的非周期分量、基波和高次谐波分量。输入模拟量经前置低通模拟滤波器ALF滤除了高于$f_s/2$的频率成分，而那些频率低于$f_s/2$成分，如电力系统故障暂态过程中衰减的直流分量和各次谐波成分、由模拟量输入系统中一些环节（如模/数转换器、中间变换器等）引入的各种噪声信号等，都不可避免地要进入CPU，因此还需要采用数字滤波器。目前，绝大多数微机继电保护原理都是建立在反应基波或者基波的某些整数倍频率谐波分量基础上，数字滤波器是解决从故障电流和故障电压信号中提取有关反应故障特征量的重要途径。

传统的常规继电保护装置是采用模拟滤波器来提取故障特征量的，微机继电保护系统采用具有一定频率特性的数字滤波算法解决故障特征量的提取问题，与传统的模拟滤波器相比，具有明显的优点：

(1) 滤波精度高。通过加大计算机所使用的字长，可以很容易地提高滤波精度。

(2) 灵活性高。通过改变滤波算法或某些滤波参数，可灵活调整数字滤波器的滤波特性，易于适应不同应用场合的要求。

(3) 可靠性高。模拟器件受环境和温度的影响较大，而数字系统受这种影响要小得多，因而具有高度的稳定性和可靠性。

(4) 便于分时复用。采用模拟滤波器时，每一个输入通道都需要装设一个滤波器，而数字滤波器通过分时复用，一套数字滤波即可完成所有通道的滤波任务，并能保证各个通道的滤波性能完全一致。

(5) 不存在阻抗匹配问题。模拟滤波器由不同物理特性的元件组装而成，各元件之间的搭配需要考虑阻抗的匹配问题即负载效应，而数字滤波器不存在这个问题。

从本质上讲，数字滤波器是一段计算程序，它是将模拟输入信号的采样数据的时间序列转换成数字滤波器在采样时刻输出数据的时间序列。CPU 通过执行这段程序，将输入的数字量进行某种运算，去除信号中的无用成分，达到滤波的目的。

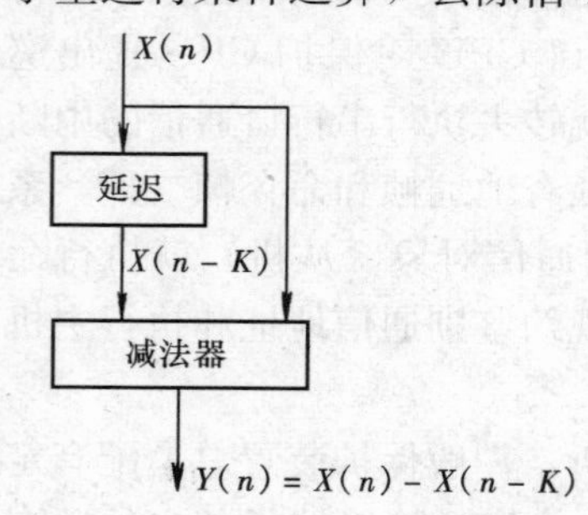

图 9-9　差分滤波器原理框图

在微机保护中广泛使用的简单的数字滤波器，是一类用加减运算构成的线性滤波单元，基本形式有差分滤波、加法滤波、积分滤波等。

1. 差分滤波器

差分滤波器在采样时刻 n 的输出信号 $Y(n)$ 是该时刻的输入 $X(n)$ 与在它之前 K 个采样周期的输入 $X(n-K)$ 之差，差分方程为

$$Y(n)=X(n)-X(n-K) \tag{9-4}$$

图 9-9 为差分滤波器原理框图。

对式 (9-4) 进行 Z 变换，可得传递函数 $H(Z)$

$$\begin{aligned} Y(Z) &= X(Z)(1-Z^{-K}) \\ H(Z) &= Y(Z)/X(Z) = 1-Z^{-K} \end{aligned} \tag{9-5}$$

将 $Z=e^{j\omega T_s}$ 代入式 (9-5)，则该滤波器的幅频特性和相频特性分别为

$$\begin{aligned} |H(e^{j\omega T_s})| &= |1-(\cos K\omega T_s - j\sin K\omega T_s)| \\ &= [(1-\cos K\omega T_s)^2+\sin^2 K\omega T_s]^{\frac{1}{2}} \\ &= 2\left|\sin K\omega\frac{T_s}{2}\right| = 2|\sin K\pi f T_s| \end{aligned} \tag{9-6}$$

$$\varphi(e^{j\omega T_s}) = \arctan\left(\frac{\sin K\omega T_s}{1-\cos K\omega T_s}\right) \tag{9-7}$$

$$=\arctan\left[\tan\left(\frac{\pi}{2}-K\omega\frac{T_s}{2}\right)\right]=-\frac{\pi}{2}(1-2fKT_s)$$

其中，f 为输入信号频率。采样频率 $f_s=1/T_s=Nf_1$，f_1 为基波频率，N 为每工频周期采样点数。

利用幅频特性可以分析欲滤除谐波次数 m 与数据窗长度 K、每周期采样点数 N（即 f_s/f_1）的关系。以 $f=mf_1$ 代入式（9-6），并令 $|H(e^{j\omega T_s})|=0$，则 $2\left|\sin K\omega\frac{T_s}{2}\right|=0$，可得数字滤波器幅频特性为零的条件为

$$Km/N=P\quad(P=1,2,\cdots)\tag{9-8}$$

由式（9-8）可见，当 N 一定时，已知数据窗长度 K，可求出 m。能滤除谐波最低次数（即 $P=1$ 时）的 m_1，此外还能滤掉 m_1 整倍数的各次谐波。为便于比较，当 $N=12$（即 $f_s=600\text{Hz}$），$K=6$ 和 $K=12$ 时，差分滤波器的幅频特性如图 9-10 所示。从幅频特性可以看出，此时差分滤波器均可滤除直流分量，对于 $K=6$，能滤除二次及其整倍数次谐波；对于 $K=12$，能滤除基波及其整倍数次谐波。之所以差分滤波器总能滤掉直流分量，从差分方程式（9-4）的物理意义理解：对于直流分量，无论 x 取何值，现时采样值与前行任意时刻采样值相减都为零。

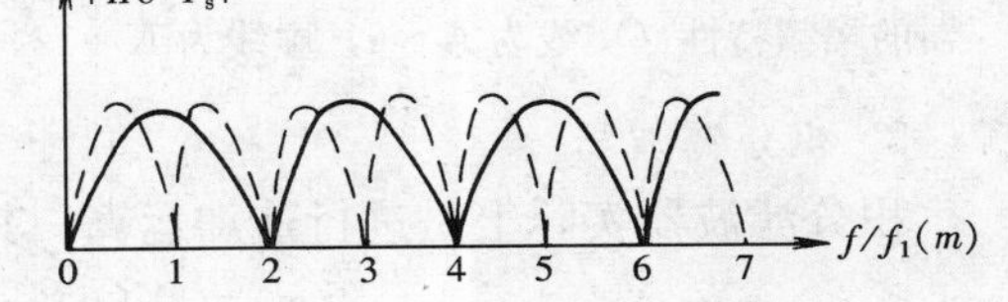

图 9-10 当 $N=12$，$K=6$ 和 12 时，差分滤波器的幅频特性
（实线—$K=6$，虚线—$K=12$）

在已知 N 的情况下为了滤除某次谐波，同样可以利用式（9-8）求出数据窗长度 K。例如，为消除三次谐波（$m=3$），已知 $N=12$，令 $P=1$，得 $K=NP/m=4$。因 $P=1$，2，…,所以此时不仅能滤除三次谐波，还能消除 3 的整倍数次谐波如 6、9 等次谐波。

2. 加法滤波器

加法滤波器的差分方程为

$$Y(n)=X(n)+X(n-K)\tag{9-9}$$

式（9-9）的原理框图与图 9-9 类似，只是将减法器改成加法器，可得到脉冲传递函数为：$H(Z)=1+Z^{-K}$，由此，幅频特性和相频特性分别为

$$\begin{aligned}|H(e^{j\omega T_s})|&=|1+(\cos K\omega T_s-j\sin K\omega T_s)|\\&=[(1+\cos K\omega T_s)^2+\sin^2 K\omega T_s]^{\frac{1}{2}}\\&=2\left|\cos K\omega\frac{T_s}{2}\right|=2|\cos K\pi fT_s|\end{aligned}\tag{9-10}$$

$$\varphi(e^{j\omega T_s})=\arctan\left(-\frac{\sin K\omega T_s}{1+\cos K\omega T_s}\right)=-\pi KT_s\tag{9-11}$$

令 $|H(e^{j\omega T_s})|=0$，则有

$$Km/N=(2P-1)/2\quad(P=1,2,\cdots)\tag{9-12}$$

可见，无论 P 取何值，$m\neq0$，即不能滤除直流分量，但能滤除所有奇次谐波和部分偶次谐波。例如，要滤除三次谐波，$m=3$，$P=1$，$N=12$，则 $K=(N/2m)(2P-1)=2$，即相隔两个采样间隔的采样值相加就可滤除三次谐波。从式（9-9）的物理意义上理解，此时

对三次谐波一个周期的采样点数为 4，相隔两个采样间隔的采样值必然大小相等（即采样周期为三次谐波周期的一半），方向相反，相加为零。

当 $N=12$、$K=6$ 和 12 时作加法滤波器的幅频特性如图 9-11 所示。可见，均不能滤除直流分量。对于 $K=6$，能滤除奇次谐波；对于 $K=12$，可滤除 1/2、3/2、5/2 等非整次谐波。

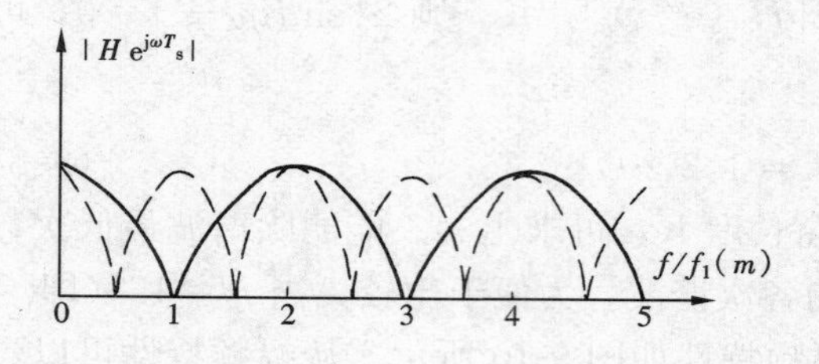

图 9-11　当 $N=12$，$K=6$ 和 12 时，加法滤波器的幅频特性（实线为 $K=6$，虚线为 $K=12$）

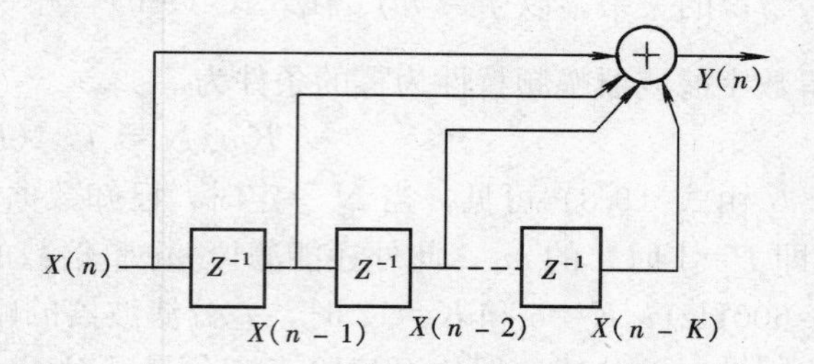

图 9-12　积分滤波器原理框图

3. 积分滤波器

积分滤波器实际上是进行连加运算，其差分方程为

$$Y(n)=X(n)+X(n-1)+X(n-2)+\cdots+X(n-K) \tag{9-13}$$

式（9-13）的原理框图如图 9-12 所示。对式（9-13）取 Z 变换后，得到传递函数为

$$H(Z)=(1+Z^{-1}+Z^{-2}+\cdots+Z^{-K})=(1-Z^{-(K+1)})/(1-Z^{-1})$$

由此可得幅频特性和相频特性

$$|H(e^{j\omega T_s})|=\left|\left[\sin(K+1)\omega\frac{T_s}{2}\right]/\sin\omega\frac{T_s}{2}\right| \tag{9-14}$$

$$=|\sin(K+1)\pi f T_s/\sin\pi fT|$$

$$\varphi(e^{j\omega T_s})=\left[-(K+1)\omega\frac{T_s}{2}+\frac{\pi}{2}\right]-\left[-\omega\frac{T_s}{2}+\frac{\pi}{2}\right]=-K\omega\frac{T_s}{2} \tag{9-15}$$

令 $|H(e^{j\omega T_s})|=0$，即式（9-14）分子为 0，得

$$\frac{(K+1)m}{N}=P\quad(P=1,2,\cdots) \tag{9-16}$$

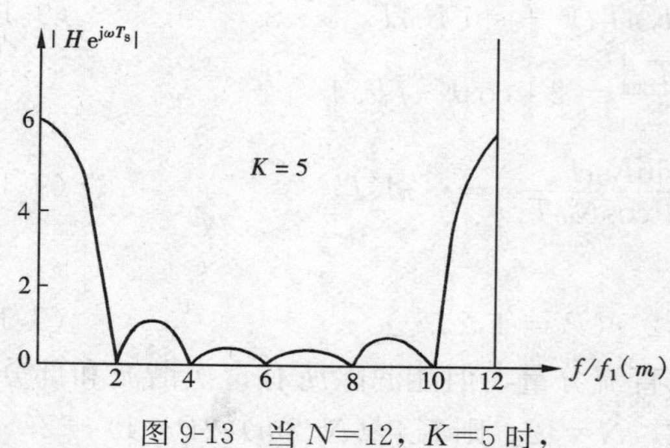

图 9-13　当 $N=12$，$K=5$ 时，积分滤波器的幅频特性

如欲滤除偶次谐波，当 $N=12$，可令 $m=2P$ 代入式（9-16）得 $K=5$（如欲滤除 3、6、9 次谐波，可令 $m=3P$，则得 $K=3$），此时积分滤波器的幅频特性如图 9-13 所示。由图可见，积分滤波器的滤波效果较前两种要好一些，但不能滤除直流分量。

三、微机保护算法

被保护设备的电气量经过采样、A/D 转换变成数字量、送入 CPU 数字滤波后，CPU 将对被保护设备的电气量进行运算、分析和判断，以实现各种继电保护功能。微机继电保护是用数学运算方法实现故障量的测量、分析和判断的，运算的基础是若干个离散的、量化了的数字采样序列。因此，微机继电保护的一个基本问题是寻找适当的离散运算方法，使运算结果的精确度能满足工程要求。微机保护的算法就是继电保护的数学模型，是反应微机保护工作原理的数学表达式，用来编制微机保护计算程序。微机保护装置根据模数转换器提供的输入电气量的采样数据进行分析、运算和判断，以实现各种继电保护的功能的方法称为算法。

微机保护采用的算法很多，大体可分为两类。一类算法是根据输入电气量的若干点采样值，通过数学式或方程式计算出保护所反映的量值，然后与给定值进行比较。例如为实现距离保护，可根据电压和电流的采样值计算出复阻抗的模和幅角或阻抗的电阻和电抗分量，然后同给定的阻抗动作区进行比较。这一类算法利用了微机能进行数值计算的特点，从而实现许多常规保护无法实现的功能，例如微机距离保护，它的动作特性的形状可以非常灵活，不像常规距离保护的动作特性形状决定于一定的动作方程。此外还可以根据阻抗计算值中的电抗分量推算出短路点距离，起到测距的作用等。另一类算法不计算具体的量值，而是根据继电器的动作方程式拟定算法，所以也称动作特性算法。仍以距离保护为例，它是直接模仿模拟型距离保护的实现方法，根据动作方程来判断是否在动作区内，而不计算出具体的阻抗值。虽然这一类算法所依循的原理和常规的模拟型保护同出一宗，但由于运用计算机所特有的数学处理和逻辑运算功能，可以使某些保护的性能有明显的提高。

一个好的算法应该是运算精度高，所用数据窗短（完成全部数字运算所需采样点数 N 与采样周期 T_s 的乘积）、运算工作量小。运算精度高可使保护装置对区内、区外故障判断准确；算法数据窗短、运算工作量小则有利于提高动作速度。然而，这两方面往往是相互矛盾的，所以研究算法的实质是如何权衡速度和精度之间的关系。有的快速保护选择的采样点数较少，而后备保护不要求很高的计算速度，但对计算精度要求就提高了，选择采样点数就较多。

1. 正弦函数模型算法

假定被采样的电压和电流瞬时值都是时间的正弦函数。

(1) 两点乘积算法。设 i_1 和 i_2 分别为两个相隔 $\pi/2$ 的采样时刻 n_1 和 n_2 的采样值，$\omega n_2 T_s - \omega n_1 T_s = \pi/2$，如图 9-14 所示，因此有

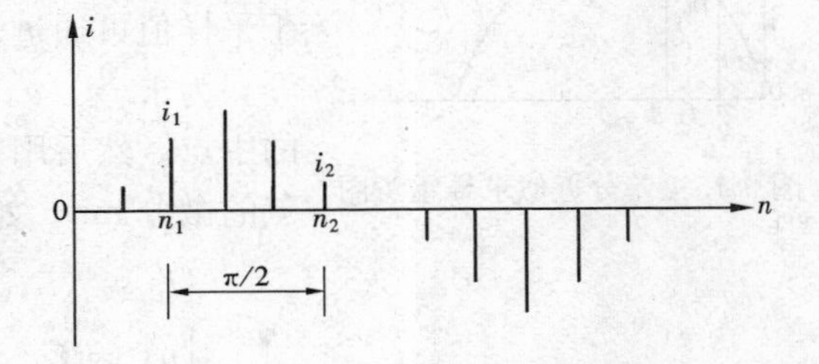

图 9-14 两点乘积算法采样点示意图

$$\begin{aligned} i_1 &= i(n_1 T_s) = \sqrt{2}I\sin(\omega n_1 T_s + \varphi_{0I}) = \sqrt{2}I\sin\varphi_{1I} \\ i_2 &= i(n_2 T_s) = \sqrt{2}I\sin(\omega n_2 T_s + \varphi_{0I}) \\ &= \sqrt{2}I\sin(\omega m_1 T_s + \varphi_{0I} + \pi/2) = \sqrt{2}I\cos\varphi_{1I} \end{aligned} \tag{9-17}$$

式中，$\varphi_{1I} = \omega n_1 T_s + \varphi_{0I}$ 为 $n_1 T_s$ 时刻电流的相位角，将式（9-17）中两式平方后相加、两式相除分别得

$$\begin{aligned} I^2 &= (i_1^2 + i_2^2)/2 \\ \varphi_{1I} &= \arctan(i_1/i_2) \end{aligned} \tag{9-18}$$

式（9-18）表明若输入量为纯正弦波，只要知道任意两个相隔为 $\pi/2$ 的采样值，就可以

算出输入正弦量的有效值和相位。由于用到了两个采样值的乘积，故称两点乘积算法。

两点乘积算法的特点有：算法本身无误差，且与采样频率无关，因此对采样频率无特殊要求；由于采用相隔 $\pi/2$ 的两个采样值，对于 50Hz 工频而言将延时 5ms，为此，可采用三点乘积算法，它利用相邻三个采样点的乘积，只需 $2T_s$ 延时；因采用较多乘法，运算工作量较大。

(2) 微分（导数）算法。有一次和二次微分算法两类。这里介绍一次微分算法。

这种算法只需输入正弦量在某一时刻 t_1 的采样值及其对该时刻的导数。设 i_1 为 t_1 时刻电流的瞬时值

$$i_1 = \sqrt{2}I\sin(\omega t_1 + \varphi_{0I}) = \sqrt{2}I\sin\varphi_{1I} \tag{9-19}$$

则 t_1 时刻电流的导数为

$$i'_1 = \omega\sqrt{2}I\cos\varphi_{1I} \text{ 或 } i'_1/\omega = \sqrt{2}I\cos\varphi_{1I} \tag{9-20}$$

比较式（9-19）、式（9-20）与式（9-17），可见式（9-20）中的 i'_1/ω 与式（9-17）中 i_2 的表达式相同，因此可以用 i'_1/ω 代替 i_2，于是写出

$$\begin{aligned} I^2 &= [i_1^2 + (i'_1/\omega)^2]/2 \\ \varphi_{1I} &= \arctan(i_1\omega/i'_1) \end{aligned} \tag{9-21}$$

同理，可以写出电压的有效值 U 和相位角 α_{1U}。于是在测量阻抗 $Z=R+jX$ 中

$$\left.\begin{aligned} R &= [u_1 i_1 + (u'_1/\omega)(i'_1/\omega)]/[i_1^2 + (i'_1/\omega)^2] \\ X &= [u_1(i'_1/\omega) - (u'_1/\omega)i_1]/[i_1^2 + (i'_1/\omega)^2] \end{aligned}\right\} \tag{9-22}$$

其中 u_1 和 u'_1 分别为 $t=t_1$ 时刻的采样值及其导数。

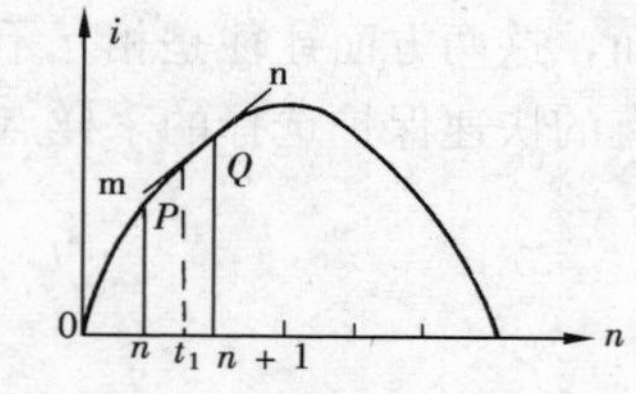

图 9-15　差分近似求导示意图

可见，只要知道电流和电压在某一时刻的采样值和该时刻的导数，就可以算出电流、电压和测量阻抗的大小和相位。对于采样值可通过采样得到，而导数应如何来求呢？

为求 i'_1、u'_1，可取 t_1 为相邻两个采样时刻 n 和（$n+1$）的中点，然后用差分近似求导，即用直线 PQ 的斜率来代替 t_1 点的微分 mn，如图 9-15 所示，则

$$\begin{cases} i'_1 = (i_{n+1} - i_n)/T_s \\ u'_1 = (u_{n+1} - u_n)/T_s \end{cases} \tag{9-23}$$

由于差分求导时刻（t_1）处于 n 和（$n+1$）的中点，因此差分求导时刻电流或电压的采样值应取两采样点之间的平均值，即

$$\begin{cases} i_1 = (i_{n+1} - i_n)/T_s \\ u_1 = (u_{n+1} - u_n)/T_s \end{cases} \tag{9-24}$$

微分算法的特点是：数据窗短，仅需一个 T_s，延时短；算法精度与采样频率有关，因利用差分近似求导，所以 T_s 越小，精度越高；运算工作量与两点乘积算法接近；因导数与频率成正比，对高频成分有放大作用，故要求数字滤波器应能较好的滤除高频分量。

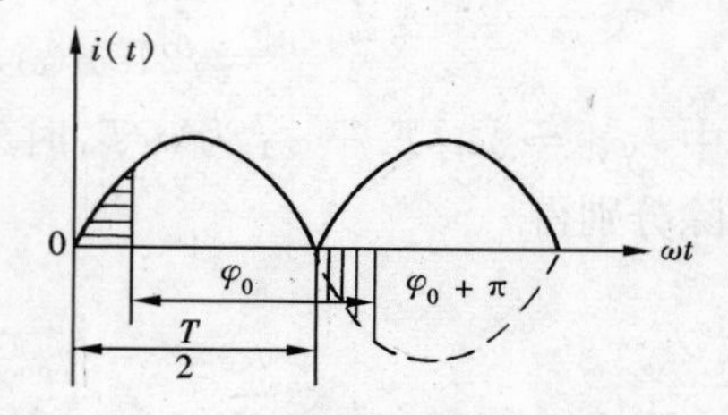

图 9-16　半周积分算法示意图

(3) 半周积分算法。半周积分算法的依据是一个正

弦量在任意半个周期内绝对值的积分值为一个常数 S，且与积分起始点的初相角 φ_0 无关。如图 9-16 所示，不论 φ_0 角多大，图中所画的两块阴影面积显然都相等，所以（以电流为例）

$$S=\int_{\varphi_0}^{\frac{T}{2}+\varphi_0}\sqrt{2}I\mid\sin(\omega t+\varphi_0)\mid \mathrm{d}\omega t=\int_0^{\frac{T}{2}}\sqrt{2}I\mid\sin(\omega t)\mid \mathrm{d}t$$
$$=2\sqrt{2}I/\omega \tag{9-25}$$

由式（9-25）可知，正弦量在任意半周的积分 S 正比于正弦量的有效值或幅值。所以

$$I=\frac{S\omega}{2\sqrt{2}} \tag{9-26}$$

通常将半周面积划分为若干个梯形面积，然后再求面积（矩形面积或梯形面积）的和近似代替积分。

半周积分算法的特点是：因采用加法运算，运算工作量较小；因为兼有求面积 S 的方法，实质上是前面学过的积分滤波器，因此兼有滤除高次谐波的作用，但不能抑制直流分量；因为数据窗为半周期，对工频为 10ms，延时较长；求 S 面积与 T_s 有关，T_s 越小精度越高，算法精度与采样频率有关，并且它只能用来计算正弦函数的幅值或有效值。

因此，在一些对精度要求不高的电流、电压保护中可以用这种算法。必要时可用差分滤波器来抑制输入信号中的直流分量。

2. 傅里叶算法

电力系统故障时，电流、电压波形畸变很大，包含有非周期分量和高次谐波分量，不能再把它们假设为单一频率的正弦函数。针对这种情况，可以使用傅里叶算法。

傅里叶算法来源于傅里叶级数。一个周期函数 x（t）总可以表达为直流分量、基波及基波整数倍的高次谐波分量之和的形式，即

$$x(t)=\sum_{n=0}^{\infty}(a_n\sin n\,\omega_1 t+b_n\cos n\,\omega_1 t)(n=0,1,2,\cdots,\infty) \tag{9-27}$$

式中 ω_1——基波角频率，$\omega=2\pi f_1$；

a_n——n 次谐波正弦波的幅值；

b_n——n 次谐波余弦波的幅值。

利用三角函数的正交性可以得出

$$\begin{cases}a_n=\dfrac{2}{T}\displaystyle\int_0^T x(t)\sin(\omega\, n_1 t)\mathrm{d}t\\ b_n=\dfrac{2}{T}\displaystyle\int_0^T x(t)\cos(\omega\, n_1 t)\mathrm{d}t\end{cases} \tag{9-28}$$

式中 T——函数 $x(t)$ 的周期。

当 $n=1$ 时，在 $x(t)$ 中的基波分量、有效值、幅角分别为

$$x_1(t)=a_1\sin\omega_1 t+b_1\cos\omega_1 t=\sqrt{2}X_1\sin(\omega_1 t+\alpha_1) \tag{9-29}$$

$$2X_1^2=a_1^2+b_1^2\qquad \alpha_1=\arctan(b_1/a_1) \tag{9-30}$$

（1）全周波傅里叶算法。根据傅里叶算法，将周期电流周期函数信号 $i(t)$ 表示为

$$x(t)=\sum_{n=0}^{\infty}(I_{nc}\cos n\omega_1 t+I_{ns}\cos n\omega_1 t)(n=0,1,2,\cdots,\infty) \tag{9-31}$$

式中 I_{nc}、I_{ns}——n 次谐波的余弦分量电流和正弦分量电流的幅值。

对于基波分量，若每周采样 12 点，则

$$6I_{1C}=\frac{\sqrt{3}}{2}(i_1-i_5-i_7+i_{11})+\frac{1}{2}(i_2-i_4-i_8+i_{10})-i_6+i_{12} \tag{9-32}$$

$$6I_{1S}=\frac{\sqrt{3}}{2}(i_2+i_4-i_8-i_{10})+\frac{1}{2}(i_1+i_5-i_7-i_{11})+i_3-i_9 \tag{9-33}$$

全周傅里叶算法本身具有滤波作用。在计算基波频率分量时，能抑制恒定直流和消除各整数次谐波，但衰减的直流分量会造成计算结果的误差；算法的数据窗为一个工频周期，响应时间较长。

(2) 半周傅里叶算法。为提高响应速度，可只取半个工频周期的采样，采用半周傅里叶算法。其响应时间较短，但基波频率分量计算结果受衰减的非周期分量和偶数次谐波的影响较大，奇次谐波的滤波效果较好。可以采用一些方法进行补偿。

(3) 基于傅里叶算法的滤序算法。有时微机继电保护需要计算出负序或零序分量。可以利用上述傅里叶算法中计算出的三相电流基波分量的实、虚部 I_{1Cu}、I_{1Su}、I_{1CV}、I_{1SV}、I_{1CW}、I_{1SW}计算三相电流的负序分量 I_2 和零序分量 I_0 的幅值。

$$I_2=\frac{1}{3}\sqrt{I_{Cu2}^2+I_{Su2}^2} \tag{9-34}$$

$$I_0=\frac{1}{3}\sqrt{I_{Cu0}^2+I_{Su0}^2} \tag{9-35}$$

3. 解微分方程算法

解微分方程算法是微机距离保护中使用最多的一种算法，只适用于计算阻抗。它不需要求出电压、电流的幅值和相位，而是直接算出 R 和 X 的值。这种方法假定电路分布电容可以忽略，故障点到保护安装点的线路可用一段电阻和电抗串联电路即 $R-L$ 串联模型来表示。短路时，保护处电压和电流与线路电阻 R 和电感 L 之间可用微分方程表示

$$u=Ri+L\frac{\mathrm{d}i}{\mathrm{d}t} \tag{9-36}$$

式中，u、i、$\mathrm{d}i/\mathrm{d}t$ 都可以通过测量和计算获得，未知数为短路点到保护安装处之间的电阻 R 和电感 L。为此，在两个不同时刻 t_1 和 t_2 分别测量和计算 u、i、$\mathrm{d}i/\mathrm{d}t$，得到两个独立的方程

$$\begin{cases}u_1=Ri_1+LD_1\\u_2=Ri_2+LD_2\end{cases} \tag{9-37}$$

式中，D 代表 $\mathrm{d}i/\mathrm{d}t$，下标“1”、“2”分别表示测量时刻 t_1 和 t_2。

联立求解方程式 (9-37) 有差分和积分两种方法。

(1) 差分法。利用差分对方程式 (9-37) 求导。对于 D，所取的 t_1 和 t_2 分别是两个相邻采样时刻的中间值，于是

$$D_1=(i_{n+1}-i_n)/T_s,\ D_2=(i_{n+2}-i_{n+1})/T_s$$

对于 i 和 u 则取相邻采样值的平均值

$$i_1=(i_n+i_{n+1})/2,\ i_2=(i_{n+1}+i_{n+2})/2$$
$$u_1=(u_n+u_{n+1})/2,\ u_2=(u_{n+1}+u_{n+2})/2$$

代入式 (9-37) 则

$$\left.\begin{aligned}R &= (u_2D_1 - u_1D_2)/(i_2D_1 - i_1D_2)\\ L &= (u_1i_2 - u_2i_1)/(i_2D_1 - i_1D_2)\end{aligned}\right\} \tag{9-38}$$

（2）积分法。将方程式（9-37）分别在两个不同的时间段内积分，得到两个独立的方程

$$\begin{cases}\int_{t_1}^{t_1+T_0} u\mathrm{d}t = R\int_{t_1}^{t_1+T_0} i\mathrm{d}t + L\int_{t_1}^{t_1+T_0}(\mathrm{d}i/\mathrm{d}t)\mathrm{d}t\\ \int_{t_2}^{t_2+T_0} u\mathrm{d}t = R\int_{t_2}^{t_2+T_0} i\mathrm{d}t + L\int_{t_2}^{t_2+T_0}(\mathrm{d}i/\mathrm{d}t)\mathrm{d}t\end{cases} \tag{9-39}$$

式中 t_1、t_2——两个不同的积分起始时刻；

T_0——积分区间。

解方程组（9-39）得

$$U_1 = RI_1 + L[i(t_1 + T_0) - i(t_1)]$$
$$U_2 = RI_2 + L[i(t_2 + T_0) - i(t_2)]$$

由以上二元一次方程组可解得 R 和 L。

与差分法相比较，若积分区间 T_0 取的足够大，则积分法兼有一定的滤波作用，可滤除部分高频分量，但数据窗相应加长了。

4. 最小二乘算法

傅里叶算法的前提是输入的电压、电流信号是周期函数，但信号中的衰减性非周期分量会使计算结果有误差。进行补偿和拟合可以提高精度。但对于超高压输电线路，在较长距离的线路上发生短路故障时，或者有并联电容补偿的输电线路上发生短路故障时，故障电压、电流信号中会出现一些非整数倍的高频分量，其频率和幅值大小都是随机的，它们的存在将使计算结果出现较大的误差。最小二乘法就是针对这种情况的一种随机模型算法。

最小二乘法是误差分析理论中的重要方法，利用最小二乘法可以解决保护算法中的随机误差问题。其基本原理是：将微机继电保护的数据采集系统输入暂态电气量与一个预先设计好的含有非周期分量和某些谐波分量的函数按最小二乘法原理进行拟合。从中求出输入信号中包含的基频分量和各种谐波分量的幅值和相位。

最小二乘法可以提取不同的暂态分量，实现这一功能只需在预设的模型中设置完成即可；算法对输入数据的要求越多越好，因而计算时间相对比较长。

*第四节 PSL 603 系列超高压线路成套保护装置

一、概述

1. 保护配置及型号

PSL 603 系列超高压线路成套保护装置，由国电南京自动化股份有限公司研制生产，其以分相电流差动保护和零序电流差动保护作为全线速动主保护，以距离保护和零序方向电流保护作为后备保护。

保护有分相出口，可用作 220kV 及以上电压等级输电线路的主保护和后备保护。

保护功能由数字式中央处理器 CPU 模件完成，其中一块 CPU 模件（CPU1）完成电流差动功能，另外一块 CPU 模件（CPU2）完成距离保护和零序电流保护功能。

对于单断路器接线的线路，保护装置中还增加了实现重合闸功能的 CPU（CPU3）模

件，可根据需要实现单相重合、三相重合、综合重合闸功能或者退出。

2. 主要性能特征

（1）采用分相电流差动继电器和零序电流差动继电器作为线路全线速动保护，零序电流差动具有两段，Ⅰ段延时 60ms 选跳，Ⅱ段延时 150ms 三跳。

（2）采用光纤作为通道通信介质，保证通信的可靠性，可采用专用光纤或复用光纤。

（3）先进的数值同步技术，保证两侧数据的一致性，可适用两侧 TA 变比不一致的情况。

（4）自动检测通道故障，实时显示差流、通道误码率，通道故障时自动闭锁差动保护。

（5）具有远方跳闸功能、两路远传命令，远传永跳功能，防止再次重合于永久故障。

（6）采用对侧起动加本侧电压低的起动条件，可自适应弱电源线路，不需要整定是否弱电源。

（7）能够用于串联补偿电容线路，可选零序反时限保护。

（8）动作速度快，线路近处故障动作时间小于 10ms，线路 70％处故障典型动作时间达到 12ms，线路远处故障动作时间小于 25ms。

（9）完善可靠的振荡闭锁功能，能快速区分系统振荡与故障，在振荡闭锁期间，系统无论发生不对称性故障还是发生三相故障，保护都能可靠快速地动作。

（10）采用电流电压复合选相方法，在复杂故障和弱电源系统故障时也能够正确选相。

（11）完善的自动重合闸功能，可以实现单重检线路三相有压重合闸方式，专用于大电厂侧，以防止线路发生永久故障，电厂侧重合于故障对电厂机组造成冲击。

（12）采用了多 CPU 共享 AD 的高精度模数转换自主专利技术，解决了多 CPU 共享 AD 的难题，提高了装置的模/数转换精度，简化了调试和维护的工作量。

（13）采用透明化设计思想，保护内部元件在系统故障时的动作过程可以全部再现，便于分析保护的动作过程。

（14）强大的故障录波功能，可以保存 1000 次事件，12～48 次故障录波报告（含内部元件动作过程），故障时有重要开关量多次变化时会自动多次起动录波并且记录重要开关量（如发信、收信、跳闸、合闸、TWJ 等）的变化。

（15）灵活的通信接口方式，配有 RS-232、RS-485 和以太网通信接口。

二、硬件电路说明

图 9-17 是 PSL 603（C）装置的正面面板布置图。

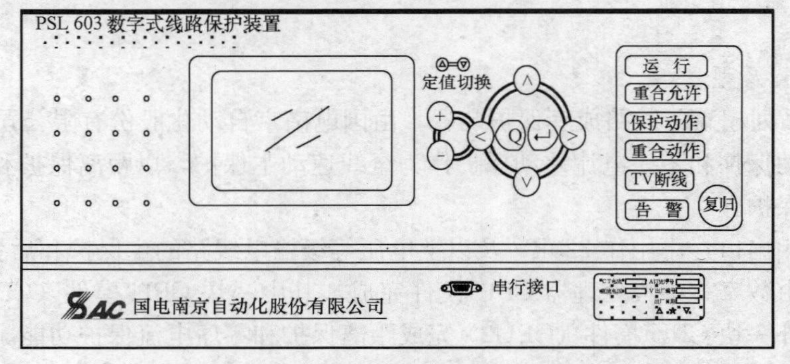

图 9-17　PSL 603 (C)装置面板布置图

（一）PSL 603（C）主要插件简介

组成装置的插件有交流模件（AC）、AD 模件（AD）、保护模件（CPU1、CPU2、CPU3），COM 模件（COM）、电源模件（POWER）、跳闸出口模件（TRIP1、TRIP2）、信号模件（SIGNAL）、重合闸出口模件（TRIP3）、远传出口模件（DTRIP）、人机对话模件（MMI），如图 9-18 所示。

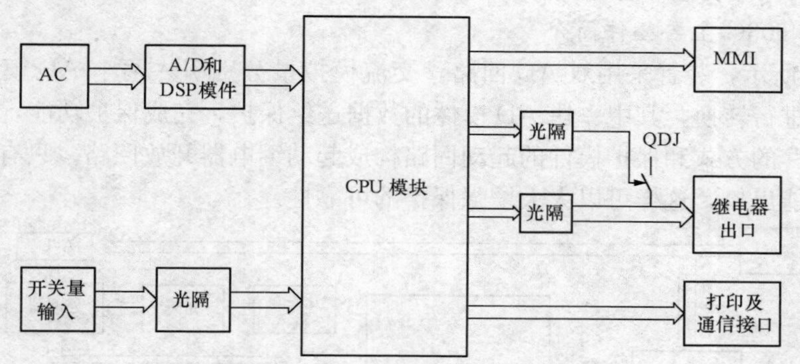

图 9-18　PSL 603 (C)硬件模块

1. 交流模件（AC）

如图 9-19 所示，I_A、I_B、I_C、I_0 分别为三相电流和零序电流输入。值得注意的是：虽然保护中零序方向、零序过电流元件均采用自产的零序电流计算，但是零序电流起动元件仍由外部的输入零序电流计算，而且在后备保护中如果判断出自产零序和外接零序电流不一致，则零序保护退出。U_A、U_B、U_C 为三相电压输入，额定电压为 $100/\sqrt{3}$V。

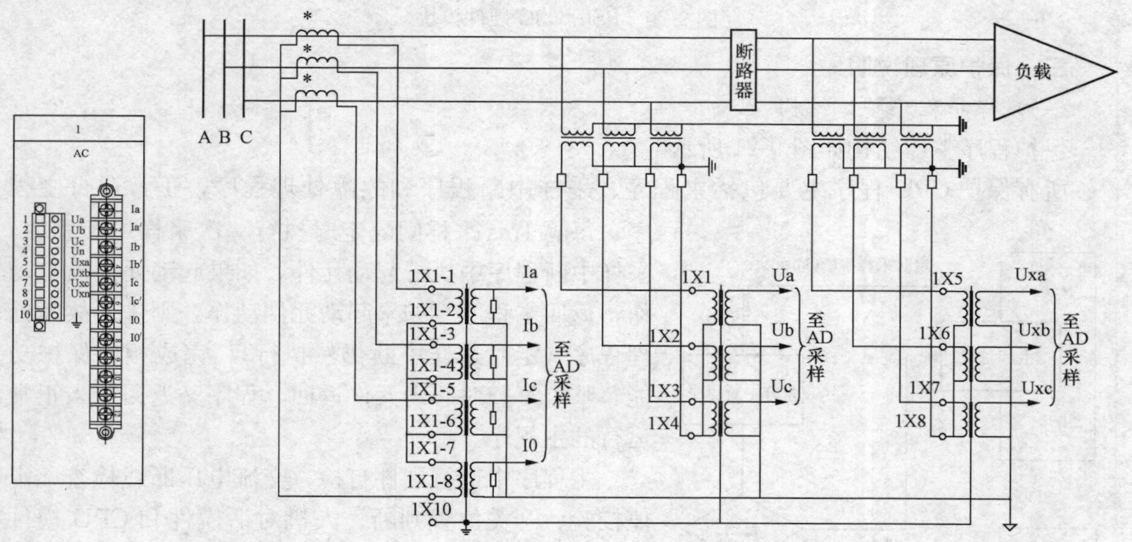

图 9-19　PSL 603 (C)交流模件与系统接线图

2. AD 模件（AD）

本模件通过 AD 采样回路完成模拟量数据转换为数字量数据功能。本模件采用 16 位精度 AD，采样频率为 1kHz，在采样之前的滤波回路可滤除高次谐波以减少对保护的影响。

3. 保护模件（CPU1、CPU2、CPU3）

保护模件完成保护算法处理功能，本模件为国内最先采用 32 位高性能设计，有辅助完善的自检功能，为保护运算提供高可靠、高速度的支持。在硬件上，CPU1 内置光端机，另外 CPU2 和 CPU3 两块 CPU 模件完全一样；在软件上，功能相互独立，其中 CPU1 完成电流差动保护功能，CPU2 为后备距离保护，CPU3 为重合闸功能模件。

每个 CPU 模件单独有起动元件，而且起动门槛应该整定成一致，起动后开放出口继电器的负电源。同时保护装置的起动回路可釉选择"三取二"功能，也可以取消"三取二"功能。

（二）PSL 603G 主要插件简介

如图 9-20 所示，装置采用双 AD 回路，交流模拟量分别引入两个 AD 模件，由独立的数据采样回路进行转换，其中一块 AD 模件的数据送给保护，完成保护功能，另一块 AD 模件以"逻辑与"的方式和保护模件的起动回路构成起动继电器开放回路。只有两块 AD 同时起动，保护才能出口，这样可以大大增强保护的可靠性。

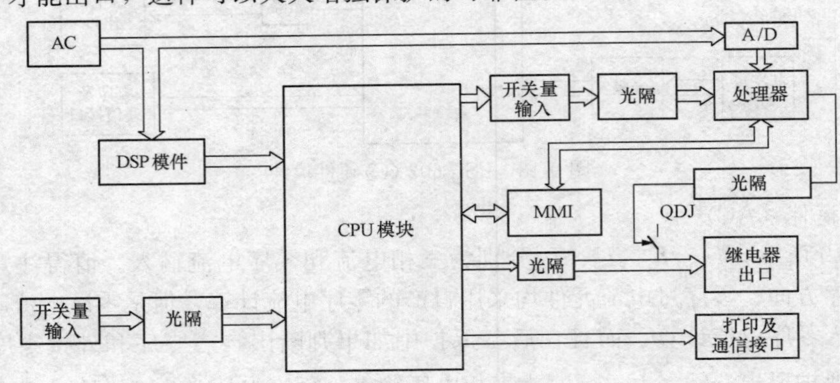

图 9-20 PSL 603G 硬件模块

三、保护原理说明

（一）保护程序整体结构

保护程序整体结构如图 9-21 所示。

所有保护 CPU 程序主要包括主程序、采样中断程序和故障处理程序，正常运行主程序，每隔 1ms 采样间隔定时执行一次采样中断程序，采样中断程序中执行起动元件，如果起动元件没有动作，返回主程序。如果起动元件动作，则进入故障处理程序（定时采样中断仍然执行），完成相应保护功能，整组复归时起动元件返回，程序又返回进入正常运行的主程序。

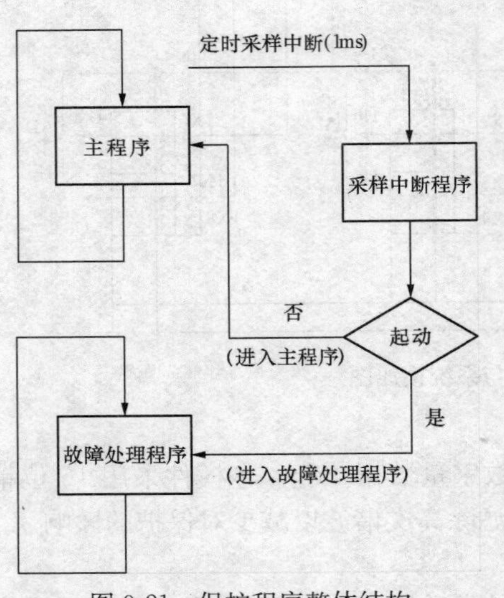

图 9-21 保护程序整体结构

主程序中进行硬件自检、交流电压断线检查、定值校验、开关位置判断、人机对话模件和 CPU 模件运行是否正常相互检查等。硬件自检包括 ROM、RAM、EEPROM、开出光耦等。

采样中断程序中进行模拟量采集和相量计算、开关量的采集、交流电流断线判别、重合闸充电、数据同步、合闸加速判断和起动元件计算等。

故障处理程序中进行各种保护的算法计算、跳合闸判断和执行、事件记录、故障录波、保护所有元件的动作过程记录，最后进行故障报告的整理和记录所用定值。

（二）起动元件和整组复归

1. 起动元件

保护起动元件用于起动故障处理程序及开放保护跳闸出口继电器的负电源。各个保护模件以相电流突变量为主要的起动元件，起动门槛由突变量起动定值加上浮动门槛，在系统振荡时自动抬高突变量起动元件的门槛。零序电流起动元件、静稳破坏检测元件为辅助起动元件，延时 30ms 动作以确保相电流突变量元件的优先动作。

（1）相电流突变量起动元件。当任一相电流突变量连续三次大于起动门槛时，保护起动。

（2）零序电流辅助起动元件。为了防止远距离故障或经大电阻故障时相电流突变量起动元件灵敏度不够而设置。该元件在零序电流大于起动门槛并持续 30ms 后动作。

（3）静稳破坏检测元件。为了检测系统正常运行状态下发生静态稳定破坏而引起的系统振荡而设置。该元件判据为：BC 相间阻抗在具有全阻抗特性的阻抗辅助元件内持续 30ms 或者 A 相电流大于 1.2 倍 I_N 持续 30ms，并且 $U_1\cos\varphi$ 小于 0.5 倍的额定电压。当该元件动时，保护起动，进入振荡闭锁逻辑。当 TV 断线或者振荡闭锁功能退出时，该检测元件自动退出。

2. 整组复归

各保护模件起动后就发出“禁止整组复归”的信号，如果本保护所有的起动元件和故障测量元件都返回，并且持续 5s，本保护模件就收回“禁止整组复归”信号。保护收到任一个模件“禁止整组复归”的信号就保持原先的起动状态，直到所有模件都收回“禁止整组复归”信号时才能整组复归。

这样就能保证所有模件均满足整组复归条件时，装置才整组复归。

（三）选相元件

选相元件用于区分故障相别，以满足距离保护和零序保护分相跳闸的要求。分相电流差动元件的动作相即为故障相，不需要另设选相元件。在后备距离保护中为了在特殊系统（例如弱电源）和转换性等复杂故障下能够正确选相并有足够的灵敏度，采用电压电流复合突变量和复合序分量两种选相原理相结合的方法。在故障刚开始时采用快速和高灵敏度的突变量选相方法，以后采用稳态的序分量选相方法，保证在转换性故障时能够正确选相。

两种选相元件的原理见相关文献。

（四）振荡闭锁的开放元件

电流差动保护不受系统振荡影响。

在相电流突变量起动 150ms 内，距离保护短时开放。在突变量起动 150ms 后或者零序电流辅助起动、静稳破坏起动后，保护程序进入振荡闭锁。在振荡闭锁期间，距离Ⅰ、Ⅱ段要在振荡闭锁开放元件动作后才投入。

振荡闭锁的开放元件要满足以下几点要求。

（1）系统不振荡时开放。

（2）系统纯振荡时不开放。

（3）系统振荡又发生区内故障时能够可靠、快速开放。

(4) 系统振荡又发生区外故障时，在距离保护会误动期间不开放。

对于不可能出现系统振荡的线路，可由控制字退出振荡闭锁的功能，以提高保护的动作速度。本装置的振荡闭锁开放元件采用了阻抗不对称法、序分量法和振荡轨迹半径检测法三种方法，任何一种动作时就开放距离Ⅰ、Ⅱ保护。前两种方法只能开放不对称故障，在线路非全相运行时退出；最后一种方法则在全相和非全相运行时都投入。

各种方法原理和判据见相关文献。

(五) 光纤分相电流差动保护

PSL 603 光纤分相电流差动保护装置以分相电流差动作为纵联保护。

分相电流差动保护可通过 64kbit/s 数字同向接口复接终端、2M 数字口或者专用光缆作为通道，传送三相电流及其他数字信号，使用专用光纤作为通信媒质时采用了 1Mbit/s 的传送速率，极大地提高了保护的性能，并采用内置式光端机，不需外接任何光电转换设备即可独立完成“光 ⟺ 电”转换过程。

差动继电器动作逻辑简单、可靠、动作速度快，在故障电流超过额定电流时，确保跳闸时间小于 25ms；即使在经大接地电阻故障，故障电流小于额定电流时，也能在 30ms 内正确动作，而零序电流差动大大提高了整个装置的灵敏度，增强了耐过渡电阻的能力。

另外，分相电流差动保护可以借助光纤通道传输两路远方开关量信号，并各有五组出口节点。

分相电流差动保护主要由差动 CPU 模件及通信接口组成。差动 CPU 模件完成采样数据读取、滤波，数据发送、接收，数据同步，故障判断、跳闸出口逻辑；通信接口完成与光纤的光电物理接口功能，另外专门加装的 PCM 复接接口装置则完成数据码型变换、时钟提取等同向接口功能。

1. 分相差动原理

分相差动采用比例制动特性，另有零序差动对高阻接地故障起辅助保护作用，原理同分相差动。差动保护起动元件除了相电流突变量起动元件、零序电流辅助起动元件外，还有用于弱馈负荷侧的低电压辅助起动元件，该元件在对侧起动而本侧不起动的情况下，相电压低于 52V 或相间电压低于 90V 时使本侧被对侧拉入故障处理；另外，利用跳闸位置继电器 TWJ 作为手合于故障情况下一侧起动另一侧不起动时，未合侧保护装置的辅助起动元件。起动元件逻辑如图 9-22 所示。

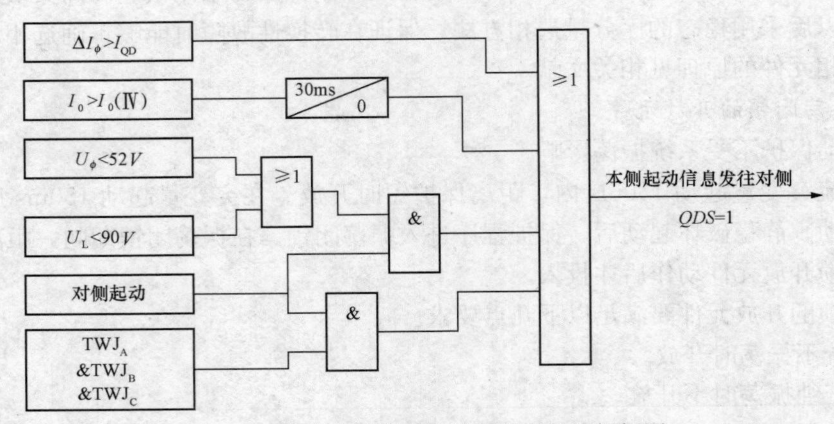

图 9-22 分相电流差动保护起动元件逻辑框图

2. 跳闸逻辑

差动保护可分相跳闸，区内单相故障时，单独将该相切除，保护发跳闸命令后 250ms 故障相仍有电流，补发三跳令；三跳令发出后 250ms 故障相仍有电流，补发永跳令。

两相以上区内故障时，跳三相。

控制字采用三相跳闸方式时任何故障均跳三相。

零序电流差动具有两段，Ⅰ段延时 60ms 选相跳闸，Ⅱ段延时 150ms 三跳。

两侧差动都动作才确定为本相区内故障。

收到对侧远跳命令，发永跳。

3. TA 断线

PSL 603 分相电流差动保护中采用零序差流来识别 TA 断线，并且可以识别出断线相。由于 PSL 603 采用电流突变量作为起动元件，负荷电流情况下的一侧 TA 断线只引起断线侧保护起动，而不会引起非断线侧起动，又由于 PSL 603 采用两侧差动继电器同时动作时才出口跳闸，因此保护不会误动作。

4. TA 饱和

PSL 603 采用了自适应比率制动的全电流差动继电器，通过制动系数自适应调整使得差动保护在提高区外故障时安全性的同时保证区内故障时动作的可靠性。在电流严重畸变时，由于采用了大于 1 的制动系数，使得差动保护在区外故障不误动的前提下给区内故障留有足够的动作范围。

5. 手合故障处理

手动合闸时，差动定值自动抬高至额定电流 I_N，以防止正常合闸时线路充电电流造成差动保护误动。

6. 双端测距功能

采用双端电气量完成测距计算，大大提高了测距结果的精度。

7. 永跳远传功能

本功能是当本侧由于永久性故障或者重合于故障时发永跳出口，这时永跳命令通过光纤传送到对侧，闭锁对侧重合闸，防止对侧开关重合于故障。保护收到光纤通道远传指令后发 60ms 永跳出口信号。本功能可经控制字投退。

8. 远跳、远传功能

本装置具备远跳功能及两路远传信号通道，可用于实现远跳及远传信号功能。用于远跳的开入连续 8ms 确认后，作为数字信息和采样数据一起打包，经过编码、CRC 校验，再由光电转换后发送至对侧。同样接收到对侧数据后经过 CRC 校验、解码提取远跳信号，而且只有连续三次收到对侧远跳信号才确认出口跳闸。远跳用于直接跳闸时，可经就地起动闭锁，当保护控制字整定为远跳经本地起动闭锁时，收到对侧远跳信号 500ms 保护没有跳闸，保护发“远跳信号长期不复归”报文。同时，用于远传信号的开入连续 5ms 确认后，再经过远跳信号同样的处理传送至对侧。两路远传信号开出由独立出口开出，各有 5 组节点，其中第一组为自保持节点。

9. 通信接口说明

线路差动保护采用光纤作为两侧数据交换的通道，本保护装置提供专用光纤通道和复用 PCM 通道两种通道方式给用户选择。当被保护的线路长度小于 100km 时可使用专用光纤通道方式，否则需使用复用 PCM 通道方式，通过控制字可选择。

当采用专用光纤通道方式时，只需将光纤以“发一收”方式直接连接好。图 9-23 所示为专用光纤通道连接图。

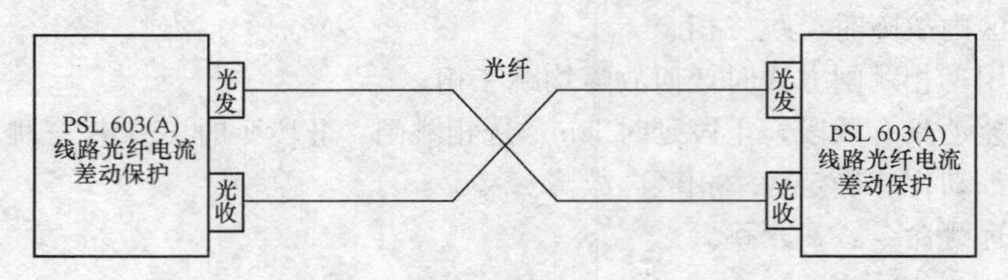

图 9-23 专用光纤通道连接图

采用复用 2M 接口通道方式时，需要在保护装置和复用 2M 接口间增加复接接口设备 GXC-2M。复接接口和保护装置之间以“发—收”方式直接连接，图 9-24 为复用 2M 接口通道方式一侧连接图，另一侧完全一样。

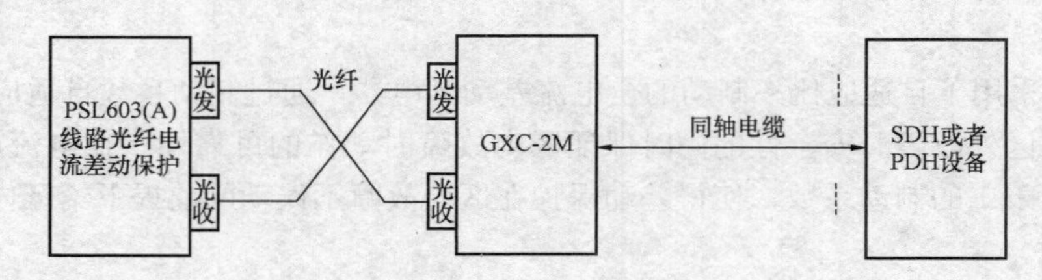

图 9-24 复用 2M 通道方式一侧连接图

10. 分相电流差动保护逻辑框图

分相电流差动保护逻辑框图如图 9-25 所示。

(六) 波形比较法快速距离保护

对于基于工频量的保护，都要采用某种算法（或滤波器）来滤除故障暂态过程中的非周期分量和谐波分量。数据窗的长度越长，滤波效果越好，但保护的动作速度也越慢。暂态谐波的大小和特性在不同的系统中差异很大，算法的选择要满足实际最严重情况下的测量精度，因此保护的动作速度难以得到较大的提高。本装置设置的快速距离Ⅰ段保护，采用了基于波形识别原理的快速算法，能够通过故障电流的波形实时估计噪声的水平，并据此自动调整动作门槛，大大提高了保护的动作速度。

该算法在故障三个采样点（2ms）后就能够计算出故障阻抗，从而构成快速距离保护。但算法的精度与数据窗的长度以及故障后系统暂态谐波的大小有关。在谐波比较小的情况下，很短的数据窗就能精确地测量出故障阻抗；谐波比较大时，则需较长的数据窗才能精确测量出故障阻抗。为了在保证选择性的同时加快区内故障时的动作速度，采用自适应的动作门槛，即线路长度较短时，故障谐波比较小，保护动作速度很快；长线路故障谐波大，保护范围末端故障时动作速度较慢，但出口附近故障时动作速度仍很快。

动模试验表明，0.7 倍整定值处故障时，阻抗元件典型动作时间约 5ms，包括起动元件、出口继电器在内的保护整组动作时间约 12ms。应该说，动作速度是非常快的。

除了波形比较法快速距离保护，在距离保护中还具备突变量距离保护，在线路近处故障，动作时间小于 10ms。

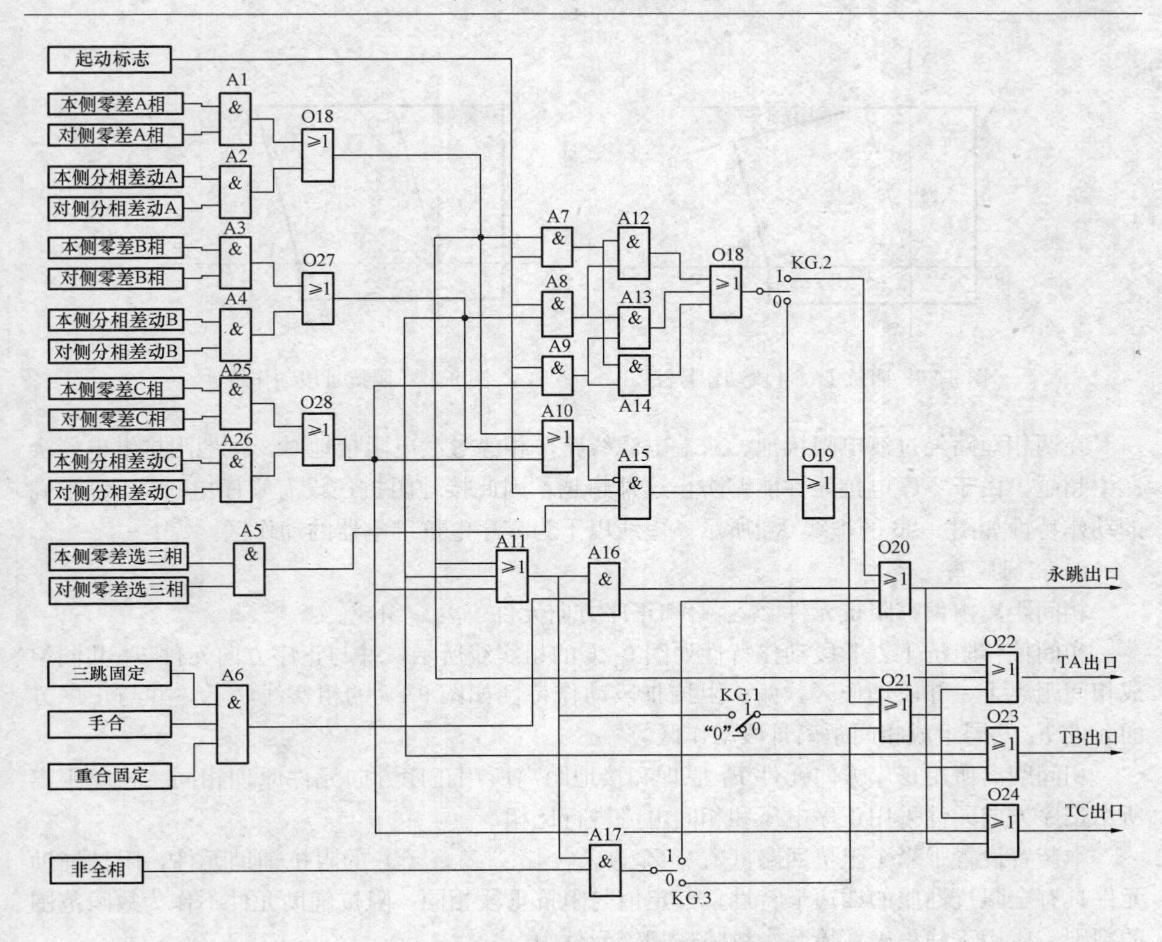

图 9-25 分相电流差动保护逻辑框图

KG. 1—三相出口；KG. 2—相间故障永跳；KG. 3—非全相永跳

（七）距离保护

距离保护设有 Z_{bc}、Z_{ca}、Z_{ab} 三个相间距离保护和 Z_a、Z_b、Z_c 三个接地距离保护。除了三段距离外，还设有辅助阻抗元件，共有 24 个阻抗继电器。在全相运行时 24 个继电器同时投入；非全相运行时则只投入健全相的阻抗继电器，例如 A 相断开时只投入 Z_{bc} 和 Z_b、Z_c 回路的各段保护。

1. 接地距离

接地距离由偏移阻抗元件 $Z_{PY\phi}$、零序电抗元件 $X_{0\phi}$ 和正序方向元件 $F_{1\phi}$ 组成（ϕ=a，b，c）。

由于偏移阻抗元件不能判别故障方向，因此还设有正序方向元件 F_1。动作特性如图 9-26 和图 9-27 中的 F_1 虚线所示，虚线以上是正方向动作区。

正序方向元件的特点是引入了健全相的电压，因此在线路出口处发生不对称故障时能保证正确的方向性，但发生三相出口故障时，正序电压为零，不能正确反应故障方向。为此当三相电压都低时采用记忆电压进行比相，并将方向固定。电压恢复后重新用正序电压进行比相。

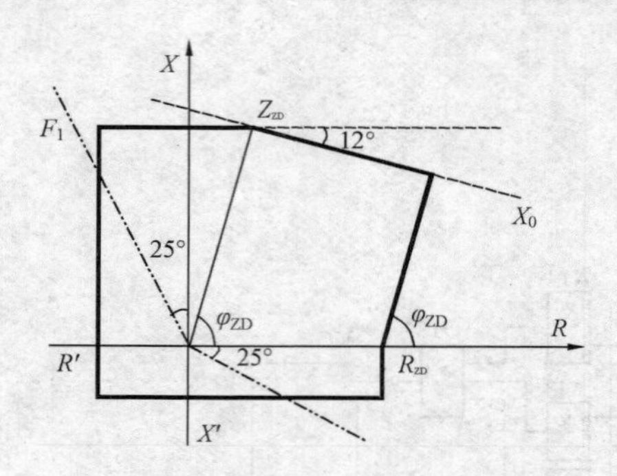

图 9-26 阻抗Ⅰ、Ⅱ段动作特性

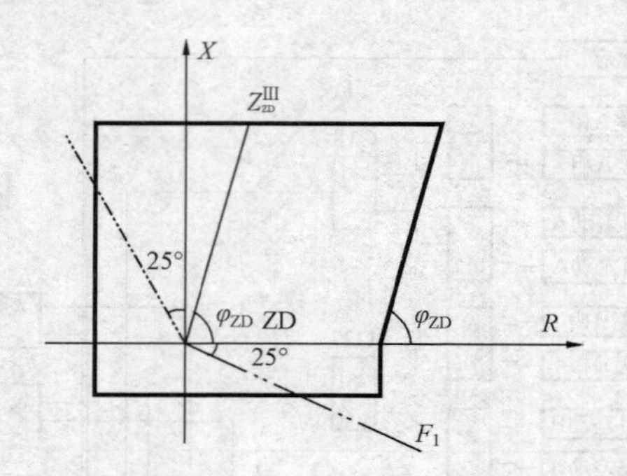

图 9-27 阻抗Ⅲ段动作特性

在两相短路经过渡电阻接地、双端电源线路单相经过渡电阻接地时，接地阻抗继电器会产生超越。由于零序电抗元件能够防止这种超越，因此接地阻抗还设有零序电抗器 X_0。X_0 的动作特性如图 9-26 的虚线 X_0 所示，虚线以下为零序电抗继电器的动作区。

2. 相间距离

相间距离由偏移阻抗元件 $Z_{\mathrm{PY(相间)}}$ 和正序方向元件 $F_{1(\mathrm{相间})}$ 组成。

相间偏移阻抗Ⅰ、Ⅱ段动作特性如图 9-26 的粗实线所示，并与正序方向元件 F_1 共同组成相间距离Ⅰ、Ⅱ段动作区。偏移阻抗Ⅲ段动作特性如图 9-27 的粗实线所示，并与正序方向元件 F_1 共同组成相间距离Ⅲ段动作区。

相间距离所用正序方向元件 F_1 原理和接地距离所用正序方向元件原理相同。相间距离所用正序方向元件采用正序电压和相间电流进行比相。

本装置设置了六个阻抗回路（Z_{bc}、Z_{ca}、Z_{ab}、Z_{a}、Z_{b}、Z_{c}）的阻抗辅助元件，阻抗辅助元件具有全阻抗性质的四边形特性，其定值与阻抗Ⅲ段相同。阻抗辅助元件不作为故障范围的判别，应用于静稳破坏检测、故障选相等元件中。

3. 距离保护逻辑

距离保护逻辑框图如图 9-28 所示。

距离保护动作逻辑说明：

（1）接地距离Ⅰ段保护区内短路故障时，Z_{ϕ}^{I} 动作后经 T2 延时（一般整定为零）由或门 O4、O2 至选相元件控制的回路跳闸；跳闸脉冲由跳闸相过电流元件自保持，直到跳闸相电流元件返回才收回跳闸脉冲。相间故障 $Z_{\phi\phi}^{\mathrm{I}}$ 动作后经 T3 延时（一般整定为零）由或门 O7、O18、O19 进行三相跳闸，当 KG. 8＝1 时（相间故障永跳），保护直接经由或门 O14、O22、O21 永跳。Ⅰ段Ⅱ段距离保护分别经与门 A7、A8、A9、A10 由振荡闭锁元件控制，振荡闭锁元件可经由控制字选择退出。

（2）当选相元件拒动时，O2 的输出经 A19、O23、选相拒动时间延时元件 T8（150ms）、O24、O19 进行三相跳闸；因故单相运行时，同样经 T8 延时实现三相跳闸。

（3）Ⅱ段保护区内短路故障时，接地故障和相间故障的动作情况与Ⅰ段保护区内故障时相同。除动作时限不同外，增加了由 KG. 7（距离Ⅱ段永跳）控制的永跳回路 O20、O21。Ⅲ段保护区内短路故障时，动作情况与Ⅱ段保护区内故障时相同，但距离Ⅲ段不受振荡闭锁控制。

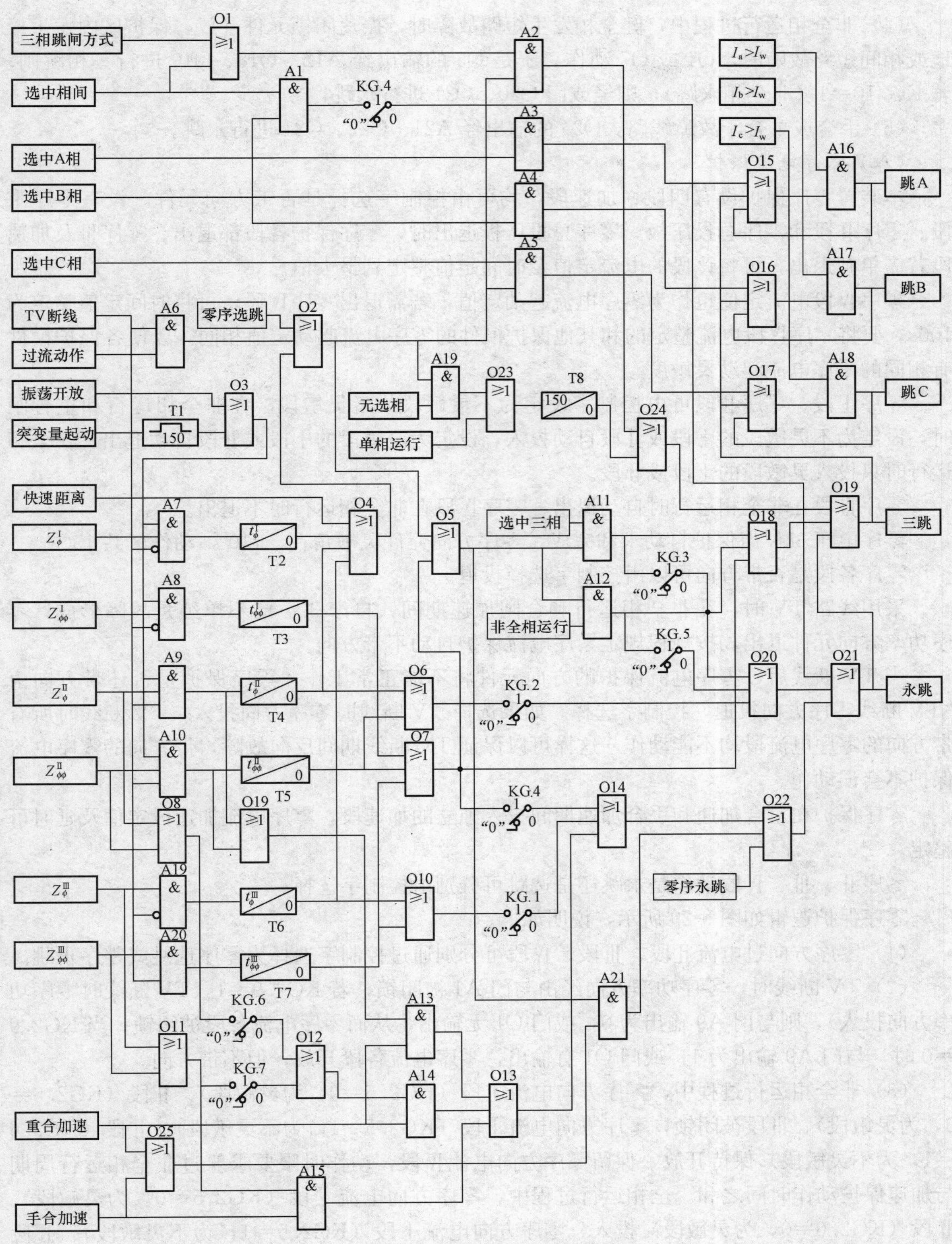

图 9-28　距离保持逻辑框图

Z_{ϕ}—接地距离；$Z_{\phi\phi}$—相间距离；KG. 1—距离Ⅲ段永跳；KG. 2—距离Ⅱ段永跳；KG. 3—三相故障永跳；KG. 4—相间故障永跳；KG. 5—非全相动作永跳；KG. 6—重合加速Ⅱ段；KG. 7—生命加速Ⅲ段

（4）非全相运行过程中，健全相发生短路故障时，振荡闭锁元件开放，保护区内发生接地或相间短路故障时，O4 或 O7 动作，于是 O5 的输出经 A12、O18、O19 进行三相跳闸；若 KG. 10=1（非全相永跳），则经或门 O20、O21 进行永跳。

（5）手合或重合于故障线路，O25 的输出经 A21、O22、O21 进行永跳。

（八）零序电流保护

本装置零序保护设有四段、加速段，均可由控制字选择是否带方向元件。设有零序Ⅰ段、零序Ⅱ段和零序总投压板。零序总投压板退出时，零序保护各段都退出。零序Ⅲ及加速段若需单独退出，可将该段的电流定值及时间定值整定到最大值。

零序Ⅳ段电流定值也作为零序电流起动定值，若需退出零序Ⅳ段，可将时间定值整定为100s，要将零序Ⅳ段电流整定的和其他保护模件的零序电流起动定值相同，以便各保护模件有相同的零序电流起动灵敏度。

零序Ⅰ段、零序Ⅱ段可由控制字设定为不灵敏段或者灵敏段。在非全相运行和重合闸时，设定为不灵敏段的Ⅰ段或Ⅱ段自动投入，设定为灵敏段的Ⅰ段或Ⅱ段自动退出。在全相运行时只投入灵敏段的Ⅰ段或Ⅱ段。

零序Ⅲ段在非全相运行时自动退出、零序Ⅳ段在非全相运行时不退出。

零序电压 $3U_0$ 由保护自动求和完成，零序方向元件灵敏角在−110°，动作区共 150°

零序各段是否带方向可以由控制字选择投退。

采用线路 TV 时，在非全相运行和合闸加速期间，自产 $3U_0$ 已不单纯是故障形成，零序功率方向元件退出，按规程规定零序电流保护自动不带方向。

当 TV 断线后，零序电流保护的方向元件将不能正常工作，零序保护是否还带方向由“TV 断线零序方向投退”控制字选择。如果选择 TV 断线时零序方向投入，TV 断线时所有带方向的零序电流段均不能动作，这样可以保证 TV 断线期间反向故障，带方向的零序电流保护不会误动作。

零序保护在重合加速和手合加速期间投入独立的加速段，零序电流加速段定值及延时可整定。

零序Ⅱ、Ⅲ、Ⅳ段动作是永跳还是选跳可分别由控制字选择。

零序保护逻辑如图 9-29 所示，说明如下。

（1）零序方向过电流Ⅱ段、Ⅲ段、Ⅳ段可分别通过控制字选择为零序选跳或零序永跳。

（2）TV 断线时，零序功率方向经由与门 A1 被闭锁，若 KG2. 9=1（TV 断线时零序功率方向投入），则与门 A9 输出为 0，或门 O1 无输出，从而零序电流各段被闭锁；当 KG2. 9=0 时，与门 A9 输出为 1，或门 O1 有输出，零序电流各段开放，但不带方向。

（3）非全相运行过程中，零序方向电流Ⅰ段（KG2. 5=0，为灵敏段）、Ⅱ段（KG2. 6=0，为灵敏段）、Ⅲ段被闭锁，零序方向电流Ⅰ段（KG2. 5=1，为不灵敏段）、Ⅱ段（KG2. 6=1，为不灵敏段）保持开放，保留零序方向电流Ⅳ段，动作时限要求躲过非全相运行周期与加速保护动作时间之和。全相运行过程中，零序方向电流Ⅰ段（KG2. 5=0，为灵敏段）、Ⅱ段（KG2. 6=0，为灵敏段）投入，零序方向电流Ⅰ段（KG2. 5=1，为不灵敏段）、Ⅱ段（KG2. 6=1，为不灵敏段）自动退出。

（4）当采用母线 TV 时（KG2. 12=0），非全相运行或合闸加速期间，零序功率方向元件是正确的，与门 A7、A8 可以开放；当采用线路 TV 时（KG2. 12=1），在非全相运行或合闸加速期间，零序功率方向元件可能处于制动状态，为保证与门 A7、A8 的开放，由与门 A2 的输出经 O1 提供了 A7、A8 的动作条件。

(5) 手动合闸或自动重合时，零序加速段由与门 A8 实现。

（九）零序反时限保护

反时限保护元件是动作时限与被保护线路中电流大小自然配合的保护元件，通过平移动作曲线，可以非常方便地实现全线的配合。

（十）非全相运行

1. 单相跳开形成的非全相运行

单相 TWJ 持续动作 50ms 或者单相跳闸反馈开入量动作，并且对应相的无流元件动作则对应相判为跳开相。

两个健全相电流差动保护及后备距离保护投入和健全相间的后备距离保护投入。

对健全相求正序电压作为距离方向元件的极化电压。

测量健全相间电流的突变量，作为非全相运行振荡闭锁开放元件。

断开相又有负荷电流，则开放断开相的合闸加速保护 3s。

2. 三相断开状态

三相 TWJ 均持续动作 50ms 或者三相跳闸反馈开入量均动作，并且三相无电流时，置三相断开状态。

三相断开时，闭锁式通道时开放三跳位置停信，允许式通道当收到允许信号时回发允许信号（即三跳回授）。

有电流或三相 TWJ 返回后开放合闸于故障保护 3s，恢复全相运行。

（十一）合闸于故障线路保护

重合与手合加速脉冲固定为 3s。

在重合加速脉冲期间，距离保护可以瞬时加速不经振荡闭锁的带偏移特性的阻抗Ⅱ段或Ⅲ段，偏移特性的电阻分量为距离保护电阻定值的一半，可以根据需要由控制字分别投退。距离Ⅱ段受振荡闭锁控制自动投入经 20ms 延时加速三相跳闸的回路。零序加速段按整定的电流定值和时间定值动作。

在手合加速脉冲期间，距离保护瞬时加速带偏移特性的阻抗Ⅲ段，偏移特性的电阻分量为距离保护电阻定值的一半。零序加速段按整定的电流定值和时间定值动作。

在重合、手合后，距离保护Ⅰ段、Ⅱ段和Ⅲ段仍能按各段的时间定值动作。

（十二）重合闸模件

PSL 603（C）数字式线路保护装置对于单断路器接线的线路，保护装置中还增加了重合闸功能，根据需要，实现单相重合、三相重合或者综合重合闸功能。本系列保护装置中的重合闸为一次重合闸。重合闸可由本保护跳闸起动或者由断路器位置起动，也可以通过装置端子上的“单跳起动”、“三跳起动”由其他保护装置起动。

1. 重合闸方式

本装置的重合闸方式可以选择为单重方式、综重方式、三重方式或重合闸退出。

通过与保护的配合，还可以实现条件三重方式：系统单相故障跳三相，三相重合；多相故障跳三相，不重合；纵联保护和后备保护定值当中的控制字“相间故障永跳”投入和“三相故障永跳”投入。

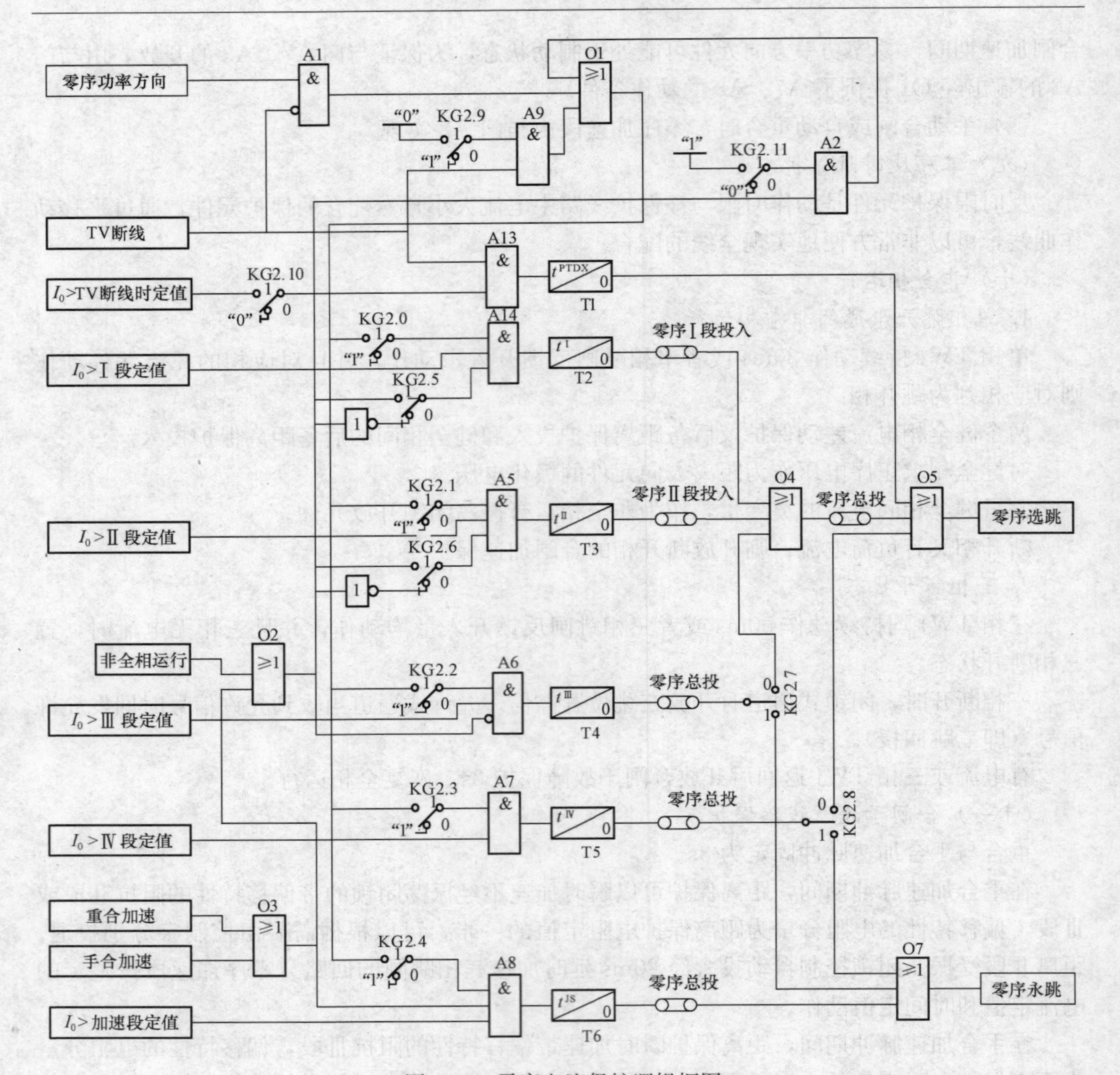

图 9-29　零序电流保护逻辑框图

KG2.0—零序电流Ⅰ段带方向；KG2.1—零序电流Ⅱ段带方向；KG2.2—零序电流Ⅲ段带方向；KG2.3—零序电流Ⅳ段带方向；KG2.4—零序电流加速段带方向；KG2.5—零序电流Ⅰ段为不灵敏段；KG2.6—零序电流Ⅱ段为不灵活段；KG2.7—零序电流Ⅲ段永跳；KG2.8—零序电流Ⅳ段永跳；KG2.9—TV断线时零序功率方向投入；KG2.10—TV断线时零序TV断线段投入；KG2.11—线路TV

2. 起动重合闸

本装置的重合闸可以由以下三种方式起动。

(1) 保护单跳跳闸起动重合闸（包括本保护单跳和外部引入的单跳起动开入）；

(2) 保护三跳跳闸起动重合闸（包括本保护三跳和外部引入的三跳起动开入）；

(3) 断路器位置起动重合闸。

重合闸需要引入STJ信号到装置的“闭锁重合闸”开入，以闭锁手跳时的跳闸位置起动。

3. 重合闸充放电

本装置重合闸逻辑中设有一软件计数器，模拟重合闸充电回路。

重合闸充电时间为20s或12s（可选择），充电过程中装置面板的“重合闸允许”信号灯闪烁，1s闪烁一次，充电满了以后该信号灯点亮，放电以后该信号灯熄灭。

4. 沟通三跳

本装置设有沟通三跳逻辑，沟通三跳的条件为（或门条件）：

(1) 重合闸处于三重方式或停用方式。

(2) 重合闸充电未充满。

(3) 重合闸失去电源。

满足沟通三跳条件后，重合闸出口板上的两付沟通三跳接点闭合，和另一保护装置的BDJ串接，连到操作箱的三跳回路；同时若本保护发单跳命令则重合闸CPU补发三跳命令。如果要考虑重合闸CPU失电或损坏的情况，可以用本保护的BDJ和沟通三跳接串接，连到操作箱的三跳回路。

5. 重合闸逻辑

重合闸逻辑框图如图9-30所示，说明如下。

(1) 符号说明。

1) TWJA、TWJB、TWJC分别为A、B、C三相的跳闸位置继电器的触点输入。

2) CQJ1为单相起动重合闸，包括保护动作单相跳闸起动和单相位置起动两种情况。

3) CQJ3为三相起动重合闸，包括保护动作三相跳闸起动和三相位置起动两种情况。

(2) 若本保护三跳动作、外部其他保护三跳起动重合闸或开关三相TWJ动作则闭锁单相起动重合闸（与门Y3）。

(3) 关于“合后继”的说明。在现场调试时，若先给保护装置电源，不给操作回路电源时，分相位置触点TWJA、TWJB、TWJC无输入，相当于保护判出开关处于合闸位置（实际上开关处于分闸状态），重合闸开始充电，经过12s或20s（由控制字整定）后充电满；若此时再给操作回路电源，则有位置触点TWJA、TWJB、TWJC输入，位置起动重合闸会动作，当满足同期条件时经整定重合延时后会重合出口，造成一次非预期的开关合闸。

为了解决这种可能出现的非预期合闸，重合闸定值的控制字中增加了关于合闸后继电器是否可用的整定：当操作箱可以提供合后触点给重合闸时，可整定为“合后可用”，此时位置起动重合闸若要动作除需满足常规条件外，还需合后继动作，在此种逻辑下上述情况即不会出现非预期的合闸（因合后继条件不满足）；当操作箱提供不了合后触点时，需整定为“合后继不可用”。

(4) 关于“单重检三相有压”的说明。当重合闸定值的控制字整定为“单重检三相有压重合”时，单重起动重合后，检查线路三相电压，若三相电压均大于$0.75U_N$，则经单重延时后重合出口。

重合闸在单重方式下，装置整定为单重检三相有压时，线路发生TV断线，闭锁重合闸。

(5) 关于同期/无压鉴定的说明。三相重合时，通过控制字整定可选择非同期、检无压、检同期、检无压有压自动转检同期四种方式。

检无压时，当母线三相电压或线路抽取电压小于无压定值时，则检无压条件满足。

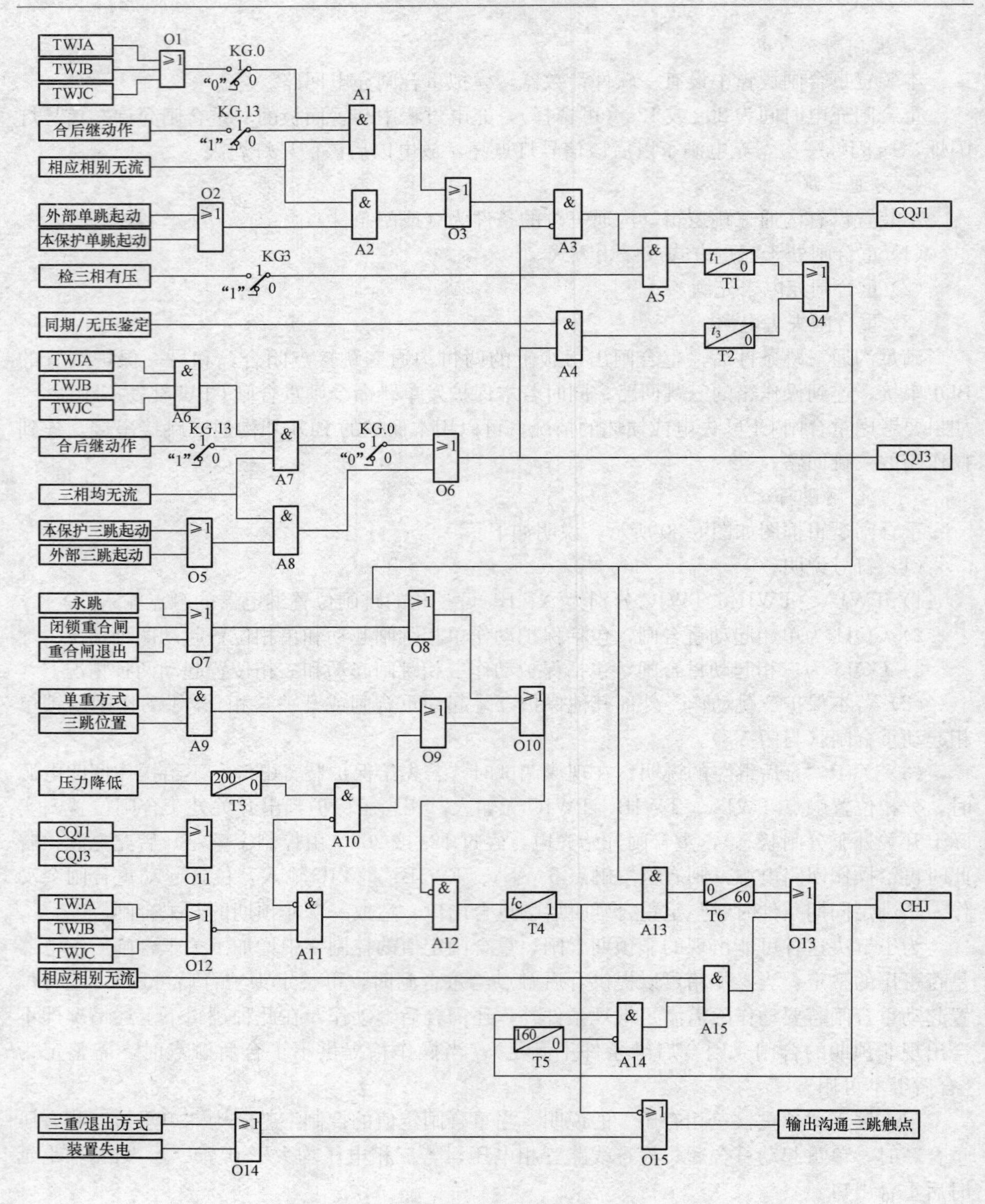

图 9-30　重合闸逻辑框图

检同期时，需接入一路线路抽取电压用作同期角的判别，其相别可任意选择，可任意接入保护装置三路线路电压输入的任一位置，线路抽压的相别和位置由保护装置自动识别；当线路抽取电压和母线电压均大于 $0.75U_N$ 时，检查线路抽取电压同相应相别的母线电压之间的相位差，若小于整定的同期角，则检同期条件满足。

重合闸在三重或者综重方式下，装置整定为检无压或者检同期时，要用到母线和线路电压，母线或者线路发生 TV 断线，闭锁重合闸。重合闸起动后不检测母线或者线路 TV 断线。

(6) 关于两套重合闸配合的说明。本装置重合闸在检测到线路有流时（对应单重方式为起动重合闸相别，对于三重方式为任意一个相别有流），则认为其他重合闸重合，本装置重合闸返回并放电，所以本装置重合闸可以和其他能智能判出已重合的重合闸同时投入。

若使用另一台装置的重合闸，本装置重合闸需退出时（但保护不是三跳方式），应当并且只能退出本装置重合闸出口连接片，重合闸方式仍然必须置在相应位置，否则重合闸可能会误沟通三跳。

（十三）与变电站自动化系统配合

本装置可用于自动化变电站也可用于非自动化变电站。

可由装置的键盘设置成“硬连接片方式”，装置的运行方式由外部连接片投退；也可由装置的键盘设置成“软连接片方式”，装置的连接片可由监控系统遥控投退“软连接片”控制。

*第五节　各种系列超高压线路成套保护装置简介

一、PSL 602 系列超高压线路成套保护装置

（一）保护配置及型号

PSL 602 系列超高压线路成套保护装置，由国电南京自动化股份有限公司研制生产，其以纵联距离和纵联零序作为全线速动主保护，以距离保护和零序方向电流保护作为后备保护。

保护有分相出口，可用作 220kV 及以上电压等级的输电线路主保护和后备保护。

保护功能由数字式中央处理器 CPU 模件完成，其中一块 CPU 模件（CPU1）完成纵联保护功能，另外一块 CPU 模件（CPU2）完成距离保护和零序电流保护功能。

对于单断路器接线的线路，保护装置中还增加了实现重合闸功能的 CPU 模件（CPU3），可根据需要实现单相重合闸、三相重合闸、综合重合闸或者退出。

同 PSL 603 系列相比，除作为主保护的纵联保护原理不同外，其他功能及硬件、软件构成完全一样。因此，以下主要介绍纵联保护。

（二）纵联距离和纵联零序保护原理

1. 距离方向元件

距离方向元件按回路分为 Z_{AB}、Z_{BC}、Z_{CA} 三个相间阻抗和 Z_A、Z_B、Z_C 三个接地阻抗。每个回路的阻抗又分为正向元件和反向元件。阻抗特性如图 9-31 所示，由全阻抗四边形与方向元件组成。当选相元件选中回路的测量阻抗在四边形范围内，而方向元件为正向时，判定为正向故障；若方向元件为反向时，判定为反向故障。方向元件采用正序方向元件。反方向阻抗特性的动作值自动取为 Z_{ZD} 的

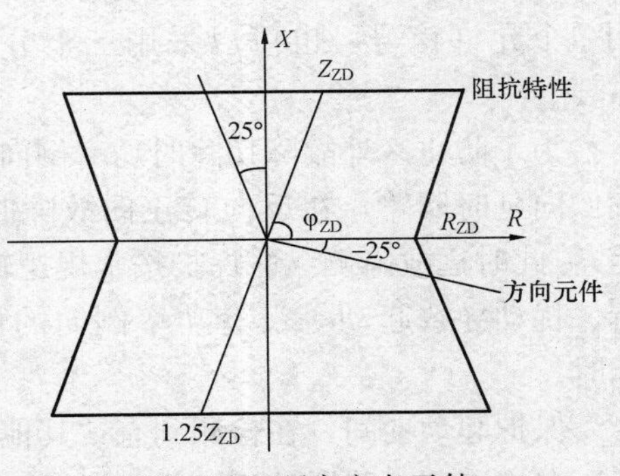

图 9-31　距离方向元件

1.25 倍，保证反方向元件比正方向元件灵敏。在振荡闭锁期间还有振荡闭锁的开放元件。正序方向元件和振荡闭锁开放的方法均与 PSL 603 系列的距离保护相同。

2. 零序方向元件

零序方向元件设正、反两个方向元件。反向元件的灵敏度高于正向元件。

零序方向元件的电压门槛取为固定门槛（0.5V）加上浮动门槛。浮动门槛根据正常运行时的零序电压计算。动作灵敏角在－110°。

3. 方向元件配置

PSL 602 的距离方向和零序方向以反方向元件优先。零序方向元件在合闸加速脉冲期间延时 100ms 动作，在非全相运行时退出。

图 9-32 所示为 PSL 602（A、D）纵联距离、零序保护方向元件配置。

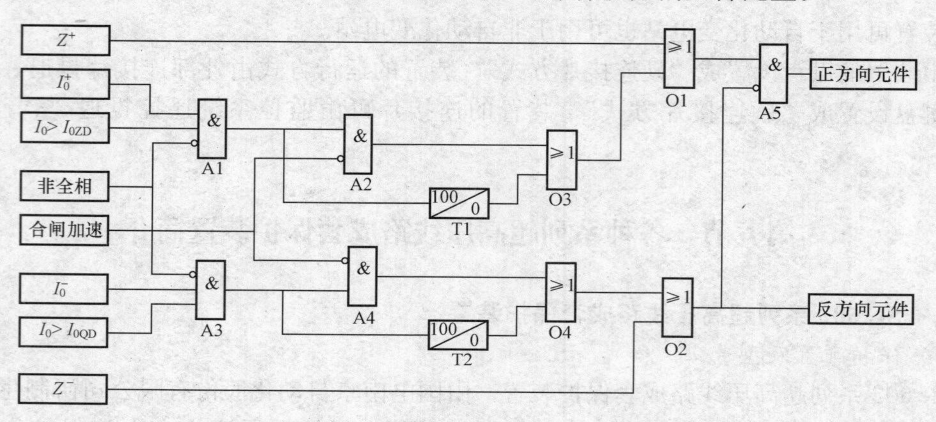

图 9-32　PSL 602（A、D)纵联距离、零序保护方向元件配置

4. 通道方式

纵联保护可以与载波通道（专用或复用）、光纤通道、微波通道等各种通信设备连接，包括各种继电保护专用收发信机和复用载波机接口设备。

发、停信控制采用一副接点，不发信即为停信。

当用于专用闭锁式时，通道逻辑完全由保护实现，收发信机的停信和发信完全由保护控制。为了防止通道上的干扰，保护中设置了信号确认时间，分为两级延时，一是保护必须在收到闭锁信号 5ms 后才允许停信；二是保护停信后要连续 5ms 或 8ms（通过控制字可选择，建议光纤通道为 5ms，载波通道为 8ms）收不到闭锁信号才动作出口。当用于允许式时，采用单个允许信号，也可以采用三个分相允许信号（PSL 602C)，以满足同杆并架线路的需要。

为了防止区外故障切除时功率倒向引起保护的误动，在反向元件动作 10ms 后，投入功率倒向延时回路，在反向转正向故障时，近故障侧纵联保护延时 40ms 停信（允许式为发信），此时远故障侧纵联保护按常规逻辑执行。这种功率倒向判断方法的优点是在非全相运行、扰动导致起动等没有功率倒向的情况下发生线路故障时，不会增加纵联保护的动作延时。

保护起动期间，在检测到有“其他保护动作”开入量时，一直停信（允许式为发信）。

在检测到断路器处于三跳位置后，投入“三跳位置”停信回路，以保证充电线路故障时充电侧纵联保护能够动作。为了防止线路合闸时，合闸环流引起保护的误动，一旦检测到有三相合闸，闭锁“三跳位置”停信功能150ms。“三跳位置”停信分两种情况，保护起动期间一直停信；正常运行期间，在收到闭锁信号后继续停信160ms，以后就收回停信信号。这样既能保证故障时对侧保护能够动作，又不影响通道的检测。

通道检测的逻辑按四统一的方案，可以手动检测，也可通过控制字投入定时自动检测。

当用于允许式时，由于本线路故障会引起通道的阻塞而导致保护拒动，本保护还具有“解除闭锁”方式。

本保护不考虑单相故障造成通道阻塞的可能，“解除闭锁”式只用于相间故障，并且经控制字选择是否投入“解除闭锁”方式。当本侧为正方向，并且为相间故障时，如果起动前无导频消失信号，起动后的100ms内收到导频消失信号且无允许信号时，保护跳闸动作。

5. 弱馈保护

弱馈保护作为线路弱馈端或无电源端的纵联保护，使纵联保护达到全线速动的目的。

弱馈保护的功能，当发生区内故障时，弱馈侧能够快速发出允许对侧动作的信号（并且保持120ms），使对侧保护快速跳闸，也就是说，当用于专用闭锁式时，弱馈侧能够快速停信；用于允许式时，弱馈侧能够快速发出允许信号。当发生弱馈侧反方向故障时，弱馈侧能够快速发出闭锁对侧动作的信号，使纵联保护不误动。

弱馈侧的范围定义，定性地说是线路弱馈端或者无电源端；定量的说是，当发生区内故障时，某一端纵联保护的所有正方向元件灵敏度都不够时，线路的该端可称为弱馈侧。

弱馈保护具有自适应于系统运行方式改变的能力，即可能出现弱馈的一端可长期投入此功能，该端变为强电侧时即使弱馈保护投入，弱馈保护不会动作（纵联保护仍然动作正确），因为投入的弱馈保护是在正反方向元件都不动作时，才可能发出允许对侧动作的信号。

对于专用闭锁式的弱馈保护，线路两端只能在其中的一侧投入弱馈功能，否则在弱电源系统的强电源侧发生反向故障时，如果线路两端的正反方向元件灵敏度不足时，弱馈保护会误动。所以，对于专用闭锁式的弱馈保护，弱馈保护在线路两端只能投入一侧。

对于弱馈侧，当发生区内故障时，用于专用闭锁式时，弱馈侧可能无法停信，导致对侧纵联保护拒动，用于允许式时，弱馈侧无法发出允许信号，同样导致保护拒动。下面以专用闭锁式为例，本装置的弱馈保护具有下面两个功能。

（1）当发生区内故障时，弱馈侧快速停信。

（2）弱馈侧可以选择跳闸。

弱馈侧能够起动，满足下面条件时，快速停信。

（1）收到闭锁信号5ms。

（2）正、反方向元件均不动作，表明非反方向故障。

（3）至少有一相或者相间电压为低电压。

如果还满足下面两个条件，弱馈侧跳闸。

（1）弱馈侧跳闸控制字投入。

（2）连续30ms收不到对侧的闭锁信号。

弱馈侧不起动，满足下面条件时，快速停信120ms。

（1）收到闭锁信号10ms。

(2)至少有一相或者相间电压为低电压。

(三)专用闭锁式纵联保护逻辑

纵联保护专用闭锁式逻辑如图9-33所示，可用于专用收发信机方式的载波通道，也可用于光纤通道的闭锁式。纵联专用闭锁式逻辑说明如下。

1. 通道检查逻辑

通道试验、远方起信逻辑由本装置实现，这样进行通道试验时就把两侧的保护装置、收发信机、通道一起进行检查；与本装置配合时，收发信机内部的远方起信逻辑部分应取消。

有“手动通道检查”开入或定时通道检查定时到时，通过或门O1向对侧发送高频信号，本侧收到这一高频信号经T2延时200ms，闭锁与门A1，本侧不再发信；同时与门A1输出经时间元件T3展宽5s闭锁与门A2，因此本侧即使收到高频信号也要待T3返回后才能起动重新发信，因此本侧仅发信200ms。

对侧收到高频信号后，通过与门A2、A3、或门O2立即发信，发信时间由时间元件T4延时确定，即发信时间为10s；本侧时间元件T3(5s)返回后，收到对侧发出的高频信号，通过与门A2、A3、或门O2再次发信，发信时间同样是10s；在对侧停信前，通道上有两侧发出的高频信号。

对侧时间元件T4(10s)动作时，对侧停信；因仍然可以收到本侧发出的高频信号，时间元件T4不会返回，故对侧不会再发信，此时本侧仍处于发信状态。

本侧时间元件T4动作时，本侧停信，通道检查过程结束。通道试验的整个过程就是对侧持续发5s、两侧持续发5s、本侧持续发5s，共15s。

若通道检查期间，线路发生内部短路故障，则两次正方向元件动作，通过或门O7闭锁与门A11，停止通道检查，不影响保护动作。

2. 正向短路故障停信

正向短路故障时，起动元件动作，与门A7输出为“1”，为A21动作准备了条件；当收信信号持续5ms时，时间元件T9、或门O8动作，从而A21动作且自保持；又因正向方向元件动作、反向方向元件不动作且断路器三相处于合闸状态，于是与门A9动作，A10、O6、O7动作，保护停信。

3. 保护动作停信

保护动作跳闸信号经或门O30、O4、O7使保护停信；即使保护动作快速，因反方向元件不动作且时间元件T21延时120ms返回，使与门A8输出为1，保护可以继续停信，以保证对侧保护有可靠的动作跳闸时间。

4. 三跳位置停信

保护起动期间，三跳位置信号通过与门A6、O4、O7使保护一直停信，保证了对侧保护快速动作跳闸；正常运行期间，收到高频信号后，起动时间元件T6，延时160ms，收回三跳位置停信信号。这样既可保护充电线路故障时，充电侧具有160ms的跳闸窗口，使该侧的纵联保护能够动作跳闸，同时又不影响通道的检测。

5. 其他保护动作停信

保护动作信号通过时间元件T23、O4、O7实现停信；因T23元件120ms延时返回，故对侧保护可快速跳闸。

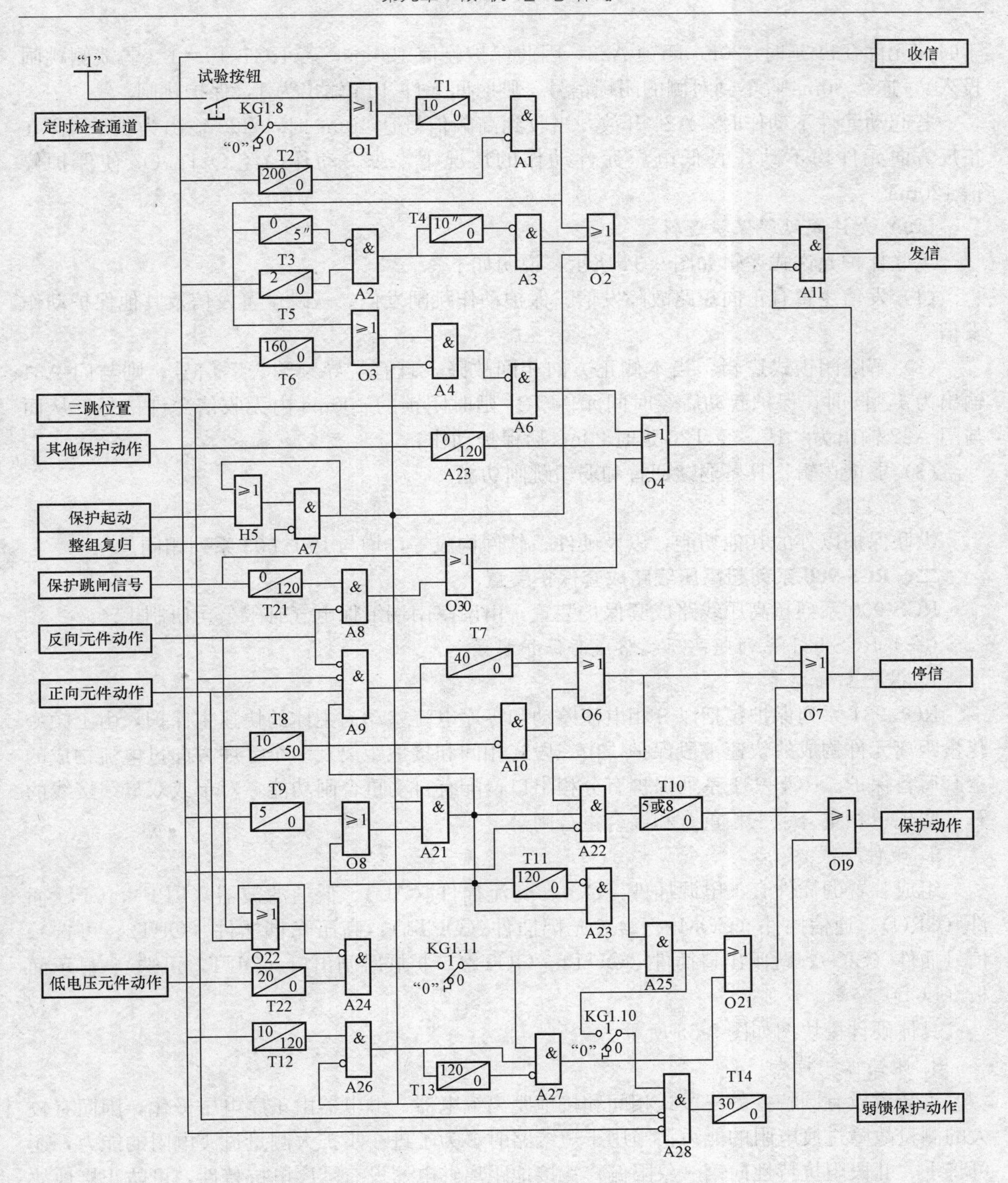

图 9-33　PSL 602（A、D）专用闭锁式纵联保护逻辑

KG1. 8—定时通道检查投入；KG1. 10—弱馈跳闸投入；KG1. 11—弱馈回音投入

6. 弱馈保护

线路弱馈端或无电源端故障，当正反方向元件均不动作、低电压元件（任一相或相间电压降低）动作时，与门 A24 动作；当起动元件动作，收信时间达 5ms 时，则 A21、A23 动作，从而 A25 动作（KG1. 11＝1，弱馈回音投入），经或门 O21、O7 使保护停信；同时由

于时间元件 T11 延时 120ms 闭锁 A23，因此保护停信 120ms，若 KG1.10＝1（弱馈侧跳闸投入)，连续 30ms 收不到对侧的闭锁信号，则时间元件 T14 输出为 1，保护跳闸。

若起动元件不动作时，A26 开放，当收到高频信号达 10ms 时，A26 输出为 1，同样在正反方向元件均不动作且低电压元件动作的情况下，A27 动作，经 O21、O7 使保护停信 120ms。

（四）允许式纵联保护逻辑

纵联保护允许式逻辑如图 9-34 所示，说明如下。

(1) 发信逻辑有正向短路故障发信、保护动作跳闸发信、三跳位置发信及其他保护动作发信等。

(2) 解除闭锁式逻辑：当本侧正方向相间故障，且有“导频消失”信号，则与门 A31 输出为 1，同时在保护起动后经时间元件 T24 延时闭锁的 100ms 内无收信允许信号，从而与门 A32 输出为“1”，经 T20 延时 20ms 后保护动作。

(3) 弱馈逻辑：具备弱馈回音和弱馈跳闸功能。

（五）其他

纵联保护以外的其他功能，以及硬件、软件构成等，均与 PSL 603 系列相同。

二、RCS-900 系列超高压线路成套保护装置

RCS-900 系列超高压线路成套保护装置，由南京南瑞继保电气有限公司研制生产。

（一）RCS-931 系列超高压线路成套保护装置

1. 保护配置

RCS-931 系列保护包括以分相电流差动和零序电流差动为主体的快速主保护，由工频变化量距离元件构成的快速Ⅰ段保护，由三段式相间和接地距离及多个零序方向过电流构成的全套后备保护。RCS-931 系列保护有分相出口，配有自动重合闸功能，对单或双母线接线的开关实现单相重合、三相重合和综合重合闸。

2. 硬件构成

组成装置的插件有：电源插件（DC)、交流插件（AC)、低通滤波器（LPF)，CPU 插件（CPU)、通信插件（COM)、24V 光耦插件（OPT1)、高压光耦插件（OPT2，可选)、信号插件（SIG)、跳闸出口插件（OUT1、OUT2)、扩展跳闸出口（OUT，可选)、显示面板（LCD)。

具体硬件模块图如图 9-35 所示。

3. 距离保护特点

本装置设有圆特性的三段式相间和接地距离继电器，继电器由正序电压极化，因而有较大的测量故障过渡电阻的能力；当用于短线路时，为了进一步扩大测量过渡电阻的能力，还可将Ⅰ、Ⅱ段阻抗特性向第一象限偏移；接地距离继电器设有零序电抗特性，可防止接地故障时继电器超越。

正序极化电压较高时，由正序电压极化的距离继电器有很好的方向性；当正序电压下降至 10%以下时，进入三相低压程序，由正序电压记忆量极化，Ⅰ、Ⅱ段距离继电器在动作前设置正的门槛，保证母线三相故障时继电器不可能失去方向性；继电器动作后则改为反门槛，保证正方向三相故障继电器动作后一直保持到故障切除。Ⅲ段距离继电器始终采用反门槛，因而三相短路Ⅲ段稳态特性包含原点，不存在电压死区。

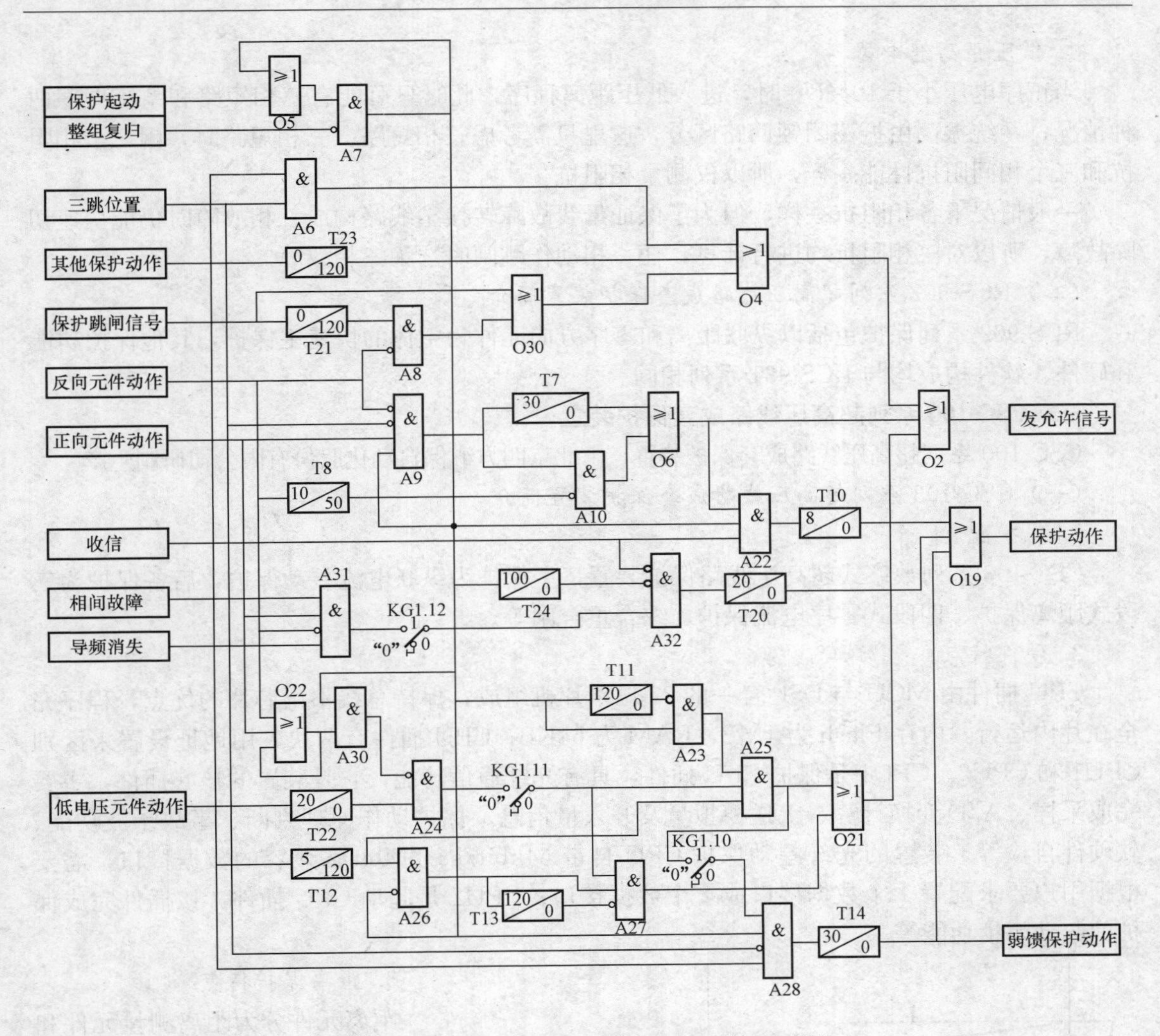

图 9-34　PSL 602(A、D) 允许式纵联保护逻辑

KG1. 10—弱馈跳闸投入；KG1. 11—弱馈回音投入；KG1. 12—解除闭锁投入

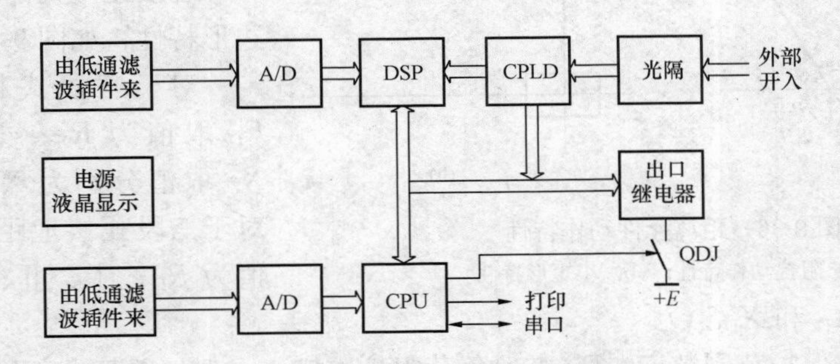

图 9-35　RCS-931 保护装置硬件模块图

当用于长距离重负荷线路，常规距离继电器整定困难时，可引入负荷限制继电器，负荷限制继电器和距离继电器的交集为动作区，这有效地防止了重负荷时测量阻抗进入距离继电器而引起的误动。

4. 低压距离继电器

当正序电压小于 $10\%U_N$ 时，进入低压距离程序，此时只可能有三相短路和系统振荡两种情况；系统振荡由振荡闭锁回路区分，这里只需考虑三相短路。三相短路时，因三个相阻抗和三个相间阻抗性能一样，所以仅测量相阻抗。

一般情况下各相阻抗一样，但为了保证母线故障转换至线路构成三相故障时仍能快速切除故障，所以对三相阻抗均进行计算，任一相动作跳闸时选为三相故障。

（二）RCS-902 系列超高压线路成套保护装置简介

RCS-902 系列保护包括以纵联距离和零序方向元件为主体的快速主保护，其他保护功能和硬件、软件构成均与 RCS-931 系列相同。

三、CSC-100 系列超高压线路成套保护装置

CSC-100 系列超高压线路成套保护装置，由北京四方继保自动化股份有限公司研制生产。

（一）CSC-103 系列超高压线路成套保护装置简介

1. 保护配置

CSC-103 系列数字式超高压线路保护装置，主保护为纵联电流差动保护，后备保护为三段式距离保护、四段式零序电流保护、综合重合闸等。

2. 硬件特点

CPU 插件由 MCU 与 DSP 合一的 32 位单片机组成，保持总线不出芯片的优点，程序完全在片内运行，内存 Flash 为 1MB，RAM 为 64KB；CPU 插件有两块，用地址设置来区别 CPU1 和 CPU2。CPU1 是保护 CPU 插件，具有光纤通信功能，它是装置的核心插件，主要完成采样、A/D 变换计算、上送模拟量及开入量信息、保护动作原理判断、事故录波功能、软硬件自检等。装置的光纤差动保护 CPU 自带 64kbit/s、2Mbit/s 兼容的数据接口，需要根据用户要求配置 1 个数据接口或 2 个数据接口；CPU2 是起动 CPU 插件，该插件完成保护的起动闭锁功能等。

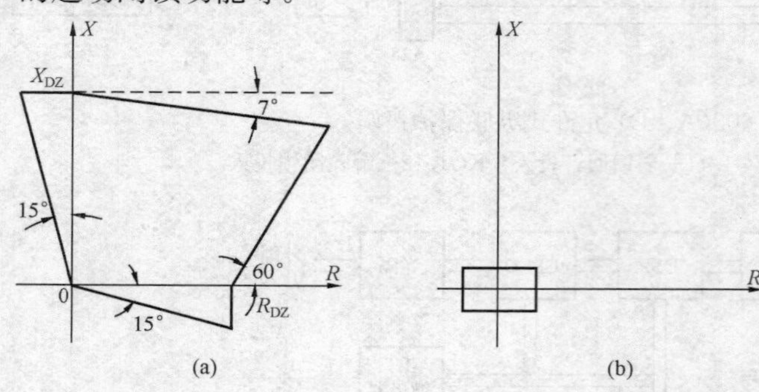

图 9-36 距离元件动作特性

(a) 阻抗动作特性；(b) 小矩形特性

3. 距离保护特点

距离元件分为距离测量元件和距离方向元件。

各段距离元件动作特性均为多边形特性，如图 9-36 所示。

对于三段式相间距离保护：R_{DZ}取值为 R_X；Ⅰ、Ⅱ、Ⅲ段的 X_{DZ}取值分别为 X_{X1}、X_{X2} 和 X_{X3}。对于三段式接地距离保护：R_{DZ}取值为 R_D；Ⅰ、Ⅱ、Ⅲ段的 X_{DZ}取值分别为 X_{D1}、X_{D2}和 X_{D3}。

其中，X_{DZ}按保护范围整定；R_{DZ}按躲负荷阻抗整定（一般情况下），可满足长、短线路的不同要求，提高了短线路允许过渡电阻的能力，以及长线路避越负荷阻抗的能力；选择的多边形上边下倾角 [如图 9-36 (a)中的 7°下倾角]，可提高躲区外故障情况下的防超越能力。

在重合或手合时，阻抗动作特性在图 9-36 (b)的基础上，再叠加上一个包括坐标原点的小矩形特性，如图 9-36 (b)所示，称为阻抗偏移特性动作区，以保证 TV 在线路侧时也能可靠切除出口故障。在三相短路时，距离Ⅲ段也采用偏移特性。

本保护中，距离测量元件以实时电压、电流计算对应回路阻抗值，采用解微分方程算法。

为了解决距离保护出口故障的死区问题，在距离保护中设置了专门的方向元件。对于对称故障，采用记忆电压，即以故障前电压前移两周波后，同故障后电流比相来判别故障方向。对于不对称出口故障，采用负序方向来作为距离元件的方向。距离元件的动作条件为：方向元件判为正方向，且计算阻抗在整定的四边形范围内。

（二）CSC-102 系列超高压线路成套保护装置简介

CSC-102 系列保护是以纵联距离和零序方向元件为主体的快速主保护，其他保护功能和硬件、软件构成均与 CSC-103 系列相同。

第六节　变压器微机纵差保护

利用二次谐波电流鉴别励磁涌流，采用比率制动特性是构成微机变压器差动保护的典型方案。图 9-37 是 Yd11 降压变压器微机差动保护装置的硬件配置。输入量为变压器两侧的 6 个电流。采用分相差动接法，取一相进行研究。假定变压器 Y 侧电流互感器连接为△形以补偿相位移，变压器两侧电流互感器变比误差通过数字计算进行补偿，取各侧电流流入变压器为假定正方向，$\dot{I}_h$ 为高压侧电流，$\dot{I}_l$ 为低压侧电流。

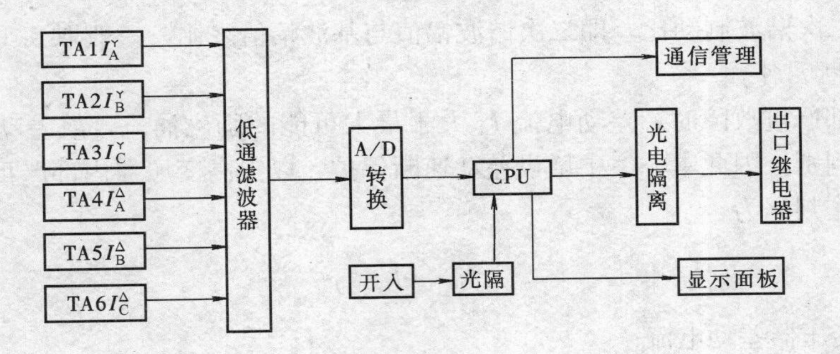

图 9-37　变压器微机差动保护硬件配置

变压器差动保护应满足以下要求：第一，任何情况下，当变压器内部发生短路性质故障时应快速动作跳闸。故障变压器空载投入时，可能伴随较大的励磁涌流，亦应尽快动作。第二，当出现外部故障伴随很大的穿越电流时，应可靠不动作。正常变压器发生任何形式的励磁涌流应可靠不动作。总之，如何区分内外部故障和如何鉴别励磁涌流，与传统保护类似，是微机差动保护的关键。

一、微机差动保护的动作判据和算法

1. 比率制动特性元件

差动保护采用的制动特性为二段式比率制动特性，如图 9-38 所示。I_d 为差动电流，则 $I_d = |\dot{I}_h + \dot{I}_l|$，制动电流 $\dot{I}_{res} = |\dot{I}_h - \dot{I}_l|/2$，则比率制动式差动保护的动作判据为

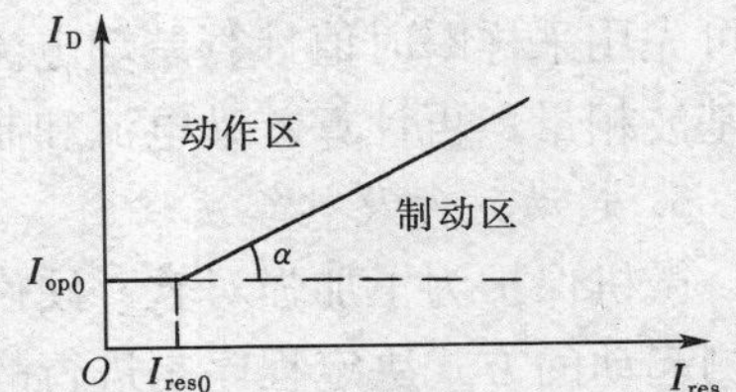

图 9-38　变压器差动保护比率制动特性曲线示意图

当 $I_{res} \leqslant I_{res0}$ 时 $$I_d \geqslant I_{op0} \tag{9-40}$$

当 $I_{res} > I_{res0}$ 时 $$I_d > I_{op0} + K(I_{res} - I_{res0}) \tag{9-41}$$

式中 I_{op0}——不带制动时差流最小动作电流，按躲过最大负荷电流条件下流入保护装置的不平衡电流整定，一般取 0.2～1.0 倍变压器额定电流；

K——比率制动特性折线的斜率，$K=\tan\alpha$，一般取 0.3～0.5；

I_{res0}——折线拐点对应的制动电流，一般取 0.8～1.2 倍变压器额定电流。

当任一相电流满足此条件时，差动保护瞬时动作出口。I_{op0} 为差动保护最小动作电流，保证在负荷状态下不误动。可见，比率制动式差动保护的动作电流随外部短路电流的增大而增大，又能使内部故障时保护灵敏动作。

2. 二次谐波制动元件

当变压器空载合闸或外部短路被切除变压器端电压突然恢复时，励磁涌流的大小可与短路电流相比拟，且含较大的二次谐波成分，采用二次谐波制动判据能可靠避免此时差动保护误动。二次谐波制动判据为

$$I_2 > KI_1 \tag{9-42}$$

式中 I_2——差动电流二次谐波含量；

I_1——差动电流基波含量；

K——二次谐波制动比，即二次谐波幅值与基波幅值之比，一般取 0.1～0.3。

3. 差动速断元件

变压器内部严重故障时，差动电流 I_d 大于最大可能的励磁涌流，故差动保护无需进行二次谐波闭锁判别，因此本方案中增设差动速断保护，以提高变压器内部严重故障时保护动作速度。其动作判据为

$$I_d > I_{set} \tag{9-43}$$

式中 I_d——变压器差动电流；

I_{set}——差动电流速断定值。

差动速断保护整定值应躲避最大可能的励磁涌流。一般差动速断元件的动作电流可取 4～8倍变压器额定电流。

4. 算法

比率制动特性元件、二次谐波制动元件和差动速断元件中，差动电流或制动电流基波相量的计算可采用傅里叶算法，差动电流中二次谐波幅值的计算同样采用傅里叶算法。计算过程可先用采样瞬时值计算差动电流及制动电流的瞬时值：再计算基波相量；亦可先计算各侧的基波相量，再计算差动电流和制动电流（实部、虚部相加减）。

5. 起动元件及其算法

微机保护为了加强对软、硬件的自检工作，提高保护动作的可靠性及快速性，往往采用检测起动的方式决定程序是进行故障判别计算，还是进行自检。本差动保护方案采用差动电流的突变量，且分相检测的方式构成起动元件，其公式为

$$\Delta i_d(t) = \left|\, |\, i_d(t) - i_d(t-N)\, | - |\, i_d(t-N) - i_d(t-2N)\, |\,\right| > \text{定值} \tag{9-44}$$

式中 N——每工频周期采样点数；

t——当前采样点；

$\Delta i_{\mathrm{d}}(t)$——t 时刻差动电流的突变量。

差动电流的突变量 $i_{\mathrm{d}}(t)-i_{\mathrm{d}}(t-N)$ 实质是用叠加原理分析短路电流时的事故分量电流，负荷分量在式中被减去了。式(9-44)既消除了电网频率偏离 50Hz 时产生的不平衡电流，又保证了突变量的存在时间是两个工频周波。采用式（9-44）工作的起动元件能反应各种故障，且不受负荷电流的影响，灵敏度高，抗干扰能力强。

6. 电流互感器 TA 断线的判别

对于中低压变电站变压器保护中 TA 断线判别采用以下两个判据。

(1) 电流互感器 TA 断线时产生的负序电流仅在断线侧出现，而故障时则至少有两侧会出现负序电流。

(2) 在变压器空载时发生故障的情况下，因为仅在电源侧出现负序电流，以上判据将误判 TA 断线。因此另加条件：降压变压器低压侧三相都有一定的负荷电流。

二、微机变压器差动保护的软件流程

微机变压器差动保护的软件系统可分为主程序、故障处理程序和中断服务程序。

1. 主程序

主程序流程图如图 9-39 所示，每次合电源或手按复位按钮后都自动进入主程序的入口。

初始化（一）是对单片微机及其扩展芯片的初始化，包括使保护输出的开关量出口初始化，赋以正常值，以保证出口继电器在合电源或手按复位按钮时不误动作等。初始化（一）后通过人机接口液晶显示器显示主菜单，由工作人员选择运行或调试（退出远行）工作方式。

如选择“退出运行”则进入监控程序，进行人机对话并执行调试命令。若选择“运行”，则开始初始化（二）。

初始化（二）包括采样定时器的初始化、控制采样间隔时间、标志位清零、计数器清零等。

全面自检包括定值检查、开关量输出通道自检、RAM 读出检查等。开放中断后延时 60ms 的目的是确保采样数据的完整性和正确性。

开放了中断后，所有准备工作就绪，主程序进入自检循环阶段。故障处理程序结束后返回主程序，也是在这里进入自检循环的。

2. 定时中断服务程序

定器中断服务程序如图 9-40 所示，其主要任务是：控制多路开关和模数转换器，将各模拟输入量的采样值转成数字量，然后存入 RAM 区的循环寄存区；其次完成突变量起动元件起动与否的判别任务。

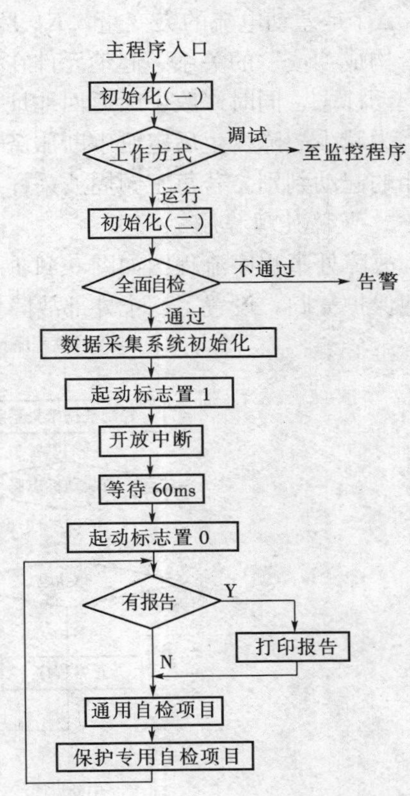

图 9-39 变压器差动保护主程序流程图

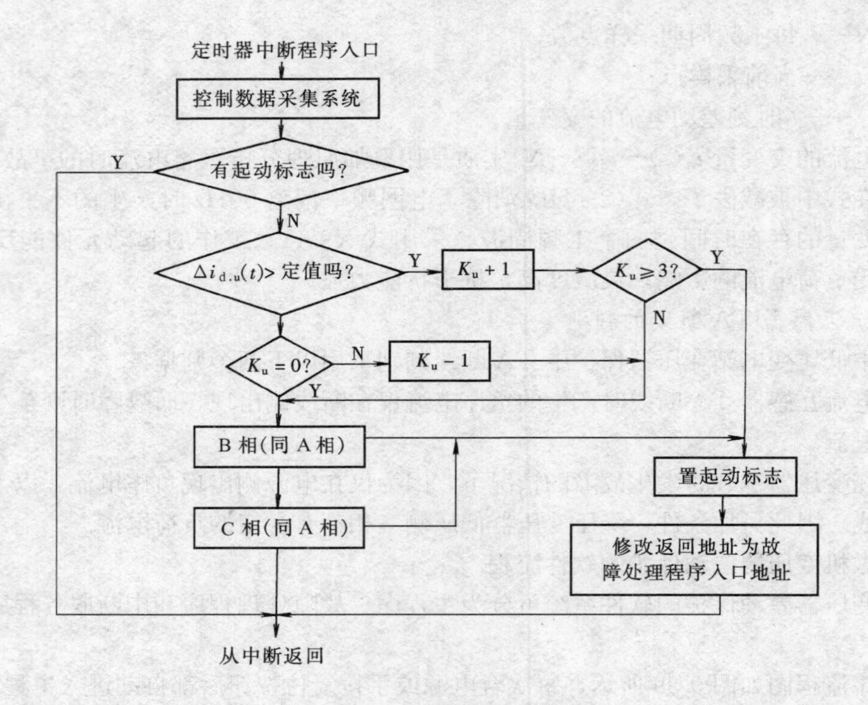

图 9-40　定时中断服务程序流程图

Δi_d 是差动电流的突变量，K_u 是累计寄存器。A、B、C 三相分别进行起动与否判别，三者构成“或”的关系。起动元件在任一相电流突变量累计有三次超过门槛值时才起动，并置起动标志，同时修改中断返回地址为故障处理程序入口。

为减少故障发生后定时中断服务程序的执行时间，已有起动标志后，可跳过 A、B、C 三相的起动判别。若每工频周波采样 12 点，则每 5/3ms 进入一次定时中断服务程序。

3. 故障处理程序

故障处事程序流程图如图 9-41 所示。为防止干扰或内部轻微故障时偶然计算误差等原因使保护复归，设置了一个外部故障复算次数，达到规定的外部故障复算次数后即判定为外

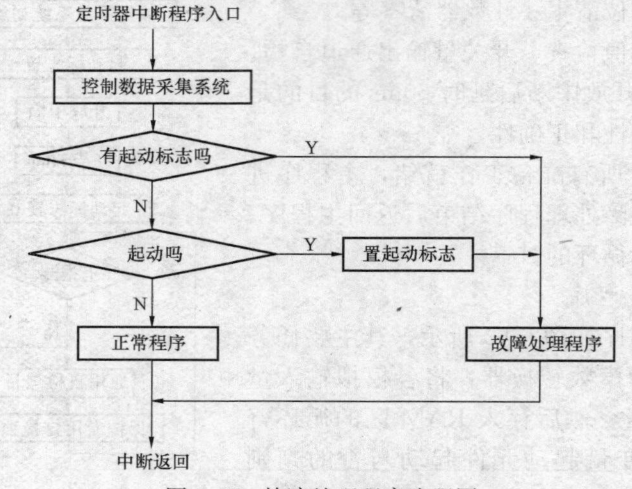

图 9-41　故障处理程序流程图

部故障。

为防止因干扰和偶然计算误差而造成误出口，应预先给定内部故障复算次数，只有当连续计算内部故障判断次数达到规定次数后才发跳闸命令。若故障后5s内保护仍未跳闸，则形成跳闸异常报告，返回主程序专门为运行错误处理设计的一段程序，即告警处理，以便提醒运行值班人员处理，以防程序进入死循环。

通过对断路器状态开入量判别，或判断差动电流和制动电流是否小于一个小的定值，可以检测故障是否已切除。

思考题与习题

1. 微机保护由哪几部分构成？各部分的作用如何？与模拟量保护相比较有哪些特点？
2. 微机继电保护的数据采集系统有几种形式？
3. 绘制开关量输出电路原理图。
4. 开关量输入/输出接口指的是什么？CPU如何查询输入量的状态？
5. 何谓数字滤波器？在微机保护中为什么要采用数字滤波器？
6. 什么是差分滤波器、加法滤波器和积分滤波器？各有何特点？
7. 试简述两点乘积算法、微分算法、半周积分算法各有何特点？滤波效果如何？
8. 试简述解微分方程算法。比较差分法和积分法求解的异同。

第十章　变电站自动装置

第一节　备用电源自动投入装置

备用电源自动投入装置是当工作电源因故障被断开后，能迅速自动地将备用电源投入工作或将用户切换到备用电源上，使用户不致停电的一种自动装置，简称 AAT 装置。

一、备用电源的配置方式

备用电源自动投入装置按其电源备用方式可分为如下两种：

(1) 明备用方式。即装设专用的备用变压器或备用线路作为工作电源的备用，如图 10-1 中的 (a) ～ (d) 所示。明备用电源通常只有一个，而且一个明备用电源往往可以同时作为两段或几段工作母线的备用。如图 10-1 (a) 所示，备用变压器 T2 同时作为Ⅰ、Ⅱ段母线的备用电源。

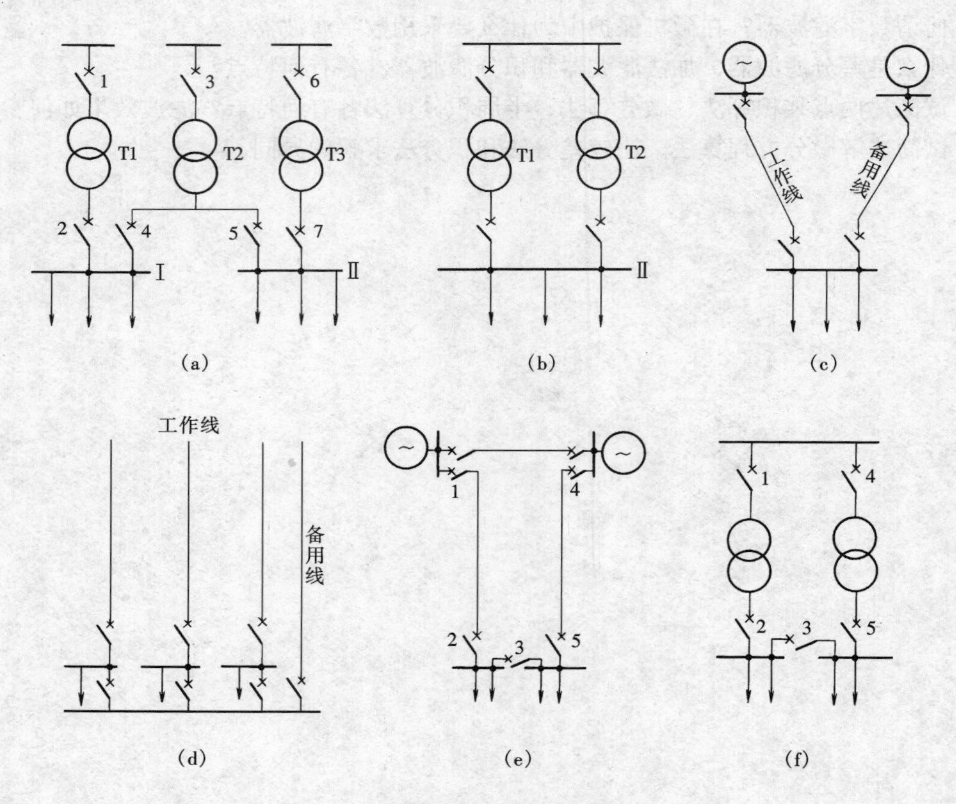

图 10-1　应用 AAT 装置的一次接线图
(a) ～ (d) 明备用；(e)、(f) 暗备用

(2) 暗备用方式。即不装设专用的备用变压器或备用线路，而是由两个工作电源互为备用，如图 10-1 中的 (e)、(f) 所示。正常情况下，各段母线由各自的工作电源供电，母线分段断路器 3 处在断开位置。当某一电源故障跳闸时，AAT 装置将分段断路器 3 自动合上，

靠分段断路器使两个工作电源互为备用。这样，要求每一个工作电源的容量都应根据两个分段母线上的总负荷来考虑，否则在AAT动作之后，要减去一些负荷。

采用AAT装置的优点是：

(1) 提高供电的可靠性，节省建设投资。

(2) 简化继电保护。因为采用了AAT装置后，环形网络可以开环运行，变压器可分裂运行，如图10-1中的(a)和(f)。这样,采用简单的继电保护装置便可满足选择性和灵敏性。

(3) 限制短路电流，提高母线的残余电压。在某些场合，由于短路电流受到限制，不再需要装设出线电抗器，既节省了投资，又使运行维护方便。

由于AAT装置简单、费用低，而且可以大大提高供电的可靠性和连续性，因此，在发电厂的厂用供电系统和厂、矿企业的变、配电所中得到广泛的应用。

二、对备用电源自动投入装置的要求

(1) 只有当工作电源断开后，备用电源才能投入。假如工作电源发生故障而断路器尚未断开时就投入备用电源，即将备用电源投入到故障元件上，这样势必扩大事故，加重故障设备的损坏程度。

(2) 除手动断开工作电源外，工作母线上不论任何原因失去电压时，备用电源自动投入装置都应动作。如图10-1 (a) 中，由于工作变压器T1或T3故障或继电保护误动作将T1或T3断开时，AAT装置都应起动，将备用变压器T2投入。此外，工作母线失压时还必须检查工作电源有无电流，以防止TV二次回路断线造成AAT装置误投。

(3) 备用电源自动投入装置只允许将备用电源投入一次。当工作母线发生永久性的短路故障或引出线上发生未被断路器断开的永久性故障时，备用电源投入。由于故障依然存在，所以，继电保护装置动作将备用电源断开，若再次将备用电源投入，便会使事故扩大，对系统造成不必要的冲击。

(4) 一个备用电源同时作为几个工作电源的备用时，在备用电源已代替某工作电源后，其他工作电源又被断开时，备用电源自动投入装置仍应能动作。但对单机容量为200MW及以上的火力发电厂，备用电源只允许代替一个机组的工作电源。在有两个备用电源的情况下，当两个备用电源互为独立备用系统时，应各装设独立的AAT装置，使得当任一备用电源都能作为全厂各工作电源的备用时，AAT装置使任一备用电源都能对全厂各工作电源实行自动投入。

(5) 备用电源自动投入装置动作时间的整定，应以使负荷停电时间尽可能短为原则。因为停电时间越短，对电动机的自起动越有利，但停电时间过短，电动机残压可能较高，当AAT装置动作时，会产生过大的冲击电流和冲击力矩，导致电动机损伤。因此，对装有高压大容量电动机的厂用电母线，中断电源的时间应在1s以上。对于低压电动机，因转子电流衰减极快，这种问题并不突出。同时，为了使AAT装置投入成功，故障点应有一定的电弧熄灭去游离时间。一般情况下，备用电源断路器的合闸时间，已大于故障点的去游离时间，因而不必再考虑故障点的去游离时间。根据运行经验，AAT装置的动作时间以1～1.5s为宜。

(6) 当备用电源无电压时，AAT装置不应动作。

三、微机型备用电源自动投入装置的硬件结构

微机备用电源自动投入装置的硬件结构如图10-2所示。外部电流和电压经变换器隔离

变换后，由低通滤波器输入至 A/D 转换器，经过 CPU 采样和数据处理后，由逻辑程序完成各种预定的功能。

这是一个比较简单的单 CPU 系统，由于备用电源自动投入的功能不是很复杂，其采样、逻辑功能及人机接口均由同一个 CPU 完成。因为 AAT 装置对采样速度要求不高，因此其硬件中 A/D 转换器可以不采用 VFC 类型，而采用普通的 A/D 转换器。开关量输入输出仍要求经光电隔离处理，以提高抗干扰能力。

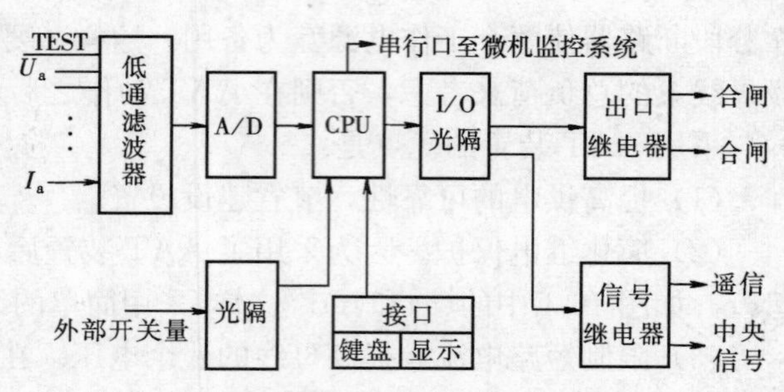

图 10-2 微机型备用电源自动投入装置硬件结构示意图

四、LFP-965A 备用电源自动投入装置的软件原理

LFP-965A 备用电源自动投入装置主要用于暗备用方式，如图 10-3 所示低压母线分段断路器 3 的自动投入。正常运行时，两段母线分段运行，每台变压器各带一段母线并互为备用。当Ⅰ段（或Ⅱ段）母线失压，无电流 $\dot{I}_1$（或 $\dot{I}_2$），Ⅱ段（或Ⅰ段）母线有电压、断路器 1（或断路器 2）确定已跳开时，备用电源自动投入装置动作，合上断路器 3。该装置除了具有自动投入分段断路器 3 的功能外，还具有两段式分段断路器定时限过电流保护和独立的一段后加速保护功能及自动投入后的过负荷联切功能。装置通过引入断路器 1～3 的跳闸位置继电器 KCT 触点来识别系统运行方式及选择自动投入方式，还引入进线断路器 1（或 2）的合闸后状态继电器触点 KKJ 作为手跳断路器后闭锁自动投入和外部闭锁自动投入输入触点。装置输出 3 对触点分别跳断路器 1～3，输出 2 对触点用于自动投入断路器 3，输出 9 对触点用于过负荷联切。所谓过负荷联切是在投入备用电源后，利用电流变换器检测备用电源的电流 $\dot{I}_1$（$\dot{I}_2$），如发生过负荷，切除预先准备切除的若干条不重要的负荷线路。

装置的保护电流取自分段或桥断路器的 A、B 相电流，必须注意的是独立的一段后加速，并不加速Ⅰ段和Ⅱ段定时限过电流部分。

LFP-965A 备用电源自动投入装置的程序逻辑原理如下：

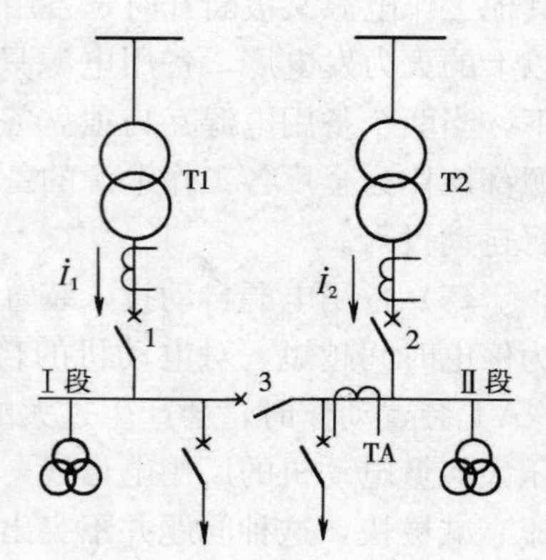

图 10-3 低压母线分段断路器自动投入主接线方案

微机型备用电源自动投入装置可以通过逻辑判断来实现只动作一次的要求。但为了便于理解，在阐述备用电源自动投入装置逻辑程序时广泛用电容器“充放电”来模拟这种功能。备用电源自动投入装置满足起动的逻辑条件，应理解为“充电”条件满足；延时起动的时间应理解为“充电”时间到后就完成了全部的准备工作；当备用电源自动投入装置动作后或者任何一个闭锁及退出备用电源自动投入电源条件存在时，立即瞬时完成“放电”。“放电”就是模拟闭锁备用电源自动投入装置，放电后就不会发生备用电源自动投入装置第二次动作。这种“充放电”的逻辑模拟与微机自动重合闸的逻辑程序相类似。

1. 充电程序逻辑原理

LFP-965A 的“充电”程序逻辑框图如图 10-4 所示。图中输入端所标的逻辑条件成立时，输入端的逻辑状态为“1”态。

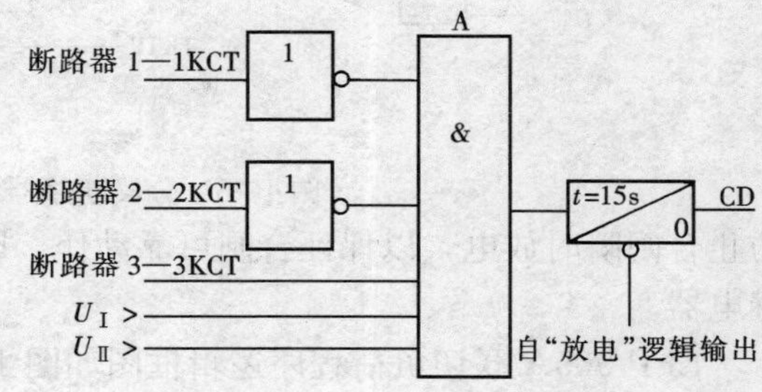

图 10-4 LFP-965A“充电”程序逻辑框图

“充电”条件为：

(1) Ⅰ母线和Ⅱ母线三相均有电压，用 $U_Ⅰ>$ 和 $U_Ⅱ>$ 表示有电压。

(2) 断路器 1、2 在合闸位，断路器 3 在分闸位。当断路器 1 和 2 在合闸位置时，其跳闸位置继电器 1KCT 和 2KCT 均为“0”态，两个非门均输出“1”态；断路器 3 在跳闸位置时，其跳闸位置继电器 3KCT＝1。

当上述两个“充电”条件满足时，与门 A 起动“充电”，经 15s 后“充电”完成，标志位 CD＝1。通过软件“充电”的时间元件构成禁止门，由放电逻辑控制其“放电”。一旦“放电”后，“充电”必须从头开始计时 15s。

2. “放电”程序逻辑原理

LFP-965A“放电”程序逻辑框图如图 10-5 所示。图中输入端所标的逻辑条件成立时，输入端的逻辑状态为“1”态，以下各逻辑图均如此。

“放电”条件为：

(1) Ⅰ母线和Ⅱ母线均无电压。用 $U_Ⅰ<$ 和 $U_Ⅱ<$ 表示无电压，与门 A 输出 1。

(2) 手动跳闸后闭锁 AAT 投入，这时合闸后状态继电器 KKJ＝0，起动“放电”。

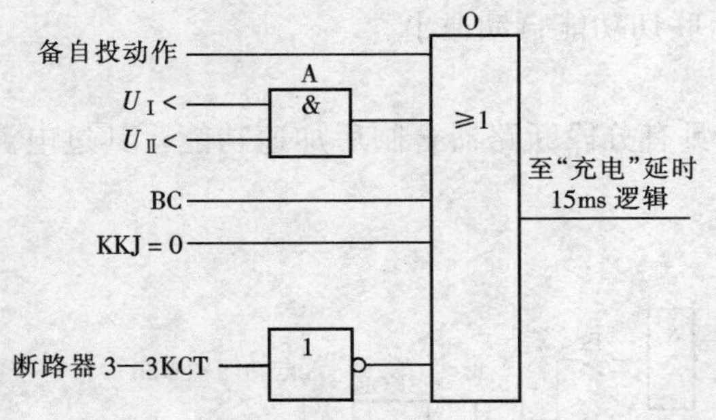

图 10-5 LFP-965A“放电”程序逻辑框图

(3) 分段断路器在合闸位，不符合“充电”条件，断路器 3 跳位继电器触点断开，3KCT＝0，经非门输入 1，起动“放电”。

(4) 外部闭锁 AAT 投入，BC＝1。

(5) 备用电源自动投入后，立即“放电”。

当上述五个条件中只要有一个条件满足时，或门 O 就立即输出“1”，瞬时完成“放电”。实际上手动跳闸后，合闸后状态继电器 KKJ 的触点也可以看作是外部闭锁备用电源自动投入装置的一个条件。此外，为了防止 AAT 装置多次动作，所以备用电源自动投入装置动作后应立即瞬时“放电”。

3. 备用电源自动投入程序逻辑框图

对于图 10-3 所示暗备用接线方式，当 T1 主变压器故障，保护跳开断路器 1，Ⅰ段母线失去电压时，分段断路器 3 自动投入的逻辑程序框图如图 10-6 所示。

当“充电”条件持续满足 15s、CD＝1 后，程序自动检测备用电源自动投入的其他条件，即无电流 I_1 ($I_1<$)；工作母线无电压 ($U_Ⅰ<$)；备用电源有电压 ($U_Ⅱ>$)；Ⅰ段母线失压时投入时控制字 MB1＝1。当以上条件均满足时，经 t_b 延时起动 1KCO 跳闸继电器跳开断路器 1，为了使跳闸可靠，跳闸动作记忆 200ms。这时如测得断路器 1 已跳开（1KCT＝1），即发出合闸脉冲，合闸继电器 KO 励磁，使断路器 3 合闸。合闸动作记忆 120ms，可以

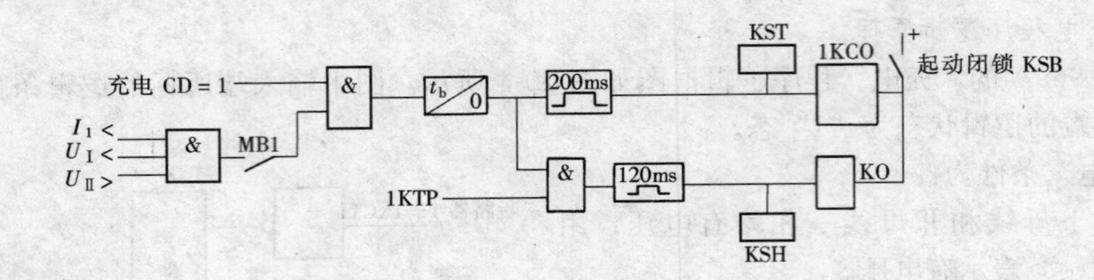

图 10-6 分段断路器自动投入的程序逻辑框图

防止合闸瞬时放电，以保证合闸可靠动作。KST 和 KSH 分别为跳闸信号继电器及合闸信号继电器。

LFP-965A 联切负荷程序逻辑框图如图 10-7 所示。

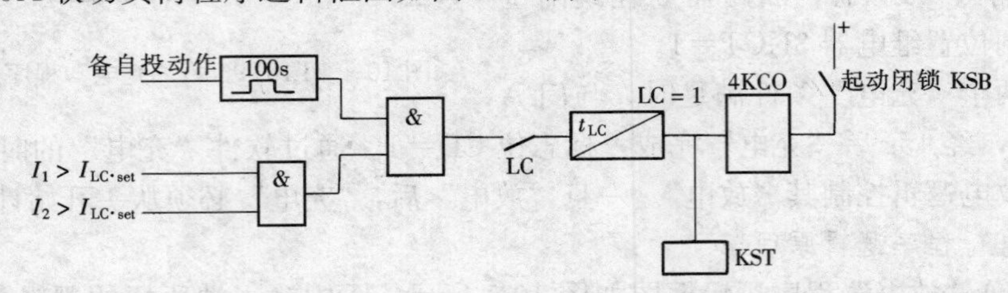

图 10-7 LFP-965A 联切负荷功能程序逻辑框图

当断路器 3 合闸，备用电源投入工作母线后，备用电源自动投入装置开始检测系统有无过负荷。当负荷电流大于联切整定值 $I_{LC·set}$，且时间越过 t_{LC} 整定时间时，LC=1，联切继电器 4KCO 动作，送出 8 对联切触点信号。检测系统过负荷的时间记忆 100s（可整定），在此期间监视备用电源的一相电流。后记忆消失时，联切功能自动退出。

4．备用电源自动投入装置的保护程序逻辑

LFP-965A 装置还装设有两段过电流保护并具有分段断路器合闸后加速功能，其过电流及后加速保护的逻辑框图如图 10-8 所示。

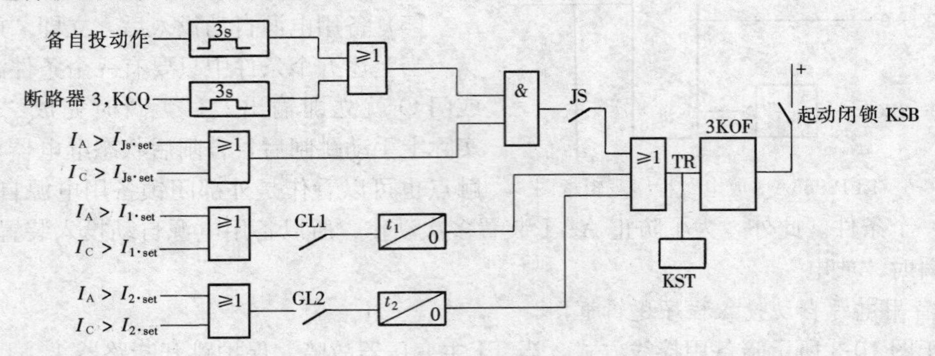

图 10-8 LFP-965A 装置的保护程序逻辑框图

两段过电流保护采用两相不完全星形接线方式，保护功能经整定控制字 GL1、GL2 控制投退，后加速功能经整定控制字 JS 控制投退。

对图 10-3 所示的低压分段断路器 3，当备用电源自动投入装置动作或手动合闸时，自动投入后加速 3s，在 3s 后加速记忆时间内，如投到故障元件上，I_A 或 I_C 大于 $I_{Js·set}$，后加速保护立即瞬时动作。由于后加速保护的电路元件是独立的，因此该后加速不是加速Ⅰ、Ⅱ段过电流保护。后加速动作及保护逻辑动作后置标志位 TR＝1，3KOF 动作跳开断路器 3。

5. 备用电源自动投入装置的起动程序逻辑

为了防止备用电源自动投入装置误动作，备用电源自动投入装置必须设置起动程序。其起动方式与继电保护装置类似，在装置的跳合闸继电器的正电源上串接起动继电器 KSB 的动合触点。起动继电器 KST 由起动程序控制，备用电源自动投入装置的起动程序逻辑框图如图 10-9 所示。

备用电源自动投入装置的起动由三个条件控制："充电"完成后标志位 CD＝1 的同时，母线Ⅰ或母线Ⅱ失去电压；联切标志位 LC＝1；保护及后加速动作标志位 TR＝1。当"充电"完成后，即自动投入准备工作结束时，CD＝1，如果母线Ⅰ或母线Ⅱ失压，即可起动备用电源自动投入装置，起动继电器 KSB 励磁，闭锁解除。

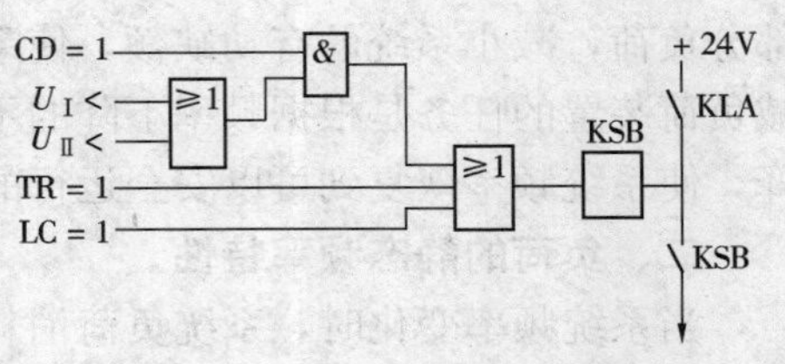

图 10-9　备用电源自动投入装置的起动程序逻辑框图

除备用电源自动投入的功能经 KSB 闭锁外，保护和后加速出口同样经起动继电器 KSB 闭锁，所以，在 TR＝1 时，KSB 闭锁解除，准备好跳闸逻辑。在联切标志位 LC＝1 时，KSB 闭锁解除，准备联切负荷。

当备用电源自动投入装置本身硬件发生故障时，装置故障闭锁继电器 KLA 触点断开，切断了整套装置的起动电源，闭锁了装置的自动投入。装置的硬件故障主要指 CPU、RAM、EPROM 等重要芯片故障及定值出错和出口三极管长期导通。

当 CPU 检测到下列故障时，发出运行异常信号：

（1）进线和母线分段断路器有电流而相应的跳闸位置继电器不返回，经 10s 延时后，报 KCT 异常，并闭锁备用电源自动投入装置。

（2）分段断路器两相电流不平衡，经 10s 延时报 TA 异常。

（3）两段母线 TA 断线，延时 10s 发生 TA 异常信号。

第二节　自动按频率减负荷装置

一、概述

电力系统的频率是衡量电能质量的主要指标之一，它反映了发电机组发出的有功功率与负荷所需要的有功功率之间的平衡情况。当系统发生较大事故时，如电网发生短路故障或大型发电机组突然被切除，均可能造成系统出现严重的功率缺额。当其缺额值超出正常热备用可以调节的能力，即令系统中运行的所有发电机组都发出其设备可能胜任的最大功率，仍不能满足负荷功率的需要时，系统频率将会显著降低，降低幅度与功率缺额多少有关。

当系统频率降低较大时，将造成大量用电设备不能正常运行，甚至会产生严重的后果，主要表现在如下几个方面：

（1）由于频率降低，火电厂厂用机械的输出功率将显著降低，导致发电厂发出的有功功率进一步减少，功率缺额更加严重，系统频率进一步降低的恶性循环，严重时造成系统频率崩溃。

(2) 频率降低时，励磁机、发电机等的转速相应降低，导致发电机的电动势下降，使系统电压水平下降，系统运行稳定性遭到破坏，严重时出现电压崩溃现象。

(3) 系统频率若长时间运行在 49.5～49Hz 以下时，某些汽轮机的叶片容易产生裂纹；当频率降低到 45Hz 附近时，汽轮机个别级别的叶片可能发生共振而引起断裂事故。

鉴于以上危害，运行规程规定：电力系统运行的频率偏差不超过±0.2Hz；系统频率不能长时间运行在 49.5～49Hz 以下；事故情况下，不能较长时间停留在 47Hz 以下；系统频率的瞬时值绝对不能低于 45Hz。因此，当系统出现较大的有功功率缺额时，必须迅速断开部分负荷，减小系统的有功缺额，使系统频率维持在正常水平或允许的范围内。自动按频率减负荷装置的任务是根据频率下降的不同程度自动断开相应的非重要负荷，以阻止频率的下降，使系统频率恢复到可以安全运行的水平内。

二、负荷的静态频率特性

当系统频率变化时，系统负荷消耗的功率也要随之改变，其关系可用函数 $P_L = F(f)$ 表示。这种负荷功率随频率的变化而变化的特性，称为负荷的静态频率特性，如图 10-10 所示。

实际上，电力系统的负荷随频率变化，其敏感程度与负荷的性质有关。负荷随频率变化的关系，可分为以下几类。

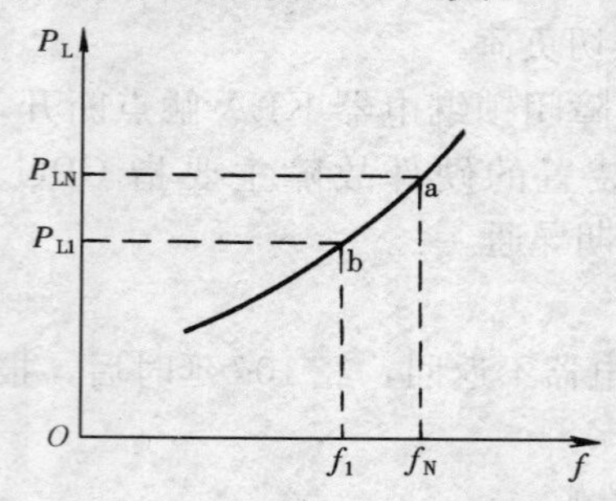

图 10-10　负荷的静态频率特性

(1) 与频率变化无关的负荷，如照明、电弧炉、电阻炉、整流负荷等。

(2) 与频率成正比变化的负荷，如切削机床、球磨机、往复式水泵、压缩机、卷扬机等。

(3) 与频率的二次方成比例变化的负荷，如变压器中的涡流损耗，但这种损耗在电网有功损耗中所占比重较小。

(4) 与频率的三次方成比例变化的负荷，如通风机、静水头阻力不大的循环水泵等。

(5) 与频率的更高次方成比例变化的负荷，如静水头阻力很大的给水泵等。

电力系统的总负荷可认为由上述各种不同类型的负荷组成，即

$$P_L = a_0 P_{LN} + a_1 P_{LN}\left(\frac{f}{f_N}\right) + a_2 P_{LN}\left(\frac{f}{f_N}\right)^2 + a_3 P_{LN}\left(\frac{f}{f_N}\right)^3 + \cdots + a_n P_{LN}\left(\frac{f}{f_N}\right)^n \quad (10\text{-}1)$$

式中　f_N——额定频率；

P_L——系统频率为 f 时，整个系统的有功负荷；

P_{LN}——系统频率为额定值 f_N 时，整个系统的有功负荷；

a_0、a_1、…、a_n——上述各类负荷占 P_{LN} 的比例系数。

将式 (10-1) 除以 P_{LN}，则得标幺值形式为

$$P_{L*} = a_0 + a_1 f_* + a_2 f_*^2 + \cdots + a_n f_*^n \quad (10\text{-}2)$$

显然，当系统频率为额定值时，$P_{L*}=1$，$f_*=1$，于是

$$a_0 + a_1 + a_2 + \cdots + a_n = 1 \quad (10\text{-}3)$$

应用式 (10-1) 或式 (10-2) 计算负荷功率时，通常取到三次方项即可。因为系统中与频率的高次方成比例变化的负荷很小，可以忽略。

当系统负荷的组成及性质确定以后，负荷功率与频率的关系也就唯一地确定了，即如图10-10所示关系。由图可见，在额定频率 f_N 时，系统负荷功率为 P_{LN}，如图10-10中a点所示；当频率下降到 f_1 时，系统负荷功率下降到 P_{L1}，如图10-10中b点所示；如果系统频率升高，负荷功率也将增大。由此可见，随着频率的下降，负荷功率也随之下降，当 $\Delta P_L = P_{LN} - P_{L1}$ 与功率缺额相等时，系统频率会稳定在一个新的数值。这种现象称为负荷的频率调节效应。通常用调节效应系数 K_{L*} 来衡量调节效应的大小，即

$$K_{L*} = \frac{dP_{L*}}{df_*} = a_1 + 2a_2 f_* + 3a_3 f_*^2 + \cdots + na_n f_*^{n-1}$$

$$= \sum_{m=1}^{n} ma_m f_*^{m-1} \tag{10-4}$$

由式（10-4）可知，K_{L*} 的数值取决于负荷的性质，它与各类负荷在系统中所占比例有关。

在电力系统运行中，允许频率变化的范围是很小的，在较小的频率变化范围内，例如在45～50Hz之间，根据国内外的一些系统的实测，负荷功率与频率的关系接近于直线，这样 K_{L*} 可表示为此直线的斜率，即

$$K_{L*} = \frac{\Delta P_{L*}}{\Delta f_*} \tag{10-5}$$

也可用有名值表示为

$$K_L = \frac{\Delta P_L}{\Delta f} \tag{10-6}$$

有名值与标幺值之间的换算关系为

$$K_{L*} = K_L \frac{f_N}{P_{LN}} \tag{10-7}$$

K_L 和 K_{L*} 都是负荷的调节效应系数，是电力系统调度部门要求掌握的一个数据。在实际系统中，一般经过测试求得或根据负荷统计资料分析估算确定。对于不同的电力系统，因负荷的组成不同，K_{L*} 值也不相同，一般在1～3之间。同时每个系统的 K_{L*} 值也随季节及昼夜交替而有所变化。

虽然负荷有调节效应，对电力系统频率可起一定稳定作用，但是，当电力系统出现大的有功缺额时，若仅仅依靠负荷的调节效应来补偿有功功率的不足，则系统频率将会降低到不允许的程度。

【例10-1】 系统在某一运行方式时，运行机组的总额定容量为450MW，此时系统中负荷功率为430MW，负荷调节效应系数 $K_{L*}=1.5$。如果因事故突然切除额定容量为100MW的发电机组，在不采取任何措施的情况下，系统的稳态频率是多少？

解 事故前系统的热备用容量为450－430＝20（MW），所以，事故后实际的功率缺额为430－(450－100)＝80(MW)。将有关数据代入式（10-5），则

$$\Delta f_* = \frac{\Delta P_{L*}}{K_{L*}} = \frac{80}{430 \times 1.5} = 0.124$$

$$\Delta f = \Delta f_* f_N = 0.124 \times 50 = 6.2(\text{Hz})$$

所以，事故后系统的稳态频率将降至

$$50-6.2=43.8\ (\text{Hz})$$

显然，43.8Hz 的频率稳定值是系统所不允许的。因此，当系统由于功率缺额而引起频率下降时，必须切除一部分不重要的负荷来制止频率的下滑，保障系统安全，防止发生频率崩溃。

三、系统的动态频率特性

系统的动态频率特性指系统的频率由一个稳定状态过渡到另一个稳定状态所经历的时间过程。

电力系统在稳态运行情况下，各母线电压的频率为统一的运行参数，即 $f=\omega_s/2\pi$，各母线电压的表达式为

$$u_i = U_i \sin(\omega_s t + \delta_i) \tag{10-8}$$

式中　ω_s——全网统一的角频率。

如图 10-11 所示，设系统受到微小扰动，频率仍能维持在 f_s。但是由线路传输的功率发生了变化，节点 i 的输入功率和输出功率也发生了变化，于是 δ_i 随之变化。这时电压的瞬时角频率可表示为

$$\omega_i = \frac{d(\omega_s t + \delta_i)}{dt} = \omega_s + \frac{d\delta_i}{dt} = \omega_s + \Delta\omega_i \tag{10-9}$$

所以，该节点的频率 f_i 为

$$f_i = f_s + \Delta f_i \tag{10-10}$$

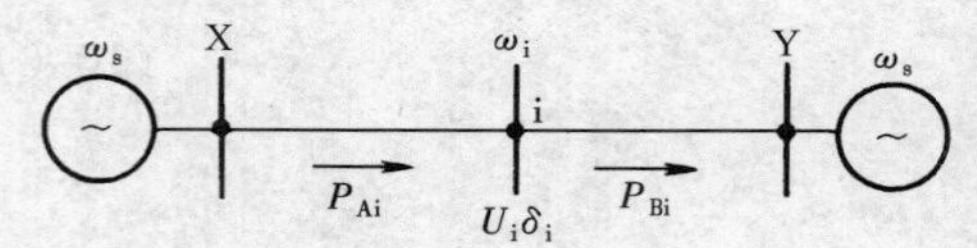

图 10-11　节点 i 的瞬时频率分析示意图

在扰动过程中，各母线电压的相角不可能具有相同的变化率，因此，系统中各母线电压的频率并不一致，它与电网统一的频率 f_s 相差 Δf_i，其值决定于相角 δ_i 的变化情况。因此，电力系统在扰动过程中，设系统频率的动态特性为 $f_s(t)$，则各母线频率的动态特性严格讲并不相同，需用 $\Delta f_i(t)$ 进行修正。

当系统中出现功率缺额时，频率随时间变化的过程主要取决于功率缺额的大小与系统中所有转动部分的机械惯性，其中包括汽轮机、同步发电机、同步补偿机、电动机及电动机拖动的机械设备。转动机械的惯性通常用惯性时间常数来表示。

已知单个机组的惯性时间常数为

$$T_i = \frac{J_i \Omega_N^2}{P_N} \tag{10-11}$$

式中　Ω_N——机械角速度；

P_N——发电机的额定功率；

T_i——机组的惯性时间常数；

J_i——转子转动惯性。

对于汽轮发电机，当极对数为 1 时，Ω_N 可用额定电角速度 ω_N 表示，所以

$$T_i = \frac{J_i \omega_N^2}{P_{fiN}} \tag{10-12}$$

式中　P_{fiN}——发电机 i 的额定功率。

机组的运动方程可写为

$$T_{\mathrm{i}}=\frac{\mathrm{d}\omega_{*}}{\mathrm{d}t}=P_{\mathrm{Ti}*}-P_{\mathrm{Li}*} \tag{10-13}$$

式中　$P_{\mathrm{Ti}*}$——发电机 i 输入的功率；

$P_{\mathrm{Li}*}$——发电机 i 的负荷功率。

当系统频率变化时，若忽略各节点间 Δf_{i} 的差异，首先求得全系统频率 f_{s} 的变化过程，因此可以把系统中的所有机组作为一台等值机组来考虑。

根据上述等值观点，电力系统频率变化时等值机组的运动方程为

$$T_{\mathrm{s}}=\frac{\mathrm{d}\omega_{*}}{\mathrm{d}t}=P_{\mathrm{T}*}-P_{\mathrm{L}*} \tag{10-14}$$

式中　$P_{\mathrm{T}*}$、$P_{\mathrm{L}*}$——以系统中发电机总额定功率 P_{fN} 为基准的发电机总功率和负荷功率的标幺值；

T_{s}——系统等值机组的惯性时间常数。

由于 $\Delta\omega_{*}=\dfrac{\omega-\omega_{\mathrm{N}}}{\omega_{\mathrm{N}}}$，$\Delta f_{*}=\dfrac{f-f_{\mathrm{N}}}{f_{\mathrm{N}}}$，所以

$$\frac{\mathrm{d}\omega_{*}}{\mathrm{d}t}=\frac{\mathrm{d}\Delta\omega_{*}}{\mathrm{d}t}=\frac{\mathrm{d}\Delta f_{*}}{\mathrm{d}t}$$

以系统负荷在额定频率时的总功率 P_{LN} 为基准功率，则式（10-14）又可表示为

$$T_{\mathrm{s}}\frac{P_{\mathrm{fN}}}{P_{\mathrm{LN}}}\frac{\mathrm{d}f_{*}}{\mathrm{d}t}=P_{\mathrm{T}*}-P_{\mathrm{L}*} \tag{10-15}$$

在事故情况下，自动低频减载装置动作时，可认为系统中所有机组的功率已达最大值。式（10-15）的右端就是系统的功率缺额 $\Delta P_{\mathrm{h}*}$，将与其相对应的频率降低的稳态值 Δf_{*} 代入式（10-15），得

$$T_{\mathrm{s}}\frac{P_{\mathrm{fN}}}{P_{\mathrm{LN}}}\frac{\mathrm{d}\Delta f_{*}}{\mathrm{d}t}+K_{\mathrm{L}*}\Delta f_{*}=0 \tag{10-16}$$

也可表示为

$$T_{\mathrm{s}}\frac{P_{\mathrm{fN}}}{P_{\mathrm{LN}}}\frac{\mathrm{d}\Delta f}{\mathrm{d}t}+K_{\mathrm{L}*}\Delta f=0 \tag{10-17}$$

解式（10-16）可得

$$\Delta f_{*}=\Delta f_{*\infty}\mathrm{e}^{-\frac{t}{T_{\mathrm{f}}}} \tag{10-18}$$

其中

$$T_{\mathrm{f}}=\frac{P_{\mathrm{fN}}}{P_{\mathrm{LN}}}\frac{T_{\mathrm{s}}}{K_{\mathrm{L}*}} \tag{10-19}$$

式中　T_{f}——系统频率下降过程的时间常数；

$\Delta f_{*\infty}$——系统频率降低的标幺值。

上述推导过程表明，当系统中的功率平衡遭到破坏时，系统频率 f_{s} 的动态特性可用指数曲线来描述，其时间常数 T_{f} 与系统的机械惯性时间常数并不相等。T_{f} 值与 P_{fN}、P_{LN}、T_{s} 和负荷调节效应系数 $K_{\mathrm{L}*}$ 等数值有关，大约在 4～10s 之间。

Δf_{∞} 为系统频率降低的稳态值，它与功率缺额 $\Delta P_{\mathrm{h}*}$ 成正比，当 $\Delta P_{\mathrm{h}*}$ 与 T_{f} 已知时，系统频率的动态特性 $f_{\mathrm{s}}(t)$ 也就不难求得，如图 10-12 所示。如果忽略 T_{f} 值的变化，系统频率

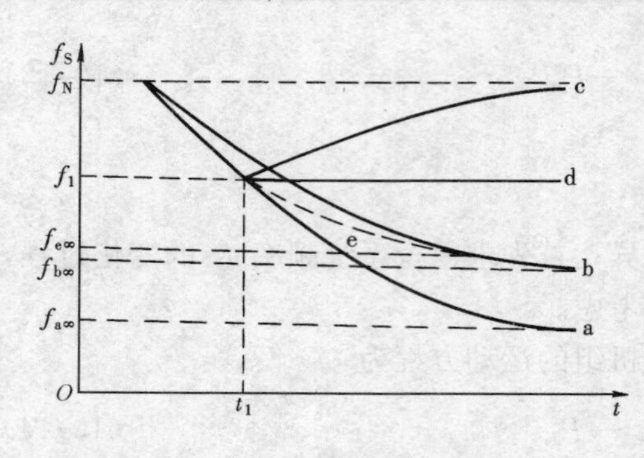

图 10-12　电力系统频率的动态特性

f_s 的变化可归纳为如下几种情况：

（1）由于 $\Delta f_{*\infty}$ 的值与功率缺额 ΔP_{h*} 成比例，当 ΔP_{h*} 不同时，系统频率的动态特性也不一样，如图 10-12 中的曲线 a 和曲线 b 所示。ΔP_{h*} 值越大，频率下降的速度也越快，其频率稳定值最终趋于 $f_{a\infty}$ 和 $f_{b\infty}$。

（2）设系统功率缺额为 ΔP_h，当频率下降至 f_1 时切除负荷功率 ΔP_L，如果 $\Delta P_L=\Delta P_h$，即发电机发出的有功功率刚好与切除部分负荷后系统剩余负荷功率平衡，则系统频率按指数规律恢复到额定频率 f_N，如图 10-12 中的曲线 c 所示；如果在 f_1 时切除的负荷为 ΔP_{L1}，且 $\Delta P_{L1}<\Delta P_h$，则系统频率的稳态值将低于额定值 f_N，如图 10-12 中的曲线 d 所示，此时系统频率刚好维持在 f_1 运行；如果在 f_1 时切除负荷为 ΔP_{L2}，且 $\Delta P_{L2}<\Delta P_{L1}$，系统频率会继续下降，直到其稳态值 $f_{e\cdot\infty}$，如图 10-12 中的虚线 e 所示。

由上述分析可知，当系统由于功率缺额，频率下降时，如能及早切除部分负荷，可制止或延缓频率的下降，使系统频率恢复到额定值或可运行的水平。

四、自动按频率减负荷装置的工作原理

自动按频率减负荷装置的任务是在系统出现严重功率缺额时，断开相应数量的负荷功率，恢复有功功率的平衡，使系统频率不低于某一允许值。

1. 对自动按频率减负荷装置的基本要求

（1）能在各种运行方式出现功率缺额的情况下，有计划地切除负荷，防止系统频率下降至危险点以下。

（2）切除的负荷应尽可能少，应防止超调和悬停现象。

（3）变电站的馈电线路故障使变压器跳闸造成失压时，自动按频率减负荷装置应可靠闭锁，不应误动作。

（4）电力系统发生低频振荡时，自动按频率减负荷装置不应误动作。

（5）电力系统受谐波干扰时，自动按频率减负荷装置不应误动作。

2. 最大功率缺额的确定

在系统发生最严重事故的情况下，自动按频率减负荷装置应能通过切除相应的负荷使频率恢复至可运行的水平，所以，接入自动按频率减负荷装置的负荷功率，应考虑系统可能出现的最大功率缺额 $\Delta P_{h\cdot max}$。确定 $\Delta P_{h\cdot max}$ 的值涉及对系统事故的设想，有时按系统中断开最大机组或某一电厂来考虑。如果系统有可能解列成几个子系统运行时，还必须考虑各个子系统可能出现的功率缺额。

当系统出现功率缺额时，为了使停电的用户尽可能少，一般希望系统频率恢复到可运行的水平即可，并不要求恢复到额定频率，即系统恢复频率 f_r 小于额定频率 f_N。这样，自动按频率减负荷装置最大可能断开的功率 $\Delta P_{L\cdot max}$ 可小于最大功率缺额 $\Delta P_{h\cdot max}$。设正常运行时系统负荷为 P_L，根据式（10-5）可得

$$\frac{\Delta P_{h\cdot max}-\Delta P_{L\cdot max}}{P_L-\Delta P_{L\cdot max}}=K_{L*}\Delta f_*$$

$$\Delta P_{L\cdot max}=\frac{\Delta P_{h\cdot max}-K_{L*}P_L\Delta f_*}{1-K_{L*}\Delta f_*} \tag{10-20}$$

式（10-20）表明，当系统负荷功率 P_L、系统最大功率缺额 $\Delta P_{h\cdot max}$已知后，只要系统恢复频率 f_r 确定，便可按式（10-20）求得接到自动按频率减负荷装置的功率总数 $\Delta P_{L\cdot max}$。

【例 10-2】 某系统的负荷功率 P_L=5000MW，系统可能出现的最大功率缺额 $\Delta P_{h\cdot max}$=1200MW，设负荷调节效应系数 K_{L*}=2，自动低频减载装置动作后，希望系统恢复频率 f_r=48Hz，求接入自动按频率减负荷装置的功率总数 $\Delta P_{L\cdot max}$。

解　恢复频率偏差的标幺值为

$$\Delta f_*=\frac{50-48}{50}=0.04$$

由式（10-20）得

$$\Delta P_{L\cdot max}=\frac{1200-2\times5000\times0.04}{1-2\times0.04}=870\ (\mathrm{MW})$$

接入自动按频率减负荷装置的功率总数为 870MW，这样即使发生如设想的最严重的功率缺额，仍能使系统频率恢复值不低于 48Hz。

3. 自动按频率减负荷装置的动作顺序

接入自动按频率减负荷装置的总功率是按系统最严重的事故情况来考虑的，然而，系统的运行方式很多，且事故的严重程度也有差别。对于各种各样可能发生的事故，都要求自动按频率减负荷装置作出恰当的反应，切除相应数量的负荷，既不要过多也不要不足。为此，只有采取分批断开负荷功率逐步修正的办法，才能取得较为满意的结果。

目前在电力系统中普遍采用按照频率降低的程度分批切除负荷的方法，也就是将接至自动按频率减负荷装置的总功率 $\Delta P_{L\cdot max}$分配在不同的起动频率下分批地切除，以满足不同功率缺额的需要。根据起动频率的不同，自动按频率减负荷装置可分为若干级，按所接负荷的重要性又分为 n 个基本级和 n 个特殊级。

（1）基本级。基本级的作用是根据频率下降的程度，依次切除不重要的负荷，制止系统频率的继续下降。为了确定基本级的级数，首先应该确定第一级起动频率 f_1 和最末一级起动频率 f_n 的数值。

1）第一级起动频率 f_1 的确定：由图 10-12 所示系统频率动态特性曲线的规律可知，在事故初期若能及早切除负荷功率，这对于延缓频率的下降是有利的，因此，第一级的起动频率宜选择得高一些。但是，又必须计及电力系统动用旋转备用容量所需的时间延迟，避免因暂时性的频率下降而断开负荷功率。所以，一般第一级的起动频率 f_1 整定为 47.5～48.5Hz。

2）最末一级起动频率 f_n 的选择：电力系统允许的最低频率受“频率崩溃”或“电压崩溃”的限制。对于高温高压的火电厂，在频率低于 46～46.5Hz 时，厂用电已不能正常工作；在频率低于 45Hz 时，就有“电压崩溃”的危险。因此，最末一级的起动频率宜整定为 46～46.5Hz。

3）级数 n 的确定：当 f_1 和 f_n 确定以后，就可以在此频率范围内按频率级差 Δf 确定 n 个起动频率值，即 n 级，将负荷功率 $\Delta P_{L\cdot max}$分配在这些不同的起动频率值上。其中级数 n 应选择为

$$n=\frac{f_1-f_n}{\Delta f}+1 \tag{10-21}$$

级数 n 越大，每级断开的负荷就越小，这样装置所切除的负荷量就越有可能接近于实际功率缺额，具有较好的适应性。

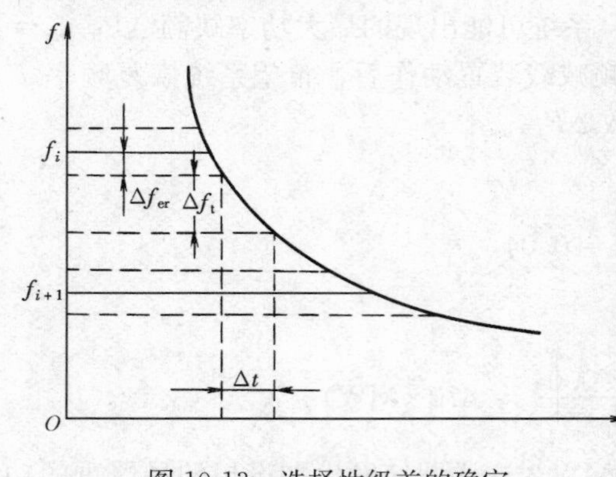

图 10-13 选择性级差的确定

在式（10-21）中，频率级差 Δf 的选择，有两个原则：

1）按选择性确定级差。自动按频率减负荷装置的选择性是指各级应按顺序动作，如果前一级动作之后还不能制止频率的下降，后一级才能动作。

设频率测量元件的测量误差为 $\pm\Delta f_{er}$，按照最严重的情况考虑，即前一级起动频率具有最大负误差，而本级的测频元件具有最大正误差，如图 10-13 所示。设第 i 级在频率为 $f_i-\Delta f_{er}$ 时起动，经时间 Δt 后断开用户，这时频率已下降至 $f_i-\Delta f_{er}-\Delta f_t$。第 i 级断开负荷后，如果频率不继续下降，则第 $i+1$ 级就不起动，这样，装置才算是有选择性。所以，最小频率级差应选择为

$$\Delta f=2\Delta f_{er}+\Delta f_t+\Delta f_y \tag{10-22}$$

式中 Δf_{er}——频率测量元件的最大误差；

Δf_t——对应于 Δt 时间内的频率变化，一般可取 0.15Hz；

Δf_y——频差裕度，一般取 0.05Hz。

当频率测量元件本身的最大误差为±0.15Hz 时，按照式（10-22），选择性级差 Δf 一般取 0.5Hz。

2）级差不强调选择性。由于电力系统运行方式和负荷水平是不固定的，针对电力系统发生事故时功率缺额有很大分散性的特点，自动按频率减负荷装置可采取逐步试探求解的原则分级切除少量负荷，以求达到最佳的控制效果。这就要求减小级差 Δf，增加总的频率动作级数，使每级切除的功率减少。这样即使两级无选择性起动，系统恢复频率也不会过高。

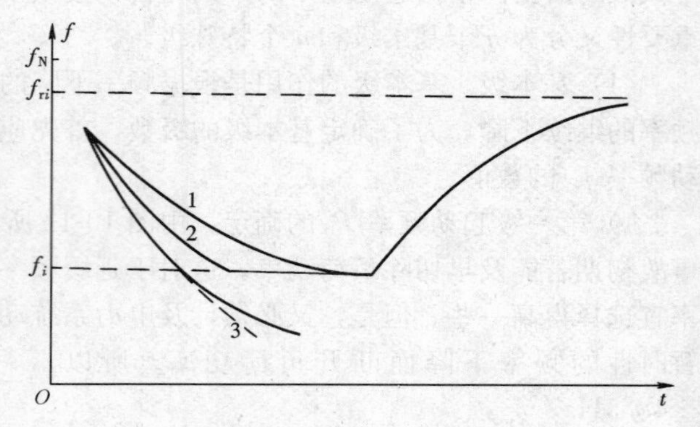

图 10-14 系统频率变化过程

在电力系统中，自动按频率减负荷装置总是分设在各个地区变电站中，前面已经讲到在系统频率下降的动态过程中，如果计及暂态频率修正项 Δf_i，各母线电压的频率并不一致，所以分散在各地的同一级自动按频率减负荷装置，事实上也有可能不同时起动。但是，如果增加级数 n，减小各级的切除负荷功率，则两级间的选择性问题就并不突出，所以，近来多采用增加级数的方法提高自动按频率减负荷装置的适应性。

（2）特殊级。从基本级的工作原理可以看出，在装置的动作过程中，可能出现这样的情

况：第 i 级动作之后，系统频率可能稳定在 f_i，它低于恢复频率的极限值，但又不足以使第 $(i+1)$ 级动作，如图 10-14 中的曲线 2 所示。于是系统频率将长时间停留在较低水平上，显然这是不允许的。为了消除这种现象，在自动按频率减负荷装置中增加了特殊级，其动作频率一般取为 47.5～48.5Hz。由于特殊级动作时，系统频率已处于稳定状态，所以特殊级应带有 15～25s 的动作时限，约为系统频率变化时间常数的 2～3 倍，以防止特殊级的误动作。各级时间差取 5s 左右。

4. 每级切除负荷的限值

自动按频率减负荷装置切除的负荷越多，系统频率恢复得越高，但是系统不希望恢复频率过高，更不希望恢复频率值大于额定值。

设第 i 级的动作频率为 f_i，它所切除的用户功率为 ΔP_{Li}，系统频率的下降过程如图 10-14 所示。其中特性曲线 1 的稳态频率正好是 f_i，这是能使第 i 级起动的功率缺额为最小的临界情况，因此当切除 ΔP_{Li} 后，系统频率恢复到最大值。在其他功率缺额较大的事故情况下，也能使第 i 级起动，不过它们的恢复频率均低于 f_{ri}，如图 10-14 中的曲线 2 和曲线 3 所示。其中曲线 2 表示切除 ΔP_{Li} 后，频率稳定在 f_i；曲线 3 表示切除 ΔP_{Li} 后，频率继续下降。

若系统恢复频率 f_{ri} 已知，则第 i 级切除功率的限值就不难求得。第 i 级未动作之前，系统的稳态频率值为 f_i，此时 $\Delta f_i = f_s - f_i$，负荷调节效应的补偿功率为 ΔP_{i-1}，则

$$\frac{\Delta P_{i-1}}{P_L - \sum_{k=1}^{i-1} \Delta P_{hk}} = K_{L*} \frac{\Delta f_i}{f_N}$$

式中　$\sum_{k=1}^{i-1} \Delta P_{hk}$——从第 1 级到第 $i-1$ 级断开的负荷总功率。

为了把所有功率都表示成系统总负荷 P_{LN} 的标幺值，则

$$\Delta P_{i-1} = \left(1 - \sum_{k=1}^{i-1} \Delta P_{hk*}\right) K_{L*} \Delta f_{i*} \tag{10-23}$$

当第 i 级切除负荷 ΔP_{Li} 后，系统频率稳定在 f_{ri}，相应地可得负荷调节效应的补偿功率 ΔP_{hi*} 为

$$\Delta P_{hi*} = \left(1 - \sum_{k=1}^{i} \Delta P_{hk}\right) K_L \Delta f_{ri*}$$

由于 $\Delta P_{i-1*} = \Delta P_{Li*} + \Delta P_{hi*}$，所以可得

$$\Delta P_{Li*} = \left(1 - \sum_{k=1}^{i-1} P_{hk*}\right) \frac{K_L(\Delta f_{i*} - \Delta f_{ri*})}{1 - K_L \Delta f_{ri*}} \tag{10-24}$$

一般希望各级切除功率小于按式（10-24）计算所求得的值，特别是在采用 n 增大、级差 Δf 减小的系统中，每级切除功率值就更应小一些。

5. 自动按频率减负荷装置的动作时限

自动按频率减负荷装置的动作时限，原则上应越短越好，但还应考虑到系统的某些不正常运行状态可能造成装置误动作。例如：当系统发生振荡时，由于频率偏离额定值，可能使装置误动；在系统发生短路故障的暂态过程中，由于非周期分量、谐波分量引起电压波形畸

变，使频率测量产生误差，引起装置误动作；有时系统出现短时的功率缺额也会造成装置误动作；电压突变时，在低频继电器的频率敏感回路中产生过渡过程，致使低频继电器误动作，从而造成装置误动作。为了防止以上各种可能的误动情况的发生，自动按频率减负荷装置必须带有一定的动作延时，此动作延时不能太长，否则系统频率会降低到临界值以下。一般延时 0.5s 左右。

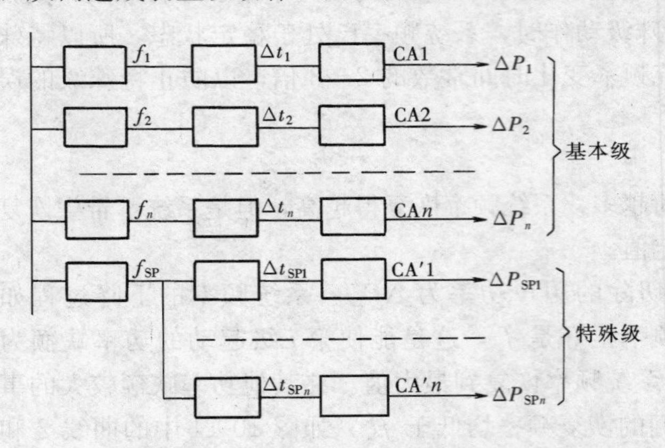

图 10-15　自动按频率减负荷装置原理图

五、自动按频率减负荷装置的原理接线

自动按频率减负荷装置的原理如图 10-15 所示，它由 n 个基本级和特殊级组成，分散配置在各个变电站中。其中每一级就是一组自动按频率减负荷装置，由频率测量元件 f、延时元件 Δt（约 0.2s）和执行元件 CA 三部分组成。当系统频率下降至 f_1 时，第一级频率测量元件起动，经 Δt_1 的延时后，执行元件 CA1 动作，切除第 1 级负荷 ΔP_1；当系统频率降至 f_2 时，第二级频率测量元件起动，经 Δt_2 的延时后，执行元件 CA2 动作，切除第二级负荷 ΔP_2；如果系统频率继续下降，则第三级、第四级……起动，甚至可能基本级的 n 级负荷全部被切除。

特殊级的动作频率 f_{sp} 为系统恢复频率的最低限值，其动作延时较长（Δt_{sp} 约 20s）。基本级动作切除负荷后，若系统频率恢复到了最低限值，则特殊级返回；若系统频率仍恢复不到最低限值，则特殊级动作依次切除负荷 ΔP_{sp1}、ΔP_{sp2}、…、ΔP_{spn}。

自动按频率减负荷装置的接线如图 10-16所示。它由频率测量继电器 KF、时间继电器 KT、中间继电器 KM 组成。在同一发电厂或变电站内，属于同一级的用户可共用一套自动按频率减负荷装置。

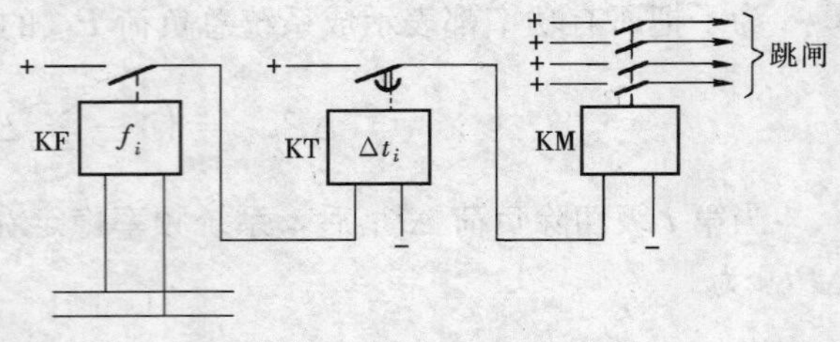

图 10-16　自动按频率减负荷装置的原理接线图

频率测量继电器 KF 的作用是当系统频率降低至起动频率值时，立即动作，其触点闭合后起动时间继电器 KT，经预定的延时，由中间继电器 KM 控制这一级的负荷断路器跳闸。

六、微机型自动按频率减负荷装置硬件原理框图

微机型自动按频率减负荷装置的硬件原理框图如图 10-17 所示。它主要由主机模块、频率检测部分、闭锁信号的输入部分、功能设置和定值修改部分及开关量输出部分组成。

1. 主机模块

主机模块采用 MCS-96 系列单片机中的 80C196 单片机，片内有可编程的高速输入输出 HIS/HSO，相当于内部定时器的实时时钟，能记下某个外部事件发生的时间，共可记 8 个事件，内部定时器配合软件编程具有较好的定时功能；片内具有 8 通道的 10 位 A/D 转换器，为实现自动按频率减负荷的闭锁功能提供了方便；片内的异步、同步串行口使该微机系

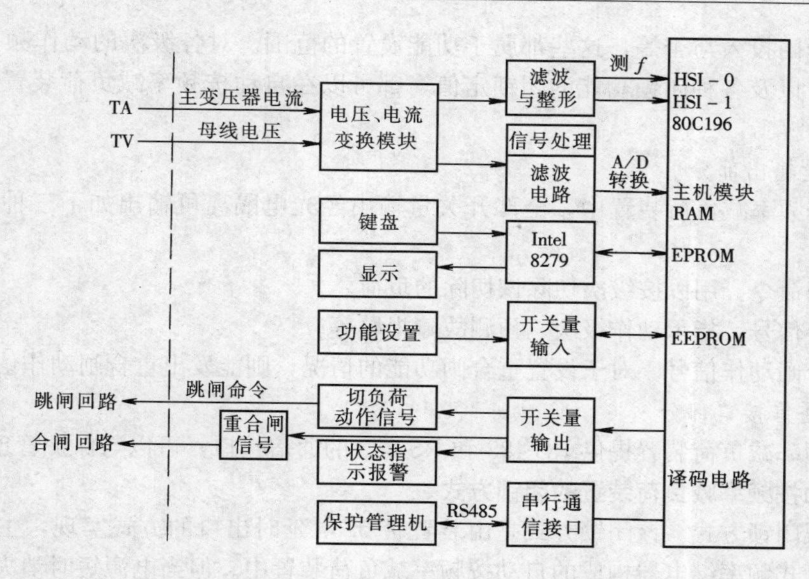

图 10-17　微机型自动按频率减负荷装置硬件原理框图

统可与上级计算机通信。此外，利用随机存储器 RAM 和程序存储器 EPROM，以及存放定值用的可带电擦除和随机写入的 EEPROM 和译码电路等必要的外围芯片，构成了单片机应用系统。

2. 频率检测部分

自动按频率减负荷装置的关键环节是测频电路。为了准确测量电力系统的频率，必须将系统电压由电压互感器 TV 输入，经过电压变换器变换成与 TV 输入电压成正比的，幅值在 ±5V 范围内的同频率的电压信号，然后经低通滤波和整形，转换为与输入同频率的矩形波，将此矩形波接至 Intel80C196 单片机的高速输入口 HSI-0 作为测频的起动信号。可以利用矩形波的上升沿起动单片机内部的时钟脉冲开始计数，而利用短形波的下降沿结束计数，根据半个周波内单片机计数的值，便可推算出系统的频率。由于 Intel80C196 单片机有多个高速输入口，因此可以将整形后的信号通过两个高速输入口（HSI-0 和 HSI-1）进行检测，将两个口的检测结果进行比较，以提高测频的准确性。这种测频方法既简单，又能保证测量精度。

3. 闭锁信号输入部分

为了保证自动按频率减负荷装置的可靠性，在外界干扰以及当变电站的进、出线发生故障使母线电压急剧下降导致测频错误时，装置不致误发控制命令，除了采用 df/dt 闭锁外，还设置了低电压及低电流等闭锁措施，为此，必须输入母线电压及主变压器电流。这些模拟信号分别取自电压互感器 TV 和电流互感器 TA，经电压、电流变换模块转换成幅值较低的电压信号，再经信号处理和滤波电路进行滤波和移动电平，使其转换成满足 80C196 片内 10 位 A/D 转换器要求的单极性电压信号，然后送给单片机进行 A/D 转换。

4. 功能设置和定值修改部分

自动按频率减负荷装置在不同变电站应用时，由于各变电站在电力系统中的地位不同、负荷情况不同，因此，装置必须提供功能设置和定值修改的功能，以便用户根据需要设置。例如：欲使自动按频率减负荷按 n 级切负荷，各回线所处的级次设置需投入哪些闭锁功能，重合闸投入与否等，这些都属于功能设置的范围。对各级次的动作频率 f 的定值和动作时限，以及各种闭锁功能的闭锁定值，都可以在自动按频率减负荷装置面板上设置或修改。

5. 开关量输出部分

在自动按频率减负荷装置中，全部开关量输出经光电隔离可输出如下三种类型的控制信号：

(1) 跳闸命令。用以按级次切除该切除的负荷。

(2) 报警信号。指示动作级次、预测故障报警等。

(3) 重合闸动作信号。对于设置重合闸功能的情况，则能发出重合闸动作信号。

6. 串行通信接口部分

自动按频率减负荷装置提供 RS-485 和 RS-232 的通信接口，可以与保护管理机等通信。

七、自动按频率减负荷装置的闭锁方式

(1) 时限闭锁方式。该闭锁方式是由装置带 0.5s 延时出口的方式实现，主要用于由电磁式或晶体管式频率继电器构成的自动按频率减负荷装置中。但当电源短时消失或重合闸过程中，如果负荷中电动机比例较大，则由于电动机的反馈作用，母线电压衰减较慢，而电动机转速却降低较快，此时即使装置带有 0.5s 延时，也可能引起自动按频率减负荷装置的误动；同时当基本级带 0.5s 延时后，对抑制频率下降很不利。目前这种闭锁方式一般不用于基本级，而是用于整定时间比较长的特殊级。

(2) 低电压带时限闭锁。该闭锁方式是利用电源断开后电压迅速下降来闭锁自动按频率减负荷装置。由于电动机电压衰减较慢，因此必须带有一定的时限才能防止装置的误动。特别是当装置安装在受端接有小电厂或同步调相机，以及容性负载比较大的降压变电站内时，很容易产生误动。另外，采用低电压闭锁也不能有效地防止系统振荡过程中频率变化而引起的误动。

(3) 低电流闭锁方式。该闭锁方式是利用电源断开后电流减小的规律来闭锁自动按频率减负荷装置。该闭锁方式的主要缺点是电流值不易整定，某些情况下易出现装置拒动的情况。同时，当系统发生振荡时，装置也容易发生误动。目前这种方式一般只限于电源进线单一、负荷变动不大的变电站。

(4) 双频率继电器串联闭锁方式。该方式主要用于防止一个频率继电器发生损坏时可能出现的误动，但不能防止失电后电压反馈以及系统振荡过程中的误动，一般很少采用。

(5) 滑差闭锁方式。滑差闭锁方式也称频率变化闭锁方式。该方式利用从闭锁级频率下降至动作级频率的变化速度 ($\Delta f/\Delta t$) 是否超过某一数值，来判断是系统功率缺额引起的频率下降还是其他原因，从而决定是否进行闭锁。为躲过短路的影响，装置也需带有一定的延时。目前这种闭锁方式在实际装置中得到日益广泛的应用。

思考题与习题

1. 在备用电源自动投入装置中，除检测工作母线无电压外，为何还要检测 I_1 (或 I_2) 无电流?

2. 对备用电源自动投入装置，在整定其动作时限时，应考虑哪些因素的影响?

3. 某电力系统发电机的输出功率保持不变，负荷调节效应系数 K_L 值不变，试说明在投入相当于30%的负荷、切除相当于30%负荷的发电功率两种情况下，系统的稳定频率是否相等？

4. 什么是自动按频率减负荷装置的选择性？如何能获得较高的选择性？

5. 在自动按频率减负荷装置中，特殊级的作用是什么？为什么要带有较长的动作时限？

第十一章　电网继电保护配置原则及案例

本章通过几则实例，着重介绍变电站、输电线路、用户各系统继电保护装置的设计、配置原理，通过本章的学习，学生应当熟悉继电保护装置的基本配置原理，了解生产现场的继电保护装置工况。

第一节　电网继电保护选择原则

一、概述

电网继电保护的选择应首先满足选择性、速动性、灵敏性、可靠性四项基本要求。其次应根据电网电压等级、网络结构和接线方式等特点，再配合不同保护的原理、性能等构成完善的电网保护。如果电网保护选择不合理，继电保护不仅不能保证电力系统的安全稳定运行，反而会成为系统的不安全稳定运行的因素，所以电网配置合理的保护是十分重要的。

在选择继电保护装置时应力求简单，只有在简单保护不能满足运行要求时才考虑采用较为复杂的保护。因为复杂的保护不仅价格昂贵，运行、维护、调试复杂，更主要的是越复杂的保护所需元件越多、接线越复杂，这就增加了保护本身故障的几率从而降低了可靠性。

为保证保护装置动作的选择性，保护装置在动作整定值上要与相邻元件保护的整定参数相配合，同时能够作为相邻被保护元件的后备保护。对于两端供电或结构更复杂的电网，为保证其动作的选择性通常采用具有方向性的保护装置。

快速切除故障对维持系统运行的稳定性具有重要的意义，因此，电力系统广泛采用能快速动作的保护。在选择继电保护装置的动作时间时，应考虑被保护元件的需要以及它在电力系统中的地位，同时还要考虑它与相邻元件保护的特性相配合。保护装置的动作时间必须小于系统运行中所提出的允许切除时间。同时，又必须大于线路避雷器的放电时间。

保护装置的灵敏度必须满足《继电保护和安全自动装置规程》的规定。当简单保护灵敏度不满足灵敏度要求时，应采用具有更高灵敏度的保护。

各电压等级电网保护的配置方式，在《继电保护和安全自动装置规程》中已做了规定。因此，在选择电网保护方案时，应以规程为依据，结合电网的具体情况全面予以考虑。

二、主保护、后备保护及辅助保护

电力系统中的每一个被保护元件都应该装设主保护和后备保护，必要时可再增设辅助保护。

主保护是指能以最短的时限，有选择性的切除被保护设备和全线路故障的保护。它既能满足系统稳定运行及设备安全要求，也能保证系统其他无故障部分的继续运行。

后备保护是指主保护或断路器拒绝动作时，用以切除故障的保护装置。后备保护不仅可以对本线路或设备的主保护起后备作用，对相邻线路或设备也有后备作用，因此，后备保护又可分为近后备和远后备两种方式。

远后备是指本元件的主保护或断路器拒绝动作时，由相邻电力设备或线路的保护实现后备。如图 11-1 所示的阶段式保护，母线 A 处的保护不仅作为本线路 AB 的主保护，而且还要作为相邻线路 BC 及变压器 T1 的后备保护。当线路 BC 故障时，首先应由 BC 线路主保护动作将母线 B 侧断路器跳闸切除故障线路，如因 BC 线路主保护故障或母线 B 侧断路器拒绝动作时，则母线 A 处的定时限过电流保护动作将母线 A 处的断路器跳闸。这就实现了对相邻线路的远后备作用。当然该保护也对变压器 T1 实现远后备作用。这种由一套保护来担负本线路的主保护和相邻线路的后备保护，其突出优点是简单，实现后备的性能完善。因此，在 35～66kV 的电网中得到了广泛的应用。

近后备是指主保护拒绝动作时，由本设备或线路的另一套保护实现的后备。当断路器拒绝动作时，可由该元件的保护或由断路器失灵保护断开同一变电站中所有有电源元件的断路器，以切除故障。

显然，实现近后备就必须在被保护元件上装设两套保护，这就增加了设备的投资且使保护接线复杂化。所以只有在远后备不能满足系统要求时，才考虑采用近后备方式。通常近后备的实现方式有两种，其一是在重要的系统联络线上，采用两套工作原理完全相同的保护；其二是采用动作原理不同的两套保护。如主保护采用纵联保护而后备保护采用距离或零序保护等。

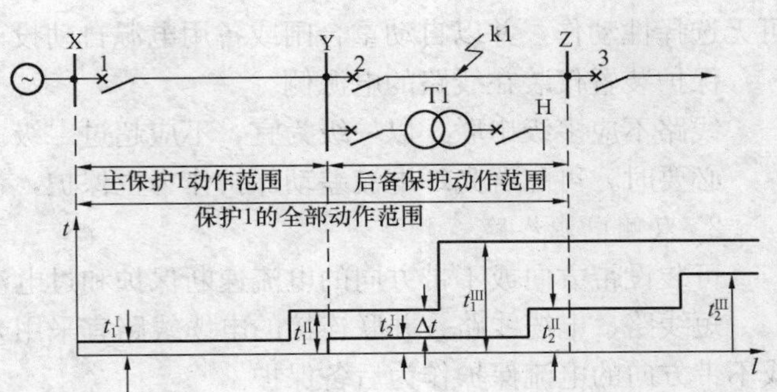

图 11-1　主保护及后备保护动作范围及动作时限特性

采用近后备时，是否装设断路器失灵保护，应视断路器拒动的可能性和由于断路器拒动产生后果的严重程度考虑。

辅助保护是为补充主保护和后备保护的不足而增设的简单保护。

总之，为减少使用的保护套数和简化保护的接线，在能满足系统后备保护的要求时，应力使主保护和后备保护合并于一套保护装置中，如用电流、距离保护作保护时就能达到这一要求。而当采用纵联保护时，后备保护不能满足要求，则必须有单独的一套后备保护。

第二节　3～10kV 电网保护的配置

3～10kV 中性点非有效接地电网的线路应配置反应相间故障和接地故障的保护装置。

一、相间故障保护配置

（一）相间保护配置原则

（1）保护装置由继电器构成，应接于两相电流互感器上，并在同一网络的所有线路上，均接于相同两相的电流互感器上。

（2）保护应采用远后备方式。

（3）如线路短路使发电厂厂用母线或重要用户母线电压低于额定电压的 60%以及线路导线截面过小，不允许带时限切除短路时，应快速切除故障。

(4) 过电流保护的动作时限不大于0.5～0.7s，且无上述(3)所列情况，或没有配合要求时，可不装设瞬动的电流速断保护。

(二) 相间短路保护

1. 单侧电源线路

可装设两段过电流保护，第Ⅰ段为不带时限的电流速断保护；第Ⅱ段为带时限的过电流保护，保护可采用定时限或反时限特性。

带电抗器的线路，如其断路器不能切除电抗器前的短路，则不应装设电流速断保护。此时，应由母线保护或其他保护切除电抗器前的故障。

自发电厂母线引出的不带电抗器的线路，应装设无时限电流速断保护，其保护范围应保证切除所有使该母线残余电压低于额定电压60%的短路。为满足这一要求，必要时，保护可无选择性动作，并以自动重合闸或备用电源自动投入装置来纠正。

保护装置仅装在线路的电源侧。

线路不应多级串联，以一级为宜，不应超过二级。

必要时，可配置光纤电流差动保护作为主保护，带时限的过电流保护作为后备保护。

2. 双侧电源线路

可装设带方向或不带方向的电流速断保护和过电流保护。

短线路、电缆线路、并联连接的电缆线路宜采用光纤电流差动保护作为主保护，带方向或不带方向的电流保护作为后备保护。

平行线路应尽可能不并列运行，当必须并列运行时，应配以光纤电流差动保护作主保护，带方向或不带方向的电流保护作为后备保护。

3. 环形网络线路

一般3～10kV不宜出现环形网络的运行方式，应开环运行。当必须以环形方式运行时，为简化保护，可采用故障时将环网自动解列而后恢复的方法，对于不宜解列的线路，可参照2的规定。

二、单相接地短路故障保护配置

(一) 配置原则

在发电厂和变电站母线上。应装设单相接地监视装置，装置反应零序电压，动作于信号。

有条件安装零序电流互感器的线路，如电缆线路或经电缆引出的架空线路，当单相接地电流能满足保护的选择性和灵敏性要求时，应装设动作于信号的单相接地保护。如不能装设零序电流互感器，而单相接地保护能够躲过电流回路中的不平衡电流的影响，例如单相接地电流较大，或保护反应接地电流的暂态值等，也可将保护装置接于三相电流互感器构成的零序回路中。

在出线回路数不多或难以装设选择性单相接地保护时，可用依次断开线路的方法，寻找故障线路。

根据人身和设备的安全要求，必要时，装设动作于跳闸的单相接地保护。

(二) 保护的构成

对线路的单相接地，可利用下列电流构成有选择性的电流保护或功率方向保护：

(1) 网络的自然电容电流。

（2）消弧线圈补偿后的残余电流，例如残余电流的有功分量或高次谐波分量。

（3）人工接地电流，但此电流应尽可能地限制在10～20A以内。

（4）单相接地故障的暂态电流。

（三）3～10kV经低阻接地的单侧电源单回线路

零序电流的获取，可用三相电流互感器构成零序电流滤过器，也可加装独立的零序电流互感器，视接地电阻阻值、接地电流和整定值大小而定。

应装设两段零序电流保护。第一段为零序电流速断保护，时限宜与相间速断保护相同。第二段为零序过电流保护，时限宜与相间过电流保护相同。若零序电流速断保护不能保证选择性要求时，也可以配置两套零序过电流保护。

第三节　35～66kV 线路保护

35～66kV中性点非有效接地电网的线路应配置反应相间故障和接地故障的保护装置。

一、相间故障保护配置

（一）相间保护配置原则

（1）保护装置采用远后备方式。

（2）下列情况应快速切除故障：

1）若线路短路，使发电厂厂用母线电压低于额定电压的60%时。

2）若切除线路故障时间长，可能导致线路失去热稳定时。

3）城市配电网络的直馈线路，为保证供电质量需要时。

4）与高压电网邻近的线路，若切除故障时间长，可能导致高压电网产生稳定问题时。

（二）相间短路保护

1. 单侧电源线路

可装设一段或两段式电流速断保护或过电流保护，必要时，可增设复合电压闭锁元件。由几段线路串联的单侧电源线路及分支线路，如上述保护不能满足选择性、速动性和灵敏性的要求时，速断保护可无选择性地动作，但应以重合闸来补救。此时，速断保护应躲开降压变压器低压母线的故障。

2. 复杂网络的单回线

（1）可装设一段式或两段式电流速断保护或过电流保护，必要时，可增设复合电压闭锁元件和方向元件，如上述保护不能满足选择性、速动性和灵敏性的要求或保护构成过于复杂时，宜采用距离保护。

（2）电缆及架空线路，如采用电流电压保护不能满足选择性、速动性和灵敏性的要求时，宜采用光纤电流差动保护作为主保护，以带方向或不带方向的电流电压保护作为后备保护。

（3）环形网宜开环运行，并辅以重合闸或备用电源自动投入装置来增加供电的可靠性，若必须环网运行，为了简化保护，可以采用故障时现将网络自动解列而后恢复的方法。

3. 平行线路

平行线路宜分列运行，若必须并列运行时，可根据其电压等级、重要程度和具体情况按下列方式之一装设保护，整定有困难时，允许双回线延时段保护之间的整定配合无选择性。

(1) 以全线速动保护为主保护，阶段式距离保护为后备保护。

(2) 以有相继动作功能的阶段式距离保护为主保护和后备保护。

(三) 中性点经低阻接地的单侧电源线路

装设一段或两段三相式电流保护，作为相间故障的主保护和后备保护；装设一段或两段零序电流保护，作为接地故障的主保护和后备保护。

串联供电的几段线路，在线路故障时，几段线路可以采用前加速的方式同时跳闸并用顺序重合闸和备用电源自投装置来提高供电可靠性。

二、单相接地短路故障保护配置

对中性点不接地或经消弧线圈接地的线路的单相接地故障，保护装设的原则及构成方式按本章第二节内容二的（一）、（二）规定执行。

第四节 110～220kV 线路保护

110～220kV 中性点直接接地电网的线路应配置反应相间故障和接地故障的保护装置。

一、110kV 线路保护

(一) 保护配置原则

(1) 110kV 双侧电源线路符合下列条件之一时，应装设一套全线速动保护：

1) 根据系统稳定要求有必要时。

2) 线路发生三相短路，使发电厂厂用母线电压低于允许值（一般为额定电压的 60%）且其他保护不能无时限或有选择性地切除故障时。

3) 若电网的某些线路采用全线速动保护后，不仅改善本线路保护性能，而且能够改善整个电网保护的性能时。

(2) 对多级串联或采用电缆的单侧电源线路，为满足快速性和选择性的要求，可装设全线速动保护作为主保护。

(3) 10kV 线路的后备保护宜采用远后备方式。

(二) 保护方案

(1) 单侧电源线路，可装设阶段式相电流和零序电流保护，作为相间和接地故障的保护，如不能满足要求，则装设阶段式相间和接地距离保护，并辅之用于切除经电阻接地故障的一段零序电流保护。

(2) 双侧电源线路，可装设阶段式相电流和零序电流保护，并辅之用于切除经电阻接地故障的一段零序电流保护。

(3) 对带分支的 110kV 线路可按下面内容四的规定执行。

二、220kV 线路保护

(一) 220kV 线路保护应按加强主保护简化后备保护的基本原则进行配置和整定

加强主保护是指全线速动保护的双重化配置，同时要求每一套全线速动保护的功能完整，对全线路内部的任何故障，均能快速动作切除。对于要求实现单相重合闸的线路，每套全线速动保护应具有选相功能，当线路在正常运行中发生不大于 100Ω 电阻的单相接地故障时，全线速动保护应有尽可能强的选相能力，并能正确动作跳闸。

简化后备保护是指主保护双重化配置，同时在每一套全线速动保护功能完整的条件下，带延时的相间和接地Ⅱ、Ⅲ段保护（包括相间和接地距离保护、零序电流保护），允许与相邻线路和变压器的主保护配合，以简化动作时间的整定。若双重化配置的主保护均有完善的距离后备保护，则可以不使用零序Ⅰ、Ⅱ段电流保护，仅保留用于切除不大于100Ω电阻单相接地故障的一段定时限或反时限零序电流保护。

线路主保护和后备保护的功能及作用：

能够快速有选择性地切除线路故障的全线速动保护以及不带时限的线路Ⅰ段保护都是线路的主保护。每一套全线速动保护对全线路内发生各种类型的故障都有完整的保护功能。两套全线速动保护可以互为近后备保护。线路Ⅱ段保护是全线速动保护的近后备保护。通常情况下，在线路保护Ⅰ段范围外发生故障时，若其中一套全线速动保护拒动，应由另一套全线速动保护切除故障，特殊情况下，当两套全线速动保护都拒动时，如果可能，应由线路Ⅱ段保护切除故障，此时，允许相邻线路Ⅱ段保护失去选择性，线路Ⅲ段保护是本线路的延时近后备保护，同时尽可能作为相邻线路的远后备保护。

（1）对220kV线路，为了有选择性地快速切除故障，防止电网事故扩大，保证电网安全、优质、经济运行，一般情况下，应按下列要求装设两套全线速动保护，在旁路断路器带线路运行时，至少应保留一套全线速动保护运行。

1）两套全线速动保护的交流电流、电压和直流电压完全独立。对双母线接线，两套保护可合用交流电压回路。

2）每一套全线速动保护的功能完整，对全线路内部的任何故障，均能快速动作切除。

3）对于要求实现单相重合闸的线路，两套全线速动保护应具有选相功能。

4）两套主保护应分别动作于断路器的一组跳闸线圈。

5）两套全线速动保护分别使用独立的远方信号传输设备。

6）具有全线速动保护的线路，其主保护的整组动作时间应为：对近端故障，$t \leqslant 20$ms；对远端故障，$t \leqslant 30$ms（不包括通道时间）。

（2）220kV线路的后备保护宜采用近后备方式，但对能够实现远后备方式的线路，则宜采用远后备或同时采用远、近后备结合的方式。

（3）对接地短路，应按下列规定之一装设后备保护：（对220kV线路，当接地电阻不大于100Ω时，保护应能可靠地切除故障）。

1）宜装设阶段式接地距离保护，并辅之用于切除经电阻接地故障的一段定时限或反时限零序电流保护。

2）可装设阶段式接地距离保护、阶段式零序电流保护或反时限零序电流保护，根据具体情况使用。

3）为快速切除中、长线路出口短路故障，在保护配置中宜有专门反应近端接地故障的辅助保护功能。

（4）对相间短路，应按下列规定装设保护装置：

1）宜装设阶段式相间距离保护。

2）快速切除中、长线路出口短路故障，在保护配置中宜有专门反应近端相间故障的辅助保护功能。

（二）对需要装设全线速动保护的电缆线路及架空线路

宜采用光纤电流差动保护对有条件的重、长线路，宜采用光纤电流差动保护作为全线速动主保护。

(三)并列运行的平行线，宜装设与一般双侧电源线路相同的保护

对电网稳定运行影响较大的同杆双回线路按第五节四的规定执行。

(四)不宜在电网的联络线上接入分支线路或分支变压器

对带分支的线路，可装设与不带分支时相同的保护，但应考虑下述特点，并采取必要的措施。

(1)当线路有分支时线路上的保护对分支线路上的故障，应首先满足速动性，对分支变压器故障，允许跳线路侧断路器。

(2)如分支变压器低压侧有电源，还应对高压侧线路故障装设保护装置，有解列点的小电源侧按无电源处理，可不装设保护。

(3)分支线路上当采用电力载波闭锁式纵联保护时，按下列规定执行：

1)不论分支侧有无电源，当纵联保护能躲开分支变压器的低压侧故障，并对线路及分支上故障有足够的灵敏度时，可不在分支侧另设纵联保护，但应装设高频阻波器。当不符合上述要求时，在分支侧可装设变压器低压侧故障起动的高频闭锁发信装置。当分支变压器低压侧有电源且需在分支侧快速切除故障时，宜在分支侧也装设纵联保护。

2)母线差动保护和断路器位置触点，不应停发高频闭锁信号，以免线路对侧跳闸，使分支线与系统解列。

(4)对并列运行的平行线上的平行分支，如有两台变压器，宜将变压器分接于每一分支上，且高、低压侧都不允许并列运行。

(五)其他

对各类双断路器接线方式的线路，其保护应按线路为单元装设，重合闸装置及失灵保护等按断路器为单元装设。电缆线路或电缆架空混合线路，应装设过负荷保护。保护动作于信号，必要时也可动作于跳闸。

第五节 330～500kV线路保护

一、330～500kV线路主保护配置原则

(1)设置两套完整、独立的全线速动的主保护。

(2)两套全线速动保护的交流电流、电压回路和直流电源互相独立(对双母线接线，两套保护可合用交流电压回路)。

(3)一套全线速动保护对全线路内部的任何故障，均能快速动作切除。

(4)对于要求实现单相重合闸的线路，两套全线速动保护应具有选相功能，330kV线路正常运行中发生接地电阻不大于150Ω；500kV线路正常运行中发生接地电阻不大于300Ω的单相接地故障时，保护应有尽可能强的选相能力，并能正确动作跳闸。

(5)两套全线速动保护应分别动作于断路器的一组跳闸线圈。

(6)每套全线速动保护分别使用独立的远方信号传输设备。

(7)具有全线速动保护的线路，其主保护的整组动作时间应为：对近端故障，$t \leqslant$ 20ms；对远端故障，$t \leqslant 30$ms(不包括通道传输时间)。

二、330～500kV 线路后备保护配置原则

（1）采用近后备方式。

（2）后备保护应能反应线路上的各种类型的故障。

（3）接地后备保护应保证在接地电阻不大于下列数值时有尽可能强的选相能力，并能正确动作跳闸。

330kV 线路：150Ω；

500kV 线路：300Ω。

（4）为快速切除中、长线路出口故障，在保护配置中宜有专门反应近端故障的辅助保护功能。

三、其他保护配置原则

（1）当330～500kV 线路双重化的每套主保护都具有完善的后备保护时，可不再另设后备保护，当其中一套主保护不具有后备保护时，则必须再设置一套完整、独立的后备保护。

（2）330～500kV 同杆并架线路发生跨线故障时，根据电网的具体情况，若发生跨线异名相瞬时故障允许双回线同时跳闸时，可装设与一般双侧电源线路相同的保护；对电网稳定影响较大的同杆并架线路，宜配置分相电流差动或其他具有跨线故障选相功能的全线速动保护，以减少同杆双回线路同时跳闸的可能性。

（3）根据一次系统过电压要求装设过电压保护，保护的定值和跳闸方式由一次系统确定。过电压保护应测量保护安装处的电压，并动作于跳闸。当本侧断路器已跳开而线路仍然过电压时，应通过发送远方跳闸信号跳线路对侧断路器。

（4）装有串联补偿电容的 330～500kV 线路和相邻线路，应按前述一和二的规定装设线路主保护和后备保护，并应考虑下述特点对保护的影响，采取必要措施保证可靠性。

1）由于串联电容的影响可能引起故障电流、电压反向。

2）故障时串联电容保护间隙的击穿情况。

3）电压互感器装设位置（在电容器的母线侧或线路侧）对保护装置工作的影响。

第六节　500kV 变电站继电保护配置

一、500kV 变电站一次系统概况

500kV 变电站装设两台 750MVA 的主变压器，本期先装一台。电压等级为 500、220kV 和 35kV 三级，其中 35kV 等级用于连接站用变压器和无功补偿设备。

500kV 主接线为 3/2 断路器接线，6 个完整串，10 回线路。本期工程安装 4 个完整串，7 回出线，1 台主变压器。对侧一个发电厂和两个变电站均为 3/2 断路器接线，一个发电厂为双母线接线。

220kV 主接线为双母线接线，5 回线路。35kV 主接线为单母线接线。

变电站电气主接线如图 11-2 所示。

变电站线路、母线、主变压器、断路器、电抗器等电力元件的保护配置如图 11-3 所示。

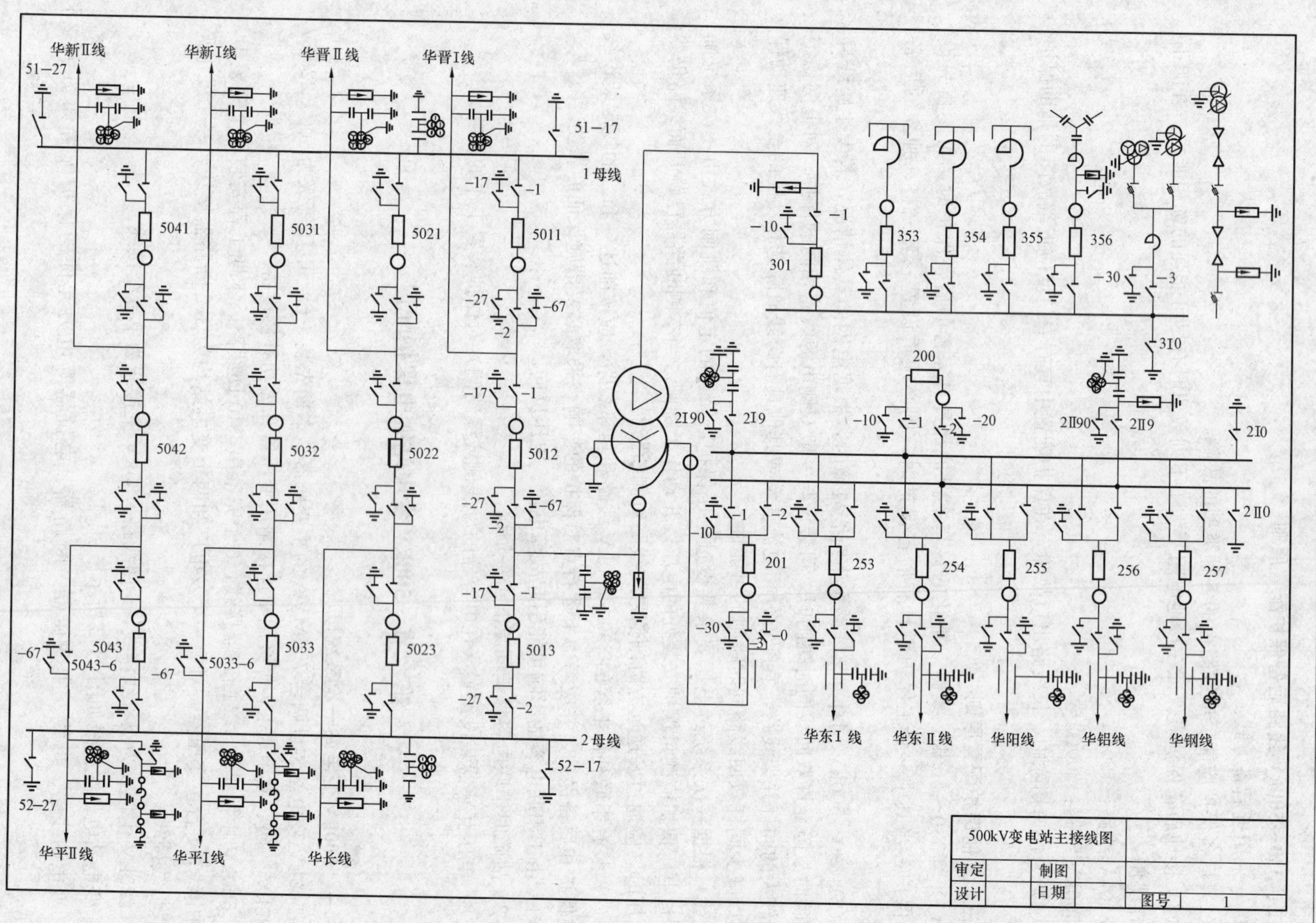

图 11-2 500kV 变电站电气接线图

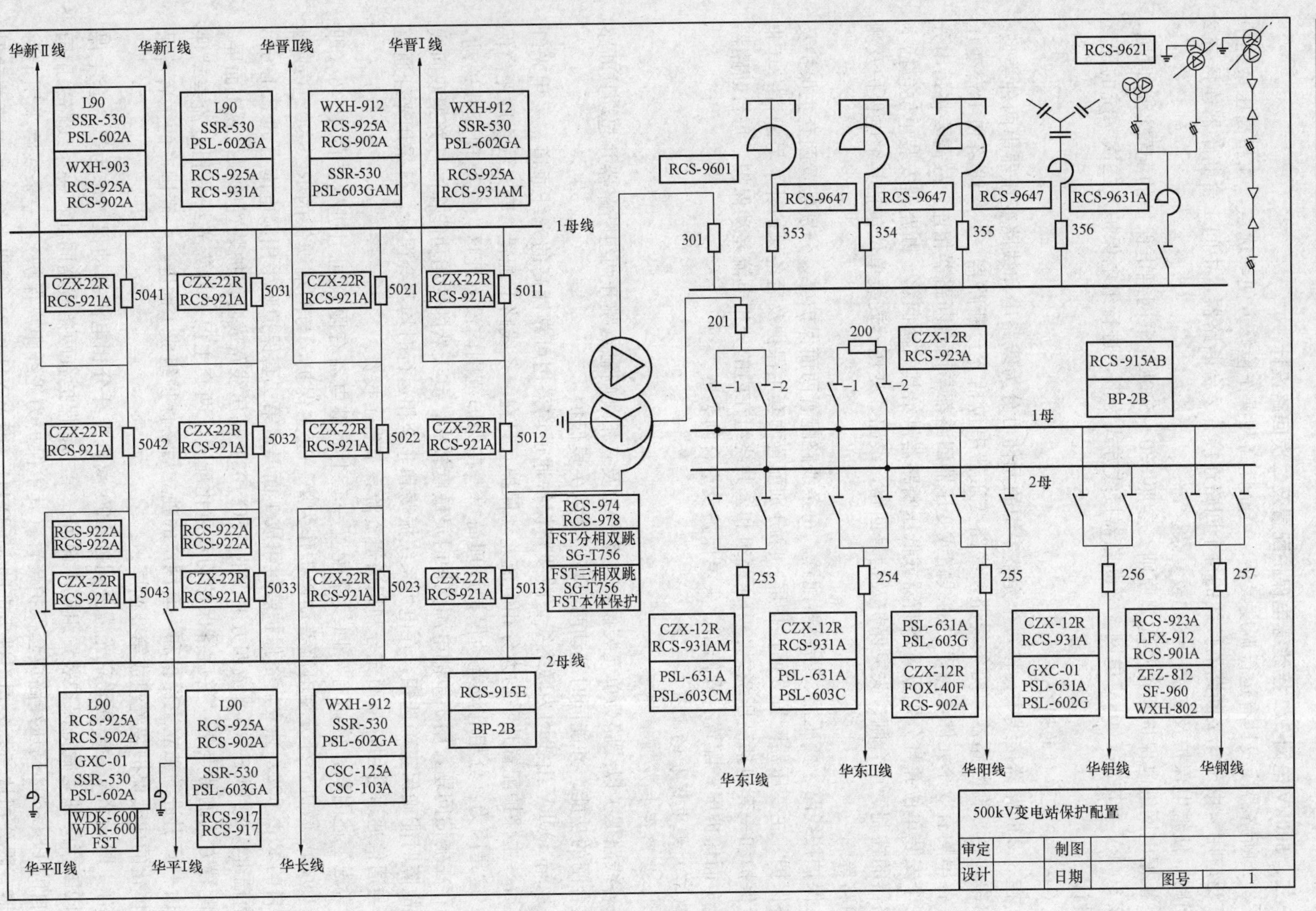

图 11-3　500kV 变电站继电保护配置图

二、500kV 电网 3/2 接线继电保护配置及二次回路设计

3/2 断路器接线具有运行调度灵活、可靠性高和操作检修方便等优点，在超高压系统中被广泛应用。由于 3/2 断路器接线的每个回路连接着 2 台断路器，中间 1 台断路器连接着 2 个回路，使继电保护及二次接线比较复杂。

根据电网继电保护配置及选型原则，参照 330～500kV 电网继电保护的配置设计原则，以该 500kV 变电站 500kV 电网 3/2 断路器接线方式为例，进行继电保护及二次系统的配置与设计。

（一）安装单位的划分

在 3/2 断路器接线中，按每个完整串中的元件可分为线路串和线路变压器串两种类型。线路串包括 3 台断路器和两条线路，线路变压器串包括 3 台断路器、1 条线路和 1 台变压器。各串均有 5 个元件，每串中的线路或变压器回路都与两台断路器相连。故需要将每串分成 5 个安装单位并且分别设置熔断器或低压断路器供给其二次回路。断路器安装单位包括本断路器的控制、重合闸、失灵保护及信号回路，线路、变压器安装单位包括其继电保护及测量回路等。

保护按线路、变压器、断路器配置。每条线路配置两面保护屏，分别配置两套主保护及后备保护。主变压器配置 3 面保护屏，除分别配置两套主保护及后备保护外，另配置一套非电量保护和一套包括高压绕组、中压绕组和公共绕组在内的分相电流差动保护。每台断路器配置 1 面保护屏，配置有操作箱、失灵保护及重合闸装置。

（二）继电保护的配置

1. 线路保护及通道配置

各线路保护以线路为单元装设，具备分相及三相跳闸触点跳开两组断路器并起动其断路器重合闸的功能，并能同时起动两组断路器的失灵保护。

该站 500kV 出线均为联络线，故线路保护通道均采用可靠性高的光纤通道。采用光纤通道后，主保护配置几乎均为分相电流差动保护（只在一条线路上配置一套光线纵联距离保护）。这是因为：分相电流差动保护原理简单，在保护范围内没有死区，能实现全线速动，又不存在弱馈问题，用于单侧电源保护时灵敏度较高，其天然的选相功能在同杆并架双回线跨线故障时能确保正确选相，在电力系统振荡和非全相运行时均不会误动，且采用光纤通道后可与通信通道合用，从而充分利用通道资源，节省了投资。

考虑上述因素，该站有 3 回线路配置一套上海继电器有限公司引进生产的 P546（即 WXH-912）微机光纤分相电流差动保护作为第一套主保护，与南瑞继保的 RCS-902（或国电南自的 PSL-602）独立后备保护装置组成 1 面屏，第二套保护则采用国电南自的 PSL-603（或南瑞继保的 RCS-931，或四方继保的 CSC-103）高压线路成套保护装置单独组成 1 面屏。此种配置方式的特点是：主后备保护均双重化配置，两套主保护均为光纤分相电流差动保护，由一套引进的独立主保护和一套国产的独立后备保护组成 1 面屏，一套国产的主后备保护一体化的成套保护装置组成第 2 面屏。

有 4 回线路配置一套北京光耀公司的 L90 微机光纤分相电流差动保护作为第一套主保护，同国产的独立后备保护装置组成 1 面屏。第二套保护有两条线路同前，一条线路采用国电南自的 PSL-602 高压线路成套保护装置（其主保护为光纤距离保护），一条线路采用上海继电器有限公司从三菱公司引进生产的 MCD-H1（即 WXH-903）微机光纤分相电流差动保

护作为第二套主保护，与南瑞继保的 RCS-902 独立后备保护装置组成 1 面屏。

采用光纤通道后，保护可以和通信共用通道，因此在技术经济上均较传统的高频通道具有明显的优越性。目前电网的高频通道越来越少，正逐步为光纤通道所取代，因此以上这种保护配置方式在超高压电网中得到极为广泛的应用。

2. 远方跳闸保护

对于本变电站 500kV 采用 3/2 断路器接线，断路器拒动时，失灵保护动作除跳开本侧相邻的断路器外，还应通过通道将跳闸信号送到相邻线路对侧，去跳开有关断路器。

远方跳闸信号在接收侧加设就地判据，称为远方跳闸就地判别装置。在两面线路保护屏上各装设一套，有南瑞继保的 RCS-925A、国电南自的 SSR530 和四方继保的 CSC-125A，一般与各产家自己的线路保护配合使用。由于光纤通道非常可靠，断路器失灵保护经光纤电流差动保护（或光纤距离保护，或光纤接口装置）传送远跳命令至对侧，经对侧远方跳闸就地判别装置跳对侧断路器。

3. 重合闸和断路器失灵保护

重合闸和断路器失灵保护按断路器装设，装置采用 RCS-921A 保护配置，该装置具有重合闸、失灵保护、三相不一致保护、充电保护等功能。

综合自动重合闸选用单重方式，本变电站 500kV 母线 3/2 断路器接线方式下，同串相邻两台断路器的重合闸一台先重合，另一台后重合，先重合的断路器如重合到永久性故障上，保护动作跳开三相断路器，并闭锁后重合的断路器。在变压器线路串，变压器母线侧断路器的重合闸退出运行。

断路器失灵保护由线路保护、主变压器保护及母线差动保护分相或三相动作触点，加上装置内部电流继电器分相动作触点串接起动。断路器失灵保护动作后先瞬时跳本断路器，再经过延时跳所有相邻断路器。其中母线侧断路器失灵起动母线差动保护跳该母线上所有的断路器，并发送远方跳闸信号跳开相邻线路的对侧断路器；中间断路器失灵起动跳开两侧断路器，并同时发送远方跳闸信号将相邻两条线路的对侧断路器全跳开。其中远跳线路对侧断路器，是为了快速切除发生在断路器与电流互感器之间的故障。

4. 母线保护

3/2 断路器接线方式下母线保护误动作并不影响供电可靠性，而拒动则可能扩大故障范围，从而影响系统的稳定，故每段母线均配置两套独立的母线差动保护，两套保护各自组屏，保护装置选用南瑞继保的 RCS-915E 和深圳南瑞的 BP-2B。母差保护动作不经过电压闭锁，不需要起动远方跳闸，但要闭锁重合闸，并起动断路器失灵保护。

5. 主变压器保护

本站 500kV 主变压器为 750MVA 自耦变压器，全部保护由 3 面保护屏组成。其中 A 屏、B 屏分别为南瑞继保的 RCS-978 和国电南自的 SGT756 变压器成套保护装置，构成双重化的电气量主后备保护，保护功能包括：差动保护，高压侧和中压侧的相间阻抗保护、接地阻抗保护、方向零序过电流保护、复压方向过电流保护，低压侧过电流保护，三侧过负荷保护等。C 屏由包括高、中侧和公共绕组的分相电流差动保护和非电量保护组成，分别为国电南自的 SGT756 和 FST 本体保护装置。

6. 短引线保护

本变电站有两回 500kV 线路安装有线路隔离开关，如果线路检修或退出运行，线路侧的隔离开关也断开。为保证同串的线路或主变压器仍由两组母线供电，则同串三台断路器皆合上运行，此时同串两断路器之间的短引线应双重化配置电流差动保护。短引线保护全部选用南瑞继保的RCS-922A保护装置，双重化的两套装置组成1面屏。

7. 分相操作箱

断路器分相操作箱（即分相跳闸装置）按断路器装设，每台断路器按两个跳闸线圈考虑，选用南瑞继保的CZX-22R型双跳闸线圈操作箱。CZX-22R操作箱与RCS-921A保护共同组屏，一台断路器占用一面保护屏。

8. 故障录波、行波测距与相量测量装置

为便于故障分析，500kV部分每串配置一组微机故障录波器。模拟量录入各线路的交流电流、交流电压；数字量则录入所有保护、重合闸动作信号等。主变压器配置专门的一组故障录波器。

为了准确、快速地查找故障点，500kV部分装设一台XC-2000行波测距装置。

为了电力系统的广域测量、控制和保护，500kV部分装设两组PMU同步相量测量装置。

9. 继电保护管理器

为了便于继电保护人员能随时了解微机保护及重合闸装置的运行及动作情况，本站配置了继电保护工程师站系统。该系统能接收各种微机保护装置的动作信号、重合闸动作信号、运行监视信号、保护定值及组别、事件报告、故障测距、故障录波等保护所需信息。调度部门能通过通道从该系统调取上述信息以实现远方诊断，保护人员还可通过人机对话方式查询和调整保护整定值及微机保护的投入、退出和复归等。

（三）二次系统设计

1. 电流互感器的配置

本站500kV电网3/2断路器接线中，每串装设3组6个二次的独立式电流互感器。每条线路或变压器的保护必须接入相关TA的“和”电流，因此要求电流互感器变比、型号和性能严格一致。

母线侧断路器电流互感器配置了6组二次，其中两组用于线路保护，两组用于母差保护，1组用于重合闸及失灵保护，1组用于测量。

由于中间断路器电流互感器仅配置了6组二次，其中两组测量二次分别用于两条线路测量，4组保护二次分别用于两回线路的两套保护，故失灵保护只能与一回线路主保护二次共用。

每回线路电流均接入故障录波器，其交流电流回路接在第2套线路保护之后。

2. 电压互感器的配置

线路电压互感器为三相，母线电压互感器为单相，均采用TYD型电容式电压互感器。线路电压互感器的二次侧分别接入各保护、重合闸装置、故障录波器及测量回路，母线电压互感器则接入重合闸装置及同期回路。

3. 断路器的控制方式

该变电站采用NCS微机监控模式，整个站的控制操作均通过设在控制室的微机运行工作站进行控制操作。另外500kV保护室还配置了就地测控屏，以便于对设备的维护、调试及就地操作。

4. 直流回路接线

为保证保护装置的可靠运行，继电保护装置、断路器操作回路、断路器控制装置的直流电源应完全分开。

三、220kV 电网双母接线继电保护配置

1. 线路保护及通道配置

该站 220kV 出线性质及线路保护通道，可以分为两种情况：第一种为光纤通道的联络线，第二种为高频载波通道的联络线。下面分别对以上两种线路的保护配置作一介绍。

（1）光纤通道型配置。因为高频通道环节太多，抗干扰能力差，阻波器受短路容量的限制较大，且高频保护用于弱馈线路的可靠性并不是很高。而光纤通道的可靠性则是众所周知的，比较适应于 220kV 及以上的联络线保护。采用光纤通道后，一般双回线双重化的主保护均为分相电流差动保护；单回线配置一套光纤电流差动保护，另一套则为光纤距离保护。双重化的两套保护均为主后备一体化的国产保护装置。

目前电网的高频通道正逐步为光纤通道所取代，因此以上这种保护配置方式得到了极为广泛的应用。

（2）高频通道型配置。有 1 回线路选用不同厂家生产的两套快速纵联保护作为线路的主保护，一套为 RCS-901A 纵联方向保护（配 LFX-912 高频收发信机），高频通道为 A 相。另一套为 WXH-802 纵联距离保护（配 SF960 高频收发信机），高频通道为 B 相。高频保护采用闭锁式。

2. 重合闸

对于双母线单断路器接线，重合闸功能由主后备一体化的国产超高压线路成套保护装置完成，选用单重方式。对于两套线路保护的两套重合闸功能，一般一套投入，一套停用；也可以两套全部投入但先动者有效。

3. 断路器失灵保护

断路器失灵保护选用国电南自的 PSL-631 或南瑞继保的 RCS-923A，装置具有失灵保护、三相不一致保护、充电保护等功能。该保护与一套线路保护装置共同组屏。

失灵保护动作后先瞬时跳本断路器，再经过延时跳同一母线上的其他断路器并闭锁重合闸。

4. 母线保护

双母接线方式下两组母线一起配置两套独立的母线差动保护，两套保护各自组屏，保护装置选用南瑞继保的 RCS-915AB 和深圳南瑞的 BP-2B，保护动作均需经过电压闭锁。

母线差动保护动作后闭锁重合闸并起动断路器失灵保护；在光纤通道时起动分相电流差动保护的 DTT 直接跳对侧断路器，在闭锁式纵联通道时立即停信（在允许式通道时立即发信）让对侧纵联保护快速跳闸，以加速切除发生在线路断路器与线路电流互感器之间的故障。

5. 分相操作箱

断路器分相操作箱（即分相跳闸装置）按断路器装设，每台断路器按两个跳闸线圈考虑，选用南瑞继保的 CZX-12R 型和许继电气有限公司的 ZFZ-812 型双跳闸线圈操作箱。操作箱与一套线路保护装置共同组屏。

6. 故障录波装置

为便于故障分析，220kV 部分每组母线配置一套微机故障录波器。模拟量录入母线电压、各线路的交流电流；数字量则录入所有保护、重合闸动作信号等。

*第十二章 电网继电保护故障案例分析

继电保护是电力设备安全运行，防止和限制电力系统大面积停电的最基本、最有效、最重要的技术手段。大量的生产实践证明，继电保护一旦发生故障或不正确动作，往往会造成电网稳定破坏、大面积停电、设备损坏等，酿成严重后果。

本章选择了一批近年来发生的有代表性的电力系统继电保护故障案例进行解剖、分析，总结出一般的经验教训，强调反事故措施的重要性。通过本章的学习，应熟悉、了解继电保护重大故障和一般故障的起因、发展和后果，学会故障分析的基本原理和方法。

第一节 综合性故障

一、山西电网7·20故障

(一) 事故简述

1999年7月20日8时54分，山西省太原供电局所辖新店变电站发生了一起由于变压器10kV侧短路而引发的全站停电事故，变电站主控室着火，烧毁了1号主变压器等设备。由于全站直流消失，站内保护装置拒动，造成事故扩大，先后有1条110kV线路、6条220kV线路、8台发电机组等掉闸，殃及山西电网并波及华北主网。系统有关保护配置如图12-1所示。

7月20日上午8时54分58秒，新店2号变压器10kV侧发生AB两相短路故障，2号变压器10kV侧802断路器过电流保护及其所带823断路器低压保护动作，但未能切除故障，大约23s后故障发展到新店变电站110kV的A相母线，母线保护未动作，全站无断路器跳闸；220kV赵新双回线赵家山侧的纵联方向保护（CKF-1）动作跳A相，重合不成功跳三相；220kV小新双回线小店侧纵联方向保护（CKF-3）动作跳A相并重合成功；220kV侯新双回线纵联方向保护（CKF-3）跳A相并重合成功；110kV向新线太原二电厂侧零序电流Ⅱ段保护跳三相，因该侧为检同期方式故不重合，110kV母线A相故障后经过大约7s发展为110kV的AB两相接地故障，大约又经5s，故障发展为110kV母线的三相短路。此时，220kV小新双回线小店侧纵联方向保护再次动作，跳三相不重合。110kV母线三相短路持续大约4s后，新店220kV母线发生A相接地故障，3.4s后发展为AB两相接地故障，又经0.45s故障发展为三相短路。新店220kV母线三相短路2.6s后，神头二电厂1号机过电流保护动作跳机；经24.58s大同二电厂5号机定子过流保护动作跳机；4s后大同二电厂3号机定子过电流保护及励磁机过电流保护动作，将发电机跳掉；10.12s后阳光发电厂2号机失磁保护动作跳发电机；10.17s后大同二厂2号机定子过电流保护动作跳发电机；3.07s后大同二电厂4号机定子过电流保护及励磁机过电流保护动作跳发电机；16.12s后大同二电厂1号机定子过电流保护动作跳发电机。由侯村侧录波图可以看出：大同1号机掉闸32.34s后，220kV系统故障电流消失，系统电压恢复（新店220kV母线三相短路持续时间约1min 43s）。220kV系统故障消失后经大约17.35s，神头一厂7号机送风机掉，热工保护动作，将发电机跳掉。

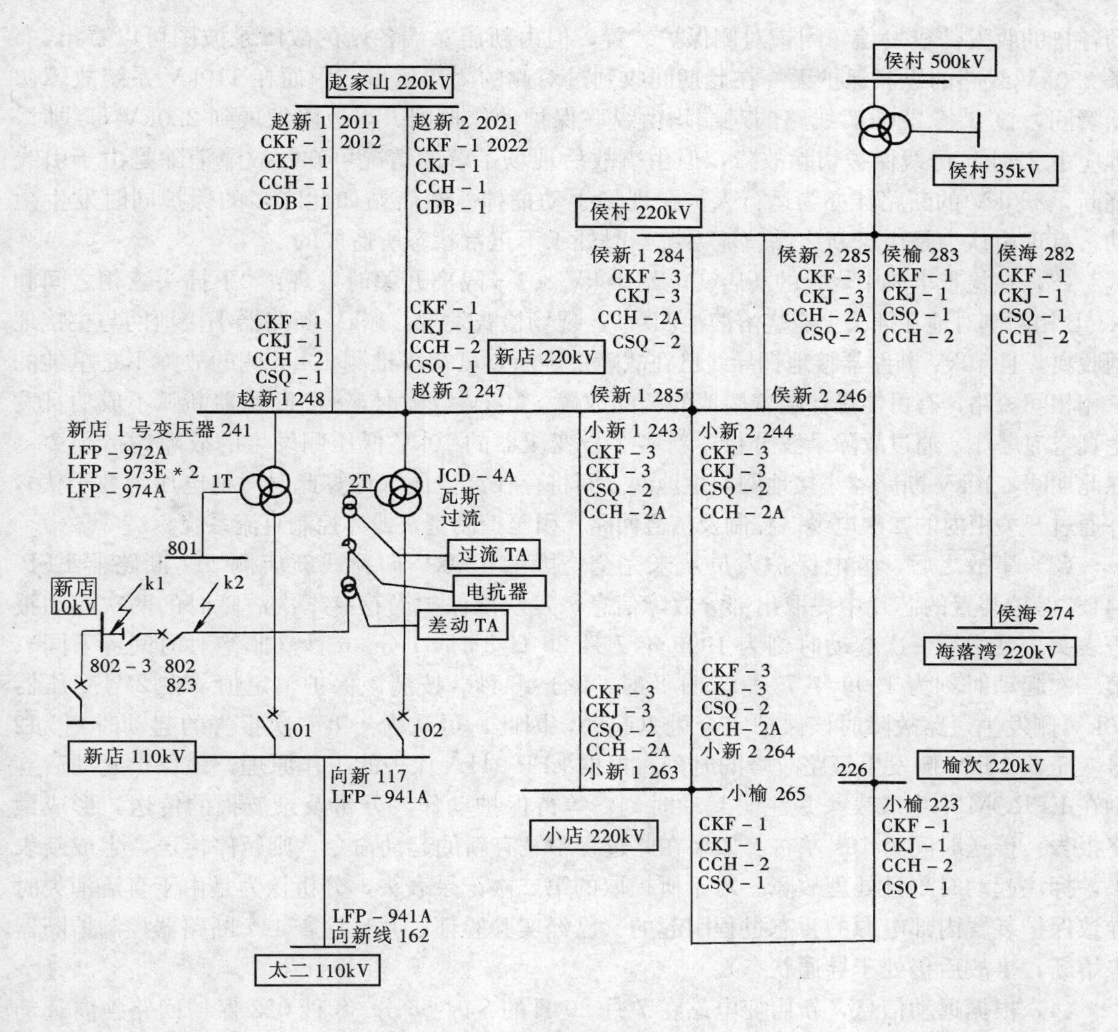

图 12-1　系统有关保护配置图

（二）事故分析

根据事故现场和所收集的故障录波报告，最终确认：此次事故是由低压侧引起，经中压侧到高压侧（10kV-110kV-220kV）、由单相到相间，最后到三相故障逐步发展起来的。

1. 7·20 事故中新店变电站继电保护装置的动作行为

保护装置的行为与新店直流系统在事故中的状况紧密相关，按照常规，对站内直流系统无实时记录监视，因此无法得到直流消失的确切时刻，但通过对事故的发展过程及保护动作行为的分析，可以推断：当故障发展到 110kV 母线之前，新店变电站的控制直流系统已处于不正常状态。理由如下：

（1）在故障发展到 110kV 母线时，首先应由 110kV 母线保护切除故障，如果真如此，可将故障限制在 2 号变压器的低压侧，新店 1 号变压器很有可能保住。但由事故后经现场检查，110kV 母线差动保护确实未动（虽然 110kV 母线差动保护已烧毁，但其信号继电器是磁保持继电器，动作后断电仍能保持，检查确认该继电器在故障中不曾动作），110kV 断路器未跳开。再者，对于 220kV 线路新店侧断路器而言，故障点处于反方向，纵联保护应起动各自的收发信机发信，闭锁对侧保护装置，但由新店对端各站的故障录波图可以看出，6条220kV线路的纵联保护无一在此期间收到过对侧的闭锁信号，因而在110kV系统故障初始瞬间，该6条220kV线路的对端均由纵联保护动作掉闸。当故障发展到220kV母线时，本应由220kV母线保护切除故障，但由事故后现场了解的情况可知：故障消除是由于引线烧断，220kV的断路器亦为运行人员在现场手动捅掉。新店站如此之多的保护同时发生拒动，有理由认为是由于新店站直流系统当时处于不正常状态所造成的。

(2) 在检查事故中烧毁的新店变电站10kV 802-3隔离开关时发现："下插头三相之间和A、B相两侧对地在插头上有烧溶溶池凹坑"，现场检查发现：10kV断路器小接地网与主接地网脱离，且10kV断路器接地铜导线已在故障中烧断，可初步推测10kV侧的故障不是单纯的三相相间短路，有可能是伴随着接地的相间故障。10kV故障时，802断路器断弧不成功且发生真空泡爆炸，通过故障录波分析，新店2号变压器的10kV低压侧发生的故障约持续23s。在此期间，10kV断路器小接地网与主地网之间将存在高电压（计算此时对地电压约数千伏），并通过开关柜内的二次电缆（控制及信号回路）引至控制室，毁坏控制直流系统。

(3) 事故之后，继电保护人员从未完全烧毁的110kV向新线新店侧117断路器LFP-941A保护装置的芯片中提取出部分故障信息，发现该保护尚存有本次故障时的两次起动报告表头，其中第一次起动时刻为1999年7月20日8时54分36秒（非绝对时间，下同）；第二次起动时刻为1999年7月20日8时54分46秒。按照该保护整定值，在2号变压器10kV侧发生短路故障时该保护完全可以起动，因此，可认为：第一次报告的起动时刻为2号变压器10kV侧发生短路故障的时刻。根据LFP-941A保护的工作原理，该保护起动后立刻在EPROM中生成表头并注明起动时刻，等待保护动作、分析及录波报的传送，形成最终报告，传送时间为13s左右，如果在此过程中又有新的起动命令，则暂停传送，生成新表头，标注起动时刻且处理故障。对于所提取的第二次记录表头，分析认为是由于直流消失时导致保护装置内部电源的暂态过程引起的（已经实验验证，并且检查117断路器控制熔断器未熔断，事故后仍处于导通状态）。

(4) 根据远动信息，新店变电站在7月20日的8时56分38秒022保护回路曾向远动装置发出"事故总信号动作"的信息；8时56分38秒025新店802断路器保护曾向运动装置发出"事故跳闸"信息，因802断路器过电流保护动作延时为1s，所以10kV故障实际应发生在此时间的1s之前；新店变电站所发最后一次信息的时间为8时56分47秒38毫秒，记录内容为"事故总信号动作"。在此之后，山西省电力局中心调度所的远动装置再未收到新店变电站的任何信息。根据录波分析，新店此时的故障仍在2号变压器的低压侧，除已动作的823断路器低压保护和802断路器过电流保护外，不应有其他动作行为。分析造成这种情况有两种可能，其一是新店远动装置损坏；其二是新店变电站直流消失而引起的继电器变位而误发。无论是什么原因，均为高电压窜入控制室并毁坏设备提供了间接的佐证。

(5) 新店变电站的直流控制系统分为两段母线，但共用同一套直流电源，联络断路器在合入位置，一旦高电压窜入，便会导致全站直流控制系统瓦解。

综合分析以上情况，新店变电站直流系统损坏的时间，应该发生在2号变压器10kV侧故障后10～23s之间。

2. 新店2号变压器保护动作行为分析

新店2号变压器10kV侧发生短路故障后，802断路器的过电流保护以及823断路器的低压保护动作行为都是正确的。但是由于断路器的原因没能切掉故障，造成了事故的扩大。新店2号变压器10kV侧的TA安装在电抗器小间，差动保护未能将发生短路的802断路器包含在其保护范围之内，因此差动保护在故障的初瞬不可能动作。2号变压器10kV侧的过电流保护只设置了一段，除跳本断路器外不再动作于另外两侧断路器，同时，220kV侧、110kV侧的过电流保护均受复合电压闭锁，但复合电压闭锁未选用10kV侧的电压量，根据新店110kV故障录波器的实测值计算，110kV侧以及220kV侧的电压均未达到定值（两侧正序电压定值均为70V，实际故障时220kV侧电压为97V；110kV侧为86V），不能开放两侧过电流保护。因此使得新店2号变压器在10kV侧发生短路且断路器拒动的情况下，实际上没有后备保护，因而扩大了事故。

3. 相关220kV线路保护动作行为分析

(1) 侯新双回线均配备了两套纵联保护，其一为CKF-3型纵联方向保护，该保护专门为同杆并架双回线所设计，在发生异名相跨线故障时，能正确进行选相，装置中的工频突变量方向元件及零序方向元件配合高频通道共同组成闭锁式纵联保护。除此之外，保护装置中设有阶段式阻抗和零序方向元件作为后备保护，以及能在近端故障时快速跳闸的工频突变量阻抗元件。该保护在合闸时将工频突变量方向元件退出，保留和通道配合的零序方向保护部分，重合或手合到故障上时利用带方向的零序过电流保护和阻抗保护加速跳闸。其二为CKJ-3型纵联距离保护，同样是专门为同杆并架双回线所设计，由三段式距离保护、零序方向过电流保护及能在近端故障时快速跳闸的工频突变量阻抗元件共同构成，当与高频通道配合时，可作为闭锁式纵联保护使用。重合或手合到故障上时利用带方向的零序过电流保护和阻抗保护加速跳闸。因保护装置中已具有后备保护功能，按规程规定，未再配备独立的后备保护。为防止由于元器件损坏而造成保护装置误动，CKF、CKJ系列保护装置中设置了若干监测点，对电压、电流、起动以及逻辑等重要回路进行监视。如果这些检测点的状态出现长时间（装置设置为9s）的异常，便自动闭锁保护装置的出口跳闸电源。

当故障发展到新店110kV母线A相的初瞬，侯新Ⅰ、Ⅱ回线侯村侧纵联方向保护CKF-3中的工频突变量方向元件，由于未收到新店侧闭锁信号而动作，跳开A相断路器。

当侯新Ⅰ、Ⅱ回线重合时，（此时新店110kV母线仍处于A相故障状态），侯村220kV母线的零序电压在3V左右，零序电流在0.2～0.3A（由录波图计算出，TA变比为1250/1，下同），通过事故后的试验证实，此时的零序电压恰恰使得在CKF-3及CKJ-3中作为后加速保护的零序功率方向元件处于不动作状态，因而侯村284、285断路器的后加速保护未能出口。

当故障发展为110kV系统AB相短路时（A相故障持续7s后发展为AB相故障），由于在转换过程中电流、电压变化比较缓慢，纵联方向保护CKF-3和纵联距离保护CKJ-3均未动作。但自重合之后，到新店故障发展为110kV三相短路之前，新店的故障点一直由侯新双回线及新小双回线提供短路电流，利用短路电流计算和故障录波图，均可以证实侯新线提供的短路电流略大于新小线提供的短路电流，而侯新双回线中这种不对称的短电流，又超过了CKF-3、CKJ-3中的电流不平衡度的检测门槛（定值为0.27A，实际不平衡电流为0.35A），在持续9s之后，将两套保护的出口回路闭锁（由录波图计算出新店母线A相故障持续7s后发展为AB相故障，又经5s发展为三相短路）。这种闭锁只能依靠值班人员手动复归，因而，在此之后的故障发展过程中，侯新线侯村侧无论主保护还是后备保护，均因跳闸出口回路被闭锁而不能再发挥作用，侯新双回线长期带新店故障点运行，直至新店220kV母线烧断，故障自行消失。

（2）新小双回线的保护配置与侯新线相同，均配备了两套纵联保护，亦为CKF-3型纵联方向保护和CKJ-3型纵联距离保护，未另设独立的后备保护。

由小店侧的故障录波可以看出：当故障发展到新店110kV侧A相母线时，新小Ⅰ、Ⅱ回线小店侧纵联方向保护CKF-3中的工频突变量方向元件由于未收到对侧闭锁信号先后动作，分别跳开各自的A相断路器。两回线的CKJ-3型纵联距离保护由于其灵敏度不够而未出口。

新小Ⅰ、Ⅱ回线重合时（此时新店110kV母线仍处于A相故障状态），由小店站提供的故障电流较小，两回线零序电流的二次值均小于后加速保护的定值（小店侧CKF-3、CKJ-3保护后加速定值为1A，由故障录波器记录的实际电流值为0.9A，TA变比为1200/5，下同），故而后加速保护未动作。当故障发展为110kV系统AB相短路时（A相故障持续7s后发展为AB相故障），由于电流、电压变化比较缓慢，纵联方向保护CKF-3及纵联距离保护CKJ-3均未动作（小店侧录波器也未起动）。

与侯新线不同，在新小Ⅰ、Ⅱ回线单相重合于区外故障期间，线路中各相电流的数值及不平衡度均比较小（不平衡度为0.95A，没有达到检测门槛值1.35A），在9s内不足以闭锁保护，故新小双回线小店侧CKF-3及CKJ-3保护装置均未退出运行而整组复归。

当故障发展为新店110kV母线三相短路后（从110kV单相故障到发展为三相短路的间隔时间大约12s），CKF-3中的工频突变量方向元件再次动作，跳开断路器。

（3）赵新双回线均配备了两套纵联保护，与侯新双回线及新小双回线不同，所配保护一套为CKF-1型纵联方向保护，该保护无后备保护功能，装置中的工频突变量方向元件及零序方向元件配合高频通道共同组成闭锁式纵联保护。除此之外，保护中还设有能反应近端故障的工频突变量阻抗元件。该保护在合闸时将工频突变量方向元件退出，保留与通道配合的零序方向保护部分，重合或手合到故障上时，利用不带方向的零序过电流保护和负序电流保护加速跳闸。另一套为CKJ-1型纵联距离保护，由三段式距离保护、零序方向过电流保护及反应近端故障的工频突变量阻抗元件共同构成，当与高频通道配合时，可作为闭锁式纵联保护使用。重合或手合到故障上时，利用带方向的零序过电流保护和阻抗保护加速跳闸。国家电网公司南京电力自动化研究院，因CKJ-1型保护装置中已具有后备保护功能，按规程规定，也未配备独立的后备保护。

通过赵家山侧的故障录波可以看出：当故障发展到新店110kV的A相母线时，赵新Ⅰ、Ⅱ回线对侧的赵家山站2011、2012断路器，2021、2022断路器保护的纵联方向保护CKF-1中的突变量方向元件由于未收到对侧闭锁信号超范围动作，跳开A相断路。两回线的CKJ-1纵联距离保护中的零序方向过电流保护动作发信号，但由于CKF-1工频突变量方向保护先动作于断路器，故CKJ-1保护未出口。

赵新Ⅰ、Ⅱ回线重合于110kV区外故障后，由于赵新Ⅰ、Ⅱ回线零序电流二次值均大于1A，达到了CKF-1零序后加速定值（赵家山侧双回线CKF-1保护零序后加速二次定值为1A，TA变比为1200/5），赵家山侧双回线的零序后加速保护均动作，跳开三相断路器。

查看录波图发现：断路器重合后，赵新Ⅰ回线CKJ-1纵联距离保护中的后加速零序方向保护动作并三相跳闸（现场记录中没有“三跳”信号，但录波图有记录），而Ⅱ回线的CKJ-1后加速零序方向保护由于故障量略小于赵新Ⅰ回线，保护未动作出口。说明赵新Ⅰ回线 CKJ-1 中的后加速零序方向保护此时处于临界动作的边缘。

4. 发电机保护动作行为分析

由于在新店 110kV 母线故障发展到三相故障之前，侯新双回线侯村 284、285 断路器的保护装置已被闭锁，因此，系统长时间的带着故障点运行，新店 220kV 母线故障之后，神头二厂 1 号机、大同二厂 5 号机、山西阳光发电厂 2 号机以及神头一厂 7 号机纷纷因过电流等保护动作跳闸，其原因分析如下：

(1) 大同二电厂保护动作情况。

1) 1 号机保护动作情况：保护动作信号为定子过电流保护动作。定子过电流保护定值：反时限电流起动值为 4.6A，对应动作时间为 60s。由故障录波看出：故障电流二次值为 5.8A，因此，定子过电流保护动作正确。

2) 2 号机保护动作情况：保护动作信号为定子过电流保护动作。定子过电流保护定值：反时限电流起动值为 4.6A，对应动作时间为 60s。由故障录波看出：故障电流二次值为 5.8A，因此，定子过电流保护动作正确。

3) 3 号机保护动作情况：保护动作信号为定子过电流保护动作、励磁机过电流动作、发电机过电压保护动作。定子过电流保护定值：反时限电流起动值为 4.6A，对应动作时间为 60s。由故障录波看出：故障电流二次值为 5.8A，因此，定子过电流保护动作正确。励磁机定子过电流保护定值：反时限电流起动值为 4.6A，对应动作时间为 60s。由于故障期间系统电压降至额定电压的 75%，且低电压持续时间较长，使各机组都起动了强励，引起了励磁机过电流动作。过电压保护动作原因为故障切除时变压器出现短暂的过电压，引起过电压保护发信号。

4) 4 号机保护动作情况：保护动作信号为定子过电流保护动作、励磁机过电流动作。定子过电流保护定值：反时限电流起动值为 4.6A，对应动作时间为 60s。由故障录波看出：故障电流二次值为 5.8A，因此，定子过电流保护动作正确。励磁机过电流动作原因与 3 号机相同。

5) 5 号机保护动作情况：保护动作信号为定子过电流保护动作、励磁机过负荷动作。定子过电流保护定值：反时限电流起动值为 4.6A，对应动作时间为 60s。由故障录波器看出：故障电流二次值为 5.8A，因此，定子过电流保护动作正确。励磁机过负荷保护动作信号，故障期间系统低电压持续时间较长，机组都起动了强励，所以引起了励磁机过负荷保护动作。经检查确定，由于保护装置型号不同，只有 5 号机的励磁机过负荷保护动作信号能够保持，其余均不能保持。

(2) 神头一电厂保护动作情况：7 号机送风机过电流保护动作、逆功率保护动作。7 号机送风机掉闸原因：按热工专业要求，7 号机厂用变分头调得较 6、8 号机低，在机组负荷较大、系统电压较低的情况下（6kV 系统最低电压 4.3kV 左右），送风机过电流保护动作，引起 7 号炉负压保护动作灭火，热工保护动作关主汽门，同时逆功率保护动作，经延时跳开 7 号发电机。

(3) 神头二电厂保护动作情况：保护动作信号为发电机过电流保护动作。过电流保护定值 6.5A、2.6s，从录波图可以看出，录波开始电流较小（二次值 5.19A），经 4s 左右电流达到过整定值，经 2.6s 动作掉闸、停机与系统解列。

(4) 阳光发电厂保护动作情况：失磁保护动作。动作原因是 2 号发电机励磁调器使用的装置为东方电机厂生产的半导体励磁调节器。在系统发生故障时，由于机端电压降低引起强励动作，在强励期间故障并未切除，但机端电压得到瞬时恢复，而其动作响应较快，引起励磁回调，由此引起失磁保护动作，将发电机与系统解列。

（三）经验及教训

根据本次事故中保护装置的动作情况及对其初步分析，应吸取以下经验和教训：

（1）在目前系统电源较充裕、系统网架结构较紧密、短路电流水平较高的情况下，如果继电保护的可靠性与灵敏性及选择性发生矛盾，应更注重防止保护装置的拒动。

（2）为确保电网安全，提高继电保护的可靠性，对重要的线路和设备必须坚持设立两套相互独立保护的原则。对于枢纽变电站的变压器，切不可因为低压侧电压低、出线短，而忽视后备保护的设置（新店2号变压器10kV侧发生故障后，802断路器过电流保护仅动作于本断路器，但由于断路器原因，未能切除故障，而2号变压器110kV侧、220kV侧作为后备保护的复合电压闭锁过电流保护，由于没有取用10kV侧的电压量，也未能动作，使故障连闯几道关口，最终扩大为系统事故）。在继电保护的配置选型工作中，对于系统中可能出现的复杂、罕见故障应予以适当的考虑。对于后加速保护，为保证重合于故障时可靠动作，应采用不带方向的元件，且其灵敏度宜高于其他动作于跳闸的保护。

（3）选择两套不同原理的保护装置，最根本的出发点是提高继电保护的可靠性，在关键时刻能做到优势互补，考虑到现阶段同一厂家的产品尽管原理不尽相同，但在公共的设计上思路区别不大，在某些特定的情况下可能出现同一原因造成的保护不正确动作。为保证电网的安全，在主保护配置选型时，不但要坚持两套不同原理，同时还应可能选用不同厂家的产品，以保证所配备保护装置的可依赖性。

（4）枢纽变电站应设置两套独立的直流系统，直流联络开关正常断开，两段直流母线分裂运行。各主要元件（线路、变压器、母线等）的两套主保护的直流电源回路应分别取自不同的直流母线段；对于具备双跳闸线圈的断路器，其控制回路的电源应与两套主保护对应接于不同的直流母线段。以保证在其中一段直流消失后仍能较可靠地切除故障。

（5）现阶段的静态型（集成电路或微机型）保护装置，尽管功能大大提高，但抗干扰能力却劣于传统的电磁型保护。出于防误动的考虑，此类保护均设有很多闭锁功能，在选用时应予以足够的重视并认真进行研究。为防止保护拒动而扩大事故，应考虑设置不受闭锁控制、经长延时动作的后备保护。

（6）由于山西电网的故障录波系统既没有联网又没有建立GPS对钟系统，因此，事故分析时，在统一时钟问题上花费精力较大。今后应尽快建立、完善GPS对钟系统。

二、河北1·15羊范站继电保护事故

（一）事故简述

1992年1月15日13日58分，河北南网220kV羊范变电站值班人员在完成202断路器转带292断路器的操作后，在进行范柏线292断路

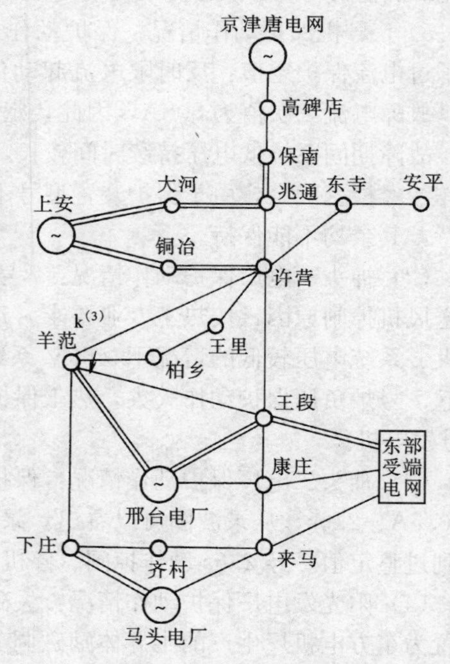

图12-2　河北南网主接线路

器转停电的隔离开关操作中，因带电合接地隔离开关的误操作造成范柏线出口三相弧光短路。由于 202 断路器主保护拒动，使事故延时切除，引起系统振荡，稳定性破坏，造成电网解裂，参见图 12-2 及图 12-3。

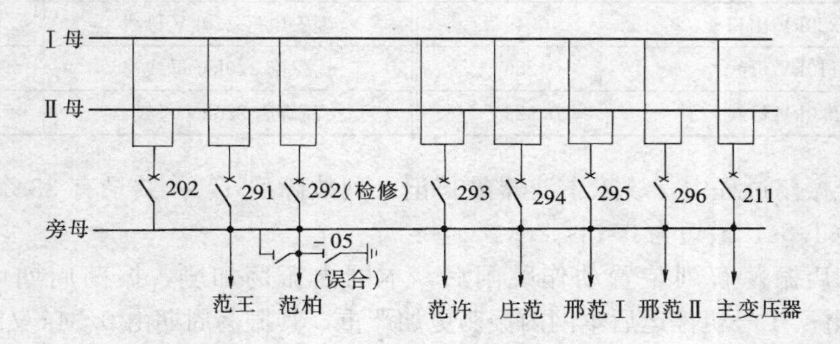

图 12-3 羊范站故障区域电气接线图

1. 电网事故前的运行方式

全网 220kV 输电线路无检修，但 220kV 羊范变电站有临时检修工作，一是采用 211 断路器母线侧两隔离开关跨接母线方式停修 220kV 母联断路器，处理工作缸漏油；二是旁路母线断路器 202 转代 220kV 范柏线 292 断路器，处理 292 断路器工作缸漏油。

2. 事故经过

1992 年 1 月 15 日 13 时 58 分，220kV 羊范站值班人员进行范柏线 292 断路器转停电的隔离开关操作中，误合 292-05 接地隔离开关，造成范柏线出口三相弧光短路。旁路母线 202 断路器保护装置拒动，范柏线对侧断路器由其高频闭锁距离保护动作跳闸，随后范王线、庄范线、范许线、邢范Ⅰ线、邢范Ⅱ线等对侧断路器均由距离保护Ⅱ段动作跳闸(动作时间最短者 0.48s 最长者 0.58s)，至此，故障点与 220kV 主网隔离。事故发生后 4.4s，羊范主变压器中压侧电源靠低频低压解列切除。由于电网受到三相短路严重冲击，而且旁路母线 202 保护拒动，造成后备保护动作致使主网隔离故障点较慢（长达 0.58s），同时电网切除了刑台电厂 6、7 号机，羊范站与王段站断面的南北联络线分别由事故前范许线、范柏线和王许线减弱到仅王许线一条，形成弱联系电网，激发本网乃至整个华北电网各机群间激烈振荡。唐山陡河电厂、山西大同二电厂及京津唐主网均有明显振感。220kV 联网线的有功功率在＋360～－95MW 间摇摆，振荡周期由开始时的 1.6s 渐趋 0.86s。至故障后 13s 高碑店站的 2ZJ-2 型振荡解列装置动作跳闸，造成河北南网与京津唐主网解列，几乎同时（0.86s 后），上安 1 号机又因低频保护动作，被迫退出运行，河北南网的功率大量缺额导致电网频率急剧下降，振荡周期更趋缩短至 0.24s。低频减载装置按轮级序位，从第Ⅰ轮至第Ⅵ轮依次动作共切除负荷 489.9MW。至故障后 17s 左右，系统振荡渐平息。据统计，低电压甩负荷 353.1MW，全部损失负荷 843MW。未造成人员伤亡和设备损坏。

3. 事故的主要数据

（1）总故障电流为 14731A。

（2）故障点弧光电阻为(0.04＋j0.04)Ω。

（3）电网各控制点残余电压见表 12-1。

表 12-1 电网各控制点残余电压

名 称	电压标幺值	名 称	电压标幺值
羊范站 220kV 母线	0	许营站 220kV 母线	0.634
邢台电厂 220kV 出口	0.4	上安电厂 220kV 母线	0.71
邢台电厂 110kV 母线	0.286	保南 220kV 母线	0.81
马头电厂 220kV 母线	0.529	高碑店 220kV 母线	0.91

(4) 系统振荡过程中，故障录波器最长记录到故障后 17s，共录有 33 个振荡周期，振荡周期最长为 1.5s，最短为 0.14s。

(5) 高碑店振荡解列装置动作跳闸后，本网内振荡加剧，振荡周期由 0.8s 缩短为 0.24s。上安电厂 1 号机停运后本网内振荡更加严重，其振荡周期由 0.24s 又缩短为 0.14s。

(二) 事故分析

220kV 羊范站值班人员误合 292-05 隔离开关，造成范柏线出口三相短路，是 1·15 事故发生的直接原因。

旁路母线 202 断路器继电保护装置拒动是本次事故扩大为系统事故的主要原因。其拒动原因是由于值班员在进行“将 292 高闭切换至旁路位置”时漏项，没有按下 292 高频闭锁收发信机逆变电源辅助起动按钮，使 202 高闭装置失去直流电源，导致故障时拒动。

另外，旁路母线 202 断路器保护配置缺乏独立工作的距离Ⅰ段和相电流速断保护装置，也应看作是本次事故扩大为系统事故的重要原因。

河北南网低频减载装置的正确动作，起到了保证电网安全稳定的最后一道防线作用，是本次系统振荡渐趋平息的主要因素之一。

清华大学电机系对 1·15 事故的仿真计算结果说明：故障初始阶段主要是河北南网南部地区（邢台、邯郸）与石家庄、保定及京津唐电网发生振荡，石家庄、保定地区与京津唐是同摆的，河北南网南北之间只剩下王许线一条，联络薄弱，振荡中心在王许线上。事故发展到后期，石家庄、保定地区与京津唐电网之间也出现振荡，认为是刑台、邯郸地区的异步运行激发了石家庄、保定地区与京津唐电网之间的机电谐振，最终造成后两部分失去稳定。

(三) 事故暴露的问题和经验教训

1. 电网结构与系统稳定

本次事故的故障点位于范柏线出口处，在 220kV 母线差动保护区外，故障类型又是三相短路。结合 DL 755—2001《电力系统安全稳定导则》校核，相当于羊范站 220kV 母线无母差保护时发生三相短路，本网无能力保持系统稳定运行。通常在上述故障方式下，一般也很难在技术上采取可靠的稳定措施。因此，在重要厂、站母线倒闸操作时，主管厂、局应制定严密的组织措施和可靠的技术措施，防止发生误操作。具体注意以下几个方面：

(1) 合理的电网结构和厂、站电气主接线，是电网安全稳定运行的最基本保证。同时必须注意强化一、二次设备的配置方案和选型以及采取各种重点保安措施等。

(2) 加强电网稳定管理专职力量，认真研究改进稳定计算，完善电网稳定措施。并建议华北电网应统一考虑配置系统振荡解列点，采用和开发新型稳定控制手段，提高全网总体稳定水平。

(3) 更新和完善重要厂、站的母线保护、失灵保护和旁路母线断路器保护，强化管理。

（4）凡重要厂、站母线及旁路母线断路器转代作业，必须满足电网中心调度部门的运行方式规定，而且要认真履行防止误操作的组织措施和技术措施手续，执行各级技术负责人批准手续。

（5）提高重要厂、站值班人员的总体素质，结合厂、站实际认真完善基建交接制度和各种厂、站现场规程，并要列入装置交直流电源、切换开关接插件，以及两端高频信号对试等的正确性、可靠性校验内容。

（6）完善各级调度部门的继电保护运行规程，强化各级继电保护职能管理。

2. 提高主力电厂对电网的支撑能力

火力发电厂厂用电源，特别是380V供电系统，要更新厂用电供电方式设计，提高其适应性和运行可靠性。1·15事故中，邢台电厂、马头电厂等主力电厂距离故障点近，电厂母线残余电压低至70%以下，导致电厂内部低电压保护动作，以时限0.5s切除部分辅助机，而电厂380V系统凡以电磁开关或交流磁放大器等供电的重要辅机，如重要的水泵、油泵等均释放退出运行，致使主力电厂机组出力大幅度降低，甚至危及大型炉灭火，严重影响主力机组事故后对电网的支撑作用，应吸取这个沉痛的教训，并采取以下措施：

（1）更新和完善主力机组起动电源设计，引入环形供电或采用备用电源自投等模式，以提高可靠性。

（2）更新火电厂厂用电系统设计，完善电厂重要辅机及影响主机安全运行的辅机的供电方式。提高它们对电力系统振荡和延迟切除故障等的适应能力。

（3）更新火电厂厂用电系统整定计算原则，或在220kV主网内采用、推广高精度时间继电器，压缩现有继电保护整定时间级差，以确保距离保护Ⅱ段等后备保护的动作时限小于或等于0.3s。

3. 协调“网机关系”

要按照电网事故状态下“首先保网，也要保机”的原则，确定新型的“网机关系”。1·15事故中，在河北南网南北两部分发生振荡，与京津唐联络线又被振荡解列切断，石家庄、保定地区严重缺功率时，上安电厂1号机组过早退出系统运行，对事故后的电网无疑是“雪上加霜”。为此：

（1）研究确定大型机组的低频解列保护的整定原则。

（2）研究和开发新型高精度频率继电器，进一步缩小电网按频率自动减负荷装置的轮级级差Δf。

（3）建议电机设计和制造部门采取措施，将大型机组末级叶片谐振频率降低至47Hz（相当于转速2820r/min）以下。运行部门应将该指标作为设计审定时的重要内容。

（4）健全和优化各种原理构成的变压器过负荷联切装置、输电线热稳定和送电断面过功率联切装置、联网线安全稳定控制系统、联锁切机装置、发电厂快减功率装置以及各种原理的自动解列装置等，并纳入相应运行规程和现场规程。

（5）健全和优化电力系统故障录波器和各种状态自动记录仪，加强对各种录波装置的维护和管理，分期分批更新旧设备。开发和研究电力系统状态记录仪，满足自动记录电力系统长过程和主力机组工况参数。另外，还要加快电力系统频率、电压自动记录仪的安装调试和投运计划。

第二节 变压器继电保护故障

一、变压器差动保护拒动

1. 情况简介

某变电站有2台主变压器，1号主变压器的容量为90MVA，变电站由220kV线路供电。

1号主变压器配置有两套完全独立的成套微机保护，双套差动保护。差动保护为具有比率制动及二次谐波制动的差动保护，有TA断线闭锁。还设有电流速断。

事故前的运行方式是：两台主变压器均运行，220kV母线上接有5条出线。

2. 事故过程及调查

1998年6月27日，由于1号主变压器220kV侧隔离开关操动机构箱内受潮，使操作回路绝缘下降，引起该隔离开关带负荷自动分闸，造成弧光短路。

事故发生后，1号主变压器差动保护拒动，变电站5条220kV线路对侧的距离Ⅱ段动作，将5条线路切除。

事故扩大为3个220kV变电站、11个35kV变电站和1个燃汽轮机电厂全部停电。

事后检查，故障点在差动保护区内，故障电流116A（二次值），但两套微机差动保护均未动作。

3. 对差动保护装置的试验检查

事故后，对差动保护装置进行了试验检查，即输入电流检查通道及采样值。试验结果发现：当输入电流大于80A时，装置采样出的电流只有0.2～0.3A。这是由于当输入电流大于80A时，模/数转换芯片输入电压溢出，而软件处理又不当等原因造成的。

4. 两套差动保护同时拒动原因分析

两套差动保护同时拒动的原因是由于在如此大的短路电流下，装置软、硬件不能满足要求。

保护装置设计的最大故障电流为16倍额定电流即5×16＝80（A），当超过80A时，电流变换装置趋向饱和，同时二次电流也将超过A/D模件的上限测量电压，又由于软件处理不当，致使测得的差流很小。

另外，装置中采用的TA断线闭锁装置有问题。当故障电流大于80A时，TA断线闭锁装置误判为“电流回路断线”而将两套差动保护闭锁。造成两套差动保护同时拒动。

5. 对策

（1）TA断线闭锁只发信号而不应闭锁保护装置。

（2）在设计变压器保护时，应计算出最大故障电流，并根据最大故障电流选择保护装置的硬件，采用合理的软件，以保证差动保护动作的可靠性。

二、变压器差动保护误动

（1）1996年12月5日11时，某变电站2号主变压器高阻抗差动保护误动，切除了主变压器。

误动原因是：运行人员用旁路来代2号主变压器220kV侧出口断路器时，未将高阻抗差动保护退出所致。

(2) 1996 年 11 月 12 日 17 时，某变电站 3 号主变差动保护误动，切除了 3 号变压器。

误动原因是：运行人员误操作，在主变压器保护盘上，将旁路断路器差动 TA 二次与变压器同侧差动 TA 二次都接到了差动保护中，使差动回路中出现了差流，差动保护误动。

(3) 1990 年 2 月 13 日及 1990 年 8 月 28 日，华东某电厂厂用高备变差动保护在厂用高压变压器低压侧母线故障时两次误动。

误动原因是：高压侧套管差动 TA 特性不良。

(4) 1998 年 2 月 25 日，某变电站 2 号主变压器差动保护误动，切除了 2 号变压器。

误动原因是：将 110kV 侧 110 旁路断路器差动 TA 误接成星形，而 220kV 侧差动 TA 是三角形接线。在用 110kV 断路器代替 2 号主变压器 102 断路器时，由于差动回路中出现差流，造成差动保护误动。

(5) 1988 年 3 月 6 日 12 时，变电站 110kV 出线故障，4 号主变压器零差保护误动，跳开三侧断路器。

保护误动原因是整定计算错误（定值太小），而校核人员又未发现。

三、变压器过励磁保护误动

1. 情况简介

某变电站的 330kV 母线，系 3/2 断路器接线。有两条母线，称之Ⅰ母和Ⅱ母，1 号主变压器的容量为 240MVA，是三绕组自耦变压器。其三侧额定电压分别是 330、110kV 及 35kV。母线 TV 为电容式电压互感器。

1 号主变压器的保护为全套微机型保护，其过励磁保护是具有反时限特性的保护装置。事故前，保护的输入电压取自 330kVⅡ母 TV。

2. 事故过程及检查

2000 年 9 月 5 日，运行人员进行撤运 330kV Ⅰ母的操作。当拉开Ⅰ母 TV 一次的 C 相隔离开关时，1 号主变压器三侧跳闸，运行人员停止操作。

检查发现：1 号主变压器过励磁保护动作，且在停止操作的过程中，该保护始终动作，无法复归。

3. 对事故采样报告的分析

(1) 电压采样值。事故时，微机保护打印出的采样值报告列于表 12-2。

当拉开Ⅰ母 TV 一次的 C 相隔离开关时，Ⅱ母 TV 二次电压及三次电压分别为：U_A 为 63V（为额定电压的 1.09 倍）；U_B 为 72V（为额定电压的 1.25 倍）；U_C 为 55V（为额定电压的 0.94 倍）；$3U_0$ 为 59V。

(2) 电压相位关系。按照表 12-2 中的一个周期采样值，绘制出的波形图如图 12-4 所示。

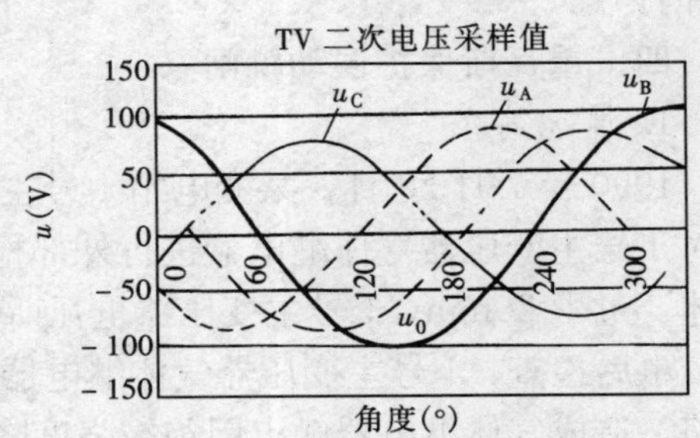

图 12-4　拉 TV 一相隔离开关时 TV 二次及三次电压波形

可以看出，u_A、u_B、u_C 三相的相位差分别近似相差 120°，而 u_0 与 u_C 的相位相差约 160°；u_0 滞后 u_A 约 80°，u_0 超前 u_B 约 40°。

(3) 两非拉开相 TV 二次电压升高的分析。与第一节分析相同，当拉开Ⅰ母 TV 一次的 W 相隔离开关时，TV 三次开口三角形绕组两端产生一个电压。该电压将通过Ⅱ母 TV 三次绕组并经磁耦合传递至Ⅱ母 TV 二次各绕组上，从而使非拉开相（即 B 相、A 相）的二次电压升高，使另一相（C 相）的二次电压降低。

表 12-2 TV 二次电压采样值

相别	U_A（V）	U_B（V）	U_C（V）	$3U_0$（V）	相别	U_A（V）	U_B（V）	U_C（V）	$3U_0$（V）
采样值	−74.00	87.00	3.99	18.33	采样值	72.55	−87.55	−3.44	−20.44
	−88.00	48.33	39.00	−35.00		88.00	−49.55	−38.88	33.55
	−78.00	−5.33	64.55	−76.00		78.55	3.11	−64.00	74.55
	−44.00	−58.00	78.55	−84.00		44.88	56.33	−79.00	83.00
	0.11	−93.55	69.00	−79.55		0.66	94.55	−70.55	77.55
	42.00	−102.00	36.00	−59.88		−41.33	104.00	−37.55	59.00
	73.00	−87.00	−3.99	−19.35		−73.00	87.55	2.55	20.00
	88.00	−48.55	−39.00	33.88		−88.55	49.88	38.00	−33.00
	77.55	4.33	−64.55	74.00		−79.55	−3.11	63.33	−76.00
	44.00	57.33	−79.55	83.55		−45.88	−56.33	78.55	−84.55
	0.11	95.00	−70.00	78.55		−1.33	−92.55	70.55	−79.55
	−42.33	104.00	−36.88	57.88		40.55	−102.00	37.55	−61.55
	−73.55	86.55	3.00	17.44		72.00	−88.00	−2.44	−21.66
	−89.00	48.88	38.55	−33.88		88.00	−50.55	−37.88	31.66
	−78.55	−3.88	64.00	−74.55		78.55	2.11	−63.55	73.55
	−44.88	−56.55	78.55	−83.55		45.88	95.33	−79.00	83.55
	−0.66	−92.55	69.55	−78.55		1.88	94.00	−71.55	78.55
	41.55	−102.00	36.55	−60.88		−40.55	104.55	−38.33	59.88

4. 过励磁保护误动原因

过励磁保护误动的原因是：当拉开Ⅰ母 TV 的 C 相隔离开关时，Ⅱ母 TV 二次 B 相及 A 相电压升高，(其中 B 相电压达到额定电压的 1.25 倍)，达到了过励磁保护的整定值，故其误动。

5. 对策

按“反措要点”要求对过励磁保护开口回路改进，或拉 TV 隔离开关时将过励磁保护连接片打开。

四、重瓦斯保护误动跳闸

1. 情况简介

1990 年 7 月 29 日，某变电站 1 号主变压器轻瓦斯保护连续二次发出动作信号。当值班员对 1 号主变压器气体继电器进行外部检查时未发现异常。误判断为气体继电器内部可能有气体。过了 25min，1 号主变压器重瓦斯保护动作，两侧断路器跳开。

事后检查，1 号主变压器气体继电器接线盒盖封闭不严进水，重瓦斯出口触点连接端子短路，造成气体继电器触点因绝缘强度降低击穿而跳闸。

2. 事故原因

由于在主变压器气体继电器安装时接线盒内导线预留过长，造成接线盒扣不严，留有缝隙，以至在特定风向下下雨时，雨水进入盒内，使接线端子短路，造成气体继电器触点绝缘强度降低击穿而跳闸。

此次事故暴露出安装工艺不良，且在工程验收及定期校验时又未认真检查，对气体继电器“进水反措”执行不力等问题，此外，运行人员技术素质也较差。第一次发信号后，应考虑到接线盒进水，进行相应的检查和处理。

3. 对策

对各变电站主变压器气体继电器采取防进水措施，还应对值班人员加强技术培训。

第三节　母线继电保护故障

一、母线故障跳闸继电器拒动

1. 事故简述

1987 年 4 月 12 日，某 500kV 变电站，220kV 侧 PMS-G 型双母线固定连接式母线保护装置，在以单母线方式运行期间，运行母线发生了带地线合闸的三相接地短路事故。当时有部分电源线路没有跳闸，由对侧二段保护动作切除故障。

2. 事故分析

经过现场调查，原因是串联于各跳闸出口继电器线圈的信号继电器 1KS 线圈参数不配合造成的。1KS 采用 DX-8/0.015 型，内阻为 956Ω，各跳闸出口继电器（不同型号）共计 10 个并联，实测内阻为 1285Ω，如图 12-5 所示。图中 KCE2 和 KCE4 分别为各一次设备母线侧隔离开关切换辅助触点的重动继电器触点，KCE2 触点闭合，KCE4 触点打开，事故时为单母线方式运行。图 12-5 中选择元件触点未画，以下进行计算。

当时直流电压为 220V，计算母线保护起动元件 1～3KDW 触点闭合时，跳闸出口继电器线圈两端电压

$$U_{KCO}=[220/(956+1258)]\times1258=126(V)$$

因此，信号继电器 1KS 线圈两端电压降为

$$U_{1KS}=220-126=94(V)$$

占额定电压的 42.7%。经实测，其中 1KCO、3KCO、4KCO 和 5KCO 的动作电压为 132～141V，6KCO 和 11KCO 的动作电压分别为 114V 和 110V。所以，6KCO 和 11KCO 继电器

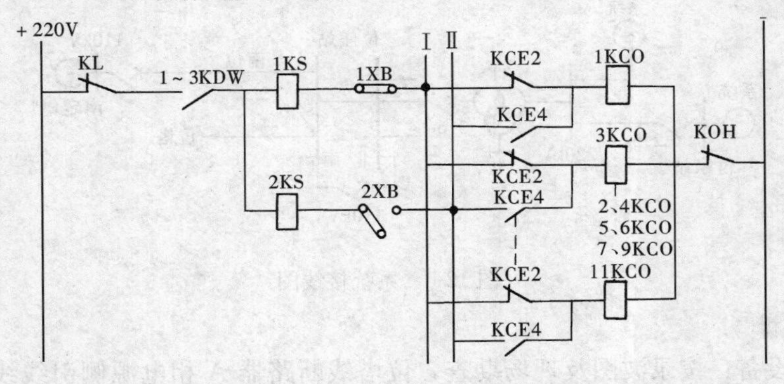

图 12-5　PMS-G 型固定连接式双母线保护直流回路部分接线图

动作，其余都拒绝动作，由对侧二段保护动作切除故障。

3. 采取对策

（1）串联信号继电器的选择条件。

1）在额定直流电压下，信号继电器动作的灵敏度一般不小于 1.4。

2）在 0.8 倍额定直流电压下，由于信号继电器的串接而引起回路的压降应不大额定电压的 10%。

3）应满足信号继电器的热稳定要求。

4）选择出口继电器的并联电阻时，应使保护继电器触点断开容量不大于其允许值。

（2）按照上述条件，由串联信号继电器规范表上查得，经计算选取 1KS（2KS）为 DX-8/0.04 型，内阻为 130Ω。此时，母线保护选择元件对应 5 个跳闸出口继电器，并联后内阻为 2142Ω。通过计算，串联信号继电器的灵敏度和电压降均可满足规定条件。

4. 经验教训

（1）在进行直流逻辑回路设计时，要考虑串联信号继电器与其后面的出口继电器在灵敏度和电压降方面的问题，否则就要出现上述拒动的严重后果。

（2）现场检验人员，在新装置投入运行前，80%U_N 整组试验项目一定要做，而且要做全。上述事故表明，整组试验未做全，也可能没有做，这个教训必须吸取。

二、母线保护错误接线导致变电站母线停电事故

1. 事故概况

1990 年 8 月 20 日，某变电站 110kV 南北母线合环运行，位塔线在南母线运行，系统接线如图 12-6 所示。8 时 50 分拉塔线对母线侧拉线 AB 两相短路，110kV 母差保护误动作，将北母线切除，1.8s 后位塔开关零序Ⅰ段掉闸重合不成。南位线、南定电厂侧距离Ⅱ段动作跳闸，重合不成。3.6s 后 3 号变压器 110kV 侧断路器方向零序Ⅰ段过电流保护跳闸，将南母线故障切除，至此位庄 110kV 系统全部停运。造成 110kV 北营、李家、博兴、索镇、高青、召口 6 个 110kV 站全部停电，甩负荷 62MW，损失电量 3.68 万 kWh。同时 220kV 位付线，付家侧零序Ⅱ段跳闸（未投重合闸），110kV 南位线、35kV 位热Ⅰ号平衡保护动作重合成功，电厂侧位热Ⅰ、Ⅱ距离Ⅰ段重合不成，9 时 23 分拉开位塔线南隔离开关后，将 110kV 南北母线恢复送电，9 时 25 分 110kV 线路除位塔、位张线外全部送电，对用户全部恢复供电。

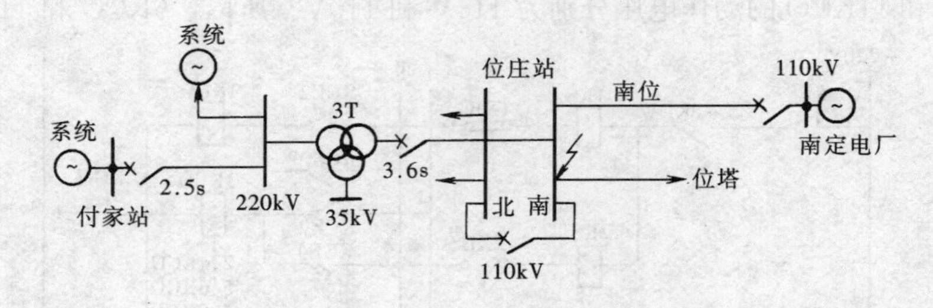

图 12-6 系统接线图

2. 原因分析

（1）一次设备：按录波图及现场勘查，位塔线断路器 A 相电源侧引线线夹上部，螺栓压接不紧，造成该线夹长期发热和机械力作用，线夹出口处的导线逐渐断股而烧断，此时导线与断路器线夹处于拉弧导通负荷状态，拉弧烧坏油标，使断路器油外溢燃烧，烟雾上升，加上当时浓雾湿度大，即导致AB两相相间弧光短路，母差保护因接错线误动作，未将故障的南母线切除，进一步造成位塔线南隔离开关线夹烧断，位塔线阻波器吊串绝缘子闪络B相接地。位塔A相断路器电源侧线夹发热是这次事故发生的直接原因。

(2) 二次设备：位庄变电站主控制室搬迁，从1989年下半年至1990年2月，该局保护人员在不影响正常运行、难度很大的条件下，负责将全部220、110、35kV的二次部分迁移到新主控室。母差保护误动的直接原因是误接线造成。原因之一是：工作人员在看图设计接线时，是以北母线为主母线如图12-7 (a) 所示，而实际电流互感器位置如图12-7 (b) 所示。由于组织工作人员对交流回路考虑不周，且没有执行保安规定，未经设计人员同意就修改了部分设计，使距离保护盘与母差保护盘分别代表北母线与南母线，以致造成错误接线。原因之二，检验工作及传动试验未执和保安规定，复杂保护无试验方案，传动试验未执行整组试验，仅仅对距离盘，母差盘分别进行了试验，以致误接线未暴露，试验报告未填入试验记录，验收时也未把住关。

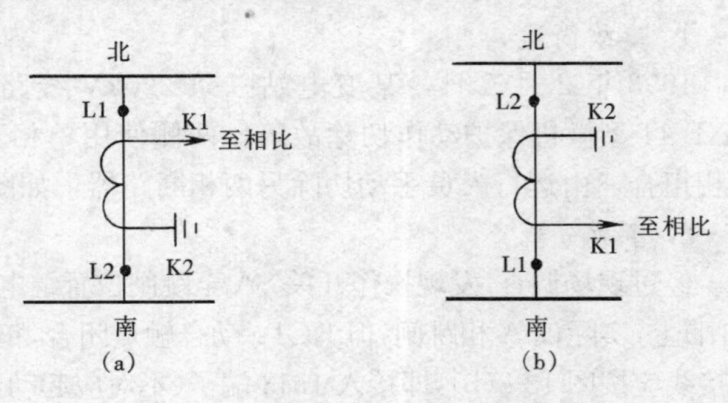

图12-7　母联电流互感器接线图

(a) 工作接线认为电流互感器位置；(b) 实际电流互感器位置

(3) 付家变电站220kV位付线零序方向电流Ⅲ段动作，2.5s跳闸是由于位庄3号变压器零序电流保护时限1988年由1.5s改为2.5s，保护整定计算专责人未按继电保护运行规程规定上报修改后的保护定值，造成位庄3号变压器110kV方向电流零序保护与系统上一级保护不配合。

(4) 运行人员巡视监督不力，运行管理有漏洞，春季接头测温无详细记录，巡视检查项目无记录。

3. 本次事故暴露的问题

(1) 工作负责人，执行规程不严肃，没有严格按照规程规定的所有触点串接试验从而使错接线缺陷未能发现。车间专工在同意二次回路改动时考虑措施不周，导致二次错接线。

(2) 3号变压器110kV方向零序电流保护整定计算不仔细、审核不认真，造成误整定。

(3) 改建工程设备母差TA实际接线图纸与现场设备不符。基建工程要加强工程图纸管理和工程质量验收工作。

4. 防止对策

(1) 在生产部门设继保专责人，总工有专责分工，作为继保专业技术总负责人。

(2) 对新建、扩建的设备校验记录，应重新审核一遍，发现漏项、漏校等问题，立即采取措施补救。

(3) 对未经事故考验的母差保护等进行校验。

(4) 将3、4号主变压器110kV零序方向过电流时间由2.5s改回到1.5s。

(5) 严格执行规程。

第四节 线路继电保护故障

一、WXB-11 型微机保护单相重合闸拒动

1. 事故简述

1993 年 2 月 5 日，某变电站一条 220kV 线路发生 A 相瞬时性接地短路，两侧均由 WXB-11 型微机保护动作切除故障。两侧使用单相重合闸方式，M 侧单相重合成功，N 侧单相拒合，由运行人员手动切除另两相断路器，如图 12-8 所示。

2. 事故分析

经过现场调查，发现操作开关 SA 至跳闸位置继电器触点的开关量误接到 1n42（三跳起动重合闸）上，实际仅 A 相跳闸，但 KCT_A 动合触点闭合，正电送入 1n42 端子，如图 12-8(a)所示。正确接线应按图 12-8(b)，即接入 1n43 端子（不对应起动重合闸）。这可以从程序框图 12-8(c)中看到，当接收“有三跳开关量 T3Z”，装置使用单重方式，则进入“放电”，单重拒合。

3. 采取对策

（1）改正错误接线，即按图 12-8（b）改正过来，并进行一次模拟整组试验，观察跳单相是否重合单相。

（2）熟悉框图，接线时两人要互相核对，保证接线正确。

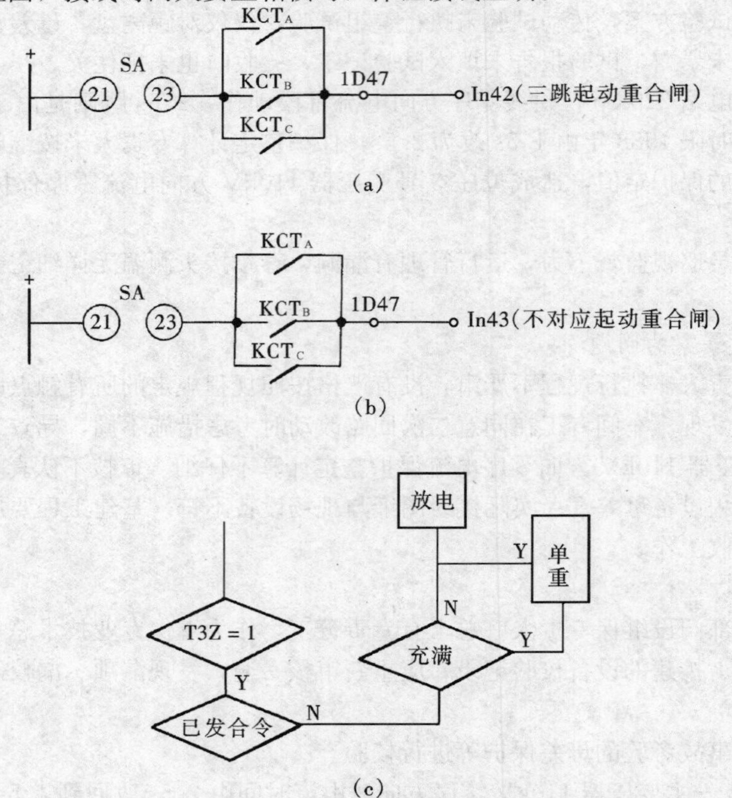

图 12-8 在单重方式下，回路接线错误拒合的说明图

（a）接至微机保护“三跳起动重合闸”的不正确接线图；（b）接至微机保护“不对应起动重合闸”的正确接线图；（c）单重方式按图（a）接线拒合程序框图

4. 经验教训

(1) 应熟读微机保护各种保护方式的程序框图，如各种重合闸方式的使用规定等。

(2) 向保护装置通入单相电流及故障电压，做模拟试验，观察动作是否正确，即跳开的那一相应该重合。

二、微机保护误动

1. 事故简述

1997年2月25日，某变电站220kV甲乙线甲侧线路微机保护无故障跳闸。

2. 保护动作分析

事故后检查发现，造成保护误动的原因为微机保护电源插件中5V电压降低，降低的原因是5V输出电容老化，使5V在带负载情况下输出下跌，而当5V电压下降时，使保护CPU运行不正常，程序出现混乱，致使保护误跳闸。

3. 防范措施

建议厂家在5V电源不正常时，发告警信号，并自动闭锁所有CPU及外围芯片的工作。

4. 经验教训

厂家在选择元器件时，应经过老化试验并应经严格筛选，以防在运行中造成保护的误动或拒动。

三、微机保护单相故障误选三相

1. 事故简述

1999年6月18日19时46分，220kV甲乙线A相发生瞬时接地故障，甲侧高频保护动作，A相单相跳闸，重合成功。乙侧高频保护及零序Ⅰ段保护动作，该线路投单相重合闸，本应单跳单重，却直跳三相断路器未重合。

2. 保护动作分析

事故后经检查发现，保护误跳三相的原因是CSL-101保护机箱中的一颗螺丝太长，碰到电流回路，致使A相电流有近一半流经C相保护线圈，使保护误认为A、C相故障，因此，在单相故障时误跳三相。

3. 防范措施及经验教训

厂家在生产过程中选用元器件应规范化，应吸取类似事故的经验教训，防止重复发生，威胁系统安全。

要加强保护投运前的检验工作，便于及时发现隐患。

第五节　继电保护整定与配合故障

一、零序电流三段与自动重合闸时间不配合

1. 事故简述

1990年7月9日，某发电厂220kV线路L1发生B相接地短路，M厂侧零序电流灵敏和不灵敏Ⅰ段动作，经选相元件跳开B相断路器并重合成功。N厂侧零序电流Ⅱ段动作，经选相元件跳开B相断路器。未重合，最终三相跳闸。系统图如图12-9所示。

2. 事故分析

由于负荷电流较大，B相跳闸后，非全相零序电流大于零序电流Ⅲ段定值。故障前高频

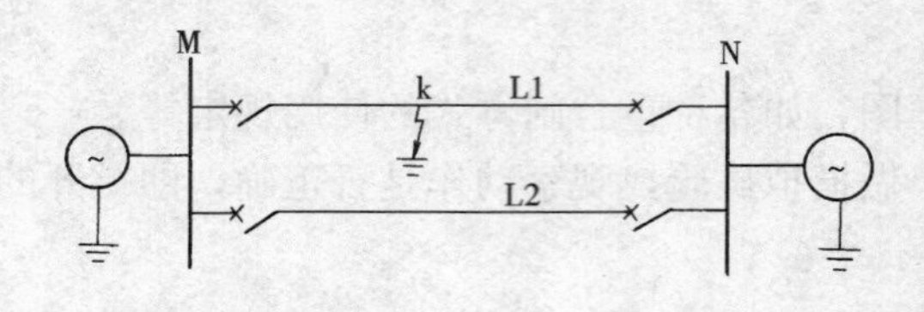

图 12-9 220kV 系统一次接线图

保护因通道问题已退出运行，重合闸时间改为 2.0s，零序电流Ⅲ段动作时间为 3.5s，零序电流Ⅱ段动作时间为 1.5s。因此，当零序电流Ⅱ段动作后，经 2.0s 发出 B 相合闸脉冲前零序电流Ⅲ段保护动作，跳开三相断路器。

3. 采取对策

(1) 设置双套高频保护，将重合闸时间压低到 1.0s。

(2) 在单套高频保护停用情况下，如果系统稳定允许，可将重合闸时间改为 1.8s。

4. 经验教训

(1) 做整定计算的人员，要熟悉继电保护装置的原理接线图，如综合重合闸回路在非全相运行时的动作过程等。

(2) 要考虑到出现非全相运行时保护的工况，如零序电流保护与重合闸动作时间上的配合问题。

二、变压器低电压过电流保护拒动

1. 事故简述

1992 年 1 月 4 日，某变电站 220kV 2 号主变压器，低压 66kV 侧发生 BC 两相短路故障，复合电压闭锁过电流保护拒动，造成上一级保护动作跳闸。

2. 事故分析

经过现场调查及对定值进行复核，发现电压闭锁元件取自 220kV 侧的相间电压整定值为 65V，时间 2.8s，事故后经计算，66kV 侧母线相间短路时，反应到 220kV 侧的相间电压为 85V，故引起拒动。

3. 采取对策

(1) 引入 66kV 侧电压至电压闭锁元件，因此，复合电压闭锁元件必须增设 66kV 电压闭锁元件。

(2) 如果主变压器为多侧绕组，为可靠起见，也必须相应地引入各侧电压至电压闭锁元件。

4. 经验教训

(1) 据了解，该定值已用了十多年，从未进行过复核。所以随着一次系统接线的变化，保护定值也必须进行一次复查。

(2) 使用电压闭锁元件时，必须校核主变压器各侧短路时，反应到另一侧电压元件所感受到的灵敏度，按规程必须满足要求，否则各侧必须装设电压闭锁元件。

三、变压器差动保护平衡系数选线错误

1. 事故简述

1999 年 6 月 7 日 8 时 49 分，某 220kV 变电站 10kV 线路发生故障，10kV 线路保护正确动作，故障同时，该站 1 号主变压器差动保护动作跳三侧。

2. 保护动作分析

该站 1 号主变压器差动保护为微机保护，在差动保护中，220kV 及 110kV 侧 TA 的二次电流为 1A，而 10kV 侧 TA 二次电流为 5A，在整定平衡系数时，10kV 侧未乘以 5，以致差动保护在区外故障时达到定值，误跳三侧断路器。

3. 防范措施

厂家对于新投入运行的保护，一定要注意说明书的编写，特别对于整定计算及调试部分，一定要明确清晰，以防现场继电保护人员理解错误，造成误整定。

4. 经验教训

继电保护整定人员对于新运行的保护设备，要注意弄清原理，理解及掌握整定原则，继电保护调试人员亦应掌握对新保护的调试方法及要求，以防这类事故的发生。

四、变压器差动保护辅助 TA 抽头选择错误

1. 事故简述

1989 年 5 月 25 日 1 时 0 分，某变电站 10kV 馈线出口故障，线路保护正确动作，故障同时，该站 1 号变压器 LCD-4 型差动保护动作跳开主变压器三侧，造成多个 110kV 变电站全停。

2. 事故分析

事故后，检查发现差动不平衡电流达 400 多毫安，主要由主变压器 10kV 侧差动电流互感器的辅助 TA 抽头选择不当引起。整定时误把 1 号变压器 10kV 绕组额定电流作为计算差动保护的依据（10kV 绕组容量为主变压器额定容量的 50%），10kV 侧变流器变比选为 4.88/5，正确计算方法应按主变压器 100%容量考虑，实际正确变比应选为 9.84/5。由于 10kV 变比选择错误，造成差动保护在区外故障时误动。

3. 防范措施

变压器差动保护在投产前应测量差动不平衡电压（电流）值，当发现不平衡电压（电流）超过规定的误差时，应检查出原因，及时进行更改或采取措施，否则，不能投入运行。

4. 经验教训

（1）整定人员应从这类事故中吸取教训，掌握正确的计算方法，验收人员亦应把好投产前最后一关，必须测量差动保护电流相位及不平衡电压（电流）合格后方可投入运行。

（2）加强整定计算的校核审定工作。

*第十三章　电力系统继电保护新技术

第一节　电力系统继电保护技术的发展

一、继电保护发展现状

新中国成立后，我国继电保护学科、继电保护设计、继电器制造工业和继电保护技术队伍从无到有，在大约10年的时间里走过了先进国家半个世纪走过的道路。20世纪50年代，我国工程技术人员有针对性地吸收、消化、掌握了国外先进的继电保护设备性能和运行技术，建立了一支具有深厚理论造诣和丰富运行经验的继电保护技术队伍。阿城继电器厂引进消化了当时国外先进的继电器制造技术，建立了我国自己的继电器制造业。在60年代中期，我国已建成了继电保护研究、设计、制造、运行和教学的完整体系。这是机电式继电保护的繁荣时代，为我国继电保护技术的发展奠定了坚实基础。

20世纪50年代末，已开始研究晶体管继电保护。60年代中期到80年代中期是晶体管继电保护蓬勃发展和广泛采用的时代。其中天津大学与南京电力自动化设备厂合作研究的500kV晶体管方向高频保护和南京电力自动化研究院研制的晶体管高频闭锁距离保护，运行于葛洲坝500kV线路上，结束了500kV线路保护完全依靠进口的时代。

从20世纪70年代中期，基于集成运算放大器的集成电路保护进入实质性开发研究。到80年代末，集成电路保护已经形成完整系列，逐渐取代了晶体管保护。到90年代初期，集成电路保护的研制、生产、应用仍处于主导地位，这是集成电路保护时代。在这方面南京电力自动化研究院研制的集成电路工频变化量方向高频保护起了重要作用，天津大学与南京电力自动化设备厂合作研制的集成电路相电压补偿式方向高频保护也在多条220kV和500kV线路上运行。

我国从20世纪70年代末即已经开始了计算机继电保护的研究。华北电力学院、西安交通大学、华中理工大学、东南大学、天津大学、上海交通大学、重庆大学和南京电力自动化研究院都相继研制了不同原理、不同型式的微机保护装置。1984年，原华北电力学院研制的输电线路微机保护装置首先通过鉴定，并在系统中获得应用，揭开了我国继电保护发展史上新的一页，为微机保护的推广开辟了道路。在主设备保护方面，东南大学和华中理工大学研制的发电机失磁保护、发电机保护和发电机—变压器组保护也相继于1989、1994年通过鉴定，投入运行。南京电力自动化研究院研制的微机线路保护装置也于1991年通过鉴定。天津大学与南京电力自动化设备厂合作研制的微机相电压补偿式方向高频保护，西安交通大学与许昌继电器厂合作研制的正序故障分量方向高频保护也相继于1993、1996年通过鉴定。至此，不同原理、不同机型的微机线路和主设备保护各具特色，为电力系统提供了一批新一代性能优良、功能齐全、工作可靠的继电保护装置。随着微机保护装置的研究，在微机保护软件、算法等方面也取得了很多理论成果。从20世纪90年代开始，我国继电保护技术已经进入了微机保护时代。

二、继电保护的未来发展

继电保护技术未来的趋势是向计算机化，网络化，智能化，保护、控制、测量和数据通信一体化发展。

1. 计算机化

随着计算机硬件的迅猛发展，微机保护硬件也在不断发展。原华北电力学院研制的微机线路保护硬件已经历了3个发展阶段：从8位单CPU结构的微机保护问世，不到5年时间就发展到多CPU结构，后又发展到总线不出模块的大模块结构，性能大大提高。华中理工大学研制的微机保护也是从8位CPU发展到以工控机核心部分为基础的32位微机保护。

南京电力自动化研究院一开始就研制了16位CPU为基础的微机线路保护，目前也在研究32位保护硬件系统。东南大学研制的微机主设备保护的硬件也经过了多次改进和提高。天津大学一开始即研制以16位多CPU为基础的微机线路保护，1988年即开始研究以32位数字信号处理器（DSP）为基础的保护、控制、测量一体化微机装置，目前与珠海晋电自动化设备公司合作研制成功一种功能齐全的32位大模块，一个模块就是一个小型计算机。采用32位微机芯片并非只着眼于精度，因为精度受A/D转换器分辨率的限制，超过16位时在转换速度和成本方面都是难以接受的。更重要的是32位微机芯片具有很高的集成度、很高的工作频率和计算速度、很大的寻址空间、丰富的指令系统和较多的输入输出口。CPU的寄存器、数据总线、地址总线都是32位的，具有存储器管理功能、存储器保护功能和任务转换功能，并将高速缓存和浮点数部件都集成在CPU内。

电力系统对微机保护的要求不断提高，除了保护的基本功能外，还应具有大容量故障信息和数据的长期存放空间、快速的数据处理功能、强大的通信能力、高级语言编程以及与其他保护、控制装置和调度联网以共享全系统数据、信息和网络资源的能力等。这就要求微机保护装置具有相当于一台PC机的功能。在计算机保护发展初期，曾设想过用一台小型计算机构成继电保护装置。由于当时小型机体积大、成本高、可靠性差，这个设想是不现实的。现在，同微机保护装置大小相似的工控机的功能、速度、存储容量大大超过了当年的小型机，因此，用成套工控机构成继电保护装置的时机已经成熟，这将是微机保护的发展方向之一。天津大学已研制成用同微机保护装置结构完全相同的一种工控机加以改造构成的继电保护装置。这种装置的优点：

（1）具有486PC机的全部功能，能满足对当前和未来微机保护的各种功能要求。

（2）尺寸和结构与目前的微机保护装置相似，工艺精良、防振、防过热、防电磁干扰能力强，可运行于非常恶劣的工作环境，成本可接受。

（3）采用STD总线或PC总线，硬件模块化，对不同的保护可任意选用不同模块，配置灵活、容易扩展。

继电保护装置的微机化、计算机化是不可逆转的发展趋势。但对如何更好地满足电力系统要求，如何进一步提高继电保护的可靠性，如何取得更大的经济效益和社会效益，尚需进行具体深入的研究。

2. 网络化

计算机网络作为信息和数据通信工具已成为信息时代的技术支柱，深刻影响着各个工业领域，也为各个工业领域提供了强有力的通信手段。到目前为止，除了差动保护和纵联保护外，所有继电保护装置都只能反应保护安装处的电气量。继电保护的作用也只限于切除故障元件，缩小事故影响范围，这主要是由于缺乏强有力的数据通信手段。国外早已提出过系统保护的概念，这在当时主要指安全自动装置。因继电保护的作用不只限于切除故障元件和限制事故影响范围（这是首要任务），还要保证全系统的安全稳定运行。这就要求每个保护单元都能共享全系统的运行和故障信息的数据，各个保护单元与重合闸装置在分析这些信息和数据的基础上协调动作，确保系统的安全稳定运行。显然，实现这种系统保护的基本条件是将全系统各主要设备的保护装置用计算机网络连接起来，亦即实现微机保护装置的网络化。这在当前的技术条件下是完全可能的。

对于一般的非系统保护，实现保护装置的计算机联网也有很大的好处。继电保护装置能够得到的系统故障信息愈多，则对故障性质、故障位置的判断和故障距离的检测愈准确。对自适应保护原理的研究已经过很长的时间，也取得了一定的成果，但要真正实现保护对系统运行方式和故障状态的自适应，必须获得更多的系统运行和故障信息，只有实现保护的计算机网络化，才能做到这一点。

保护装置实现计算机联网能提高保护的可靠性。天津大学 1993 年针对未来三峡水电站 500kV 超高压多回路母线提出了一种分布式母线保护的原理，初步研制成功了这种装置。其原理是将传统的集中式母线保护分散成若干个（与被保护母线的回路数相同）母线保护单元，分散装设在各回路保护屏上，各保护单元用计算机网络连接起来，每个保护单元只输入本回路的电流量，将其转换成数字量后，通过计算机网络传送给其他所有回路的保护单元，各保护单元根据本回路的电流量和从计算机网络上获得的其他所有回路的电流量，进行母线差动保护的计算。如果计算结果证明是母线内部故障则只跳开本回路断路器，将故障的母线隔离，在母线区外故障时，各保护单元都计算为外部故障均不动作。这种用计算机网络实现的分布式母线保护原理，比传统的集中式母线保护原理有较高的可靠性。因为如果一个保护单元受到干扰或计算错误而误动时，只能错误地跳开本回路，不会造成使母线整个被切除的恶性事故，这对于像三峡电站那样具有超高压母线的系统枢纽非常重要。

由上述可知，微机保护装置网络化可大大提高保护性能和可靠性，这是微机保护发展的必然趋势。

3. 保护、控制、测量、数据通信一体化

在实现继电保护的计算机化和网络化的条件下，保护装置实际上就是一台高性能、多功能的计算机，是整个电力系统计算机网络上的一个智能终端。它可从网上获取电力系统运行和故障的任何信息和数据，也可将它所获得的被保护元件的任何信息和数据传送给网络控制中心或任一终端。因此，每个微机保护装置不但可完成继电保护功能，而且在无故障正常运行情况下还可完成测量、控制、数据通信功能，亦即实现保护、控制、测量、数据通信一体化。

目前，为了测量、保护和控制的需要，室外变电站的所有设备，如变压器、线路等的二次电压、电流都必须用控制电缆引到主控室。所敷设的大量控制电缆不但要大量投资，而且使二次回路非常复杂。但是如果将上述的保护、控制、测量、数据通信一体化的计算机装置就地安装在室外变电站的被保护设备旁，将被保护设备的电压、电流量在此装置内转换成数字量后，通过计算机网络送到主控室，则可免除大量的控制电缆。如果用光纤作为网络的传输介质，还可免除电磁干扰。现在光电流互感器（OTA）和光电压互感器（OTV）已在研究试验阶段，将来必然在电力系统中得到应用。在采用 OTA 和 OTV 的情况下，保护装置应放在距 OTA 和 OTV 最近的地方，亦即应放在被保护设备附近。OTA 和 OTV 的光信号输入到此一体化装置中并转换成电信号后，一方面用作保护的计算判断，另一方面作为测量量，通过网络送到主控室。从主控室通过网络可将对被保护设备的操作控制命令送到此一体化装置，由此一体化装置执行断路器的操作。1992 年天津大学提出了保护、控制、测量、通信一体化问题，并研制了以 TMS320C25 数字信号处理器（DSP）为基础的保护、控制、测量、数据通信一体化装置。

4. 智能化

近年来，人工智能技术如神经网络、遗传算法、进化规划、模糊逻辑等在电力系统各个领域都得到了应用，在继电保护领域应用的研究也已开始。神经网络是一种非线性映射的方法，很多难以列出方程式或难以求解的复杂的非线性问题，应用神经网络方法则可迎刃而解。例如在输电线两侧系统电势角度摆开情况下发生经过渡电阻的短路就是非线性问题，距离保护很难正确作出故障位置的判别，从而造成误动或拒动。如果应用神经网络方法，经过大量故障样本的训练，只要样本集中充分考虑了各种情况，则在发生任何故障时都可正确判别。其他如遗传算法、进化规划等也都有其独特的求解复杂问题的能力。将这些人工智能方法适当结合可使求解速度更快。天津大学从 1996 年起进行神经网络式继电保护的研究，已取得初步成果。可以预见，人工智能技术在继电保护领域必会得到应用，以解决用常规方法难以解决的问题。

第二节　继电保护新技术简介

电力生产发展的需要和新技术的陆续出现是电力系统继电保护原理和技术发展的源泉，计算机与网络技术的应用为此创造了前所未有的良机。目前许多新技术已应用到继电保护的领域，例如 IT 技术的应用，实现了保护、控制、测量、数据通信一体化；应用人工神经网络，可以解决复杂的非线性问题；应用光电互感器，解决了电流互感器的饱和问题；应用可编程控制器（PLC）代替传统的机械触点继电器等。

一、故障信息与继电保护技术

继电保护的任务就是检测故障信息、识别故障信号，进而作出保护是否出口跳闸的决定。因此故障信息的识别、处理和利用是继电保护技术发展的基础，不断发掘和利用故障信息对继电保护技术的进一步发展有十分重要的意义。故障信息可分为以工频信息及谐波为主的稳态故障信息和暂态故障信息。在使用故障信息方面，引入故障分量的概念。利用故障分量构成电流、方向、电流纵联差动、电流相位差动及距离保护原理。故障分量具有以下特征：

（1）非故障状态下不存在故障分量的电压、电流，故障分量只有在故障状态下才出现。

（2）故障分量独立于非故障状态，但仍受系统运行方式的影响。

（3）故障点的电压故障分量最大，系统中性点的电压为零。

（4）保护装设处电压和电流故障分量间的相位关系，由保护装设处到系统中性点间的阻抗决定，且不受系统电势和短路点过渡电阻的影响。

建立在暂态故障信息基础上的小电流接地保护、行波保护等，都是新型继电保护的重要理论。利用高频故障电压、电流信号的暂态量实现超高速继电保护，已经有许多重要的成果。如利用高频故障电压信号构成的对串补超高压输电线路的保护，该保护原理是基于故障点高频故障电压信号的非联合保护，并具有联合保护方案的优点。这种保护方案使用组合调谐设备和输电线路阻波器来检测保护区域内的高频暂态故障信号（频率为 70～81kHz，也可以根据实际情况整定)，使用其带阻特性可以区分内部故障和外部故障。该装置使用一个特殊设计的信号处理器来获取高频电压信号，可以完全满足超高压串补线路对保护装置的可靠性和安全性要求。

传统的输电线路保护可分为联合保护和非联合保护，这两种保护本身均存在固有的缺陷。非联合保护如距离保护只能保护输电线路的一部分，而且整定比较复杂。联合保护如电流差动保护解决了这个问题，但是联合保护需要在输电线路两端之间设立昂贵的专用通信通道，且其可靠性还要受到通信线路和元件的限制。使用就地故障信息实现保护的基本思想，在节省通信联络线费用的同时避免了信号传输带来的误差，使得保护可以免受TA饱和及网络状态的影响。这种保护方案同时具有联合保护和非联合保护的优点，是今后继电保护发展的大趋势。

一种新型的无通信输电线路保护技术以第一次检测到的高频故障电流暂态信号为基础，使用一个特别设计的多通道数字滤波器来捕捉限定频段的高频信号，通过对数字滤波器的几个输出之间的比较来确定故障是否在保护范围内，这种保护除了可以节省通信联络线的费用外，还保存了许多暂态保护技术的优点，如故障点、类型、过渡电阻以及相位角影响较小，且不受铁芯饱和及网络状态的影响。

总之，对故障信息的发掘、提取和利用，以满足电力系统发展的要求，是继电保护技术发展的重要课题。新算法的引入为高频暂态信号的应用提供了可能性，但是行波保护尚未成熟，仍存在一些有待探讨的问题。

二、计算机在继电保护领域中的应用

计算机在继电保护中的应用可分为最基本的两类：

1. 计算机的出现，使许多原有的理论得以实现

例如很早就有人提出神经网络在电力系统中的应用问题，但由于训练神经网络所需的计算量过大，传统的计算方法无法满足继电保护的快速性要求，导致该理论无法得到实际应用，计算机的高速运算能力解决了这个问题。又如对故障分量的判定，需将故障后的信息与正常状态下的信息相比较，在计算机未出现以前是很难实现的，但由于计算机有记忆能力，该理论很容易在实际工程中应用。

2. 借助计算机开发的新理论及新技术

正如计算机的出现给其他学科带来的巨大冲击一样，计算机在电力系统继电保护中的应用，从某种意义上带来了继电保护领域的一场革新，其中较为成功的例子就是建立在暂态量基础上的行波保护原理，充分地利用了计算机的特性。

目前微机在继电保护中的应用存在一些问题，现在研究开发的多为通用型或用于自动控制系统的芯片，尚无继电保护装置专用芯片。由于电力系统继电保护对实时性和可靠性有着近乎苛刻的要求，开发微机型继电保护装置专用的芯片是微机在继电保护领域中得到进一步应用不可或缺的基础。

微机保护利用微型计算机极强的数学运算能力和逻辑处理能力，能够应用许多独特算法，大大提高了保护的性能。

现代微机继电保护一般具有以下特点：采用分层多CPU并行运行的结构，各模块系统相关性少：每个CPU由单独的开关电源供电，可靠性更高；主保护配置双重化或多重化；单元管理机采用一体化工业控制计算机，单元管理机可以与综合自动化系统连接；软硬件模

块化设计，适应各种配置的要求；能够存储故障报告，可以随时查阅和打印输出；具有软硬件的自检功能，有独立的 watchdog 电路监控 CPU 的工作；能提供在线定值修改、实时参数显示功能、录波功能；可接收 GPS 卫星校时信号等。

三、信息网络技术在继电保护中的应用

当代继电保护技术的发展，正在从传统的模拟式、数字式探索着进入信息技术领域，从而导致了上述传统格局的变化。

在变电站综合自动化方面，保护的配置比较灵活。如果变电站综合自动化采用传统模式，也就是远方终端装置（RTU）加上当地监控系统，这时，保护装置的信息可以通过遥信输入回路进入 RTU，也可以通过串行口与 RTU 按照约定的通信规约进行信息传递。如果变电站综合自动化采用全分散式，也就是按一次主设备为安装单位，将保护、控制等单元分散，就地安装在主设备旁。具体实施又分为两种模式，保护相对独立，控制和测量合一，如 SIEMENS 的 LSA678 系统；保护、控制和测量合一，如 CSC-2000。

继电保护的运行信息、事故记忆信息是保障电网安全运行的重要信息，是运行人员和调度人员作为电网运行、事故处理的重要依据。东北电网于 1993 年建立了继电保护信息网，信息网由继电保护运行信息处理系统和继电保护管理信息系统组成。继电保护运行信息网是变电站内 11 型微机保护信息与微机故障录波器共同组成分站集中信息处理系统。它在 11 型微机保护软件 4.0 版本基础上增加了与上位机的通信软件，通过 11 型微机保护人机对话插件上的 RS-232 串行通信口传送数据，通过 1 对 N 串行口通信转换器连接到安装在微机故障录波器屏的 PC 机上，PC 机通过调制解调器与上级调度部门的主站 PC 机相连。系统通过微机故障录波器屏上的 GPS 信号来统一时钟。发生事故时，PC 机将故障录波器和微机保护的有关信息存盘后进行分析，然后将汉化报告打印出来，通过 Modem 向调度主站的 PC 机传送，主站的 PC 机将接收的信息汇总后，输出故障报告及测距信息等。东北电网继电保护管理信息系统是以网调继电保护处的 Windows NT 文件服务器为核心的继电保护管理信息网络，主要功能是管理信息的传递和共享。

为了提高电网事故分析水平，满足电网调度和运行管理的需要，河北南网建成了继电保护运行与故障信息自动化管理系统。该系统采集的保护信息与遥信专业不同，它是采集保护的动作报告、故障前后的采样数据、录波数据、装置的运行状态、定值维护情况等，实现对整个河北南网保护和录波装置的实时、动态监测，利用站端信息建立继电保护故障处理和运行管理决策支持系统。该系统的组成是这样的：在调度端所有的管理机和分析工作站组成一个基于 Windows 95/NT 的局域网，把调度端作为一个工作站挂入 MIS 网。在变电站端设置一台管理机，自动采集、过滤、打包、传送系统故障和装置异常情况下的报文，而且在这里实现通信规约的转换。在调度端对传送来保护和录波数据进行综合分析，对设备的运行状态作出判断。

四、小波变换在继电保护中的应用

小波变换等数学方法在电力系统中的应用，为充分利用故障信息提供了有力的数学手段，也为继电保护的发展提供了一个更为广阔的空间。

为了有效地处理暂态量，小波变换算法被引入了继电保护领域，并得到了日益广泛的应用。小波变换具有时域局部化性能，是分析具有突变性质的、非平稳变化信号的理想工具。在电力系统中得到应用的主要是离散小波变换和二进小波变换。

离散小波变换主要用于数据压缩和滤波。电力质量监视器、行波保护和行波故障测距装

置的共同特点是对于电压、电流信号的采样频率很高（达数兆赫兹），需要记录、存储和传输的数据量巨大，迫切地需要数据压缩。使用离散小波变换来实现数据压缩丢失的信息量很少。小波变换能够暗频带分解信号，因此可以用于滤波，包括从含有衰减非周期分量的故障电流中提取工频分量、谐波检测和电压波形畸变检测等。

二进小波变换具有平移不变性，其模极大值可用来表示和重构信号，因此二进小波变换在电力系统中主要用于故障检测、行波检测和识别。电力系统发生故障后，各种电气量（电流、电压、阻抗、相角等）都将发生剧烈变化，从信号的角度来看，可称为突变信号，包含着丰富的故障信息。小波变换的引入，将有助于利用故障分量或突变量的继电保护的发展。行波信号的小波变换呈模极大值，提取和识别这些模极大值，将极大改变行波保护和故障测距的面貌。

五、神经网络在继电保护中的应用

在电力系统里存在很多非线性问题，用传统的方法，难以得到满意的解决，而应用人工神经网络理论，则能够迎刃而解。例如配电网的线损、电网的暂态分析、动稳态分析等。应用神经网络理论的保护装置是神经网络与专家系统融为一体的神经网络专家系统。例如在双侧电源系统里，两侧系统间电势夹角变化，此时发生经过渡电阻短路就是一个非线性问题，传统的距离保护很难作出正确的判断，而用经过对训练样本进行学习的神经网络保护装置就可以正确判别。

人工神经网络用于继电保护领域在20世纪80年代就已经开始了，但是形成和训练神经网络需要非常大的计算量，因此当时的研究未能取得突破。近年来计算机计算速度的迅猛提高，神经网络应用于继电保护领域成为可能。许多学者致力于该项技术的研究，并取得了丰厚的成果。

使用人工神经网络也是继电保护装置智能化的一种方法，在解决了计算速度的问题后，神经网络在电力系统中的应用可谓是得心应手。

六、自适应继电保护

自适应继电保护是20世纪80年代提出的一个较新的研究课题，指可以根据系统运行方式和故障状态改变保护的性能、特性或定值的保护。自适应继电保护的基本思想是使其尽可能地适应电力系统的各种变化，进一步改善保护性能。使用自适应原理可以使保护性能优化，并且可在线自动改变以适应系统的改变。自适应原理在继电保护领域的主要应用有自适应重合闸、自适应馈线保护、对串补输电线路的自适应保护以及自适应行波保护。自适应保护是继电保护发展的目标。

自适应继电保护能克服同类型传统保护中长期存在的困难和问题，从而改善或优化保护的性能指标。目前，自适应保护还处于研究开发的初期，现有的研究成果已经有力地证明了优越性。自适应继电保护实质上是继电保护智能化的一个重要的组成部分，智能化是现代科技发展的主要趋势。计算机在电力系统中的应用为开发和设计智能化的继电保护装置提供了十分有利的条件，也为自适应保护的发展提供了非常好的技术支持。

从信息和硬件系统共享的观点来看，变电站保护、测量和控制一体化的自动化系统将有力地促进自适应继电保护原理和技术的进一步发展。

七、可编程控制器在继电保护中的应用

可编程控制器（PLC）可以简单地视为具有特殊体系结构的工业计算机，比一般计算机

有更强的与工业过程相连的接口，具有更适应于控制要求的编程语言。在由继电器组成的控制系统里，为了完成一项操作任务，要把各个分立元件，如继电器、接触器、电子元件等用导线连接起来，这对于实现复杂的逻辑关系以及需要定期改变操作任务来说，采用这样的连接方式显示是不适宜的。而使用PLC就可以简单地解决上述问题，通过软件编程的方式来代替实际的各个分立元件之间的接线。为了减少占地面积，还可以用PLC内部已定义的各种辅助器来取代传统的机械触点继电器。例如长沙马王堆110kV变电站保护装置是法国MERLTNGERIN公司的SEPAM数字式多功能继电器，该装置把通常的微机保护的逻辑回路分解成保护功能的继电器组和PLC两个部分，应用PLC能够简单地实现低频减载和备用电源自动投放功能。

八、光电电流互感器

随着系统容量的不断增大，配电网结构的不合理、中低压电力系统中短路电流急剧增大，电磁感应式电流互感器的饱和等问题日益突出，这将影响到保护装置动作的正确性。可以采取一些方法来防止电磁式电流互感器的饱和，但是，由于磁饱和、铁磁谐振，动态范围小、频带窄等缺点，难以满足现代化电力系统在线监控、事故重演、高精度的故障诊断的需要。与传统的电磁式电流互感器相比，光电式的电流互感器具有不饱和、测量范围大、频带宽、数字信号传输、体积小等优点，国外已经有无源OTA挂网实验运行。

参 考 文 献

[1] 贺家李，宋从矩. 电力系统继电保护原理. 4版. 北京：中国电力出版社，2012.
[2] 李俊年. 电力系统继电保护. 北京：水利电力出版社，1993.
[3] 张保会，尹项根. 电力系统继电保护. 2版. 北京：中国电力出版社，2010.
[4] 许建安. 电力系统微机继电保护. 北京：中国水利水电出版社，2001.
[5] 许建安. 继电保护整定计算. 北京：中国水利水电出版社，2003.
[6] 许正亚. 电力系统自动装置. 北京：水利电力出版社，1990.
[7] 杨冠城. 电力系统自动装置原理. 5版. 北京：中国电力出版社，2012.
[8] 王广延，吕继绍. 电力系统继电保护原理与运行分析. 北京：水利电力出版社，1995.
[9] 张宇辉. 电力系统微型机算计继电保护. 北京：中国电力出版社，2000.
[10] 四川省电力工业局. 高压输电线路微机保护. 北京：中国电力出版社，1998.
[11] 国家电力调度通信中心. 电力系统继电保护典型故障分析. 北京：中国电力出版社，2001.
[12] 张志亮，黄玉铮. 电力系统继电保护原理与运行分析. 北京：水利电力出版社，1995.
[13] 崔家佩，孟庆炎，陈永芳，熊炳耀. 电力系统继电保护与安全自动装置整定计算. 北京：水利电力出版社，1993.
[14] 水利电力部电力生产司. 用电管理培训教材(继电保护). 北京：水利电力出版社，1985.
[15] 蓝之达. 供用电工程. 北京：中国电力出版社，1998.
[16] 李超群. 上海电网220kV一个半断路器接线继电保护设计. 电力自动化设备，1994，22(3).
[17] 盛海华. 同杆并架双回路继电保护配置探讨. 浙江电力，1997，6.
[18] 张晓梅. 玉林梨山500kV变电站系统继电保护的配置. 广西电力工程，2001，2.
[19] GB/T 14285—2006 继电保护和安全自动装置技术规程.